COLLECTION

TERR

MATH

algèbre & géométrie

Term C et E

C. ARTIGUES – Y. BELLECAVE

J.-M. BELLEMIN – R. FERACHOGLOU

P.-H. TERRACHER

HACHETTE
Lycées

Références

5 *Jacqueline aux mains croisées.* Pablo Picasso, 1954. Musée Picasso, Paris Photo R.M.N. © SPADEM Paris, 1992. **25** *Leonard Euler* par Emmanuel Handmann. Kunstmuseum Bâle © Colorphoto Hinz. **22** *L'amas des Hyades et des Pléiades* © Palais de la Découverte. **50** *Jean d'Alembert.* Musée de l'Hotel Dandelin, St-Omer © Lauros Giraudon. **53** *Complexité Simple.* Wassily Kandinsky, 1939. Musée national d'art moderne Centre Georges-Pompidou Paris - Photo Béatrice Hatala. © ADAGP, Paris 1992. **54** *Serpents et dragons.* Daniel Goffinet. *Quadrature* n°10, 1991. **55** *Le régal des dieux.* Max Ernst, 1948. Musée national d'art moderne, Centre Georges-Pompidou - Photo Béatrice Hatala. © ADAGP et SPADEM Paris, 1992. **58** Coupole de Ste Sophie à Istanbul (intérieur) © Photo E. Lessing /MAGNUM. **72** © Bruno Ernst. **73** © Bruno Ernst. **78** *Le dessinateur et la femme couchée.* Albert Dürer. © Bibliothèque nationale. **85** *Jaune, Rouge, Bleu.* Wassily Kandinsky, 1925. Musée national d'art moderne Centre Georges-Pompidou - Photo Philippe Migeat. © ADAGP Paris,1992. **104** *Autour du cercle.* Wassily Kandinsky, 1940. The Salomon R. Guggenheim museum. Photo Béatrice Hatala/Centre Georges-Pompidou. © ADAGP, Paris 1992. **106** *Mesure individuelle des niveaux.* Paul Klee, 1930/82. Fondation Paul Klee - Berne © ADAGP, Paris 1992. **110** *La Promenade d'Euclide.* René Magritte, 1955. Minneapolis Institute of Art. Photo GIRAUDON.© ADAGP, Paris 1992. **129** © Photo Ph. Burlot. **134** *La galaxie du sombrero* © NOAO/Science photo library / COSMOS. **135** © *L'ordre du chaos.* Editions Belin. **140** *Metamorphosis* (de la chenille au papillon). D.R. **158** *Numéro 30.* Ad Reinhardt, 1938. The Whitney Museum of American Art, New-York. **161** *Manière universelle pour pratiquer la perspective par petit pied.* Gérard Desargues, 1647 © Photo Bibliothèque nationale. **163** *Suprématisme.* Casimir Malévitch, 1916. Stedelisjk museum-Amsterdam © PAV. **164** © Vaughan Fleming / David Parker / Science photo library / Cosmos. **166** Plafond du Palais de justice de Rouen. D.R. **188** Détail du pavement de la Basilique de St-Denis, XIIIe siècle © Lauros/GIRAUDON. **190** © Edouard /JACANA. **197** *Limite du cercle III.* M.C. Escher, 1959 © Cordon Art-Baarn - Hollande. **214** *Illusion de perspective ascendante,* Le livre des paradoxes, Nicolas Falleta, Editions Belfond. **217** *Miroir magique.* M.C. Escher, 1946 © Cordon Art-Baarn-Hollande. **234** M.C. Escher, 1961 © Cordon Art-Baarn-Hollande. *L'aventure des figures impossibles* © Bruno Ernst. **235** *Saturne et ses anneaux le* 18 *Octobre* 1980 © NASA / S.P.L./ Science Photo Library / COSMOS. **243** © Alain Choisnet. **256** *La néphroïde.* D'après *Tangente* n°20. **282** Abraham de Moivre © Palais de la Découverte, photothèque Hachette.

Couverture et maquette intérieure : Atelier Gérard Finel et Associés.
Illustrations : Jean-Louis Goussé.
Schémas : Rémi Picard.

ISBN 2 01 018883 7

LE LIVRE, MODE D'EMPLOI

Ce qui est simple est faux,
ce qui est compliqué est inutilisable.
PAUL VALÉRY

Chaque chapitre est construit sur le modèle suivant :

INTRODUCTION

Articulée en trois parties : les **objectifs** du chapitre, les **connaissances mises en jeu** et les **activités préparatoires,** au sens de « PRÉPARER : Mettre, par un travail préalable, en état de remplir sa destination (dictionnaire) ».

COURS

Court et efficace. C'est possible à condition d'effectuer au fur et à mesure les **applications directes du cours** de la rubrique « exercices », en fin de chapitre.

TRAVAUX PRATIQUES

Quatre étapes organisent chaque rubrique de T. P. :

- Présentation des problèmes abordés. ?
- « Exercice résolu » significatif de ces problèmes et des techniques, des méthodes à mettre en jeu.
- « Point-méthode » : il s'agit de mettre l'accent sur les situations à repérer, d'expliquer le fonctionnement d'une méthode, de cerner les conditions où une technique peut être appliquée, ...
- Travaux pratiques : quelques exercices d'application.

En bref, une réponse claire, structurée aux questions :

Quels problèmes ? Quelles méthodes ?

EXERCICES EXERCICES EXERCICES EXERCICES EXERCICES

APPLICATIONS DIRECTES DU COURS

Ces exercices permettent d'effectuer un travail pas à pas sur le cours, dont ils sont indissociables.

EXERCICES

- Pour faire le point sur les résultats et méthodes essentiels du cours :
  - un mini-test : **Vrai/Faux ;**
  - une synthèse des applications directes du cours : **La technique mise à l'épreuve.**
- Les autres rubriques reprennent les problèmes abordés en Travaux Pratiques.

PROBLÈMES

Les problèmes mettent en jeu plusieurs thèmes du chapitre.

CHRONIQUES

CHRONIQUES

À la fois un complément d'informations sur le contenu du chapitre (Trucs & Astuces) et sur les sujets du BAC en rapport (Rubrique à BAC) : les tendances, les thèmes favoris des fabricants de sujets, les recettes « souterraines », ... Mais aussi une ouverture : problèmes ouverts, curiosités, historique, applications insolites...

Ce n'est pas tout :

- des **solutions** (p. 287) en fin d'ouvrage pour les « Vrai/Faux » et les exercices □ ;
- une **signalisation** des exercices les plus difficiles de chaque rubrique : *□ ;
- six **planches récapitulatives de Géométrie ;**
- un **index** (pp. 303 et 304).

TABLE DES MATIÈRES

ALGÈBRE

De nos jours, aucun scientifique ne peut se permettre d'ignorer la notion de *nombre complexe :* elle est devenue l'une des colonnes vertébrales des Mathématiques et un outil indispensable en Électrotechnique, en Mécanique des fluides, en Aérodynamique, en Théorie quantique... et bien d'autres domaines encore.

Part royale du programme d'Algèbre des classes de Terminales, les nombres complexes offrent bien des sujets d'étude autres que mathématiques :

■ Du point de vue *historique.*

Nous donnerons dans le chapitre 2 les grandes étapes qui jalonnent l'histoire tumultueuse des nombres complexes. Soulignons simplement ici qu'il a fallu plus de trois siècles pour en arriver à une « construction » de ces nombres... que l'on peut expliquer aujourd'hui en trois minutes : de Jérôme Cardan en 1545, l'un des personnages les plus douteux des Mathématiques (manipulateur « génial » d'équations doublé d'un plagiaire sans scrupules) à William Hamilton qui franchit le dernier pas en 1837, dans une indifférence presque générale...

■ Du point de vue *philosophique.*

Tant que les nombres complexes ne servaient à rien (ou à pas grand chose), on les considérait comme un problème philosophique, les affublant d'un message profond et transcendant. Même le « grand » Leibniz :

« L'Esprit divin s'est manifesté de façon sublime dans cette merveille de l'Analyse, ce prodige d'un monde idéal, cet intermédiaire entre l'être et le non-être, que nous appelons la racine imaginaire de l'unité négative »...

Portrait de Madame Z. Picasso 1954.

Mais dès que la notion s'avéra vraiment utile — résultats concrets à l'appui — l'essence philosophique fut enterrée et oubliée... sans regrets.

Voilà en deux mots l'étrange histoire d'une invention abstruse, qualifiée « d'impossible » — voire « d'inutile » — par nos ancêtres, et thème incontournable des sujets des Baccalauréats de nos générations...

I

Chaque système est pur à ses débuts.
Il est corrompu par la nature
humaine.

ANAÏS NIN

Systèmes linéaires

COURS

EXERCICES

INTRODUCTION

I

Systèmes linéaires

Tout système est une entreprise
De l'esprit contre soi-même.
Paul VALÉRY

1 OBJECTIFS

L'objectif fondamental de ce chapitre est la **résolution de problèmes** issus d'horizons divers : Géométrie, Analyse, Gestion de données, autres disciplines de la vie courante.
C'est dans cette perspective que s'inscrivent la *mise au point* et le *complément technique* faisant l'objet de la partie cours, s'appuyant sur les capacités acquises en Première et les prolongeant.
Concernant les travaux pratiques, nous mettrons l'accent sur les **diverses méthodes** de résolution d'un système linéaire (méthode de Gauss, combinaisons linéaires, substitution) et sur leur **comparaison** : il s'agira de choisir la plus appropriée en fonction du problème traité.
On aura maintes occasions, dans la suite de cet ouvrage, de rencontrer des *systèmes d'équations linéaires issus de problèmes de Géométrie.*
Nous en donnons cependant quelques premiers exemples.

2 CONNAISSANCES MISES EN JEU

Livre de Première Analyse

Systèmes d'équations

- Solution d'un système, ensemble des solutions.
- Méthodes : par substitution, par combinaisons linéaires.
- Quelques souvenirs (facultatifs) sur la méthode du pivot de Gauss ne nuiront pas à la compréhension, mais la description générale de cette méthode sera reprise dans le cours.

Livre de Première Géométrie

Géométrie analytique

Repères, coordonnées, équations de droites du plan.

3 ACTIVITÉS PRÉPARATOIRES

INTRODUCTION D'UN CODAGE

Considérons le système aux trois inconnues x_1, x_2, x_3 :

$$(S)\left\{\begin{array}{r}9x_1 - 3x_2 + 3x_3 = 0\\ -5x_1 + x_2 - 6x_3 = -1\\ x_1 + x_2 + x_3 = 10\,.\end{array}\right.$$

Pour résoudre (S), l'idée directrice est : il faut É-LI-MI-NER.
Une méthode par *combinaisons linéaires* est délicate à décrire ; pour en faciliter l'écriture (et la lecture !), nous utiliserons le **codage** suivant :
Notons L_1, L_2, L_3 les trois lignes de (S) ; alors, par exemple(1) :

- $L_1 \leftrightarrow L_3$ signifie : **« On échange les lignes 1 et 3. »**
- $L_1 \leftarrow \frac{1}{3} L_1$ signifie : **« On multiplie L_1 par $\frac{1}{3}$; c'est la nouvelle L_1. »**
- $L_2 \leftarrow L_2 + 5L_3$ signifie : **« On ajoute $5L_3$ à L_2 ; c'est la nouvelle L_2. »**

L'activité 1 propose de résoudre (S) en suivant les codages indiqués ; à chaque étape, on écrira le nouveau système obtenu et on notera à nouveau L_1, L_2, L_3 les trois lignes de chaque nouveau système.

ACTIVITÉ 1

Résolution du système (S)
À chaque étape, noter le codage proposé et écrire le système obtenu.

1° *Étape 1 :* simplification.

$$L_1 \leftarrow \frac{1}{3} L_1\,.$$

2° *Étape 2 :* coefficient 1 pour x_1 en L_1.

$$L_1 \leftrightarrow L_3\,.$$

3° *Étape 3 :* élimination de x_1 en L_2 et L_3.

$$L_2 \leftarrow L_2 + 5L_1\,.$$
$$L_3 \leftarrow L_3 - 3L_1\,.$$

4° *Étape 4 :* élimination de x_2 dans L_3.

$$L_3 \leftarrow L_3 + \frac{2}{3} L_2\,.$$

5° Déterminer x_3, puis x_2 et x_1, par substitution.

6° Vérifier.

ACTIVITÉ 2

On se propose de résoudre le système aux quatre inconnues a, b, c, d :

$$\left\{\begin{array}{l}2a - b + 5c - d = -5\\ a + 3c - 2d = -10\\ -3a + b - c = 3\\ a - b + c - d = -3\,,\end{array}\right.$$

par une méthode analogue à celle utilisée dans l'activité 1.

À chaque étape, écrire le codage correspondant et le nouveau système obtenu.

Étape 1 : échange des lignes 1 et 2.

Étape 2 : élimination de l'inconnue a dans les lignes 2, 3, 4.

Étape 3 : élimination de l'inconnue b dans les lignes 3 et 4.

Étape 4 : élimination de c dans la ligne 4.

Étape 5 : résolution et vérification.

(1) Ces trois « opérations » sur les lignes fournissent un système équivalent à (S) (voir le cours).

COURS

I
Systèmes linéaires

GÉNÉRALITÉS

I DÉFINITIONS

Définition 1

On appelle **système linéaire de n équations aux p inconnues $x_1, ..., x_p$** le système :

$$(S)\ \begin{cases} a_{11}x_1 + a_{12}x_2 + ... + a_{1p}x_p = b_1 \\ a_{21}x_1 + a_{22}x_2 + ... + a_{2p}x_p = b_2 \\ \dots\dots\dots\dots\dots\dots\dots\dots \\ a_{n1}x_1 + a_{n2}x_2 + ... + a_{np}x_p = b_n\ , \end{cases}$$

où $a_{11}, ..., a_{1p}, ..., a_{np}$ et $b_1, ..., b_n$ sont des réels donnés.

Lorsque $b_1 = ... = b_n = 0$, (S) est dit homogène.

■ On dit aussi que (S) est un système à *n lignes et p colonnes.*
Si $n = 1$, un système à une ligne est une *équation linéaire.*
Si $n = p$, (S) est un *système carré.*

■ Les réels $a_{11}, a_{22}, ...$ sont les *coefficients diagonaux* du système.
Lorsque les coefficients situés *sous la diagonale* sont nuls ($a_{ij} = 0$ pour tous i et j tels que $i > j$), le système est **triangulaire supérieur.**

■ Une solution de (S) est un **p-uplet $(x_1, ..., x_p)$** vérifiant simultanément les n équations.
Résoudre (S), c'est déterminer l'*ensemble* de ses solutions.

Exemples

$$(S_1)\ \begin{cases} -x_1 + 2x_2 + x_3 = -8 \\ 2x_1 - 3x_2 - x_3 = 14\ ; \end{cases}$$

$$(S_2)\ \begin{cases} x_1 + x_2 + x_3 = 5 \\ x_2 - x_3 = 4 \\ 2x_3 = -6\ . \end{cases}$$

(S_2) est carré et triangulaire supérieur; $(7, 1, -3)$ est une solution de (S_1) et (S_2).

Définition 2

Deux systèmes (S) et (S') sont **équivalents** s'ils ont le **même ensemble de solutions,** autrement dit si toute solution de (S) est solution de (S') et réciproquement.

2 OPÉRATIONS ÉLÉMENTAIRES SUR LES LIGNES

Codage On note L_i la $i^{\text{ème}}$ ligne d'un système (S). Le tableau ci-dessous rassemble les *opérations élémentaires* sur les lignes de (S) et leur *codage*.

opération élémentaire	codage
Échange des lignes i et j.	$\boldsymbol{L_i \leftrightarrow L_j}$
Multiplication de la ligne i par α ($\alpha \neq 0$).	$\boldsymbol{L_i \leftarrow \alpha L_i}$
Addition à la ligne i d'un multiple de la ligne j (λ réel quelconque).	$\boldsymbol{L_i \leftarrow L_i + \lambda L_j}$

Théorème 1

On passe d'un système (S) à un système (S') **équivalent :**
— en changeant l'**ordre des inconnues** de (S), ce qui revient à échanger deux colonnes de (S) ;
— en supprimant dans (S) deux **lignes identiques ;**
— en procédant à une **opération élémentaire** sur les lignes de (S).

Nous confions à l'exercice 25 la preuve de la seule affirmation non évidente de ce théorème, correspondant à l'opération : $L_i \leftarrow L_i + \lambda L_j$.

Exemple Transformons le système (S) $\begin{cases} 3x - y + z = 2 \\ 6x - y = 5 \\ 2y - z = 2 \\ 6x + y - z = 7 . \end{cases}$

par :

$$L_2 \leftarrow L_2 + L_3 \quad \begin{cases} 3x - y + z = 2 \\ 6x + y - z = 7 \\ 2y - z = 2 \\ 6x + y - z = 7 ; \end{cases} \qquad \text{suppression de } L_4 \quad \begin{cases} 3x - y + z = 2 \\ 6x + y - z = 7 \\ 2y - z = 2 ; \end{cases}$$

$$L_1 \leftarrow L_1 + L_2 \quad \begin{cases} 9x = 9 \\ 6x + y - z = 7 \\ 2y - z = 2 ; \end{cases} \qquad \begin{matrix} L_1 \leftarrow \frac{1}{9} L_1 \\ L_2 \leftarrow L_2 - L_3 \end{matrix} \quad \begin{cases} x = 1 \\ 6x - y = 5 \\ 2y - z = 2 . \end{cases}$$

Le système obtenu se résout aisément ; *il a une solution unique :* (1, 1, 0), qui est donc l'unique solution de (S).
Cette résolution utilise des simplifications apparentes ; dans la suite, nous exposerons une méthode plus *automatique :* un **algorithme.**

LA MÉTHODE DE GAUSS

1 EXPOSÉ DE LA MÉTHODE

L'idée Il s'agit, par étapes successives, de transformer un système (S) **en un système triangulaire supérieur (S'),** qui lui est équivalent. Résoudre un tel système (S') sera dès lors une chose aisée, **par substitution.**

Les étapes **1.** On place en L_1 une ligne où le coefficient de x_1 est non nul (une telle ligne existe, et ce coefficient est appelé **pivot**).
On élimine l'inconnue x_1 dans L_2, ..., L_n par $L_i \leftarrow L_i + \lambda L_1$ (λ à calculer pour chaque $i \geqslant 2$).

2. S'il existe parmi L_2, ..., L_n une ligne où le coefficient de x_2 est non nul, on la place en L_2, et on utilise ce coefficient comme **nouveau pivot.**
On élimine l'inconnue x_2 dans L_3, ..., L_n par $L_i \leftarrow L_i + \lambda L_2$.

3. Ainsi de suite, jusqu'à obtenir une forme triangulaire.

2 MISE EN ŒUVRE

Exemple 1 *Résoudre le système* $\begin{cases} 2a + b - c - d = -18 \\ a + b + c + d = 0 \\ 3a + 5c = 1 \\ a + b - 7c + 13d = -40 \end{cases}$.

À chaque étape, le pivot est encadré.

La méthode de Gauss procède ainsi :

① $L_1 \leftrightarrow L_2$(1) $\begin{cases} a + b + c + d = 0 \\ 2a + b - c - d = -18 \\ 3a + 5c = 1 \\ a + b - 7c + 13d = -40 \end{cases}$

② $\begin{array}{l} \\ L_2 \leftarrow L_2 - 2L_1 \\ L_3 \leftarrow L_3 - 3L_1 \\ L_4 \leftarrow L_4 - L_1 \end{array}$ $\begin{cases} \boxed{1}\, a + b + c + d = 0 \\ -b - 3c - 3d = -18 \\ -3b + 2c - 3d = 1 \\ -8c + 12d = -40 \end{cases}$

③ $L_3 \leftarrow L_3 - 3L_2$ $\begin{cases} a + b + c + d = 0 \\ \boxed{-1}\, b - 3c - 3d = -18 \\ 11c + 6d = 55 \\ -8c + 12d = -40 \end{cases}$

④ $L_4 \leftarrow L_4 + \dfrac{8}{11} L_3$ $\begin{cases} a + b + c + d = 0 \\ -b - 3c - 3d = -18 \\ \boxed{11}\, c + 7d = 55 \\ \dfrac{180}{11} d = 0 . \end{cases}$

Du dernier système, nous déduisons successivement : $d = 0$; $c = 5$; $b = 3$; $a = -8$.
L'ensemble des solutions est **$S = \{(-8 ; 3 ; 5 ; 0)\}$** (solution unique).

(1) Pour éviter d'ennuyeux calculs fractionnaires, il est préférable de travailler avec un premier pivot égal à 1.

3 CAS « PATHOLOGIQUES »

Un système linéaire n'a pas toujours une solution unique, même s'il est carré. Nous en étudions ici deux exemples (en attendant les travaux pratiques et exercices) résolus par la méthode de Gauss.

Exemple 2 *Résoudre le système*
$$\begin{cases} x - 3y + 2z = 1 \\ 5x + y + z = -4 \\ -2x - 10y + 5z = 7\,. \end{cases}$$

$$\begin{matrix} \\ L_2 \leftarrow L_2 - 5L_1 \\ L_3 \leftarrow L_3 + 2L_1 \end{matrix} \begin{cases} \boxed{16}\,x - 3y + 2z = 1 \\ 16y - 9z = -9 \\ -16y + 9z = 9\,; \end{cases} \qquad L_3 \leftarrow L_3 + L_2 \begin{cases} x - 3y + 2z = 1 \\ \boxed{16}\,y - 9z = -9 \\ 0 = 0\,. \end{cases}$$

On peut exprimer (par exemple) z, puis x, en fonction de y :

$$z = \frac{16}{9}y + 1\,; \quad x = -\frac{5}{9}y - 1\,.$$

L'ensemble S des solutions contient une infinité de triplets(1) :

$$\boldsymbol{S = \left\{\left(-\frac{5}{9}y - 1\,;\, y\,;\, \frac{16}{9}y + 1\right),\, y \in \mathbb{R}\right\}}.$$

Exemple 3 *Résoudre le système*
$$\begin{cases} x_1 + 2x_2 - 3x_3 = 1 \\ 5x_1 - 3x_2 + x_3 = 2 \\ 3x_1 - x_2 + x_3 = 3 \\ x_1 + 7x_3 = 4\,. \end{cases}$$

$$\begin{matrix} \\ L_2 \leftarrow L_2 - 5L_1 \\ L_3 \leftarrow L_3 - 3L_1 \\ L_4 \leftarrow L_4 - L_1 \end{matrix} \begin{cases} \boxed{1}\,x_1 + 2x_2 - 3x_3 = 1 \\ -13x_2 + 16x_3 = -3 \\ -7x_2 + 10x_3 = 0 \\ -2x_2 + 10x_3 = 3\,; \end{cases} \qquad \begin{matrix} \\ \\ L_3 \leftarrow L_3 - \dfrac{7}{13}L_2 \\ L_4 \leftarrow L_4 - \dfrac{2}{13}L_2 \end{matrix} \begin{cases} x_1 + 2x_2 - 3x_3 = 1 \\ \boxed{-13}\,x_2 + 16x_3 = -3 \\ \dfrac{18}{13}x_3 = \dfrac{21}{13} \\ \dfrac{98}{13}x_3 = \dfrac{45}{13}\,; \end{cases}$$

$$L_4 \leftarrow L_4 - \frac{98}{18}L_3 \begin{cases} x_1 + 2x_2 - 3x_3 = 1 \\ -13x_2 + 16x_3 = -3 \\ \boxed{\dfrac{18}{13}}\,x_3 = \dfrac{21}{13} \\ 0 = -\dfrac{16}{3}\,. \end{cases}$$

La dernière équation n'ayant pas de solution(2), l'ensemble S des solutions est vide : $\boldsymbol{S = \varnothing}$ **.**

(1) Dans ce cas, une des équations est **combinaison linéaire** des deux autres, ce que nous pouvons retrouver par la méthode de Gauss : les transformations effectuées sur les lignes « de départ » montrent que $L_3 + 2L_1 = -(L_2 - 5L_1)$; on en tire $\boldsymbol{L_3 = 3L_1 - L_2}$ **.**

(2) C'était visible avant la dernière transformation, mais un **algorithme** doit être mené au bout.

TRAVAUX PRATIQUES

I

Systèmes linéaires

EXEMPLES D'ÉTUDE DE SITUATIONS CONDUISANT À DES SYSTÈMES

Il s'agit ici de présenter quelques ***situations,*** *dont l'étude se ramène à la résolution d'un système, et d'effectuer une* ***mise au point sur les différentes méthodes.*** *Certains problèmes présentés ici sont issus de la Géométrie (la suite de l'ouvrage offrira d'autres exemples).*

I ÉQUATIONS LIÉES

Exercice résolu ***Les neuf parallélogrammes***

Dans la figure ci-contre, neuf parallélogrammes ont leurs côtés matérialisés ($I \neq J$ et $K \neq L$). Montrer que les droites (IJ), (AC) et (LK) sont parallèles ou concourantes.

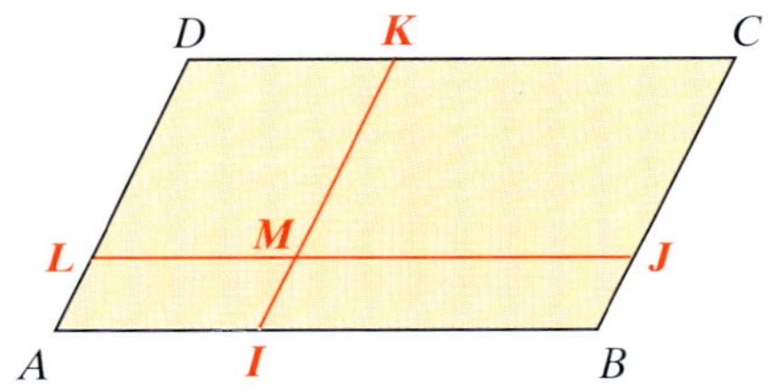

Fig. 1

1. Choix d'un repère

Choisissons le repère (A, B, D) et notons (a, b) les coordonnées de M. Les hypothèses $I \neq J$ et $K \neq L$ imposent que $(a, 0) \neq (1, b)$ et $(0, b) \neq (a, 1)$.

Les droites (AC), (IJ) et (LK) ont, dans ce repère, les équations respectives suivantes :

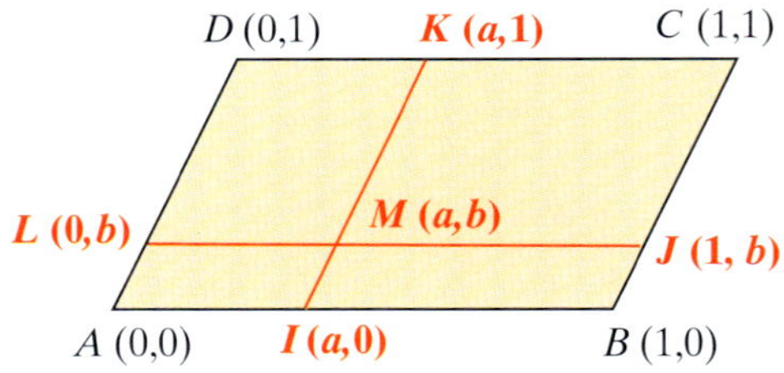

Fig. 2

$$\begin{array}{l} (AC) \\ (IJ) \\ (KL) \end{array} \left\{ \begin{array}{rl} x - \quad\quad\; y &= 0 \\ bx + (a-1)\,y &= ab \\ (b-1)\,x + \quad\; ay &= ab\,. \end{array} \right. \qquad (S)$$

2. Résolution de (*S*)

Les solutions (éventuelles) de (S) sont les coordonnées des points d'intersection des trois droites. Transformons (S) :

$$\begin{array}{r} \\ L_2 \leftarrow L_2 - bL_1 \\ L_3 \leftarrow L_3 - (b-1)\,L_1 \end{array} \left\{ \begin{array}{rl} x - y &= 0 \\ (a+b-1)\,y &= ab \\ (a+b-1)\,y &= ab\,. \end{array} \right.$$

Le système obtenu équivaut à $\begin{cases} x - y = 0 \\ (a + b - 1)\,y = ab\,. \end{cases}$

Remarquons que l'on ne peut pas avoir simultanément $a + b - 1 = 0$ et $ab = 0$ compte tenu des hypothèses $(a, 0) \neq (1, b)$ et $(0, b) \neq (a, 1)$.

1er cas : $a + b - 1 \neq 0$
Le système admet une *solution unique* $\left(\dfrac{ab}{a+b-1}, \dfrac{ab}{a+b-1}\right)$.

Les trois droites sont concourantes au point de coordonnées $\left(\dfrac{ab}{a+b-1}, \dfrac{ab}{a+b-1}\right)$.

2e cas : $a + b - 1 = 0$
Le système n'a *pas de solution.* Cet argument ne permet pas de conclure au parallélisme, mais il est immédiat de remarquer que, dans ce cas, les trois droites ont pour vecteur directeur $\overrightarrow{AC}(1, 1)$. Ainsi, **les trois droites sont parallèles.**

3. Une méthode moins « brutale »
Les équations des trois droites peuvent s'écrire ainsi :

$$(AC) : \ x = y\ ; \quad (IJ) : \ bx + ay - ab = y\ ; \quad (KL) : \ bx + ay - ab = x\,.$$

On voit que *deux quelconques de ces équations impliquent la troisième.* Donc :
— si (IJ) et (KL) sont sécantes, les coordonnées de leur point d'intersection vérifient l'équation de (AC) : **elles sont concourantes ;**
— si (IJ) et (KL) sont parallèles, (AC) ne peut être sécante avec (IJ), sans quoi les trois droites seraient concourantes d'après le raisonnement précédent : **elles sont donc parallèles.**

Remarque : La condition de parallélisme $a + b - 1 = 0$ équivaut à : **« M est situé sur la diagonale $[BD]$ ».**

POINT MÉTHODE

Le problème ci-dessus revient en fait à montrer que **les trois équations des droites sont « liées »,** c'est-à-dire que deux quelconques d'entre elles impliquent la troisième.
Deux méthodes sont envisageables :

1. La résolution du système
Par la méthode de Gauss, ou toute autre variante donnant des calculs plus simples.

2. Les combinaisons linéaires
Il suffit, pour résoudre le problème, de prouver qu'une des équations est combinaison linéaire des autres. C'est souvent plus simple, mais cela ne fournit pas de solution du système.

TP I

1 Le dessert
(D'après *Le Rallye mathématique de Bourgogne* 1983.)
Deux éclairs, cinq religieuses et quatre meringues coûtent 74 F ; trois éclairs, cinq religieuses et une meringue coûtent 66 F. Combien coûtent deux éclairs, sept religieuses et huit meringues ?

2 Les parallélogrammes $OACB$ et $OA'C'B'$ sont disposés comme sur la figure ci-dessous. Montrer que les droites (AB'), (BA') et (CC') sont concourantes ou parallèles.

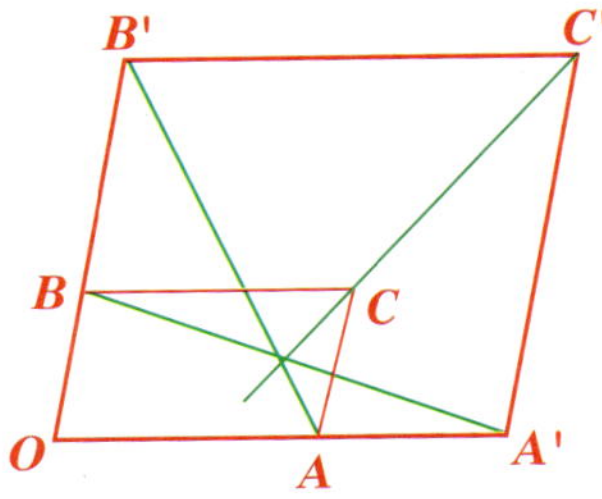

2 RECHERCHE DES SOLUTIONS

Exercice résolu ***Un polynôme d'interpolation***[1]

Déterminer un polynôme P de degré trois vérifiant les conditions :

$$P(1) = -9\ ; \quad P(2) = -9\ ; \quad P(3) = 5\ ; \quad P(4) = 45\ .$$

1. Le système

Posons $P(x) = ax^3 + bx^2 + cx + d$.

Le problème revient à résoudre le système $\begin{cases} a + b + c + d = -9 \\ 8a + 4b + 2c + d = -9 \\ 27a + 9b + 3c + d = 5 \\ 64a + 16b + 4c + d = 45\ . \end{cases}$

2. Résolution par la méthode du pivot de Gauss

$$\begin{array}{l} \\ L_2 \leftarrow L_2 - 8L_1 \\ L_3 \leftarrow L_3 - 27L_1 \\ L_4 \leftarrow L_4 - 64L_1 \end{array} \begin{cases} \boxed{a} + b + c + d = -9 \\ -4b - 6c - 7d = 63 \\ -18b - 24c - 26d = 248 \\ -48b - 60c - 63d = 621\ . \end{cases}$$

La deuxième étape promet des calculs compliqués. Laissons-nous aller à suivre le *Faust* de Goethe, qui nous crie : «Renonce! il le faut, renonce!»

3. Comment faire ?

L'inconnue d figurant avec le coefficient 1, il paraît judicieux de commencer par *inverser les inconnues.*

Ensuite, nous conserverons les lignes 1, ..., i et ferons subir aux autres lignes la transformation $L_j \leftarrow L_j - L_{j-1}$, et ce, à chaque étape i.

$$\begin{cases} d + c + b + a = -9 \\ d + 2c + 4b + 8a = -9 \\ d + 3c + 9b + 27a = 5 \\ d + 4c + 16b + 64a = 45 \end{cases} \quad \begin{array}{l} \\ L_2 \leftarrow L_2 - L_1 \\ L_3 \leftarrow L_3 - L_2 \\ L_4 \leftarrow L_4 - L_3 \end{array} \begin{cases} d + c + b + a = -9 \\ c + 3b + 7a = 0 \\ c + 5b + 19a = 14 \\ c + 7b + 37a = 40 \end{cases}$$

$$\begin{array}{l} \\ \\ L_3 \leftarrow L_3 - L_2 \\ L_4 \leftarrow L_4 - L_3 \end{array} \begin{cases} d + c + b + a = -9 \\ c + 3b + 7a = 0 \\ 2b + 12a = 14 \\ 2b + 18a = 26 \end{cases} \quad \begin{array}{l} \\ \\ \\ L_4 \leftarrow L_4 - L_3 \end{array} \begin{cases} d + c + b + a = -9 \\ c + 3b + 7a = 0 \\ 2b + 12a = 14 \\ 6a = 12\ . \end{cases}$$

On en tire successivement : $\boldsymbol{a = 2\ ;\ b = -5\ ;\ c = 1\ ;\ d = -7}$.

Donc $P(x) = 2x^3 - 5x^2 + x - 7$.

(1) Interpoler, c'est approcher. Si une fonction inconnue f vérifie $f(x_i) = y_i$ pour $1 \leqslant i \leqslant n$, on peut approcher f par un polynôme P de degré $n - 1$ vérifiant $P(x_i) = y_i$ pour $1 \leqslant i \leqslant n$. P est **le polynôme d'interpolation de f associé aux (x_i, y_i).** Voir l'exercice 40.

POINT MÉTHODE

Deux préoccupations, selon l'outil dont on dispose :

1. Résolution par calculatrice ou par ordinateur

Peu importe la complexité des calculs; c'est la *rapidité de calcul* qui compte. Pour cela, on privilégie les **algorithmes** qui fonctionnent à tout coup et, parmi eux, les algorithmes les plus courts (la méthode de Gauss, qui fonctionne pour tous les systèmes, est un bon candidat).

2. Résolution « manuelle »

Il n'y a pas de méthode privilégiée : c'est la simplicité des calculs à effectuer qui commande le procédé utilisé.

On le voit donc : il faut anticiper.

TP 2

1 Le trinôme du second degré $ax^2 + bx + c$ prend les valeurs 1, 19, 47 quand on remplace x par 1, 2, 3.
Déterminer a, b, c.

2 Interpolation d'une fonction *f*

f est une fonction inconnue vérifiant :

$$f(1) = 10 \ ; \ f(2) = -9 \ ;$$
$$f(3) = -62 \ ; \ f(4) = -167 \ .$$

Peut-on trouver un polynôme P prenant les mêmes valeurs aux points considérés, et de degré :

a) deux ?

b) trois ?

3 Avec le tétraèdre

1° Est-il possible d'écrire sur les faces d'un tétraèdre des nombres deux à deux distincts ayant la propriété suivante : « La somme des nombres affectés aux faces ayant un sommet commun est constante » ?

2° Est-il possible d'écrire sur les arêtes d'un tétraèdre des nombres de façon que la somme des nombres attribués à trois arêtes concourantes soit constante ?
Ces nombres peuvent-ils être deux à deux distincts ?

3° Les quatre faces d'un tétraèdre ont le même périmètre.
Montrer que les arêtes opposées sont de même longueur.

APPLICATIONS DIRECTES DU COURS

Premières définitions

1 Dans quels cas le triplet $\left(\frac{1}{3}, -\frac{2}{3}, \frac{5}{3}\right)$ est-il solution du système ?

a) $\begin{cases} x + 3y + z = 0 \\ x + z = 2 \end{cases}$; *b)* $\begin{cases} 3x + 5y + 2z = 1 \\ x - y + z = 3 \end{cases}$;

c) $\begin{cases} 5y + 2z = 0 \\ 2x + y = 0 \\ -x + z = 2 \end{cases}$; *d)* $\begin{cases} 3x - y - z = 0 \\ 2x + 2y + z = 1 \\ 5x - y + 4z = 9 \end{cases}$.

2 Montrer qu'un système linéaire homogène admet au moins une solution.

3 Montrer qu'un système carré, triangulaire supérieur, ayant des coefficients diagonaux non nuls, admet une solution unique.

Dans les exercices 4 *et* 5, *dire si les deux systèmes sont équivalents.*

4 $\begin{cases} x + y - 2z = 1 \\ x - z + 1 = 0 \\ y - z + 2 = 0 \end{cases}$ et $\begin{cases} x - y = 3 \\ 3x + y - 4z = 1 \end{cases}$.

5 $\begin{cases} a + b + c = 3 \\ a + b = 2 \\ b + c = 2 \end{cases}$ et $\begin{cases} 3a - 2b + c = 2 \\ a - b + 5c = 5 \end{cases}$.

Opérations sur les lignes

Dans les exercices 6 *à* 11, *résoudre le système en utilisant les opérations codées sur les lignes.*

6 *a)* $\begin{cases} 3x - 8y = 3 \\ -x + 2y = 5 \end{cases}$; *b)* $\begin{cases} (1 - \sqrt{2})x + y - 5 = 0 \\ x + (\sqrt{2} + 1)y = 0 \end{cases}$.

7 *a)* $\begin{cases} a - b + 2c = 0 \\ 3a + b = 7 \end{cases}$; *b)* $\begin{cases} a - c = b - a \\ c - b = a - c \end{cases}$.

8 *a)* $\begin{cases} 5x_1 - x_2 + x_3 = -2 \\ x_1 + x_2 = 3 \\ 8x_1 - 10x_2 + 3x_3 = -27 \end{cases}$;

b) $\begin{cases} 3x_1 - x_2 + x_3 = 0 \\ x_1 - 5x_2 + x_3 = 0 \\ -x_1 + 2x_2 - 3x_3 = 0 \end{cases}$.

9 *a)* $\begin{cases} x + y + z - 3 = 0 \\ 2x - z + 1 = 0 \\ 5y + 2z = 1 \end{cases}$; *b)* $\begin{cases} -x + y + 2z = 1 \\ 2x - y + z = 2 \\ 7x - 2y + z = 3 \end{cases}$.

10 $\begin{cases} x_1 + x_2 + x_3 + x_4 = 0 \\ x_1 - 2x_2 + x_3 = 1 \\ x_2 - x_3 + x_4 = 2 \end{cases}$.

11 $\begin{cases} x + y + z = 6 \\ x + y + t = 7 \\ x + z + t = 8 \\ y + z + t = 9 \end{cases}$.

12 Déterminer quatre réels a, b, c, d de façon que la dérivée de la fonction :

$$x \mapsto (ax + b) \cos x + (cx + d) \sin x$$

soit la fonction $x \mapsto (2x + 3) \sin x$.

13 Dans la figure ci-contre, on donne $AB = 4$, $AC = 5$, $BC = 7$.
Calculer AP, AR, BR, BQ, CP, CQ.

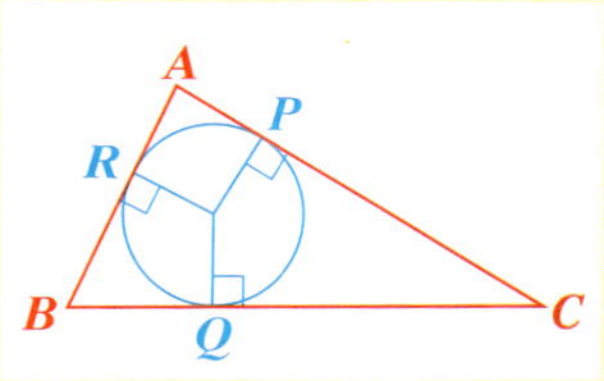

Méthode du pivot de Gauss

Résoudre chacun des systèmes suivants par la méthode du pivot de Gauss.

14 $\begin{cases} 5x + y + z = -5 \\ 2x + 13y - 7z = -1 \\ x - y + z = 1 \end{cases}$.

15 $\begin{cases} x + y + z = 1 \\ 8x + 2y + 5z = 3 \\ 3x - 4y + 3z = -1 \end{cases}$.

16 $\begin{cases} -x + 3y + z = 2 \\ 4x - y + 7z = 0 \\ 2x + 5y + 9z = 4 \end{cases}$.

17 $\begin{cases} a + b + c + d = -1 \\ 3a - b + 2c - 5d = -26 \\ -a + c - 2d = -8 \\ 8a + 2b + d = 0 \end{cases}$.

18 $\begin{cases} -2a + b - c - d = 3 \\ a - 2b + c - 2d = 7 \\ 3a + 2c + d = 5 \\ 2a - b + 2c - 2d = 15 \end{cases}$.

EXERCICES

Vrai/Faux

19 Lorsque $ab' - ba' = 0$, le système suivant admet une infinité de solutions $\begin{cases} ax + by = 0 \\ a'x + b'y = 0 \end{cases}$.

20 Il existe des valeurs de a, b, c pour lesquelles le système $\begin{cases} x + y + z = 1 \\ x - y - z = 2 \\ ax + by + cz = 3 \end{cases}$ admet exactement deux solutions.

21 Les systèmes :

$$\begin{cases} 2x + y = 5 \\ x - y = -2 \end{cases} \quad \text{et} \quad \begin{cases} x + 2y = 7 \\ 4(x - z) = y - 4z + 1 \end{cases}$$

sont équivalents.

22 Le système $\begin{cases} x_1 + x_2 + \ldots + x_{100} = 1 \\ x_2 + \ldots + x_{100} = 2 \\ \vdots \\ x_{100} = 100 \end{cases}$ admet une solution unique.

23 Le système $\begin{cases} x - y = \sqrt{2} \\ y - z = \sqrt{3} \\ x - z = -\sqrt{5} \end{cases}$ admet au moins une solution.

24 Sur un système (S), la suite d'opérations :

$$L_2 \leftarrow L_1 - 2L_2\ ;\ L_1 \leftrightarrow L_2\ ;\ L_1 \leftarrow L_1 + \frac{1}{2}L_2$$

permet de revenir au système initial.

La technique mise à l'épreuve

25 Démontrer ce résultat énoncé en cours (p. 11) : « L'opération $L_i \leftarrow L_i + \lambda L_j$ fournit un système équivalent. »

26 Soit a, b, c, d des réels donnés.
Résoudre le système suivant par les méthodes : substitution, combinaison, pivot de Gauss :

$$\begin{cases} x + y + z = a \\ y + z + t = b \\ z + t + x = c \\ t + x + y = d. \end{cases}$$

★ **27** On considère le système d'inconnues a, b, ..., z :

$$(S) \begin{cases} a + b = 1 \\ b + c = 2 \\ \vdots \\ y + z = 25 \\ z + a = \alpha, \text{ où } \alpha \text{ est un réel donné.} \end{cases}$$

1° Former la ligne obtenue par :

$$L_1 - L_2 + L_3 - \ldots - L_{24} + L_{25} - L_{26}.$$

2° En déduire que :
— si $\alpha \neq 13$, (S) n'a pas de solution ;
— si $\alpha = 13$, (S) a une infinité de solutions.

★ **28** **Le bassin**
Pour remplir un bassin d'irrigation, on dispose de trois robinets A, B, C.
Avec les robinets A et B, le bassin se remplit en dix minutes ; avec les robinets B et C, il faut vingt minutes ; avec les robinets C et A, il faut douze minutes.
Combien faut-il de temps pour remplir le bassin avec chacun des robinets fonctionnant seul ? avec les trois robinets ouverts ensemble ?

29 Calculer les longueurs des côtés du triangle OAI (voir figure ci-dessous).

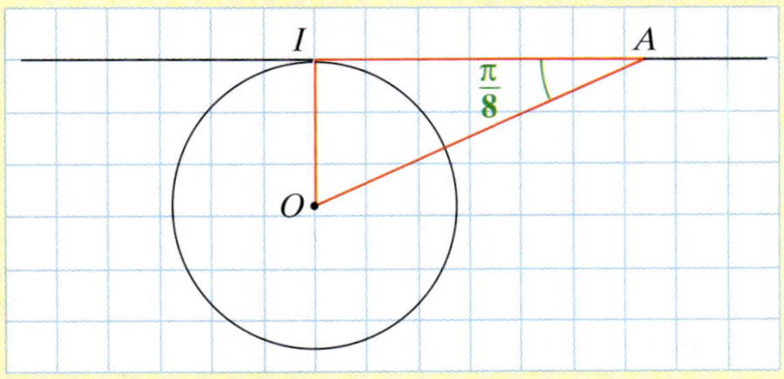

On donne $AB = 2$ cm et $\sin \frac{\pi}{8} = \frac{\sqrt{2 - \sqrt{2}}}{2}$.

☞ Poser $x = AI$ et $y = OA$.

Comparaison de méthodes

30 Résoudre le système suivant :

$$\begin{cases} 8x + 3y - 2z = 3 \\ x - 2y + z = 1 \\ 5x - 3y + 2z = 0 \end{cases}$$

a) par la méthode du pivot de Gauss ;
b) en commençant par : $L_3 \leftarrow L_3 + L_1$.

31 Étudier le concours éventuel des trois droites :
$\mathcal{D}_1$: $2x + 3y = 2$; $\mathcal{D}_2$: $6x - 6y = 1$;
$\mathcal{D}_3$: $4x + 21y = 9$;

a) par la méthode du pivot de Gauss;

b) en essayant d'écrire une équation comme combinaison linéaire des autres.

32 **À la brasserie**
Le garçon, à une table : « Deux sandwiches, trois cocas et un café... 68 F. »
À une autre table : « Un sandwich, deux cocas, deux cafés... 45 F. »
À la grande table : « Trois sandwiches, quatre cocas, et pas de café... ? F. »
Quel est le prix annoncé à la grande table ?

Situations géométriques conduisant à des systèmes

★ **33** **Théorème de Ceva**
ABC est un triangle et α, β, γ trois réels.
On définit les points P, Q, R par les relations :

$$\overrightarrow{PB} = \alpha\overrightarrow{PC} \; ; \; \overrightarrow{QC} = \beta\overrightarrow{QA} \; ; \; \overrightarrow{RA} = \gamma\overrightarrow{RB}.$$

Montrer que les droites (AP), (BQ), (CR) sont concourantes ou parallèles si et seulement si $\alpha\beta\gamma = -1$.

☞ Dans le repère (A, B, C), déterminer une équation des droites (AP), (BQ), (CR) en fonction de α, β, γ.

34 Dans une base de l'espace, on considère les trois vecteurs :

$$\vec{u}(-1, 7, 3) ; \; \vec{v}(3, 2, 0) ; \; \vec{w}(-27, 5, 9).$$

Sont-ils coplanaires ?

☞ $\vec{u}$, $\vec{v}$, $\vec{w}$ sont coplanaires s'il existe (par exemple) deux réels x et y tels que $\vec{w} = x\vec{u} + y\vec{v}$.

35 Même exercice avec les vecteurs :

$$\vec{a}(2, 3, 5) ; \; \vec{b}(8, 13, 21) ; \; \vec{c}(34, 55, 89).$$

36 On donne les trois vecteurs :

$$\vec{e}_1(1, 2, 0) ; \; \vec{e}_2(1, 1, 1) ; \; \vec{e}_3(3, 0, -1).$$

1° Vérifier que $(\vec{e}_1, \vec{e}_2, \vec{e}_3)$ est une base de l'espace, c'est-à-dire qu'ils sont non coplanaires.

2° Soit $\vec{u}(3, 4, 5)$.
Montrer qu'il existe deux vecteurs $\vec{u}_1$ et $\vec{u}_2$ vérifiant $\vec{u} = \vec{u}_1 + \vec{u}_2$, $\vec{u}_1$ coplanaire avec $\vec{e}_1$ et $\vec{e}_2$, $\vec{u}_2$ colinéaire à $\vec{e}_3$.

37 Dans un repère orthonormal de l'espace, déterminer le centre et le rayon de la sphère circonscrite au tétraèdre A, B, C, D, avec :

$$A(1, 1, 0) ; \; B(0, 2, 0) ; \; C(0, -1, 1) ; \; D(2, 2, 2).$$

☞ Une équation de cette sphère est de la forme : $(x - a)^2 + \ldots = r^2$.

Autres situations

38 Soit a, b, c trois réels.
On pose, pour tout x, $f(x) = a \cos x + b \sin x + cx$.
Montrer que, si f s'annule pour les valeurs 0, $\frac{\pi}{2}$ et π, alors f est la fonction nulle.

39 **Au chenil**
(D'après *Jeux et Stratégies*, n° 9.)
Dans ce chenil, il y a deux fois plus de Bergers allemands que de Chows-Chows, il y a autant de Bergers allemands que de Caniches, le nombre des Lévriers et des Setters réunis est le même que celui des Chows-Chows, il y a quatre fois plus de Setters que de Lévriers. Le chenil se compose de cent cinquante chiens.
Combien y a-t-il de chiens par race dans ce chenil ?

40 Déterminer un polynôme P de degré 3 vérifiant $P(1) = 1$, $P(2) = 2$, $P(3) = -1$, $P(4) = 5$.

INFO *Polynôme d'interpolation de Lagrange*

Ce polynôme donne la solution du problème précédent, de façon algorithmique :

$$P(x) = 1\,\frac{(x-2)(x-3)(x-4)}{(1-2)(1-3)(1-4)} + 2\,\frac{(x-1)(x-3)(x-4)}{(2-1)(2-3)(2-4)} + (-1)\,\frac{(x-1)(x-2)(x-4)}{(3-1)(3-2)(3-4)} + 5\,\frac{(x-1)(x-2)(x-3)}{(4-1)(4-2)(4-3)}.$$

41 Déterminer une fonction polynôme de degré trois dont la courbe représentative passe par les points $A(2, -1)$ et $B(1, 1)$ où elle admet une tangente horizontale.

Systèmes d'inéquations

42 Définir chacun des domaines ci-dessous par un système d'inéquations.

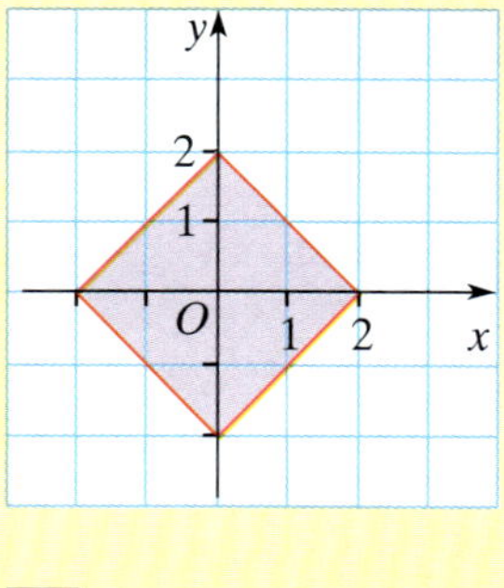

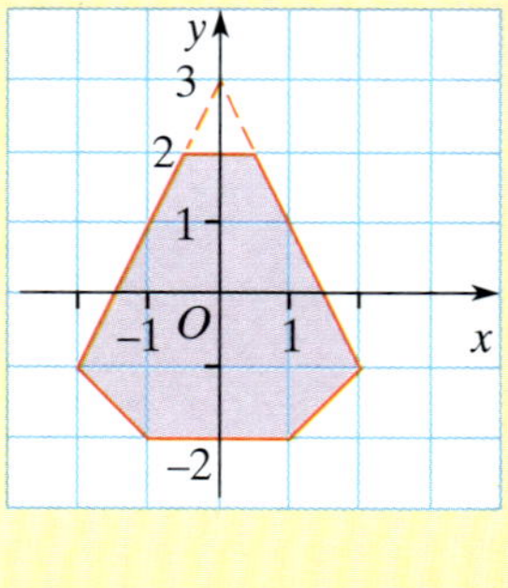

43 Déterminer trois entiers A, B, C vérifiant :

$$A - B < B - C < C < B < A < B + C,$$

si l'on sait de plus que $A + B + C = 30$.

☞ Il y a deux solutions.

PROBLÈMES

Point de système, beaucoup d'œuvres.
Victor HUGO

44 La promenade

Un promeneur va du village A au village B, distant de 16 km, en 4 h 13 min ; il effectue le retour en 4 h 05 min, chaque trajet étant effectué d'une seule traite.
Sachant que sa vitesse est de 4 km/h sur le plat, 3 km/h en montée et 5 km/h en descente, calculer les longueurs de terrain plat, de montée et de descente, dans le sens de A vers B.

45 La classe

(D'après *Rallye mathématique de Bourgogne*. 1984.)

Dans une classe de moins de 40 élèves, la taille moyenne des élèves est 1,67 m, la taille moyenne des filles est 1,60 m, la taille moyenne des garçons est 1,735 m.
Quel est l'effectif de la classe ?

46 Un problème de la revue *Tangente* (n° 21)

Déterminer les solutions *positives* du système :

$$\begin{cases} x + y^2 + z^3 = 3 \\ y + z^2 + x^3 = 3 \\ z + x^2 + y^3 = 3 \,. \end{cases}$$

★ **47 La forteresse**

(D'après *Jeux mathématiques et logiques*. Volume 7. Éd. Hatier.)

Répartir les 45 prisonniers de cette forteresse dans les 9 cellules rondes, de façon que chacun des quatre gardiens (G) ait sous sa surveillance 17 prisonniers. Aucune cellule n'est vide. On précise que chaque gardien surveille les cellules situées autour de la pièce triangulaire dans laquelle il se tient. Deux cellules distinctes ne peuvent contenir le même nombre de prisonniers. On doit avoir $A < B < C$.

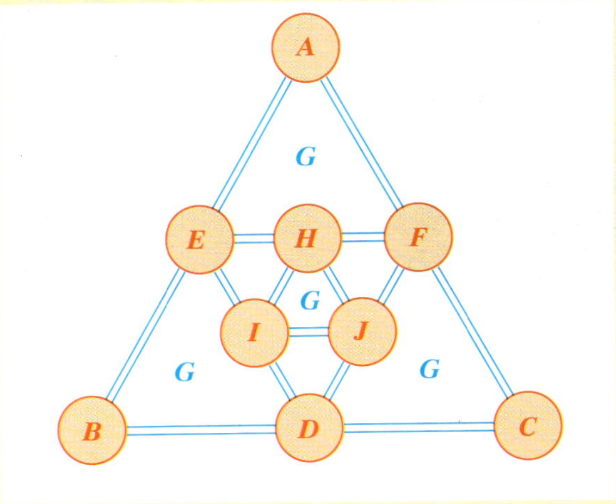

48 Le problème des chevaux de Newton

Deux éleveurs ont conduit ensemble 110 chevaux au marché et, après la vente, en rapportent des sommes égales (chaque éleveur a vendu les chevaux qui lui appartenaient à un prix constant). Si chacun d'eux avait vendu ses chevaux au prix de l'autre éleveur, le premier aurait reçu 108 000 F et le second 75 000 F.
On demande combien chaque éleveur avait de chevaux et combien il a vendu chacun de ses chevaux.
Note : Ce système n'est pas linéaire.

49 Un problème d'optimisation

(D'après *BTS Comptabilité et Gestion*. 1989.)

Pour une fabrication, une entreprise doit utiliser x pièces de type A, y pièces de type B et z pièces de type C.
Le tableau suivant donne la masse et le coût de chacune de ces pièces :

pièce	A	B	C
masse en g	2,5	2	1
coût en F	1	1,5	0,5

Soit N le nombre de pièces au total, M leur masse totale, et C leur coût total (M en g, C en F).

1° À l'aide de la méthode du pivot de Gauss, exprimer x, y, z en fonction de N, M et C.

2° La fabrication est optimale pour $N = 140$, $M = 275$, $C = 135$.
Calculer x, y, z.

★ **50 Un problème de programmation linéaire**

Une entreprise fabrique deux produits A et B en utilisant deux machines M_1 et M_2, et une matière première.
Pour fabriquer le produit A, il faut utiliser M_1 pendant 2 heures, M_2 pendant 2 heures, et on consomme 6 kg de matière première.
Pour fabriquer le produit B, il faut utiliser M_1 pendant 2 heures, M_2 pendant 4 heures, et on consomme 2 kg de matière première.
Les machines M_1 et M_2 sont respectivement disponibles 120 et 180 heures. La consommation de matière première est limitée à 300 kg.
Sachant que le produit A rapporte 400 F et que le produit B rapporte 200 F, déterminer la production de l'entreprise pour réaliser un bénéfice maximal.

Trucs & Astuces

Opérations élémentaires

Elles fournissent un système équivalent; il n'est cependant pas superflu de vérifier, une fois les solutions trouvées, même si ce n'est pas théoriquement indispensable.

Ordre des inconnues

Penser éventuellement à le changer avant d'« opérer » sur les lignes, si c'est plus simple (voir T. P. 2, exercice résolu).

Cas particulier

Un système comportant plus d'inconnues que d'équations ne peut avoir une solution unique.

Des méthodes diverses

Ne pas se lancer systématiquement dans la méthode du pivot; des combinaisons linéaires astucieuses peuvent donner plus simplement le résultat.

Rubrique à Bac

Coulisse : combien de solutions ?

Il est bien rassurant de connaître à priori le nombre de solutions d'un système... Ce nombre n'est pas quelconque.

L'ensemble des solutions d'un système linéaire (S) est soit vide, soit réduit à une solution unique, soit formé d'une infinité de solutions.
Dans ce dernier cas, une ou plusieurs inconnues peuvent prendre une valeur arbitraire.

Vous avez dit convexe ?

L'ensemble des solutions d'un système d'inéquations à deux inconnues est toujours une figure *convexe* du plan.

Des systèmes au service de la conquête spatiale

HIPPARCOS(1), satellite européen, devait être lancé en 1989.

Sa mission : Observer pendant deux ans et demi cent quinze mille étoiles, recueillir des données permettant de constituer un colossal fichier sur les positions de ces étoiles, leurs déplacements, leurs distances, et leurs éclats apparents.

Le traitement des données en quelques chiffres :

- Un million de nombres : 115 000 étoiles, 6 données et quelques par étoile.
- Une phase d'Analyse, par tranches comportant 70 000 équations pour 2 200 inconnues (5 minutes sur les ordinateurs du CNES).
- Une phase de synthèse, comportant 1 500 000 équations linéaires à 200 000 inconnues ! 30 mois de calcul !!

Pour la résolution, la méthode du pivot est bien dérisoire : on utilise des méthodes basées sur l'Analyse.

▲ Amas des Hyades et des Pléiades (Cliché Observatoire de la Côte d'Azur, La Recherche n° 206.)

Malheureusement, le lancement d'Hipparcos a échoué en 1989. La communauté astronomique internationale attend impatiemment le prochain lancement.

(1) *High Precision PARallax COllecting Satellite,* nom choisi en souvenir d'Hipparque de Nicée (IIe siècle avant J.-C.), premier astronome de l'Antiquité à avoir établi un catalogue concernant 1 022 étoiles, qui sera inégalé jusqu'au XVe siècle.

2

Il ne peut y avoir
De réalisme véritable
Que si l'on comprend
Que l'imaginaire est dans le réel
Et que nous voyons le réel par lui.

MICHEL BUTOR

Nombres complexes

COURS

EXERCICES

INTRODUCTION

2
Nombres complexes

1 OBJECTIFS

Faisons fi de la boutade d'Alfred Jarry : « La pataphysique est la science des solutions imaginaires » pour prendre à notre compte la phrase du philosophe Alain : « *... il n'y a point de nombres, et il faut faire les nombres chaque fois qu'il faut les penser.* »
Notre objectif est d'introduire un **nouvel ensemble de nombres,** en réponse à une préoccupation d'importance dans la résolution des équations : l'impossibilité de déterminer sur $\mathbb{R}$ *des racines carrées de nombres négatifs.*

▪ Il s'agira, du point de vue **algébrique** :
— de **définir** les nombres complexes et d'en **décrire** les règles de calcul et les visualisations géométriques ;
— d'**exploiter** leur existence dans la résolution d'équations.

▪ Nous les utiliserons encore en tant qu'**outils** :
— pour la **trigonométrie,** dans ce même chapitre ;
— pour l'étude des **configurations géométriques planes** dans la suite de ce volume ;
— dans la recherche de **primitives,** au chapitre 3 du tome d'Analyse.

2 CONNAISSANCES MISES EN JEU

Angles orientés et trigonométrie

RAPPELS DE PREMIÈRE

▪ Mesures d'un angle orienté.

▪ Lignes trigonométriques usuelles.

▪ Formules trigonométriques de base, formules d'addition.

Polynômes

Factorisation par $(x - a)$ si $P(a) = 0$.

3 ACTIVITÉS PRÉPARATOIRES

- Il s'agit, évidemment, d'introduire les **nombres complexes.**
- Une présentation «à la hache» de tels nombres donnerait le scénario suivant :

1. Levons l'interdiction (célèbre entre toutes) : «Un nombre négatif n'a pas de racine carrée.»

2. Introduisons, résistant à l'horreur, un «nombre» noté i tel que $i^2 = -1$. Ce nombre fantôme ne pouvant être réel, disons qu'il est *imaginaire.*

3. Multiplions le fantôme par un réel quelconque y et ajoutons un réel x.
Notons le résultat $x + yi$: il vient de naître un *nombre complexe.*

4. Et parce que nous savons qu'aucun accident n'est à craindre, nous dirons que l'on peut appliquer à ces nombres, les méthodes et les règles usuelles du calcul. Ce qui veut dire, par exemple, que :

$(3 + 4i) + (2 - i) = 5 + 3i$

$(3 + 4i) \times (2 - i) = 6 + 8i - 3i - 4i^2$, soit, comme $i^2 = -1$:

$(3 + 4i) \times (2 - i) = 6 + 5i + 4 = 10 + 5i$.

5. Notons $\mathbb{C}$ l'ensemble de tous ces nombres complexes z, qui s'écrivent $z = x + iy$, avec x et y réels (écriture unique). **Admettons** que les propriétés familières de l'addition et de la multiplication persévèrent dans $\mathbb{C}$, comme dans $\mathbb{R}$: c'est fini.
Ajoutons que $\mathbb{C}$ est le **corps** des nombres complexes et notre scénario s'achève sur une note savante.
L'activité 1 propose une *familiarisation* avec ces calculs.

ACTIVITÉ 1

1 Calculer i^2, i^3, i^4, et i^n en fonction de l'entier n.

2 Calculer, et mettre sous la forme $a + ib$ les sommes :
a) $(1 + i) + (-1 + i)$; *b)* $(3 - i) - (5 + 3i)$;
c) $(1 + i) + (1 + 2i) + \ldots + (1 + 1\,992i)$;
d) $(a + ib) + (a - ib)$; *e)* $(a + ib) - (a - ib)$.

3 Mettre sous la forme $a + ib$ chacun des produits :
a) $(2 - 5i)(4 + i)$; *b)* $(3 + i)^2$;
c) $(1 - i)^3$; *d)* $(a + ib)(a - ib)$.

4 Résoudre, dans $\mathbb{C}$, les équations :
a) $iz = 3 - i$; *b)* $(1 - 3i)z = -2 + 5i$.
☞ Poser $z = x + iy$, et utiliser l'unicité de l'écriture.

Le symbole «i» est introduit par Euler pour la première fois en 1777 seulement en lieu et place de la notation plus qu'ambiguë «$\sqrt{-1}$», utilisée depuis le milieu du XVIe siècle par les algébristes et les géomètres, comme nous allons alors le voir maintenant...

PRÉSENTATION HISTORIQUE

Au XVIe siècle, en plein *Rinascimento*[(1)] l'équation du troisième degré est résolue algébriquement, dans le cadre de concours entre savants (Tartaglia, Cardan). Ce dernier expose une « formule »[(2)] donnant une racine de l'équation $x^3 = px + q$:

$$x = \sqrt[3]{\sqrt{\frac{q^2}{4} - \frac{p^3}{27}} + \frac{q}{2}} - \sqrt[3]{\sqrt{\frac{q^2}{4} - \frac{p^3}{27}} - \frac{q}{2}} \qquad (\textit{Ars Magna}, 1547).$$

ACTIVITÉ 2

1 On considère l'équation :

$$x^3 = 2x - 5 \qquad (E).$$

a) En étudiant les variations d'une fonction, montrer que (E) admet une solution unique α.

b) Donner une valeur approchée de α à l'aide de la formule de Cardan, et d'une calculatrice.

2 Peut-on appliquer la formule de Cardan à l'équation $x^3 = 51x + 104$?

L'activité 3 propose de résoudre cette dernière équation *à l'aide du nombre i*. En effet, $(47i)^2 = -2\,209$.

ACTIVITÉ 3

Considérons l'équation $x^3 = 51x + 104 \quad (E)$.

a) Montrer que la formule de Cardan s'écrit « formellement » :

$$x = \sqrt[3]{52 + 47i} + \sqrt[3]{52 - 47i}\,.$$

b) Calculer $(4 + i)^3$ et $(4 - i)^3$.

En déduire une solution de (E).

c) Factoriser $x^3 - 51x - 104$ par $(x - \alpha)$, où α est la solution trouvée en *b*).

d) Achever la résolution de (E).

Cette activité montre toute l'efficacité de l'ingénieuse invention du nombre *i*, due à *Bombelli* qui, dans son « Algèbre » (1572), énonça des règles de multiplication dans la célèbre comptine[(3)] ci-contre.

Più via più di meno fa più di meno,
Meno via più di meno fa meno di meno,
Più via meno di meno fa meno di meno,
Meno via meno di meno fa più di meno,
Più di meno via più di meno fa meno,
Più di meno via meno di meno fa più,

Meno di meno via più di meno fa più,
Meno di meno via meno di meno fa meno.

La reconnaissance de ces *nombres imaginaires* reste très controversée chez les mathématiciens jusqu'à leur **représentation géométrique** par Gauss décrite dans sa lettre à Bessel en 1811 : « ... on peut représenter toutes les quantités, les réelles et les imaginaires, au moyen d'un plan indéfini. »
Le complexe $z = a + ib$ **est représenté par le point** $M(a, b)$ du plan muni d'un repère orthonormal.
L'invention de Bombelli accède au statut de « *nombre* ».

(1) La Renaissance italienne.
(2) Le calcul algébrique formel n'était pas inventé. Nous traduisons la solution de Cardan en écriture algébrique moderne.
(3) Traduction : *Più* = + 1 ; *Meno* = − 1 ; *Più di meno* = i ; *Meno di meno* = $-i$.
$(+1) \times i = i$, etc.

LE CORPS $\mathbb{C}$ DES NOMBRES COMPLEXES

L'addition et la multiplication dans $\mathbb{C}$ sont «définies»(1) par :
Pour tout $z = a + ib$ et tout $z' = a' + ib'$,

$$z + z' = a + a' + i(b + b') \text{ et } zz' = (aa' - bb') + i(ab' + ba').$$

ACTIVITÉ 4

Propriétés algébriques de l'addition et de la multiplication

1 Montrer que l'addition :

a) *est commutative* : pour tous z et z', $z + z' = z' + z$,

b) *est associative* : pour tous z, z', z'',

$$(z + z') + z'' = z + (z' + z''),$$

c) *admet un élément neutre* $0 = 0 + i0$: pour tout z,

$$z + 0 = z,$$

d) *vérifie : tout z admet un opposé z'* : $z + z' = 0$ ($z' = -a - ib$ est noté $-z$).

2 Montrer de même que la multiplication est commutative et associative, et admet un élément neutre $1 = 1 + i \cdot 0$.

3 Montrer que la multiplication est distributive sur l'addition :

$$(z + z')z_1 = zz_1 + z'z_1 .$$

4 Soit $z = a + ib$ fixé *non nul* (a et b réels).

a) Résoudre le système :

$$\begin{cases} ax - by = 1 \\ bx + ay = 0 . \end{cases}$$

b) En déduire qu'il existe un unique complexe $z' = x + iy$ vérifiant $z'z = 1$.

$\left(z', \text{ noté } \dfrac{1}{z}, \text{ est l'inverse de } z.\right)$

Les mathématiciens traduisent ainsi toutes les propriétés démontrées dans cette activité par ($\mathbb{C}$, +, ×) a une structure de **corps commutatif.**

(1) Pour des raisons presque inavouables, les guillemets sont indispensables. Ils visent juste à nous mettre à l'abri de la question perverse entre toutes : «Comment définit-on le produit du complexe i par un réel ?» Passons...
Tout en signalant que l'on doit au mathématicien irlandais Williams R. HAMILTON (1805-1866) la première construction algébrique des nombres complexes considérés comme couples de nombres réels.

COURS

2
Nombres complexes

GÉNÉRALITÉS

1 PRÉSENTATION DES NOMBRES COMPLEXES

Nous admettons le résultat suivant, qui fonde ce chapitre.

Théorème 1

Il existe un ensemble $\mathbb{C}$ contenant $\mathbb{R}$, et vérifiant :
- $\mathbb{C}$ est muni d'une **addition** et d'une **multiplication** qui prolongent celles de $\mathbb{R}$ et suivent les mêmes règles de calcul.
- Il existe un élément $\boldsymbol{i}$ de $\mathbb{C}$ tel que $\boldsymbol{i^2 = -1}$.
- Tout élément z de $\mathbb{C}$ s'écrit de *manière unique :* $\boldsymbol{z = a + ib}$ (a et b réels).

Vocabulaire
- $\mathbb{C}$ est l'ensemble des *nombres complexes.*
- Si $z = a + ib$ (a et b réels), a est la **partie réelle** de z, notée $\mathfrak{Re}(z)$;
  b est la **partie imaginaire** de z, notée $\mathfrak{Im}(z)$.
- Si $b = \mathfrak{Im}(z) = 0$, z est dit *réel* (on retrouve ainsi : $\mathbb{R} \subset \mathbb{C}$).
  Si $a = \mathfrak{Re}(z) = 0$, z est dit *imaginaire pur.*

Égalité La dernière phrase du théorème peut s'énoncer ainsi : «Si deux complexes sont égaux, alors ils ont la même partie réelle, et la même partie imaginaire» :

Si $\boldsymbol{a + ib = x + iy}$ (a, b, x, y réels), alors $\boldsymbol{a = x}$ **et** $\boldsymbol{b = y}$ **.**

En particulier, si $z = a + ib = 0$, alors $a = b = 0$.

2 REPRÉSENTATION GRAPHIQUE

- Le plan muni du repère orthonormal direct $(O, \vec{e}_1, \vec{e}_2)$ est appelé **plan complexe.**
- $z = x + iy$ (x et y réels) est représenté par le point $M(x, y)$.
- On dit que M est l'**image** de z, que z est l'**affixe** du point M ou du vecteur $\vec{u}(x, y)$.
- Sur la figure ci-contre, les points A, B, C, D ont pour affixes respectives 1, i, $-2 + i$, $-1 - i$.
- Conséquence immédiate :
Deux vecteurs sont égaux si et seulement si ils ont la même affixe.
Deux points sont confondus si et seulement si ils ont la même affixe.

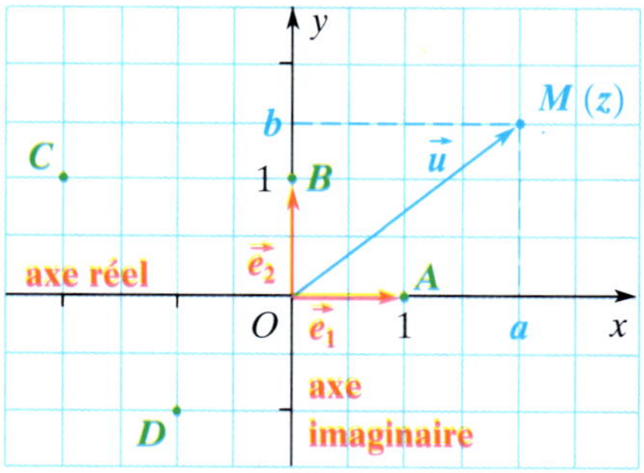

Fig. 1

3 OPÉRATIONS

Somme et produit

Soit $z = a + ib$ et $z' = a' + ib'$ deux nombres complexes.
Le théorème 1 permet de «calculer» $(a + ib) + (a' + ib')$ et $(a + ib)(a' + ib')$ en appliquant *les mêmes règles de calcul que dans* $\mathbb{R}$.
Il vient $\boldsymbol{z + z' = (a + a') + i(b + b')}$ et, compte tenu de $i^2 = -1$,

$$\boldsymbol{zz' = (aa' - bb') + i(ab' + ba')}.$$

On en déduit (en posant $z' = -1$) :

$$\boldsymbol{-z = -a - ib}, \text{ puis } \boldsymbol{z - z' = (a - a') + i(b - b')}.$$

Affixe de $\vec{u} + \vec{v}$, de $\overrightarrow{AB}$

Des expressions de la somme et de l'opposé résultent les égalités :

$$\textbf{affixe}(\vec{u} + \vec{v}) = \textbf{affixe}(\vec{u}) + \textbf{affixe}(\vec{v})\,;$$
$$\textbf{affixe}(-\vec{u}) = -\,\textbf{affixe}(\vec{u})\,.$$

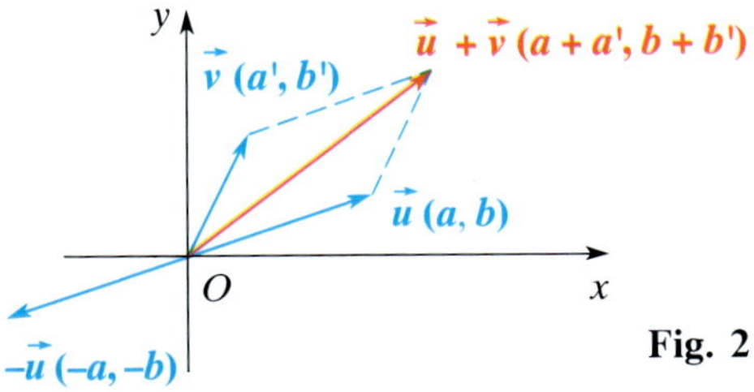

Fig. 2

De l'expression de la différence, il vient :

$$\text{affixe}(\overrightarrow{OB} - \overrightarrow{OA}) = z_B - z_A$$

(si z_A et z_B sont les affixes de A et B), soit :

$$\textbf{affixe}(\overrightarrow{AB}) = z_B - z_A\,.$$

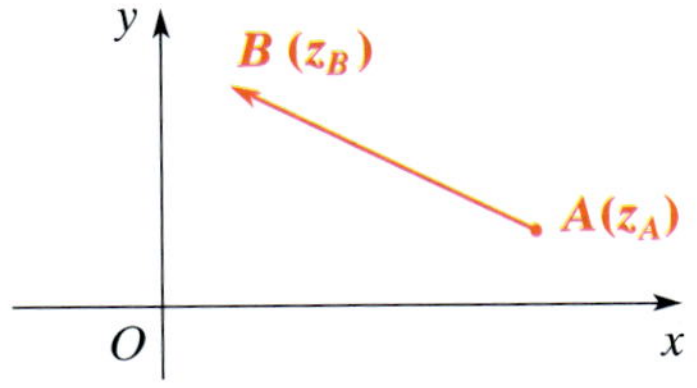

Fig. 3

Interprétation de $z \mapsto z + \alpha$

Soit z et α deux nombres complexes, M et M' les points d'affixes respectives z et $z + \alpha$, et $\vec{u}$ le vecteur d'affixe α. Puisque $(z + \alpha) - z = \alpha$, alors $\overrightarrow{MM'} = \vec{u}$:

La transformation du plan $\boldsymbol{M(z) \mapsto M'(z + \alpha)}$ **est la translation de vecteur $\vec{u}$.**

Le résultat qui suit a été prouvé dans l'activité 2.

Théorème 2

> Tout nombre complexe *non nul* $z = a + ib$ (a et b réels) admet un **inverse** z' (c'est-à-dire un nombre complexe z' vérifiant $zz' = 1$).
> On a $\boldsymbol{z' = \dfrac{a}{a^2 + b^2} + i\left(-\dfrac{b}{a^2 + b^2}\right)}$; z' est noté $\boldsymbol{\dfrac{1}{z}}$.

Nous pouvons alors définir le **quotient** $\boldsymbol{\dfrac{z}{z'} = z \times \dfrac{1}{z'}}$ (si $z' \neq 0$).

En pratique, pour le calcul de l'inverse et du quotient, on ne retient pas la formule, mais on fait intervenir «à propos» l'égalité $\boldsymbol{(a + ib)(a - ib) = a^2 + b^2}$.

Exemple *Mettre sous la forme «a + ib» (a et b réels) les nombres complexes* $\dfrac{1}{3 - 4i}$ *et* $\dfrac{1 - i}{1 + i}$.

$$\frac{1}{3 - 4i} = \frac{3 + 4i}{(3 - 4i)(3 + 4i)} = \frac{3 + 4i}{3^2 + 4^2} = \frac{3}{25} + \frac{4}{25}i\,;$$

$$\frac{1 - i}{1 + i} = \frac{(1 - i)(1 - i)}{(1 + i)(1 - i)} = \frac{-2i}{2} = -i\,.$$

4 PROPRIÉTÉS ALGÉBRIQUES

Structure de corps

Pour résumer les propriétés[1] suivantes de l'addition + et de la multiplication × :
- + et × sont *commutatives* et *associatives,*
- × est *distributive* sur +,
- tout élément de $\mathbb{C}$ admet un *opposé,*
- tout élément de $\mathbb{C}^*$ admet un *inverse,*

les mathématiciens disent que **($\mathbb{C}$, +, ×) est un corps commutatif.**

Conséquences

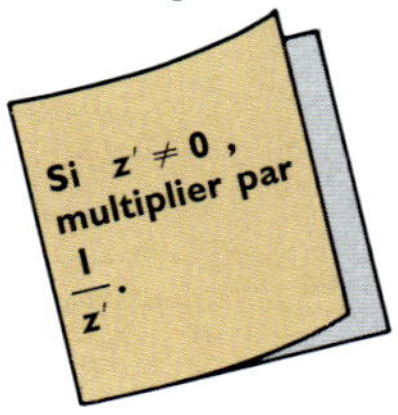

1. Les **identités remarquables** $(z+z')^2$, $(z+z')(z-z')$, ... sont valables dans $\mathbb{C}$.

2. On résout dans $\mathbb{C}$, comme dans $\mathbb{R}$, les **équations du premier degré** et les **systèmes linéaires.**

3. L'égalité $z \cdot z' = 0$ équivaut à $z = 0$ **ou** $z' = 0$.

Ces propriétés seront illustrées dans les applications directes du cours.

5 CONJUGUÉ D'UN NOMBRE COMPLEXE

Définition 1

Soit z un nombre complexe. $z = a + ib$, a et b réels.
On appelle **conjugué** de z le nombre complexe $\bar{z} = a - ib$.

Ainsi, les conjugués respectifs de -3, i, $1-5i$ sont -3, $-i$, $1+5i$.
Nous remarquons : **z réel** équivaut à $z = \bar{z}$;
z imaginaire pur équivaut à $z = -\bar{z}$;
et, évidemment, $\bar{\bar{z}} = z$ pour tout nombre complexe z.

Schéma à retenir

$$M(z) \overset{s_{(Ox)}}{\mapsto} M_1(\bar{z})$$
$$M(z) \overset{s_O}{\mapsto} M'(-z).$$

Le schéma ci-contre présente les images de z, $\bar{z}$, $-z$, $-\bar{z}$.

Le résultat[2] qui suit rassemble les propriétés de «compatibilité» de la conjugaison par rapport aux opérations.

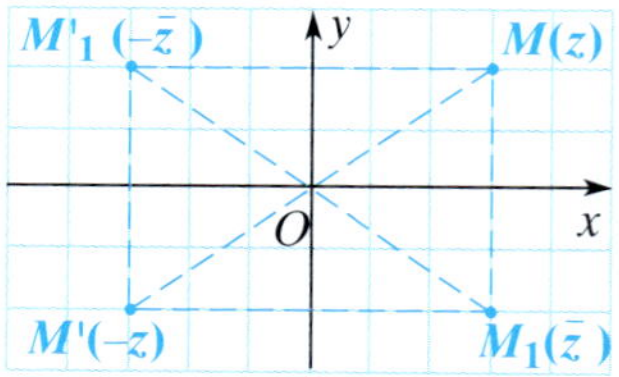

Fig. 4

Théorème 3

Pour tous nombres complexes z et z', et tout entier n :
$$\overline{z+z'} = \bar{z} + \bar{z'} \ ; \quad \overline{-z} = -\bar{z} \ ; \quad \overline{zz'} = \bar{z}\,\bar{z'} \ ; \quad \overline{z^n} = \bar{z}^n \ ;$$
$$\overline{\left(\frac{1}{z'}\right)} = \frac{1}{\bar{z'}} \quad \text{et} \quad \overline{\left(\frac{z}{z'}\right)} = \frac{\bar{z}}{\bar{z'}} \quad (z' \neq 0).$$

Notons aussi la relation $z\bar{z} = a^2 + b^2$, déjà utilisée dans la recherche de $\frac{1}{z}$.

(1) Voir l'activité 4.
(2) La démonstration sera proposée dans l'exercice 12.

MODULE D'UN COMPLEXE

1 DÉFINITION

Définition 2

Soit $z = a + ib$ un nombre complexe (a et b réels).
On appelle **module** de z le *réel positif* $|z| = \sqrt{a^2 + b^2} = \sqrt{z\bar{z}}$.

Interprétation géométrique : Si $M(a, b)$ est l'image de z dans le plan complexe d'origine O, il est clair que $|z| = OM = \|\vec{u}\|$ (1), où $\vec{u}(a, b)$.
En outre, nous avons vu que $\overrightarrow{AB}$ a pour affixe $z_B - z_A$; il en résulte que $|z_B - z_A| = AB$, et ce pour tous complexes z_A et z_B, affixes des points A et B.

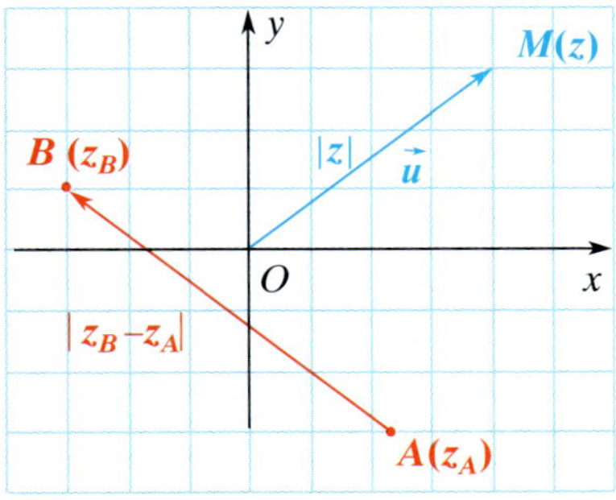

Fig. 5 ▶

Exemple 1 *Calculer le module de* $z_1 = -\frac{1}{2} + i\frac{\sqrt{3}}{2}$, $z_2 = 1 + i$, $z_3 = -3i$.

$$|z_1| = \sqrt{\left(-\frac{1}{2}\right)^2 + \left(\frac{\sqrt{3}}{2}\right)^2} = 1 \; ; \; |z_2| = \sqrt{1^2 + 1^2} = \sqrt{2} \; ; \; |z_3| = \sqrt{(-3)^2 + 0^2} = 3 .$$

2 *Déterminer l'ensemble E des points M dont l'affixe z vérifie* $|z - 2i| = 3$.

Soit A le point d'affixe $2i$; $|z - 2i| = AM$, donc *E est le cercle de centre A et de rayon* 3.

2 PROPRIÉTÉS DES MODULES

Théorème 4

Pour tous nombres complexes z et z' :
- $|z| = 0$ équivaut à $z = 0$;
- $|z + z'| \leqslant |z| + |z'|$ (inégalité triangulaire) ;
- $|zz'| = |z| \times |z'|$ et $\left|\frac{1}{z}\right| = \frac{1}{|z|}$ (si $z \neq 0$).

Soit M et M' d'affixes respectives z et $-z'$; les deux premiers points résultent de : $|z| = OM$ et $|z - z'| = MM' \leqslant MO + OM' = |z| + |z'|$,
donc $|z + z'| \leqslant |z| + |-z'| = |z| + |z'|$.
Le dernier résultat sera prouvé à l'exercice 18.
Tirons-en d'ores et déjà quelques conséquences :

$$|z^n| = |z|^n \; (n \in \mathbb{N}) ; \quad \left|\frac{z}{z'}\right| = \frac{|z|}{|z'|} \; (z' \neq 0) ; \quad |\lambda z| = |\lambda||z| \; (\lambda \text{ réel}).$$

Exemple Puisque $|1 - i| = \sqrt{2}$ et $|2 + 3i| = \sqrt{13}$, le module de $\frac{(2 + 3i)^2}{(1 - i)^5}$ est $\frac{13}{4\sqrt{2}}$.

(1) Ainsi, le module peut être considéré comme une norme ; il en possède d'ailleurs les propriétés (voir théorème 4). Notons que, si z est réel ($z = a$), $|z| = \sqrt{a^2} = |a|$: module et valeur absolue coïncident. Heureuse notation !

ARGUMENT D'UN COMPLEXE NON NUL

1 CE QU'EST UN ARGUMENT

Définition 3

> Soit z un complexe *non nul* et M l'image de z dans le plan complexe rapporté au repère orthonormal direct $(O, \vec{e}_1, \vec{e}_2)$.
> On appelle **argument de z,** et on note $\arg(z)$ *toute* mesure de l'**angle** $(\vec{e}_1, \overrightarrow{OM})$.

Si θ est un argument de z, *tout autre argument de* z est de la forme $\theta + 2k\pi$ avec k entier relatif, ce que l'on traduit par l'écriture :

$$\arg z = \theta \ \text{ modulo } 2\pi \quad \text{ou} \quad \arg z = \theta \ (2\pi)^{(1)}.$$

Exemples 1 $\arg(1) = 0$; $\arg(-2) = \pi$ modulo 2π ;
$\arg(i) = \dfrac{\pi}{2}$ (2π) ; $\arg(-3i) = -\dfrac{\pi}{2}$ (2π).
$\arg(-1 + i) = \dfrac{3\pi}{4}$ (2π), par lecture graphique.

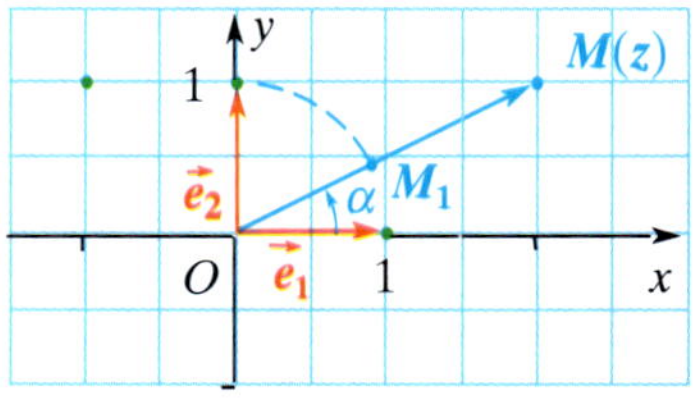

Fig. 6 ▶

2 Soit $z = 2 + i$ et $\alpha = \arg(z)$ (2π).
Puisque $|z| = \sqrt{2^2 + 1^2} = \sqrt{5}$, posons $z = \sqrt{5}\left(\dfrac{2}{\sqrt{5}} + i\dfrac{1}{\sqrt{5}}\right)$; l'image M_1 du complexe $\dfrac{2}{\sqrt{5}} + i\dfrac{1}{\sqrt{5}}$ est un point du cercle trigonométrique et $\arg(z) = (\vec{e}_1, \overrightarrow{OM}) = (\vec{e}_1, \overrightarrow{OM_1})$. On en déduit : $\cos\alpha = \dfrac{2}{\sqrt{5}}$ et $\sin\alpha = \dfrac{1}{\sqrt{5}}$, d'où $\alpha \approx 0{,}46$ rad (voir fig. 6).

Égalité Notons que $\begin{cases} z = z' \\ z \text{ et } z' \text{ non nuls} \end{cases}$ équivaut à $\begin{cases} |z| = |z'| \\ \arg(z) = \arg(z') \ (2\pi), \end{cases}$ puisque l'égalité des *modules* définit l'appartenance à un *même cercle* de centre O et celle des *arguments* l'appartenance à une *même demi-droite* d'origine O.

Conjugué, opposé Enfin, le schéma ci-contre nous livre les relations :
$\arg(\bar{z}) = -\arg(z)$ (2π) ;
$\arg(-z) = \arg(z) + \pi$ (2π) ;
$\arg(-\bar{z}) = \pi - \arg(z)$ (2π).

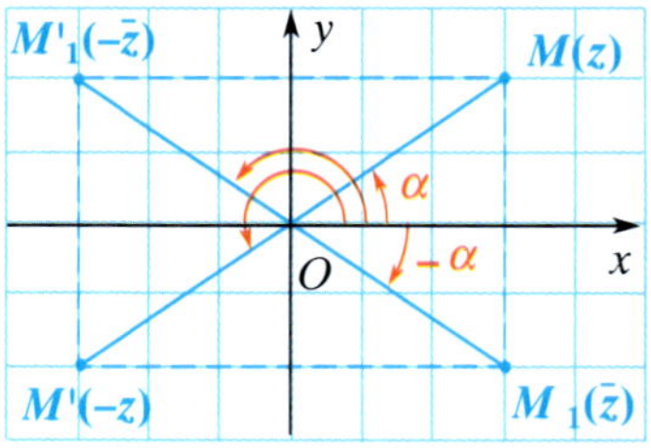

Fig. 7 ▶

2 ARGUMENT D'UNE DIFFÉRENCE

Théorème 5

> Soit z_A et z_B deux complexes distincts, d'images respectives A et B.
> Alors : $\quad \arg(z_B - z_A) = (\vec{e}_1, \overrightarrow{AB})$ modulo 2π.

Ce résultat provient simplement de ce que $z_B - z_A$ est l'affixe de $\overrightarrow{AB}$.
Il prendra toute son importance au chapitre 4 de ce volume.

(1) Ou plus simplement «$\arg z = \theta$», dès que l'on a constamment à l'esprit que le symbole « = » traduit ici une égalité truquée.

3 FORME TRIGONOMÉTRIQUE

Théorème 6

Soit z un nombre complexe non nul.
- z s'écrit $\boldsymbol{z = r(\cos\alpha + i\sin\alpha)}$, avec $\boldsymbol{r = |z|}$ et $\boldsymbol{\alpha = \arg z \bmod 2\pi}$;
- si $z = r(\cos\alpha + i\sin\alpha)$ avec $\boldsymbol{r > 0}$, alors $\boldsymbol{r = |z|}$ et $\boldsymbol{\alpha = \arg z \bmod 2\pi}$.

- Si $z \neq 0$, il est clair que le nombre $\dfrac{z}{|z|}$ a pour module 1.

Son image M_1 est donc un point du cercle trigonométrique ; donc $M_1(\cos\alpha, \sin\alpha)$ avec

$$\alpha = (\vec{e}_1, \overrightarrow{OM_1}) = (\vec{e}_1, \overrightarrow{OM}) = \arg z \text{ modulo } 2\pi.$$

Ainsi $\dfrac{z}{|z|} = \cos\alpha + i\sin\alpha$; le premier point en résulte.

- Si $z = r(\cos\alpha + i\sin\alpha)$, alors

$$|z| = \sqrt{r^2\cos^2\alpha + r^2\sin^2\alpha} = \sqrt{r^2} = r \quad (\text{car } r > 0).$$

Le raisonnement ci-dessus établit alors que $\alpha = \arg z\ (2\pi)$.

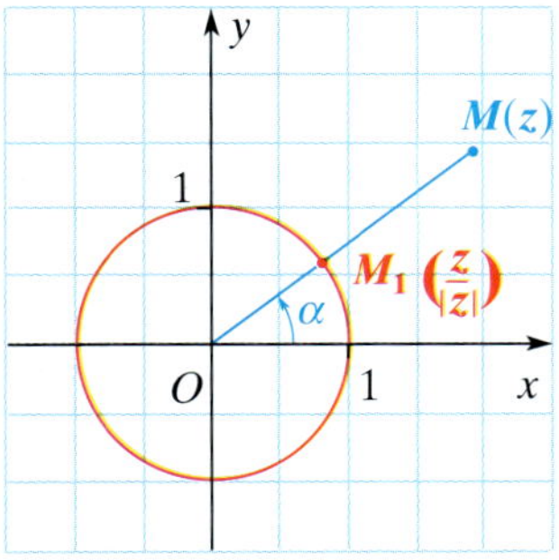

Fig. 8

Deux formes ($z \neq 0$)

L'écriture $z = r(\cos\alpha + i\sin\alpha)$ est la **forme trigonométrique** de z.

forme	relations de « passage »
cartésienne : $z = x + iy$. (x et y réels).	$x = r\cos\alpha$; $y = r\sin\alpha$; $r = \lvert z\rvert$; $\alpha = \arg z$.
trigonométrique : $z = r(\cos\alpha + i\sin\alpha)$. ($r > 0$).	$r = \lvert z\rvert = \sqrt{x^2 + y^2}$; $\alpha = \arg z$; $\cos\alpha = \dfrac{x}{r}$; $\sin\alpha = \dfrac{y}{r}$.

Commentaires

- Le nombre complexe 0 n'a pas de forme trigonométrique.
- r et α sont les **coordonnées polaires** du point $M(z)$.
- Les **complexes de module 1** jouent un rôle particulier : ce sont les nombres de la forme $\cos\alpha + i\sin\alpha$.

Exemples

1 *Déterminer la forme trigonométrique des nombres* 2 ; − 5 ; $2i$; $-i$; $1 + i$.

Pour chaque nombre z, nous déterminons le module et un argument **par lecture graphique** ($|z| = OM$; $\arg z = (\vec{e}_1, \overrightarrow{OM})$) sur la figure 9, où sont représentées *les affixes* des points.
Il vient :

$2 = 2(\cos 0 + i\sin 0)$; $-5 = 5(\cos\pi + i\sin\pi)$;

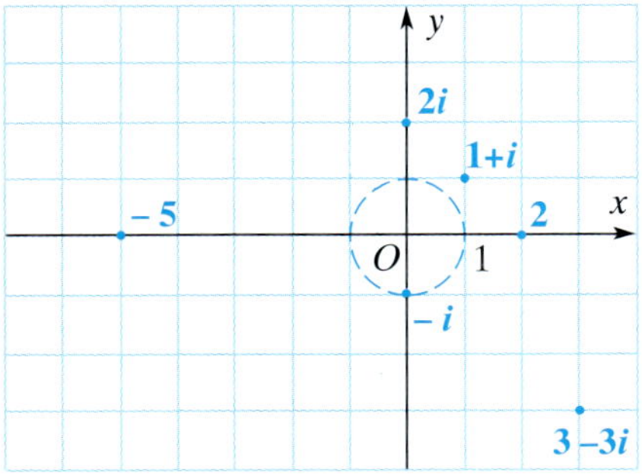

Fig. 9

$$2i = 2\left(\cos\frac{\pi}{2} + i\sin\frac{\pi}{2}\right) ; \ -i = 1\left(\cos\frac{3\pi}{2} + i\sin\frac{3\pi}{2}\right) ; \ 1 + i = \sqrt{2}\left(\cos\frac{\pi}{4} + i\sin\frac{\pi}{4}\right).$$

2 La forme trigonométrique de $-2(\cos\alpha + i\sin\alpha)$ est $2(\cos(\alpha+\pi) + i\sin(\alpha+\pi))$; celle de $\cos\alpha - i\sin\alpha$ est $\cos(-\alpha) + i\sin(-\alpha)$.

4 ARGUMENTS ET OPÉRATIONS

Le résultat suivant est fondamental :

Théorème 7

> Pour tous nombres complexes z et z' non nuls,
> $$\mathbf{arg}(zz') = \mathbf{arg}(z) + \mathbf{arg}(z') \text{ modulo } 2\pi.$$

Écrivons les formes trigonométriques :

$$z = r(\cos\alpha + i\sin\alpha) \text{ et } z' = r'(\cos\alpha' + i\sin\alpha')\ (r > 0 \text{ et } r' > 0).$$

Il vient $zz' = rr'\left[(\cos\alpha\cos\alpha' - \sin\alpha\sin\alpha') + i(\sin\alpha\cos\alpha' + \cos\alpha\sin\alpha')\right]$, c'est-à-dire, en utilisant les *formules d'addition :* $zz' = rr'\left[\cos(\alpha + \alpha') + i\sin(\alpha + \alpha')\right]$.

Puisque $rr' > 0$, il résulte du théorème 5 que $\alpha + \alpha' = \arg(zz')\ (2\pi)$.

Ainsi «la fonction argument» **transforme les produits en sommes**(1).

Corollaire

> Pour tous complexes z et z' non nuls, et tout entier n,
> $$\mathbf{arg}\left(\frac{1}{z}\right) = -\,\mathbf{arg}(z)\ (2\pi)\ ;\quad \mathbf{arg}\left(\frac{z}{z'}\right) = \mathbf{arg}\, z - \mathbf{arg}\, z'\ (2\pi)\ ;\quad \mathbf{arg}(z^n) = n\, \mathbf{arg}(z)\ (2\pi).$$

Nous confions la preuve de ce corollaire au soin de l'exercice 34.

Applications

1. Calculs de puissances

$1 + i\sqrt{3}$ a pour module 2 et pour argument $\dfrac{\pi}{3}$; donc $(1 + i\sqrt{3})^5$ a pour module 2^5 et pour argument $\dfrac{5\pi}{3}$; on en déduit $\mathbf{(1 + i\sqrt{3})^5 = 32\left(\dfrac{1}{2} - i\dfrac{\sqrt{3}}{2}\right)}$.

2. Détermination de racines $n^{\text{ièmes}}$

Résolvons l'équation $z^3 = 1$ en posant $|z| = r$ et $\arg z = \alpha$, soit $|z|^3 = r^3$ et $\arg z^3 = 3\alpha$; la condition d'égalité des modules et des arguments s'écrit :

$$\begin{cases} r^3 = 1 \\ 3\alpha = 2k\pi\ (k \in \mathbb{Z}) \end{cases}, \text{ donc } \begin{cases} r = 1 \text{ (car } r > 0) \\ \alpha = \dfrac{2k\pi}{3}\ (k \in \mathbb{Z}). \end{cases}$$

Il y a donc *trois solutions* de *module* 1 et d'*arguments* respectifs 0, $\dfrac{2\pi}{3}$ et $\dfrac{4\pi}{3}$, soit :

$$S = \left\{1\ ;\ j = -\frac{1}{2} + i\frac{\sqrt{3}}{2}\ ;\ \bar{j} = -\frac{1}{2} - i\frac{\sqrt{3}}{2}\right\}.$$

Interprétation de $z \mapsto az$

Si $|a| = r$ et $\arg a = \alpha$ modulo 2π, on «passe» de $M(z)$ à $M'(az)$ par les transformations suivantes :

$$M(z) \overset{h_{(O,\,r)}}{\mapsto} M_1(rz) \overset{r_{(O,\,\alpha)}}{\mapsto} M'(az).$$

Note : Cette transformation sera étudiée dans le chapitre 8.

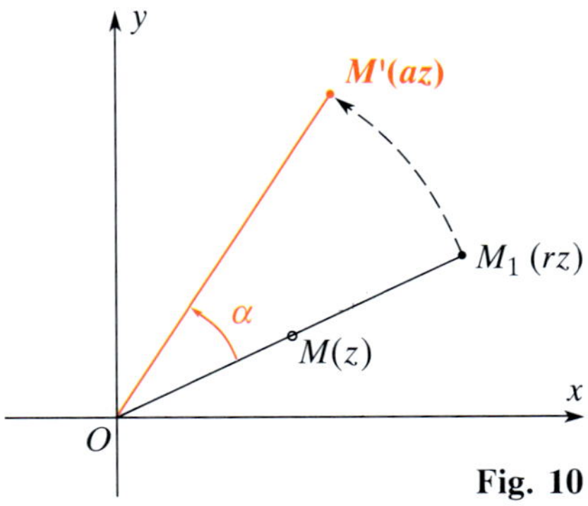

Fig. 10

(1) Nous rencontrerons, au chapitre 4 du tome d'Analyse, une fonction numérique vérifiant une telle propriété : la fonction logarithme.

NOTATION EXPONENTIELLE

1 LA NOTATION $e^{i\alpha}$

C'est parce que la fonction f définie sur $\mathbb{R}$ par $f(\alpha) = \cos\alpha + i\sin\alpha$ vérifie :

- $f(\alpha + \alpha') = f(\alpha) \cdot f(\alpha')$ (voir p. 34),
- $f'(\alpha) = if(\alpha)$ (relation obtenue en prolongeant les propriétés de la dérivation : $f = \cos + i\sin$, d'où $f' = (\cos)' + i(\sin)'$) que l'on adopte la définition suivante :

Définition 4

Pour tout réel α, on pose $\mathbf{e^{i\alpha} = \cos\alpha + i\sin\alpha}$(1).

- Ainsi, tout nombre complexe z non nul, de module r et d'argument α s'écrit **$z = re^{i\alpha}$: c'est la forme exponentielle de z.**
- Le théorème 5 permet d'affirmer que, si $z = re^{i\alpha}$ et $r > 0$, alors $|z| = r$ et $\arg z = \alpha$ modulo 2π.
- Nous tenons à souligner le fait que **$|e^{i\alpha}| = 1$** et **$\arg(e^{i\alpha}) = \alpha\ (2\pi)$.**
- *Une notation cohérente et efficace*

$\overline{e^{i\alpha}} = e^{-i\alpha}$.

Les propriétés des arguments, données par le théorème 7 et son corollaire, montrent la pertinence d'une notation exponentielle, dont la simplicité apparaît entièrement si l'on retranscrit ces propriétés :

$$\mathbf{e^{i\alpha} \times e^{i\alpha'} = e^{i(\alpha+\alpha')}\ ;\quad \frac{e^{i\alpha}}{e^{i\alpha'}} = e^{i(\alpha-\alpha')}\ ;\quad (e^{i\alpha})^n = e^{in\alpha}\ .}$$

Exemples

1 $e^{i0} = 1$; $e^{i\pi} = -1$; $e^{i\frac{\pi}{2}} = i$; $e^{-i\frac{\pi}{2}} = -i$; $e^{i\frac{\pi}{3}} = \frac{1}{2} + i\frac{\sqrt{3}}{2}$.

2 $1 + i = \sqrt{2}\,e^{i\frac{\pi}{4}}$; $(1-i)^8 = (\sqrt{2}\,e^{-i\frac{\pi}{4}})^8 = (\sqrt{2})^8 e^{-8i\frac{\pi}{4}} = 16$.

2 FORMULES DE MOIVRE ET D'EULER

Théorème 8

1. **Formules de Moivre :** pour tout réel α et tout entier n,
$\mathbf{(\cos\alpha + i\sin\alpha)^n = \cos(n\alpha) + i\sin n\alpha}$ et $\mathbf{(\cos\alpha - i\sin\alpha)^n = \cos(n\alpha) - i\sin(n\alpha)}$.
2. **Formules d'Euler :** pour tout réel α,
$$\mathbf{\cos\alpha = \frac{e^{i\alpha} + e^{-i\alpha}}{2}} \quad \text{et} \quad \mathbf{\sin\alpha = \frac{e^{i\alpha} - e^{-i\alpha}}{2i}}.$$

Toutes ces formules résultent immédiatement des relations $e^{i\alpha} = \cos\alpha + i\sin\alpha$, $e^{-i\alpha} = \cos\alpha - i\sin\alpha$ et des propriétés des arguments.
Elles sont utiles en trigonométrie (voir les travaux pratiques).

(1) Pourquoi «e»? Sur $\mathbb{R}$, La solution de $f'(x) = kf(x)$ (k réel fixé) et $f(0) = 1$ est la fonction $x \rightarrow e^{kx}$ (voir chapitre 9, Analyse). Alors... Euler conserva la notation.

ÉQUATION DU SECOND DEGRÉ À COEFFICIENTS RÉELS

1 RACINES CARRÉES D'UN RÉEL

Équation $z^2 = a$, $a \in \mathbb{R}$

■ Les solutions sur $\mathbb{C}$ de l'équation $z^2 = a$, a réel, sont appelées **racines carrées de *a*.**
Nous distinguons ici le mot *«racine carrée»* du symbole «$\sqrt{\ }$» qui sera lu *«radical»*, pour éviter toute confusion et qui n'est utilisé que pour des réels positifs.

■ *1er cas :* $a \geqslant 0$; l'équation $z^2 = a$ équivaut à $(z - \sqrt{a})(z + \sqrt{a}) = 0$.
2e cas : $a < 0$; elle équivaut alors à $(z - i\sqrt{-a})(z + i\sqrt{-a}) = 0$.
Les propriétés algébriques fournissent alors les solutions.

À retenir

> Tout réel $a \neq 0$ admet deux racines carrées sur $\mathbb{C}$:
> - si $a > 0$, ce sont $\sqrt{a}$ et $-\sqrt{a}$ (racines réelles);
> - si $a < 0$, ce sont $i\sqrt{-a}$ et $-i\sqrt{-a}$ (imaginaires conjuguées).

Ainsi, les racines carrées de -1 sont $\pm i$, celles de -3 sont $\pm i\sqrt{3}$.

2 ÉQUATION $ax^2 + bx + c = 0$, a, b, c RÉELS ($a \neq 0$)

Théorème 9

> L'équation $ax^2 + bx + c = 0$ (a, b, c réels, $a \neq 0$) admet des solutions sur $\mathbb{C}$.
> Soit $\Delta = b^2 - 4ac$ le *discriminant* de l'équation.
> - Si $\Delta = 0$, une solution unique : $x = -\dfrac{b}{2a}$ (réel).
> - Si $\Delta \neq 0$, deux solutions :
>
> — *réelles* si $\Delta > 0$: $x = \dfrac{-b \pm \sqrt{\Delta}}{2a}$;
>
> — *complexes conjuguées* si $\Delta < 0$: $x = \dfrac{-b \pm i\sqrt{-\Delta}}{2a}$.

La forme canonique $a\left[\left(x + \dfrac{b}{2a}\right)^2 - \dfrac{\Delta}{4a^2}\right]$ du trinôme et les racines carrées du réel Δ nous livrent ces résultats.

Exemple L'équation $x^2 + x + 1 = 0$, qui n'a pas de solution réelle ($\Delta = -3$), a sur $\mathbb{C}$ deux solutions complexes conjuguées : $j = \dfrac{-1 + i\sqrt{3}}{2}$ et $\bar{j} = \dfrac{-1 - i\sqrt{3}}{2}$.
Ainsi, le trinôme *se factorise* sur $\mathbb{C}$: $x^2 + x + 1 = (x - j)(x - \bar{j})$.

TRAVAUX PRATIQUES

2
Nombres complexes

A – RACINES $N^{\text{ièmes}}$ D'UN NOMBRE COMPLEXE

? *Notre préoccupation initiale, dans ce chapitre, était de nature algébrique; construire un sur-ensemble de $\mathbb{R}$ dans lequel certaines équations « impossibles » trouvaient des solutions. Après avoir envisagé en cours le cas des* ***racines carrées d'un réel,*** *il est bien naturel d'avancer la question : « Un nombre complexe donné admet-il des* ***racines $n^{\text{ièmes}}$*** *? »*

Exercice résolu 1

1° *Résoudre l'équation* $z^5 = 1$ (1).
2° *En déduire les solutions de l'équation* $z^5 = -4 - 4i$ *(on remarquera que* $1 + i$ *est solution) et représenter graphiquement leurs images.*

1° La méthode privilégiée est l'utilisation de la **forme trigonométrique (ou exponentielle).**
Posons $z = re^{i\alpha}$, d'où $z^5 = r^5 e^{5i\alpha}$.
Comme $1 = 1e^{i \cdot 0}$, l'égalité $z^5 = 1$ équivaut à :

$$\begin{cases} r^5 = 1 \\ 5\alpha = 2k\pi, \quad k \in \mathbb{Z} \end{cases} \quad \text{c'est-à-dire} \quad \begin{cases} r = 1 \\ \alpha = \dfrac{2k\pi}{5}, \quad k \in \mathbb{Z}. \end{cases}$$

Il y a donc **cinq solutions :** $\left\{1, e^{i \cdot \frac{2\pi}{5}}, e^{i \cdot \frac{4\pi}{5}}, e^{i \cdot \frac{6\pi}{5}}, e^{i \cdot \frac{8\pi}{5}}\right\}$.

2° $(1 + i)^5 = (\sqrt{2}e^{i\frac{\pi}{4}})^5 = \sqrt{2}^5 e^{5i\frac{\pi}{4}} = -4 - 4i$.

L'équation proposée s'écrit $z^5 = (1 + i)^5$; elle équivaut à $\left(\dfrac{z}{1+i}\right)^5 = 1$.

On en déduit que $\dfrac{z}{1+i}$ est solution de (1).

Il y a donc **cinq solutions :**

$z_k = (1 + i)e^{i\frac{2k\pi}{5}}$, $0 \leqslant k \leqslant 4$, de *module* $\sqrt{2}$ et *d'argument* $\dfrac{\pi}{4} + \dfrac{2k\pi}{5}$.

Leurs images M_k sont *les sommets d'un pentagone régulier.*

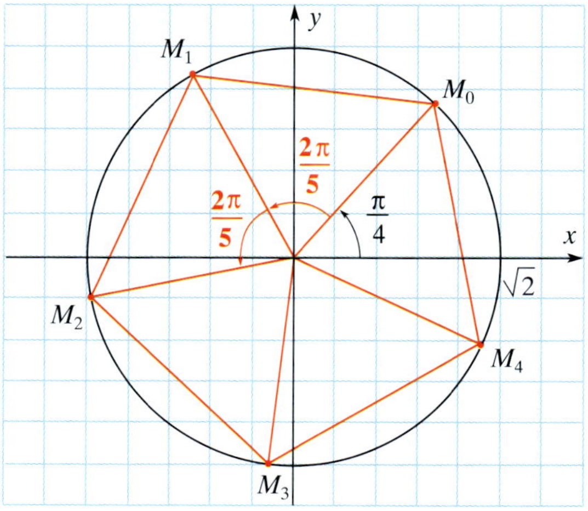

Fig. 11

Exercice résolu 2 *Montrer que le polynôme x^4+1 se factorise sur $\mathbb{R}$ en produit de deux polynômes du second degré.*

La question n'est pas triviale puisque x^4+1 n'a *pas de racine réelle* ($x^4+1 \geqslant 1$).
Cherchons-en les racines *sur* $\mathbb{C}$.
Ce sont les nombres complexes z solution de $z^4=-1$ (racines quatrièmes de -1).
Posons $z = re^{i\alpha}$; $z^4 = r^4 e^{4i\alpha}$; $-1 = e^{i\pi}$.

L'équation équivaut à : $\begin{cases} r^4 = 1 \\ 4\alpha = \pi + 2k\pi \end{cases}$ ou $\begin{cases} r = 1 \\ \alpha = \dfrac{\pi}{4} + k\dfrac{\pi}{2},\ k \in \mathbb{Z}. \end{cases}$

D'où les quatre solutions : $e^{i\frac{\pi}{4}}$, $e^{3i\frac{\pi}{4}}$, $e^{-3i\frac{\pi}{4}}$, $e^{-i\frac{\pi}{4}}$, qui sont *deux à deux conjuguées.*
On en déduit une factorisation sur $\mathbb{C}$:

$$z^4+1 = [(z-e^{i\frac{\pi}{4}})(z-e^{-i\frac{\pi}{4}})][(z-e^{i\frac{3\pi}{4}})(z-e^{-i\frac{3\pi}{4}})]$$
$$= \left(z^2 - 2\cos\frac{\pi}{4}\,z + 1\right)\left(z^2 - 2\cos\frac{3\pi}{4} + 1\right),$$

et, finalement, la factorisation voulue (sur $\mathbb{R}$) :

$$x^4+1 = (x^2-\sqrt{2}x+1)(x^2+\sqrt{2}x+1).$$

POINT MÉTHODE

1. Racines $n^{\text{ièmes}}$ de l'unité ($n \geqslant 2$)

- Ce sont les solutions de l'équation $z^n = 1$.
- *Il y en a n;* ce sont les nombres $z_k = e^{i\frac{2k\pi}{n}}$, $k = 0, 1, \dots, n-1$.

Leur module est **1**, leur argument $\dfrac{2k\pi}{n}$; donc leurs images M_k sont les sommets d'un *polygone régulier à n côtés* inscrit dans le cercle trigonométrique.

- Si $n=2$, ce sont 1 et -1.

  Si $n=3$, ce sont 1, $j = -\dfrac{1}{2} + i\dfrac{\sqrt{3}}{2}$, $j^2 = \bar{j} = -\dfrac{1}{2} - i\dfrac{\sqrt{3}}{2}$.

  Si $n=4$, ce sont 1, i, -1 et $-i$.

2. Racines $n^{\text{ièmes}}$ de a ($a \in \mathbb{C}^*$, $n \geqslant 2$)

- Ce sont les solutions de $z^n = a$.
- Si on en trouve une, z_0, toutes les solutions sont $z_k = z_0 e^{i\frac{2k\pi}{n}}$ $\left(\text{car } \left(\dfrac{z}{z_0}\right)^n = 1\right)$: *il y en a n.*
- Si aucune n'est connue à priori, on les détermine à l'aide de la forme trigonométrique; on pose $z = \rho e^{i\theta}$, $a = re^{i\alpha}$, et on calcule ρ et θ.

TP I

1 Résoudre, dans $\mathbb{C}$, les équations suivantes :

a) $z^4 = 1$;

b) $z^4 = -7 + 24i$.

☞ Calculer $(1-2i)^4$.

c) $(2z-1)^4 = z^4$.

☞ Poser $Z = \dfrac{2z-1}{z}$.

2 *a)* Résoudre, dans $\mathbb{C}$, l'équation $z^6 = -8$ et représenter graphiquement les images des solutions.

b) Factoriser, sur $\mathbb{R}$, le polynôme x^6+8 en produit de trois facteurs du second degré.

B – ÉQUATIONS SE RAMENANT AU SECOND DEGRÉ

? *Il s'agit de donner un aperçu de quelques-unes des* ***techniques*** *permettant de ramener la résolution de certaines équations à celle d'une équation du second degré.*

I RECHERCHE DE SOLUTIONS PARTICULIÈRES

Exercice résolu *On considère l'équation* (E) : $z^3 + (2 - 2i)z^2 + (5 - 4i)z - 10i = 0$.

1° *Montrer que* (E) *admet une solution imaginaire pure.*

2° *Résoudre alors* (E).

1° Posons $z = iy$, avec y réel.

(E) s'écrit $(iy)^3 + (2 - 2i)(iy)^2 + (5 - 4i)iy - 10i = 0$, c'est-à-dire

$$- iy^3 - 2y^2 + 2iy^2 + 5iy + 4y - 10i = 0 .$$

Le nombre cherché a une partie réelle et une partie imaginaire nulles.

Il vient $\begin{cases} - 2y^2 + 4y = 0 \\ - y^3 + 2y^2 + 5y - 10 = 0 . \end{cases}$

Ce système admet une solution unique : $y = 2$. Donc **$2i$ est solution de (E).**

2° Le polynôme se factorise par $z - 2i$:

$$z^3 + (2 - 2i)z^2 + (5 - 4i)z - 10i = (z - 2i)(z^2 + az + b) .$$

Un simple développement et une identification terme à terme donnent $a = 2$ et $b = 5$.
Le trinôme $z^2 + 2z + 5$ ayant pour racines complexes $-1 \pm 2i$, il vient :

(E) a pour solutions : $\{2i ; -1 - 2i ; -1 + 2i\}$.

POINT MÉTHODE

1. Recherche de solutions particulières
Toute indication sera fournie dans les énoncés.

2. Factorisation par $(z - z_0)$
Les résultats énoncés en Première sur les polynômes à coefficients réels restent valables pour les polynômes à coefficients complexes.

TP 2

1

a) Montrer que l'équation :

$$(E) : z^4 + z^3 + 6z^2 + 4z + 8 = 0$$

admet deux solutions imaginaires pures.

b) Après avoir factorisé, résoudre (E).

2 Pour tout complexe z, on pose :

$$f(z) = z^3 - (16 - i)z^2 + (89 - 16i)z + 89i .$$

a) Montrer que l'équation $f(z) = 0$ admet une solution imaginaire pure a, que l'on calculera.

b) Montrer qu'il existe deux réels p et q tels que $f(z) = (z - a)(z^2 + pz + q)$.
Résoudre, dans $\mathbb{C}$, l'équation $f(z) = 0$.

BAC

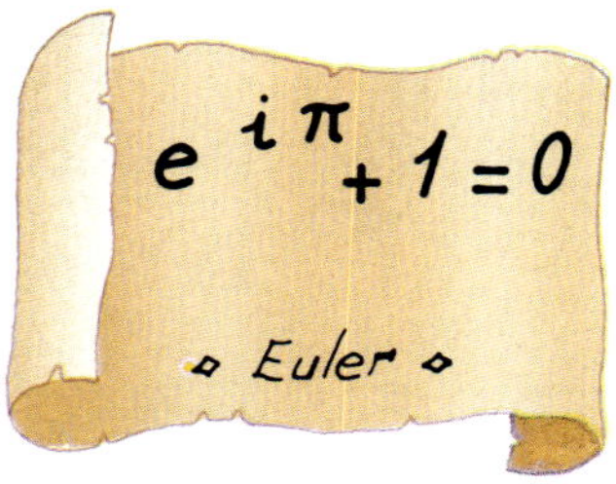

Cette relation, qui provoqua l'admiration d'Euler lui-même, a frappé les imaginations du XIXe siècle, du fait qu'elle contient « les symboles les plus importants, union mystérieuse dans laquelle l'Arithmétique est représentée par 0 et 1, l'Algèbre par i, la Géométrie par π et l'Analyse par e » (Tobias DANTZIG).
Certains virent même, dans cette formule, « la main de Dieu »..., d'autres « le poème le plus court si la poésie mêle le réel et l'imaginaire »...
Au XXe siècle, plus personne ne s'émerveille devant le caractère magique (?) des nombres complexes.

2 CHANGEMENT DE VARIABLES

Exercice résolu

1° *Résoudre l'équation* $z^4 + z^3 + z^2 + z + 1 = 0$ (E) *(pour cela, multiplier par* $z - 1$*).*

2° *En posant* $Z = z + \frac{1}{z}$, *montrer que la résolution de* (E) *se ramène à celle d'une équation du second degré.*

En déduire la valeur exacte de $\cos \frac{2\pi}{5}$.

1° Puisque, pour $z \neq 1$, $z^4 + z^3 + z^2 + z + 1 = \frac{z^5 - 1}{z - 1}$, les solutions de (E) sont les **racines cinquièmes de l'unité, à l'exception de 1.**

Ce sont les nombres : $\mathrm{e}^{i\frac{2\pi}{5}}, \mathrm{e}^{-i\frac{2\pi}{5}}, \mathrm{e}^{i\frac{4\pi}{5}}, \mathrm{e}^{-i\frac{4\pi}{5}}$.

2° Remarquons que (E) équivaut à $z^2 + z + 1 + \frac{1}{z} + \frac{1}{z^2} = 0$ et que $Z^2 = z^2 + 2 + \frac{1}{z^2}$,

donc (E) est équivalente au système $\begin{cases} Z = z + \frac{1}{z} \\ Z^2 + Z - 1 = 0 . \end{cases}$

La deuxième équation a pour solutions $Z = \frac{-1 \pm \sqrt{5}}{2}$.

Les racines z de (E) vérifiant $z + \frac{1}{z} = \frac{-1 \pm \sqrt{5}}{2}$, il en résulte que :

$$\frac{-1 + \sqrt{5}}{2} = \mathrm{e}^{i\frac{2\pi}{5}} + \mathrm{e}^{-i\frac{2\pi}{5}} = 2\cos\frac{2\pi}{5}, \text{ et } \frac{-1 - \sqrt{5}}{2} = \mathrm{e}^{i\frac{4\pi}{5}} + \mathrm{e}^{-i\frac{4\pi}{5}} = 2\cos\frac{4\pi}{5}.$$

On trouve ainsi : $\cos\frac{2\pi}{5} = \frac{-1 + \sqrt{5}}{4}$ et $\cos\frac{4\pi}{5} = \frac{-1 - \sqrt{5}}{4}$.

POINT MÉTHODE

- Le changement de variables sera indiqué dans les énoncés.
- **Quelques « standards »**
  $Z = z^2$ pour les équations bicarrées ;
  $Z = z + \frac{1}{z}$ pour les équations telles que, si z est solution, $\frac{1}{z}$ l'est aussi.
- Soit $P(z)$ un polynôme **à coefficients réels.**
  On peut remarquer que si z est solution de $P(z) = 0$, alors $\bar{z}$ est aussi solution (puisqu'alors $P(\bar{z}) = \overline{P(z)}$).

TP 3

1 Résoudre, dans $\mathbb{C}$, l'équation :

$$z^4 + 3z^2 + 2 = 0 .$$

(Poser $Z = z^2$.)

2 Résoudre, dans $\mathbb{C}$, l'équation :

$$2z^4 + z^3 + 3z^2 + z + 2 = 0 .$$

(Poser $Z = z + \frac{1}{z}$.)

3 On pose, pour tout $z \in \mathbb{C}$:

$$P(z) = z^3 - (3 + 4i)z^2 - 3(1 - 4i)z + 9 .$$

a) Montrer que $P(z) = (z - 3)Q(z)$, où Q est un polynôme à déterminer.

b) On pose $z = Z + 2i$ et $Q(z) = Q_1(Z)$. Déterminer le polynôme Q_1 et résoudre l'équation $Q_1(Z) = 0$.

c) Résoudre, sur $\mathbb{C}$, l'équation $P(z) = 0$.

BAC

C – TRANSFORMATIONS D'EXPRESSIONS TRIGONOMÉTRIQUES

?

Plus qu'un long discours, l'exercice résolu donne une idée des problèmes posés.

Exercice résolu

1° *Transformer en une somme le produit* $\cos a \cos b$.
2° *Transformer en un produit les sommes* $S = \cos p + \cos q$ *et* $S' = \sin p + \sin q$.
3° *Exprimer* $\cos 3x$ *en fonction de* $\cos x$.
4° *Exprimer, à l'aide d'un cosinus, l'expression* $\cos x + \sqrt{3} \sin x$.

1° Les **formules d'Euler** sont l'outil essentiel.

$$\cos a \cos b = \frac{(e^{ia} + e^{-ia})}{2} \times \frac{(e^{ib} + e^{-ib})}{2}$$
$$= \frac{e^{i(a+b)} + e^{-i(a+b)} + e^{i(a-b)} + e^{-i(a-b)}}{4}.$$

On en tire :

$$\boldsymbol{\cos a \cos b = \frac{1}{2}[\cos(a+b) + \cos(a-b)]}.$$

2° L'idée est de calculer conjointement S et S' : $S + iS' = e^{ip} + e^{iq}$.

Une «*astuce*»(1) consiste alors à *factoriser* $e^{i\frac{p+q}{2}}$; il vient :

$$S + iS' = e^{i\left(\frac{p+q}{2}\right)}[e^{i\left(\frac{p-q}{2}\right)} + e^{-i\left(\frac{p-q}{2}\right)}] = e^{i\left(\frac{p+q}{2}\right)} \times \left(2 \cos \frac{p-q}{2}\right).$$

On en tire :

$$\boldsymbol{S = 2 \cos \frac{p+q}{2} \cos \frac{p-q}{2}}$$

et

$$\boldsymbol{S' = 2 \sin \frac{p+q}{2} \cos \frac{p-q}{2}}.$$

3° $\cos 3x$ *est la partie réelle de* $e^{i \cdot 3x}$ (formule de Moivre)
Ainsi $\cos 3x = \mathfrak{Re}((e^{ix})^3) = \mathfrak{Re}((\cos x + i \sin x)^3)$.
Développons :

$$(\cos x + i \sin x)^3 = \cos^3 x + 3i \cos^2 x \sin x - 3 \cos x \sin^2 x - i \sin^3 x.$$

On en tire $\cos 3x = \cos^3 x - 3 \cos x \sin^2 x$, et, compte tenu de $\sin^2 x = 1 - \cos^2 x$:

$$\boldsymbol{\cos 3x = 4 \cos^3 x - 3 \cos x}.$$

Ce même calcul nous livre également $\sin 3x = \mathfrak{Im}((e^{ix})^3) = 3 \cos^2 x \sin x - \sin^3 x$, d'où :

$$\boldsymbol{\sin 3x = 3 \sin x - 4 \sin^3 x}.$$

4° $\cos x + \sqrt{3} \sin x$ est la partie réelle du produit $(\cos x + i \sin x)(1 - i\sqrt{3})$, qui s'écrit sous forme exponentielle : $e^{ix} \times 2e^{-i\frac{\pi}{3}}$.

Ainsi :

$$\boldsymbol{\cos x + \sqrt{3} \sin x = \mathfrak{Re}[2e^{i\left(x - \frac{\pi}{3}\right)}] = 2 \cos\left(x - \frac{\pi}{3}\right)}.$$

(1) Cette astuce doit devenir quasiment une méthode à l'issue des travaux pratiques.

POINT MÉTHODE

1. Transformation de produits en sommes

■ La méthode consiste à remplacer cos a et sin a par $\dfrac{e^{ia}+e^{-ia}}{2}$ et $\dfrac{e^{ia}-e^{-ia}}{2i}$, et à développer les produits ; à la fin, il s'agit de reconnaître à nouveau des cosinus ou des sinus.

■ Nous étudierons, au chapitre 3 du volume d'Analyse (T. P. B), la **linéarisation des polynômes trigonométriques,** qui se mène de la sorte.

2. Transformation de sommes en produits

Il convient généralement de *considérer* la somme envisagée comme *la partie réelle (ou imaginaire)* d'un complexe.
Une factorisation habile, indiquée par l'énoncé si elle requiert trop d'astuce, permet alors de poursuivre.

3. Expression de cos *nx* et sin *nx* en fonction de cos *x* et sin *x*

■ Le calcul débute par :

$$\cos nx = \mathcal{R}e(e^{inx}) = \mathcal{R}e\left((e^{ix})^n\right) = \mathcal{R}e\left((\cos x + i \sin x)\right)^n = \ldots$$

Le scénario se poursuit par le *développement* de $(\cos x + i \sin x)^n$.
La *partie imaginaire* du résultat est $\sin nx$.

■ Notons que l'on peut toujours écrire $\cos nx = P_n(\cos x)$, où P_n est un polynôme de degré n (polynôme de Tchebychev).

4. Transformation de *a* cos *x* + *b* sin *x* (a et b réels)

■ La méthode suggérée dans l'exercice résolu consiste à écrire :

$$a \cos x + b \sin x = \mathcal{R}e\left[(\cos x + i \sin x)(a - ib)\right],$$

puis à utiliser les formes exponentielles pour aboutir à :

$$a \cos x + b \sin x = r \cos(x - \alpha)\text{, avec } a + ib = re^{i\alpha}.$$

■ Une autre méthode (sûrement moins savante) consiste à *factoriser* par $\sqrt{a^2+b^2}$:

$$a \cos x + b \sin x = \sqrt{a^2+b^2}\left(\frac{a}{\sqrt{a^2+b^2}}\cos x + \frac{b}{\sqrt{a^2+b^2}}\sin x\right)$$

et à *reconnaître* un réel α tel que $\cos \alpha = \dfrac{a}{\sqrt{a^2+b^2}}$ et $\sin \alpha = \dfrac{b}{\sqrt{a^2+b^2}}$.

Une formule d'addition donne alors :

$$a \cos x + b \sin x = \sqrt{a^2+b^2}\cos(x - \alpha).$$

TP 4

1 Transformer en somme les produits :
a) $\sin a \sin b$; *b)* $\sin a \cos b$;
c) $\cos a \cos b \cos c$; *d)* $\sin^3 x$.

2 Transformer en produit les sommes :
a) $\cos p - \cos q$; *b)* $\sin p - \sin q$.

3 Après avoir développé $(a+b)^4$, exprimer $\cos 4x$ en fonction de $\cos x$.

4 Résoudre, sur $\mathbb{R}$, les équations :
a) $\cos x + \sin x = 1$;
b) $\cos 3x - \sin 3x = -\sqrt{\dfrac{3}{2}}$.

☞ Transformer le membre de gauche.

D – AUTRES UTILISATIONS DES FORMULES DE MOIVRE ET D'EULER

?

Les formules de Moivre et d'Euler permettent, on l'a vu, de ramener des calculs trigonométriques à des calculs de ***produits*** *de nombres complexes, via la* ***notation exponentielle.***
Les exercices suivants envisagent certains problèmes classiques sur le sujet...

Exercice résolu

1° *Pour α réel, $\alpha \in]0, 2\pi[$, déterminer le module et un argument de* $e^{i\alpha} - 1$.

2° *En déduire une factorisation des sommes :*
$S = 1 + \cos x + \cos 2x + ... + \cos nx$,
et $S' = \sin x + \sin 2x + ... + \sin nx$ ($x \neq 2k\pi$, *n entier* $\geqslant 1$).

1° L'« astuce » consistant à factoriser $e^{i\frac{\alpha}{2}}$ dans $e^{i\alpha} - 1$ ne doit plus nous surprendre (voir T.P. C) :

$$e^{i\alpha} - 1 = e^{i\frac{\alpha}{2}}(e^{i\frac{\alpha}{2}} - e^{-i\frac{\alpha}{2}}) = e^{i\frac{\alpha}{2}} \times \left(2i \sin \frac{\alpha}{2}\right) \quad (1).$$

Avec $i = e^{i\frac{\pi}{2}}$, il vient :

$$e^{i\alpha} - 1 = 2 \sin \frac{\alpha}{2}\, e^{i\left(\frac{\alpha}{2} + \frac{\pi}{2}\right)} \quad (1).$$

Comme $\sin \frac{\alpha}{2} > 0$ lorsque $\alpha \in]0, 2\pi[$, on en déduit :

$$|e^{i\alpha} - 1| = 2 \sin \frac{\alpha}{2} \quad \text{et} \quad \arg(e^{i\alpha} - 1) = \frac{\alpha}{2} + \frac{\pi}{2} \text{ modulo } 2\pi.$$

2° Le T.P. C et son point méthode nous engagent à considérer $S + iS'$.

$$S + iS' = 1 + e^{ix} + e^{i \cdot 2x} + ... + e^{inx}$$
$$= 1 + e^{ix} + (e^{ix})^2 + ... + (e^{ix})^n .$$

On en tire $S + iS' = \dfrac{1 - e^{ix(n+1)}}{1 - e^{ix}}$ (puisque $e^{ix} \neq 1$).

D'après l'égalité (1), on a $1 - e^{ix(n+1)} = -2i \sin \dfrac{(n+1)x}{2}\, e^{i\frac{(n+1)x}{2}}$

et :
$$1 - e^{ix} = -2i \sin \frac{x}{2}\, e^{i\frac{x}{2}}.$$

Par conséquent,
$$S + iS' = \frac{\sin \frac{(n+1)x}{2}}{\sin \frac{x}{2}}\, e^{i\frac{nx}{2}}.$$

On en déduit :
$$S = \frac{\sin \frac{(n+1)x}{2}}{\sin \frac{x}{2}} \cos \frac{nx}{2}$$

et :
$$S' = \frac{\sin \frac{(n+1)x}{2}}{\sin \frac{x}{2}} \sin \frac{nx}{2}.$$

POINT MÉTHODE

1. Somme ou différence de deux termes

Insistons : Pour transformer de telles expressions, on peut essayer de faire apparaître un cosinus ou un sinus ($e^{ix} + e^{-ix}$ ou $e^{ix} - e^{-ix}$) par une factorisation appropriée.

2. Module et argument

Une expression du type $re^{i\alpha}$ ne doit pas nous abuser; il est indispensable de connaître le *signe de r* pour conclure :

$z = re^{i\alpha}$:
- $r > 0$: $|z| = r$ et $\arg z = \alpha$ modulo 2π;
- $r < 0$: $|z| = -r$ et $\arg z = \alpha + \pi$ modulo 2π.

TP 5

1 θ étant un réel de l'intervalle $]0, 2\pi[$, on considère les deux nombres complexes :

$$z = e^{i\theta} \quad \text{et} \quad Z = \frac{1+z}{1-z}.$$

a) Montrer que $Z = i \operatorname{cotan} \dfrac{\theta}{2}$.

b) Pour quelles valeurs de θ l'argument de Z est-il défini ?
À quoi est-il alors égal ? (Distinguer deux cas suivant les valeurs de θ.)

c) À quoi est égal $|Z|$?

BAC

2 On considère les cinq points M_k ($0 \leqslant k \leqslant 4$) d'affixes respectives $e^{i\frac{k\pi}{5}}$.

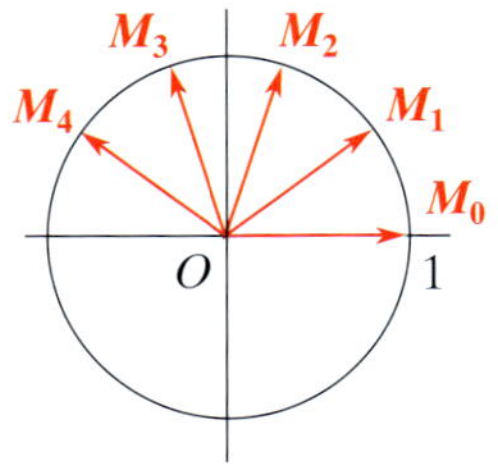

Soit $\vec{u} = \sum_{k=0}^{4} \overrightarrow{OM_k}$.

a) Montrer que $\vec{u}$ a pour affixe $\dfrac{2}{1 - e^{i\frac{\pi}{5}}}$.

b) Calculer $\|\vec{u}\|$.

c) Montrer la relation :

$$\sin\frac{\pi}{5} + \sin\frac{2\pi}{5} + \sin\frac{3\pi}{5} + \sin\frac{4\pi}{5} = \operatorname{cotan}\frac{\pi}{10}.$$

Une affaire à suivre

Les nombres complexes en Géométrie

- **Barycentre** : chapitre 3.
- **Colinéarité, orthogonalité et cocyclicité** : chapitre 4.
- **Transformations usuelles** (homothéties, isométries) : chapitres 6 et 7.
- **Similitudes directes** : chapitre 8

et la planche récapitulative à la page 285.

APPLICATIONS DIRECTES DU COURS

Calculs dans $\mathbb{C}$

Dans les exercices 1 *à* 5, *mettre chacun des nombres complexes sous forme cartésienne : $a + ib$ (a et b réels).*

1 *a*) $(2 + 7i)^2$; *b*) $(2 - 7i)^2$; *c*) $(2 + 7i)(2 - 7i)$.

2 *a*) $(1 - i)^3$; *b*) $(5 + i)^3$.

3 *a*) $\frac{1}{i}$; *b*) $\frac{1}{1+i}$; *c*) $\frac{1}{\frac{1}{2} + i\frac{\sqrt{3}}{2}}$.

4 *a*) $\frac{2-2i}{i}$; *b*) $\frac{3-5i}{2-i}$.

5 *a*) $\frac{-5+i}{3+11i}$; *b*) $\frac{i-1}{i+1}$.

6 Calculer $1 + i + i^2 + \dots + i^{1993}$.

7 On pose $j = -\frac{1}{2} + i\frac{\sqrt{3}}{2}$; calculer j^2.
En déduire les relations :

$$1 + j + j^2 = 0 \; ; \quad j^3 = 1 \; ; \quad \frac{1}{j} = j^2 = \bar{j} \; .$$

8 Calculer $(1 + i)^2$; en déduire $(1 + i)^{100}$.

9 Pour tout point M d'affixe z, on considère le nombre complexe $z' = z^2$.

a) Si $z = x + iy$ (x et y réels), exprimer en fonction de x et y la partie réelle et la partie imaginaire de z'.

b) Déterminer et dessiner l'ensemble des points M tels que z' est réel, puis imaginaire pur.

10 Même exercice avec $z' = \frac{1}{z}$ ($z \neq 0$).

11 Même exercice avec $z' = \frac{z+1}{z-i}$ ($z \neq i$).

Conjugué

12 Démontrer le théorème 3 du cours.

13 Soit P un polynôme à coefficients réels.

a) Montrer que $\overline{P(z)} = P(\bar{z})$.

b) En déduire que si z est une racine de P, $\bar{z}$ est aussi racine de P.

14 On pose $\alpha = a + ib$ et $z = x + iy$.

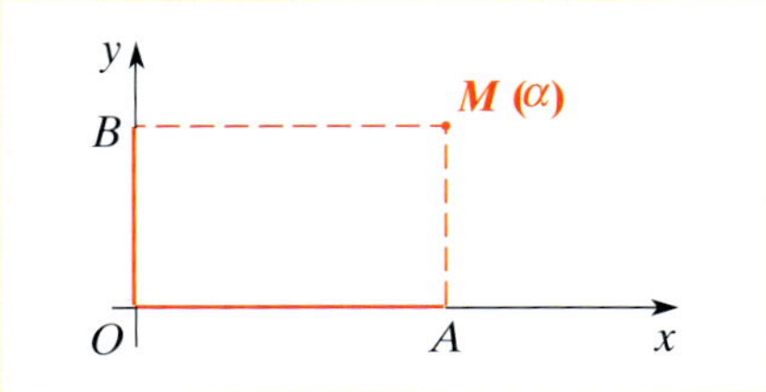

Montrer que, sur la figure ci-dessus, les droites (OM) et (AB) ont pour équations respectives :

$$\alpha z + \bar{\alpha}\bar{z} = 0 \quad \text{et} \quad \alpha z - \bar{\alpha}\bar{z} = 2ab \; .$$

Module

Dans les exercices 15 *à* 17, *calculer le module du nombre complexe.*

15 *a*) $1 - i\sqrt{3}$; *b*) $\sqrt{3} + i\sqrt{2}$.

16 *a*) $(3 + 2i)^5$; *b*) $(-1 + i)(-3 + i)(-5 + i)$.

17 *a*) $\frac{7}{(2-i)^2}$; *b*) $\frac{1}{1+i} + \frac{1}{1-i}$.

18 Démontrer les relations suivantes du théorème 4 :

$$|zz'| = |z|\,|z'| \quad \text{et} \quad \left|\frac{1}{z}\right| = \frac{1}{|z|} \; .$$

19 Soit $z = x + iy$ (x et y réels) ; exprimer, en fonction de x et y, le module des nombres complexes :

a) $z + 1$; *b*) $1 - \frac{1}{z}$; *c*) $z^2 - 1$.

20 Déterminer z pour que z, $1 - z$ et z^2 aient le même module.

★ **21** Montrer que, pour tous nombres complexes z et z', on a $|z - z'|^2 \leqslant (1 + |z|^2)(1 + |z'|^2)$.
Pour quels nombres z et z' a-t-on l'égalité ?

22 Soit A un point d'affixe α, du plan complexe. Déterminer l'ensemble des points M, d'affixe z, vérifiant :

$$|z|^2 = \alpha\bar{z} + \bar{\alpha}z \; .$$

★ **23** Pour tout point M d'affixe z, on considère le nombre complexe $z' = (1 + i)z - 1 + 3i$.
Déterminer l'ensemble des points M tels que $|z'| = 3$.

24 Même exercice avec $z' = \frac{z-i}{z+1}$, ($z \neq 1$).

Argument.
Forme trigonométrique

25 Déterminer, à l'aide du graphique ci-dessous, le module et un argument des affixes :

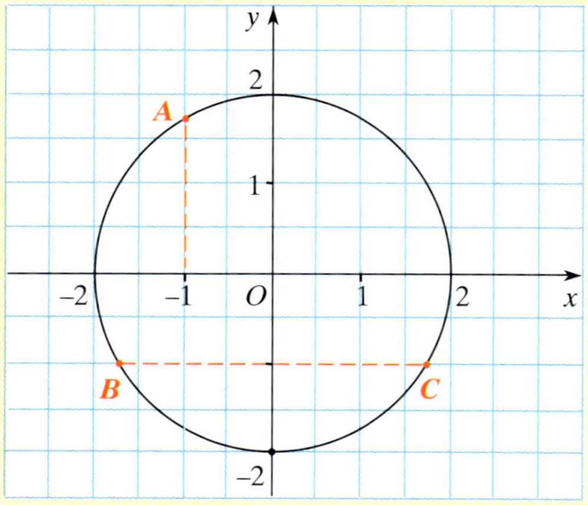

a) des points A, B, C ;
b) des vecteurs $\overrightarrow{BC}$, $\overrightarrow{CA}$, $\overrightarrow{AB}$.

26 Exprimer, à l'aide d'une « fraction de π », un argument de chacun des nombres complexes :

$$-10i\,;\quad -8\,;\quad i-1,\quad \sqrt{3}+i\,;\quad 5+5i.$$

27 Donner une valeur approchée, à l'aide de la calculatrice, d'un argument de :

$$3+2i\,;\quad -7+10i\,;\quad 2i-1\,;\quad -13-i\sqrt{2}.$$

28 Déterminer et représenter graphiquement l'ensemble des points M dont l'affixe z vérifie :

a) $\arg(z)=\dfrac{\pi}{4} \mod 2\pi$; $\arg(z)=-\dfrac{3\pi}{2} \mod 2\pi$;

b) $\arg(z+1)=\dfrac{\pi}{2} \mod 2\pi$; $\arg(\bar{z}-1)=\dfrac{\pi}{3} \mod 2\pi$.

Dans les exercices 29 à 33, mettre chacun des nombres complexes sous forme trigonométrique.

29 *a*) $-i$; -7 ; 2 ; $-\dfrac{3}{i}$; *b*) $2-2i$; $3i-3\sqrt{3}$.

30 *a*) $\dfrac{2i-2\sqrt{3}}{4i+4}$; *b*) $\dfrac{(1+i)^2}{(1-i)^3}$.

31 *a*) $\cos\dfrac{\pi}{17}-i\sin\dfrac{\pi}{17}$; *b*) $\sin\dfrac{\pi}{17}+i\cos\dfrac{\pi}{17}$.

32 *a*) $1-i\tan\dfrac{\pi}{15}$; *b*) $\tan\dfrac{\pi}{15}+i$.

33 *a*) $\left(\dfrac{i}{1+i}\right)^{1\,993}$; *b*) $(1\,993+i)^3+(1\,993-i)^3$.

34 Démontrer le corollaire du théorème 6.

35 Déterminer le module et un argument de chacun des nombres complexes :

$$z=-1+i\sqrt{3}\,;\quad z'=1+i\,;\quad \frac{z}{z'}.$$

En déduire les valeurs exactes de $\cos\dfrac{5\pi}{12}$ et $\sin\dfrac{5\pi}{12}$.

36 L'affixe de A est l'inverse de l'une des affixes des points B, C, D et E.
Laquelle ?
(Le cercle est de centre O et de rayon 1.)

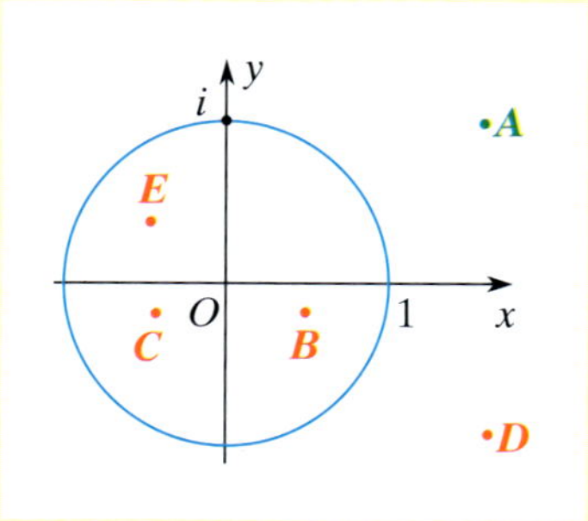

37 À tout point M d'affixe $z \neq i$, on associe le point M' d'affixe $z'=\dfrac{z+2}{z-i}$.
Le plan complexe est rapporté au repère $(O, \vec{e}_1, \vec{e}_2)$, et on pose $z=x+iy$ (x et y réels).
Déterminer et dessiner l'ensemble des points M vérifiant :

a) $(\vec{e}_1, \overrightarrow{OM'})=0\ (\pi)$; *b*) $(\vec{e}_1, \overrightarrow{OM'})=0\ (2\pi)$;

c) $(\vec{e}_1, \overrightarrow{OM'})=\dfrac{\pi}{2}\ (\pi)$; $(\vec{e}_1, \overrightarrow{OM'})=\dfrac{\pi}{4}\ (\pi)$.

38 Soit a un nombre complexe non nul, et :

$$j=-\frac{1}{2}+i\frac{\sqrt{3}}{2}.$$

Montrer que les trois points d'affixes respectives a, ja et j^2a sont les sommets d'un triangle équilatéral direct.

☞ On pourra évaluer les angles du triangle.

39 Déterminer et dessiner l'ensemble des points M dont l'affixe z vérifie :

$$\arg(z^2-1)=2\arg(z+1) \mod 2\pi.$$

40 Rechercher tous les couples (z_1, z_2) de nombres complexes satisfaisant aux conditions :

$$\begin{cases} z_1 z_2 = \dfrac{1}{2} \\ z_1 + 2z_2 = \sqrt{3}. \end{cases}$$

Donner la forme trigonométrique de chacun des nombres ainsi obtenus.

BAC

Notation exponentielle

41 Donner la forme exponentielle de chacun des nombres :

$$-5i\,;\quad 3+3i\,;\quad (i-1)^3\,;\quad (\sqrt{3}+i)^7.$$

42 En utilisant la notation exponentielle et les propriétés des exposants, retrouver les relations trigonométriques usuelles :

a) $\begin{cases}\cos(\alpha+\pi)=\dots\\ \sin(\alpha+\pi)=\dots\end{cases}$ *b)* $\begin{cases}\cos\left(\alpha+\dfrac{\pi}{2}\right)=\dots\\ \sin\left(\alpha+\dfrac{\pi}{2}\right)=\dots\end{cases}$

c) $\begin{cases}\cos(\pi-\alpha)=\dots\\ \sin(\pi-\alpha)=\dots\end{cases}$ *d)* $\begin{cases}\cos\left(\dfrac{\pi}{2}-\alpha\right)=\dots\\ \sin\left(\dfrac{\pi}{2}-\alpha\right)=\dots\end{cases}$

e) $\begin{cases}2\cos^2\alpha-1=\dots\\ 2\sin\alpha\cos\alpha=\dots\end{cases}$

☞ $-1=e^{i\pi}\,;\quad i=e^{i\frac{\pi}{2}}.$

43 Soit n un entier ($n \geqslant 2$).
Pour $k=0, 1, \dots, n-1$, on note M_k le point d'affixe $e^{i\frac{2k\pi}{n}}$.
Montrer que les points $M_0, M_1, \dots, M_n$ sont les sommets d'un polygone régulier.

44 Exprimer, en fonction de $\tan\alpha$, les nombres complexes :

$$\frac{e^{2i\alpha}-1}{e^{2i\alpha}+1}$$

$$e^{4i\alpha}+2e^{2i\alpha}+1$$

$$\left(\alpha \neq \frac{\pi}{2}+k\pi\right).$$

45 Soit α un réel appartenant à $\left]-\dfrac{\pi}{2}, \dfrac{\pi}{2}\right[$.
On considère l'équation d'inconnue complexe z :

$$(E)\quad (1+iz)^3(1-i\tan\alpha)=(1-iz)^3(1+i\tan\alpha).$$

1° Soit z une solution de (E).
Montrer que $|1+iz|=|1-iz|$.
En déduire que z est réel.

2° *a)* Exprimer $\dfrac{1+i\tan\alpha}{1-i\tan\alpha}$ en fonction de $e^{i\alpha}$.

b) Soit z un réel ; on pose $z=\tan\varphi$, avec $-\dfrac{\pi}{2}<\varphi<\dfrac{\pi}{2}$.
Montrer que (E) équivaut à une équation d'inconnue φ, et la résoudre.

c) Déterminer les solutions z_1, z_2, z_3 de (E).

BAC

Second degré. Équations. Systèmes

Dans les exercices 46 *à* 48, *résoudre dans* $\mathbb{C}$ *l'équation proposée.*

46 *a)* $z^2=z+1$;
b) $z^2=z-1$.

47 *a)* $z^3+1=0$;
b) $z^4-1=0$.

☞ Factoriser.

48 $(z^2+1)(z^2+2)\dots(z^2+10)=0$.

49 On considère l'équation du second degré dans $\mathbb{C}$:

$$z^2+2(1-\cos u)z+2(1-\cos u)=0,$$

u étant un paramètre réel appartenant à l'intervalle $[0, \pi]$.

1° Résoudre cette équation dans $\mathbb{C}$. On notera z_1 et z_2 les solutions.

2° Déterminer le module et l'argument de z_1 et de z_2.

BAC

50 Soit θ un réel donné.
Résoudre l'équation :

$$(z^2-2\cos\theta z+1)(z^2+2\cos\theta z+1)=0,$$

et montrer que les images des solutions sont les sommets d'un rectangle.

51 θ désigne un nombre réel appartenant à $[0, 2\pi[$.

1° Résoudre dans $\mathbb{C}$, ensemble des nombres complexes, l'équation d'inconnue z :

$$z^2-(2^{\theta+1}\cos\theta)z+2^{2\theta}=0.$$

Donner chaque solution sous forme trigonométrique.

2° Le plan étant rapporté à un repère orthonormal $(O, \vec{u}, \vec{v})$, on considère les points A et B dont les affixes sont les solutions de l'équation précédente.
Déterminer θ de manière à ce que OAB soit un triangle équilatéral.

BAC

52 **Une équation à coefficients dans $\mathbb{C}$**
On considère l'équation à l'inconnue z :

$$z^2-(4+2i)z+2+4i=0.$$

Mettre le trinôme sous forme canonique et résoudre l'équation.

53 Résoudre dans $\mathbb{C}$ le système :

$$\begin{cases}z_1+z_2=1\\ z_1z_2=7.\end{cases}$$

EXERCICES

Vrai/Faux

54 $3i$ est la partie imaginaire de $(1+i)(2+i)$.

55 Si $\frac{z}{\bar{z}}$ est réel ($z \neq 0$), alors z est réel ou imaginaire pur.

56 $\frac{\pi}{2} - \alpha$ est un argument de $\sin \alpha - i \cos \alpha$.

57 Lorsque θ varie entre 0 et 2π, $|e^{i\theta} - 1|$ prend toutes les valeurs entre 0 et 1.

58 $\cos \theta = \frac{e^{i\theta} + e^{-i\theta}}{2}$ et $\sin \theta = \frac{e^{i\theta} - e^{-i\theta}}{2}$.

59 Quel que soit $w \in \mathbb{C}$, tel que $|w| = 1$, il existe un entier naturel n tel que $w^n = 1$.

60 Si w_1 et w_2 sont les racines de l'équation $z^2 + \pi z + e = 0$, alors $w_1 - w_2$ est un imaginaire pur.

61 Il existe trois réels a, b et c tels que le polynôme $az^4 + bz^2 + c$ admet les nombres $1992 + i$ et $1993 + i$ comme racines.

La technique mise à l'épreuve

62 **Arithmétique : les sommes de deux carrés**

On dit qu'un entier naturel A est somme de deux carrés s'il existe deux entiers x et y tels que $A = x^2 + y^2$.

On se propose de montrer que, si A est somme de deux carrés, A^n est aussi somme de deux carrés, pour tout entier $n \geqslant 1$. (Le résultat n'est pas une banalité : on peut songer à la question brutale : « 25^{1992} est-il somme de deux carrés ? » ($25 = 3^2 + 4^2$).)

Soit x, y deux entiers et z le nombre complexe : $z = x + iy$.

1° Montrer (par récurrence, par exemple) que $z^n = x_n + iy_n$, avec x_n et y_n entiers.

2° Prouver alors que, si $A = x^2 + y^2$, $A^n = x_n^2 + y_n^2$.

3° Conclure.

63 Résoudre dans le corps $\mathbb{C}$ des nombres complexes l'équation :

$$z + 3\bar{z} = (2 + i\sqrt{3}) \cdot |z|.$$

Représenter les images des solutions de cette équation dans un plan rapporté à un repère orthonormal direct.

64 Le plan est rapporté au repère orthonormal $(O, \vec{e}_1, \vec{e}_2)$.

Soit $A(1, 0)$ et $B(-1, 0)$.

À tout point M d'affixe $z \neq 0$, on associe le point M' d'affixe z' défini par $z \times z' = 1$.

1° *a*) Construire M' quand $z = 2(1+i)$.

b) Dans le cas général, montrer que la droite (AB) est bissectrice de l'angle $(\overrightarrow{OM}, \overrightarrow{OM'})$ et que $OM \times OM' = OA^2$.

2° *a*) Vérifier que, pour tout $z \in \mathbb{C}^*$:

$$\left(\frac{z+z'}{2} - 1\right)\left(\frac{z+z'}{2} + 1\right) = \left(\frac{z-z'}{2}\right)^2.$$

b) Soit I le milieu de $[MM']$.

En utilisant *a*), montrer que $IA \times IB = IM^2$ et que, pour $M \neq A$ et $M \neq B$, la droite (MM') est bissectrice de l'angle $(\overrightarrow{IA}, \overrightarrow{IB})$.

BAC

★ **65** On pose $\omega = e^{i\frac{\pi}{996}}$.

Montrer que :

$$1 + 2\omega + 3\omega^2 + \ldots + 1\,992\omega^{1\,991} = \frac{1\,992}{\omega - 1}.$$

66 Soit θ un réel de l'intervalle $]-\pi, \pi]$. On considère les suites $(Z_n)_{n \in \mathbb{N}}$ de nombres complexes vérifiant :

$$\forall n \in \mathbb{N}, \quad Z_{n+2} - 2Z_{n+1} \cos \theta + Z_n = 0 \quad (1).$$

On donne, d'autre part, un plan $\mathcal{P}$ de repère orthonormal $(O, \vec{u}, \vec{v})$. Le nombre Z_n est représenté par le point M_n de coordonnées x_n et y_n ; x_n et y_n désignent respectivement la partie réelle et la partie imaginaire de Z_n.

Pour les constructions demandées, on prendra :

$$Z_0 = 3 + i, \quad Z_1 = 1 + 2i.$$

1° On suppose, dans cette question, $\theta = 0$.

Construire les points M_0, M_1, M_2, M_3.

Démontrer que la suite $(Z_n)_{n \in \mathbb{N}}$ est une suite arithmétique dont on précisera la raison.

Calculer $\overrightarrow{M_0M_n}$ en fonction de $\overrightarrow{M_0M_1}$ et n.

2° On suppose, dans cette question, $\theta = \frac{\pi}{3}$.

Construire les points M_0, M_1, M_2, ..., M_6.

Montrer que la suite (Z_n) est périodique.

3° On suppose, dans cette question, $\theta = \frac{2\pi}{3}$.

Construire les points M_0, M_1, M_2, M_3.

Montrer que (Z_n) est périodique.

d'après BAC

67 1° Dans l'ensemble $\mathbb{C}$ des nombres complexes, on considère l'équation $z^2 + 2z + 2 = 0$.

a) Résoudre cette équation. On note z_1 et z_2 ses racines.

b) Pour $n \geqslant 1$, calculer $z_1^n + z_2^n$.

2° *a*) On pose $f(z) = \dfrac{z+1}{z-1}$, pour tout $z \neq 1$.
Calculer $f(z_1) + f(z_2)$ et $f(z_1)\,f(z_2)$.

b) Former une équation du second degré admettant $f(z_1)$ et $f(z_2)$ pour racines.

d'après BAC

★ **68 La formule de Machin**

1° Donner la forme cartésienne de $(5 - i)^4(1 + i)$.

2° On note α et β les réels uniques définis par :

$$0 < \alpha < \frac{\pi}{2}, \quad \tan \alpha = \frac{1}{5}\,; \quad 0 < \beta < \frac{\pi}{2}, \quad \tan \beta = \frac{1}{239}.$$

Montrer que $4\alpha - \beta = \dfrac{\pi}{4}$.

☞ Vérifier que $4\alpha - \beta$ appartient à $\left]0, \dfrac{\pi}{2}\right[$, en utilisant éventuellement la calculatrice.
Note : Cette formule a permis à John Machin de calculer des approximations de π (voir tome d'Analyse, p. 214).

Racines $n^{\text{ièmes}}$

69 Résoudre dans $\mathbb{C}$ l'équation :

$$z^n = (z - 1)^n.$$

Déterminer la partie réelle et la partie imaginaire de chaque solution.

70 1° Quel est l'ensemble des nombres complexes z vérifiant $|z - 1| = |\bar{z} + 1|$?
Expliquer géométriquement le résultat trouvé, en considérant un plan rapporté à un repère orthonormal direct $(O, \vec{u}, \vec{v})$ et en associant à tout point $M(x, y)$ du plan son affixe z, c'est-à-dire le nombre complexe défini par $z = x + iy$.

2° Soit $n \in \mathbb{N}^*$. Déterminer l'ensemble des nombres complexes z vérifiant :

$$(z - 1)^n = (\bar{z} + 1)^n.$$

BAC

71 1° u étant un nombre complexe de module 1 et d'argument $\theta \in]0, 2\pi[$, déterminer le module et un argument du nombre complexe z tel que $\dfrac{z - i}{z + i} = u$.

2° On considère l'équation dans $\mathbb{C}$:

$$(E) \quad (z^2 + 1)^n - (z + i)^{2n} = 0,$$

où n est un entier non nul donné.
En remarquant que $-i$ est solution de (E), résoudre (E).

BAC

★ **72 Comment factoriser $x^8 + 1$?**

Exprimer $x^8 + 1$ comme le produit de quatre polynômes du second degré à coefficients réels.

■ *Méthode 1 :* Factoriser $z^8 + 1$ sur $\mathbb{C}$ et exprimer les coefficients des polynômes cherchés en fonction de :

$$a = \cos \frac{\pi}{8}.$$

■ *Méthode 2* (astuce) :

$$x^8 + 1 = (x^8 + 2x^4 + 1) - 2x^4 \dots$$

73 Soit p un entier naturel et $\omega = \mathrm{e}^{\frac{i\pi}{2p+1}}$.

Montrer que $1 + \omega^2 + \omega^4 + \dots + \omega^{2p} = \dfrac{1}{1 - \omega}$.

74 1° Écrire sous forme trigonométrique les racines cubiques du nombre complexe :

$$a = 16(1 - i).$$

2° Pour λ nombre réel quelconque, on pose :

$$z_\lambda = 1 + i + 2\sqrt{2}\mathrm{e}^{i\lambda} = x_\lambda + iy_\lambda.$$

a) Calculer les réels x_λ et y_λ en fonction de λ.

b) Déterminer l'ensemble (C) des points M_λ de coordonnées (x_λ, y_λ) quand λ décrit $[0, 2\pi]$.

3° Montrer que les solutions de l'équation $\big(z - (1 + i)\big)^3 = a$ sont les affixes de points de (C).

BAC

75 1° Résoudre, dans le corps des nombres complexes, l'équation $z^{12} = 1$.
Donner les solutions sous forme trigonométrique, puis algébrique.

2° u désignant un nombre complexe différent de 1, calculer au moyen des seuls u^{n+1} et u :

$$1 + u + u^2 + \dots + u^n.$$

3° Donner les solutions de l'équation :

$$z^8 + z^4 + 1 = 0,$$

par exemple en utilisant les questions précédentes.

BAC

76 1° Résoudre dans le corps des nombres complexes les équations d'inconnue z :

a) $z^4 = 1$.

b) $\left(\dfrac{z - i}{z + i}\right)^4 = 1$.

2° Soit n un entier naturel non nul et A un nombre complexe. Soit (E) l'équation d'inconnue complexe z :

$$\left(\frac{z - i}{z + i}\right)^n = A.$$

On appelle P et Q les points du plan complexe d'affixes respectives i et $-i$, et M le point d'affixe z.
Montrer que si z vérifie l'équation (E), alors

$$\frac{MP}{MQ} = \sqrt[n]{|A|}.$$

d'après BAC

★ **77** Soit n un entier naturel non nul et z et z' des complexes.
Montrer que les propriétés suivantes sont équivalentes :

(1) n est multiple de 3 et $\{z, z'\} = \{j, j^2\}$.

(2) $z^n = z'^n = 1$ et $1 + z + z' = 0$.

HISTORIQUE La résolution de l'équation $z^n - 1 = 0$ sous forme algébrique (et non plus trigonométrique) est l'un des problèmes moteurs des mathématiques à la fin du XVIIIe siècle et dans la première partie du XIXe siècle.
La question posée, en étroite liaison avec la résolution algébrique d'équations plus générales et la construction à la règle et au compas d'un polygone régulier à n sommets (voir p. 54), peut être formulée ainsi :

« Peut-on exprimer $\cos\frac{2\pi}{n}$ à l'aide de radicaux ($\sqrt{\ }$) ? » comme par exemple :

$$\cos\frac{2\pi}{16} = \frac{\sqrt{2+\sqrt{2}}}{2},$$

$$\cos\frac{2\pi}{5} = \frac{1+\sqrt{5}}{4}$$

ou $$\cos\frac{2\pi}{17} = -\frac{1}{16} + \frac{1}{16}\sqrt{17} + \frac{1}{16}\sqrt{34 - 2\sqrt{17}}$$
$$+\frac{1}{8}\sqrt{17 + 3\sqrt{17} - \sqrt{34 - 2\sqrt{17}} - 2\sqrt{34 + 2\sqrt{17}}}.$$

Ce dernier résultat (étonnant) est dû à GAUSS qui de plus, et surtout, résolut pratiquement le problème posé.

Équations, systèmes

78 Résoudre chaque équation, après avoir montré qu'elle admet une solution imaginaire.

a) $z^3 + (1 + i)z^2 + (i - 1)z - i = 0$.

b) $8z^3 - 12z^2 i - 6z + i = 0$.

c) $z^3 + (4 - 5i)z^2 + (8 - 20i)z - 40i = 0$.

79 Soit le polynôme $P(z) = z^3 - 4z + \lambda$ où z désigne un nombre complexe et où λ est un nombre réel.

1° Montrer que, si $P(z) = 0$ admet une solution complexe z_0, alors $\bar{z}_0$ est aussi solution.
En déduire que l'équation $P(z) = 0$ admet au moins une solution réelle, sans chercher à résoudre l'équation.

2° Déterminer λ pour que l'équation $P(z) = 0$ admette une racine réelle de module 2.
Résoudre l'équation pour la valeur de λ ainsi trouvée.

3° Déterminer λ pour que l'équation $P(z) = 0$ admette une racine complexe de module 2.
Résoudre l'équation pour les valeurs de λ ainsi trouvées et préciser le module et l'argument de chaque solution.

BAC

★ **80** $\mathbb{C}$ représente le corps des nombres complexes ; θ est un nombre réel donné.

1° Résoudre dans $\mathbb{C}$ l'équation en Z :
$$Z^2 - 2Z\cos\theta + 1 = 0 \quad (E).$$
En déduire la résolution dans $\mathbb{C}$ de l'équation en z :
$$z^4 - 2z^2\cos\theta + 1 = 0 \quad (E').$$
(Les racines seront présentées sous forme trigonométrique.)

2° Dans le plan complexe, on considère les images M_1, M_2, M_3 et M_4 des quatre racines de l'équation (E').
Pour quelle valeur de θ $(0 < \theta < \pi)$ ces quatre points sont-ils les sommets d'un carré ?

3° Décomposer en un produit de deux facteurs du second degré et à coefficients réels le polynôme en x défini par :
$$f(x) = x^4 - 2x^2\cos\theta + 1.$$

BAC

81 Résoudre dans $\mathbb{C}$ les équations :

a) $z^4 + 2z^3 + 12z^2 + 2z + 1 = 0$;

b) $z^4 + 2z^3 + 8z^2 - 2z + 1 = 0$.

☞ Poser : *a)* $Z = z + \frac{1}{z}$; *b)* $Z = z - \frac{1}{z}$.

★ **82** 1° Expliciter, sous forme trigonométrique, les trois racines de chacune des deux équations :

a) $u^3 = e^{i\frac{2\pi}{3}}$; *b)* $u^3 = e^{-i\frac{2\pi}{3}}$.

2° Établir, pour tout réel α, l'égalité :
$$1 + e^{i\alpha} = 2e^{i\frac{\alpha}{2}}\cos\frac{\alpha}{2}.$$

3° Résoudre l'équation $(z - 1)^6 + (z - 1)^3 + 1 = 0$.
(On pourra poser $(z - 1)^3 = v$.)

BAC

83 Résoudre le système d'inconnues complexes z_1, z_2, z_3 :

$$\begin{cases} z_1 + z_2 + z_3 = 1 \\ |z_1| = |z_2| = |z_3| = 1 \\ z_1 z_2 z_3 = 1. \end{cases}$$

☞ $(z - z_1)(z - z_2)(z - z_3) = \ldots$

LE THÉORÈME DE D'ALEMBERT

Il énonce que *tout polynôme* à coefficients dans $\mathbb{C}$ *a toujours une racine dans* $\mathbb{C}$!
Conjecturé par Albert DE GIRARD en 1629, ce résultat ne sera démontré que par GAUSS en 1799, après une tentative presque réussie par d'ALEMBERT, mais aussi EULER et LAGRANGE.
Ce théorème, capital pour l'Algèbre, l'Arithmétique et l'Analyse est appelé *théorème fondamental de l'Algèbre,* sauf en France où on lui rattache le nom de d'Alembert.

Un peu de Trigonométrie

84 Exprimer $\cos 2x$, $\cos 3x$, $\cos 4x$, $\cos 5x$ en fonction de $\cos x$:

a) en utilisant les formules d'Euler;

b) en montrant la relation :

$$\cos(n+1)x + \cos(n-1)x = 2\cos x \cos nx \quad (n \geqslant 1).$$

85 Résoudre dans $\mathbb{R}$ l'équation :

$$\sqrt{3}\cos x + \sin x = \sqrt{2}.$$

★ **86** Soit $z = e^{i\cdot\frac{2\pi}{7}}$; on pose $\alpha = z + z^2 + z^4$.

a) Calculer $\alpha + \bar{\alpha}$ et $\alpha\bar{\alpha}$.

b) En déduire :

$$\cos\frac{2\pi}{7} + \cos\frac{4\pi}{7} + \cos\frac{8\pi}{7} = -\frac{1}{2}$$

et

$$\sin\frac{2\pi}{7} + \sin\frac{4\pi}{7} + \sin\frac{8\pi}{7} = \frac{\sqrt{7}}{2}.$$

87 Résoudre les équations suivantes, après avoir factorisé :

a) $1 + \cos 2x + \cos 4x = 0$;

b) $\cos x + \cos 3x - \cos 5x = 0$;

c) $\sin x + \sin 2x + \sin 3x = 0$.

Formules d'Euler : autres utilisations

★ **88** α et x sont deux réels, et n un entier ($n \geqslant 1$).

a) Calculer les sommes :

$$A = \cos\alpha + \cos(x+\alpha) + \cos(2x+\alpha) + \dots + \cos(nx+\alpha)$$

et $$B = \sin\alpha + \sin(x+\alpha) + \sin(2x+\alpha) + \dots + \sin(nx+\alpha).$$

b) En déduire :

$$C = \cos(x+\alpha) + 2\cos(2x+\alpha) + \dots + n\cos(nx+\alpha)$$

et $$D = \sin(x+\alpha) + 2\sin(2x+\alpha) + \dots + n\sin(nx+\alpha).$$

89 Soit n un entier strictement positif, θ un réel appartenant à $]0, \pi[$. On considère :

$$S_n = \cos^2\theta + \cos^2\theta\cos 2\theta + \dots + \cos^p\theta\cos p\theta + \dots + \cos^n\theta\cos n\theta,$$

$$S'_n = \cos\theta\sin\theta + \cos^2\theta\sin 2\theta + \dots + \cos^p\theta\sin p\theta + \dots + \cos^n\theta\sin n\theta,$$

$$\Sigma_n = S_n + iS'_n.$$

Montrer que Σ_n est la somme des n premiers termes d'une suite géométrique complexe, dont on donnera le premier terme et la raison.

En déduire la valeur de Σ_n puis de S_n en fonction de n et θ. $\left(\text{On montrera que } S_n = \dfrac{\cos^{n+1}\theta\sin n\theta}{\sin\theta}.\right)$

BAC

★ **90** Soit, pour tout $n \in \mathbb{N}^*$, S_n la somme :

$$S_n = \sin\frac{\pi}{n} + \sin\frac{2\pi}{n} + \dots + \sin\frac{(n-1)\pi}{n}.$$

a) Posons $z = \cos\frac{\pi}{n} + i\sin\frac{\pi}{n}$.

Donner une expression simple de la somme :

$$1 + z + \dots + z^{n+1}.$$

Calculer la partie réelle et la partie imaginaire de cette somme.

En déduire l'égalité $S_n = \dfrac{1}{\tan\frac{\pi}{2n}}$.

b) Quelle est la limite de la suite $\left(\dfrac{S_n}{n}\right)_{n\in\mathbb{N}^*}$?

BAC

★ **91** On considère le plan complexe rapporté à un repère orthonormal $(O, \vec{u}, \vec{v})$. θ désigne un nombre réel de l'intervalle $]-\pi, +\pi[$.

Pour tout θ, on définit le nombre complexe :

$$z(\theta) = \frac{1}{2}(1 + e^{i\theta})^2.$$

1° Calculer $(1 + e^{i\theta})e^{-i\frac{\theta}{2}}$, en déduire que le nombre complexe $(1 + e^{i\theta})$ a pour argument $\frac{\theta}{2}$.

Calculer le module et l'argument de $z(\theta)$.

Représenter dans le plan complexe $z\left(\frac{\pi}{6}\right)$.

2° Soit M le point d'affixe $z(\theta)$ et A le point d'affixe 1. On projette orthogonalement A en P sur la droite (OM).

Quel est l'ensemble des points P quand θ varie dans $]-\pi, +\infty[$?

3° Calculer la distance PM. On séparera les cas :

$$\theta \in \left[-\frac{\pi}{2}, \frac{\pi}{2}\right] \text{ et } \theta \in \left]-\pi, -\frac{\pi}{2}\right[\cup \left]\frac{\pi}{2}, \pi\right[.$$

4° Donner une construction géométrique de l'ensemble des points M.

BAC

★ **92** On pose $z = \dfrac{-1 + i\sqrt{3}}{2}$ et $z' = \dfrac{-1 - i\sqrt{3}}{2}$.

Pour quelles valeurs de l'entier naturel n a-t-on :

$$z^n + z'^n = -1 ?$$

Fonctions de $\mathbb{C}$ dans $\mathbb{C}$

Il va falloir s'habituer : les sujets du Baccalauréat véhiculent régulièrement quelques études de fonctions de $\mathbb{C}$ dans $\mathbb{C}$. Nous en présentons quelques exemples que nous appuierons d'une MISE AU POINT

★ **93** Le plan $\mathscr{P}$ est rapporté au repère orthonormal direct $(O, \vec{i}, \vec{j})$.
On désigne par $\mathcal{U}$ l'ensemble des nombres complexes de module 1, et par $\mathcal{U}^*$ l'ensemble $\mathcal{U}$ privé du réel 1.

1° Soit u un élément de $\mathcal{U}^*$; on pose $u = \cos\theta + i \sin\theta$ avec $\theta \in]0, 2\pi[$.
Déterminer le module et un argument de $1 - u$ en fonction de θ.

En déduire le module et un argument de $\dfrac{1}{1-u}$.

2° Montrer que :

a) L'ensemble des points M de $\mathscr{P}$ d'affixe $z = 1 - u$, où u décrit $\mathcal{U}$ est le cercle de centre A d'affixe 1, et passant par O.

b) L'ensemble des points M de $\mathscr{P}$ d'affixe $z = \dfrac{1}{(1-u)}$, où u décrit $\mathcal{U}^*$ est la médiatrice $\mathscr{D}$ de $[OA]$.

3° Soit B le point d'affixe $b(b \neq 0)$, M le point d'affixe z; interpréter le module de $z - b$.

a) Quel est l'ensemble des points M d'affixe $z = b(1-u)$, u décrivant $\mathcal{U}$?

b) Quel est l'ensemble des points M d'affixe $z = \dfrac{b}{1-u}$, u décrivant $\mathcal{U}^*$?

BAC

94 On désigne par $\mathbb{C}^*$ l'ensemble des nombres complexes $\mathbb{C}$ privé de zéro.
Soit f l'application de $\mathbb{C}^*$ dans $\mathbb{C}$ définie par $f(z) = \dfrac{1}{2}\left(z + \dfrac{1}{z}\right)$, pour tout z élément de $\mathbb{C}^*$.

1° Calculer les parties réelle et imaginaire de $f(z)$ en fonction des module et argument de z.

2° Soit φ l'application du plan privé de l'origine O dans le plan qui, au point M d'affixe z associe le point M' d'affixe $f(z)$.
Quelle est la nature de l'image par φ d'un cercle de centre O et de rayon R?

BAC

95 Le plan complexe $\mathscr{P}$ est rapporté à un repère orthonormal $(O, \vec{u}, \vec{v})$. A et le point d'affixe $2i$.
f est l'application de $\mathscr{P}\setminus\{A\}$ dans lui-même qui, à tout point M d'affixe Z, associe le point M' d'affixe

$$Z' = \frac{2iZ - 5}{Z - 2i}.$$

1° Montrer qu'il existe deux points B et C invariants par f.

2° Montrer que f est bijective et déterminer son application réciproque.

3° Montrer que la droite $(y'y)$ privé du point A est globalement invariante par f.

4° Montrer que, si $Z \neq 2i$, $|Z' - 2i| \cdot |Z - 2i| = 9$.
En déduire l'image par f du cercle Γ de centre A et de rayon r.
Déterminer r pour que Γ soit invariant par f.

BAC

★ **96** Soit $\mathbb{C}$ l'ensemble des nombres complexes et f l'application de $\mathbb{C}$ dans $\mathbb{C}$ définie par, pour tout $z \in \mathbb{C}$,
$f(z) = \dfrac{1}{2} z + \dfrac{i}{2} \bar{z}$ ($\bar{z}$ est le conjugué de z).

1° Préciser l'application $f \circ f$ et déterminer les ensembles I_f et N_f suivants :

$$I_f = \{z \in \mathbb{C} / f(z) = z\}\ ;\ N_f = \{z \in \mathbb{C} / f(z) = 0\}.$$

2° Soit $\mathscr{P}$ le plan rapporté au repère orthonormal $(O, \vec{u}, \vec{v})$. À chaque nombre complexe, on associe son point image dans $\mathscr{P}$. Soit F l'application de $\mathscr{P}$ dans $\mathscr{P}$ qui, au point M image de z, associe le point M' image de $f(z)$.

a) Préciser $F \circ F$ et déterminer les ensembles D et Δ suivants :

$$D = \{M \in \mathscr{P} / F(M) = M\}$$
et
$$\Delta = \{M \in \mathscr{P} / F(M) = 0\}.$$

b) Démontrer que, pour tout point M de $\mathscr{P}$, le point $F(M)$ appartient à D et que, pour tout point M de $\mathscr{P}$ n'appartenant pas à D, la droite $(M, F(M))$ est parallèle à Δ.
En déduire la nature de F.

BAC

★ **97** Soit ω un nombre complexe tel que $|\omega| < 1$.
Quelle est l'image du cercle de centre O et de rayon 1 par la fonction qui, au point M d'affixe z, associe le point M' d'affixe $z' = \dfrac{z - \omega}{1 - \bar{\omega} z}$?

MISE AU POINT Présentons un schéma général :

■ Étant donné une fonction f de $\mathbb{C}$ dans $\mathbb{C}$, on lui associe, en le disant (exercices 94, 95, 96) ou en ne le disant pas (exercice 93), une fonction φ du plan dans lui-même qui, au point M d'affixe z, associe le point M' d'affixe z' avec $z' = f(z)$.

■ Dès lors, étant donné une configuration usuelle Γ du plan (en général : droite, cercle, ...), on peut envisager de se préoccuper :
— de l'ensemble des $\varphi(M)$, où M appartient à Γ (image de Γ par φ);
— de l'ensemble des points M tels que $\varphi(M)$ appartient à Γ.

■ Écueil à éviter : *se contenter d'une inclusion.* Nous voulons dire que, par exemple, si Γ est un cercle et que l'on veut établir que $\varphi(\Gamma)$ est un cercle $\mathscr{C}$, il est insuffisant de montrer que « Si $M \in \Gamma$, alors $\varphi(M) \in \mathscr{C}$ »; ceci montre seulement l'inclusion $\varphi(\Gamma) \subset \mathscr{C}$. Il faut également montrer que tout point de $\mathscr{C}$ est l'image par φ d'un point de Γ. Et sur ce point, la stratégie est presque toujours la suivante : « On se donne z' avec $M'(z') \in \mathscr{C}$. On résout l'équation d'inconnue z : $f(z) = z'$, et l'on montre que les solutions, le plus souvent *la* solution, sont telles que le point $M(z)$ appartient à Γ. »

■ On notera que de tels problèmes, significatifs par ailleurs, lorsqu'ils sont promus sujets du BAC, ont rarement des finalités autres que calculatoires...

PROBLÈMES

98 **Avec un pentagone régulier**
(Problème posé au Concours Général. 1991.)

1° On considère l'application P de $\mathbb{C}$ dans $\mathbb{C}$ définie par $P(z) = z^5 + a_4 z^4 + a_3 z^3 + a_2 z^2 + a_1 z$, où a_1, a_2, a_3, a_4 sont quatre nombres complexes donnés.

On pose $w_\ell = e^{\frac{2i\ell\pi}{5}}$, *où* ℓ désigne un nombre entier compris entre 0 et 4. Montrer que :

$$P(w_0) + P(w_1) + P(w_2) + P(w_3) + P(w_4) = 5 .$$

2° Soit A_1, A_2, A_3, A_4, A_5 cinq points du plan.
On construit un pentagone régulier incrit dans le cercle de centre A_1 et de rayon donné R.
Démonter qu'il existe un sommet S du pentagone tel que $SA_1 \cdot SA_2 \cdot SA_3 \cdot SA_4 \cdot SA_5 \geqslant R^5$.

☞ Soit α_ℓ l'affixe de A_ℓ; S_ℓ a pour affixe $\alpha_1 + w_\ell$ (par exemple).
Monter que :

$$S_\ell A_1 \cdot S_\ell A_2 \cdot S_\ell A_3 \cdot S_\ell A_4 \cdot S_\ell A_5 = |P(w_\ell)|$$

et raisonner par l'absurde.

★ **99** 1° *a*) α est un nombre réel.
Résoudre l'équation :

$$(\mathcal{S}_{\alpha,\,1}) \begin{cases} z \in \mathbb{C} \\ z^2 - 2z \cos \alpha + 1 = 0 . \end{cases}$$

b) En déduire la forme trigonométrique des solutions de l'équation :

$$(\mathcal{S}_{\alpha,\,n}) \begin{cases} z \in \mathbb{C} \\ z^{2n} - 2z^n \cos \alpha + 1 = 0 . \end{cases}$$

dans laquelle n est un entier naturel non nul donné.

2° *Notation :* Étant donné des nombres complexes z_0, z_1, ..., z_{n-1}, on note $\prod_{k=0}^{n-1} z_k$ le produit $z_0 \times z_1 \times ... \times z_{n-1}$.
Pour tout entier naturel non nul n, pour tout réel α, pour tout complexe z, on pose :

$$P_\alpha(z) = z^{2n} - 2z^n \cos \alpha + 1 .$$

On admet que, pour tout z, α et n, on a :

$$P_\alpha(z) = \prod_{k=0}^{n-1} \left[z^2 - 2z \cos\left(\frac{\alpha}{n} + \frac{2k\pi}{n}\right) + 1 \right].$$

a) Calculer $P_\alpha(1)$ et en déduire que :

$$\prod_{k=0}^{n-1} \sin^2\left(\frac{\alpha}{2n} + \frac{k\pi}{n}\right) = \frac{\sin^2\left(\frac{\alpha}{2}\right)}{4^{n-1}} .$$

b) Pour tout α élément de l'intervalle $]0, \pi[$ et pour tout naturel n supérieur ou égal à 2, on pose :

$$H_n(\alpha) = \prod_{k=1}^{n-1} \sin\left(\frac{\alpha}{2n} + \frac{k\pi}{n}\right).$$

Montrer que, pour α non nul, on a :

$$2^{n-1} H_n(\alpha) = \frac{\sin\left(\frac{\alpha}{2}\right)}{\sin\left(\frac{\alpha}{2n}\right)} .$$

c) Quelle est la limite de $H_n(\alpha)$ lorsque α tend vers 0 ?

d) En déduire que, pour tout naturel n supérieur ou égal à 2 $\sin\frac{\pi}{n} \cdot \sin\frac{2\pi}{n} \cdot ... \cdot \sin\frac{(n-1)\pi}{n} = \frac{n}{2^{n-1}}$.

BAC

Compliqué-Simple, 1959. Kandinsky.

Autrement dit :

★ **100** **Le même, en plus simple...**

Soit n un entier naturel non nul et $\omega = e^{\frac{2i\pi}{n}}$.
On pose, pour z appartenant à $\mathbb{C}$:

$$P(z) = z^{n-1} + z^{n-2} + ... + z + 1 - (z - \omega)(z - \omega^2) ... (z - \omega^{n-1}) .$$

1° Montrer que P est un polynôme de degré inférieur ou égal à $n - 2$.

2° Montrer que ω, ω^2, ..., ω^{n-1} sont $n - 1$ racines distinctes de P.

☞ Songer aux racines $n^{\text{ièmes}}$ de l'unité.

En déduire que $P(z) = 0$, pour tout $z \in \mathbb{C}$, puis que :

$$n = (1 - \omega)(1 - \omega^2)...(1 - \omega^{n-1}) .$$

3° Montrer, par un calcul de modules, que :

$$\sin\frac{\pi}{n} \cdot \sin\frac{2\pi}{n} \cdot ... \cdot \sin\frac{(n-1)\pi}{n} = \frac{n}{2^{n-1}} .$$

Trucs & Astuces

Nature des nombres

Ne pas la perdre de vue ; ainsi Re z et Im z sont des réels, $|z|$ est un réel positif.

Structure de corps de $\mathbb{C}$

En profiter au mieux :
Nul besoin de passer par la forme $z = x + iy$ pour résoudre des équations du type : $\frac{z+1}{z-i} = 1 + i$ ou encore $(z - i)(2z + i) = 0$, etc.

La forme trigonométrique

C'est une écriture de la forme $r(\cos\alpha + i\sin\alpha)$ ou $re^{i\alpha}$, avec $r > 0$.
Il faut savoir désamorcer quelques pièges classiques :

- $z = -3(\cos\alpha + i\sin\alpha)$;
  $|z| = 3$, $\arg z = \alpha + \pi \ (2\pi)$.
- $z = \cos\alpha - i\sin\alpha$;
  $|z| = 1$, $\arg z = -\alpha \ (2\pi)$.
- $z = \sin\alpha + i\cos\alpha$;
  $|z| = 1$, $\arg z = \frac{\pi}{2} - \alpha \ (2\pi)$.

Penser à la tangente

Si θ est un argument de $a + bi$, alors $\tan\theta = \frac{b}{a}$. C'est un moyen rapide de savoir si l'on a affaire à un complexe « standard » (du point de vue trigonométrique) à savoir les complexes dont un argument se trouve parmi $\frac{\pi}{6}, \frac{\pi}{4}, \frac{\pi}{3}$ modulo $\frac{\pi}{2}$ (sans oublier 0).

Rubrique à Bac

Numéro I : l'homographie

$z' = \frac{az + b}{cz + d}$: au moins une par session.

Les homographies (voir ci-dessus) conservent globalement la famille {droites/cercles}.
De ce fait, presque toujours, la réponse au *problème de lieu* immuablement présent dans ce genre d'exercices est : « une droite » ou « un cercle »...
Deux méthodes sont disponibles :

- La méthode analytique : poser $z = x + iy$ et exprimer x' et y' en fonction de x et y grâce à $z' = x' + iy' = \frac{az + b}{cz + d}$.
On obtiendra le lieu par son équation.
- La méthode géométrique : elle est basée sur la traduction géométrique de conditions telles que : $|z| = C^{te}$ ou $\arg z = C^{te} \mod \pi$.

Ils sont partout !

La paternité du vocabulaire

Imaginaire : Descartes 1637.
Module : Argaud 1806.
Argument : Cauchy 1838.
Nombre complexe : Gauss 1831.
Notation $|z|$ (module) : Weierstrass.
La notation i : Euler 1777, reprise par Gauss.

L'heptagone régulier n'est pas constructible à la règle et au compas !

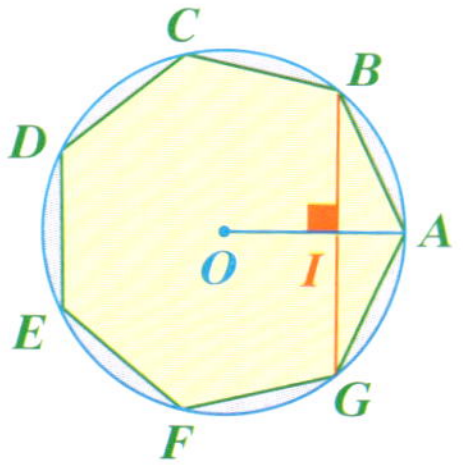

Si l'on pouvait construire l'heptagone régulier à la règle et au compas, on pourrait évidemment construire le point I avec les mêmes outils.
Or, l'abscisse de $I\left(\cos\frac{2\pi}{7}\right)$ est une racine de l'équation (E) : $8x^3 + 4x^2 - 6x - 1 = 0$ (le montrer en « recopiant » la méthode utilisée page 40, T. P. B) ;
de plus, on sait montrer assez facilement[1] que cette équation du troisième degré n'a pas de solution constructible à la règle et au compas.

(1) À l'aide d'un théorème de Hilbert : « Si une équation du troisième degré admet une solution « constructible » à la règle et au compas, alors elle admet une solution rationnelle. »

Le dragon

Chaque point a pour affixe une somme de puissance du nombre : $\frac{-1-i}{2}$.

CALCUL VECTORIEL ET CONFIGURATIONS

Le 22 décembre 1846, dans son discours d'inauguration du Cours de Géométrie Supérieure de la Faculté des Sciences de Paris, CHASLES reprenait à son compte cette définition de la Géométrie : *« Science qui a pour objet la mesure et les propriétés de l'étendue figurée »*.

Ce discours particulièrement brillant et qui reste l'une des références essentielles sur l'histoire de la Géométrie ne pouvait qu'ignorer les premiers soubresauts d'un calcul vectoriel qui n'était encore qu'à l'état de pistes sous la plume de GRASSMANN notamment.

L'histoire a ses pirouettes, même en Mathématiques. C'est sûrement l'une d'elles qui — faute de mieux — permettrait d'expliquer pourquoi dans le « star-system » des résultats auxquels un collégien, un lycéen sait accrocher un patronyme, la relation de Chasles tient le haut du pavé en ce qui concerne le calcul vectoriel...

On comprend donc le besoin que, nous éprouvons de souligner que le calcul vectoriel ne se limite pas à la simple addition des vecteurs ou à leur multiplication par un réel : *produit scalaire, déterminant, produit vectoriel...*, bref, toute grandeur (scalaire ou vectorielle) attachée à un couple de vecteurs, dès qu'elle revêt cet aspect agréable d'avoir des qualités compatibles avec (justement) les opérations précédentes, est prédisposée à devenir un *outil d'étude des figures, des configurations...*

Nous y voilà.

Restent en suspens, en effet, les questions à propos de « configurations » ou « figures » ou « étendues figurées » ou « figures géométriques », etc. Évitons les débats passionnés (à défaut d'être passionnants) et le fourbi conceptuel qui, d'ordinaire, les accompagne.

Place aux artistes :

- **Eupalinos ou l'Architecte (Paul Valéry)**

Phèdre — Mais toutes les figures ne sont elles pas géométriques ?

Socrate — Pas plus qu'un bruit n'est un son musical.

... J'appelle donc « géométriques » celles des figures qui sont traces de ces mouvements que nous pouvons exprimer en peu de paroles.

- ***Le Régal des Dieux* (Marx Ernst, 1948)**

(Voir reproduction ci-contre.)

« *Le Régal des Dieux* indique l'issue sous la forme d'un monde géométrique construit de part en part au compas et à la règle » et qui est empli de couleurs lumineuses et sereines. »

« Ulrich Bischoff ».

Le régal des Dieux. 1948 - Bruno ERNST.

3

Par un point situé sur un plan,
on ne peut faire passer qu'une
perpendiculaire à ce plan
On dit ça...
Mais, par tous les points de mon
plan à moi,
On peut faire passer tous les
hommes, tous les animaux de la
Terre,
Alors votre perpendiculaire me fait
rire...

ROBERT DESNOS

Vecteurs et barycentres

COURS

EXERCICES

INTRODUCTION

3
Vecteurs
et barycentres

1 OBJECTIFS

Compléter l'**outil vectoriel** étudié en classe de Première, étendre la **notion de barycentre** à un nombre quelconque de points et mettre en place les propriétés des **projections** sont l'essentiel des travaux de ce chapitre.
Mais c'est la **mise en œuvre** de ces différents outils dans la *résolution de problèmes d'incidence* (alignement, coplanarité, concours, parallélisme, ...) *et de lieux géométriques* qui en constitue l'objectif. Et ce, aussi bien dans l'espace que dans le plan.
Achevons en signalant que :
— « nous ne reviendrons pas sur les fondements du calcul vectoriel » : le programme fait comprendre qu'il n'y a pas lieu de le faire ;
— par conséquent, sur ce sujet, voir le livre de Première (tome de Géométrie) ;
— en revanche, une batterie d'exercices (p. 73) fait office de mise au point.

La longue et dramatique histoire de la coupole de Sainte-Sophie à Istanbul : édifiée aux environs de 535, elle s'écroula deux fois. Ce n'est qu'au Xe siècle qu'elle fut solidement reconstruite à partir d'études théoriques sur le barycentre effectuées à Byzance.

2 CONNAISSANCES MISES EN JEU

Livre de Première
Géométrie

Issues de la classe de Première

- Calcul vectoriel et analytique dans le plan (chapitre 1).
- Notion de barycentre (voir chapitre 2).
- Calcul vectoriel dans l'espace (voir chapitre 8).

CHAPITRE 2

Complexes

Affixe d'un point, d'un vecteur et relations.

Notations usuelles

$\mathcal{P}$ est le plan ponctuel, $\vec{\mathcal{P}}$ le plan vectoriel associé.
$\mathcal{E}$ est l'espace ponctuel, $\vec{\mathcal{E}}$ l'espace vectoriel associé.

3 ACTIVITÉS PRÉPARATOIRES

Nous avons assigné trois objectifs à ce paragraphe :

■ Remettre en jeu les propriétés élémentaires d'une part du **calcul vectoriel** dans le plan et dans l'espace et d'autre part de la **barycentration** (sans impliquer plus de quatre points...).

■ Initier aux principales règles de calcul sur des expressions utilisant le symbole Σ (déjà présenté en Analyse, mais sous le seul aspect sténographique).

LE CALCUL VECTORIEL

ACTIVITÉ 1

Dans le plan

1 Une configuration à connaître

Soit A, B, C et D quatre points du plan et I, J, K, L, M et N les milieux respectifs des segments $[A, B]$, $[B, C]$, $[C, D]$, $[D, A]$, $[A, C]$ et $[B, D]$.

1° Faire une figure

2° Montrer que $IJKL$ est un parallélogramme.

3° Montrer que les segments $[I, K]$, $[J, L]$ et $[M, N]$ ont même milieu.

2 Étant donné un triangle ABC, on note I le milieu de $[A, B]$, J le symétrique de C par rapport à B et K le point d'intersection de (IJ) et (AC).

Évaluer le rapport $\dfrac{AK}{AC}$.

3 Pentagone et milieux des côtés

L'objet du problème est de construire un pentagone connaissant les milieux des côtés.

1° Les points I, J, K, L et M sont les milieux des côtés $[A, B]$, $[B, C]$, $[C, D]$, $[D, E]$ et $[E, A]$ d'un pentagone $ABCDE$.

Établir la relation $\overrightarrow{MA} = \overrightarrow{JI} + \overrightarrow{LK}$.

2° Placer cinq points I, J, K, L et M et construire un pentagone $ABCDE$ tel que I, J, K, L et M soient les milieux des côtés.

ACTIVITÉ 2

Dans l'espace

1 Alignement

On considère un tétraèdre $ABCD$ et les milieux respectifs I et J de $[A, B]$ et $[C, D]$.

1° Établir que $\overrightarrow{IC} + \overrightarrow{ID} = 2\overrightarrow{IJ}$ et que $\overrightarrow{AC} + \overrightarrow{BD} = \overrightarrow{BC} + \overrightarrow{AD} = 2\overrightarrow{IJ}$.

2° On construit les parallélogrammes $IACE$ et $IBDF$.

Montrer que les points E, J et F sont alignés.

2 Concours

Soit un tétraèdre $ABCD$ et P, Q et R les points tels que $CADP$, $DABQ$ et $BACR$ sont des parallélogrammes.

Montrer que les segments $[B, P]$, $[C, Q]$ et $[D, R]$ ont le même milieu.

Remarque : Dans la résolution d'un problème de Géométrie (dans le plan ou dans l'espace), une figure est toujours la bienvenue : elle est le support de la réflexion et ne peut en aucun cas diminuer les chances de succès. Oui, mais... souvent dans l'espace, mince est la paroi qui sépare la réalisation de la figure et la résolution du problème : c'est ainsi.

Voilà par exemple, ci-contre, LA figure qui explique, mieux que tout discours, le problème de concours proposé dans l'activité 2 : en complétant par le point S, le point de concours recherché n'est autre que le centre du parallélépipède.

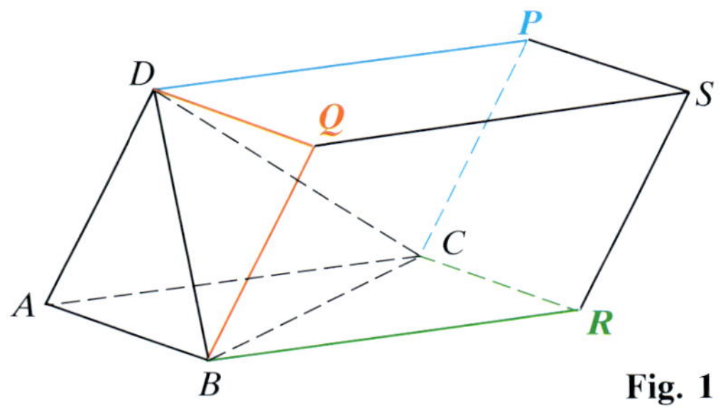

Fig. 1

LE BARYCENTRE

ACTIVITÉ 3

1 Placer un barycentre

On donne un triangle ABC.
Construire, dans chaque cas, le barycentre de (A, α), (B, β) et (C, γ).

a) $\alpha = \beta = 1$, $\gamma = 2$;

b) $\alpha = -2$, $\beta = -4$, $\gamma = -1$;

c) $\alpha = \frac{1}{2}$, $\beta = \frac{1}{3}$, $\gamma = \frac{1}{4}$.

2 Écrire des relations barycentriques

Montrer que, dans chaque cas, il est possible d'écrire A comme barycentre de B et C et donner alors des valeurs possibles pour les coefficients.

- $\overrightarrow{BA} = 3\overrightarrow{AC}$;
- $\overrightarrow{AB} + \overrightarrow{AC} + \overrightarrow{BC} = 2\overrightarrow{BA}$;
- 

- 

- 

- B est le barycentre de $(A, 2)$, $(C, 3)$;
- C est le barycentre de $(A, -2)$, $(B, 1)$.

3 Lire sur une figure

Écrire, dans chaque cas, G comme barycentre de A, B et C (sur tous les segments, les subdivisions sont régulières).

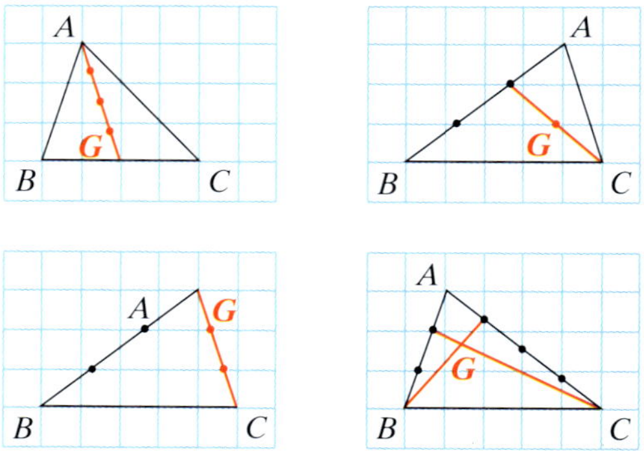

4 Un problème (simple) d'alignement

Dans un triangle ABC, on note A', B' et C' les milieux des côtés opposés à A, B et C, et L et M les points définis par :

- L est le milieu de $[B', C]$;
- M est le symétrique de C' par rapport à B.

1° Écrire M comme barycentre de A et B, et L comme barycentre de A et C.

2° En déduire que $\overrightarrow{A'M} + 2\overrightarrow{A'L} = \vec{0}$ et interpréter géométriquement cette relation.

3° Retrouver ce résultat par le calcul vectoriel (*i. e.* : sans barycentre).

LA NOTATION Σ

Σ : [*sigma*]. Dix-huitième lettre de l'alphabet grec, notant la sifflante sourde...
Considérons n vecteurs $\vec{u}_1$, $\vec{u}_2$, ..., $\vec{u}_n$ (distincts ou non) et n réels α_1, α_2, ..., α_n (distincts ou non). Le vecteur $\alpha_1\vec{u}_1 + \alpha_2\vec{u}_2 + ... + \alpha_n\vec{u}_n$ se note $\sum_{i=1}^{n} \alpha_i \vec{u}_i$ (1).

L'activité 4 propose de se familiariser avec quelques principes de calcul.

ACTIVITÉ 4

Notations

α_1, α_2, ..., α_n, ..., α sont des réels.
A_1, A_2, ..., A_n, M et N sont des points.

Consigne générale

Établir les résultats ci-contre en revenant à l'écriture développée.

- $\sum_{i=1}^{n} \alpha_i \overrightarrow{MN} = \left(\sum_{i=1}^{n} \alpha_i\right) \overrightarrow{MN}$.
- $\sum_{i=1}^{n} \alpha \overrightarrow{MA_i} = \alpha \sum_{i=1}^{n} \overrightarrow{MA_i}$.
- $\sum_{i=1}^{n} \alpha_i \overrightarrow{MA_i} = \left(\sum_{i=1}^{n} \alpha_i\right) \overrightarrow{MN} + \sum_{i=1}^{n} \alpha_i \overrightarrow{NA_i}$.
- p étant un entier entre 1 et $n-1$:

$$\sum_{i=1}^{n} \alpha_i \overrightarrow{MA_i} = \sum_{i=1}^{p} \alpha_i \overrightarrow{MA_i} + \sum_{i=p+1}^{n} \alpha_i \overrightarrow{MA_i} .$$

(1) Tout autre indice que « i », évocateur d'un entier (j, k, ..., p, ...) fait l'affaire (sauf « n » évidemment).

COURS

3
Vecteurs
et barycentres

BARYCENTRE

1 LA FONCTION VECTORIELLE DE LEIBNIZ

De quoi s'agit-il ? Il s'agit simplement d'introduire une notation commode...
Soit $(A_i, \alpha_i)_{1 \leqslant i \leqslant n}$ un système de points pondérés. *La fonction vectorielle de Leibniz* est l'application f qui, à tout **point** M, associe le **vecteur** $\overrightarrow{f(M)}$ défini par :

$$\overrightarrow{f(M)} = \sum_{i=1}^{n} \alpha_i \overrightarrow{MA_i}.$$

La relation fondamentale *Quels que soient les points M et N, on a :*

$$\overrightarrow{f(M)} = \overrightarrow{f(N)} + \left(\sum_{i=1}^{n} \alpha_i\right) \overrightarrow{MN}.$$

On écrit : $\alpha_i \overrightarrow{MA_i} = \alpha_i \overrightarrow{MN} + \alpha_i \overrightarrow{NA_i}$ (Chasles) et l'on somme de 1 à n.

On somme, en observant que $\sum_{i=1}^{n} \alpha_i \overrightarrow{MN} = \left(\sum_{i=1}^{n} \alpha_i\right) \overrightarrow{MN}$.

Conséquence Désignons par $m = \sum_{i=1}^{n} \alpha_i$ la masse totale du système.

Il découle de la relation précédente que, si $m = 0$, *l'application f est constante.*

2 DÉFINITION DU BARYCENTRE

Théorème et définition 1

> Soit $(A_i, \alpha_i)_{1 \leqslant i \leqslant n}$ un système de points pondérés de masse totale $m = \sum_{i=1}^{n} \alpha_i$ *non nulle.*
>
> (1) Il existe un point G unique tel que $\sum_{i=1}^{n} \alpha_i \overrightarrow{GA_i} = \vec{0}$.
>
> Ce point G est appelé **barycentre** du système.
>
> (2) Pour tout point M, on a $\sum_{i=1}^{n} \alpha_i \overrightarrow{MA_i} = \left(\sum_{i=1}^{n} \alpha_i\right) \overrightarrow{MG}$.

■ Soit O un point fixé. D'après la relation fondamentale, $\overrightarrow{f(M)} = \vec{0}$ équivaut à $m\overrightarrow{OM} = \overrightarrow{f(O)}$, soit (et c'est là qu'intervient la condition $m \neq 0$) $\overrightarrow{OM} = \frac{1}{m}\overrightarrow{f(O)}$.
Or le vecteur $\frac{1}{m}\overrightarrow{f(O)}$ est déterminé par la donnée du système et le point O fixé.

Nous savons alors qu'il existe un point unique, que nous notons G, tel que $\overrightarrow{OG} = \frac{1}{m}\overrightarrow{f(O)}$.

Ainsi, il existe **un point G et un seul** *tel que* $\sum_{i=1}^{n} \alpha_i \overrightarrow{GA_i} = \vec{0}$.

■ La relation fondamentale (avec $N = G$) livre alors la seconde relation.

3 PROPRIÉTÉS DU BARYCENTRE

Notation La notation du barycentre G du système $(A_i, \alpha_i)_{1 \leqslant i \leqslant n}$ sous la forme $G = \text{bar}\begin{array}{|c|c|c|c|}\hline A_1 & A_2 & \dots & A_n \\ \hline \alpha_1 & \alpha_2 & \dots & \alpha_n \\ \hline \end{array}$ s'impose de plus en plus, car elle est, comme nous le verrons, particulièrement adaptée à la mise en œuvre du théorème d'associativité (voir paragraphe 4).

Exemples Il va sans dire (mais encore mieux en le disant) que la notion de barycentre de n points *généralise* celle de barycentre de 2, 3 points étudiée en Première et stimulée en activités préparatoires (voir activité 3).
Elle véhicule les *mêmes propriétés* avec le *même vocabulaire :*
1. Le barycentre reste *inchangé* lorsque l'on remplace les coefficients par des coefficients qui leurs sont **proportionnels.**
2. **L'isobarycentre** des points $(A_i)_{1 \leqslant i \leqslant n}$ est le barycentre du système $(A_i, 1)_{1 \leqslant i \leqslant n}$ (ou encore $(A_i, \alpha)_{1 \leqslant i \leqslant n}$, avec $\alpha \neq 0$).

Réduction Les résultats précédents permettent de **réduire** toute somme $\sum_{i=1}^{n} \alpha_i \overrightarrow{MA_i}$ suivant que la masse totale $m = \sum_{i=1}^{n} \alpha_i$ est nulle ou non :

■ Cela est évident lorsque $m \neq 0$, grâce à la relation $\sum_{i=1}^{n} \alpha_i \overrightarrow{MA_i} = m\overrightarrow{MG}$ (le prix à payer étant de songer à introduire le barycentre G du système).

■ *Le cas* $m = 0$. Par exemple, pour réduire $2\overrightarrow{MA} - \overrightarrow{MB} - \overrightarrow{MC}$, on utilisera le fait que ce vecteur **ne dépend pas de M** (voir paragraphe 1).
Par suite, $2\overrightarrow{MA} - \overrightarrow{MB} - \overrightarrow{MC} = -(\overrightarrow{AB} + \overrightarrow{AC})$, que l'on réduit encore en $-2\overrightarrow{AI}$, où I est le milieu de $[B, C]$.

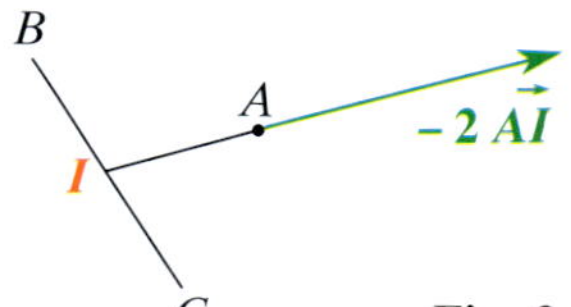

Fig. 2

Coordonnées Le plan ou l'espace étant muni d'un repère *d'origine O,* en « punaisant » le point M en O dans la relation (2) on obtient :

$$\overrightarrow{OG} = \frac{1}{m} \sum_{i=1}^{n} \alpha_i \overrightarrow{OA_i}.$$

Cette relation permet d'obtenir sans peine les *coordonnées* de G connaissant celles des $(A_i)_{1 \leqslant i \leqslant n}$ (sans qu'il soit nécessaire d'apprendre par cœur des formules inutiles).

Dans le plan complexe La relation vectorielle précédente admet une version dans le plan complexe via les *affixes :*
si z_i est l'affixe de A_i, pour $i = 1, 2, ..., n$ et z_G l'affixe de G alors $z_G = \frac{1}{m} \sum_{i=1}^{n} \alpha_i z_i$.
Là encore, on ne se surchargera pas de la formule; l'idée reste :

« Traduire une relation entre vecteurs par une relation entre leurs affixes. »

4 LE THÉORÈME D'ASSOCIATIVITÉ

Étude Considérons un système de points pondérés $(A_i, \alpha_i)_{1 \leqslant i \leqslant n}$, de masse totale $m = \sum_{i=1}^{n} \alpha_i$ non nulle et désignons par G le barycentre de ce système : $\sum_{i=1}^{n} \alpha_i \overrightarrow{GA_i} = \vec{0}$ **(1).**

Supposons, par exemple, que, pour un entier p tel que $1 < p < n$, le système $(A_i, \alpha_i)_{1 \leqslant i \leqslant p}$ («les p premiers points») admette un barycentre G' $\left(\text{ce qui suppose que } m' = \sum_{i=1}^{p} \alpha_i \text{ est non nul}\right)$.

La somme $\sum_{i=1}^{p} \alpha_i \overrightarrow{GA_i}$ se réduit alors à $m' \overrightarrow{GG'}$.

De ce fait, la relation (1) s'écrit $m' \overrightarrow{GG'} + \alpha_{p+1} \overrightarrow{GA_{p+1}} + \ldots + \alpha_n \overrightarrow{GA_n} = \vec{0}$, que nous interprétons ainsi :

G est aussi le barycentre de (G', m'), (A_{p+1}, α_{p+1}), ..., (A_n, α_n).

Ce résultat vaut un théorème qu'il est commode de formuler ainsi :

Théorème 2

On ne change pas le barycentre de plusieurs points en **remplaçant** *certains d'entre eux par leur barycentre affecté de la somme (non nulle) des coefficients correspondants.*

Exemple *Soit un tétraèdre ABCD et P, Q et R les points tels que CADP, DABQ, BACR sont des parallélogrammes.*
Montrer que les droites (BP), (CQ) et (DR) concourent au barycentre G de $(A, -1)$, $(B, 1)$, $(C, 1)$ *et* $(D, 1)$.

Appliquons le théorème d'associativité :

C'est le problème de concours de l'activité 2.

G = bar

A	B	C	D
–1	1	1	1

G = bar

?	D
1	1

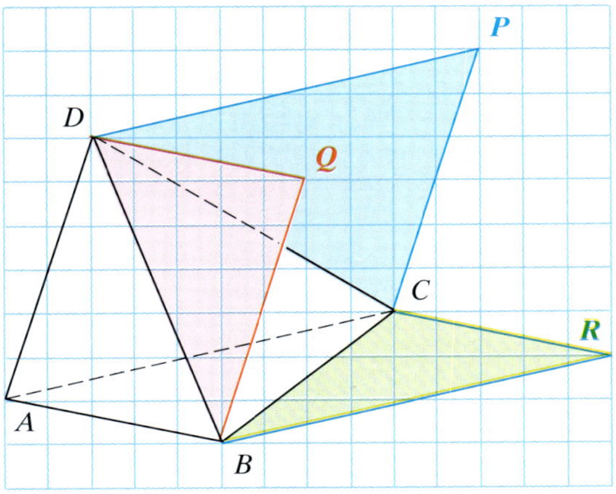

Fig. 3

Que mettre à la place de «?»?
Réponse : le point R. En effet, nous avons $\overrightarrow{RA} = \overrightarrow{RB} + \overrightarrow{RC}$ (car $BACR$ est un parallélogramme), ou encore $\overrightarrow{RB} + \overrightarrow{RC} - \overrightarrow{RA} = \vec{0}$, où là, il devient visible que R est le barycentre de $(A, -1)$, $(B, 1)$ et $(C, 1)$.
Ainsi G, barycentre de $(R, 1)$, $(D, 1)$, est le **milieu de $[R, D]$.**
De la même manière, toujours avec le théorème d'associativité, on établirait que G est aussi le **milieu de $[P, B]$ et $[Q, C]$.**

Remarque La question : «Et si l'énoncé était muet sur la définition de G comme barycentre de A, B, C et D...?» anticipe sur ce que nous envisageons de dire dans le T. P. A.

DROITES, DEMI-DROITES, SEGMENTS

Les résultats de ce paragraphe sont énoncés dans le cadre de l'espace. Ils s'adaptent aisément à la Géométrie plane.

1 CARACTÉRISATIONS VECTORIELLES

Droite (rappel)

Étant donné un point A et $\vec{u}$ un vecteur non nul :

- L'ensemble des points M tels que $\overrightarrow{AM} = t\vec{u}$, **$t$ réel quelconque** est une droite notée $d(A, \vec{u})$ (droite passant par A et de vecteur directeur $\vec{u}$).
- Cette droite est la droite (AB) lorsque $\overrightarrow{AB} = \vec{u}$.

Demi-droite, segment

- Les points M de la droite (AB) situés sur la **demi-droite $[AB)$** sont les points tels que $\overrightarrow{AM}$ et $\overrightarrow{AB}$ soient colinéaires et de *même sens.* Nous pouvons donc décrire la **demi-droite $[AB)$** comme l'ensemble des points M tels que :

$$\overrightarrow{AM} = t\overrightarrow{AB}, \text{ avec } t \text{ réel positif ou nul.}$$

- On établit de même que le **segment $[A, B]$** est l'ensemble des points M tels que :

$$\overrightarrow{AM} = t\overrightarrow{AB}, \text{ avec } t \text{ réel tel que } 0 \leqslant t \leqslant 1.$$

2 LE POINT DE VUE ANALYTIQUE

On suppose que l'espace est muni d'un repère $(O, \vec{i}, \vec{j}, \vec{k})$.

Exemple

Considérons les points $A(1, 0, 1)$ et $B(2, -1, 0)$.
La droite (AB) est l'ensemble des points $M(x, y, z)$ tels que $\overrightarrow{AM} = t\overrightarrow{AB}$ (t réel). Avec $\overrightarrow{AB}(1, -1, -1)$ et $\overrightarrow{AM}(x-1, y, z-1)$, nous obtenons le système de relations ci-contre appelé **représentation paramétrique** de la droite (AB).

$$\begin{cases} x = t + 1 \\ y = -t \\ z = -t + 1 \end{cases} \quad t \in \mathbb{R}.$$

Le principe

Il est immuable :
« On traduit par des relations sur les coordonnées la relation vectorielle caractéristique d'une droite, d'un segment, d'un plan... »

3 LE POINT DE VUE BARYCENTRIQUE

Les résultats suivants sont utiles dans la résolution de problèmes (voir démonstration et premières mises en service, exercices 8 et 22).

- Le *plan* (ABC) est l'ensemble des **barycentres de A, B et C.**
- La *droite* (AB) est l'ensemble des **barycentres de A et B.**
- Le *segment* $[A, B]$ est l'ensemble des **barycentres de A et B,** affectés de coefficients de **même signe.**

PROJECTION

I PROJECTION PONCTUELLE

Dans le plan

Rappelons le résultat essentiel concernant une projection plane, qui n'est en fait qu'une version élargie du théorème de Thalès :

Une projection sur une droite conserve les coefficients de colinéarité.

Autrement dit, étant donné trois points A, B et C et A', B' et C' leurs images par une projection sur une droite $\mathcal{D}$:
Si $\overrightarrow{AC} = x\overrightarrow{AB}$, alors $\overrightarrow{A'C'} = x\overrightarrow{A'B'}$.

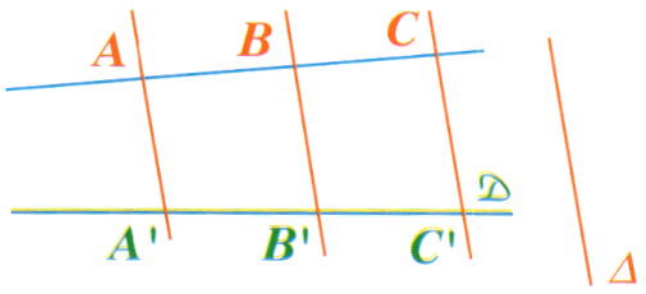

Fig. 4

Dans l'espace

projection *sur un plan* $\mathcal{P}$ parallèlement à une droite Δ	projection *sur une droite* $\mathcal{D}$ parallèlement à un plan $\mathcal{P}$
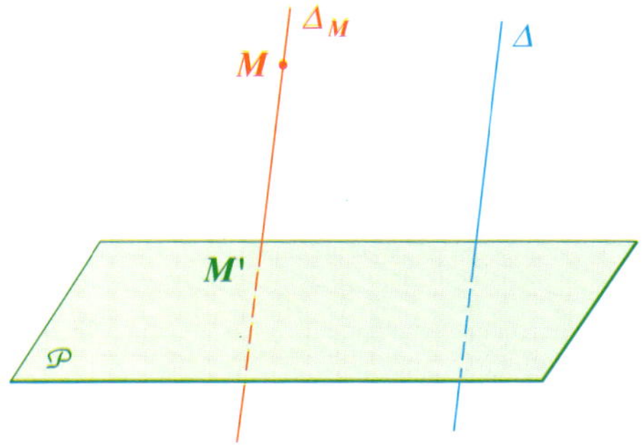 La droite parallèle à Δ menée de M : Δ_M perce le plan $\mathcal{P}$ au projeté M'.	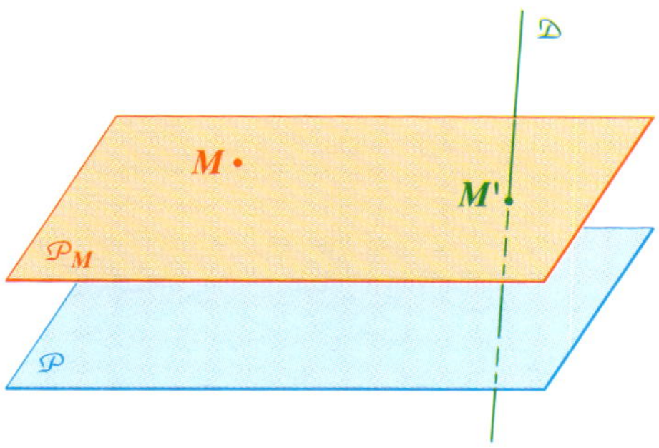 Le plan parallèle à $\mathcal{P}$ mené de M : $\mathcal{P}_M$ rencontre la droite $\mathcal{D}$ au projeté M'.

Par la suite, sauf mention explicite du contraire, le mot «projection» désignera l'une des projections définies ci-dessus (dans le plan et dans l'espace).

Théorème 3

Une projection conserve les **coefficients de colinéarité.**

Soient trois points A, B et C tels que $\overrightarrow{AC} = x\overrightarrow{AB}$ (A, B et C sont donc alignés) et A', B' et C' leurs projetés.

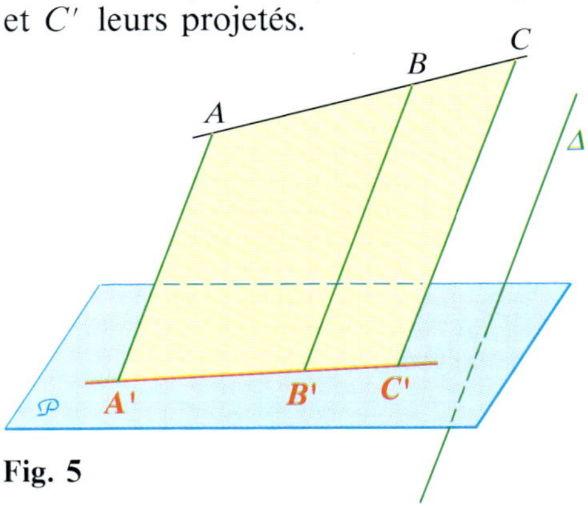

Fig. 5

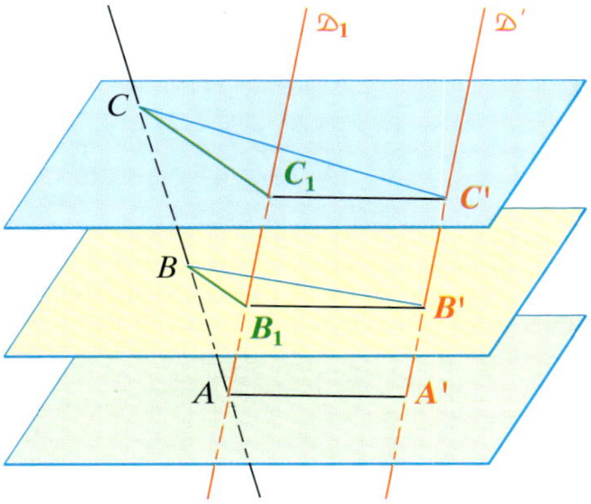

Fig. 6

Les points A, B, C et leurs projetés sont coplanaires.
On est ramené à une projection de droite à droite :

$$\overrightarrow{A'C'} = x\overrightarrow{A'B'} .$$

Soit $\mathcal{D}_1$ la parallèle à $\mathcal{D}$ menée de A :
- $(BB_1) /\!/ (CC_1)$, d'où $\overrightarrow{AC_1} = x\overrightarrow{AB_1}$;
- $(AA') /\!/ (B_1B') /\!/ (C_1C')$,

d'où $\overrightarrow{A'C'} = x\overrightarrow{A'B'}$. (On applique dans deux plans de l'espace, les résultats de Géométrie plane.)

2 PROJECTION VECTORIELLE

Préliminaire Parce qu'une projection ponctuelle conserve les coefficients de colinéarité, elle *conserve* en particulier :

— **le milieu** («I milieu de $[A, B]$» s'écrit « $\overrightarrow{AB} = 2\overrightarrow{AI}$ », d'où ...) ;

— **l'équipollence** (ou les parallélogrammes), au sens suivant : «Si $\overrightarrow{AB} = \overrightarrow{CD}$, alors, par projection, on a $\overrightarrow{A'B'} = \overrightarrow{C'D'}$ ».

$\overrightarrow{AB} = \overrightarrow{CD}$ signifie $[A, C]$ et $[B, D]$ ont même milieu.

Interprétons : soit p une projection ponctuelle. À tout vecteur $\vec{u}$ du plan vectoriel, on peut associer un vecteur : le vecteur $\overrightarrow{p(A)p(B)}$, A et B étant des points quelconques soumis à la seule condition $\overrightarrow{AB} = \vec{u}$.

Nous pouvons alors former la définition suivante :

Définition 2

> Soit p une projection ponctuelle. il existe une application de l'ensemble $\mathcal{V}$ des vecteurs dans lui-même, notée P telle que :
>
> Pour tous points A et B, $\boldsymbol{P(\overrightarrow{AB}) = \overrightarrow{A'B'}}$ (avec $A' = p(A)$ et $B' = p(B)$).
>
> Cette application est appelée **projection vectorielle associée à p.**

C'est de la propriété qui suit que cette définition tire son intérêt :

Théorème 4

> Quels que soient les vecteurs $\vec{u}$ et $\vec{v}$ et pour tout réel x, on a :
>
> $$\boldsymbol{P(\vec{u} + \vec{v}) = P(\vec{u}) + P(\vec{v})} \quad \text{et} \quad \boldsymbol{P(x\vec{u}) = xP(\vec{u})}.$$
>
> On résume ces propriétés en disant que P est une **application linéaire.**

Choisissons un point A : il existe B tel que $\vec{u} = \overrightarrow{AB}$.

- Maintenant, il existe C tel que $\vec{v} = \overrightarrow{BC}$.

Comme cela, $\vec{u} + \vec{v} = \overrightarrow{AC}$, alors :

$$P(\vec{u} + \vec{v}) = P(\overrightarrow{AC}) = \overrightarrow{A'C'} = \overrightarrow{A'B'} + \overrightarrow{B'C'} = P(\overrightarrow{AB}) + P(\overrightarrow{BC}) = P(\vec{u}) + P(\vec{v}).$$

- Soit D le point tel que $\overrightarrow{AD} = x\overrightarrow{AB}$. On sait que $\overrightarrow{A'D'} = x\overrightarrow{A'B'}$, d'après le théorème 3.

Nous avons $P(x\vec{u}) = P(\overrightarrow{AD}) = \overrightarrow{A'D'}$

$xP(\vec{u}) = xP(\overrightarrow{AB}) = x\overrightarrow{A'B'}$

et donc $$P(x\vec{u}) = xP(\vec{u}).$$

Note : Il est clair que $P(\vec{0}) = \vec{0}$ (par exemple, $P(\overrightarrow{AA}) = \overrightarrow{A'A'} = \vec{0}$) et que $P(\vec{u}_1 + \vec{u}_2 + .. + \vec{u}_n) = P(\vec{u}_1) + ... + P(\vec{u}_n)$.

De façon générale :

$$P(\alpha_1\vec{u}_1 + ... + \alpha_n\vec{u}_n) = \alpha_1 P(\vec{u}_1) + ... + \alpha_n P(\vec{u}_n).$$

Corollaire

> Une projection ponctuelle **conserve le barycentre.**

Soit G le barycentre du système $(A_i, \alpha_i)_{1 \leqslant i \leqslant n}$: $\sum_{i=1}^{n} \alpha_i \overrightarrow{GA_i} = \vec{0}$.

Comme $P\left(\sum_{i=1}^{n} \alpha_i \overrightarrow{GA_i}\right) = \sum_{i=1}^{n} \alpha_i P(\overrightarrow{GA_i}) = \sum_{i=1}^{n} \alpha_i \overrightarrow{G'A'_i}$ et que $P(\vec{0}) = \vec{0}$, il vient :

$\sum_{i=1}^{n} \alpha_i \overrightarrow{G'A'_i} = \vec{0}$, ce qui montre que G' *est le barycentre du système* $(A'_i, \alpha_i)_{1 \leqslant i \leqslant n}$.

TRAVAUX PRATIQUES

3
Vecteurs
et barycentres

A – EXEMPLES D'EMPLOI DU BARYCENTRE

? *Le barycentre est un outil précieux dans les problèmes* ***d'alignement et de concours.*** *Pour l'essentiel, son fonctionnement repose :*

- *sur la technique du* ***barycentre partiel*** *(mise en œuvre du théorème d'associativité) ;*
- *sur la propriété « passerelle » entre* ***figures et barycentres :*** *« Trois points sont alignés dès que l'on peut exprimer l'un comme barycentre des deux autres ».*

Voilà pour l'essentiel. Il s'agit maintenant de passer aux détails...

Exercice résolu *Dans la figure 7, les points P, Q, R et S sont situés sur les arêtes du tétraèdre $ABCD$ de manière que :*

$$AP = \frac{1}{3}AB \; ; \; AQ = \frac{1}{3}AD \; ;$$

$$CR = \frac{1}{3}CB \; ; \; CS = \frac{1}{3}CD \, .$$

Soit I, J les milieux respectifs de $[A, C]$ et $[B, D]$. Montrer que les droites (PS), (QR) et (IJ) sont concourantes.

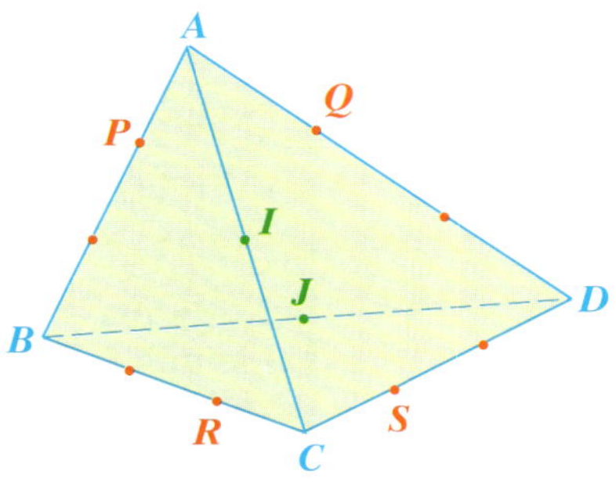

Fig. 7

1. Miracle
Soit G le barycentre de $(A, 2)$, $(B, 1)$, $(C, 2)$, $(D, 1)$.
En appliquant trois fois le théorème d'associativité, nous recueillons :

A	B	C	D
2	1	2	1

G = bar

P	S
3	3

A	D	B	C
2	1	1	2

G = bar

Q	R
3	3

A	C	B	D
2	2	1	1

G = bar

I	J
4	2

Ceci montre que G est aligné avec P et S, puis Q et R et enfin I et J. Ainsi, *les droites (PS), (QR) et (IJ) sont concourantes.*

2. « Miracle n'est pas œuvre » (1)
Dans la solution précédente, tout repose sur l'introduction d'un « bon » barycentre G de A, B, C et D. L'application répétée du *théorème d'associativité* (en variant les regroupements) livre alors de nouvelles *relations barycentriques* (« G barycentre de P et S, puis de Q et R, ...) et donc des *alignements* (« G, P, S alignés », ...), ce qui permet de conclure.
Il faut savoir que l'apparition du point G ne relève ni du hasard, ni de quelques pouvoirs secrets de « gris-gris » barycentriques : il y a une **méthode...** (voir ci-après).

(1) Georges Duhamel.

POINT MÉTHODE

1. Clés pour un barycentre

■ En premier lieu, il convient d'écrire les *relations barycentriques de base,* issues de la figure, en disposant côte à côte celles qui concernent des points que l'énoncé appelle à regrouper. En clair, dans notre exercice, nous nous intéressons aux droites (PS), (QR) et (IJ) : nous écrirons donc les relations barycentriques ainsi :

$$P = \text{bar}\begin{array}{|c|c|}\hline A & B \\ \hline 2 & 1 \\ \hline\end{array},\quad S = \text{bar}\begin{array}{|c|c|}\hline C & D \\ \hline 2 & 1 \\ \hline\end{array};\quad Q = \text{bar}\begin{array}{|c|c|}\hline A & D \\ \hline 2 & 1 \\ \hline\end{array},\quad R = \text{bar}\begin{array}{|c|c|}\hline C & B \\ \hline 2 & 1 \\ \hline\end{array};$$

et enfin

$$I = \text{bar}\begin{array}{|c|c|}\hline A & C \\ \hline 1 & 1 \\ \hline\end{array},\quad J = \text{bar}\begin{array}{|c|c|}\hline B & D \\ \hline 1 & 1 \\ \hline\end{array}.$$

Noter, c'est un point capital pour la suite, que dans chaque tableau on peut remplacer les coefficients par des *coefficients proportionnels.*

■ On observe ensuite que, si l'on regroupe les tableaux en rose d'une part, en jaune d'autre part, on obtient le même tableau : $\begin{array}{|c|c|c|c|}\hline A & B & C & D \\ \hline 2 & 1 & 2 & 1 \\ \hline\end{array}$.

Ce qui signifie que le barycentre associé G apparaîtra, grâce au théorème d'associativité, comme barycentre de P et S d'une part, et de Q et R d'autre part.

Et si l'on n'obtient pas directement les tableaux en bleu : ce n'est pas grave... dès que l'on obtient des coefficients proportionnels, ce qui est le cas ici.

■ En bref, l'*introduction du « bon » barycentre résulte de la juxtaposition des tableaux de base* avec éventuellement des coefficients proportionnels.

2. Parlons BAC

L'emploi du barycentre dans les problèmes d'alignement et de concours suscite un enthousiasme plus que mesuré et les quelques exercices le concernant prennent par la main du début à la fin...

Dans cette optique, mais dans celle-là seulement, notre « point méthode » est donc un peu gratuit.

TP I

1 Alignement

On donne un parallélogramme $ABCD$ et l'on définit les points P et Q par :

■ $\overrightarrow{AP} = \frac{1}{3}\overrightarrow{AB}$;

■ Q est le symétrique du milieu de $[A, D]$ par rapport à A.

1° Illustrer ces données par une figure.

2° Montrer que P, Q et C sont alignés.

☞ Écrire P, Q et C comme barycentres respectifs de A et B, de A et D et de A, B, D.

2 On considère un triangle ABC

Soit

G le barycentre du système $\{(A, 3), (B, 1), (C, 1)\}$,

Q le barycentre du système $\{(A, 3), (C, 1)\}$ et

R le barycentre du système $\{(A, 3), (B, 1)\}$.

1° Démontrer que les droites (BQ) et (CR) passent par G.

2° Soit P le milieu de $[BC]$.

Démontrer que les points A, P, G sont alignés.

Exprimer $\overrightarrow{PG}$ en fonction de $\overrightarrow{PA}$.

BAC

3 Concours

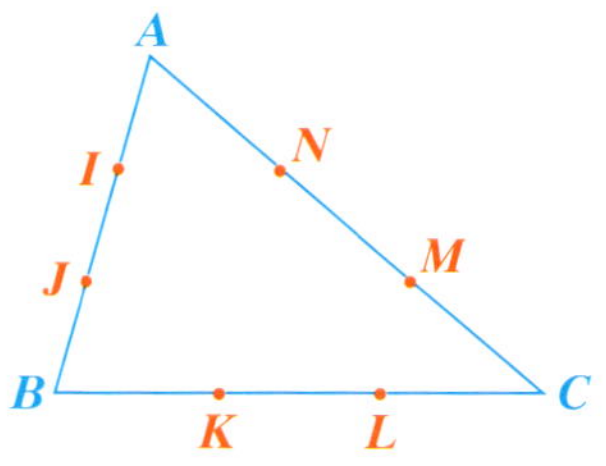

Chacun des côtés d'un triangle ABC est partagé en trois segments de même longueur.

Montrer que les droites (IL), (JM) et (KN) sont concourantes.

☞ Trouver le « bon » barycentre de A, B et C.

B – EXEMPLES D'EMPLOI DU CALCUL VECTORIEL (VECTEURS, PROJECTIONS, ...)

? *L'intérêt est accordé ici à ce qu'il est convenu d'appeler les problèmes d'***incidence** *: alignement, concours, parallélisme, coplanarité, ... et à leur résolution par les* **méthodes vectorielles** *: utilisation du* calcul vectoriel *soit directement, soit après choix d'un* repère *et utilisation des* projections *et de leurs propriétés.*

Exercice résolu (1) *On considère un parallélépipède ABCDEFGH.*
Montrer que la diagonale (AG) perce le plan (BDE) en un point I tel que :

- *I est le centre de gravité du triangle BDE;*
- *I est le point du segment [A, G] tel que* $AI = \frac{1}{3} AG$.

1. La relation fondamentale
Dans un parallélépipède, nous avons la relation :

$$\overrightarrow{AG} = \overrightarrow{AB} + \overrightarrow{AD} + \overrightarrow{AE},$$

puisque :

- $\overrightarrow{AB} + \overrightarrow{AD} = \overrightarrow{AC}$ (car $ABCD$ est un parallélogramme),
- $\overrightarrow{AE} = \overrightarrow{CG}$ (vecteur égal aussi à $\overrightarrow{BF}$ et $\overrightarrow{DH}$, par définition d'un parallélépipède).

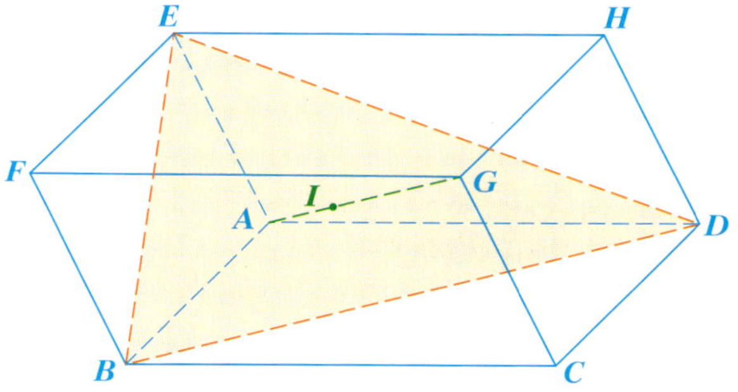

Fig. 8

2. Méthode vectorielle
Introduisons le point I, non pas comme le point d'intersection de (AG) et du plan (BDE), mais comme le centre de gravité du triangle BDE.
De ce fait, nous pouvons écrire que $\overrightarrow{AB} + \overrightarrow{AD} + \overrightarrow{AE} = 3\overrightarrow{AI}$, d'où $\overrightarrow{AG} = 3\overrightarrow{AI}$. Ceci montre que :

- A, G et I sont alignés; ainsi, **(AG) perce le plan (BDE) au centre de gravité du triangle BDE.**
- $\overrightarrow{AI} = \frac{1}{3}\overrightarrow{AG}$; **I est le point du segment $[A, G]$ tel que $AI = \frac{1}{3} AG$.**

3. Emploi des projections
Désignons par I (cette fois) le point où (AG) perce le plan (BDE).

- Soit p la **projection** sur (AG) parallèlement au plan (BDE).
Il est clair que $p(A) = A$, $p(G) = G$ et que $p(B) = p(D) = p(E) = I$.
L'effet de la projection vectorielle associée sur l'égalité $\overrightarrow{AG} = \overrightarrow{AB} + \overrightarrow{AD} + \overrightarrow{AE}$ livre alors la relation $\overrightarrow{AG} = 3\overrightarrow{AI}$.

(1) L'apparente simplicité de cet exercice est trompeuse :
— d'une part, le résultat dégagé doit devenir l'un des familiers du parallélépipède;
— d'autre part, faciliter l'accès à une figure, à des relations, ..., permet de saisir comment s'enclenchent les diverses méthodes et, partant, de les confronter.

■ Considérons, maintenant, la projection q sur le plan (BDE) parallèlement à la droite (AG). Là aussi, il est clair que $q(B) = B$, $q(D) = D$, $q(E) = E$ et que $q(A) = q(G) = I$. « Projetons l'égalité »(1) : $\overrightarrow{AG} = \overrightarrow{AB} + \overrightarrow{AD} + \overrightarrow{AE}$.
On obtient $\vec{0} = \overrightarrow{IB} + \overrightarrow{ID} + \overrightarrow{IE}$, ce qui permet d'affirmer que *I est le centre de gravité du triangle BDE.*

POINT MÉTHODE

1. Sur l'emploi du calcul vectoriel
Rien de révolutionnaire : « Traduire les propriétés géométriques par des relations vectorielles, « travailler » ces dernières grâce au calcul vectoriel, et traduire à leur tour les nouvelles relations obtenues dans le langage des figures. » Voici le *stock minimal de propriétés* qu'il est indispensable de savoir traduire vectoriellement :
I milieu de $[A, B]$, $ABCD$ parallélogramme, A, B, C alignés, A, B, C et D coplanaires, (AB) et (CD) parallèles, $ABCDEFGH$ parallélépipède, sans oublier les relations de type barycentrique ou métrique (exemple : M sur $[A, B]$, avec $AM = 2MB$)...

2. Sur l'emploi des projections
Deux propriétés sont fondamentales :
— la conservation du barycentre (voir, par exemple, l'exercice 3 du T. P. 2);
— la linéarité, qui permet de « projeter des égalités vectorielles » (voir exercice résolu).

TP 2

1 Calcul vectoriel : alignement

Une pyramide $SABCD$ a pour base un parallélogramme $ABCD$. Soit I le milieu de $[S, A[$. Montrer que I, C et le centre de gravité du triangle SBD sont alignés.

2 Calcul vectoriel : coplanarité

À partir d'un tétraèdre $ABCD$, on construit le symétrique E de A par rapport à C, F et G les points tels que $EBCF$ et $FDAG$ sont des parallélogrammes.

1° Montrer que $\overrightarrow{DG} = 2\overrightarrow{DC} + \overrightarrow{BC}$.
En déduire que les points B, C, D et G sont coplanaires.

2° Retrouver ce résultat à l'aide des propriétés d'incidence en montrant que (BC) passe par le milieu de $[A, F]$.

3 Emploi des projections

Le triangle ABC est donné. À chaque point M de (AB), on associe le point M' de (AB), comme indiqué sur la figure (les droites qui semblent parallèles sont effectivement parallèles).

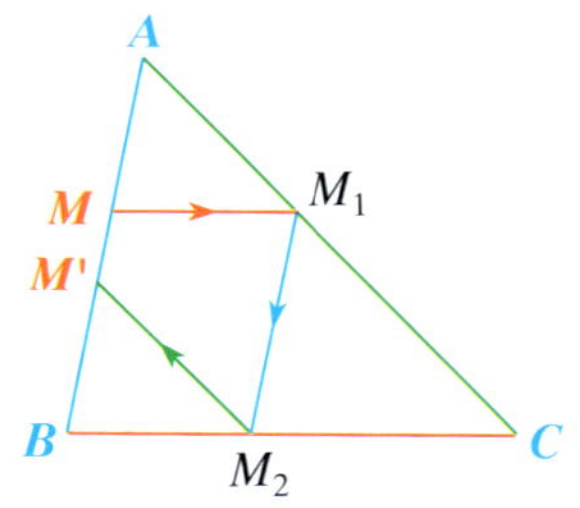

1° Le point M étant barycentre de (A, α), (B, β), montrer que M' est le barycentre de (A, β), (B, α).

☞ Projection et barycentres.

2° En déduire que M et M' sont symétriques par rapport au milieu de $[A, B]$.

3° On itère le procédé à partir de M'. Que se passe-t-il ?

(1) Langage de physicien, incorrect, à éviter en Mathématiques. S'expliquer avec la projection vectorielle associée. Mais, par commodité, *nous*, nous nous accordons le droit d'utiliser l'expression.

APPLICATIONS DIRECTES DU COURS

Barycentre

1 De tête

Soit $ABCD$ un parallélogramme et O un point du plan. On suppose qu'il existe un point M_o de $\mathscr{P}$ tel que :

$$\overrightarrow{M_0A} + \overrightarrow{M_0B} + \overrightarrow{M_0C} + \overrightarrow{M_0D} - 4\overrightarrow{M_0O} = \vec{0}.$$

Expliquer comment on peut montrer que O est le centre du paralllélogramme $ABCD$ sans écrire la moindre ligne de calcul vectoriel.

2 1° Exprimer, par une relation vectorielle, que G est le barycentre de (A, α), $(B, -\alpha)$ et (C, γ) ($\gamma \neq 0$). En déduire que les droites (CG) et (AB) sont parallèles.

2° Utiliser le résultat précédent pour construire le barycentre de $(A, 1)$, $(B, -1)$ et $(C, 1)$.
Quelle est la configuration obtenue ?

3 Démontrer que deux tétraèdres $ABCD$ et $A'B'C'D'$ ont même centre de gravité si, et seulement si :

$$\overrightarrow{AA'} + \overrightarrow{BB'} + \overrightarrow{CC'} + \overrightarrow{DD'} = \vec{0}.$$

Application :
Montrer que, dans chaque cas, les tétraèdres $ABCD$ et $A'B'C'D'$ ont même centre de gravité.

a) Il existe un réel α non nul tel que $\overrightarrow{AA'} = \alpha\overrightarrow{AB}$, $\overrightarrow{BB'} = \alpha\overrightarrow{BC}$, $\overrightarrow{CC'} = \alpha\overrightarrow{CD}$ et $\overrightarrow{DD'} = \alpha\overrightarrow{DA}$.

b) A', B', C' et D' sont les centres de gravité des faces (triangles) opposées aux sommets A, B, C et D sur le tétraèdre $ABCD$.

4 L'espace étant muni d'un repère $(O, \vec{i}, \vec{j}, \vec{k})$, calculer les coordonnées du barycentre de $(A, 2)$, $(B, -1)$, $(C, 1)$, $(D, -1)$ avec $A(1, 1, -2)$, $B(1, -2, 1)$, $C(-1, 2, 3)$ et $D(0, 6, -2)$.

5 Soit n un entier naturel ($n \geqslant 2$) et ω le nombre complexe $\omega = e^{\frac{2i\pi}{n}}$.
Montrer que, dans le plan complexe, l'origine O est l'isobarycentre des points A_1, A_2, ..., A_n, où A_k a pour affixe ω^k ($1 \leqslant k \leqslant n$).

6 Soit $ABCD$ un tétraèdre. On définit les points G, I, J, K et L par :

- G est le centre de gravité du triange ABC ;
- I et J sont les milieux de $[A, B]$ et $[B, C]$;
- K et L sont tels que $\overrightarrow{CK} = \frac{3}{4}\overrightarrow{CD}$ et $\overrightarrow{DL} = \frac{1}{4}\overrightarrow{DA}$.

Montrer que les droites (IK), (JL) et (DG) sont concourantes en un point M barycentre de $(A, 1)$, $(B, 1)$, $(C, 1)$ et $(D, 3)$.

Droites, demi-droites, segments, ...

Dans l'exercice 7, *l'espace est muni d'un repère* $(O, \vec{i}, \vec{j}, \vec{k})$.

7 Donner une représentation paramétrique de chacune des droites suivantes :

a) droite $(A, \vec{u})$, avec $A(-1, 2, -2)$ et $\vec{u}(2, -1, 4)$;

b) droite (AB), avec $A(-1, 3, 4)$ et $B(0, -5, 4)$.

8 Établir les résultats exposés dans le cours à la page 64 « Le point de vue barycentrique ».

☞ On rappelle qu'étant donné trois points A, B et C non alignés, le plan (ABC) est l'ensemble des points M tels que $\overrightarrow{AM} = x\overrightarrow{AB} + y\overrightarrow{AC}$, x et y réels.

9 1° Quel point parmi I, J, K, L et M peut-il être écrit comme le barycentre de (A, α), (B, β) et (C, γ), α, β et γ étant des réels vérifiant la condition (1) ?

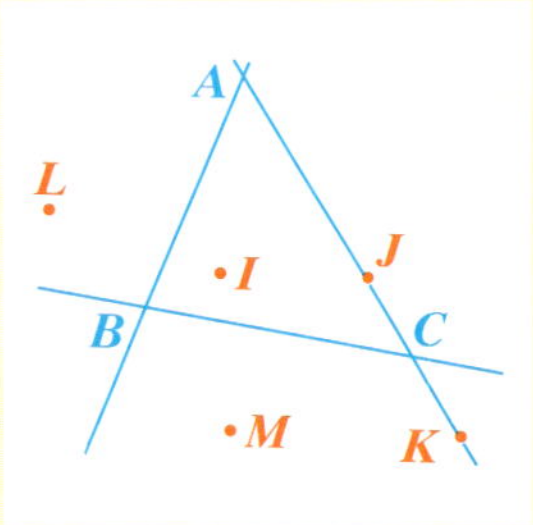

2° Reprendre la question pour chacune des conditions (2) à (5).

(1) $\alpha > 0$, $\beta = 0$ et $\gamma < 0$.
(2) $\alpha > 0$, $\beta > 0$ et $\gamma > 0$.
(3) $\alpha < 0$, $\beta < 0$ et $\gamma > 0$.
(4) $\alpha < 0$, $\beta > 0$ et $\gamma > 0$.
(5) $\alpha < 0$, $\beta = 0$ et $\gamma < 0$.

Projection

Dans les exercices 10 *à* 13, *on considère un parallélépipède ABCDEFGH et l'on désigne par p la projection sur le plan de la face (ABCD) parallèlement à la droite (OH) (O étant le centre de la face (ABCD)).*

10 Déterminer les images par p de la droite (HC), du milieu de $[H, F]$ et du symétrique de E par rapport à H.

11 Écrire les projetés de F et G comme barycentres de A, B et C.

12 Soit I le point tel que $HAFI$ est un parallélogramme et I' son image par p.
Déterminer x et y tels que $\overrightarrow{OI'} = x\overrightarrow{OA} + y\overrightarrow{OB}$.

13 Représenter l'image par p de l'isobarycentre de A, B, H et E.

EXERCICES

Vrai/Faux

14 Tout point M du segment $[A, B]$ est le barycentre de (A, MB) et (B, MA).

15 Étant donné un triangle ABC, le milieu de $[A, B]$, le barycentre de $(B, 2)$, $(C, 1)$ et le barycentre de $(A, 2)$, $(B, 3)$, $(C, 1)$ sont alignés.

Dans les Vrai/Faux 16 et 17, on considère un tétraèdre ABCD et G le barycentre de $(A, 4)$, $(B, -2)$, $(C, 3)$ *et* $(D, -2)$.

16 Le milieu de $[B, D]$ appartient au plan (ACG).

17 La droite (CG) perce le plan (ABD).

18 Étant donné un point O et deux vecteurs $\vec{u}$ et $\vec{v}$ non colinéaires, le segment $[A, B]$, où $\overrightarrow{OA} = 2\vec{u} + 3\vec{v}$ et $\overrightarrow{OB} = -\vec{u} + \vec{v}$, est l'ensemble des points M tels que $\overrightarrow{OM} = \dfrac{3k-5}{2}\vec{u} + k\vec{v}$, où k est un réel quelconque de $[1, 3]$.

19 Dans l'espace, deux droites non coplanaires ne peuvent pas être projetées sur un plan en deux droites parallèles.

20 Étant donné un tétraèdre $ABCD$, la projection sur le plan (BCD) parallèlement à (AB) transforme le centre de gravité du tétraèdre $ABCD$ en le centre de gravité du triangle BCD.

21 Étant donné deux points distincts I, J, et f l'application de $\mathscr{P}$ dans $\mathscr{P}$ définie par :

$$\begin{cases} f(I) = J \; ; \; f(J) = I \, . \\ f(M) = M \, , \text{ pour } M \neq I \text{ et } M \neq J \end{cases}$$

, il existe une application F définie sur $\vec{\mathscr{P}}$ telle que $F(\overrightarrow{AB}) = \overrightarrow{f(A)f(B)}$, pour tous points A et B de $\mathscr{P}$.

La technique mise à l'épreuve

★ **22** **Triangle : critère d'intériorité**

Soit ABC un triangle. Nous dirons qu'un point M est intérieur au triangle ABC (au sens large) si M est l'un des sommets du triangle ou, sinon, si les demi-droites $[AM)$, $[BM)$ et $[CM)$ rencontrent respectivement les segments $[B, C]$, $[C, A]$ et $[A, B]$.

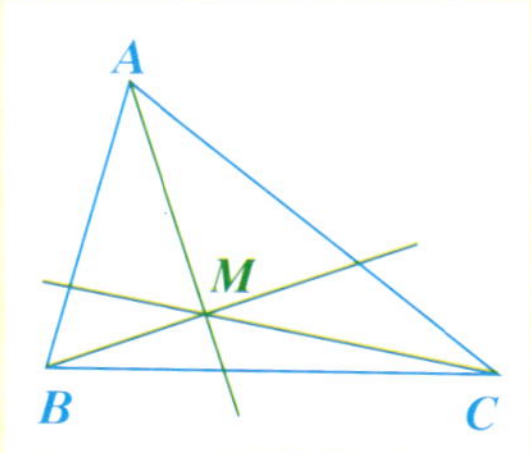

1° Soit M le barycentre de (A, α), (B, β) et (C, γ) $(\alpha + \beta + \gamma \neq 0)$, avec $\alpha \geqslant 0$, $\beta \geqslant 0$ et $\gamma \geqslant 0$.
Montrer que M et intérieur au triangle ABC.

☞ Théorème d'associativité et caractérisation barycentrique du segment.

2° Réciproquement, soit M un point intérieur au triangle ABC. Montrer qu'il existe $\alpha \geqslant 0$, $\beta \geqslant 0$ et $\gamma \geqslant 0$, avec $\alpha + \beta + \gamma \neq 0$ et tels que M est le barycentre de (A, α), (B, β) et (C, γ).

23 Notre œil accepte cette image d'un tétraèdre tronqué. Pourtant ce « solide » n'existe pas ! Pourquoi ?

24 A, B, C et D sont quatre points non coplanaires de l'espace. I et J sont les milieux respectifs des segments $[AB]$ et $[CD]$.
m étant un réel non nul, G_m est le barycentre des quatre points A, B, C et D affectés respectivement des coefficients 1, 1, $m-2$ et m.

1° On construit G_m dans deux cas particuliers.

a) Construire G_2 $(m = 2)$.

b) Construire G_1 $(m = 1)$.

c) En déduire que G_2 est le milieu du segment $[G_1 J]$.

2° Montrer que $\overrightarrow{IG_m} = \dfrac{(m-2)\overrightarrow{IC} + m\overrightarrow{ID}}{2m}$.
En déduire que l'ensemble S des points G_m, lorsque m décrit $\mathbb{R}^*$, est inclus dans un plan que l'on précisera.

3° Montrer que $m\overrightarrow{JG_m}$ est un vecteur constant.
En déduire l'ensemble S. BAC

25 On projette un tétraèdre $ABCD$ sur le plan de la face (BCD) suivant une droite de vecteur directeur $\overrightarrow{AB} + \overrightarrow{CD}$.
Quelle est la particularité de la figure obtenue ?

L'outil vectoriel dans le plan

26 Parallélisme

Sont donnés : deux droites $\mathcal{D}$ et $\mathcal{D}'$ sécantes en O ; des points A, B et C sur $\mathcal{D}$ et A', B' et C' sur $\mathcal{D}'$ de façon que (AB') et (BC') d'une part, et (BA') et (CB') d'autre part, soient parallèles.
Montrer que (AA') et (CC') sont parallèles.

27 Alignement

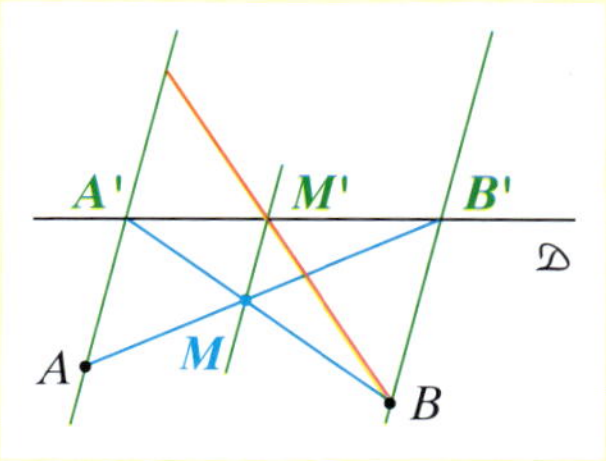

Données :
Une droite $\mathcal{D}$, deux points A et B du même côté de $\mathcal{D}$ et Δ une droite non parallèle à $\mathcal{D}$. On note p la projection sur $\mathcal{D}$ parallèlement à Δ.
Construction :
On construit $A' = p(A)$, $B' = p(B)$, M intersection de $(A'B)$ et (AB') et $M' = p(M)$.
Question :
Montrer que (BM') passe par le symétrique de A par rapport à A'.

28 Orthogonalité

Trois cercles $\mathcal{C}_1$, $\mathcal{C}_2$ et $\mathcal{C}_3$ de même rayon et de centres I, J et K passent par un même point H. Ces cercles se recoupent deux à deux : $\mathcal{C}_1$ et $\mathcal{C}_2$ en C, $\mathcal{C}_2$ et $\mathcal{C}_3$ en A, et $\mathcal{C}_3$ et $\mathcal{C}_1$ en B.
Montrer que H est l'orthocentre du triangle ABC.

☞ Établir que $\overrightarrow{BC} = \overrightarrow{KJ}$ pour montrer que $(AH) \perp (BC)$.

29 Droite d'Euler et symétriques de l'orthocentre

Soit ABC un triangle, A', B' et C' les milieux des côtés et O le centre du cercle circonscrit.

1° Montrer que le point H définie par :
$$\overrightarrow{OH} = \overrightarrow{OA} + \overrightarrow{OB} + \overrightarrow{OC}$$
(relation d'Euler) est l'orthocentre du triangle.

☞ Comparer, par exemple, $\overrightarrow{AH}$ et $2\overrightarrow{OA'}$.

2° En déduire que O, H et G (centre de gravité du triangle) sont alignés.

3° Soit A_1 le symétrique de A par rapport à O.
Montrer que A_1 est aussi le symétrique de H par rapport à A'.

☞ Introduire le milieu I de $[H, A_1]$ et comparer les vecteurs $\overrightarrow{OA'}$ et $\overrightarrow{OI}$ via le vecteur $\overrightarrow{AH}$.
En déduire que les symétriques de l'orthocentre par rapport aux milieux des côtés du triangle appartiennent au cercle circonscrit.

4° Montrer que les symétriques de l'orthocentre par rapport aux côtés du triangle appartiennent également au cercle circonscrit.

À NOTER La relation $\overrightarrow{OH} = \overrightarrow{OA} + \overrightarrow{OB} + \overrightarrow{OC}$ qui relie les sommets d'un triangle, le centre du cercle circonscrit, l'orthocentre, ... et le centre de gravité (car $\overrightarrow{OH} = 3\overrightarrow{OG}$) est appelée relation d'Euler.
Comme nous le verrons dans la suite de cet ouvrage, elle rend quelques sercices. Il n'est donc pas superflu de l'avoir en mémoire.

Calcul vectoriel dans l'espace

30 Existe-t-il cinq points de l'espace A, B, C, D et E non coplanaires tels que $\overrightarrow{BE} = 2\overrightarrow{BC}$ et $\overrightarrow{AE} = 3\overrightarrow{AD}$?

Tous les escaliers mènent au temple. On a cependant le choix entre une ascension facile ou éprouvante.

31 À partir d'un tétraèdre $ABCD$, on construit le symétrique E de A par rapport à C, F et G les points tels que $EBCF$ et $FDAG$ sont des parallélogrammes.

1° Montrer que $\overrightarrow{DG} = 2\overrightarrow{DC} + \overrightarrow{BC}$.
En déduire que les points B, C, D et G sont coplanaires.

2° Retrouver ce résultat à l'aide des propriétés d'incidence en montrant que (BC) passe par le milieu de $[A, F]$.

32 Un problème de lieu

On considère un tétraèdre $ABCD$ et l'on note O le milieu de $[B, C]$.

1° Montrer que $(O, \overrightarrow{AB}, \overrightarrow{CD})$ constitue un repère d'un plan $\mathcal{P}$ et représenter l'intersection de $\mathcal{P}$ avec les arêtes (AC), (BC), (BD) et (AD) du tétraèdre.

2° Soit M et M' deux points quelconques de $\mathcal{E}$.
Établir que le point I, défini par $\overrightarrow{OI} = \frac{1}{2}(\overrightarrow{BM} + \overrightarrow{CM'})$, est le milieu de $[M, M']$.
En déduire que, si M et M' appartiennent respectivement aux droites (AB) et (CD), le milieu I de $[M, M']$ appartient au plan $\mathcal{P}$.

3° Quel est le lieu des milieux des segments dont une extrémité appartient à (AB) et l'autre à (CD) ?

33 Coplanarité

Sur un tétraèdre $ABCD$, on considère les points M, N, P et Q définis par :

- M est sur l'arête $[A, B]$ et $AM = \frac{1}{3} AB$.
- P est sur l'arête $[C, D]$ et $CP = \frac{2}{3} CD$.
- N et Q sont les milieux respectifs de $[A, D]$ et $[B, C]$.

Les points M, N, P et Q sont-ils coplanaires ?

☞ On pourra utiliser le repère $(A, \overrightarrow{AB}, \overrightarrow{AC}, \overrightarrow{AD})$.

Barycentres

34 On considère dans un plan $\mathcal{P}$ un triangle ABC non aplati. B' désigne le milieu de $[AC]$, C' le milieu de $[AB]$, D le barycentre du système $\{(A, 3), (B, 2)\}$ et I le barycentre du système :

$$\{(A, 2), (B, 2), (A, 1), (C, 1)\}.$$

1° Montrer que I est le barycentre du système $\{(B', 1), (C', 2)\}$ et également du système $\{(D, 5), (C, 1)\}$.
En déduire que I est le point d'intersection des droites $(B'C')$ et (CD).

2° La droite (AI) coupe la droite (BC) en E.
Déterminer la position de E sur la droite (BC).

3° B et C restent fixes. Le point A se déplace dans $\mathcal{P}$, le segment $[AE]$, où E est le point défini dans la question 2, conservant une longueur constante.
Déterminer les lieux géométriques des points I et D.
(On pourra faire apparaître des homothéties.)

BAC

35 La dernière génération

Soit n un entier naturel non nul.
1re génération : 2^n points donnés dans l'espace.
2e génération : on groupe *arbitrairement* par paires les points précédents de façon à former 2^{n-1} segments. Les milieux de ces segments sont les 2^{n-1} points de la 2e génération, etc. ; on itère le procédé jusqu'à la $n^{\text{ième}}$ génération où il ne reste plus qu'un seul point.
Le point obtenu à la $n^{\text{ième}}$ génération dépend-il des regroupements par paires effectuées ?

★ **36 Avec les complexes**

1° Les complexes a_1, a_2, a_3, a_4 sont donnés.
Résoudre le système :

$$\begin{aligned} z_1 + z_2 &= 2a_1 \\ z_2 + z_3 &= 2a_2 \\ z_3 + z_4 &= 2a_3 \\ z_4 + z_1 &= 2a_4 . \end{aligned}$$

2° Dans le plan, on considère un quadrilatère $A_1A_2A_3A_4$.

a) Montrer qu'il existe un quadrilatère $M_1M_2M_3M_4$ dont les milieux des côtés sont les points A_1, A_2, A_3, A_4 si, et seulement si, le quadrilatère $A_1A_2A_3A_4$ est un parallélogramme.

b) Montrer que, s'il en est ainsi, le point de concours des diagonales du parallélogramme $A_1A_2A_3A_4$ est l'isobarycentre des points M_1, M_2, M_3 et M_4.

BAC

37 Soit $ABCDEFGH$ un parallélépipède et M l'isobarycentre des sommets sauf G.
Montrer que M appartient au segment $[A, G]$ et préciser sa position en évaluant (par exemple) le rapport $\dfrac{AM}{AG}$.

38 Alignement

Étant donné un triangle ABC et k un réel quelconque, on définit les points D et E par les égalités $\overrightarrow{AD} = k\overrightarrow{AB}$ et $\overrightarrow{CE} = k\overrightarrow{CA}$.
Montrer que les milieux de $[A, B]$, $[A, C]$ et $[D, E]$ sont alignés.

☞ Écrire les relations de base et trouver le bon barycentre.

39 Parallélisme

Le triangle ABC est donné et, à tout couple de réels (x, y) tels que $x + 2y \neq 0$, on associe le point M barycentre du système (A, x), (B, y), (C, y).

1° Montrer que le lieu de M est la médiane issue de A dans le triangle ABC.

2° On suppose que $M \neq A$.

a) Montrer que, sauf pour une position de M que l'on précisera, les droites (MB) et (AC) d'une part, (MC) et (AB) d'autre part, sont sécantes.

b) On note P et Q les points d'intersection correspondants.
Montrer que (PQ) et (BC) sont parallèles.

40 Concours

Dans la figure ci-après, on suppose que les subdivisions sur les côtés du quadrilatère $ABCD$ sont régulières et l'on a désigné par U et V les milieux respectifs de $[A, C]$ et $[B, D]$.

1° Écrire chacun des points I, J, K, L, M, N, O et P comme le barycentre de deux des sommets du quadrilatère.

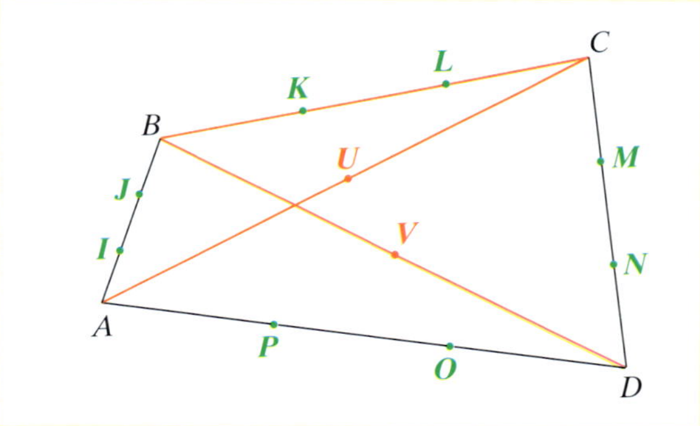

2° Montrer que les droites (IM) et (LP) se coupent au barycentre de $(U, 2)$ et $(V, 1)$.

3° Montrer que les droites (JN) et (KO) se coupent au barycentre de $(U, 1)$ et $(V, 2)$.

4° En déduire la propriété suivante :
« Les droites (IM), (JN), (KO) et (LP) sont concourantes si, et seulement si, $ABCD$ est un parallélogramme. »

5° Pourquoi l'énoncé ne précise-t-il pas si les points A, B, C et D sont coplanaires ou non ?

41 **Transformation et barycentre**

1° Montrer qu'une translation et une homothétie conservent le barycentre.

☞ Soit f une translation ou une homothétie, alors il existe $k \neq 0$ (k réel) tel que, pour tous points M et N d'images M' et N' : $\overrightarrow{M'N'} = k\overrightarrow{MN}$.

2° *Cas d'une réflexion*
On désigne par s la réflexion d'axe Δ.

a) Cas de deux points
Soit G le barycentre du système $\{(A, \alpha), (B, \beta)\}$.
Montrer que les points A, B et G (respectivement $s(A)$, $s(B)$ et $s(G)$ sont alignés et se correspondent par projection de droite à droite.
En déduire que $s(G)$ et le barycentre de :

$$\{(s(A), \alpha), (s(B), \beta)\}.$$

b) Cas de plusieurs points(1)
Soit G le barycentre du système :

$$\{(A, \alpha), (B, \beta), (C, \gamma)\}.$$

α) Montrer que l'une des sommes $\alpha + \beta$, $\beta + \gamma$ ou $\gamma + \alpha$ est non nulle.

β) En déduire que $s(G)$ est le barycentre de :

$$\{(s(A), \alpha), (s(B), \beta), (s(C), \gamma)\}.$$

☞ Utiliser le théorème d'associativité du barycentre.

42 Soit $\mathcal{P}$ un plan affine et A et B deux points distincts de $\mathcal{P}$.
À tout réel α et à tout point M de $\mathcal{P}$, on associe le système de points pondérés :

$$S_\alpha = \{(A, \alpha), (B, \alpha + 1), (M, -\alpha)\}.$$

1° Déterminer l'ensemble E des réels α pour lesquels le système S_α admet un barycentre.

2° Soit α un élément de E. On note Φ_α l'application de $\mathcal{P}$ dans $\mathcal{P}$ qui, à tout point M, associe le point M' barycentre du système S_α.
Quelle est la nature de Φ_α? **BAC**

43 $ABCD$ est un carré dans le plan $\mathcal{P}$.

a) Construire le barycentre G du système :

$$S = \{(A, 2), (B, -1), (C, 1)\}.$$

b) Construire l'ensemble Γ des points M de $\mathcal{P}$ tels que :

$$\|2\overrightarrow{MA} - \overrightarrow{MB} + \overrightarrow{MC}\| = \|\overrightarrow{AB}\|.$$

c) Soit f l'application de $\mathcal{P}$ dans $\mathcal{P}$ qui, à tout point M, associe le point M' tel que :

$$\overrightarrow{GM'} = 2\overrightarrow{MA} - \overrightarrow{MB} + \overrightarrow{MC}.$$

Montrer que f est une homothétie dont on donnera le centre et le rapport. **BAC**

44 Dans le plan $\mathcal{P}$, soit le triangle ABC rectangle en A et isocèle tel que $AB = AC = a$, où a est un réel positif. Soit m un paramètre réel.

1° Donner une condition nécessaire et suffisante sur m pour que le système de points pondérés $\{(A, 2), (B, 1), (C, m)\}$ admette un barycentre G_m.

2° Construire G_0, puis G_2.
Vérifier que $G_0G_2 = \dfrac{2a\sqrt{2}}{3}$.

3° Déterminer l'ensemble suivant :

$$\Gamma_1 = \{M \in \mathcal{P} / \|2\overrightarrow{MA} - \overrightarrow{MB} + 2\overrightarrow{MC}\| = \|\overrightarrow{MA} + \overrightarrow{MB} + \overrightarrow{MC}\|\}.$$

d'après BAC

★ **45** **Le centre du cercle inscrit**

On désigne de façon habituelle par a, b et c les longueurs des côtés du triangle ABC ($a = BC$, $b = CA$ et $c = AB$).

1° On désigne par U le barycentre de (B, b) et (C, c).
On définit les points B_0 et C_0 par $\overrightarrow{AB_0} = \dfrac{b}{b+c}\overrightarrow{AB}$ et $\overrightarrow{AC_0} = \dfrac{c}{b+c}\overrightarrow{AC}$.
Quelle est la nature du quadrilatère AB_0UC_0?
En déduire que (AU) est la bissectrice intérieure issue de A dans le triangle ABC.

2° Déduire du 1° et du théorème d'associativité que le centre du cercle inscrit du triangle ABC est le barycentre de (A, a), (B, b) et (C, c).

À RETENIR Les deux propriétés suivantes sont présentes dans de nombreux problèmes de Géométrie (étude de figure, recherche de lignes de niveau, ...).

- *Le théorème du pied de la bissectrice.* Le pied de la bissectrice issue de A dans le triangle ABC est le barycentre de (B, AC) et (C, AB).
On peut le caractériser comme **le** point U du **segment** $[B, C]$ tel que $\dfrac{UB}{UC} = \dfrac{AB}{AC}$ (caractérisation métrique).
- *Le centre du cercle inscrit comme barycentre des sommets :* chaque sommet est affecté de la longueur du côté opposé.

Vecteurs, projection, ...

46 On donne quatre points A, B, C et D dans l'espace et l'on note I le milieu de $[A, B]$. Les points E et F sont tels que $IACE$ et $IBDF$ sont des parallélogrammes.
Montrer que la droite (EF) passe par le milieu de $[C, D]$.

47 Sont donnés : un plan $\mathcal{P}$, une droite Δ sécante avec $\mathcal{P}$ et un point I n'appartenant ni à $\mathcal{P}$ ni à Δ. Pour un point M quelconque de $\mathcal{E}$, on désigne par M' le projeté de M sur $\mathcal{P}$ parallèlement à Δ et par M'' le projeté de M sur Δ parallèlement à $\mathcal{P}$.
Déterminer l'ensemble des points M de l'espace $\mathcal{E}$ tels que :

a) I est le milieu de $[M', M'']$;

b) I, M' et M'' sont alignés.

(1) Nous n'abordons que le cas de trois points : on admettra que le procédé utilisé peut être reconduit pour un nombre quelconque de points.

48 Soit p la projection sur un plan $\mathcal{P}$ parallèlement à une droite Δ.

1° Caractériser les droites de l'espace dont l'image par p est une droite du plan $\mathcal{P}$.

2° Soit $\mathcal{D}_1$ et $\mathcal{D}_2$ deux telles droites et $\mathcal{D}'_1$ et $\mathcal{D}'_2$ leurs images par p.
Montrer que si $\mathcal{D}_1$ et $\mathcal{D}_2$ sont parallèles, il en est de même de $\mathcal{D}'_1$ et $\mathcal{D}'_2$ (autrement dit : une projection conserve le parallélisme de droites).

3° La droite (AB) est parallèle au plan $\mathcal{P}$.
Montrer que les projetés A' et B' de A et B sur $\mathcal{P}$ sont tels que $\overrightarrow{A'B'} = \overrightarrow{AB}$.
(En particulier, les figures situées dans un plan parallèle à $\mathcal{P}$ sont projetées sur $\mathcal{P}$ en «vraie grandeur» : les distances sont conservées.)

PERSPECTIVE CAVALIÈRE La représentation d'un objet de l'espace en perspective cavalière n'est autre que la représentation graphique de la figure obtenue par projection sur un plan parallèlement à une droite. Les règles de tracé qui pouvaient paraître arbitraires ou conventionnelles trouvent ainsi (voir exercice 48) une existence légitime (voir également à la page 78 pour quelques informations sur d'autres représentations en perspective).

★ **49** **Un circuit fermé tenace**
(D'après une idée du *Petit Archimède,* nos 99-100.)
Étant donné un polygone $A_0A_1A_2 \dots A_n$ ($n \geqslant 2$), et un point M_0 de (A_0A_1), on effectue la construction suivante (partiellement décrite par la figure ci-dessous) :

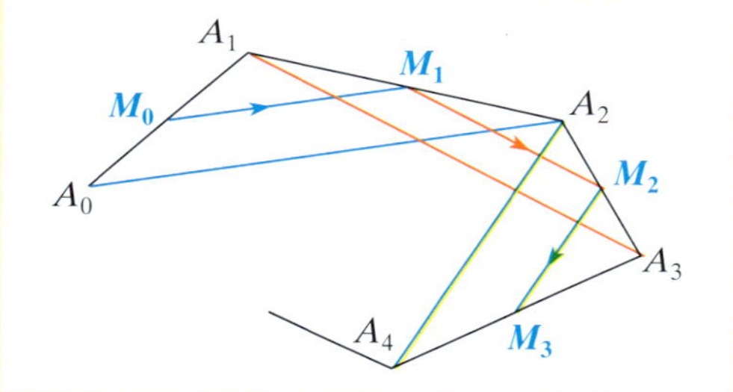

- La parallèle à (A_0A_2) menée de M_0 coupe (A_1A_2) en M_1.
- La parallèle à (A_1A_3) menée de M_1 coupe (A_2A_3) en M_2, etc.
- La parallèle à (A_nA_1) menée de M_n coupe (A_0A_1) en M_{n+1}.

1° Montrer que si n est impair, on a $M_{n+1} = M_0$.

2° Montrer que si n est pair, M_{n+1} est le symétrique de M_0 par rapport au milieu de $[A_0, A_1]$.
En déduire que $M_{2n+2} = M_0$.

☞ Écrire M_0 comme barycentre de (A_0, α), (A_1, β).
À l'aide de projections bien choisies, écrire le point M_k comme barycentre de A_k et A_{k+1}, $k = 2, 3, \dots$

Les exercices 50 *à* 53 *ont pour thème la représentation dans un plan du projeté sur ce plan (suivant une droite) d'une configuration de l'espace. Ils mettent en jeu l'essentiel des propriétés des projections et la construction élémentaire de l'exercice* 50.

50 **Construction élémentaire**

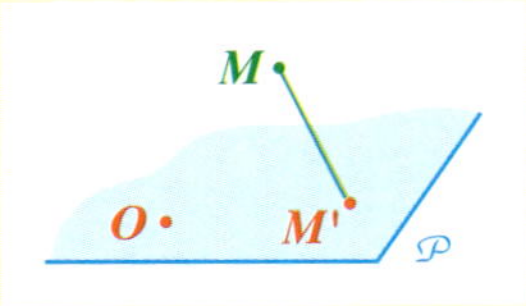

Soit p la projection sur le plan $\mathcal{P}$ définie par un point $M (M \notin \mathcal{P})$ et son image $M' (M' \notin \mathcal{P})$:
p est la projection sur $\mathcal{P}$ parallèlement à la droite (MM').
Soit O un point de $\mathcal{P}$.
Construire l'image par p d'un point quelconque de la droite (OM).

51 **Ombre**

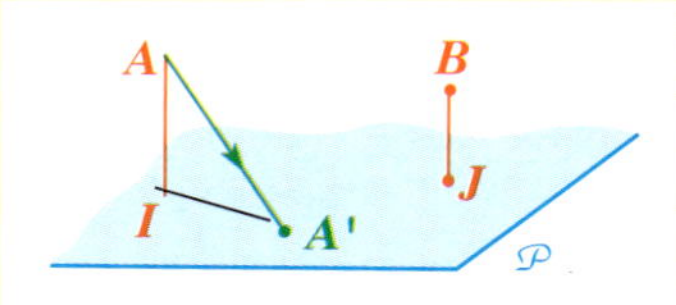

Dans la figure ci-contre, les droites (AI) et (BJ) sont parallèles, les points A', I et J appartiennent à $\mathcal{P}$ et A n'appartiennent pas à $\mathcal{P}$.
Construire l'image de B par la projection sur $\mathcal{P}$, parallèlement à la droite (AA').
Note : En assimilant de façon coutumière les rayons du soleil à des droites parallèles, nous pourrions formuler le problème ainsi :
«Connaissant l'ombre du piquet $[I, A]$, tracer celle du piquet $[J, B]$.»

52 Construire l'image du parallélépipède par la projection sur le plan $(A'B'C'D')$ parallèlement à la droite (AC').

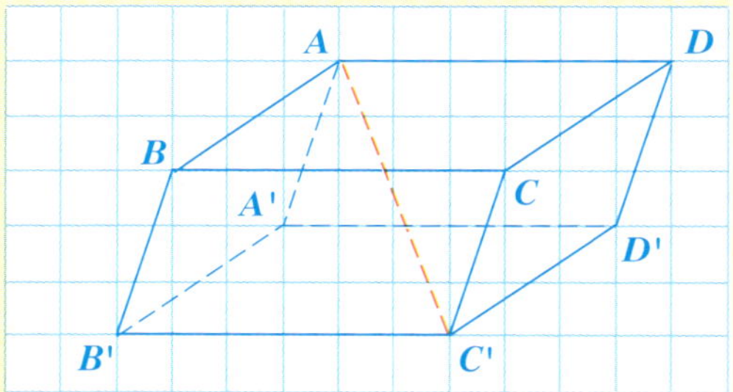

53 La figure ci-après représente une salle qui reçoit au travers d'une fenêtre $ABCD$ la lumière du soleil. Le rayon lumineux passant par A atteint le sol en A' (puis en A'' quelques heures plus tard).

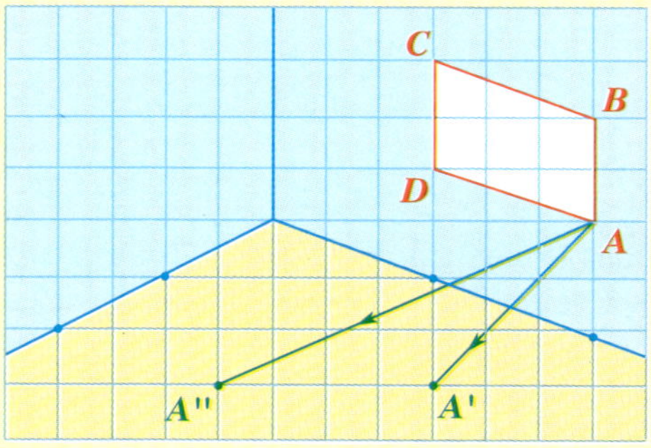

Dessiner, dans chaque cas, la trace lumineuse observée dans la salle. (Reproduire la figure sur quadrillage.)

PROBLÈMES

54 **Le trapèze complet**

Dans la figure ci-contre, $ABCD$ est un trapèze de bases (AB) et (CD).
Il s'agit de montrer que la droite (OO') passe par les milieux de $[A, B]$ et $[C, D]$.

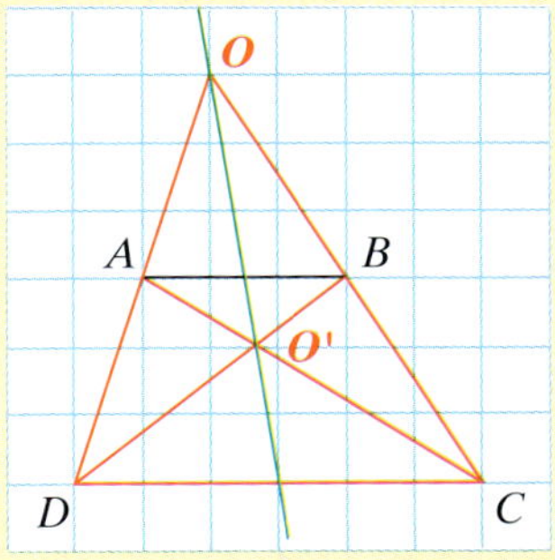

1° Justifier l'existence d'un réel x tel que A est le barycentre de $(O, 1)$, (D, x).

2° Exprimer B comme barycentre de O et C et en déduire que O' est le barycentre de $(O, 1)$, (C, x) et (D, x).

3° En déduire que (OO') passe par le milieu de $[C, D]$.

4° Adapter la démarche précédente pour établir de même que (OO') passe par le milieu de $[A, B]$.

5° *Question subsidiaire :* Rappeler une démonstration des résultats précédents à l'aide d'homothéties.

★ **55** Étant donné un triangle ABC, on effectue les constructions suivantes :
On symétrise A par rapport à B, B par rapport à C et C par rapport à A.
On obtient alors un nouveau triangle IJK (voir figure).

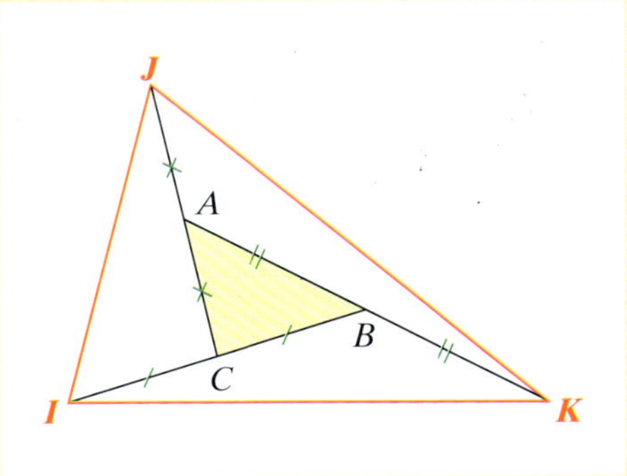

1° Exprimer chacun des points A, B et C comme barycentre des points I, J et K.

2° On définit les points P, Q et R par :

$$\overrightarrow{KP} = \frac{1}{3}\overrightarrow{KJ}, \quad \overrightarrow{IQ} = \frac{1}{3}\overrightarrow{IK} \quad \text{et} \quad \overrightarrow{JR} = \frac{1}{3}\overrightarrow{JI}.$$

Montrer que P, Q et R sont respectivement les points d'intersection des droites (BC) et (KJ), (AC) et (KI), (AB) et (IJ).

3° *Application :* On efface une partie de la figure située en en-tête du problème : de fait, il ne reste plus que les trois points I, J et K.
Retrouver le triangle ABC.

56 **Un problème d'analytique**

Soit un triangle ABC et une droite Δ ne passant par aucun des sommets du triangle et rencontrant (BC) en P, (AC) en Q et (AB) en R. On désigne par I, J, K les points tels que $AQIR$, $BPJR$ et $CPKQ$ sont des parallélogrammes.
On se propose **d'établir analytiquement que les points I, J et K sont alignés.**
On munit donc le plan du repère $(A, \overrightarrow{AB}, \overrightarrow{AC})$.

1° Montrer que les coordonnées de Q et de R peuvent s'écrire $Q(0, q)$, $R(r, 0)$, avec $q \neq 0$, $r \neq 0$ et $q \neq r$.

2° Donner l'équation de Δ, puis les coordonnées de P et enfin celles de I, J et K.

3° Calculer les coordonnées de $\overrightarrow{IJ}$ et $\overrightarrow{IK}$, puis conclure.

☞ On doit trouver :

$$\overrightarrow{IJ}\left(\frac{q(1-r)}{r-q}, \frac{q(1-q)}{q-r}\right) \text{ et } \overrightarrow{IK}\left(\frac{r(1-r)}{r-q}, \frac{r(1-q)}{q-r}\right).$$

★ **57** On considère un tétraèdre $ABCD$ et M un point de $\mathcal{E}$ n'appartenant à aucune arête du tétraèdre et tel que :
— le plan (ABM) et la droite (CD) sont sécants en un point P;
— le plan (BCM) et la droite (DA) sont sécants en un point Q;
— le plan (CDM) et la droite (AB) sont sécants en un point R;
— le plan (DAM) et la droite (BC) sont sécants en un point S.
Le problème a pour objet d'établir que P, Q, R et S sont coplanaires.

1° Justifier l'existence de quatre réels α, β, γ, δ tels que :

$$\alpha + \beta + \gamma + \delta \neq 0$$

et $$\alpha\overrightarrow{MA} + \beta\overrightarrow{MB} + \gamma\overrightarrow{MC} + \delta\overrightarrow{MD} = \vec{0} \quad (1).$$

☞ Il s'agit de montrer que M peut s'écrire comme barycentre de A, B, C et D. Pour cela, on pourra décomposer le vecteur $\overrightarrow{AM}$ dans la base $(\overrightarrow{AB}, \overrightarrow{AC}, \overrightarrow{AD})$: $\overrightarrow{AM} = x\overrightarrow{AB} + y\overrightarrow{AC} + z\overrightarrow{AD}$.

2° *a)* En utilisant la projection sur la droite (CD) parallèlement au plan (ABM), montrer que $\gamma\overrightarrow{PC} + \delta\overrightarrow{PD} = \vec{0}$.

☞ « Projeter l'égalité (1). »

b) Établir, de même, les égalités :

$$\alpha\overrightarrow{RA} + \beta\overrightarrow{RB} = \vec{0}\ ;\ \alpha\overrightarrow{SA} + \delta\overrightarrow{SD} = \vec{0}$$

et $$\beta\overrightarrow{QB} + \gamma\overrightarrow{QC} = \vec{0}.$$

3° Déduire du 2° et de la relation (1) que :

$$(\alpha + \beta)\overrightarrow{MR} + (\gamma + \delta)\overrightarrow{MP} = \vec{0}\ ;$$
$$(\alpha + \delta)\overrightarrow{MS} + (\beta + \gamma)\overrightarrow{MQ} = \vec{0}.$$

4° Montrer alors que M, P, R d'une part et M, Q, S d'autre part sont alignés et conclure.

TRUCS & ASTUCES

BARYCENTRE

Ne pas hésiter à inverser la démarche suggérée par un énoncé. Expliquons nous : supposons que, dans l'étude d'une figure, interviennent des points A, B, C et I et que la question soit : « Montrer que I est le barycentre de (A, α), (B, β) et (C, γ) (α, β et γ étant des nombres donnés par l'énoncé). Inverser la démarche consiste à :
— introduire le barycente G de (A, α), (B, β) et (C, γ)
— montrer que G est égal à I.

ASSOCIATIVITÉ

Le nom « théorème d'associativité » n'est évocateur que de l'une des deux actions qu'il permet d'entreprendre ! Un exemple :
Soit ABC un triangle et G le barycentre de $(A, 3)(B, 2)(C, 1)$.

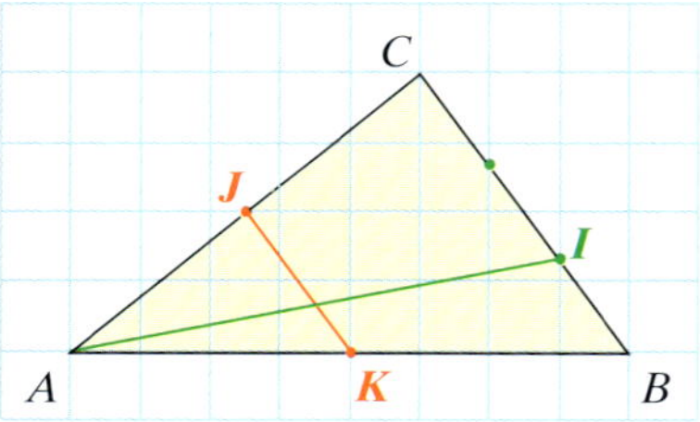

- **En assemblant (action 1)**
$(A, 3)\ \underbrace{(B, 2)\ (C, 1)}$:
$(A, 3)\quad (I, 3)$
G milieu de $[A, I]$.
- **En désassemblant (action 2)**
$(A, 3)\ (B, 2)\ (C, 1)$
$\rightarrow \underbrace{(A, 2)\ (B, 2)}_{(K, 4)}\ \underbrace{(A, 1)\ (C, 1)}_{(J, 2)}$.

Puis (action 1) : qui montre que G, K et J sont alignés.

LA PROJECTION CENTRALE

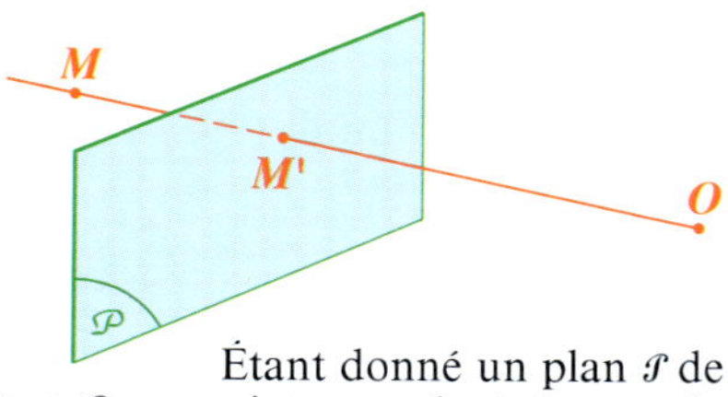

Étant donné un plan $\mathcal{P}$ de $\mathcal{E}$ et O un point non situé dans $\mathcal{P}$, la projection centrale sur $\mathcal{P}$ (de point de vue ou de centre O) associe à chaque point M de $\mathcal{E}$, non situé dans le plan parallèle à $\mathcal{P}$ passant par O, le point d'intersection M' de (OM) avec $\mathcal{P}$. (Bien entendu, deux points alignés avec O ont même image par cette projection centrale.)

Rubrique de Bac

EN HAUSSE : la réduction

Les questions mettant à l'ouvrage les techniques de réduction barycentrique font florès.

Exemple 1

« Quel est l'ensemble des points M tels que :

$$\left\| \sum_{i=1}^{p} \alpha_i \overrightarrow{MA_i} \right\| = \left\| \sum_{j=1}^{q} \beta_j \overrightarrow{MA_j} \right\| ?»$$

Dans le cas où $\alpha = \sum_{i=1}^{p} \alpha_i$ et $\beta = \sum_{j=1}^{q} \beta_j$ sont non nuls, introduire les barycentres G de $(A_i, \alpha_i)_{1 \leq i \leq p}$ et G' de $(B_j, \beta_j)_{1 \leq j \leq q}$, réduire en $\alpha MG = \beta MG'$ avant de servir une ligne de niveau de $M \mapsto \dfrac{MG}{MG'}$ (voir chap. 4 et 5).

(Songer que, par exemple, si $\alpha = 0$, alors $\sum_{i=1}^{p} \alpha_i \overrightarrow{MA_i}$ est constant : c'est encore plus facile que précédemment.)

Exemple 2

« A, B donnés. Étudier
$M \mapsto M'$
$= \text{bar}\{(A, 3)(B, 1)(M, -1)\}$
(par exemple). »

Introduire G barycentre (partiel) de $(A, 3)(B, 1)$ pour réduire à :

$M' = \text{bar}\{(G, 4)(M, -1)\}$,

qui permet d'exprimer $\overrightarrow{GM'}$ en fonction de $\overrightarrow{GM}$...

LA PERSPECTIVE

LE DESSIN EN PERSPECTIVE CENTRALE

Le dessin d'Albert DÜRER (1471-1528) intitulé *« Le dessinateur et la femme couchée »*, « outre qu'il montre qu'un géomètre ne doit pas se laisser distraire par l'érotisme de son sujet »(1) illustre les relations entre le dessin en perspective et la projection centrale : « Un tableau est une fenêtre à travers laquelle nous regardons une section du monde visible » (Léo Battista ALBERTI. XVe siècle. *Trattato della pittura.*)

Si l'étude géométrique de la projection centrale permet de donner quelques règles simples et rigoureuses pour établir la perspective d'une figure donnée, les problèmes posés par la mise en place de la perspective ont conduit à l'élaboration de la Géométrie projective : nous tenons là un des exemples les plus passionnants de « l'interdépendance des divers aspects de la pensée humaine ».

(1) Initiation à la Géométrie (Daniel LEHMANN. Rudolphe BKOUCHE. P. U. F.)

4

Pas de Géométrie sans la parole.
Sans elle, les figures sont des accidents.

PAUL VALÉRY

Plan euclidien

COURS

EXERCICES

INTRODUCTION

4
Plan
euclidien

1 OBJECTIFS

Angle et **distance** sont les maîtres mots de ce chapitre. Ce sont eux qui donnent du sens à l'expression **« résoudre des problèmes de la Géométrie euclidienne »,** objectif majeur du chapitre.
Sont concernées :

- *l'étude des figures* (calcul et comparaison de grandeurs, orthogonalité, cocyclicité, etc.) ;
- *la recherche de lieux géométriques* (qu'ils soient issus de conditions de distances, d'angles, ou associés à une configuration mobile, ou encore définis comme lignes de niveau) ;
- *l'étude de problèmes d'optimisation et de quelques problèmes (simples) de construction.*

Ce n'est pas fini : nous avons de solides raisons de **faire le point** dès maintenant **sur les divers outils** que nous allons mobiliser, en précisant pour chacun quels sont les points d'appui, quels sont les développements envisagés :

- **Les nombres complexes**
Le chapitre 2 fait référence : il va s'agir de les exploiter dans les problèmes d'*alignement,* d'*orthogonalité* et de *cocyclicité* (voir présentation, p. 44).
- **Le calcul vectoriel et barycentrique** (chapitre 3) est omniprésent et sera plus particulièrement investi dans la recherche des *lignes de niveau.*
- **Le produit scalaire**
Les résultats essentiels dégagés en classe de Première suffisent : nous les rappelons sommairement dans le cours (voir p. 86).
- **La trigonométrie**
La *planche* « trigonométrie » en fin d'ouvrage (voir p. 282) rassemble les connaissances requises : nous n'irons pas plus loin.
- **La Géométrie analytique**
En dehors de la « technique » du changement de repère explorée en exercices, rien de vraiment nouveau.
- **Le déterminant**
Nous prendrons appui sur la définition analytique dégagée en Seconde et Première, quand bien même le programme en aurait occulté le nom...
- **Les angles orientés** issus des classes antérieures vont être impliqués dans la *Géométrie du cercle.* Les exigences du programme font que cette rubrique, normalement installée en T. P., sera abordée en cours (cohérence oblige...).

2 CONNAISSANCES MISES EN JEU

Suffit sur ce sujet, n'est-ce pas ?
André GIDE

3 ACTIVITÉS PRÉPARATOIRES

SUR LE PRODUIT SCALAIRE ET LA TRIGONOMÉTRIE

« Activités visant à remettre en jeu les propriétés essentielles du produit scalaire et les résultats classiques de Trigonométrie, tous issus de la classe de Première et, par ailleurs, rappelés respectivement aux pages 44 et 282 » aurait été un titre interminable.
Mais, c'est bien de cela dont il s'agit.

ACTIVITÉ 1

1 Orthogonalité

Un carré $ABCD$ étant donné, une droite perpendiculaire à (AC) rencontre (AB) en E et (AD) en F.
Montrer que la médiane issue de A dans le triangle ABF est une hauteur du triangle ADE.

2 Distance : « le quadrilatère articulé »

(D'après le *Petit Archimède*, nos 43-44.)

Un quadrilatère $ABCD$ est articulé de façon que les côtés $[A, B]$, $[B, C]$, $[C, D]$ et $[D, A]$ gardent chacun une longueur constante. On remarque que, si les diagonales (AC) et (BD) sont perpendiculaires pour une certaine position des sommets, elles le restent toujours. Pourquoi ?

☞ Montrer que, pour quatre points A, B, C et D quelconques, on a :

$$AB^2 - BC^2 + CD^2 - DA^2 = 2\overrightarrow{AC} \cdot \overrightarrow{DB}.$$

3 Une ligne de niveau

Le triangle ABC est équilatéral de côté a.

a) Construire la ligne de niveau $-a^2$ de l'application f : $M \mapsto 2\overrightarrow{AM} \cdot \overrightarrow{BC}$.

b) Quelle est la ligne de niveau de f qui passe par le milieu de $[A, B]$?

☞ *Rappel* : Étant donné $\vec{u} \neq \vec{0}$ et O un point de $\mathcal{P}$, l'ensemble des points M tels que $\overrightarrow{OM} \cdot \vec{u} = k$ (k réel donné) est une droite de vecteur normal $\vec{u}$.

4 Projection orthogonale

Le plan est muni d'un repère $(O, \vec{i}, \vec{j})$ orthonormal.
Soit $M(a, b)$ un point du cercle de centre O et de rayon 1.

1° On désigne par P le projeté orthogonal de M sur (Ox) et par Q celui de M sur (Oy).
Donner une équation de la droite (PQ).

2° Montrer que le point $M'(a^3, b^3)$ est le projeté orthogonal de M sur la droite (PQ).

ACTIVITÉ 2

1 Le pli

(D'après *Sans tambour ni trompette*. IREM de Lyon.)

La largeur d'une pièce de papier rectangulaire mesure 6 cm. Un coin de cette pièce, par pliage, est amené sur la longueur opposée (voir figure).

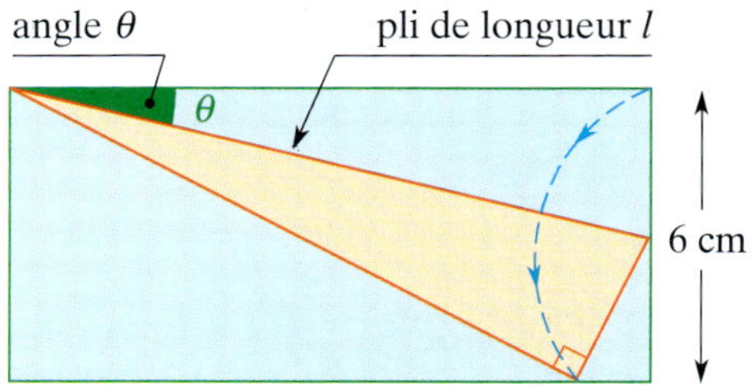

Exprimer la longueur l du pli en fonction de θ.

2 Des angles

1° Montrer que le triangle ABC est rectangle en A si, et seulement si,

$$\sin^2 A = \sin^2 B + \sin^2 C.$$

2° Montrer que dans le triangle de côtés $a = 4$, $b = 6$ et $c = 5$, on a $\beta = 2\alpha$. (α et β sont les mesures des angles $\widehat{BAC}$ et $\widehat{ABC}$.)

3 Des aires

On note O le point d'intersection des diagonales $[A, C]$ et $[B, D]$ d'un quadrilatère convexe.
On désigne par θ la mesure de *l'un* des angles $\widehat{AOB}$, $\widehat{BOC}$, $\widehat{COD}$ ou $\widehat{DOA}$ ($0 < \theta < \pi$).
Montrer que l'aire du quadrilatère $ABCD$ est égale à $\frac{1}{2} AC \times BD \times \sin\theta$.

SUR LES ANGLES

Les relations «figures ↔ angles orientés» sont l'objet des activités 3 et 4,
— dans un cadre familier (activité 3) : droites, demi-droites, segments, triangles particuliers, ...
— dans une situation relativement nouvelle à l'activité 4 : il s'agit de préparer la version «angles orientés» du théorème de l'angle inscrit qui fonde l'essentiel des résultats sur la *cocyclicité*.

ACTIVITÉ 3

Dans les exercices 1 à 3, on considère deux points distincts A et B.
Représenter, dans chaque cas, l'ensemble des points M qui vérifient la relation proposée.

1 *a)* $(\overrightarrow{AM}, \overrightarrow{AB}) = \frac{\pi}{3} \mod 2\pi$;

b) $(\overrightarrow{AM}, \overrightarrow{AB}) = \frac{\pi}{3} \mod \pi$.

2 *a)* $(\overrightarrow{AM}, \overrightarrow{AB}) = 0 \mod 2\pi$;
b) $(\overrightarrow{AM}, \overrightarrow{AB}) = 0 \mod \pi$.

3 *a)* $(\overrightarrow{MA}, \overrightarrow{MB}) = \pi \mod 2\pi$;
b) $(\overrightarrow{MA}, \overrightarrow{MB}) = 0 \mod \pi$.

4 Préciser, dans chaque cas, la nature du triangle ABC.

a) $(\overrightarrow{AB}, \overrightarrow{AC}) = \frac{\pi}{6} \mod 2\pi$

et $(\overrightarrow{CA}, \overrightarrow{CB}) = \frac{\pi}{3} \mod 2\pi$.

b) $(\overrightarrow{BC}, \overrightarrow{BA}) = (\overrightarrow{CA}, \overrightarrow{CB}) \mod 2\pi$.

c) $(\overrightarrow{BA}, \overrightarrow{BC}) + (\overrightarrow{CB}, \overrightarrow{CA}) = \frac{\pi}{2} \mod 2\pi$.

d) $(\overrightarrow{AB}, \overrightarrow{BC}) = \frac{\pi}{2} \mod \pi$.

5 «La somme des angles d'un triangle est un angle plat.»
Écrire cette propriété avec les angles orientés.

ACTIVITÉ 4

On considère un cercle $\mathcal{C}$ de centre O et A et B deux points distincts de $\mathcal{C}$.

1 L'angle inscrit
Soit M un point de $\mathcal{C}$ distinct de A et de B.

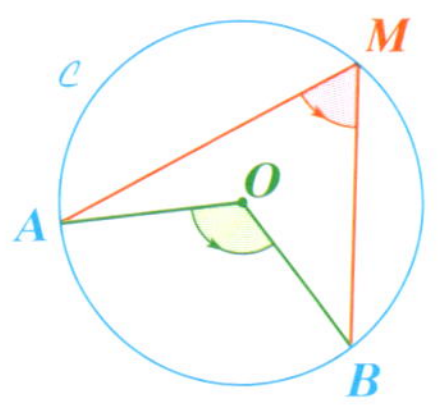

1° Établir les relations suivantes en utilisant le fait que les triangles AOM et BOM sont isocèles en O :
- $2(\overrightarrow{MA}, \overrightarrow{MO}) + (\overrightarrow{OM}, \overrightarrow{OA}) = \pi \mod 2\pi$;
- $2(\overrightarrow{MB}, \overrightarrow{MO}) + (\overrightarrow{OM}, \overrightarrow{OB}) = \pi \mod 2\pi$.

☞ On s'assurera que ces relations sont encore vraies si l'un des deux triangles est aplati.

2° En déduire que :
$$2(\overrightarrow{MA}, \overrightarrow{MB}) = (\overrightarrow{OA}, \overrightarrow{OB}) \mod 2\pi.$$

2 La tangente

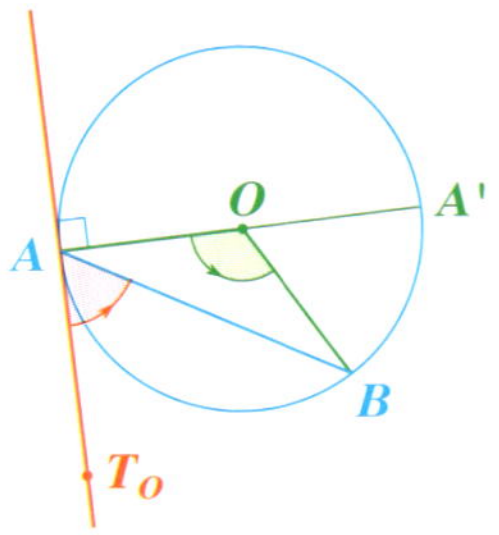

1° Soit T_0 un point de la tangente en A au cercle $\mathcal{C}$ ($T_0 \neq A$).
Établir la relation :
$$2(\overrightarrow{AT_0}, \overrightarrow{AB}) = (\overrightarrow{OA}, \overrightarrow{OB}) \mod 2\pi.$$

☞ Introduire A' diamétralement opposé à A sur le cercle $\mathcal{C}$ et utiliser l'exercice 1.

2° Soit T un point distinct de A tel que
$$2(\overrightarrow{AT}, \overrightarrow{AB}) = (\overrightarrow{OA}, \overrightarrow{OB}) \mod 2\pi.$$
Montrer que $2(\overrightarrow{AT}, \overrightarrow{AT_0}) = 0 \mod 2\pi$.
En déduire que T appartient à la tangente en A au cercle $\mathcal{C}$.

La version géométrique du théorème de l'angle inscrit se retrouve dans les résultats que dégage l'activité 4. L'avantage de ces derniers est d'occulter les cas de figures et, donc, les distinctions qu'ils imposent sur «l'angle au centre». (Est-ce l'angle qui intercepte le «petit arc», le «grand arc» d'extrémités A et B ?) Ce premier enseignement peut paraître mineur : on se rendra compte, à l'usage, qu'il rend des services incomparables notamment dans la caractérisation de la cocyclicité.

LES ANGLES ORIENTÉS

1 SOYONS CLAIRS SUR LES NOTATIONS

$(\vec{u}, \vec{v}) = \alpha$ mod 2π

L'écriture « $(\vec{u}, \vec{v}) = \alpha \mod 2\pi$ » est porteuse des informations suivantes :

- $\vec{u}$ et $\vec{v}$ sont des vecteurs *non nuls ;*
- α est un réel ;
- α est une **mesure** en radians de l'angle orienté de $\vec{u}$ et de $\vec{v}$;
- toute autre mesure de cet angle est de la forme $\alpha + 2k\pi$ ($k \in \mathbb{Z}$).

$(\vec{u}, \vec{v}) = \alpha$ mod π

Avec toujours $\vec{u}$ et $\vec{v}$ non nuls et α réel, on a :

$$(\vec{u}, \vec{v}) = \alpha \mod \pi \Leftrightarrow \begin{cases} (\vec{u}, \vec{v}) = \alpha \mod 2\pi \\ \text{ou} \\ (\vec{u}, \vec{v}) = \alpha + \pi \mod 2\pi \end{cases} \Leftrightarrow 2(\vec{u}, \vec{v}) = 2\alpha \mod 2\pi.$$

Principe (1) de base

On peut opérer (sommer, soustraire, ...) sur des égalités de même espèce (soit mod 2π, soit mod π), JAMAIS sur des égalités d'espèces différentes (ceci n'est pas un ennui, puisque toute égalité modulo π conduit à **une** égalité modulo 2π).

2 QUELQUES RÉSULTATS OPÉRATIONNELS (2)

Colinéarité et orthogonalité

- Dans une égalité modulo π, on peut remplacer n'importe quel vecteur par un vecteur colinéaire.

Si $(\vec{u}, \vec{v}) = \alpha \mod \pi$, alors $(k\vec{u}, k'\vec{v}) = \alpha \mod \pi$,
quels que soient les réels k et k' non nuls.

En revanche : $$(k\vec{u}, \vec{v}) = \begin{cases} (\vec{u}, \vec{v}) \mod 2\pi\,, \text{ si } k > 0\,; \\ (\vec{u}, \vec{v}) + \pi \mod 2\pi\,, \text{ si } k < 0\,. \end{cases}$$

- La caractérisation de la colinéarité et de l'orthogonalité est donnée par la proposition suivante :

> Étant donné des vecteurs $\vec{u}$ et $\vec{v}$ non nuls :
> - $\vec{u}$ et $\vec{v}$ **colinéaires** équivaut à $(\vec{u}, \vec{v}) = 0 \mod \pi$;
> - $\vec{u}$ et $\vec{v}$ **orthogonaux** équivaut à $(\vec{u}, \vec{v}) = \frac{\pi}{2} \mod \pi$.

Effet d'une réflexion

Une réflexion change chaque angle orienté en son opposé.
Autrement dit, si A', B' et C' sont les images de A, B et C par une réflexion :

$$(\overrightarrow{A'B'}, \overrightarrow{A'C'}) = -(\overrightarrow{AB}, \overrightarrow{AC}) = (\overrightarrow{AC}, \overrightarrow{AB}) \mod 2\pi \text{ ou mod } \pi.$$

(1) Le mot est à prendre au sens suivant : « Quand une loi a reçu une confirmation suffisante de l'expérience, on peut l'ériger en principe. » POINCARÉ
Nous garantissons que c'est bien le cas, ici...
(2) Il s'agit d'énoncer les résultats les plus efficaces dans le traitement de problèmes de Géométrie à l'aide des angles.

3 THÉORÈME DE L'ANGLE INSCRIT ET DE LA TANGENTE

Théorème 1

Soit $\mathcal{C}$ un cercle de centre O et A et B deux points distincts de $\mathcal{C}$.

■ *« Angle inscrit »*
Pour tout point M de $\mathcal{C}$ distinct de A et de B, on a :

$$2(\overrightarrow{MA}, \overrightarrow{MB}) = (\overrightarrow{OA}, \overrightarrow{OB}) \mod 2\pi.$$

■ *« Tangente »*
Pour tout point T de la tangente en A au cercle $\mathcal{C}$ (T distinct de A), on a :

$$2(\overrightarrow{AT}, \overrightarrow{AB}) = (\overrightarrow{OA}, \overrightarrow{OB}) \mod 2\pi.$$

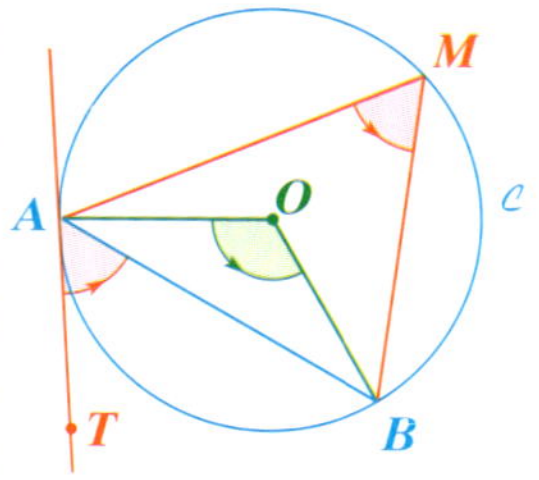

Ces propriétés ont été établies dans l'activité 4. Soulignons aussi le résultat suivant qui, bien qu'énonçant la réciproque du théorème de la tangente, en est (comme nous l'avons vu) une conséquence (d'où le nom de corollaire) :

Corollaire

Avec les notations du théorème 1, la relation $2(\overrightarrow{AT}, \overrightarrow{AB}) = (\overrightarrow{OA}, \overrightarrow{OB}) \mod 2\pi$ **caractérise** les points T (distincts de A) de la tangente en A au cercle $\mathcal{C}$.

4 COCYCLICITÉ DE QUATRE POINTS

Théorème 2

Quatre points A, B, C et D *non alignés* **sont cocycliques** si, et seulement si :

$$(\overrightarrow{CA}, \overrightarrow{CB}) = (\overrightarrow{DA}, \overrightarrow{DB}) \mod \pi.$$

■ D'après le théorème de l'angle inscrit, il est clair que, si A, B, C et D sont cocycliques, $(\overrightarrow{CA}, \overrightarrow{CB}) = (\overrightarrow{DA}, \overrightarrow{DB}) \mod \pi$.

■ Réciproquement, soit A, B, C et D non alignés tels que $(\overrightarrow{CA}, \overrightarrow{CB}) = (\overrightarrow{DA}, \overrightarrow{DB}) \mod \pi$.
cette égalité montre que, si A, B, C ou A, B, D étaient alignés, A, B, C et D seraient alignés.
Nous pouvons donc considérer les cercles $\mathcal{C}$ et $\mathcal{C}'$ circonscrits aux triangles ABC et ABD.
Soit alors T un point ($T \neq A$) tel que $(\overrightarrow{AT}, \overrightarrow{AB}) = (\overrightarrow{CA}, \overrightarrow{CB}) = (\overrightarrow{DA}, \overrightarrow{DB}) \mod \pi$.
D'après le corollaire du théorème 1, nous pouvons affirmer que $\mathcal{C}$ et $\mathcal{C}'$ sont tangents en A à la droite (AT). Comme, de plus, ils passent tous les deux par B, on a $\mathcal{C} = \mathcal{C}'$.
Ainsi A, B, C et D appartiennent au même cercle.

« Points de base »

Des relations telles que :

$$(\overrightarrow{AC}, \overrightarrow{AD}) = (\overrightarrow{BC}, \overrightarrow{BD}) \mod \pi \text{ ou } (\overrightarrow{BD}, \overrightarrow{BA}) = (\overrightarrow{CD}, \overrightarrow{CA}) \mod \pi$$

caractérisent encore la cocyclicité de A, B, C et D.
Nous les repérerons en disant que C et D ont été choisis comme « points de base » dans le premier cas ; de même pour D et A dans le second cas.

5 APPLICATIONS

Une situation de référence

La configuration **« deux triangles rectangles de même hypoténuse »** définit quatre points *cocycliques*. D'où, par exemple, l'égalité :

$$(\overrightarrow{CA}, \overrightarrow{CB}) = (\overrightarrow{DA}, \overrightarrow{DB}) \mod \pi.$$

Fig. 1 ▶

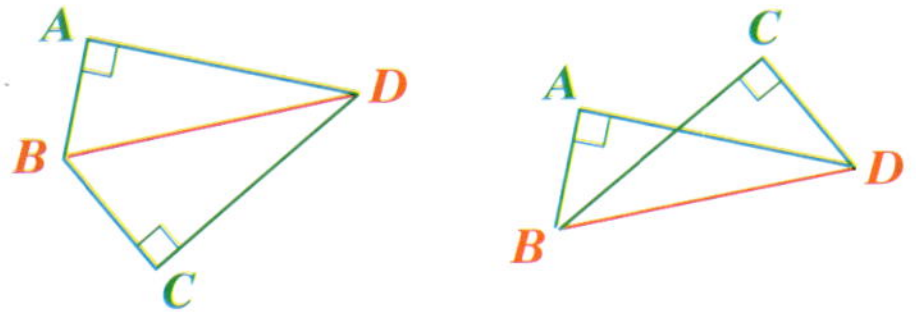

Exemple

Les symétriques de l'orthocentre d'un triangle par rapport à ses côtés appartiennent au cercle circonscrit à ce triangle.

Les autres notations étant portées sur la figure 2, soit H_1 le symétrique de H par rapport à (BC).
Montrons que **A, B, C, H_1 sont cocycliques.**
Nous avons les égalités suivantes (toutes écrites modulo π) :

Idem pour les autres symétriques.

$(\overrightarrow{H_1B}, \overrightarrow{H_1C}) = -(\overrightarrow{HB}, \overrightarrow{HC}) = (\overrightarrow{HC}, \overrightarrow{HB})$
(effet de la réflexion d'axe (BC)) ;

$(\overrightarrow{HC}, \overrightarrow{HB}) = (\overrightarrow{H\gamma}, \overrightarrow{H\beta})$ (vecteurs colinéaires) ;

$(\overrightarrow{H\gamma}, \overrightarrow{H\beta}) = (\overrightarrow{A\gamma}, \overrightarrow{A\beta})$ (cocyclicité de A, H, β et γ) ;

$(\overrightarrow{A\gamma}, \overrightarrow{A\beta}) = (\overrightarrow{AB}, \overrightarrow{AC})$ (vecteurs colinéaires).

Ainsi **$(\overrightarrow{H_1B}, \overrightarrow{H_1C}) = (\overrightarrow{AB}, \overrightarrow{AC})$ mod π** : *les points A, B, C, H_1 sont cocycliques.*

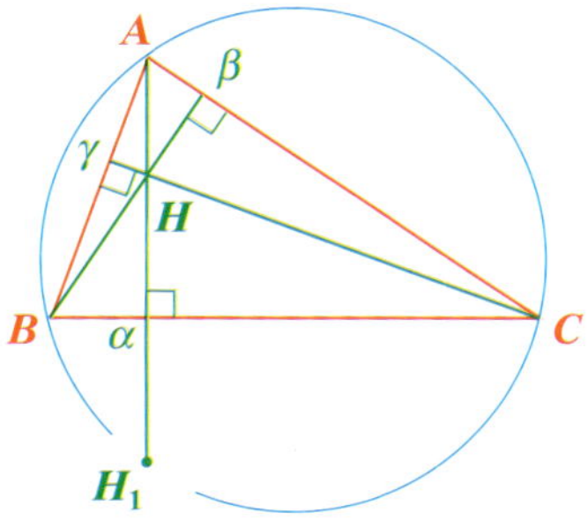

Fig. 2

L'arc capable

Soit deux points distincts A et B et α *un réel différent de* $k\pi$ (pour tout k de $\mathbb{Z}$) ; considérons le **cercle** $\mathcal{C}$:
— *passant par A et B* (son centre est donc sur la médiatrice de $[A, B]$) ;
— *tangent en A à la droite* (AT) (où T est un point quelconque tel que $(\overrightarrow{AT}, \overrightarrow{AB}) = \alpha \mod 2\pi$).

■ Alors, le **cercle** $\mathcal{C}$ (privé de A et de B) **est l'ensemble des points M tels que $(\overrightarrow{MA}, \overrightarrow{MB}) = \alpha$ mod π** (ceci découle immédiatement des théorèmes 1 et 2).

■ Nous *admettrons que, parmi les arcs de cercle* $\mathcal{C}$ *d'extrémités A et B,*
— l'un est l'ensemble des points M tels que **$(\overrightarrow{MA}, \overrightarrow{MB}) = \alpha$ mod 2π,**
— l'autre est l'ensemble des points M tels que **$(\overrightarrow{MA}, \overrightarrow{MB}) = \alpha + \pi$ mod 2π.**

Attention ! égalité mod 2π.

(Dans la figure 3, l'ensemble des points M tels que $(\overrightarrow{MA}, \overrightarrow{MB}) = \alpha \mod 2\pi$ est l'arc de $\mathcal{C}$, d'extrémités A et B, situé dans le demi-plan de frontière (AB), ne contenant pas le point T.)

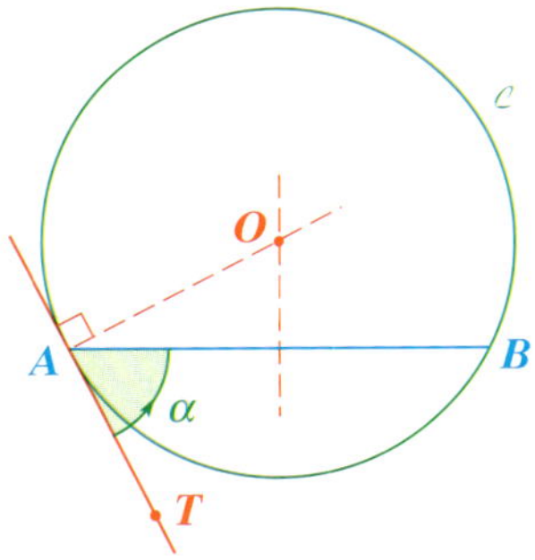

Fig. 3

■ Les angles selon KANDINSKY
angle droit : le plus objectif, donc le plus froid ;
angle aigu (45°) : le plus tendu, donc le plus chaud ;
angle obtus (135°) : maladroit, faible, passif.

■ *Jaune — rouge — bleu.* 1925.

PRODUIT SCALAIRE

1 EXPRESSIONS DIVERSES ET PROPRIÉTÉS

Trois points de vue Rappelons les trois expressions usuelles du produit scalaire : avec angles et distances, avec la projection orthogonale et l'expression analytique dans un repère orthonormal.

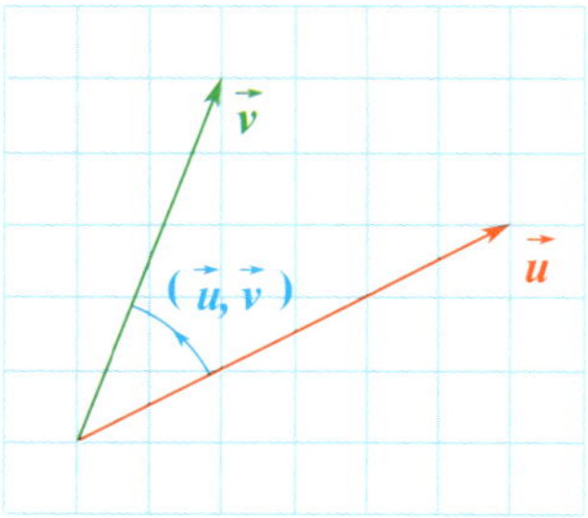

$\vec{u} \cdot \vec{v} = \|\vec{u}\| \|\vec{v}\| \cos(\vec{u}, \vec{v})$

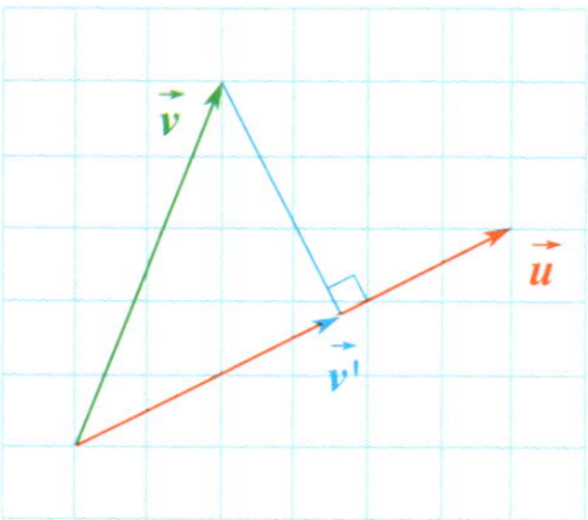

$\vec{u} \cdot \vec{v} = \vec{u} \cdot \vec{v}'$

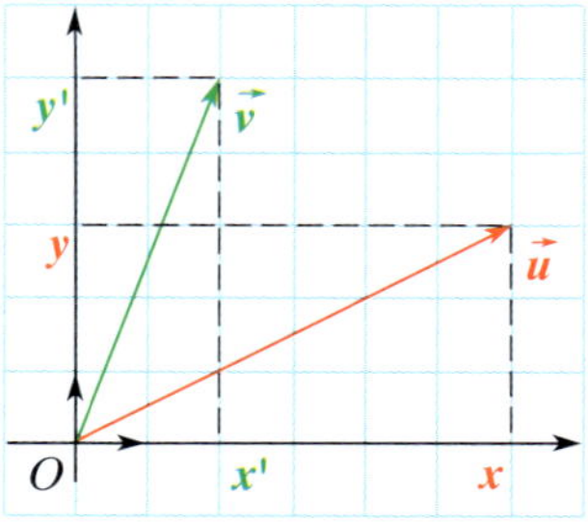

$\vec{u} \cdot \vec{v} = xx' + yy'$

Propriétés **1. Propriétés algébriques**

$$\vec{u} \cdot \vec{v} = \vec{v} \cdot \vec{u} \qquad \|\vec{u} + \vec{v}\|^2 = \|\vec{u}\|^2 + \|\vec{v}\|^2 + 2\vec{u} \cdot \vec{v}$$

$$\vec{u} \cdot (\vec{v} + \vec{w}) = \vec{u} \cdot \vec{v} + \vec{u} \cdot \vec{w} \qquad \|\vec{u} - \vec{v}\|^2 = \|\vec{u}\|^2 + \|\vec{v}\|^2 - 2\vec{u} \cdot \vec{v}$$

$$\vec{u} \cdot (\alpha\vec{v}) = \alpha(\vec{u} \cdot \vec{v}) \qquad \|\vec{u}\|^2 - \|\vec{v}\|^2 = (\vec{u} + \vec{v}) \cdot (\vec{u} - \vec{v}).$$

2. Propriétés analytiques

$\vec{u}(x, y) \perp \vec{v}(x', y') \Leftrightarrow$ **$xx' + yy' = 0$;**

$\vec{u}(x, y)$ a pour norme $\|\vec{u}\| = \sqrt{x^2 + y^2}$.

3. Projection orthogonale

Soit $\vec{u}$ un vecteur *unitaire*. Le **projeté orthogonal** de $\vec{v}$ sur $\vec{u}$ est le vecteur $(\vec{u} \cdot \vec{v})\vec{u}$.

2 FIGURES USUELLES ET PRODUIT SCALAIRE

Le cercle Le *cercle de diamètre* $[A, B]$ est l'ensemble des points M tels que $\overrightarrow{MA} \cdot \overrightarrow{MB} = 0$.

La droite ▪ La *droite* passant par A et de *vecteur normal* $\vec{n}$ est l'ensemble des points M tels que $\overrightarrow{AM} \cdot \vec{n} = 0$.

▪ Dans un repère orthonormal, les droites admettant $\vec{n}(a, b)$ comme vecteur normal sont les droites d'équation $ax + by + c = 0$ (c réel).

Le triangle

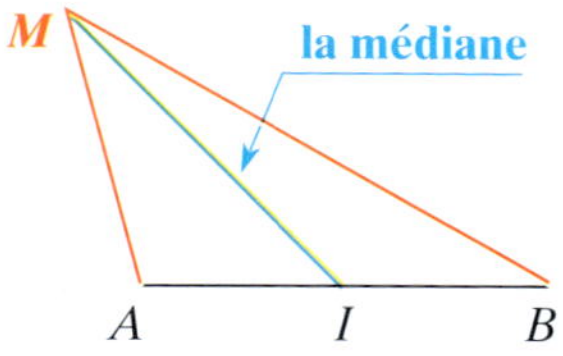

$$\overrightarrow{MA} \cdot \overrightarrow{MB} = MI^2 - \frac{AB^2}{4}$$

$$MA^2 + MB^2 = 2MI^2 + \frac{AB^2}{2}$$

$$MA^2 - MB^2 = 2\overrightarrow{IM} \cdot \overrightarrow{AB}$$

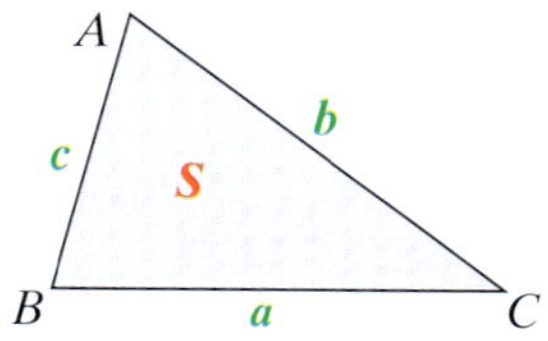

$$a^2 = b^2 + c^2 - 2bc \cos A$$

$$S = \frac{1}{2} bc \sin A \quad \text{(aire)}$$

$$\frac{a}{\sin A} = \frac{b}{\sin B} = \frac{c}{\sin C} \quad \left(\text{formule des sinus}\right)$$

DÉTERMINANT

1 RAPPELS

Déterminant

Étant donné une base $(\vec{i}, \vec{j})$ et deux vecteurs $\vec{u}$ et $\vec{v}$ de coordonnées $\vec{u}(x, y)$ et $\vec{v}(x', y')$, on appelle **déterminant de $\vec{u}$ et de $\vec{v}$** (dans la base $(\vec{i}, \vec{j})$) le nombre noté $\det(\vec{u}, \vec{v})$ défini par :

$$\det(\vec{u}, \vec{v}) = \begin{vmatrix} x & x' \\ y & y' \end{vmatrix} = xy' - yx'.$$

On notera qu'en général le déterminant de deux vecteurs $\vec{u}$ et $\vec{v}$ dépend de la base dans laquelle il est calculé.
En revanche, la propriété suivante déjà familière ne dépend pas de la base :

Critère de colinéarité

Deux vecteurs $\vec{u}$ et $\vec{v}$ sont **colinéaires** si, et seulement si, dans une base quelconque :

$$\det(\vec{u}, \vec{v}) = 0.$$

2 DANS UNE BASE ORTHONORMALE DIRECTE

Théorème 3

Dans *toute* base orthonormale directe, on a :

$$\det(\vec{u}, \vec{v}) = \begin{cases} 0 & \text{si l'un des vecteurs } \vec{u} \text{ ou } \vec{v} \text{ est nul} \\ \|\vec{u}\|\|\vec{v}\| \sin(\vec{u}, \vec{v}) & \text{lorsque } \vec{u} \text{ et } \vec{v} \text{ sont non nuls.} \end{cases}$$

Soit $(\vec{i}, \vec{j})$ une base orthonormale directe et $\vec{u}$ et $\vec{v}$ deux vecteurs non nuls. Posons $\alpha = (\vec{i}, \vec{u})$ et $\beta = (\vec{i}, \vec{v})$.
Dans ces conditions, nous avons :

- $\vec{u}(x, y)$ avec $x = \|\vec{u}\| \cos \alpha$ et $y = \|\vec{u}\| \sin \alpha$;
- $\vec{v}(x', y')$ avec $x' = \|\vec{v}\| \cos \beta$ et $y' = \|\vec{v}\| \sin \beta$.

De ce fait, le déterminant de $\vec{u}$ et de $\vec{v}$ dans la base $(\vec{i}, \vec{j})$ est calculé par :

$$\det(\vec{u}, \vec{v}) = \|\vec{u}\|\|\vec{v}\| (\cos \alpha \sin \beta - \sin \alpha \cos \beta).$$

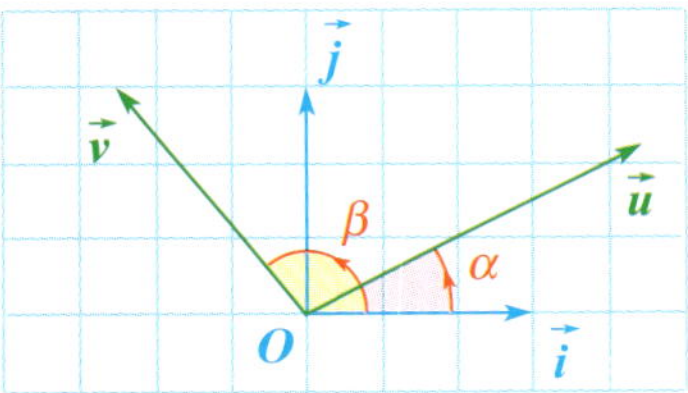

Fig. 4

Le cas $\vec{u} = \vec{0}$ ou $\vec{v} = \vec{0}$ est évident.

Or $\sin(\beta - \alpha) = \cos \alpha \sin \beta - \sin \alpha \cos \beta$ et, de plus, $\beta - \alpha = (\vec{i}, \vec{v}) - (\vec{i}, \vec{u}) = (\vec{u}, \vec{v})$.
Et donc $\det(\vec{u}, \vec{v}) = \|\vec{u}\|\|\vec{v}\| \sin(\vec{u}, \vec{v})$, pour $\vec{u}$ et $\vec{v}$ non nuls.

Théorème 4

Dans toute base orthonormale (directe ou non) :

l'aire d'un triangle ABC est donnée par $\frac{1}{2} |\det(\overrightarrow{AB}, \overrightarrow{AC})|$;

l'aire d'un parallélogramme $ABCD$ est donnée par $|\det(\overrightarrow{AB}, \overrightarrow{AD})|$.

L'aire du triangle ABC est, par exemple, $S = \frac{1}{2} AB \cdot AC \sin \widehat{BAC}$.

Comme $\sin \widehat{BAC} = |\sin(\overrightarrow{AB}, \overrightarrow{AC})|$, les résultats en découlent.

COMPLEXES ET GÉOMÉTRIE

1 POINTS D'APPUI

Le plan est muni d'un repère orthonormal direct $(O, \vec{e}_1, \vec{e}_2)$.

Rappels

- L'affixe du vecteur $\overrightarrow{AB}$ est $z_B - z_A$ (z_A et z_B étant les affixes de A et de B).
- Soit $\vec{u}$ un vecteur non nul et z l'affixe de $\vec{u}$, alors **$(\vec{e}_1, \vec{u})$ est un argument de z.**
- Quels que soient les complexes non nuls z et z', on a :

$$\arg \frac{z'}{z} = \arg z' - \arg z \mod 2\pi.$$

Relations fondamentales

Considérons deux vecteurs non nuls $\vec{u}$ et $\vec{u}'$, d'affixes respectives z et z'. Nous avons les équivalences suivantes (où θ désigne un nombre réel) :

$$(\vec{u}, \vec{u}') = \theta \mod 2\pi \Leftrightarrow (\vec{e}_1, \vec{u}') - (\vec{e}_1, \vec{u}) = \theta \mod 2\pi$$
$$\Leftrightarrow \arg z' - \arg z = \theta \mod 2\pi$$
$$\Leftrightarrow \arg \frac{z'}{z} = \theta \mod 2\pi.$$

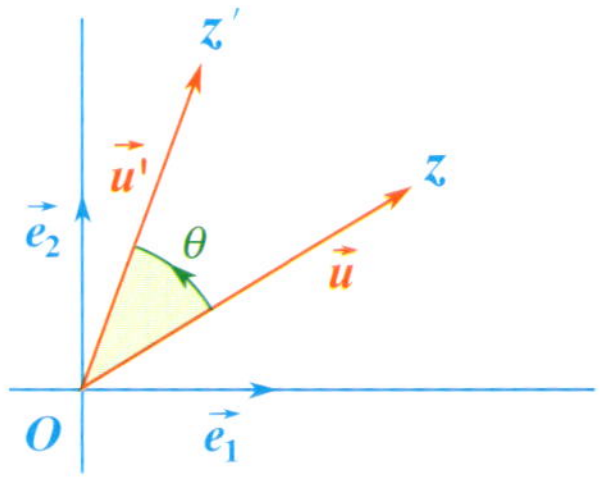

On établirait de même : $(\vec{u}, \vec{u}') = \theta \mod \pi \Leftrightarrow \arg \frac{z'}{z} = \theta \mod \pi.$

Fig. 5

En résumé :

> Soit $\vec{u}$, $\vec{u}'$ deux vecteurs *non nuls* d'affixes z et z'. Alors :
>
> - **$(\vec{u}, \vec{u}') = \theta \mod 2\pi$** équivaut à **$\arg \frac{z'}{z} = \theta \mod 2\pi$;**
> - **$(\vec{u}, \vec{u}') = \theta \mod \pi$** équivaut à **$\arg \frac{z'}{z} = \theta \mod \pi$.**

2 COLINÉARITÉ ET ORTHOGONALITÉ

Nous avons (voir p. 83), en supposant toujours $\vec{u}$ et $\vec{u}'$ non nuls, d'affixes z et z' :

$\vec{u}$ et $\vec{u}'$ colinéaires $\Leftrightarrow (\vec{u}, \vec{u}') = 0 \mod \pi \Leftrightarrow \frac{z'}{z}$ réel ;

$\vec{u}$ et $\vec{u}'$ orthogonaux $\Leftrightarrow (\vec{u}, \vec{u}') = \frac{\pi}{2} \mod \pi \Leftrightarrow \frac{z'}{z}$ imaginaire pur.

Théorème 5

> Soit $\vec{u}$ et $\vec{u}'$ deux vecteurs non nuls d'affixes z et z'.
>
> - $\vec{u}$ et $\vec{u}'$ **colinéaires** équivaut à $\frac{z'}{z}$ **réel.**
> - $\vec{u}$ et $\vec{u}'$ **orthogonaux** équivaut à $\frac{z'}{z}$ **imaginaire pur.**

Il en découle qu'étant donné des points distincts A, B et C d'affixes a, b et c :

A, B et C sont **alignés** $\Leftrightarrow \frac{c-a}{b-a}$ est réel ;

(AB) et (AC) sont **orthogonales** $\Leftrightarrow \frac{c-a}{b-a}$ est imaginaire pur.

3 CARACTÉRISATION DE FIGURES

Nous entendons par là : « On pourra d'autant mieux utiliser les nombres complexes en Géométrie que l'on saura caractériser les figures usuelles par des relations entre les affixes des points (ou des vecteurs) de ces figures. »
Nous verrons, dans les chapitres 6 à 8, quel est l'apport sur ce sujet de l'*écriture complexe des transformations.*

Rappel sens direct : $(\overrightarrow{AB}, \overrightarrow{AC}) = \frac{\pi}{2}\ (2\pi)$.

Concernant les problèmes d'orthogonalité, la figure clé est le **triangle rectangle isocèle :**
ABC est un triangle rectangle isocèle en A de sens direct se traduit par :

$$\begin{cases} z' = iz \text{ avec} \\ z : \text{affixe de } \overrightarrow{AB} ;\ z' : \text{affixe de } \overrightarrow{AC}. \end{cases}$$

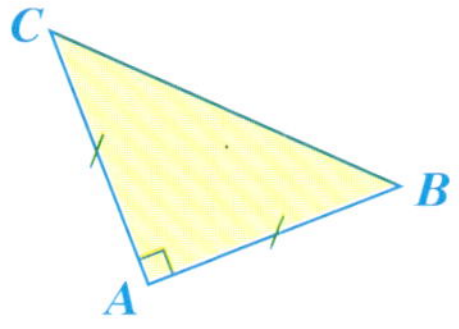

Fig. 6 $z_{\overrightarrow{AC}} = iz_{\overrightarrow{AB}}$

4 COCYCLICITÉ

Soit quatre points non alignés A, B, C et D d'affixes a, b, c et d. La cocyclicité de A, B, C et D est exprimée (par exemple) par la relation $(\overrightarrow{CA}, \overrightarrow{CB}) = (\overrightarrow{DA}, \overrightarrow{DB})$ mod π, soit, de manière équivalente, par la relation entre affixes $\arg \dfrac{a-c}{b-c} = \arg \dfrac{a-d}{b-d}$ mod π ou, si l'on préfère :

le quotient $\dfrac{a-c}{b-c} : \dfrac{a-d}{b-d}$ est un nombre réel.

Théorème 6

> Soit quatre points A, B, C et D non alignés, d'affixes a, b, c et d.
> Les propriétés suivantes sont équivalentes :
> (1) A, B, C et D sont **cocycliques ;**
> (2) le quotient $\dfrac{a-c}{b-c} : \dfrac{a-d}{b-d}$ est un nombre **réel.**

Exemple *Examiner la cocyclicité des points* $A(4, -1)$; $B(1+\sqrt{3}, 2+\sqrt{3})$; $C(2-2\sqrt{2}, 1)$ *et* $D(0, -1)$.

d'après BAC

Soit a, b, c et d les affixes des points A, B, C et D :

$$a = 4 - i,\quad b = 1 + \sqrt{3} + i(2+\sqrt{3}),\quad c = 2 - 2\sqrt{2} + i \quad \text{et} \quad d = -i.$$

Nous avons successivement :

$$\frac{a-c}{d-c} = \frac{2+2\sqrt{2}-2i}{-2+2\sqrt{2}-2i} = \frac{2+\sqrt{2}}{2}(1+i) ;$$

$$\frac{a-b}{d-b} = \frac{-3+\sqrt{3}+i(3+\sqrt{3})}{1+\sqrt{3}+i(3+\sqrt{3})} = \frac{3-\sqrt{3}}{2}(1+i).$$

Il en ressort que le quotient $\dfrac{a-c}{d-c} : \dfrac{a-b}{d-b}$ est réel et donc que *A, B, C et D sont cocycliques* $\left(\text{ils ne sont pas alignés, puisque par exemple } \dfrac{a-c}{d-c} \text{ n'est manifestement pas un réel}\right)$.

TRAVAUX PRATIQUES

4
Plan euclidien

A – EXEMPLES D'ÉTUDES DE FIGURES

? *Concernant l'*étude de figures *(orthogonalité, alignement, cocyclicité, calculs de grandeurs, etc.), il est hors de question de jeter dans l'oubli le produit scalaire, la Trigonométrie, ou les résultats de Géométrie élémentaire...*
Ces précautions étant prises, nous pouvons maintenant avancer que l'objectif de ce T. P. est d'insister plus particulièrement sur l'intervention des ***nombres complexes*** *et des* ***angles orientés*** *dans cette classe de problèmes.*

I L'INTERVENTION DES NOMBRES COMPLEXES (ENTRE AUTRES)

Exercice résolu I *Soit OAA' et OBB' deux triangles rectangles isocèles en O, de sens direct.*
Montrer que la médiane issue de O dans l'un des triangles $OA'B$ ou OAB' est la hauteur (issue de O évidemment) dans l'autre triangle.
N. B. : *On suppose que $OA'B$ et OAB' sont de « vrais » triangles* (i. e. : *non aplatis*).

Nous donnerons trois solutions(*) de ce problème dont l'une par la Géométrie analytique (voir T. P. D).

1. Par le produit scalaire
Soit, par exemple, I le *milieu* de $[A', B]$. Notre objectif sera d'établir que $\overrightarrow{OI} \cdot \overrightarrow{AB'} = 0$.

Nous avons $\overrightarrow{OI} = \frac{1}{2}(\overrightarrow{OA'} + \overrightarrow{OB})$ et $\overrightarrow{AB'} = \overrightarrow{OB'} - \overrightarrow{OA}$.

D'où $\overrightarrow{OI} \cdot \overrightarrow{AB'} = \frac{1}{2}(\overrightarrow{OA'} \cdot \overrightarrow{OB'} - \overrightarrow{OA} \cdot \overrightarrow{OB})$ (en tenant compte des orthogonalités).
Comme $OB' = OB$ et $OA' = OA$, il vient, en explicitant les produits scalaires :

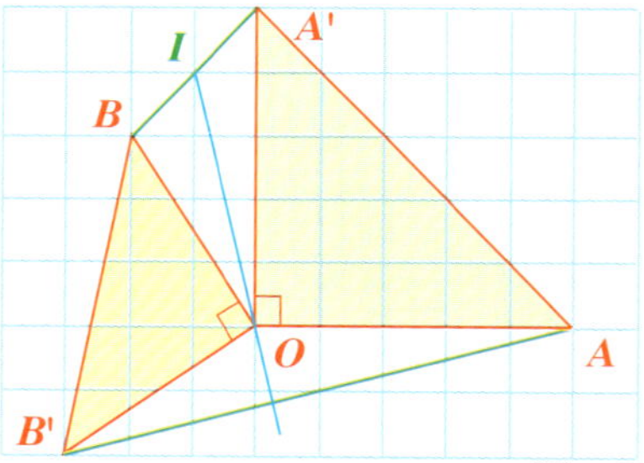

Fig. 7

$$\overrightarrow{OI} \cdot \overrightarrow{AB'} = \frac{1}{2} OA \times OB(\cos(\overrightarrow{OA'}, \overrightarrow{OB'}) - \cos(\overrightarrow{OA}, \overrightarrow{OB})) \quad (1).$$

Inutile de barguigner devant la figure : écrivons tranquillement les relations d'angles, à savoir : $(\overrightarrow{OA}, \overrightarrow{OB}) + (\overrightarrow{OB}, \overrightarrow{OB'}) + (\overrightarrow{OB'}, \overrightarrow{OA'}) + (\overrightarrow{OA'}, \overrightarrow{OA}) = 0 \mod 2\pi$ (relation de Chasles).

Compte tenu de $(\overrightarrow{OB}, \overrightarrow{OB'}) = \frac{\pi}{2} \mod 2\pi$ et de $(\overrightarrow{OA'}, \overrightarrow{OA}) = -\frac{\pi}{2} \mod 2\pi$, il vient finalement : $(\overrightarrow{OA}, \overrightarrow{OB}) = (\overrightarrow{OA'}, \overrightarrow{OB'}) \mod 2\pi$.
Le passage aux cosinus livre le résultat dans (1) : $\overrightarrow{OI} \cdot \overrightarrow{AB'} = 0$.

2. Par les nombres complexes
Munissons le plan d'un repère orthonormal direct d'origine O et désignons par a et b les affixes de A et de B.
Alors, « OAA' isocèle rectangle en O de sens direct » se traduit par : « L'affixe de A' est ia ». De même, l'affixe de B' est ib.

(*) Voir également chapitre 8, une autre solution à l'aide des similitudes directes.

En résumé, avec les notations habituelles, on a $A(a)$, $A'(ia)$, $B(b)$ et $B'(ib)$, d'où $\overrightarrow{AB'}$ a pour affixe $z = ib - a$ et $\overrightarrow{OI}$ a pour affixe $z' = \dfrac{b + ia}{2}$.

La relation manifeste $z' = -\dfrac{1}{2} iz$ montre que $\overrightarrow{AB'}$ *et* $\overrightarrow{OI}$ *sont orthogonaux et, en prime, que* $AB' = 2OI$.

POINT MÉTHODE

L'intervention des nombres complexes
Nous pouvons la résumer par un schéma (analogue à celui concernant l'outil vectoriel) :

propriétés géométriques → **traduction** → relations entre affixes
↓
calculs dans $\mathbb{C}$
↓
nouvelles propriétés géométriques ← **traduction** ← nouvelles relations entre affixes

Mais, il ne se passera rien si :

1. On ignore les résultats permettant d'effectuer la traduction (ils sont dans le cours à la page 88 et nous les complèterons dans le chapitre 6 à l'aide des transformations).

2. On calcule aléatoirement dans $\mathbb{C}$ sans objectif, sans finalité, avec la vague espérance que... (sait-on jamais ?) : il est donc nécessaire de former la relation entre affixes qui traduit la propriété géométrique cherchée.

TP I

1 Complexes et projeté orthogonal

Soit OAB un triangle. Le point O étant l'origine du plan complexe, on note z_A et z_B les affixes de A et B.

On écrit alors $\dfrac{z_A}{z_B - z_A}$ sous forme algébrique :

$\dfrac{z_A}{z_B - z_A} = x + iy$ (x, y réels).

Montrer que le point H d'affixe z_H : $z_H = iy(z_B - z_A)$ est le projeté orthogonal de O sur (AB).

2 Orthogonalité

Soit ABC un triangle isocèle en A, O le milieu de $[B, C]$, H le projeté orthogonal de O sur (AC) et I le milieu de $[O, H]$.

Montrer que (AI) et (BH) sont orthogonales :

a) par les nombres complexes (voir exercice 1) ;

b) par le produit scalaire.

2 L'UTILISATION DES ANGLES ORIENTÉS

Exercice résolu 2 *Un circuit sur trois cercles*

Les cercles $\mathcal{C}_1$, $\mathcal{C}_2$, $\mathcal{C}_3$ concourent en I et se recoupent deux à deux en A, B et C.
À partir d'un point M de $\mathcal{C}_1$, on initialise un circuit : M' sur $\mathcal{C}_2$ aligné avec M et C, M'' sur $\mathcal{C}_3$ aligné avec A et M' etc. (voir figure ci-après).
Conjecture ? Justification ?

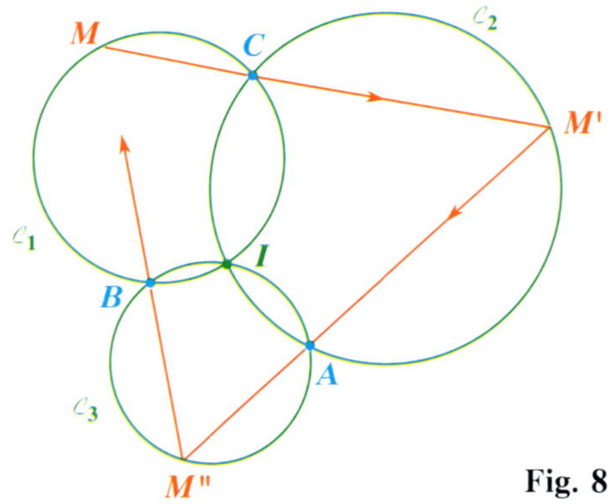

Fig. 8

■ Nul besoin d'un œil exercé pour *conjecturer* que le circuit se ferme en M, autrement dit que **M'', B et M sont alignés.**

■ *Justification :* Essayons d'établir que $(\overrightarrow{BM}, \overrightarrow{BM''}) = 0 \mod \pi$ en utilisant les diverses cocyclicités de la figure 8 : pour cela, il faut inviter le point I, autrement dit, écrire $(\overrightarrow{BM}, \overrightarrow{BM''}) = (\overrightarrow{BM}, \overrightarrow{BI}) + (\overrightarrow{BI}, \overrightarrow{BM''}) \mod \pi$.

Nous avons (toujours modulo π) :

$(\overrightarrow{BI}, \overrightarrow{BM''}) = (\overrightarrow{AI}, \overrightarrow{AM''}) = (\overrightarrow{AI}, \overrightarrow{AM'})$

(cocyclicité de B, A, I, M'' et colinéarité);

$(\overrightarrow{AI}, \overrightarrow{AM'}) = (\overrightarrow{CI}, \overrightarrow{CM'}) = (\overrightarrow{CI}, \overrightarrow{CM})$

(cocyclicité de A, C, I, M' et colinéarité);

$(\overrightarrow{CI}, \overrightarrow{CM}) = (\overrightarrow{BI}, \overrightarrow{BM})$ (cocyclicité de C, B, I, M).

Nous en déduisons que $(\overrightarrow{BM}, \overrightarrow{BM''}) = (\overrightarrow{BM}, \overrightarrow{BI}) + (\overrightarrow{BI}, \overrightarrow{BM}) \mod \pi$, soit :

$$(\overrightarrow{BM}, \overrightarrow{BM''}) = 0 \mod \pi.$$

Ainsi, **B, M et M'' sont alignés.**

POINT MÉTHODE

Sur l'utilisation des angles orientés

En dehors des caractérisations essentielles données en cours *(colinéarité, orthogonalité* et *cocyclicité),* il nous faut souligner :

■ L'importance de la propriété : « lorsque l'on manipule des égalités d'angles **modulo π,** *on peut remplacer* n'importe quel vecteur qui entre dans le libellé de ces angles par un vecteur non nul qui lui est colinéaire ». Nous conseillons de marquer cette étape même si, avec un peu d'habitude, on peut la « court-circuiter ».

■ L'apparition fréquente d'une *cocyclicité sans cercle.* Ce que nous voulons dire : on peut *savoir* que quatre points sont cocycliques, on peut *vouloir* exploiter cette cocyclicité sans pour autant, pour des raisons techniques évidentes, s'aventurer dans le tracé du cercle.

Nous avons souligné en cours (voir p. 85), sur ce sujet, le rôle privilégié de la configuration « **deux triangles rectangles de même hypoténuse** » **:** il ne faut donc pas hésiter à l'extirper d'une figure plus riche (coloriage, petit dessin à côté, ...) pour pouvoir travailler tranquillement (*i. e. :* sans bruits de fond) sur la cocyclicité.

TP 2

1 Parallélisme

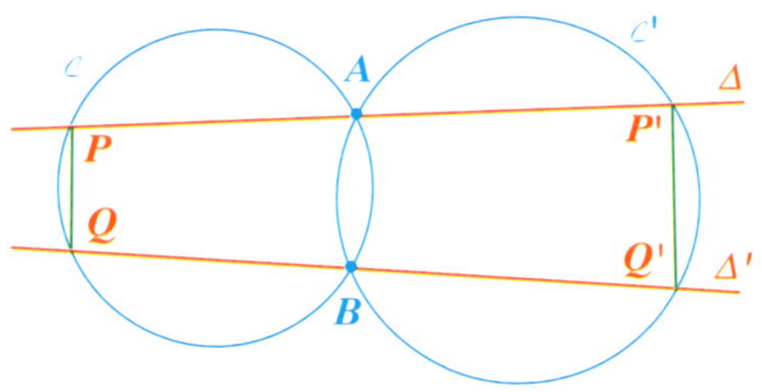

Les cercles sont donnés sécants en A et B. Les droites Δ et Δ' passent par A et B, définissant ainsi les points P, P', Q et Q'.

Montrer que (PQ) est parallèle à $(P'Q')$.

☞ Objectif : $(\overrightarrow{PQ}, \overrightarrow{P'Q'}) = 0 \mod \pi$.

Stratégie : « Passer » par $\overrightarrow{AB}$.

2 Cocyclicité

On donne quatre points d'un cercle que l'on projette orthogonalement, comme indiqué ci-contre.

Montrer que A', B', C' et D' sont cocycliques.

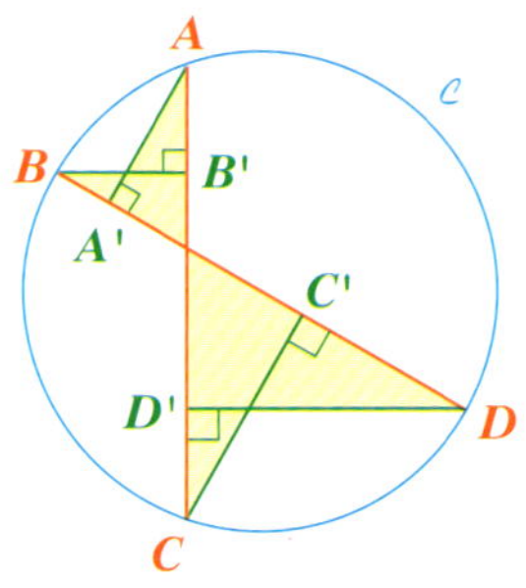

☞ Objectif :

Relation angulaire de cocyclicité avec C' et D' comme points de base.

Stratégie : Deux cocyclicités sans cercle.

B – EXEMPLES DE LIEUX GÉOMÉTRIQUES

La recherche de ***lieux géométriques,*** *comme ensembles de points liés à une* configuration mobile *ou définis par des* conditions d'angles et de distances, *définit le contenu de ce T. P. (en ce qui concerne les lignes de niveau, voir le T. P. suivant et les chapitres* 10 *et* 11 : *« Courbes »).*
L'usage des transformations, *l'emploi de la* Géométrie analytique *sont évidemment des méthodes de résolution de tels problèmes. Mais l'accent que nous voulons mettre ici porte sur le procédé suivant :* ***ramener à un lieu « familier »*** *(droites, cercles, ...)* ***le lieu étudié en transformant les conditions qui le définissent,*** *et ce à l'aide des outils métriques (angles, distances, produit scalaire, ...) ou géométriques (résultats « classiques »).*

Exercice résolu *Les extrémités A et B d'une équerre glissent le long de deux demi-droites orthogonales $[Ox)$ et $[Oy)$.*
Quel est le lieu du sommet S de l'équerre ?

Données : $AB = \ell$; $\widehat{SAB} = \frac{\pi}{6}$.

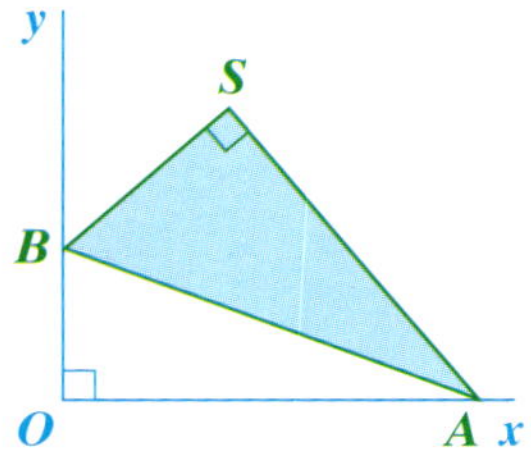

Fig. 9 ►

1. Lorsque ni A, ni B ne se trouvent en O, nous sommes en présence de deux triangles rectangles OAB et SAB d'hypoténuse commune $[A, B]$.
En conséquence, les points O, A, B et S sont cocycliques.
Mieux, l'évidence physique permet d'affirmer que O et B sont sur le même arc d'extrémités A et S. De ce fait, nous avons : $(\overrightarrow{OA}, \overrightarrow{OS}) = (\overrightarrow{BA}, \overrightarrow{BS})$ mod 2π, soit :

$$(\overrightarrow{OA}, \overrightarrow{OS}) = \frac{\pi}{3} \text{ mod } 2\pi.$$

Le lieu $\mathcal{L}$ de S est donc inclus dans la demi-droite $[Oz)$ faisant un angle de $\frac{\pi}{3}$ avec $[Ox)$ (il est facile de voir que S appartient encore à cette demi-droite lorsque A ou B est en O).

2. Il est sûr que S ne décrit pas toute la demi-droite $[Oz)$ et il semble raisonnable d'affirmer que le lieu $\mathcal{L}$ de S serait le segment $[S_1, S_2]$ correspondant aux positions « extrémales » de l'équerre : lorsque A ou B sont positionnés en O.

Nous allons voir qu'il n'en est rien en étudiant la *distance de S à O.*
Introduisons, pour cela, l'angle géométrique $\theta = \widehat{BAO}$:
— cet angle n'est pas défini lorsque A est en O ;
— en dehors de ce cas particulier, le glissement des extrémités de l'équerre sur $[Ox)$ et $[Oy)$ se traduit par : θ varie dans l'intervalle $\left[0, \frac{\pi}{2}\right[$.

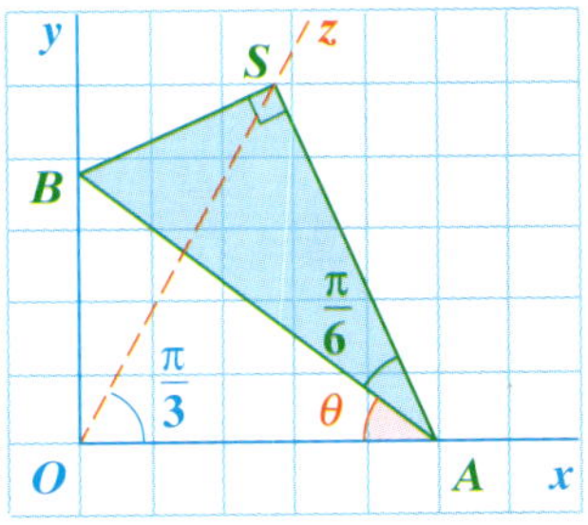

Fig. 10

La **formule des sinus** dans le triangle OAS s'écrit en particulier :

$$\frac{OS}{\sin \widehat{SAO}} = \frac{AS}{\sin \widehat{SOA}}, \text{ soit } OS = AS \times \frac{\sin\left(\theta + \frac{\pi}{6}\right)}{\sin \frac{\pi}{3}}.$$

Comme $AS = AB \sin \frac{\pi}{3}$, il vient finalement :

$$OS = \ell \sin\left(\theta + \frac{\pi}{6}\right).$$

Les variations de la fonction $\theta \mapsto \ell \sin\left(\theta + \frac{\pi}{6}\right)$ sur l'intervalle $\left[0, \frac{\pi}{2}\right[$ sont résumées dans le tableau ci-contre.

θ	0		$\frac{\pi}{3}$		$\frac{\pi}{2}$
$\theta + \frac{\pi}{6}$	$\frac{\pi}{6}$		$\frac{\pi}{2}$		
OS	$\frac{\ell}{2}$	$\nearrow$	ℓ	$\searrow$	$\frac{\ell\sqrt{3}}{2}$

Elles montrent que la distance OS prend toutes les valeurs de l'intervalle $\left[\frac{\ell}{2}, \ell\right]$, les distances $\frac{\ell}{2}$ et ℓ correspondant aux positions suivantes de l'équerre :

- $\frac{\ell}{2}$; le point B est en O et le sommet de l'équerre en S_1 : $OS_1 = \frac{\ell}{2}$.
- ℓ ; le sommet de l'équerre est en S_0 où (S_0A) est perpendiculaire à (Ox) : $OS_0 = \ell$.

Note : Lorsque le glissement se poursuit, c'est-à-dire lorsque A se rapproche de O, le sommet S parcourt le segment $[S_0, S_2]$, où $S_2 \in [S_1, S_0]$ et $OS_2 = \ell\frac{\sqrt{3}}{2}$.

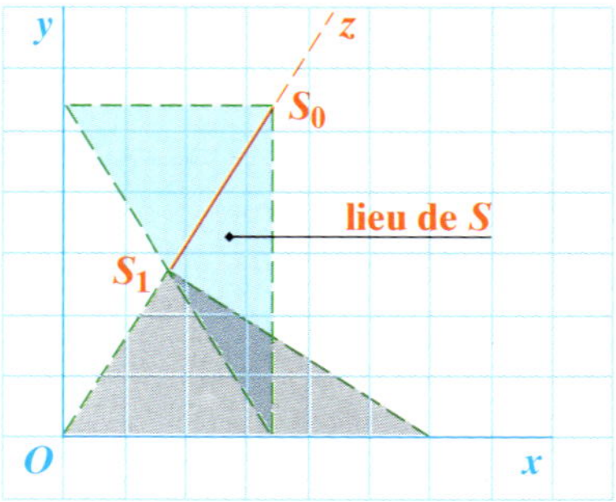

Fig. 11

POINT MÉTHODE

Pour mettre en œuvre la méthode qui nous intéresse ici (voir introduction du T. P.) : **« ramener un lieu à un lieu familier** (droites, cercles, ...) », il est indispensable d'avoir sous la main *plusieurs caractérisations* de ces objets soi-disant familiers.
Explicitons dans le cas d'un cercle (par exemple) : un cercle peut être perçu en termes de *distances* (définition par centre et rayon), en termes d'*angles* (grâce à la propriété de l'arc capable (voir p. 85)), en termes *géométriques* (lieu des points d'intersection de deux droites orthogonales chacune passant par un point fixe), etc.
Nombre de ces caractérisations ne sont pas nouvelles, mais il faut souligner l'apport décisif de ce chapitre au **point de vue angulaire.**

TP 3

1 Condition de distance ou « La directrice passe par le foyer »(1)

Soit $\mathcal{D}$ une droite et F un point de $\mathcal{D}$.
Quel est le lieu des points M tels que $MF = 2MH$, où H est le projeté orthogonal de M sur $\mathcal{D}$?

2 Condition d'angle

Étant donné deux points A et B, trouver le lieu des points M tels que le quatrième sommet M' du parallélogramme $ABMM'$ soit tel que $(\overrightarrow{BM}, \overrightarrow{BM'}) = \frac{\pi}{4} \bmod \pi$.

☞ Arc capable pour le lieu de M' et une transformation usuelle pour celui de M.

3 Une configuration mobile

Sont fixes : le cercle Γ de diamètre $[A, B]$ et la droite Δ orthogonale à (AB).
Au point M variable sur Γ, on associe les points P et Q de Δ (voir figure).
Quel est le lieu du centre du cercle circonscrit du triangle APQ ?

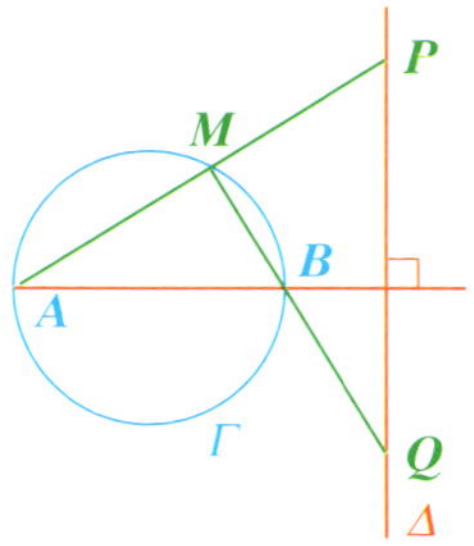

☞ Que représente le point B pour le triangle APQ ? Utiliser alors le résultat du cours « exemple » à la page 85.

(1) Nous verrons dans le chapitre 11 que lorsque $F \notin \mathcal{D}$, le lieu cherché est une conique de directrice $\mathcal{D}$ et de foyer F.

C – EXEMPLES DE LIGNES DE NIVEAU

? *L'objet de ce T.P. est d'étudier les* **lignes de niveau de** $M \mapsto \dfrac{MA}{MB}$ *et* $M \mapsto \sum_{i=1}^{n} \alpha_i MA_i^2$ *ainsi que celles (usuelles) qui s'y ramènent :* $M \mapsto MA^2 + MB^2$, $M \mapsto MA^2 - MB^2$, ...
Nous dirons d'emblée que :

1. *Les méthodes d'étude sont standard : il « suffit » de les connaître.*

2. *Nous avons choisi l'option de situations géométriques conduisant à de telles lignes de niveau, de préférence aux litanies gratuites (dont l'intérêt reste à découvrir) qui caractérisent si bien la boulimie excessive des sujets de BAC sur ce thème...*

Exercice résolu 1 — *Lignes de niveau de* $\dfrac{MA}{MB}$

Étant donné un réel $k > 0$, *on désigne par* Γ_k *l'ensemble des points M de* $\mathcal{P}$ *tels que* $\dfrac{MA}{MB} = k$.

1° *Représenter* Γ_1. *Par la suite, on suppose* $k \neq 1$.

2° *Montrer que* $M \in \Gamma_k = \Leftrightarrow (\overrightarrow{MA} + k\overrightarrow{MB}) \cdot (\overrightarrow{MA} - k\overrightarrow{MB}) = 0$.
En déduire que Γ_k *est le cercle de diamètre* $[I, J]$, *avec I barycentre de* $\{(A, 1), (B, k)\}$ *et J barycentre de* $\{(A, 1), (B, -k)\}$.

3° *Exemples*
a) On donne A et B et deux longueurs a et b ($a \neq b$).
Construire l'ensemble des points M tels que $\dfrac{MA}{MB} = \dfrac{a}{b}$.

b) Le triangle ABC étant donné, déterminer la ligne de niveau de $M \mapsto \dfrac{MA}{MB}$ *qui passe par C.*

1° Γ_1 n'est autre que la *médiatrice de* [A, B].

2° Il est clair que $\dfrac{MA}{MB} = k \Leftrightarrow MA^2 - k^2MB^2 = 0$, soit :

$$(\overrightarrow{MA} + k\overrightarrow{MB}) \cdot (\overrightarrow{MA} - k\overrightarrow{MB}) = 0 \quad (1).$$

Comme $1 + k \neq 0$ et $1 - k \neq 0$, nous pouvons introduire le barycentre I de $\{(A, 1), (B, k)\}$ ainsi que le barycentre J de $\{(A, 1), (B, -k)\}$.
Dans ces conditions, $(\overrightarrow{MA} + k\overrightarrow{MB}) = (1 + k)\overrightarrow{MI}$ et $(\overrightarrow{MA} - k\overrightarrow{MB}) = (1 - k)\overrightarrow{MJ}$.
Alors, comme $(1 + k)(1 - k) \neq 0$, la relation (1) équivaut à $\overrightarrow{MI} \cdot \overrightarrow{MJ} = 0$.
Ainsi, **Γ_k est le cercle de diamètre $[I, J]$.**

3° *Exemples*
a) Sur deux droites parallèles menées de A et de B, portons les longueurs données a et b :
$AA_1 = AA_2 = a$ et $BB_1 = b$;
la construction des points I et J en découle (voir figure 12).
D'après le *théorème de Thalès,* nous avons $\dfrac{IA}{IB} = \dfrac{AA_2}{BB_1} = \dfrac{a}{b}$. De même, $\dfrac{JA}{JB} = \dfrac{a}{b}$.
Les égalités $\dfrac{IA}{IB} = \dfrac{JA}{JB} = \dfrac{a}{b}$ montrent que le *cercle* Γ *de diamètre* $[I, J]$ est le lieu cherché, à savoir, l'ensemble des points M tels que $\dfrac{MA}{MB} = \dfrac{a}{b}$.

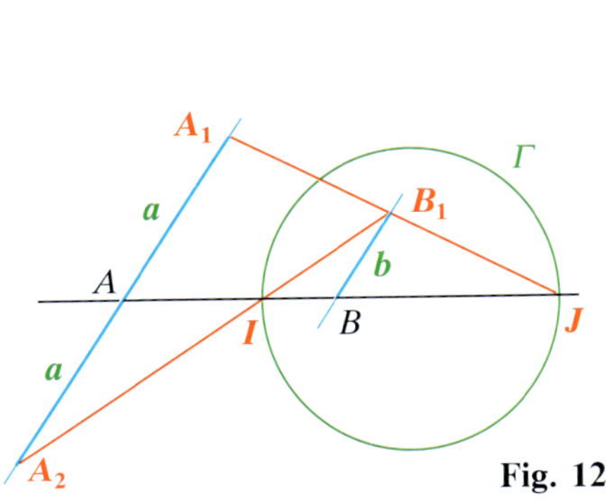

Fig. 12

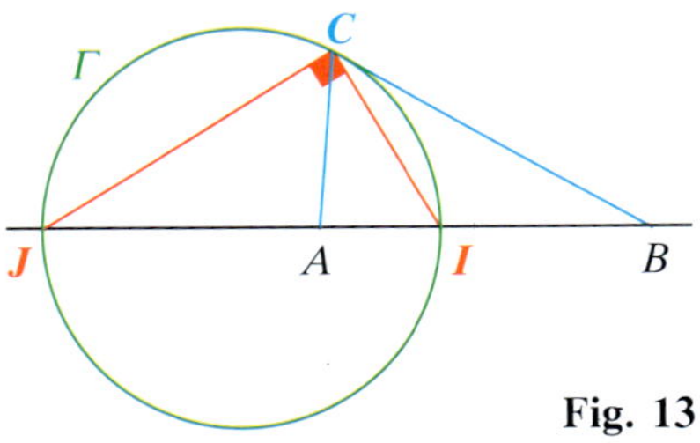

Fig. 13

b) Évidemment, la ligne de niveau de $M \mapsto \frac{MA}{MB}$ qui passe par C est l'ensemble des points M de $\mathscr{P}$ tels que $\frac{MA}{MB} = \frac{CA}{CB}$.

Nous pouvons répondre affirmativement à la question (qu'il faut se poser) : «*Connaît-on les points I et J de (AB) tels que* $\frac{IA}{IB} = \frac{JA}{JB} = \frac{CA}{CB}$?» ; il s'agit des **pieds des bissectrices issues de *C* dans le triangle *ABC*** (résultat dont nous avons souligné l'intérêt à la page 75, À RETENIR).

Le cercle Γ de diamètre [I, J] est donc la ligne de niveau cherchée.

Exercice résolu 2 ***Étude de*** $M \mapsto \alpha MA^2 + \beta MB^2 + \gamma MC^2$

Soit A, B et C des points du plan et α, β et γ des réels. Pour tout point M de $\mathscr{P}$*, on pose :*

$\vec{f}(M) = \alpha\overrightarrow{MA} + \beta\overrightarrow{MB} + \gamma\overrightarrow{MC}$ ($\vec{f}$ *est la fonction vectorielle de Leibniz (voir chapitre 3, p. 61))*;

$\varphi(M) = \alpha MA^2 + \beta MB^2 + \gamma MC^2$ *(φ est appelée fonction scalaire de Leibniz).*

1° *La relation fondamentale.*

Montrer que, pour tous points M et N de $\mathscr{P}$ *:*

$$\varphi(M) = \varphi(N) + (\alpha + \beta + \gamma)MN^2 + 2\overrightarrow{MN} \cdot \vec{f}(N).$$

2° *On suppose* $\alpha + \beta + \gamma \neq 0$. *Soit G le barycentre de* $\{(A, \alpha), (B, \beta), (C, \gamma)\}$.

a) Montrer que $\varphi(M) = \varphi(G) + (\alpha + \beta + \gamma)MG^2$.

b) En déduire l'allure des lignes de niveau de φ.

3° *On suppose que* $\alpha + \beta + \gamma = 0$.

a) Montrer que, pour tous points M et N, $\varphi(M) = \varphi(N) + 2\overrightarrow{MN} \cdot \vec{u}$, *où* $\vec{u}$ *est un vecteur constant.*

b) En déduire l'allure des lignes de niveau de φ.

1° Nous avons $\alpha MA^2 = \alpha(\overrightarrow{MN} + \overrightarrow{NA})^2 = \alpha MN^2 + \alpha NA^2 + 2\overrightarrow{MN} \cdot (\alpha\overrightarrow{NA})$.

Écrivons des relations analogues pour βMB^2, γMC^2 et sommons :

$$\alpha MA^2 + \beta MB^2 + \gamma MC^2 = (\alpha + \beta + \gamma)MN^2 + \alpha NA^2 + \beta NB^2 + \gamma NC^2 + 2\overrightarrow{MN} \cdot (\alpha\overrightarrow{NA} + \beta\overrightarrow{NB} + \gamma\overrightarrow{NC}).$$

En condensé : $$\boldsymbol{\varphi(M) = (\alpha + \beta + \gamma)MN^2 + \varphi(N) + 2\overrightarrow{MN} \cdot \vec{f}(N)}.$$

2° $\alpha + \beta + \gamma \neq 0$

a) Le système $\{(A, \alpha), (B, \beta), (C, \gamma)\}$ admet alors un *barycentre* G caractérisé par $\vec{f}(G) = \vec{0}$. Il découle de la relation fondamentale ($N = G$) :

$$\boldsymbol{\varphi(M) = (\alpha + \beta + \gamma)MG^2 + \varphi(G)}.$$

b) Soit k un réel donné. Nous avons $\varphi(M) = k \Leftrightarrow MG^2 = k'$, où k' est une constante $\left(k' = \frac{k - \varphi(G)}{\alpha + \beta + \gamma}\right.$, si l'on y tient vraiment$\left.\right)$.

De ce fait, les lignes de niveau de φ sont :

— soit l'**ensemble vide,**

— soit des **cercles de centre *G*** (éventuellement réduit au point G).

3° $\alpha + \beta + \gamma = 0$

a) Nous savons (voir chapitre 3, p. 61) que dans ce cas le vecteur $\vec{f}(M)$ est constant. En désignant par $\vec{u}$ ce vecteur constant, quels que soient les points M et N de $\mathscr{P}$:

$$\boldsymbol{\varphi(M) = \varphi(N) + 2\overrightarrow{MN} \cdot \vec{u}}.$$

b) — Observons que, si $\vec{u} = \vec{0}$, φ est une fonction constante;

— si $\vec{u} \neq \vec{0}$, choisissons un point O fixe de $\mathscr{P}$.

Alors $\varphi(M) = k$ (k réel) équivaut à $\overrightarrow{MO} \cdot \vec{u} = k'$, où k' est une constante.

Les lignes de niveau de φ sont alors les **droites de vecteur normal** $\boldsymbol{\vec{u}}$**.**

POINT MÉTHODE

1. Extension des résultats
Les procédés de calcul et les résultats dégagés dans l'exercice résolu 2 se généralisent tels quels à un système de n points pondérés (A_i, α_i). On notera que tout est basé sur la relation $MA_i^2 = (\overrightarrow{MN} + \overrightarrow{NA_i})^2 = \dots$ et sur la sommation.

2. Allure des lignes de niveau de $M \to \sum_{i=1}^{n} \alpha_i MA_i^2$
Dans les problèmes, c'est le point essentiel joint au fait (évident) que, par un point donné du plan, il passe une et une seule de ces lignes de niveau.

En résumé, les lignes de niveau de $M \to \sum_{i=1}^{n} \alpha_i MA_i^2$ sont en général[1] :

— des *cercles centrés au barycentre* du système (A_i, α_i), lorsque $\sum_{i=1}^{n} \alpha_i \neq 0$;

— des *droites* de direction orthogonale au vecteur constant $\vec{u} = \sum_{i=1}^{n} \alpha_i \overrightarrow{MA_i}$, lorsque $\sum_{i=1}^{n} \alpha_i = 0$.

3. À connaître sur les lignes de niveau :
— le théorème de la médiane (voir p. 86);
— l'allure des lignes de niveau de $MA^2 + MB^2$, $MA^2 - MB^2$, $\overrightarrow{MO} \cdot \vec{u}$;
— les techniques de transformation d'écriture de $\dfrac{MA}{MB} = k$ (voir exercice résolu 1) et de $\sum_{i=1}^{n} \alpha_i MA_i^2$.

TP 4

1 Soit $\mathcal{L}_k$ ($k > 0$) la ligne de niveau k de $M \mapsto \dfrac{MA}{MB}$ (A et B étant deux points distincts).

1° Montrer que $\mathcal{L}_k$, pour $k \neq 1$, est un cercle de centre G barycentre de $(A, 1)$ et $(B, -k^2)$.
☞ Méthode de l'exercice résolu 2.

2° Prouver que $\mathcal{L}_k$ et $\mathcal{L}_{\frac{1}{k}}$ sont symétriques par rapport à $\mathcal{L}_1$.

3° *Application*
On a $AB = 6$ cm.
Tracer $\mathcal{L}_k$, pour $k = 2, 3, \frac{1}{2}, \frac{1}{3}$ et 1.

2 ***$MA^2 - MB^2 + MC^2 - MD^2$***
a) Soit $ABCD$ un parallélogramme.
Montrer que $MA^2 - MB^2 + MC^2 - MD^2$ ne dépend pas de M.
b) En déduire que, si $ABCD$ est un rectangle, pour tout point M de $\mathcal{P}$, on a :

$$MA^2 + MC^2 = MB^2 + MD^2.$$

c) Retrouver les résultats précédents à l'aide du théorème de la médiane (voir p. 86).

3 **Le cercle et l'équerre**
Le cercle $\mathcal{C}$ de centre Ω et le point A sont fixés. On fait tourner une équerre autour du point A et on note P et Q les points d'intersection des bords de l'équerre avec le cercle $\mathcal{C}$.

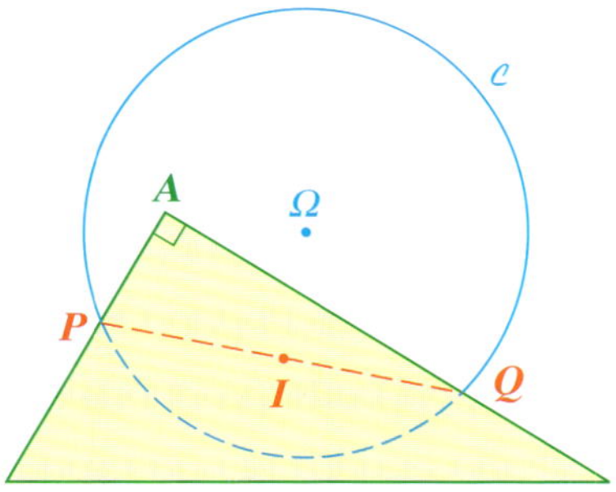

Quel est le lieu géométrique du milieu I de $[P, Q]$?
☞ Une ligne de niveau de :

$$M \mapsto MA^2 + M\Omega^2$$

est impliquée...

(1) Lorsqu'elles sont non vides ou ne coïncident pas avec le plan tout entier (voir par exemple l'exercice 2 du T.P. 4 dans le cas du rectangle).

D – EXEMPLES D'EMPLOI DE L'OUTIL ANALYTIQUE

Illustrer l' ***emploi des méthodes analytiques*** *est l'objectif de ce T.P. Nous distinguerons :*

- *les* problèmes analytiques, *c'est-à-dire les problèmes installés d'entrée dans le plan muni d'un repère orthonormal (direct si besoin est) ;*
- *les* problèmes géométriques *dont on envisage un traitement analytique (choix du repère, introduction des données, calculs, etc.).*

Signalons que, pour l'essentiel, les ***techniques*** *que nous mettrons en œuvre restent celles déjà exploitées en classe de Première.*

Exercice résolu 1

Le plan étant muni d'un repère orthonormal $(O, \vec{i}, \vec{j})$, montrer qu'il n'existe pas de triangle équilatéral dont les sommets sont à coordonnées entières.

Indication : exprimer, de deux manières différentes, l'aire du triangle.

Désignons par ABC un triangle équilatéral et par a son côté.

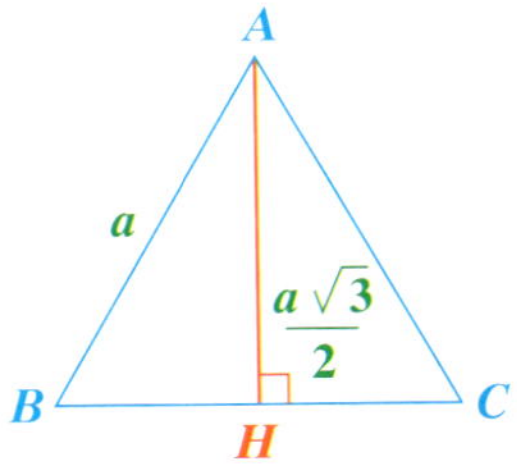

Fig. 14

- L'aire S de ce triangle peut être exprimée :

— d'une part, par la relation $S = \frac{1}{2} a \times h$ (h étant la hauteur)

soit, comme le rappelle la figure 14 : $S = \frac{a^2\sqrt{3}}{4}$;

— d'autre part, par $S = \frac{1}{2} |\det(\overrightarrow{AB}, \overrightarrow{AC})|$ (voir théorème 4, p. 87).

- Supposons que les coordonnées (x_A, y_A), (x_B, y_B) et (x_C, y_C) des sommets A, B et C soient des entiers. alors :

— a^2 *est un entier*. En effet, $a^2 = (x_B - x_A)^2 + (y_B - y_A)^2$.

— $\det(\overrightarrow{AB}, \overrightarrow{AC})$ *est un entier*, puisque :

$$\det(\overrightarrow{AB}, \overrightarrow{AC}) = (x_B - x_A)(y_C - y_A) - (y_B - y_A)(x_C - x_A).$$

(Et il est inutile de développer pour se rendre compte qu'il s'agit d'un entier.)

De ce fait, l'égalité $\frac{a^2\sqrt{3}}{4} = \frac{1}{2}|\det(\overrightarrow{AB}, \overrightarrow{AC})|$, que nous allons écrire ici, $\sqrt{3} = \frac{2|\det(\overrightarrow{AB}, \overrightarrow{AC})|}{a^2}$ conduit à énoncer que $\sqrt{3}$ est le quotient de deux entiers, autrement dit *un nombre rationnel... ce qui n'est pas le cas.*

- Voilà donc résolu notre problème grâce à un **raisonnement par l'absurde.**

Exercice résolu 2

Résoudre analytiquement le problème posé dans le T.P. A (voir exercice résolu 1, p. 90).

- *Choix du repère*

Le plan est muni du repère orthonormal direct indiqué dans la figure 15.

- *Introduction des données*

Il est clair que nous pouvons écrire $A(a, 0)$ et $A'(0, a)$, où a est un réel non nul.

Introduisons les coordonnées de $B(u, v)$. La question qui se pose maintenant est : « Quelles sont les coordonnées (u', v') de B' ? »

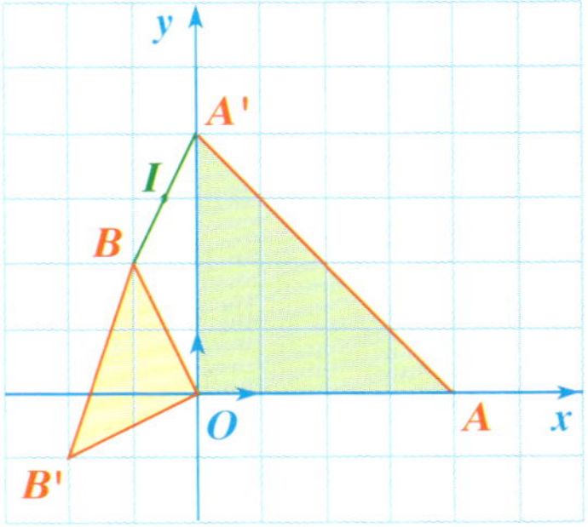

Fig. 15

Voici plusieurs manières d'y répondre :

— utiliser les *nombres complexes :* $u' + iv' = i(u + iv)$, d'où... ;

— bricoler les relations analytiques issues de $\overrightarrow{OB'} \cdot \overrightarrow{OB} = 0$; $\|\overrightarrow{OB'}\| = \|\overrightarrow{OB}\|$ et $\det(\overrightarrow{OB}, \overrightarrow{OB'}) > 0$ $\left(\text{puisque } (\overrightarrow{OB}, \overrightarrow{OB'}) = \frac{\pi}{2} \text{ mod } 2\pi\right)$,

— affirmer sans vergogne : « On sait que le vecteur directement normal à $\vec{u}(x, y)$ est le vecteur $\vec{u}'(-y, x)$ », conviction arrachée au quadrillage (voir figure 16) ;

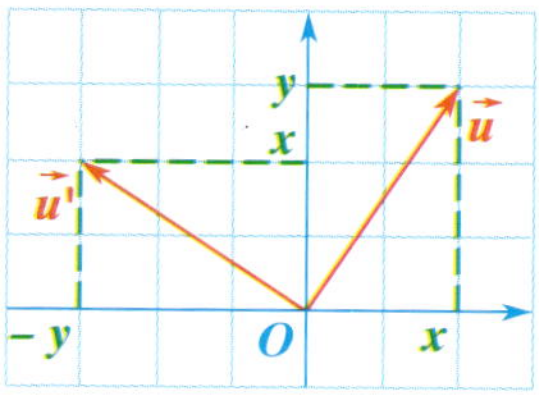

Fig. 16 ▶

— placer l'expression analytique du quart de tour de centre O (voir chapitre 6).
En tout état de cause, on a « bien » $B'(-v, u)$.

■ *Calculs analytiques*

Nous avons $\overrightarrow{AB'}(-v-a, u)$ et $\overrightarrow{OI}\left(\frac{u}{2}, \frac{a+v}{2}\right)$.

D'où $\overrightarrow{AB'} \cdot \overrightarrow{OI} = 0$.

■ *Conclusion :* La *droite* (OI) *est orthogonale à* (AB').

POINT MÉTHODE

1. Organisation de la résolution analytique d'un problème de Géométrie.
Nous avons marqué les différentes étapes dans la solution apportée à l'exercice 2.
Nous n'insisterons pas davantage (consulter éventuellement le livre de Première).

2. L'utilisation du déterminant
Nous savons que le déterminant est l'outil privilégié pour exprimer analytiquement la *colinéarité* de deux vecteurs (et, partant, l'alignement de points, le parallélisme de droites).
La nouveauté réside dans le *calcul ou la comparaison d'aires* (voir exercice 1) dès que le plan est muni d'un repère orthonormal (direct ou non : cela est sans importance).

3. Quelques techniques à revoir
Une rubrique d'exercices, en fin de chapitre, prolonge le T. P. ci-après, revenant sur les principales techniques de calcul analytique, notamment l'expression analytique de la *distance d'un point à une droite,* l'équation d'un *cercle,* ...

TP 5

Le plan est muni d'un repère orthonormal.
Rappel : La distance de $M_0(x_0, y_0)$ à la droite $\mathcal{D}$ d'équation $ax + by + c = 0$ est donnée par
$$d(M_0, \mathcal{D}) = \frac{|ax_0 + by_0 + c|}{\sqrt{a^2 + b^2}}.$$

1 Former les équations des bissectrices des droites (Ox) et $\mathcal{D}_m$: $y = mx$ (m réel).

2 Résoudre analytiquement l'exercice 1 du T. P. 3.

3 On considère le cercle $\mathcal{C}$ de centre O, de rayon 1 et le point $A(a, 0)$ ($a > 1$).
Les points T_1 et T_2 sont les points de contact avec $\mathcal{C}$ des tangentes au cercle issues de A ; A' est le point d'intersection de (T_1T_2) avec (Ox).
Quelle est l'abscisse de A' ?

4 Un rectangle $OACB$ a un périmètre constant et deux côtés dirigés suivant les droites fixes (Ox) et (Oy) ; démontrer que la perpendiculaire issue du sommet C sur la diagonale (AB) passe par un point fixe.

1° Donner une résolution analytique du problème.

2° On désigne par I le point fixe ainsi trouvé. Donner une construction géométrique du point I, puis démontrer directement que $\overrightarrow{IC} \cdot \overrightarrow{AB} = 0$.

APPLICATIONS DIRECTES DU COURS

Le plan est orienté et muni d'un repère orthonormal direct $(O, \vec{i}, \vec{j})$.

Angles orientés

1 **Vrai/Faux**

a) Si $\alpha = \frac{\pi}{3} \mod 2\pi$, alors $\alpha = \frac{\pi}{6} \mod \pi$.

b) Si $\alpha = \frac{\pi}{3} \mod \pi$, alors $\alpha = \frac{2\pi}{3} \mod 2\pi$.

c) Si $\alpha = \frac{\pi}{3} \mod \pi$ et si $\alpha \neq \frac{\pi}{3} \mod 2\pi$, alors $\alpha = \frac{4\pi}{3}$ mod 2π.

2 Étant donné deux parallélogrammes *ABCD* et *AECF*, comparer les angles $(\overrightarrow{EA}, \overrightarrow{EB})$ et $(\overrightarrow{FC}, \overrightarrow{FD})$.

3 Soit [A, B] et [*C*, *D*] deux cordes parallèles d'un cercle $\mathscr{C}$ de centre *O*.

1° Montrer que $(\overrightarrow{OA}, \overrightarrow{OC}) = (\overrightarrow{OD}, \overrightarrow{OB}) \mod 2\pi$;

$(\overrightarrow{OA}, \overrightarrow{OD}) = (\overrightarrow{OC}, \overrightarrow{OB}) \mod 2\pi$.

2° On suppose que le triangle *OAC* est équilatéral. Préciser la nature du triangle *OBD*.

4 Une mesure de l'angle $(\overrightarrow{AB}, \overrightarrow{AC})$ d'un triangle *ABC* est $\frac{\pi}{8}$. On désigne par *O* le centre du cercle circonscrit au triangle *ABC* et par ω celui du cercle circonscrit au triangle *OBC*.
Que peut-on dire des droites (ωB) et (ωC) ?

5 Montrer qu'un parallélogramme inscrit dans un cercle est un rectangle.

6 On considère un quadrilatère *ABCD*, *I* le point d'intersection des diagonales et *P*, *Q*, *R* et *S* ses projetés orthogonaux sur les côtés.

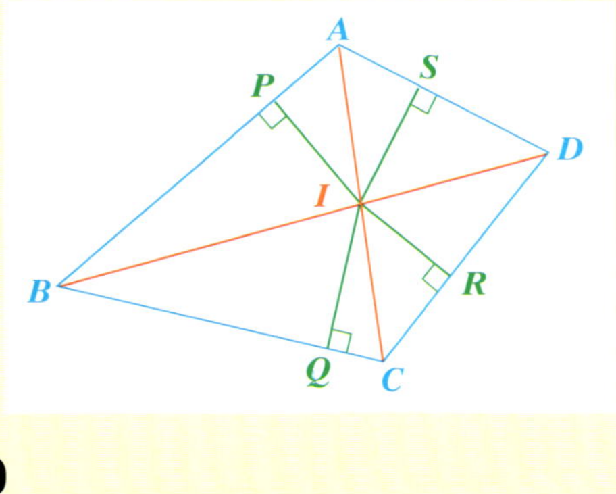

1° *a)* En utilisant $(\overrightarrow{PS}, \overrightarrow{PQ}) = (\overrightarrow{PS}, \overrightarrow{PI}) + (\overrightarrow{PI}, \overrightarrow{PQ})$ et des cocyclicités convenables (« deux triangles de même hypoténuse »), montrer que

$$(\overrightarrow{PS}, \overrightarrow{PQ}) = (\overrightarrow{AD}, \overrightarrow{AC}) + (\overrightarrow{BD}, \overrightarrow{BC}) \mod \pi.$$

b) Établir, de même, que

$$(\overrightarrow{RQ}, \overrightarrow{RS}) = (\overrightarrow{CB}, \overrightarrow{CA}) + (\overrightarrow{DB}, \overrightarrow{DA}) \mod \pi.$$

2° En déduire que *P*, *Q*, *R* et *S* sont cocycliques si, et seulement si, $2(\overrightarrow{BD}, \overrightarrow{CA}) = 0 \mod \pi$.

3° Prouver le résultat suivant : « *P*, *Q*, *R* et *S* sont cocycliques si, et seulement si, (*AC*) et (*BD*) sont orthogonales. »

7 L'unité de longueur est le centimètre.
Placer deux points *A* et *B* tels que $AB = 4$ cm.
Construire, avec précision, l'ensemble Γ des points *M* tels que $(\overrightarrow{MA}, \overrightarrow{MB}) = \alpha \mod 2\pi$ et l'ensemble Γ' des points *M* tels que $\widehat{AMB} = \alpha$.

a) $\alpha = \frac{3\pi}{4}$; *b)* $\alpha = \frac{\pi}{2}$; *c)* $\alpha = \frac{\pi}{6}$.

8 Le triangle *ABC* est donné.

1° Construire l'ensemble des points *M* tels que :

$$(\overrightarrow{MB}, \overrightarrow{MC}) = (\overrightarrow{AB}, \overrightarrow{AC}) \mod 2\pi.$$

2° Construire l'ensemble des points *M* tels que :

$$(\overrightarrow{MB}, \overrightarrow{MC}) = -(\overrightarrow{AB}, \overrightarrow{AC}) \mod 2\pi.$$

Produit scalaire

9 Étant donné trois points *A*, *B* et *C*, montrer que, pour tout point *M*, on a :

$$\overrightarrow{AM} \cdot \overrightarrow{BC} + \overrightarrow{BM} \cdot \overrightarrow{CA} + \overrightarrow{CM} \cdot \overrightarrow{AB} = 0.$$

Retrouver, à l'aide de cette relation, le fait que les trois hauteurs d'un triangle sont concourantes.

10 Le triangle *OAB* est rectangle en *O*. On désigne par *I* le milieu de [*A*, *B*] et par *A'* et *B'* les symétriques de *A* et *B* par rapport à une des deux bissectrices des droites (*OA*) et (*OB*).

1° Faire les deux cas de figure.

2° Montrer que (*OI*) est orthogonale à (*A'B'*).

11 Deux points *A* et *B* sont tels que $AB = 2$ et l'on désigne par *I* le milieu de [*A*, *B*].

1° Soit *M* un point de $\mathscr{P}$.
Exprimer $\overrightarrow{MA} \cdot \overrightarrow{MB}$ et $MA^2 + MB^2$ en fonction de la distance *MI*.

2° Construire l'ensemble Γ des points *M* tels que $\overrightarrow{MA} \cdot \overrightarrow{MB} = 3$.
Comparer avec l'ensemble des points *M* tels que $MA^2 + MB^2 = 10$.

12 Représenter un triangle ABC et l'ensemble des points M tels que :

a) $(\overrightarrow{MA} + \overrightarrow{MB} - 2\overrightarrow{MC}) \cdot \overrightarrow{MA} = 0$;

b) $(\overrightarrow{MA} + \overrightarrow{MB} + \overrightarrow{MC}) \cdot \overrightarrow{MA} = 0$.

☞ En *a*), solliciter le milieu de $[A, B]$ et, en *b*), le centre de gravité du triangle ABC.

13 On considère trois carrés disposés comme dans la figure ci-dessous.
Montrer que $\alpha = \beta + \gamma$.

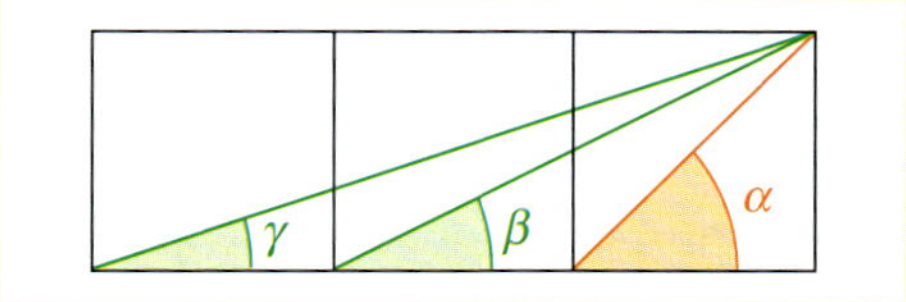

14 Un triangle a pour aire 10 cm². Deux côtés mesurent 8 cm et 3 cm.
Déterminer la longueur du troisième côté.

Déterminant

15 Comparer $\det(\vec{u}, \vec{v})$ et $\det(\vec{v}, \vec{u})$.

16 Utiliser l'expression analytique du déterminant pour montrer que, quels que soient les vecteurs $\vec{u}$, $\vec{v}$, $\vec{w}$ et le réel α :

- $\det(\vec{u}, \alpha\vec{v}) = \det(\alpha\vec{u}, \vec{v}) = \alpha \det(\vec{u}, \vec{v})$;
- $\det(\vec{u}, \vec{v} + \vec{w}) = \det(\vec{u}, \vec{v}) + \det(\vec{u}, \vec{w})$.

En déduire que, si $\vec{w}$ est colinéaire à $\vec{u}$:

$$\det(\vec{u}, \vec{v} + \vec{w}) = \det(\vec{u}, \vec{v}) .$$

17 Montrer que $(\vec{u}, \vec{v})$ est une base orthonormale directe du plan si, et seulement si :

$$\|\vec{u}\| = \|\vec{v}\| = \det(\vec{u}, \vec{v}) = 1 .$$

18 Calculer l'aire du triangle ABC :

a) $A(-1, 1)$; $B(-5, 4)$; $C(-3, 1)$.

b) $A(-2, -2)$; $B(0, 1)$; $C(0, 2)$.

19 Soit A et B deux points distincts.
Construire l'ensemble des points M de $\mathcal{P}$ tels que :

$$\overrightarrow{AB} \cdot \overrightarrow{AM} = \det(\overrightarrow{AB}, \overrightarrow{AM}) .$$

Complexes et géométrie

20 Le triangle ABC est inscrit dans le cercle de centre O et de rayon R.
Montrer que, si l'on désigne par a, b et c les affixes respectives de A, B et C, $a + b + c$ est l'affixe de l'orthocentre H du triangle ABC :

a) directement par un calcul sur les complexes;

b) plus adroitement, en songeant à utiliser la relation d'Euler (voir p. 73).

21 Représenter l'ensemble des points M, d'affixe $z \neq 0$, tels que $M(z)$ et $M'\left(\frac{i}{z}\right)$ soient alignés avec l'origine. *Interdit de* poser $z = x + iy$ ou $z = \rho e^{i\theta}$.

22 À tout complexe $z \neq 2$, on associe le nombre complexe $Z = \dfrac{z + i}{z - 2}$. On définit les parties de $\mathbb{C}$, Γ_1, Γ_2, Γ_3 et Γ_4 par :

$z \in \Gamma_1 \Leftrightarrow |Z| = 1$; $z \in \Gamma_2 \Leftrightarrow Z$ réel ; $z \in \Gamma_3 \Leftrightarrow Z$ imaginaire pur et enfin $z \in \Gamma_4 \Leftrightarrow \arg Z = \dfrac{\pi}{4}$ mod π.

1° Sans aucun calcul, uniquement à l'aide du quadrillage, préciser, pour chacun des points M, N, P, Q, R et S, si son affixe est élément de Γ_1, de Γ_2, de Γ_3, de Γ_4.
(Le repère est orthonormal direct et S a pour coordonnées $(1, 0)$.)

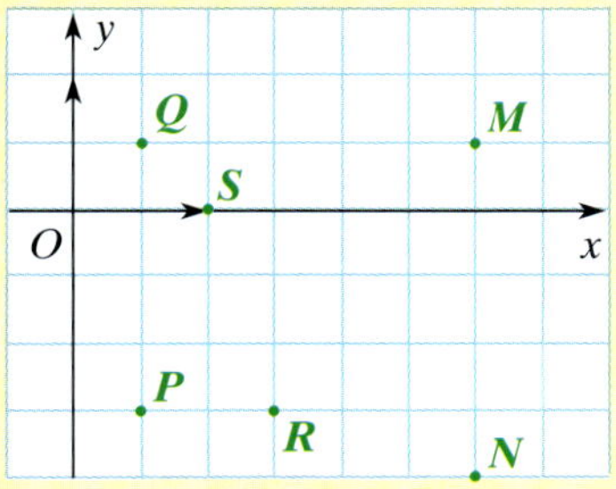

2° Représenter graphiquement Γ_1, Γ_2, Γ_3 et Γ_4.

L'expression $\dfrac{z - a}{z - b}$

En dehors de l'expression « $az + b$ » (voir chapitre 8), l'expression complexe $\dfrac{z - a}{z - b}$ est, du point de vue géométrique, parmi les plus avenantes. Cela tient au fait suivant :
Soit A et B les points d'affixes a et b et M le point d'affixe z ($z \neq b$), alors :

$$\left|\frac{z-a}{z-b}\right| = \frac{MA}{MB} \quad \text{et} \quad \arg\left(\frac{z-a}{z-b}\right) = (\overrightarrow{MB}, \overrightarrow{MA}) \mod 2\pi.$$

De ce fait, de nombreux problèmes, à priori posés dans le domaine complexe, pourront être traités géométriquement, en particulier :

— le problème « Trouver z tel que $\left|\dfrac{z - a}{z - b}\right| = k$ (k réel donné) » renvoie aux lignes de niveau de $M \mapsto \dfrac{MA}{MB}$ (que nous avons traité en T. P.);

— le problème « Trouver z tel que $\arg \dfrac{z - a}{z - b} = \alpha$ mod π ou 2π » renvoie au théorème de l'arc capable.

Évidemment, on peut se poser la question : « Quels problèmes conduisent à s'occuper de $\dfrac{z - a}{z - b}$? » Répondre serait sans rapport avec ce que nous ne pouvons pas ne pas souligner : « Ce thème trouve un écho démesuré dans les sujets du BAC; on pourra y pêcher une suite inépuisable d'exemples parfaitement diversifiés... »

EXERCICES

Vrai/Faux

23 Quels que soient $\vec{u}$ et $\vec{v}$ non nuls et, pour tout réel $k<0$, on a :

$$(k\vec{u}, k\vec{v}) = -(\vec{u}, \vec{v}) \mod 2\pi.$$

Dans les Vrai/Faux 24 *à* 26, *on considère la figure ci-dessous :*

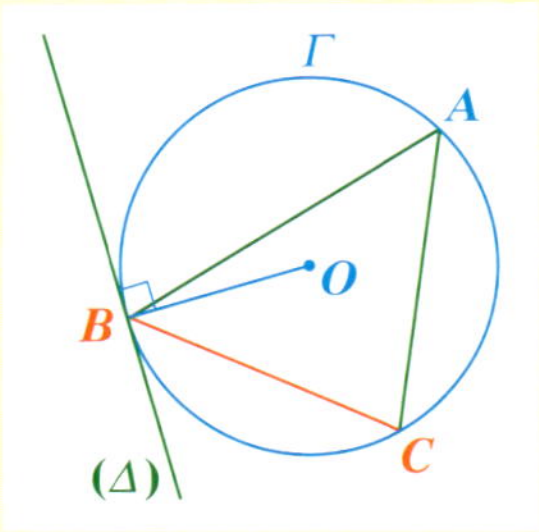

24 Pour tout point M de (Δ) ($M \neq B$), on a

$$(\overrightarrow{AB}, \overrightarrow{AC}) = (\overrightarrow{BM}, \overrightarrow{BC}) \mod 2\pi.$$

25 Si, pour un point M de (Δ) ($M \neq B$), on a $(\overrightarrow{CB}, \overrightarrow{CM}) = (\overrightarrow{AB}, \overrightarrow{AC})$, alors le triangle MBC est isocèle en M.

26 Les points M de $\mathscr{T}$ (distincts de B et C) tels que $\sin(\overrightarrow{MC}, \overrightarrow{MB}) = \sin(\overrightarrow{AC}, \overrightarrow{AB})$ sont les points de Γ.

27 Si $\vec{u}$ et $\vec{u}'$ ont pour affixes z et z', alors $z \times \bar{z}' = \det(\vec{u}, \vec{u}') + i(\vec{u} \cdot \vec{u}')$.

28 Si tous les sommets d'un parallélogramme sont à coordonnées entières, son aire est aussi un entier.

29 Quels que soient les vecteurs $\vec{u}$ et $\vec{v}$, on a :

$$(\det(\vec{u}, \vec{v}))^2 + (\vec{u} \cdot \vec{v})^2 = \|\vec{u}\|^2 \times \|\vec{v}\|^2.$$

30 Les points de Γ distincts de A et de B sont les points d'affixe z tels que $\dfrac{z-i}{z+1}$ est imaginaire pur.

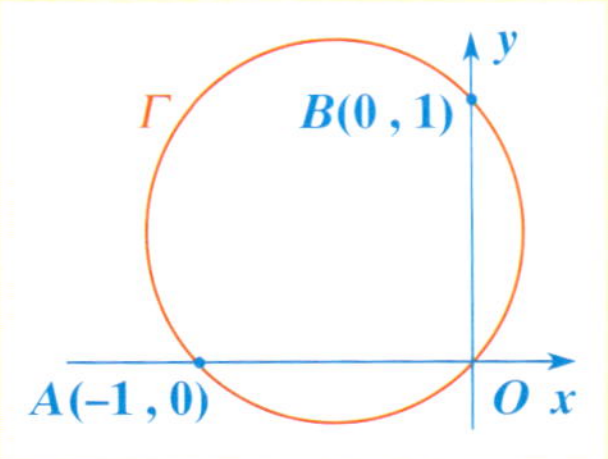

31 Les points d'affixes : $-9+3i$, $17+3i$, $16+8i$ et $9-9i$ sont cocycliques.

La technique mise à l'épreuve

32 Soit $\mathscr{C}$ un cercle de centre O et de rayon R et I un point de $\mathscr{T}$. Soit A et B deux points quelconques de $\mathscr{C}$ alignés avec I.
Montrer que $\overrightarrow{IA} \cdot \overrightarrow{IB} = OI^2 - R^2$.

☞ Introduire A', diamétralement opposé à A sur $\mathscr{C}$.

NOTE Ainsi, quelle que soit la droite Δ passant par I et rencontrant le cercle $\mathscr{C}$, si l'on note P et Q les points d'intersection de Δ avec $\mathscr{C}$ (rien n'interdit l'égalité $P = Q$), le produit scalaire $\overrightarrow{IP} \cdot \overrightarrow{IQ}$ est constant (sa valeur est $OI^2 - R^2$) : il est appelé *« puissance de I par rapport au cercle* $\mathscr{C}$*».*

33 Soit $\vec{n}$ un vecteur unitaire, h un réel et Δ la droite définie comme l'ensemble des points M tels que $\overrightarrow{OM} \cdot \vec{n} = h$.

1° Montrer que le projeté orthogonal H de M sur Δ est tel que :

$$\overrightarrow{OH} = \overrightarrow{OM} + (h - \overrightarrow{OM} \cdot \vec{n})\vec{n}.$$

2° En déduire que le symétrique orthogonal M' de M par rapport à Δ est tel que :

$$\overrightarrow{OM'} = \overrightarrow{OM} + 2(h - \overrightarrow{OM} \cdot \vec{n})\vec{n}.$$

34 Montrer que la distance de O à la droite (AB) est calculée par $d = \dfrac{|\det(\overrightarrow{OA}, \overrightarrow{OB})|}{AB}$.

☞ Calcul d'aire.

35 Les cercles $\mathscr{C}$ et $\mathscr{C}'$ de centres O et O' sont sécants en I et J.
À tout point M de $\mathscr{C}$, on associe le point M' de $\mathscr{C}'$ tel que $(\overrightarrow{O'I}, \overrightarrow{O'M'}) = (\overrightarrow{OI}, \overrightarrow{OM}) \mod 2\pi$.
Montrer que M, M' et J sont alignés. Quel résultat retrouve-t-on lorsque $(\overrightarrow{OI}, \overrightarrow{OM}) = \pi \mod 2\pi$?

36 **Histoire vraie**(1)

— L'interrogateur : « Pourriez-vous étudier, à l'aide des nombres complexes, l'alignement des points $A(3, 5)$, $B(5, 8)$ et $C(8, 13)$? »
— Le candidat : « Oui, j'ai $z_A = 3 + 5i$, $z_B = 5 + 8i$ et $z_C = 8 + 13i$.
D'où $z_C - z_A = 5 + 8i$ et $z_B - z_A = 2 + 3i$.
Comme $|z_C - z_A| = \sqrt{89}$ et $|z_B - z_A| = \sqrt{13}$, je peux écrire : $z_C - z_A = \sqrt{89}(\cos\theta_1 + i\sin\theta_1)$;

$$z_B - z_A = \sqrt{13}(\cos\theta_2 + i\sin\theta_2).$$

Il faudrait que je montre que $\theta_1 = \theta_2 \mod \pi$.
... SILENCE...
On ne peut pas y arriver sans la calculatrice... »

Disserter sur ce dialogue (maximum 30 mots ; 10 % d'erreur autorisé) et répondre à la question : « OUI ou NON, peut-on étudier l'alignement des points A, B et C à l'aide des nombres complexes ? »

(1) Ce n'est pas au Baccalauréat...

Études de figures

Les études de figures proposées dans cette rubrique ne font pas appel aux angles orientés. Sur ce point, voir p. 104 « Avec les angles orientés ».

37 Un problème d'orthogonalité

Soit un triangle ABC rectangle en A. On désigne par A' le milieu de $[B, C]$ et par H le projeté orthogonal de A sur $[B, C]$ (« pied de la hauteur » issue de A).
Le point H se projette orthogonalement en I sur (AB) et en J sur (AC).
Montrer que les droites (AA') et (IJ) sont orthogonales.

Note : On demande une solution avec le produit scalaire.

38 Les points A, B et C appartiennent au même *demi-cercle* de centre O et de rayon 1.

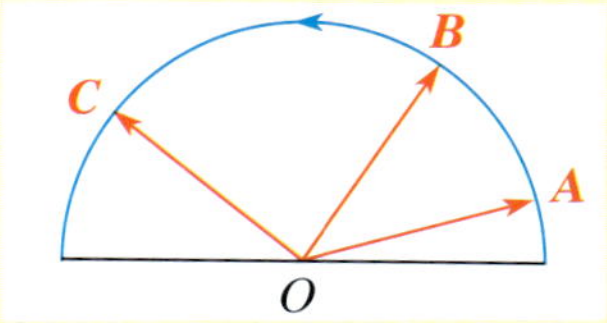

$\overrightarrow{OM} = \overrightarrow{OA} + \overrightarrow{OC}$.

Montrer que : $\|\overrightarrow{OA} + \overrightarrow{OB} + \overrightarrow{OC}\| \geqslant 1$.

☞ On peut toujours supposer que A, B et C sont dans cet ordre sur le demi-cercle parcouru dans le sens trigonométrique. Poser alors $(\overrightarrow{OA}, \overrightarrow{OB}) = x$ et $(\overrightarrow{OA}, \overrightarrow{OC}) = y$, avec donc $0 \leqslant x \leqslant y \leqslant \pi$. Évaluer $(\overrightarrow{OB}, \overrightarrow{OM})$ et montrer que $\|\overrightarrow{OB} + \overrightarrow{OM}\| \geqslant 1$.

39 Un peu d'arithmétique

(D'après *American Mathematical Monthly.*)

Certains problèmes de géométrie conduisent à l'étude de questions d'ordre arithmétique...
En voici un :
Existe-t-il un triangle équilatéral de côté a et un point du plan dont les distances aux sommets sont x, y et z, tels que les quatre nombres a, x, y, z soient entiers ?

La solution donnée dans le *Mathematical American Monthly* correspond à la figure ci-contre. Le problème posé ici consiste à vérifier cette réponse en calculant x.

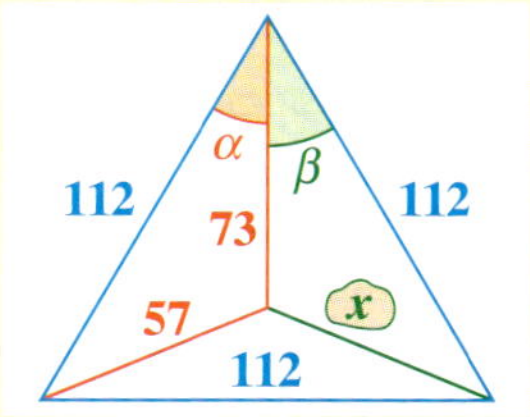

40 Cet exercice propose d'établir que tout point G intérieur au triangle ABC est le barycentre du système :

$\{(A, \text{aire } GBC), (B, \text{aire } GCA), (C, \text{aire } GAB)\}$.

On pose $x = \det(\overrightarrow{GB}, \overrightarrow{GC})$, $y = \det(\overrightarrow{GC}, \overrightarrow{GA})$ et $z = \det(\overrightarrow{GA}, \overrightarrow{GB})$.

1° Expliquer pourquoi x, y et z sont de même signe.

2° Soit $\vec{u}$ le vecteur : $\vec{u} = x\overrightarrow{GA} + y\overrightarrow{GB} + z\overrightarrow{GC}$.
À l'aide des propriétés du déterminant dégagées à l'exercice 16, montrer que $\vec{u}$ est colinéaire à $\overrightarrow{GA}$, $\overrightarrow{GB}$ et $\overrightarrow{GC}$.

3° En déduire que $\vec{u} = \vec{0}$ et conclure.

4° *Application :* Retrouver le centre I du cercle inscrit dans le triangle en tant que barycentre de A, B et C avec les coefficients : BC, CA et AB.

Constructions géométriques

41 On donne trois cercles de même rayon dont les centres ne sont pas alignés.
Construire un cercle tangent à ces trois cercles et les contenant.

42 Construire à l'intérieur d'un carré $ABCD$ un point M tel que $MA = MB = MH$, où H est le projeté orthogonal de M sur $[C, D]$.

★ **43 Géométrie sans règle**

A) Le point B est le milieu de $[A, C]$.
Construire le cercle $\mathcal{C}_1$ de centre A passant par B, le cercle $\mathcal{C}_2$ de centre C passant par A et les deux cercles Γ_1 et Γ_2 passant par A centrés aux deux points d'intersection des cercles précédents.
On note I le point d'intersection de Γ_1 et Γ_2 autre que A.
Montrer que I est le milieu de $[A, B]$.

B) *Application :* Construire, au compas seul, le milieu d'un segment donné.

INFO La construction précédente est due au géomètre Italien Lorenzo MASCHERONI qui, en 1797, étonna le monde mathématique en publiant sa *Geometria del compasso.* Dans cet ouvrage, il démontrait que toute construction faite avec une règle et un compas pouvait être réalisée avec le compas seul !

44 Un problème de gouttières

« Où placer M à l'intérieur du rectangle ABCD et P sur le côté [C, D] de façon que la somme des trois distances MA + MB + MP soit minimale ? »

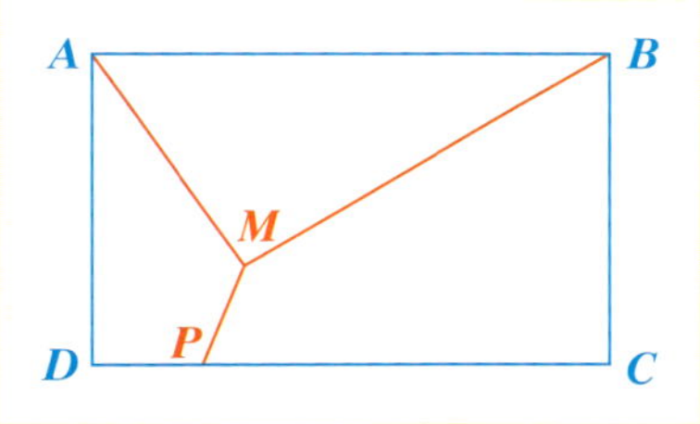

Guide de résolution :

1° On désigne par Δ la médiatrice de $[A, B]$ et par I le milieu de $[C, D]$.
Montrer que, pour tout point M intérieur au rectangle et pour tout point P de $[C, D]$, on a $MA + MB + MP \geqslant HA + HB + HI$, où H est le projeté orthogonal de M sur Δ.

2° On pose $a = AB$ et $b = BC$.
Soit M un point de Δ intérieur au rectangle et $x = IM$ ($0 \leqslant x \leqslant b$).
Étudier les variations de la fonction

$$x \mapsto MA + MB + MI.$$

En déduire que le problème posé admet une unique solution M_0 $\left(\text{discuter suivant la valeur de } \dfrac{a}{b}\right)$.

Évaluer les angles $\widehat{AM_0B}$, $\widehat{AM_0I}$ et $\widehat{BM_0I}$, lorsque $M_0 \neq I$.

Les exercices 45 et 46 proposent des solutions géométriques à des problèmes d'extremum habituellement résolus par des méthodes fonctionnelles.

★ **45 Angle de tir maximum**

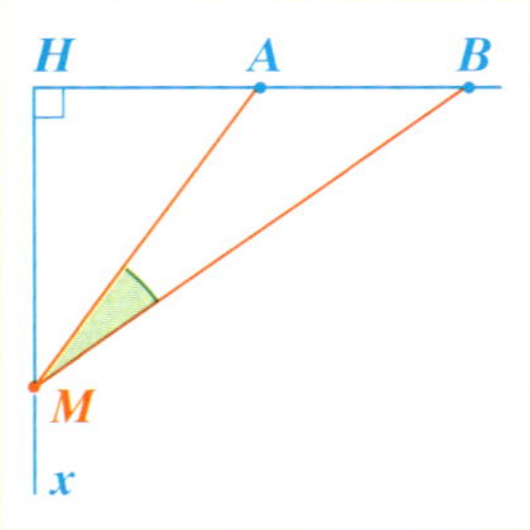

Le problème : « Où choisir M sur la demi-droite $[Hx)$ pour que l'angle $\widehat{AMB}$ soit le plus grand possible ? »

Une solution géométrique :
Soit M un point de $[Hx)$ ($M \neq H$).

1° Montrer que le rayon R_M du cercle circonscrit $\mathcal{C}_M$ au triangle ABM vérifie $R_M = \dfrac{AB}{2 \sin \widehat{AMB}}$ et $R_M \geqslant IH$, où I est le milieu de $[A, B]$.

2° En déduire que $\widehat{AMB}$ est maximum lorsque $\mathcal{C}_M$ est tangent à $[Hx)$.

3° Expliciter alors la construction du point de $[Hx)$ solution du problème posé.

46 Le gardien de phare[1]

Le problème général est le suivant :
Un mobile se déplace à la vitesse v dans le demi-plan $\mathcal{P}_0$ de frontière Δ et à la vitesse v' sur la droite Δ. Déterminer M sur Δ de façon que le trajet AMB soit de durée minimale.

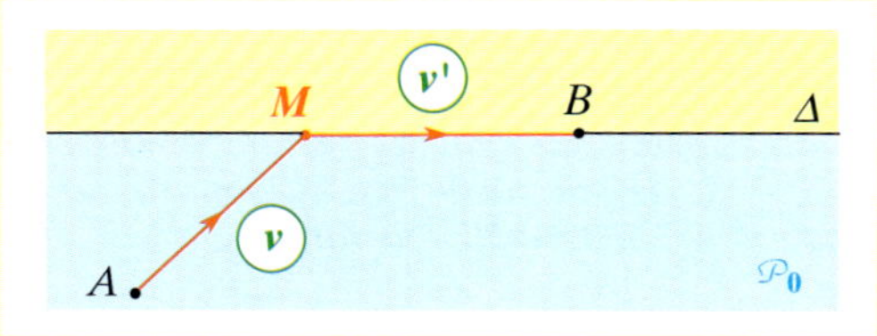

1° Donner la solution lors $v \geqslant v'$.

2° On suppose maintenant $v < v'$.

a) Justifier l'existence d'un réel α tel que $0 < \alpha < \dfrac{\pi}{2}$ et $\cos \alpha = \dfrac{v}{v'}$.

b) Prouver que le point M_0 dont la construction est donnée ci-contre est l'unique solution du problème (on trace d'abord (Bx), puis H_0 projeté orthogonal de A sur $[Bx)$).

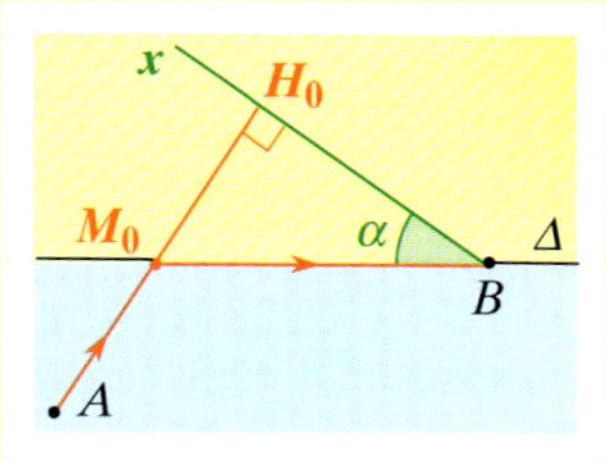

Avec les angles orientés

47 Trois points P, Q et R distincts des sommets du triangle ABC, bivouaquent sur les côtés de ce triangle : P sur (BC), Q sur (CA) et R sur (AB).

Montrer que les cercles circonscrits aux triangles AQR, BRP et CPQ ont un point commun.

(1) Voir l'exercice résolu, page 92 du tome d'Analyse.

Autour du cercle, 1940.
Wassily KANDINSKY

48 Résoudre l'exercice 37 avec les angles orientés.

49 Les droites de Simson[1] **et de Steiner**[2]

Sont donnés un triangle ABC et M un point du plan non situé sur les côtés (AB), (BC) et (CA) du triangle. On désigne par P, Q et R les projetés orthogonaux de M sur (BC), (CA) et (AB).

1° Contrôler que les vecteurs suivants sont tous non nuls : $\overrightarrow{BM}$, $\overrightarrow{CM}$, $\overrightarrow{PQ}$, $\overrightarrow{PR}$ et $\overrightarrow{PM}$.

2° Établir les égalités :

a) $(\overrightarrow{PQ}, \overrightarrow{PM}) = (\overrightarrow{CA}, \overrightarrow{CM})$ mod π ;

b) $(\overrightarrow{PR}, \overrightarrow{PM}) = (\overrightarrow{BA}, \overrightarrow{BM})$ mod π.

(On n'oubliera pas les cas $(MC) \perp (AC)$ et $(MB) \perp (AB)$.)

3° Déduire des résulltats précédents que les projetés orthogonaux d'un point sur les côtés d'un triangle sont alignés si, et seulement si, le point appartient au cercle circonscrit au triangle.

4° reprendre la question 3 en remplaçant « projetés orthogonaux sur les côtés » par « symétriques (orthogonaux) par rapport aux côtés ».

☞ Transformation plane.

Note : Les droites définies en 3° et 4° pour un point M du cercle circonscrit au triangle s'appellent respectivement droite de Simson et de Steiner du point M.

50 Avec les complexes

Le plan complexe est muni du repère orthonormal $(O, \vec{u}, \vec{v})$. Soit U le point d'affixe 1, V d'affixe i, M d'affixe z, M' d'affixe z' et P d'affixe zz', z et z' étant différents de 0 et 1, avec $z \neq z'$.

1° Quel est l'ensemble des points M tels que $\dfrac{z-i}{z-1}$ soit imaginaire pur ?

2° Montrer que les points M, M' et P sont distincts deux à deux. Écrire l'argument de $\dfrac{zz'-z'}{zz'-z}$ sous la forme d'une différence et en déduire que M, M' et P sont alignés si, et seulement si, O, U, M et M' sont cocycliques ou alignés.

BAC

(1) Robert SIMSON : mathématicien du XVIIIe siècle.
(2) Jacob STEINER (1796-1863) : mathématicien suisse, considéré comme l'un des plus grands géomètres de son époque.

51 **Caractérisation angulaire des bissectrices**

Soit ABC un triangle, Δ la bissectrice intérieure issue de A et Δ' la bissectrice extérieure.

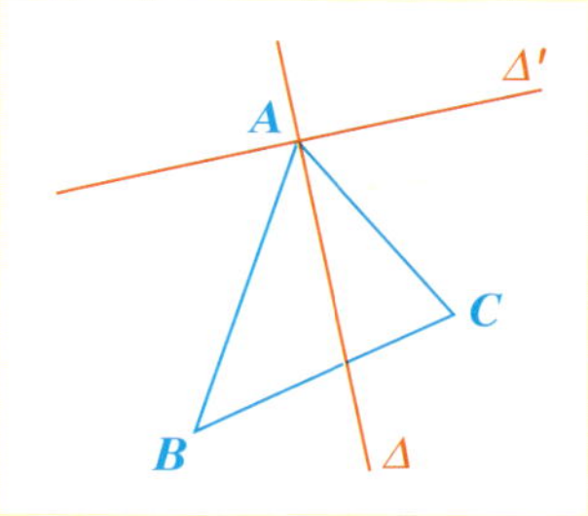

On rappelle que Δ est l'axe de la symétrie qui échange les *demi-droites* $[AB)$ et $[AC)$ et que Δ et Δ' sont les axes des deux symétries qui échangent les *droites* (AB) et (AC).
Soit M un point du plan distinct de A.

1° Montrer que M appartient à Δ si, et seulement si :

$$(\overrightarrow{AB}, \overrightarrow{AM}) = (\overrightarrow{AM}, \overrightarrow{AC}) \mod 2\pi.$$

2° Montrer que M appartient à $\Delta \cup \Delta'$ si, et seulement si :

$$(\overrightarrow{AB}, \overrightarrow{AM}) = (\overrightarrow{AM}, \overrightarrow{AC}) \mod \pi.$$

☞ Utiliser l'effet d'une réflexion sur les angles orientés.

★ **52** **Le triangle orthique**

Soit ABC un triangle non rectangle, et α, β et γ les pieds des hauteurs issues de A, B et C (le triangle $\alpha\beta\gamma$ est le triangle *orthique* du triangle ABC).

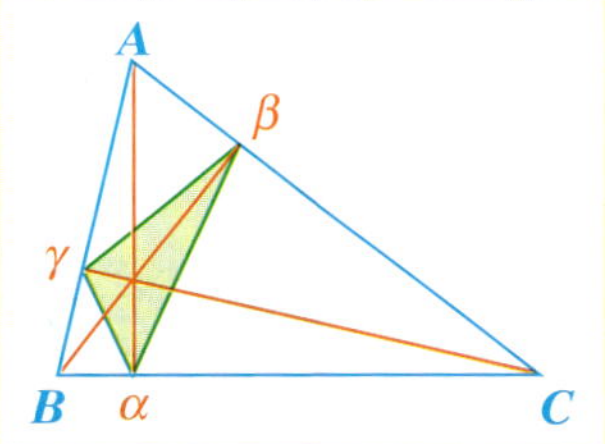

1° Montrer que les hauteurs $(A\alpha)$, $(B\beta)$ et $(C\gamma)$ sont *des* bissectrices du triangle orthique $\alpha\beta\gamma$. Sont-elles toujours des bissectrices intérieures ?

2° Déduire du 1° que les symétriques de α (par exemple) par rapport aux côtés (AB) et (AC) sont alignés avec les autres pieds des hauteurs β et γ.

INFO Lorsque le triangle ABC n'a que des angles aigus, les points α, β et γ sont sur les côtés (segments) du triangle. La trajectoire $\alpha\beta\gamma\alpha$ est alors une *trajectoire de billard* (ou une trajectoire de lumière). Dans le cas d'un triangle dont un angle est obtus, le problème de l'existence d'une trajectoire de billard fermée (ou périodique) est encore ouvert...

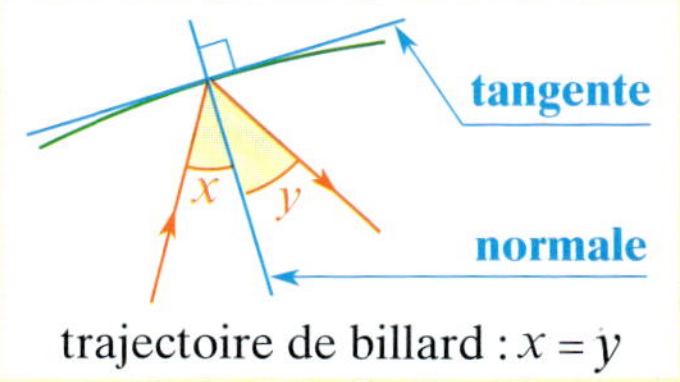

★ **53** **Le problème de Fagnano**

(Les notations restent celles de l'exercice 52.)
Le triangle ABC est acutangle (locution savante qui signifie : « les angles du triangle sont aigus ») et PQR est un triangle inscrit dans le précédent (P sur $[B, C]$, Q sur $[A, C]$ et R sur $[A, B]$).

1° Soit P_1 et P_2 les symétriques de P par rapport à (AB) et (AC).
Établir les relations :

$$PQ + QR + RP \geqslant P_1P_2 \quad \text{et} \quad P_1P_2 = 2AP \sin \widehat{BAC}.$$

2° En utilisant la question 2 de l'exercice précédent, montrer que $PQ + QR + RP \geqslant \alpha\beta + \beta\gamma + \gamma\alpha$ avec égalité si, et seulement si, $P = \alpha$, $Q = \beta$ et $R = \gamma$.

3° En déduire le résultat de Fagnano : *« Le triangle orthique est le triangle de périmètre minimum inscrit dans un triangle acutangle. »*

54 **Bissectrices et médiatrice**

Soit ABC un triangle non isocèle en A.
Montrer que les bissectrices issues de A et la médiatrice du côté opposé $[B, C]$ se coupent sur le cercle circonscrit au triangle.

☞ Utiliser le théorème de l'angle inscrit et la caractérisation angulaire des bissectrices.

55 Les points A et B sont intérieurs au cercle $\mathcal{C}$ de centre O et tels que $OA = OB$.
Quels sont les points M de $\mathcal{C}$ tels que la trajectoire AMB soit une trajectoire de billard ?

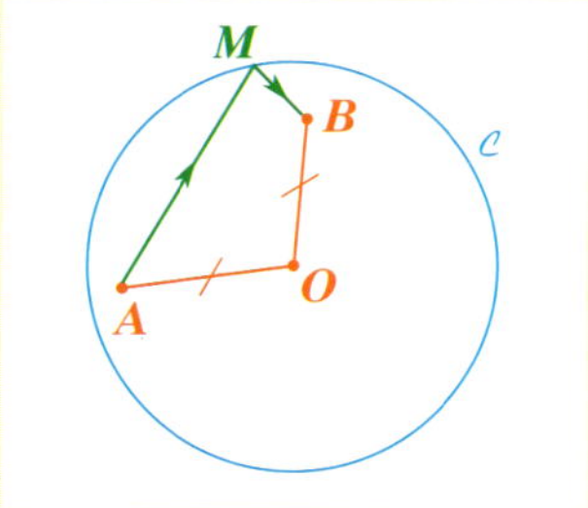

Géométrie analytique

Les exercices 56 à 65 proposent une synthèse des principaux savoir-faire de la Géométrie analytique du plan.

Calculer des coordonnées

(*exercices* 56 *à* 59)

56 Centre du cercle circonscrit au triangle ABC et orthocentre du triangle : $A(6, -2)$, $B\left(-6, -\frac{11}{2}\right)$, $C(-6, 7)$.

57 Projetés orthogonaux de $A(2, 0)$ et $B(0, 3)$ sur la droite « $y = -2x$ ».

58 Projeté orthogonal de $M(a, b)$ sur (AB), avec $A(a, 0)$, $B(0, b)$ et $ab \neq 0$.

59 Points d'intersection de la droite « $y = x$ » avec le cercle de diamètre $[A, B]$: $A(2, 1)$ et $B(0, 3)$.

Donner des équations (*exercices* 60 *à* 62)

60 Cercle de centre O tangent à $\mathcal{D}$:

« $ax + by + c = 0$ ».

61 Bissectrices des droites $\mathcal{D}$: $ax + by = 0$ et $\mathcal{D}'$: $bx - ay = 0$.

62 Ensemble des points M tels que $\dfrac{MA}{MB} = 2$, avec $A(1, 0)$ et $B(0, -1)$.

Calculer des grandeurs

63 Distance de O à la droite (AB) : $A(a, 0)$ et $B(0, b)$.

64 Aire du quadrilatère $ABCD$: $A(-2, -2)$, $B(1, -1)$, $C(2, 4)$ et $D(-3, -3)$.

65 Angles géométriques du triangle ABC : $A(0, -1)$, $B(3\sqrt{3}+3, 4\sqrt{3}+3)$ et $C(-1, 4)$.

66 Donner une solution analytique au problème de l'exercice 37.

67 **Changement de repère**
Soit $\vec{u}$ et $\vec{v}$ les vecteurs $\vec{u} = \vec{i} + \vec{j}$ et $\vec{v} = -\vec{i} + \vec{j}$.

1° Montrer que $(\vec{u}, \vec{v})$ est une base orthogonale.

2° Étant donné un point M de $\mathcal{P}$, on note (x, y) ses coordonnées dans le repère $(O, \vec{i}, \vec{j})$ et (X, Y) ses coordonnées dans le repère $(O, \vec{u}, \vec{v})$.
Exprimer x et y en fonction de X et Y.

3° Soit $\mathcal{H}$ la courbe d'équation $x^2 - y^2 = 1$ dans le repère $(O, \vec{i}, \vec{j})$.
Donner son équation dans le repère $(O, \vec{u}, \vec{v})$ et construire $\mathcal{H}$.

Lieux géométriques

68 On donne trois points A, B, C alignés dans cet ordre.
Représenter l'ensemble des points M du plan ($M \neq A$) tels que la droite passant par M et orthogonale à (AM) rencontre le segment $[B, C]$.

69 Soit deux points distincts A et B d'un cercle Γ.
À tout point M de Γ distinct de A et de B, on fait correspondre le projeté orthogonal M' sur (MB) du milieu m de $[A, M]$.
Quel est le lieu des points M' ?

☞ Soit C le point diamétralement opposé à B sur Γ.
Montrer que la droite $(M'm)$ passe par le milieu de $[A, C]$.

70 On considère dans le plan orienté un triangle ABC.
Soit G le barycentre du système :

$$\{(A, 3), (B, 1), (C, 1)\},$$

Q le barycentre du système $\{(A, 3), (C, 1)\}$ et R le barycentre du système $\{(A, 3), (B, 1)\}$.

1° Démontrer que les droites (BQ) et (CR) passent par G.

2° Soit P le milieu de $[BC]$.
Démontrer que les points A, P, G sont alignés.
Exprimer $\overrightarrow{PG}$ en fonction de $\overrightarrow{PA}$.

3° On suppose que B et C sont fixes et que le point A décrit l'ensemble E des points M du plan tels que :

$$(\overrightarrow{MB}, \overrightarrow{MC}) = \frac{\pi}{2} \mod \pi.$$

Déterminer alors l'ensemble E' décrit par le point G.

BAC

71 Le plan $\mathcal{P}$ est muni du repère orthonormal direct $(O, \vec{u}, \vec{v})$. A est un point.

a) Construire le cercle de centre O, de rayon OA, et le triangle équilatéral ABC, inscrit dans ce cercle, tel que $(\overrightarrow{AB}, \overrightarrow{AC}) = \frac{\pi}{3} + \mod 2\pi$.

b) Soit a l'affixe de A et soit M le point d'affixe a^3.
Déterminer les affixes des points B et C.
Déterminer A pour que M soit le milieu de $[BC]$.

c) A décrivant le cercle de centre $V(0, 1)$ et de rayon 2, quel est l'ensemble des points N tels que $ABNC$ est un losange ?

BAC

★ **72** Le triangle ABC est isocèle en A.

1° Soit M un point de (BC) distinct de B et de C.
Construire le cercle Γ_M passant par M et tangent en C à la droite (AC).

2° Le cercle Γ_M recoupe (AM) en M'.
Quel est le lieu des points M' ?

Lignes de niveau

Quatre exercices posés au BAC (n°s 73 à 76) pour deux thèmes d'étude classiques... (voir Rubrique à BAC).

Mesure individuelle des niveaux, 1930. Paul KLEE.

73 Dans un plan affine euclidien P, on donne un triangle ABC rectangle en A et isocèle avec $AB = AC = a$, où a réel donné et $a > 0$.

1° *a)* Déterminer et construire le barycentre G du système $\{(A, 4), (B, -1), (C, -1)\}$.

b) Déterminer et construire l'ensemble E_1 des points M du plan P tels que $4MA^2 - MB^2 - MC^2 = 2a^2$.

2° $\mathcal{P}$ est le plan vectoriel associé à P.

a) Soit $\vec{f}$ $\left| \begin{array}{l} P \to \mathcal{P} \\ M \mapsto 2\overrightarrow{MA} - \overrightarrow{MB} - \overrightarrow{MC}. \end{array} \right.$

Montrer que $\vec{f}$ est une fonction constante que l'on précisera.

b) Déterminer et construire l'ensemble E_2 des points M du plan P tels que $2MA^2 - MB^2 - MC^2 = -2a^2$.

BAC

74 (A, B, C) est un triangle, on pose $BC = a$, $AC = b$ et $AB = c$.
A' est le milieu du segment $[BC]$, B' celui de $[AC]$, C' celui de $[AB]$. Soit G l'isobarycentre du triangle (A, B, C).

1° Montrer que, pour tout point M du plan :

$$MA^2 + MB^2 + MC^2 = 3MG^2 + \frac{a^2 + b^2 + c^2}{3}.$$

2° En calculant de deux façons différentes $(\overrightarrow{MA} + \overrightarrow{MB} + \overrightarrow{MC})^2$, établir que :

$$2\overrightarrow{MA} \cdot \overrightarrow{MA'} + \overrightarrow{MB} \cdot \overrightarrow{MC} = 3MG^2 - \frac{a^2 + b^2 + c^2}{6}.$$

3° On considère les points communs aux cercles de diamètres $[AA']$ et $[BC]$, montrer que, lorsqu'ils existent, ils appartiennent à un cercle de centre G dont on donnera le rayon en fonction de a, b et c.

BAC

75 Le plan est muni d'un repère orthonormal $(O, \vec{u}, \vec{v})$. On note A le point d'affixe $4 + 2i$, B le point d'affixe $-2 - i$ et M le point d'affixe z.

Soit le nombre complexe $Z = \dfrac{z - 4 - 2i}{z + 2 + i}$.

1° Donner une signification géométrique de $|Z|$ et $\arg Z$.

2° Préciser la nature, puis construire :

a) l'ensemble des points M d'affixe z, tels que $|Z| = 1$;

b) l'ensemble des points M d'affixe z, tels que $|Z| = 2$;

c) l'ensemble des points M d'affixe z, tels que Z est un réel positif;

d) l'ensemble des points M d'affixe z, tels que Z est un imaginaire pur.

BAC

76 Dans le plan complexe rapporté au repère orthonormal direct $(O, \vec{u}, \vec{v})$, on associe au point m d'affixe z ($z \neq 2i$) le point M d'affixe Z définie par $Z = \dfrac{z - 3 + i}{2i - z}$.

a) Déterminer et construire l'ensemble des points m tels que Z est réel.

b) Déterminer et construire l'ensemble des points m pour lesquels $\arg Z = \dfrac{3\pi}{2}$ (2π).

c) Déterminer et construire l'ensemble des points m pour lesquels $|Z| = 2$.
Toutes ces questions peuvent être traitées géométriquement en utilisant les points A d'affixe $2i$ et B d'affixe $3 - i$.

BAC

Les exercices 77 à 80 proposent des situations géométriques conduisant à une ligne de niveau (la connaissance de « l'allure » de la ligne de niveau et de l'un de ses points suffira le plus souvent à la déterminer).

77 Quel est le lieu des points d'où l'on peut mener des tangentes de même longueur à deux cercles donnés?

☞ Ligne impliquée : $M \mapsto MO^2 - MO'^2$, O et O' étant les centres des cercles.

78 Le cercle et l'équerre (suite)
Les données sont celles de l'exercice 3 du T. P. 4.
Quel est le lieu du projeté orthogonal de A sur (PQ)?

☞ La réponse est : « Le même que celui du milieu de $[P, Q]$. »

79 On donne un cercle $\mathcal{C}$ de centre O et A un point n'appartenant pas à $\mathcal{C}$.
Soit $\mathcal{L}$ le lieu géométrique des centres ω des cercles circonscrits aux triangles AMM', où $[M, M']$ est un diamètre de $\mathcal{C}$ ne passant pas par A.

1° Montrer qu'il existe sur (OA) un seul point de $\mathcal{L}$ noté ω_0. Le construire.

2° Soit ω un point de $\mathcal{L}$.
Montrer que $\omega A^2 - \omega O^2 = R^2$.

3° En déduire alors que $\mathcal{L}$ est une droite Δ que l'on précisera.

☞ Il faut une réciproque à $\mathcal{L} \subset \Delta$: soit $\omega \in \Delta$, considérer le diamètre perpendiculaire à (ωO).

★ **80 Billard dans un cercle (acte II)**

1° Soit trois points alignés A, O et B, O étant un point du segment $[A, B]$.

Tracer la ligne de niveau de $M \mapsto \dfrac{MA}{MB}$ qui passe par O.

2° *Application*
Trouver les points M de $\mathcal{C}$ tels que AMB est une trajectoire de billard (O étant le centre de $\mathcal{C}$).

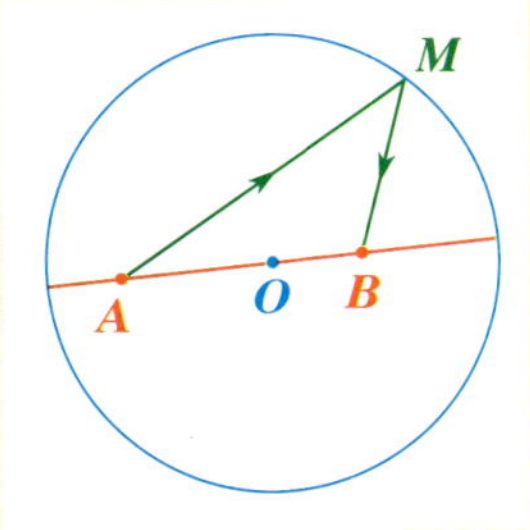

☞ Toujours le théorème du pied de la bissectrice (voir note À RETENIR p. 75).

★ **81 Défi**
Toutes les données sont dans la figure ci-après :

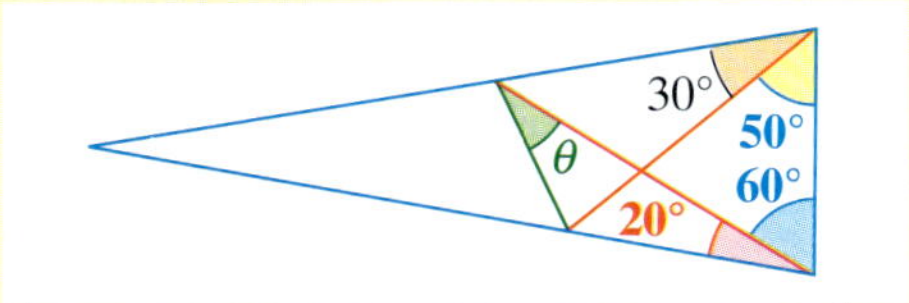

Évaluer θ en degrés.

PROBLÈMES

82 On désigne par $\mathcal{D}_1$, $\mathcal{D}_2$ et $\mathcal{D}_3$ les perpendiculaires menées de M aux côtés (BC), (CA) et (AB) du triangle. On choisit alors *arbitrairement* A_1 sur $\mathcal{D}_1$, A_2 sur $\mathcal{D}_2$ et A_3 sur $\mathcal{D}_3$, distincts de M ; puis on construit les droites Δ_1, Δ_2 et Δ_3 :
Δ_1 est la perpendiculaire à (A_2A_3) issue de A.
Δ_2 est la perpendiculaire à (A_3A_1) issue de B.
Δ_3 est la perpendiculaire à (A_1A_2) issue de C.

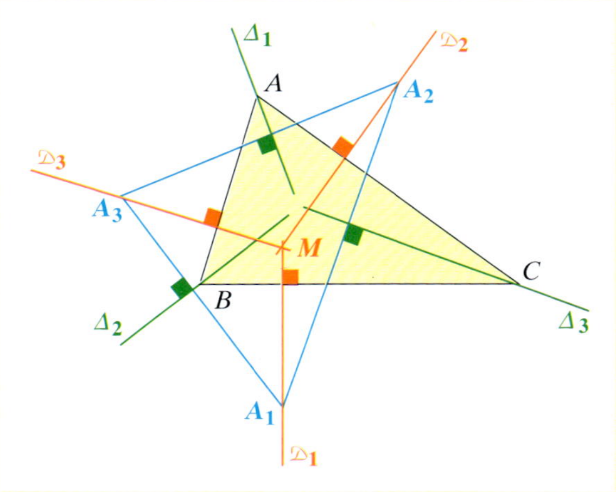

Montrer ce que suggère la figure, à savoir que : « Les droites Δ_1, Δ_2 et Δ_3 sont concourantes. »

☞ Montrer que Δ_1 et Δ_2 sont sécantes en un point Ω et montrer que $\overrightarrow{AC} \cdot \overrightarrow{A_2A_3} = \overrightarrow{BC} \cdot \overrightarrow{A_1A_3}$, pour en déduire que Ω appartient à Δ_3.

83 On désigne par E l'ensemble des triplets (x, y, z) de réels non nuls vérifiant $x + y + z = 0$.
Dans le plan $\mathcal{P}$, on donne des points A, B et C non alignés, et l'on désigne par O le centre du cercle circonscrit au triangle ABC.
Soit (x, y, z) un élément de E.

1° Montrer que chacun des ensembles de points pondérés $\{(B, y), (C, z)\}$, $\{(A, x), (C, z)\}$ et $\{(A, x), (B, y)\}$ possède un barycentre.
Dans la suite, ces trois points seront respectivement notés I, J et K.

2° *a*) Montrer qu'il existe un vecteur $\vec{v}$ non nul, tel que, pour tout point M du plan $\mathcal{P}$, on ait :

$$x\overrightarrow{MA} + y\overrightarrow{MB} + z\overrightarrow{MC} = \vec{v}.$$

(On exprimera $\vec{v}$ en fonction de $\overrightarrow{AB}$ et $\overrightarrow{AC}$.)

b) Montrer que $\vec{v}$ n'est colinéaire à aucun des trois vecteurs $\overrightarrow{AB}$, $\overrightarrow{AC}$ et $\overrightarrow{BC}$.

c) Montrer que chacun des vecteurs $\overrightarrow{AI}$, $\overrightarrow{BJ}$ et $\overrightarrow{CK}$ est non nul, et colinéaire à $\vec{v}$.

3° *a*) Montrer que, pour tout point M du plan $\mathcal{P}$, on a $xMA^2 + yMB^2 + zMC^2 = 2\overrightarrow{MO} \cdot \vec{v}$.

b) En déduire que le lieu géométrique des points M du plan $\mathcal{P}$ vérifiant $xMA^2 + yMB^2 + zMC^2 = 0$, est la droite $\mathcal{D}$ passant par O, perpendiculaire à chacune des droites (AI), (BJ) et (CK).
Dans la suite, on dira que la droite $\mathcal{D}$ est associée au triplet :

$$\{(A, x), (B, y), (C, z)\}.$$

c) *Application :* Construire la droite $\mathcal{D}$ associée à :

$$\{(A, -3), (B, 1), (C, 2)\}.$$

4° Soit d une droite passant par O, distincte de chacune des médiatrices du triangle ABC.
Montrer que l'on peut trouver un triplet (x_0, y_0, z_0) de E, tel que d soit la droite associée à $\{(A, x_0), (B, y_0), (C, z_0)\}$.

d'après BAC

84 Trois méthodes pour un même problème

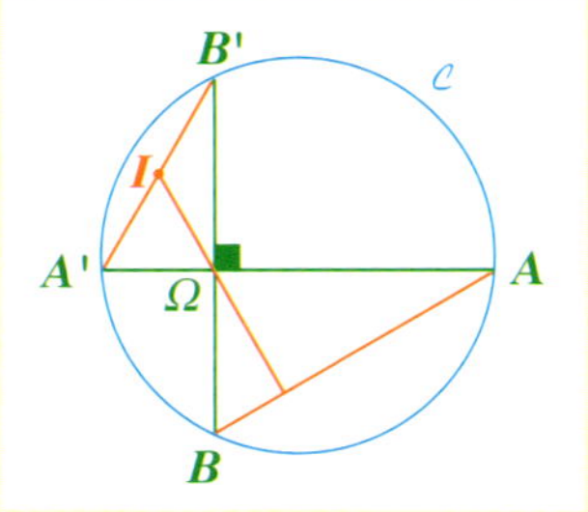

D'un point Ω intérieur au cercle $\mathcal{C}$, on mène deux droites perpendiculaires qui rencontrent le cercle $\mathcal{C}$ en A et A' d'une part, et en B et B' d'autre part.
Il s'agit de montrer que la médiane issue de Ω dans le triangle $\Omega A'B'$ est hauteur du triangle ΩAB.

1° *Méthode analytique*
Prendre un repère d'axes $(A'A)$ et (BB').

2° *Méthode par le produit scalaire*
On utilisera la propriété $\overrightarrow{\Omega A} \cdot \overrightarrow{\Omega A'} = \overrightarrow{\Omega B} \cdot \overrightarrow{\Omega B'}$ (voir exercice 32).

3° *Méthode par les angles orientés*
☞ $(\overrightarrow{\Omega I}, \overrightarrow{AB}) = (\overrightarrow{\Omega I}, \overrightarrow{BB'}) + (\overrightarrow{BB'}, \overrightarrow{AA'}) + (\overrightarrow{AA'} + \overrightarrow{AB})$ mod π.

★ **85 Plus général que Napoléon**

Étant donné un triangle ABC et trois réels α, β, γ de l'intervalle $]0, \pi[$ tels que $\alpha + \beta + \gamma = \pi$, on construit, extérieurement aux côtés du triangle ABC, trois triangles BPC, CQA et ARB tels que :

$$\widehat{BPC} = \alpha, \quad \widehat{CQA} = \beta \quad \text{et} \quad \widehat{ARB} = \gamma.$$

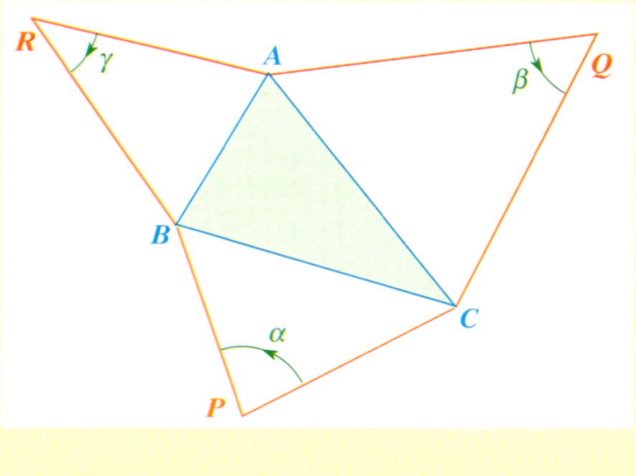

1° Montrer que les cercles $\mathcal{C}_1$, $\mathcal{C}_2$ et $\mathcal{C}_3$, respectivement circonscrits aux triangles BPC, CQA et ARB, ont un point commun noté I par la suite.

2° On désigne par O_1, O_2 et O_3 les centres des cercles $\mathcal{C}_1$, $\mathcal{C}_2$ et $\mathcal{C}_3$.

a) Montrer que $(\overrightarrow{O_1O_2}, \overrightarrow{O_1O_3}) = (\overrightarrow{IB}, \overrightarrow{IC})$ mod π.

b) En déduire que $(\overrightarrow{O_1O_2}, \overrightarrow{O_1O_3}) = \alpha$ mod π, ainsi que $(\overrightarrow{O_2O_3}, \overrightarrow{O_2O_1}) = \beta$ mod π et $(\overrightarrow{O_3O_1}, \overrightarrow{O_3O_2}) = \gamma$ mod π.

3° *Application :* On suppose que les triangles BPC, CQA et ARB sont équilatéraux.
Montrer qu'il en est de même du triangle $O_1O_2O_3$.
Note : Ce dernier résultat est connu sous le nom de théorème de Napoléon (voir p. 154), suite à une légende tenace qui en attribue la paternité à l'Empereur.
On peut en douter : « Mon Général, nous nous attendions à tout de vous, sauf à des leçons de Géométrie » auraient dit Lagrange et Laplace qui, eux, avaient quelques compétences.

★ 86 Relation d'Euler

Soit un triangle ABC, Γ son cercle circonscrit dont on note O le centre, R le rayon et $\mathcal{C}$ un cercle contenu dans Γ et tangent à (AB) et (AC). On note I son centre et r son rayon.
Le problème est d'étudier à quelle condition $\mathcal{C}$ est le cercle inscrit dans le triangle ABC.
On introduit alors le point D, point où (AI) recoupe Γ.

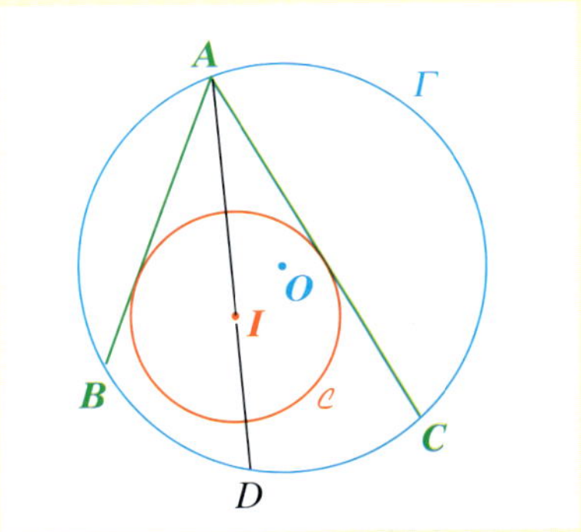

A) *Condition géométrique*

1° Établir les relations :

(1) $(\overrightarrow{BD}, \overrightarrow{BI}) = (\overrightarrow{AB}, \overrightarrow{AD}) + (\overrightarrow{BC}, \overrightarrow{BI})$ mod 2π.

(2) $(\overrightarrow{IB}, \overrightarrow{ID}) = (\overrightarrow{BI}, \overrightarrow{BA}) + (\overrightarrow{AB}, \overrightarrow{AD})$ mod 2π.

☞ Pour (1) : bissectrice et arc capable.

2° En déduire que $\mathcal{C}$ est le cercle inscrit dans le triangle ABC si, et seulement si, le triangle DIB est isocèle en D.

B) *Condition numérique*
Soit d la distance OI.

1° Montrer que $IA \times ID = R^2 - d^2$.

☞ Utiliser l'exercice 32 : « Puissance d'un point par rapport à un cercle. »

2° En évaluant de deux manière différentes $\sin \widehat{BAI}$, montrer que $IA \times BD = 2Rr$.

3° Utiliser la partie A) pour établir que $\mathcal{C}$ est le cercle inscrit dans le triangle ABC si, et seulement si, $R^2 = d^2 + 2Rr$.

INFO Le résultat précédent s'interprète de la manière suivante :
« Soit deux cercles Γ (centre O, rayon R) et $\mathcal{C}$ (centre I, rayon r) tels que $\mathcal{C}$ soit intérieur à Γ. Alors Γ et $\mathcal{C}$ sont respectivement les cercles circonscrit et inscrit d'un triangle si, et seulement si, $R^2 = OI^2 + 2Rr$. » Cette propriété fut découverte par (c'est presque inévitable) EULER.

★ 87 La trisection de l'angle

Le plan est muni d'un repère orthonormal direct $(O, \vec{i}, \vec{j})$.
Étant donné un réel θ tel que $0 < \theta < \pi$, on considère les points $A(\cos\theta, \sin\theta)$, $B(-\cos\theta, -\sin\theta)$ et le vecteur $\vec{n}\left(\cos\frac{\theta}{3}, \sin\frac{\theta}{3}\right)$.

Rappel (voir exercice 33) : Pour tout réel h, l'ensemble des points M tels que $\overrightarrow{OM} \cdot \vec{n} = h$ est une droite Δ_h (de vecteur normal $\vec{n}$), et la réflexion d'axe Δ_h associe au point M le point M' tel que :

$$\overrightarrow{OM'} = \overrightarrow{OM} + 2(h - \overrightarrow{OM} \cdot \vec{n})\vec{n}.$$

1° Soit $A'(x_1, y_1)$ et $B'(x_2, y_2)$ les symétriques de A et B par rapport à Δ_h.
Montrer que :

$$y_1 = \sin\theta + 2\left(h - \cos\frac{2\theta}{3}\right)\sin\frac{\theta}{3} ;$$

$$x_2 = -\cos\theta + 2\left(h + \cos\frac{2\theta}{3}\right)\cos\frac{\theta}{3}.$$

2° Montrer qu'il existe un réel h unique tel que $y_1 = x_2 = 0$.

☞ Résoudre $y_1 = 0$, $x_2 = 0$ et vérifier que l'on obtient la même solution.

3° *Application :* Expliquer (à l'aide du schéma ci-après) comment, *par pliage*, il est possible d'effectuer la trisection d'un angle θ donné, c'est-à-dire de construire un point M du cercle unité tel que $(\overrightarrow{OI}, \overrightarrow{OM}) = \frac{\theta}{3}$.

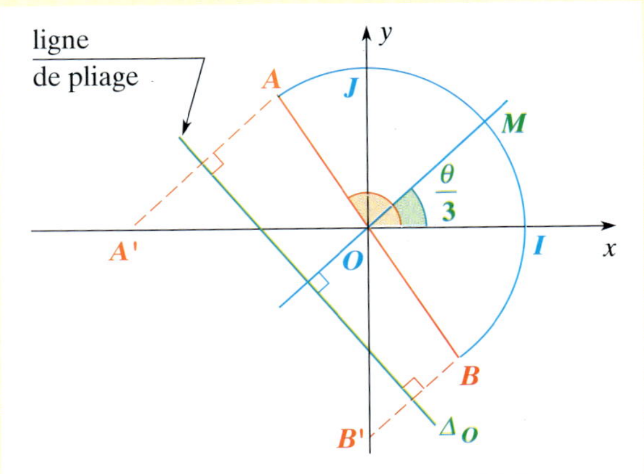

À SUIVRE La trisection de l'angle est, en général, impossible à la règle et au compas. Il fallait donc s'attendre à voir proliférer de nombreux procédés mécaniques susceptibles de « résoudre » le problème de la trisection. Nous en dirons plus sur ce sujet dans le chapitre 10.

TRUCS & ASTUCES

LES ANGLES ORIENTÉS

Il est illusoire de vouloir les utiliser sans coder la figure à l'étude. Reprenons l'exercice résolu en cours (page 85) : « Les symétriques de l'orthocentre par rapport aux côtés sont sur le cercle circonscrit. »
Nous avons codé successivement :

- $\widehat{1} = \widehat{2}$: par symétrie en orientant dant le « bon sens ».
- $\widehat{2} = \widehat{3}$: c'est clair.
- $\widehat{3} = \widehat{4}$: présence de deux triangles rectangles de même hypoténuse.

Reste à mettre en forme.

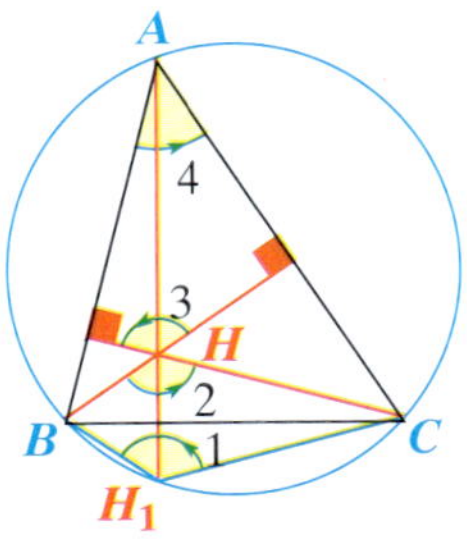

GÉOMÉTRIE ANALYTIQUE

Traduire d'abord les propriétés par des relations entre vecteurs : ne « passer » aux coordonnées qu'après.

Exemples :

- Droite passant par A dirigée par $\vec{u}$: $\det(\overrightarrow{AM}, \vec{u}) = 0$, puis les coordonnées.
- Droite passant par A de vecteur normal $\vec{n}$: $\overrightarrow{AM} \cdot \vec{n} = 0$, puis les coordonnées.
- Cercle de diamètre $[A, B]$: $\overrightarrow{MA} \cdot \overrightarrow{MB} = 0$ ...

LIGNES DE NIVEAU

- $MA^2 - MB^2 = k$: pour $k = 0$, on obtient une droite (la médiatrice de $[A, B]$).
- $MA^2 + MB^2 = k$: pour $k = AB^2$, on obtient un cercle (celui de diamètre $[A, B]$: Pythagore).
- $\overrightarrow{MA} \cdot \overrightarrow{MB} = k$: pour $k = 0$, on obtient un cercle (celui de diamètre $[A, B]$).

Vérifier : ces cas particuliers correspondent à l'allure générale de chaque ligne concernée... qu'il est souhaitable de connaître « à l'avance ».
(Un tel « truc » doit rester confidentiel.)

LES COMPLEXES

Les formules encombrent... Il faut savoir revenir aux sources :

(1) $(\vec{u}, \vec{v}) = \arg z_{\vec{v}} - \arg z_{\vec{u}}$

$$= \arg\left(\frac{z_{\vec{v}}}{z_{\vec{u}}}\right) \text{ modulo...}$$

(2) $\vec{u} = \overrightarrow{AB}$; $z_{\vec{u}} = z_B - z_A$.

(3) $\arg z = \arg z'$ mod π signifie : $z' = (\text{un réel}) \times z$.

Rubrique à Bac

$\sum_{i=1}^{n} \alpha_i MA_i^2$ ET $\frac{z-a}{z-b}$ FONT CARRIÈRE

Pas de session sans l'un ou l'autre.

$\sum_{i=1}^{n} \alpha_i MA_i^2$

Jeter un coup d'œil à la somme des coefficients pour savoir où l'on sera conduit... En général, l'énoncé applique studieusement la méthode décrite dans le T.P. C : s'attendre à étudier une ligne de niveau, éventuellement à discuter, ne pas se poser de questions sur l'intérêt de l'exercice.

$\frac{z-a}{z-b}$

Tout a été dit ou presque p. 101. Rajoutons simplement que chercher l'ensemble des z tels que $\left|\frac{z-a}{z-b}\right| = k > 0$, c'est chercher la ligne de niveau k de $M \to \frac{MA}{MB}$.
Trouver les points I et J de cette ligne qui sont sur (AB) résout entièrement la question : il faut y songer.

Les Promenades d'Euclide. 1953. R. MAGRITTE

« C'est comme ça, bizarre, n'est-ce pas ? En réalité, tout dans notre existence est bizarre et absurde, encore bien plus absurde que ce que j'ai peint ici. »

René MAGRITTE.

5

L'espace a pour jouet le cri
« je ne sais pas ».

STÉPHANE MALLARMÉ

L'espace euclidien

COURS

EXERCICES

INTRODUCTION

5
L'espace euclidien

1 OBJECTIFS

Trois objectifs sont assignés à ce chapitre :

1. Mettre en place dans l'espace un **produit scalaire** possédant des propriétés analogues à celui de la Géométrie plane.

2. Introduire la notion de produit vectoriel, après avoir préalablement *orienté l'espace* (et ce, par les procédures expérimentales utilisées en Physique).

3. Exploiter ces deux produits[1] et leurs propriétés :
— dans l'étude d'objets usuels de l'espace, notamment dans le **calcul de grandeurs** et les **relations d'orthogonalité ;**
— en **Géométrie analytique,** via l'introduction d'un repère orthonormal.
Signalons que, si la démarche générale reste celle mise en œuvre dans le plan (chapitre 4), de tels problèmes seront abordés avec de moindres exigences, suivant en cela les intentions du programme.

2 CONNAISSANCES MISES EN JEU

LIVRE DE PREMIÈRE

L'espace

- Connaissances élémentaires sur les solides usuels.
- Propriétés géométriques : incidence, parallélisme, orthogonalité.

CHAPITRE 3

Géométrie vectorielle

- Description vectorielle de droites, de plans, ...
- Projection ; projection vectorielle associée.
- Repère, base de l'espace.

CHAPITRE 4

Calculs de grandeurs

Relations métriques et trigonométriques dans le triangle.

CHAPITRE 4

Produit scalaire et déterminant dans le plan

- Déterminant : mode de calcul ; signification en termes d'aires.
- Tout sur le produit scalaire, car nous verrons que le produit scalaire de l'espace induit dans chaque plan de l'espace le produit scalaire du plan.

---

(1) Il s'agit d'opérations sur les vecteurs qui à tout couple de vecteurs fait correspondre :
- un scalaire (*i.e.* un réel) pour le produit scalaire,
- un vecteur pour le produit vectoriel.

3 ACTIVITÉS PRÉPARATOIRES

Les activités 1 et 2 servent de support à la remise en jeu :
— d'une part des **relations d'orthogonalité** dans l'espace (activité 1),
— d'autre part des **résultats essentiels de la Géométrie analytique** en repère orthonormal : expression de la norme, caractérisation de l'orthogonalité (activité 2).

Motivons : la mise en place du produit scalaire dans l'espace (et son fonctionnement) ne peut faire l'économie d'une certaine maîtrise des relations d'orthogonalité et l'expression analytique « $xx' + yy' + zz'$ » a déjà quelques racines en classe de Première : le taire serait une filouterie.

ACTIVITÉ 1

1 Les trois perpendiculaires

Le point O se projette orthogonalement en A sur le plan $\mathscr{P}$. Le point A se projette orthogonalement en H sur une droite $\mathscr{D}$ du plan $\mathscr{P}$.

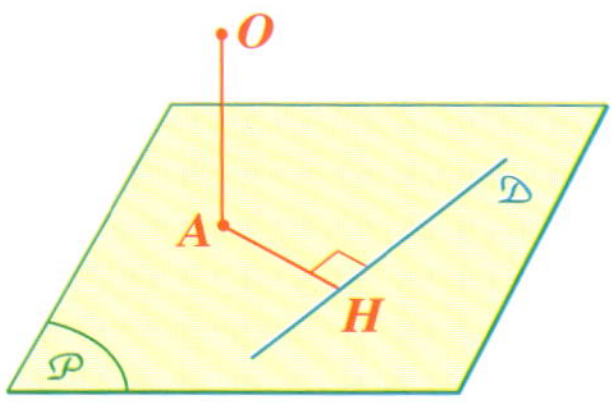

Montrer que O se projette orthogonalement sur $\mathscr{D}$ au point H.

2 La sphère

Soit A et B deux points distincts de $\mathscr{E}$.
Montrer que l'ensemble des points M de $\mathscr{E}$ tels que (MA) et (MB) sont orthogonales est la sphère de diamètre $[A, B]$ (privée des points A et B).

☞ Évaluer MI, où I est le milieu de $[A, B]$.

3 Un tétraèdre trirectangle

Les droites (Ox), (Oy) et (Oz) forment un trièdre trirectangle : elles sont deux à deux orthogonales.
On considère alors un tétraèdre trirectangle $OABC$ avec A sur (Ox), B sur (Oy) et C sur (Oz).

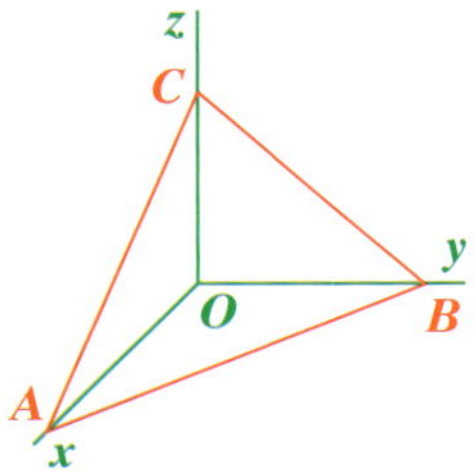

1° Montrer que le projeté orthogonal H de O sur le plan (ABC) est l'orthocentre de ABC.

2° A et B sont fixés, C varie sur (Oz).
Trouver le lieu de H et des pieds des hauteurs issues de A et B dans le triangle ABC.

ACTIVITÉ 2

Rappel :
Dans un repère orthonormal $(O, \vec{i}, \vec{j}, \vec{k})$ de $\mathscr{E}$:
— avec $\vec{u}(x, y, z)$: $\|\vec{u}\|^2 = x^2 + y^2 + z^2$;
— les vecteurs $\vec{u}(x, y, z)$ et $\vec{v}(x', y', z')$ sont orthogonaux si, et seulement si,
$$xx' + yy' + zz' = 0 .$$

1 Prouver que le triangle ABC est rectangle :
$A(3, 4, -2)$; $B(1, 6, 0)$ et $C(-2, 2, 1)$.

2 On considère les points :
$A\ (25, 12, -9)$, $B\ (25, 27, 11)$,
$C\ (5, 15, 20)$, $D\ (5, 0, 0)$,
$A'(10, 28, -21)$, $B'(10, 43, -1)$,
$C'(-10, 31, 8)$, $D'(-10, 16, -12)$.

Montrer que $ABCDA'B'C'D'$ est un cube.

3 L'équation d'un plan

Soit $\mathscr{P}$ le plan (IJK) ($\overrightarrow{OI} = \vec{i}$, $\overrightarrow{OJ} = \vec{j}$ et $\overrightarrow{OK} = \vec{k}$) et A le point $A(1, 1, 1)$.

1° Montrer que (OA) est orthogonale à $\mathscr{P}$.

☞ Prouver que $\overrightarrow{OA} \perp \overrightarrow{IJ}$ et $\overrightarrow{OA} \perp \overrightarrow{IK}$.

2° *a*) Justifier que $\mathscr{P}$ est l'ensemble des points M de $\mathscr{E}$ tels que $\overrightarrow{IM} \perp \overrightarrow{OA}$.

b) En déduire que $M(x, y, z)$ appartient à $\mathscr{P}$ si, et seulement si, $x + y + z = 1$.

Note : « $x + y + z = 1$ » sera appelée une équation de $\mathscr{P}$ (voir cours, p. 119).

COURS

5
L'espace euclidien

PRODUIT SCALAIRE

1 ANGLE DE DEUX VECTEURS NON NULS

Définition 1

Étant donné deux vecteurs *non nuls* $\vec{u}$ et $\vec{v}$ de $\vec{\mathcal{E}}$, on appelle **angle des vecteurs $\vec{u}$ et $\vec{v}$,** l'*angle géométrique* $\widehat{AOB}$, où :
- O est un point quelconque de $\mathcal{E}$,
- A et B sont tels que $\overrightarrow{OA} = \vec{u}$ et $\overrightarrow{OB} = \vec{v}$.

Remarques
- Nous admettrons que cette définition est intrinsèque, au sens suivant : elle ne dépend pas du point O choisi pour effectuer la représentation des vecteurs $\vec{u}$ et $\vec{v}$.
- L'angle $(\vec{u}, \vec{v})$ étant un angle géométrique, il admet une mesure en radians unique dans l'intervalle $[0, \pi]$. Cela a quelques conséquences, que nous exploiterons plus tard, comme, par exemple : $\sin(\vec{u}, \vec{v}) \geqslant 0$.

2 DÉFINITION DU PRODUIT SCALAIRE

Définition 2

On appelle **produit scalaire** de deux vecteurs $\vec{u}$ et $\vec{v}$ de $\vec{\mathcal{E}}$, le nombre réel noté $\vec{u} \cdot \vec{v}$ et défini par :
- lorsque $\vec{u}$ et $\vec{v}$ sont non nuls, $\vec{u} \cdot \vec{v} = \|\vec{u}\| \|\vec{v}\| \cos(\vec{u}, \vec{v})$;
- lorsque $\vec{u}$ ou $\vec{v}$ est nul, $\vec{u} \cdot \vec{v} = 0$.

Cette définition prolonge celle donnée dans le plan ; de ce fait, il en découle la règle fondamentale suivante :

Règle fondamentale

Toutes les propriétés du produit scalaire établies en Géométrie plane s'appliquent dans l'espace à des points et des vecteurs **coplanaires.**

Exemple *Avec la projection orthogonale.*

Considérons deux vecteurs non nuls de $\vec{\mathcal{E}}$, $\vec{u}$ et $\vec{v}$ et O un point de $\mathcal{E}$.
Définissons A et B par $\overrightarrow{OA} = \vec{u}$ et $\overrightarrow{OB} = \vec{v}$, puis le point H comme le projeté orthogonal de B sur (OA).
Nous avons alors $\vec{u} \cdot \vec{v} = \overline{OA} \cdot \overline{OH}$.

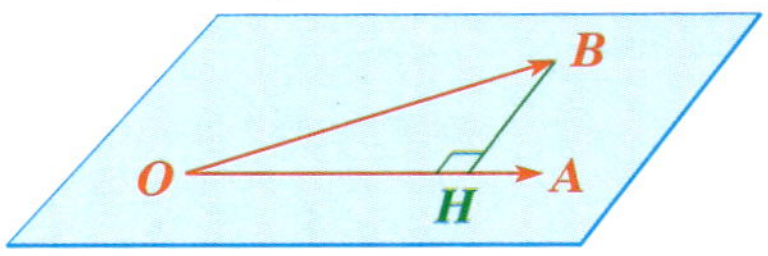

Fig. 1

3 PROPRIÉTÉS ALGÉBRIQUES

Théorème 1

Quels que soient les vecteurs $\vec{u}$, $\vec{v}$ et $\vec{w}$ et le réel α :
- $\vec{u} \cdot \vec{u} = \|\vec{u}\|^2$;
- $\vec{u} \cdot \vec{v} = \vec{v} \cdot \vec{u}$;
- $(\alpha \vec{u}) \cdot \vec{v} = \vec{u} \cdot (\alpha \vec{v}) = \alpha(\vec{u} \cdot \vec{v})$;
- $\vec{u} \cdot (\vec{v} + \vec{w}) = \vec{u} \cdot \vec{v} + \vec{u} \cdot \vec{w}$.

■ Les trois premiers résultats découlent de la règle fondamentale car ils ne mettent en jeu que deux vecteurs, donc des vecteurs coplanaires.
En revanche, la dernière relation exige une démonstration spécifique (voir exercice 3) : $\vec{u}$, $\vec{v}$ et $\vec{w}$ n'ont à priori aucune raison d'être coplanaires.

■ On notera l'analogie avec les propriétés algébriques du produit scalaire dans le plan, ce qui assure les mêmes relations telles que :

$$\|\vec{u} + \vec{v}\|^2 = \|\vec{u}\|^2 + \|\vec{v}\|^2 + 2\vec{u} \cdot \vec{v} \quad \text{ou} \quad \|\vec{u}\|^2 - \|\vec{v}\|^2 = (\vec{u} + \vec{v}) \cdot (\vec{u} - \vec{v}) \ldots$$

4 ORTHOGONALITÉ

Définition 3

On dit que deux vecteurs sont *orthogonaux* lorsque leur produit scalaire est *nul*.

De façon analogue à la situation plane, on a :

$$\vec{u} \cdot \vec{v} = 0 \Leftrightarrow \vec{u} = \vec{0} \quad \text{ou} \quad \vec{v} = \vec{0} \quad \text{ou} \quad \vec{u} \perp \vec{v}.$$

Nous verrons à l'usage qu'élargir l'orthogonalité de deux vecteurs à « $\vec{u} \cdot \vec{v}$ » = 0 présente les mêmes avantages que dans le plan.

Théorème 2

■ *Orthogonalité de deux droites*
Deux droites de vecteurs directeurs $\vec{u}$ et $\vec{v}$ sont orthogonales si, et seulement si, $\vec{u} \cdot \vec{v} = 0$.

■ *Orthogonalité droite-plan*
Soit $\mathcal{D}$ une droite de vecteur directeur $\vec{u}$ et $\mathcal{P}$ un plan. Les propriétés suivantes sont équivalentes :
(1) $\mathcal{D}$ est **orthogonale** à $\mathcal{P}$.
(2) Pour tous points M et N de $\mathcal{P}$, $\vec{u} \cdot \overrightarrow{MN} = 0$.
(3) Pour tout couple $(\vec{v}, \vec{v}')$ de vecteurs directeurs de $\mathcal{P}$, on a :

$$\vec{u} \cdot \vec{v} = \vec{u} \cdot \vec{v}' = 0 .$$

■ La première propriété est immédiate.

■ Quant à la seconde propriété, il s'agit de la simple traduction à l'aide du produit scalaire des équivalences de nature géométrique :

$\mathcal{D}$ orthogonale à $\mathcal{P}$ ⇔ $\mathcal{D}$ orthogonale à toute droite de $\mathcal{P}$
⇔ $\mathcal{D}$ orthogonale à deux côtés d'un triangle de $\mathcal{P}$.

5 VECTEUR NORMAL À UN PLAN

Étant donné un plan $\mathcal{P}$, tout vecteur directeur d'une droite orthogonale à $\mathcal{P}$ est appelé **vecteur normal** à $\mathcal{P}$ (et non pas vecteur « orthogonal » à $\mathcal{P}$). L'intérêt de la notion est dans le :

Théorème 3

> ▪ Soit A un point de $\mathcal{E}$ et $\vec{n}$ un vecteur non nul. L'ensemble des points M de $\mathcal{E}$ tels que $\overrightarrow{AM} \cdot \vec{n} = 0$ est un **plan** de l'espace.
>
> ▪ Réciproquement, soit $\mathcal{P}$ un plan. Quel que soit le *point A de $\mathcal{P}$* et le *vecteur normal $\vec{n}$ à $\mathcal{P}$*, **$\mathcal{P}$ est l'ensemble** des points M de $\mathcal{E}$ tels que $\overrightarrow{AM} \cdot \vec{n} = 0$.

▪ Dans chaque cas, on dit que $\mathcal{P}$ est le *plan passant par A et admettant $\vec{n}$ comme vecteur normal.*

▪ La *démonstration* repose sur l'observation suivante : « Dire que $\vec{n}$ est normal à $\mathcal{P}$ revient à dire que $\mathcal{P}$ est orthogonal à une quelconque droite de vecteur directeur $\vec{n}$. » Soit $\mathcal{D}$ l'une de ces droites.
La première propriété découle des équivalences suivantes :

$$\overrightarrow{AM} \cdot \vec{n} = 0 \Leftrightarrow \begin{cases} M = A \\ \text{ou} \\ M \neq A \ \text{ et } \ (AM) \perp \mathcal{D} \end{cases} \Leftrightarrow \begin{array}{l} M \text{ appartient au plan } \mathcal{P} \text{ passant} \\ \text{par } A \text{ et orthogonal à } \mathcal{D}. \end{array}$$

La seconde propriété ne fait que réexprimer qu'étant donné un plan $\mathcal{P}$, quel que soit le point A de $\mathcal{P}$ et $\mathcal{D}$ une droite orthogonale à $\mathcal{P}$, $\mathcal{P}$ est toujours *le* plan passant par A et orthogonal à $\mathcal{D}$.

6 PROJECTION ORTHOGONALE (1)

Le problème Soit $\mathcal{P}$ un plan défini comme le plan passant par un point A et de vecteur normal $\vec{n}$. Étant donné un point M de $\mathcal{E}$, on note M' et m les *projetés orthogonaux* de M sur $\mathcal{P}$ et sur la droite $d(A, \vec{n})$.
Il s'agit d'exprimer **$\overrightarrow{AM'}$ et $\overrightarrow{Am}$ en fonction de $\overrightarrow{AM}$ et $\vec{n}$.**

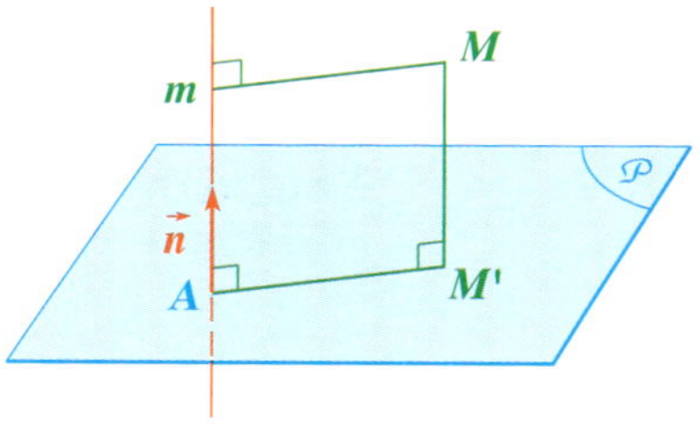

Fig. 2 ▶

Une méthode Nous avons $\overrightarrow{AM} = \overrightarrow{AM'} + \overrightarrow{Am}$. Exploitons les propriétés de la figure :

(1) $m \in d(A, \vec{n})$: il existe un réel t tel que $\overrightarrow{Am} = t\vec{n}$;
(2) $M' \in \mathcal{P}$: $\overrightarrow{AM'} \cdot \vec{n} = 0$.
Il en découle $\overrightarrow{AM} = \overrightarrow{AM'} + t\vec{n}$, puis $\overrightarrow{AM} \cdot \vec{n} = t \|\vec{n}\|^2$. Nous en déduisons successivement :

$$t = \frac{\overrightarrow{AM} \cdot \vec{n}}{\|\vec{n}\|^2} \ ; \quad \overrightarrow{Am} = \left(\frac{\overrightarrow{AM} \cdot \vec{n}}{\|\vec{n}\|^2}\right) \vec{n} \quad \text{et} \quad \overrightarrow{AM'} = \overrightarrow{AM} - \left(\frac{\overrightarrow{AM} \cdot \vec{n}}{\|\vec{n}\|^2}\right) \vec{n} \, .$$

Remarque Ces résultats admettent de nombreux corollaires (voir infra). En particulier, ils permettent des *calculs de distances* : par exemple, la distance de M à $\mathcal{P}$, donnée par MM' ou encore Am, est égale à $\dfrac{|\overrightarrow{AM} \cdot \vec{n}|}{\|\vec{n}\|}$.

(1) Ce paragraphe n'a pas vocation à fournir des résultats à « retenir par cœur ». Il s'agit de décrire une méthode de résolution simple et efficace : elle l'est.

7 APPLICATIONS

Distance d'un point à un plan

La distance d'un point M de $\mathcal{E}$ au plan $\mathcal{P}$ passant par A et de vecteur normal $\vec{n}$ est donnée par :

$$\frac{|\overrightarrow{AM} \cdot \vec{n}|}{\|\vec{n}\|}.$$

Ce résultat qui découle de ce qui vient d'être dit sera exploité du point de vue *analytique* dans le prochain paragraphe (voir p. 120).

Projection vectorielle

Soit $\mathcal{P}$ un plan passant par O et $\vec{n}$ un vecteur normal à $\mathcal{P}$ que nous supposerons *unitaire* (cela ne nuit pas à la généralité et... c'est plus simple).
Pour tout couple (M, N) de points de $\mathcal{E}$ de projetés orthogonaux sur $\mathcal{P}$, M' et N', nous avons :

$$\overrightarrow{OM'} = \overrightarrow{OM} - (\overrightarrow{OM} \cdot \vec{n})\vec{n}$$

et :

$$\overrightarrow{ON'} = \overrightarrow{ON} - (\overrightarrow{ON} \cdot \vec{n})\vec{n}.$$

Par différence, il vient :

$$\overrightarrow{M'N'} = \overrightarrow{MN} - (\overrightarrow{MN} \cdot \vec{n})\vec{n}.$$

Et donc (voir chapitre 3, p. 66) :
Soit $\mathcal{P}$ un plan de $\mathcal{E}$ et $\vec{n}$ un vecteur normal unitaire de $\mathcal{P}$. La projection vectorielle P associée à la projection orthogonale sur $\mathcal{P}$ est telle que :

Pour tout vecteur $\vec{u}$ de $\vec{\mathcal{E}}$, $\boldsymbol{P(\vec{u}) = \vec{u} - (\vec{u} \cdot \vec{n})\vec{n}}$.

Projeté de deux vecteurs orthogonaux

Soit $\vec{u}$ et $\vec{v}$ deux vecteurs non nuls *orthogonaux* de $\vec{\mathcal{E}}$.

Avec les notations précédentes, nous avons :

$$\vec{u}' = P(\vec{u}) = \vec{u} - (\vec{u} \cdot \vec{n})\vec{n} \quad \text{et} \quad \vec{v}' = P(\vec{v}) = \vec{v} - (\vec{v} \cdot \vec{n})\vec{n}.$$

Ainsi :

$$\vec{u}' \cdot \vec{v}' = \vec{u} \cdot \vec{v} - 2(\vec{u} \cdot \vec{n})(\vec{v} \cdot \vec{n}) + (\vec{u} \cdot \vec{n})(\vec{v} \cdot \vec{n})\|\vec{n}\|^2.$$

Compte tenu du fait que $\vec{n}$ est unitaire ($\|\vec{n}\| = 1$) et que $\vec{u}$ et $\vec{v}$ sont orthogonaux ($\vec{u} \cdot \vec{v} = 0$), il vient :

$$\boldsymbol{\vec{u}' \cdot \vec{v}' = -(\vec{u} \cdot \vec{n})(\vec{v} \cdot \vec{n})}.$$

Nous pouvons donc affirmer que *$\vec{u}'$ et $\vec{v}'$ sont orthogonaux* si et seulement si $\vec{u} \cdot \vec{n} = 0$ ou $\vec{v} \cdot \vec{n} = 0$, autrement dit *si et seulement si l'un des deux vecteurs $\vec{u}$ et $\vec{v}$ est orthogonal à $\vec{n}$.*
L'interprétation ponctuelle de ce résultat porte le nom de **théorème de l'angle droit** :

Théorème 4

Pour que deux droites orthogonales dans l'espace se projettent orthogonalement sur un plan $\mathcal{P}$ en deux droites orthogonales, il faut et il suffit que :
- **l'une** soit **parallèle à $\mathcal{P}$,**
- **l'autre** ne soit pas orthogonale à $\mathcal{P}$(1).

(1) Cette condition ne vise qu'à assurer que la droite ne se projette pas orthogonalement sur $\mathcal{P}$ en un point, mais en une « vraie droite » de $\mathcal{P}$.

GÉOMÉTRIE ANALYTIQUE

I EXPRESSION DU PRODUIT SCALAIRE DANS UNE BASE ORTHONORMALE

Rappels ■ Une base $(\vec{i}, \vec{j}, \vec{k})$ de $\vec{\mathcal{E}}$ est dite **orthonormale** lorsque les trois vecteurs sont unitaires et deux à deux orthogonaux :

$$\|\vec{i}\| = \|\vec{j}\| = \|\vec{k}\| \quad \text{et} \quad \vec{i} \cdot \vec{j} = \vec{j} \cdot \vec{k} = \vec{k} \cdot \vec{i} = 0 .$$

■ Un repère $(O, \vec{i}, \vec{j}, \vec{k})$ de $\mathcal{E}$ est appelé **repère orthonormal** lorsque la base $(\vec{i}, \vec{j}, \vec{k})$ est orthonormale.

Théorème 5

> Dans une base orthonormale, le produit scalaire de deux vecteurs $\vec{u}(x, y, z)$ et $\vec{u}\,'(x', y', z')$ est donné par :
> $$\vec{u} \cdot \vec{u}\,' = xx' + yy' + zz' .$$

La démonstration quasi évidente (et donc laissée, pour cette raison, à titre d'exercice) repose sur :
— les propriétés algébriques du produit scalaire ;
— la définition d'une base orthonormale.

Conséquences **1. Expression des coordonnées de $\vec{u}(x, y, z)$**

Nous avons : $x = \vec{u} \cdot \vec{i}$, $y = \vec{u} \cdot \vec{j}$ et $z = \vec{u} \cdot \vec{k}$.

2. Condition d'orthogonalité

Les vecteurs $\vec{u}(x, y, z)$ et $\vec{u}\,'(x', y', z')$ sont orthogonaux si, et seulement si, $xx' + yy' + zz' = 0$.

3. Norme, distance, angle

■ La norme de $\vec{u}(x, y, z)$ est donnée par $\|\vec{u}\| = \sqrt{x^2 + y^2 + z^2}$.

■ De ce fait, la distance AB avec $A(x_A, y_A, z_A)$ et $B(x_B, y_B, z_B)$ est calculée par $AB = \sqrt{(x_B - x_A)^2 + (y_B - y_A)^2 + (z_B - z_A)^2}$.

Exemple *Soit les points $A(1, 1, 3)$, $B(\sqrt{2} + 1, 0, 2)$ et $C(\sqrt{2} + 1, 2, 2)$.*
Calculer AB, AC et l'angle $\widehat{CAB}$.
Que peut-on dire du triangle ABC ?

Nous avons

$$\overrightarrow{AB}(\sqrt{2}, -1, -1) \text{ et } \overrightarrow{AC}(\sqrt{2}, 1, -1).$$

D'où $AB^2 = AC^2 = 4$; $AB = AC = 2$; puis $\overrightarrow{AB} \cdot \overrightarrow{AC} = 2$.

Comme $\overrightarrow{AB} \cdot \overrightarrow{AC} = AB \times AC \times \cos \widehat{CAB}$, nous obtenons $\cos \widehat{CAB} = \frac{1}{2}$, soit $\widehat{CAB} = \frac{\pi}{3}$.

Le triangle ABC est donc **équilatéral.**

Fig. 3 ▶

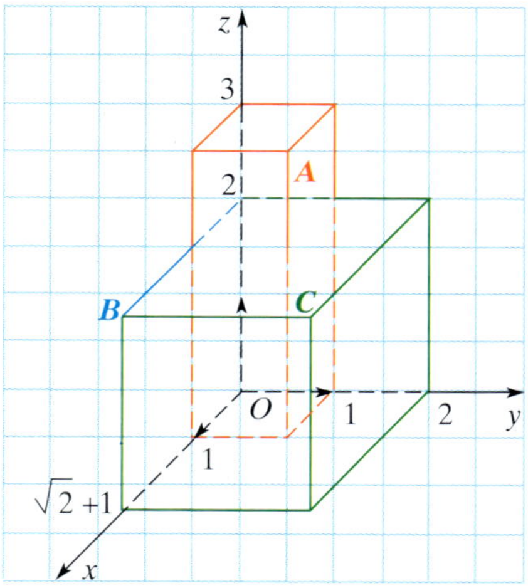

Stop ☞

> *Note :* Dans toute la suite de ce paragraphe, l'espace est muni d'un repère orthonormal.

2 ÉQUATION CARTÉSIENNE D'UN PLAN

Étude ▪ Le plan passant par $A(x_0, y_0, z_0)$, et admettant le vecteur non nul $\vec{n}(a, b, c)$ comme vecteur normal, peut être défini comme l'ensemble des points $M(x, y, z)$ tels que $\overrightarrow{AM} \cdot \vec{n} = 0$ (voir p. 116).
La traduction analytique de cette relation donne $a(x - x_0) + b(y - y_0) + c(z - z_0) = 0$, soit en posant $d = -(ax_0 + by_0 + cz_0)$:

$$ax + by + cz + d = 0\text{, avec } a \text{ ou } b \text{ ou } c \text{ non nul.}$$

▪ Réciproquement, étant donné trois réels a, b et c dont l'un au moins est non nul, l'ensemble $\mathcal{P}$ des points $M(x, y, z)$ de $\mathcal{E}$ tels que $ax + by + cz + d = 0$ est un plan de vecteur normal $\vec{n}(a, b, c)$:
soit $A(x_0, y_0, z_0)$ un point de $\mathcal{P}$ («ça existe») : $ax_0 + by_0 + cz_0 + d = 0$.
Alors, $ax + by + cz + d = 0$ équivaut à $a(x - x_0) + b(y - y_0) + c(z - z_0) = 0$.
Traduisons :

$$M(x, y, z) \in \mathcal{P} \Leftrightarrow \overrightarrow{AM} \cdot \vec{n} = 0.$$

Nous sommes donc conduits à énoncer :

Exemple : si $a \neq 0$, $A\left(-\frac{d}{a}, 0, 0\right)$.

Théorème 6

> Soit $\vec{n}(a, b, c)$ un vecteur non nul.
> Les plans admettant $\vec{n}(a, b, c)$ *comme vecteur normal* sont les plans dont une équation cartésienne est de la forme :
> $$ax + by + cz + d = 0\text{, où } d \text{ est un nombre réel quelconque.}$$

Exemples **1** *Les plans de coordonnées.*

Avec les notations habituelles, nous avons :

plans	(xOy)	(yOz)	(zOx)
équations	$z = 0$	$x = 0$	$y = 0$

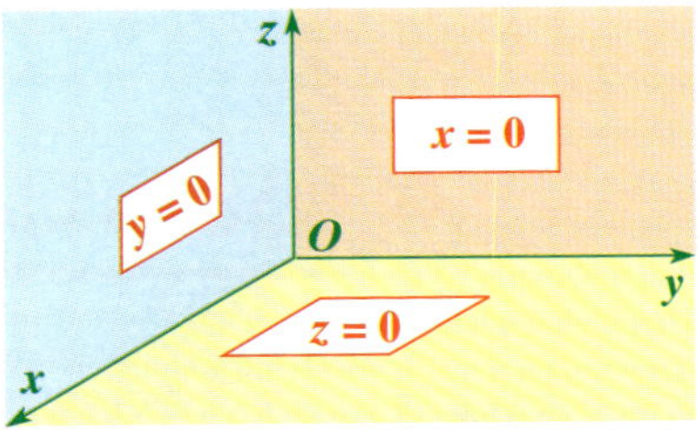

Fig. 4

2 *Équation du plan $\mathcal{P}$ passant par $A(-2, 1, 3)$ et perpendiculaire à (BC) avec $B(1, -2, 2)$ et $C(4, 1, -1)$.*

Le vecteur $\overrightarrow{BC}(3, 3, -3)$ ou mieux $\vec{n}(1, 1, -1)$ est normal à $\mathcal{P}$.
Traduisons analytiquement la relation $\overrightarrow{AM} \cdot \vec{n} = 0$:
Avec $M(x, y, z)$, il vient $(x + 2) + (y - 1) - (z - 3) = 0$.
L'équation de $\mathcal{P}$ est donc :

$$x + y - z + 4 = 0.$$

3 *Trouver un point A et un vecteur normal du plan $\mathcal{P}$ d'équation* $3x - 5y + z = 1$.

Le vecteur $\vec{n}(3, -5, 1)$ est normal à $\mathcal{P}$ (voir théorème 6) et le point $A(0, 0, 1)$ appartient manifestement à $\mathcal{P}$.

Remarque C'est le *produit vectoriel* (voir pp. 122 et 123) qui permettra d'obtenir une équation cartésienne d'un plan défini sous la forme «*plan* $(A, \vec{u}, \vec{v})$».

3 DISTANCE D'UN POINT À UN PLAN

La méthode C'est en reconduisant l'étude effectuée à propos de la « projection orthogonale » (voir p. 116) que l'on peut obtenir l'expression analytique de la distance d'un point à un plan.
Rappelons le résultat obtenu :
« La distance de M au plan passant par A, de vecteur normal $\vec{n}$, est calculée par $\dfrac{|\overrightarrow{AM} \cdot \vec{n}|}{\|\vec{n}\|}$. »

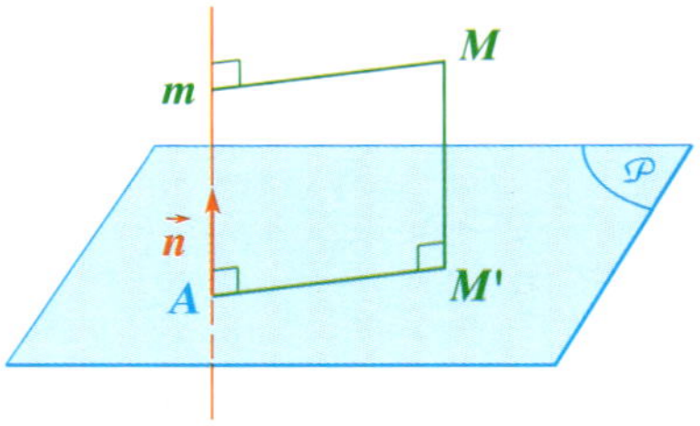

Fig. 5

Exemple de référence *Soit $\mathscr{P}$ le plan d'équation $ax + by + cz + d = 0$ et $M_0(x_0, y_0, z_0)$ un point de $\mathcal{E}$.*
Montrer que la distance de M_0 au plan $\mathscr{P}$ est :

$$\frac{|ax_0 + by_0 + cz_0 + d|}{\sqrt{a^2 + b^2 + c^2}}.$$

- Le vecteur $\vec{n}(a, b, c)$ est un *vecteur normal* au plan $\mathscr{P}$.
- Soit $A(x_A, y_A, z_A)$ un *point quelconque de $\mathscr{P}$* (nous allons voir qu'il n'est pas utile de préciser davantage le point A) ; nous avons donc $ax_A + by_A + cz_A + d = 0$ (1).
- Passons aux calculs :

$\|\vec{n}\| = \sqrt{a^2 + b^2 + c^2}$;
avec $\overrightarrow{AM}(x_0 - x_A, y_0 - y_A, z_0 - z_A)$ et $\vec{n}(a, b, c)$, il vient :

$$\overrightarrow{AM} \cdot \vec{n} = ax_0 + by_0 + cz_0 - (ax_A + by_A + cz_A) = ax_0 + by_0 + cz_0 + d,$$

compte tenu de la relation (1).

Ainsi :
$$\frac{|\overrightarrow{AM} \cdot \vec{n}|}{\|\vec{n}\|} = \frac{|ax_0 + by_0 + cz_0 + d|}{\sqrt{a^2 + b^2 + c^2}}.$$

4 ÉQUATION D'UNE SPHÈRE

Théorème 7

> L'équation de la sphère de centre $\Omega(x_0, y_0, z_0)$ et de rayon R ($R > 0$) est :
> $$(x - x_0)^2 + (y - y_0)^2 + (z - z_0)^2 = R^2.$$

La sphère $\mathcal{S}(\Omega, R)$ de centre Ω et de rayon R est l'ensemble des points M tels que $\Omega M = R$ ou encore $\Omega M^2 = R^2$.
En utilisant l'expression analytique de ΩM^2, on obtient le résultat qu'énonce le théorème 7.
Un autre point de vue, exploitable analytiquement est donné ci-après :

Théorème 8

> La sphère de diamètre $[A, B]$ est l'ensemble des points M de $\mathcal{E}$ tels que $\overrightarrow{MA} \cdot \overrightarrow{MB} = 0$.

Voir aussi exercice 2, activité 1.

Soit I le milieu de $[A, B]$. Alors $\overrightarrow{MA} \cdot \overrightarrow{MB} = MI^2 - \left(\dfrac{AB}{2}\right)^2$ [théorème de la médiane].

Le théorème 8 en découle : la sphère de diamètre $[A, B]$ est aussi la sphère de centre I et de rayon $\dfrac{AB}{2}$.

L'ESPACE ORIENTÉ

1 COMMENT ORIENTER L'ESPACE ?

Deux types de repères Considérons, dans l'espace $\mathcal{E}$, un repère $(O, \vec{i}, \vec{j}, \vec{k})$ et les points I, J et K définis par $\overrightarrow{OI} = \vec{i}$, $\overrightarrow{OJ} = \vec{j}$ et $\overrightarrow{OK} = \vec{k}$.
Imaginons un observateur les pieds en O, la tête en K, fixant obstinément le point I. Deux situations sont possibles et deux seulement :

Fig. 6

Situation 1 : Le point J est à gauche de l'observateur.

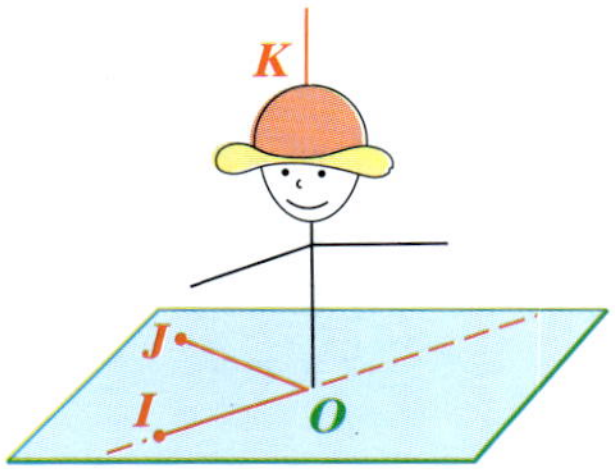

Fig. 7

Situation 2 : Le point J est à droite de l'observateur.

Les repères relevant de la situation 1 sont appelés repères *directs* et ceux relevant de la situation 2 sont appelés repères *indirects*.

espace orienté *Orienter l'espace, c'est* distinguer *ces deux types de repères.*

Bases directes, indirectes ▪ Nous admettrons qu'étant donné une base $(\vec{i}, \vec{j}, \vec{k})$, quel que soit le point O de $\mathcal{E}$, le repère $(O, \vec{i}, \vec{j}, \vec{k})$ a toujours la même orientation :
$(O, \vec{i}, \vec{j}, \vec{k})$ est direct quel que soit O : $(\vec{i}, \vec{j}, \vec{k})$ est une base directe ;
$(O, \vec{i}, \vec{j}, \vec{k})$ est indirect quel que soit O : $(\vec{i}, \vec{j}, \vec{k})$ est une base indirecte.
▪ En ce qui concerne les *bases*, les résultats suivants[1] satisferont l'essentiel des besoins à venir :

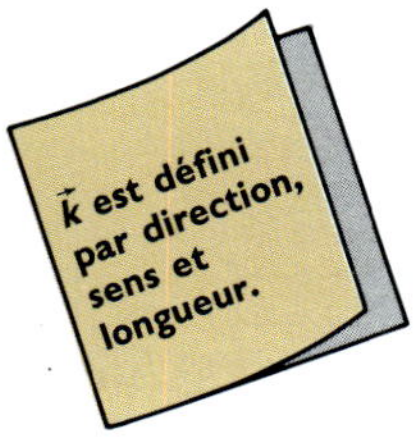

1. La représentation *traditionnelle* d'une base orthonormale est celle d'une base directe.
2. *Permuter* deux vecteurs changent l'orientation de la base.
3. Pour toute base $(\vec{i}, \vec{j})$ d'un plan et pour tout réel $\ell > 0$, il existe un seul vecteur $\vec{k}$ vérifiant :
$\vec{k}$ est orthogonal à $\vec{i}$ et $\vec{j}$; $(\vec{i}, \vec{j}, \vec{k})$ base directe ; $\|\vec{k}\| = \ell$.

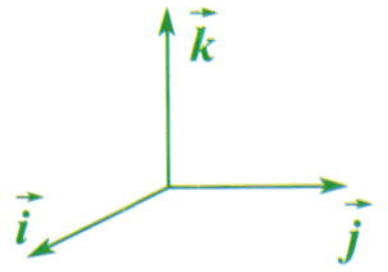

Fig. 8. Représentation standard d'une base orthonormale directe.

2 ORIENTATION D'UN PLAN

Le principe Considérons un plan $\mathcal{P}$ et choisissons un vecteur $\vec{k}$ normal à $\mathcal{P}$. Nous orientons $\mathcal{P}$ en déclarant qu'une base $(\vec{i}, \vec{j})$ est directe dans $\mathcal{P}$ si $(\vec{i}, \vec{j}, \vec{k})$ est directe dans l'espace.

À noter Un plan dans l'espace orienté ne peut être orienté que par le choix d'un vecteur normal à $\mathcal{P}$.

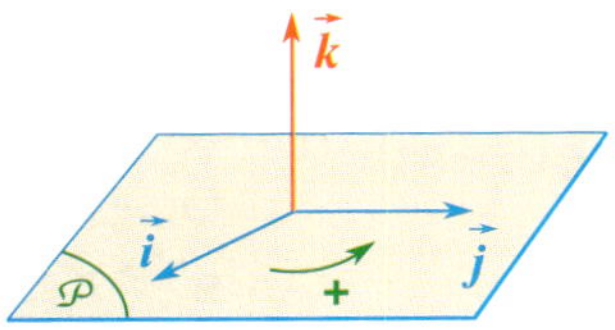

Fig. 9

(1) Que nous basons toujours sur l'observation physique.

PRODUIT VECTORIEL

1 DÉFINITION, PREMIÈRES PROPRIÉTÉS

Définition 4

Soit $\vec{u}$, $\vec{v}$ deux vecteurs de $\vec{\mathcal{E}}$.

On appelle **produit vectoriel** de $\vec{u}$ par $\vec{v}$, le vecteur noté $\vec{u} \wedge \vec{v}$ défini ainsi :

— lorsque $\vec{u}$ et $\vec{v}$ sont *colinéaires*, $\vec{u} \wedge \vec{v} = \vec{0}$;

— lorsque $\vec{u}$ et $\vec{v}$ *ne sont pas colinéaires*,

- **$\vec{u} \wedge \vec{v}$ est orthogonal à $\vec{u}$ et à $\vec{v}$** (direction);
- **$(\vec{u}, \vec{v}, \vec{u} \wedge \vec{v})$ est une base directe** (sens);
- $\|\vec{u} \wedge \vec{v}\| = \|\vec{u}\| \|\vec{v}\| \sin(\vec{u}, \vec{v})$ (norme).

Exemples

1 Si $(\vec{i}, \vec{j}, \vec{k})$ est une base orthonormale directe :

- $\vec{i} \wedge \vec{j} = \vec{k}$, $\vec{j} \wedge \vec{k} = \vec{i}$, $\vec{k} \wedge \vec{i} = \vec{j}$;
- $\vec{j} \wedge \vec{i} = -\vec{k}$, $\vec{k} \wedge \vec{j} = -\vec{i}$, $\vec{i} \wedge \vec{k} = -\vec{j}$.

2 *Si* $\vec{u}$, $\vec{v}$ sont orthogonaux et unitaires, alors $(\vec{u}, \vec{v}, \vec{u} \wedge \vec{v})$ est une base orthonormale directe.

3 *En électromagnétisme*

La force magnétique qui s'exerce sur une particule de charge q, animée d'une vitesse $\vec{v}$ dans un champ magnétique $\vec{B}$, est $\vec{F} = q\vec{v} \wedge \vec{B}$; le trièdre $(q\vec{v}, \vec{B}, \vec{F})$ est direct.

Propriétés

1. Aire et norme du produit vectoriel

L'aire d'un triangle ABC est calculée par $\frac{1}{2} AB \times AC \times \sin \widehat{BAC}$ (voir chapitre 4, p. 87).

Et donc $\text{aire}(ABC) = \frac{1}{2} \|\overrightarrow{AB} \wedge \overrightarrow{AC}\|$.

On notera que $\|\overrightarrow{AB} \wedge \overrightarrow{AC}\|$ est l'aire du parallélogramme formé sur les côtés $[A, B]$ et $[A, C]$.

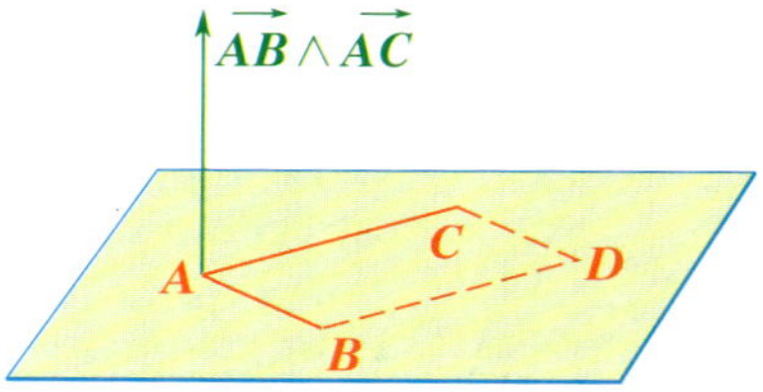

Fig. 10

2. Colinéarité, alignement et produit vectoriel

Le produit vectoriel $\vec{u} \wedge \vec{v}$ est nul si et seulement si $\vec{u}$ et $\vec{v}$ sont colinéaires (cela résulte de la définition). De ce fait :

« Les points **A, B, C sont alignés** si et seulement si $\overrightarrow{AB} \wedge \overrightarrow{AC} = \vec{0}$. »

2 PROPRIÉTÉS ALGÉBRIQUES

Théorème 9

Quels que soient les vecteurs $\vec{u}$, $\vec{v}$, $\vec{w}$ et le réel α :

- $\vec{v} \wedge \vec{u} = -\vec{u} \wedge \vec{v}$;
- $(\alpha\vec{u}) \wedge \vec{v} = \alpha(\vec{u} \wedge \vec{v})$;
- $\vec{u} \wedge (\vec{v} + \vec{w}) = \vec{u} \wedge \vec{v} + \vec{u} \wedge \vec{w}$.

Ces résultats sont *admis* (voir cependant l'exercice 23).

3 EXPRESSION ANALYTIQUE DE $\vec{u} \wedge \vec{v}$

Théorème 10

> Soit $(\vec{i}, \vec{j}, \vec{k})$ une base orthonormale directe. Les coordonnées des vecteurs $\vec{u}$, $\vec{v}$ et $\vec{u} \wedge \vec{v}$ dans cette base sont telles que :
>
> Si $\vec{u}(x, y, z)$ et $\vec{v}(x', y', z')$, alors $\vec{u} \wedge \vec{v}(yz' - zy', zx' - xz', xy' - yx')$.

Comme on le verra à l'exercice 24, ce théorème tient pour l'essentiel dans *les propriétés algébriques du produit vectoriel* et dans les résultats dégagés précédemment sur $\vec{i} \wedge \vec{j}$, $\vec{j} \wedge \vec{k}$, ..., $\vec{i} \wedge \vec{k}$, ... etc.

Calcul pratique

On réécrit les deux premières coordonnées.

C'est en identifiant des déterminants dans les coordonnées de $\vec{u} \wedge \vec{v}$ que l'on obtient une *disposition pratique de calcul :*
Soit (X, Y, Z) les coordonnées de $\vec{u} \wedge \vec{v}$.

Pour $\vec{u}$ →	x	$y \quad z$	$x \quad y$	$x \quad y$	$z \quad x$	z	$x \quad y \quad z$	$x \quad y$
Pour $\vec{v}$ →	x'	$y' \quad z'$	$x' \quad y'$	$x' \quad y'$	$z' \quad x'$	z'	$x' \quad y' \quad z'$	$x' \quad y'$
		↓ X			↓ Y			↓ Z

Règle : La $k^{\text{ième}}$ coordonnée de $\vec{u} \wedge \vec{v}$ $(k = 1, 2, 3)$ est le déterminant qui *suit* la $k^{\text{ième}}$ colonne.

4 APPLICATIONS ESSENTIELLES

Équation[1] d'un plan

Exemple : Équation cartésienne du plan (ABC) *avec* $A(2, 1, -1)$, $B(0, 1, 1)$ *et* $C(3, 0, -2)$.

Méthode : On se ramène à l'équation cartésienne d'un plan dont on connaît un point et un vecteur normal, en notant que $\overrightarrow{AB} \wedge \overrightarrow{AC}$ est normal au plan (ABC).

Solution : Nous avons $\overrightarrow{AB}(-2, 0, 2)$ et $\overrightarrow{AC}(1, -1, -1)$, d'où $\overrightarrow{AB} \wedge \overrightarrow{AC}(2, 0, 2)$. Ainsi, $\vec{n}(1, 0, 1)$ est normal au plan (ABC). Avec $M(x, y, z)$, la condition $\overrightarrow{AM} \cdot \vec{n} = 0$ s'écrit alors $\mathbf{x + z - 1 = 0}$ (équation du plan (ABC)).

Calculs d'aires

Exemple : Calculer l'aire du triangle ABC avec $A(1, 2, -1)$, $B(4, 0, 1)$ *et* $C(1, 3, -2)$.

Méthode : L'aire du triangle ABC est calculée par $\frac{1}{2} \|\overrightarrow{AB} \wedge \overrightarrow{AC}\|$ (voir propriété 1, p. 122).

Solution : Nous avons $\overrightarrow{AB}(3, -2, 2)$ et $\overrightarrow{AC}(0, 1, -1)$, donc $\overrightarrow{AB} \wedge \overrightarrow{AC}(0, 3, 3)$, d'où $\|\overrightarrow{AB} \wedge \overrightarrow{AC}\| = \sqrt{18} = 3\sqrt{2}$.

L'aire du triangle ABC est donc $\mathbf{\frac{3\sqrt{2}}{2}}$.

Autres

Voir les exercices 52 et 49 : *distance à une droite, perpendiculaire commune à deux droites...*

(1) On peut toujours supposer l'espace orienté. Et quelle que soit l'orientation, $\vec{u} \wedge \vec{v}$ est orthogonal à $\vec{u}$ et $\vec{v}$.

TRAVAUX PRATIQUES

5
L'espace euclidien

A – ÉTUDE D'OBJETS USUELS DE L'ESPACE

? *L'étude des objets usuels de l'espace :* ***calculs de distances, d'angles, d'aires, de volumes,*** *relations d'****orthogonalité,*** *plus généralement d'****incidence,*** *mobilise souvent le produit scalaire et le produit vectoriel.*
L'explication en est fort simple compte tenu des ingrédients intervenant dans la définition de ces produits et de leurs propriétés algébriques : elle ne se démarque pas (dans l'esprit) de la situation plane.
Quant à la mise en pratique..., nous y sommes.

Exercice résolu ***Le tétraèdre régulier***

Soit ABCD un tétraèdre régulier d'arête a et O l'isobarycentre des sommets (O est appelé centre du tétraèdre.)

1° Les produits scalaires utiles

a) Montrer que $\overrightarrow{AB}\cdot\overrightarrow{AC}=\overrightarrow{AC}\cdot\overrightarrow{AD}=\overrightarrow{AD}\cdot\overrightarrow{AB}=\dfrac{a^2}{2}$ *et qu'il en est de même pour les autres sommets.*

b) Montrer que deux arêtes opposées sont orthogonales.

2° Les hauteurs du tétraèdre

Montrer que chaque droite issue d'un sommet et passant par O perce orthogonalement la face opposée à ce sommet au centre de gravité de la face.

3° Un repère orthogonal ?

Soit A′ le centre du triangle BCD et Ω le milieu de [A, A′].
Montrer que (Ω, B, C, D) est un repère orthogonal.

1° *a)* Par exemple, $\overrightarrow{AB}\cdot\overrightarrow{AC}=AB\cdot AC\cos\widehat{BAC}=a^2\cos\dfrac{\pi}{3}$ et donc :

$$\overrightarrow{AB}\cdot\overrightarrow{AC}=\frac{a^2}{2}.$$

(Tous les autres produits scalaires du même type $\overrightarrow{BD}\cdot\overrightarrow{BA}$ ou $\overrightarrow{CD}\cdot\overrightarrow{CB}$, ... sont égaux à $\dfrac{a^2}{2}$.)

b) Par exemple (encore),

$$\overrightarrow{AB}\cdot\overrightarrow{CD}=\overrightarrow{AB}\cdot(\overrightarrow{AD}-\overrightarrow{AC})$$

soit $\overrightarrow{AB}\cdot\overrightarrow{CD}=\overrightarrow{AB}\cdot\overrightarrow{AD}-\overrightarrow{AB}\cdot\overrightarrow{AC}=0$ (d'après *a*)).

Les arêtes opposées sont orthogonales.

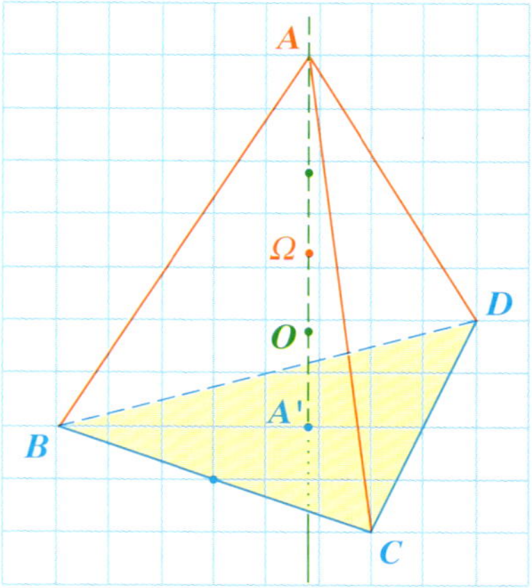

Fig. 11 ▶

2° ■ Dans tout tétraèdre (voir chapitre 3), un sommet (A, par exemple), l'isobarycentre O des sommets et le centre de gravité de la face opposée (BCD) sont alignés.

■ De la relation barycentrique $3\overrightarrow{AA'} = \overrightarrow{AB} + \overrightarrow{AC} + \overrightarrow{AD}$, nous tirons :

$$3\overrightarrow{AA'} \cdot \overrightarrow{BC} = \overrightarrow{AB} \cdot \overrightarrow{BC} + \overrightarrow{AC} \cdot \overrightarrow{BC} + \overrightarrow{BC} \cdot \overrightarrow{AD} = -\overrightarrow{BA} \cdot \overrightarrow{BC} + \overrightarrow{CA} \cdot \overrightarrow{CB} = 0\,.$$

On établirait de même que $\overrightarrow{AA'} \perp \overrightarrow{BD}$.
Ainsi, (AA') est orthogonale au plan (BCD) : **on dit que (AA') est la hauteur issue de A dans le tétraèdre $ABCD$.**
(On a évidemment des résultats analogues pour chaque sommet.)

Remarque : Compte tenu de $AB = a$; $A'B = \frac{2}{3} a \frac{\sqrt{3}}{2}$ $\left(a \frac{\sqrt{3}}{2}\right.$ est la hauteur du triangle équilatéral $\left.BCD\right)$, par Pythagore, nous obtenons la hauteur h (longueur) du tétraèdre régulier : $\boldsymbol{h = a\sqrt{\frac{2}{3}}}$, puis le volume $\boldsymbol{V = \frac{a^3\sqrt{2}}{12}}$.

3° Donnons, pour cette question, des embryons de solution que nous demandons de mener à terme...

■ *Orthogonalité deux à deux de (ΩB), (ΩC) et (ΩD)*
Par le produit scalaire : $\overrightarrow{\Omega B} \cdot \overrightarrow{\Omega C} = (\overrightarrow{\Omega A'} + \overrightarrow{A'B}) \cdot (\overrightarrow{\Omega A'} + \overrightarrow{A'C}) = \Omega A'^2 + \overrightarrow{A'B} \cdot \overrightarrow{A'C} = \ldots$
Par les propriétés d'incidence : en travaillant dans le plan $AA'D$; si I est le milieu de $[B, C]$, alors $\Omega I = \frac{AD}{2} = \frac{a}{2} = \frac{BC}{2}$, d'où...

■ *Les égalités* $\Omega B = \Omega C = \Omega D$ ... très aisé à établir.

Conclusion : **(Ω, B, C, D) est un repère orthogonal.**

Note : L'étude du tétraèdre régulier est poursuivie dans l'exercice 1 du T. P. 1.

POINT MÉTHODE

L'usage du produit scalaire (et du produit vectoriel) procède de la même démarche qu'en Géométrie plane. Ajoutons, cependant :

1. Pour évaluer le produit scalaire de deux vecteurs $\vec{u}$ et $\vec{v}$, on a le plus souvent intérêt à travailler avec des *points coplanaires* A, B, C et D tels que $\overrightarrow{AB} = \vec{u}$ et $\overrightarrow{CD} = \vec{v}$ et à mettre en œuvre les techniques de la Géométrie plane.

2. Ne pas hésiter à utiliser les **relations d'incidence et d'orthogonalité :** elles peuvent se substituer avec bonheur à des calculs de produits scalaires coûteux.

TP I

1 Des angles dans le tétraèdre régulier

a) Calculer $\cos \widehat{AOB}$ et donner en degrés une valeur approchée de $\widehat{AOB}$.

b) Même question pour l'angle $\widehat{AID}$, où I est le milieu de $[B, C]$.
Que dire de (BC) et du plan (AID) ?

2 Sur le cube

On considère un cube $ABCDEFGH$ d'arête a et un point M de la droite (DE) et un point N de la droite (AC).

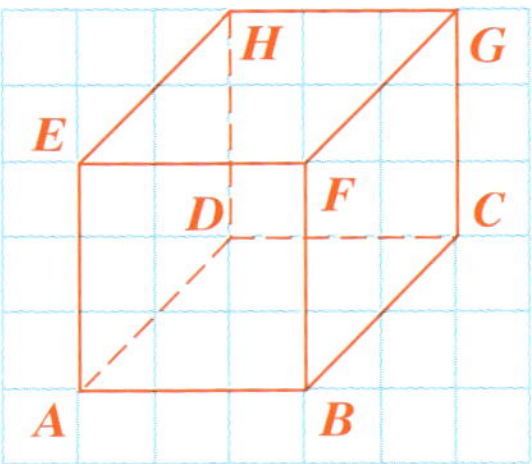

On pose $\overrightarrow{DM} = x\overrightarrow{DE}$ et $\overrightarrow{AN} = y\overrightarrow{AC}$ (x, y réels).

a) Exprimer, en fonction de a, x et y :

$$\overrightarrow{MN} \cdot \overrightarrow{DE} \text{ et } \overrightarrow{MN} \cdot \overrightarrow{AC}.$$

b) Déterminer x et y de façon que (MN) soit orthogonale aux droites (AC) et (DE).

c) Déterminer x et y de façon que (MN) soit orthogonale au plan (DEF).

3 Vrai-Faux

« Sur le cube orienté, le point M défini par $\overrightarrow{AM} = \overrightarrow{FG} \wedge \overrightarrow{BH}$ est un sommet du cube. »

B – LA GÉOMÉTRIE ANALYTIQUE

?

Illustrer *l'emploi du* produit scalaire *et du* produit vectoriel *dans la résolution de problèmes par la Géométrie analytique est le premier objectif de ce T. P.*

Mais nous y voyons aussi l'occasion de fixer certaines techniques usuelles de base, ou mieux dit, répondre à la question : «Quels sont les principaux savoir-faire dont il est indispensable d'être familier ?»

Exercice résolu *L'espace est muni d'un repère orthonormal* $(O, \vec{i}, \vec{j}, \vec{k})$.
On considère les points $A(a, 0, 0)$, $B(0, b, 0)$ *et* $C(0, 0, c)$, *où* a, b *et* c *sont trois réels non nuls.*
Montrer que la distance d *de l'origine au plan* (ABC) *est telle que :*

$$\frac{1}{d^2} = \frac{1}{a^2} + \frac{1}{b^2} + \frac{1}{c^2}.$$

- Avant d'engager le moindre calcul, il nous faut former un canevas de résolution. En voilà un des plus naturels :

(1) Écrire l'**équation du plan (ABC).**
(2) Calculer la **distance d de O au plan (ABC).**
(3) Contrôler la **relation proposée.**

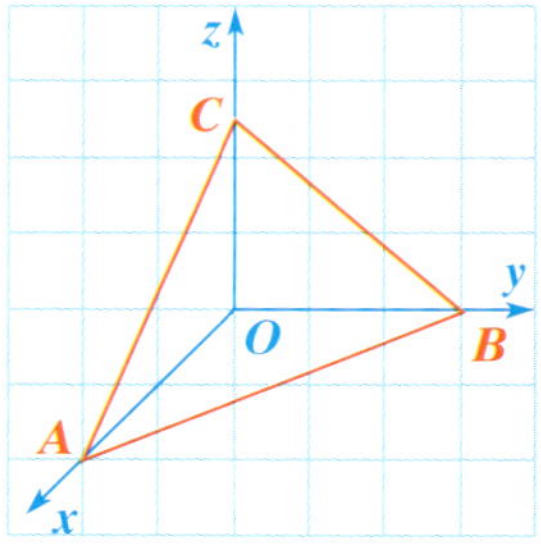

Fig. 12

Notons que chaque étape est à notre portée : ce scénario laisse donc entrevoir une issue heureuse.

1. Équation du plan (ABC)[1]

- Le vecteur $\overrightarrow{AB} \wedge \overrightarrow{AC}$ est un *vecteur normal* au plan (ABC).

Avec $\overrightarrow{AB}(-a, b, 0)$ et $\overrightarrow{AC}(-a, 0, c)$, on a $\overrightarrow{AB} \wedge \overrightarrow{AC}(bc, ac, ab)$.

- Le plan (ABC) est alors le plan passant par $A(a, 0, 0)$, de vecteur normal $\vec{n}(bc, ac, ab)$.

La relation $\overrightarrow{AM} \cdot \vec{n} = 0$, avec $M(x, y, z)$, livre l'équation du plan (ABC) :

$$\mathbf{bcx + acy + abz - abc = 0}\ .$$

2. Distance d de O au plan (ABC)

Notre exemple de référence (voir p. 120) permet d'affirmer que la distance d est calculée par $d = \dfrac{|-abc|}{\sqrt{(bc)^2 + (ac)^2 + (ab)^2}}$.

Ainsi :

$$d^2 = \frac{a^2b^2c^2}{(bc)^2 + (ac)^2 + (ab)^2}.$$

3. La relation

Nous avons $d^2 = \dfrac{1}{\dfrac{1}{a^2} + \dfrac{1}{b^2} + \dfrac{1}{c^2}}$ (après division par $a^2b^2c^2$), ce qui manifestement peut s'écrire $\dfrac{1}{d^2} = \dfrac{1}{a^2} + \dfrac{1}{b^2} + \dfrac{1}{c^2}$.

- Un autre scénario peut être envisagé dès que l'on observe qu'il est possible de calculer, de deux manières différentes, le **volume V du tétraèdre $OABC$.**

(1) $V = \dfrac{1}{3} OA \times \text{aire}(OBC)$, ce qui donne $V = \dfrac{1}{6}|abc|$.

(2) $V = \dfrac{1}{3} d \times \text{aire}(ABC)$. Comme $\text{aire}(ABC) = \dfrac{1}{2}\|\overrightarrow{AB} \wedge \overrightarrow{AC}\|$ ... : la poursuite des calculs est laissée à titre d'exercice.

(1) Nous utilisons la méthode dégagée dans le cours (voir p. 119) préférable à celle qui consisterait à écrire à priori l'équation du plan $\alpha x + \beta y + \gamma z + \delta = 0$ et à essayer de calculer α, β, γ et δ. (Préférable, car issue d'une démarche géométrique et non de calculs obscurs.)

POINT MÉTHODE

La résolution d'un problème de l'espace par la Géométrie analytique exige :

1. La connaissance des « formules » analytiques
Nous entendons par là, pour l'essentiel, les expressions analytiques dans une base orthonormale (directe si nécessaire) du produit scalaire, de la norme, du produit vectoriel.

2. Quelques savoir-faire sur la démarche :
« Traduire, à l'aide du produit scalaire (ou du produit vectoriel), certaines propriétés géométriques. "Passer" ensuite aux coordonnées. » (Le T. P. 2 propose sur ce sujet les situations de base qu'il faut savoir traiter.)

3. Élaborer un scénario servant de guide dans la résolution, marquant les différentes étapes en jugeant, à chaque fois, l'état de l'assistance technique. En bref : « Suis-je capable de résoudre analytiquement le problème posé à chaque étape ? »

TP 2

L'espace est muni d'un repère orthonormal $(O, \vec{i}, \vec{j}, \vec{k})$ que l'on supposera direct (si besoin est).

Avec des figures

1 Montrer que le tétraèdre $ABCD$ est régulier.
On donne : $A(-7, -15, 3)$, $B(-4, 20, -1)$, $C(4, 5, 30)$ et $D(25, 0, 2)$.

2 Calculer les coordonnées de l'isobarycentre G des points $A(10, 5, -10)$, $B(-1, -15, 17)$ et $C(2, 20, 21)$.
Vérifier que A, B, C déterminent un plan et que $M(-10, 5, 5)$ se projette orthogonalement en G sur le plan (ABC).

3 Soit $\vec{u}(52, 17, 16)$, $\vec{v}(-23, 44, 28)$ et $\vec{w}(4, 32, -47)$.
Montrer que $\left(\frac{1}{57}\vec{u}, \frac{1}{57}\vec{v}, \frac{1}{57}\vec{w}\right)$ est une base orthonormale.

BENNETON C'est le nom du mathématicien qui a établi le résultat suivant : « Si $\vec{u}$, $\vec{v}$, $\vec{w}$ ont des coordonnées entières toutes distinctes et si a est un entier naturel tel que $\left(\frac{1}{a}\vec{u}, \frac{1}{a}\vec{v}, \frac{1}{a}\vec{w}\right)$ soit une base orthonormale, alors $a \geqslant 57$. »

Avec des équations

4 Quelle est l'équation du plan médiateur de $[A, B]$ avec $A(3, -2, -5)$ et $B(1, 4, 3)$?

5 Quelle est l'équation du plan (ABC) avec $A(-1, 1, 0)$, $B(1, 1, -2)$ et $C(3, 1, -1)$?

6 Les plans d'équations :
$$x + y + z - 2 = 0 \quad \text{et} \quad -2x + y + z - 3 = 0$$
sont-ils perpendiculaires ?

7 Montrer que le point $A(1, 1, 1)$ est à égale distance des plans $\mathcal{P}$ et $\mathcal{P}'$:
$$\mathcal{P} : ax + by + cz = 0, \quad \mathcal{P}' : bx + cy + az = 0.$$
Évaluer cette distance lorsque $\mathcal{P}$ et $\mathcal{P}'$ sont perpendiculaires et en déduire la distance de A à leur droite d'intersection.

8 **Un problème**
(D'après *Maxi-Olympiades*, 1987.)
Un cube de fromage $\mathcal{C}$:
$$\mathcal{C} = \{M(x, y, z) / \; 0 \leqslant x \leqslant 1, \; 0 \leqslant y \leqslant 1 \text{ et } 0 \leqslant z \leqslant 1\},$$
est coupé selon les plans :
$$x = y, \quad y = z \quad \text{et} \quad z = x.$$
Combien de morceaux obtient-on ? (On ne déplace aucun morceau de fromage avant d'avoir terminé les découpes.)

APPLICATIONS DIRECTES DU COURS

Notes :

1. Nos références au « cube *ABCDEFGH* » (parfois au « cube » tout court) sont relatives au cube représenté ci-dessous.

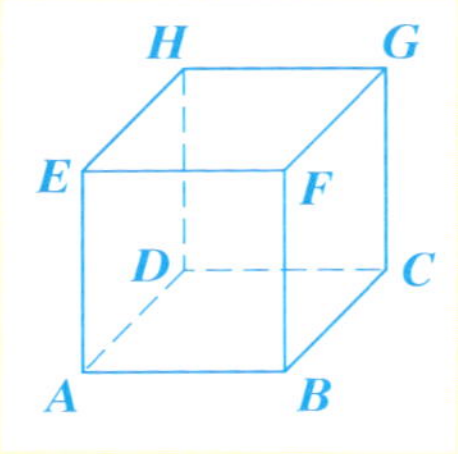

2. Dans les problèmes analytiques, on suppose l'espace muni d'un repère orthonormal (direct si la notion d'orientation est mise en jeu).

Produit scalaire

1 Soit a l'arête du cube *ABCDEFGH*. Calculer dans chaque cas $\vec{u} \cdot \vec{v}$:

a) $\vec{u} = \overrightarrow{EB}$, $\quad \vec{v} = \overrightarrow{BG}$;

b) $\vec{u} = \overrightarrow{DG}$, $\quad \vec{v} = \overrightarrow{HF}$;

c) $\vec{u} = \overrightarrow{AB}$, $\quad \vec{v} = \overrightarrow{DG}$;

d) $\vec{u} = \overrightarrow{EA}$, $\quad \vec{v} = \overrightarrow{CH}$.

2 Soit $\vec{u}$ et $\vec{v}$ deux vecteurs non nuls. Établir l'équivalence :

$$|\vec{u} \cdot \vec{v}| = \|\vec{u}\|\|\vec{v}\| \Leftrightarrow \vec{u} \text{ et } \vec{v} \text{ sont colinéaires.}$$

3 $\vec{u} \cdot (\vec{v} + \vec{w}) = \vec{u} \cdot \vec{v} + \vec{u} \cdot \vec{w}$.

Démontrer la relation ci-dessus.

☞ Dans le cas $\vec{u} \neq \vec{0}$, considérer O un point de $\mathcal{E}$ et A, B, C et M les points tels que $\overrightarrow{OA} = \vec{u}$, $\overrightarrow{OB} = \vec{v}$, $\overrightarrow{OC} = \vec{w}$ et $\overrightarrow{OM} = \vec{v} + \vec{w}$, puis projeter orthogonalement sur (OA).

4 Sur le cube d'arête a, on note I, J et K les milieux de $[B, F]$, $[F, G]$ et $[G, H]$.

1° Calculer les produits scalaires :

$$\overrightarrow{EJ} \cdot \overrightarrow{FI}, \quad \overrightarrow{EK} \cdot \overrightarrow{FI}, \quad \overrightarrow{AI} \cdot \overrightarrow{BG} \text{ et } \overrightarrow{AJ} \cdot \overrightarrow{BC}.$$

2° Calculer $\overrightarrow{EI} \cdot \overrightarrow{EK}$, les distances EI et EK et en déduire $\cos \widehat{IEK}$.

5 Dans la figure ci-après, les plans $\mathcal{P}$ et $\mathcal{Q}$ sont perpendiculaires et :

ABCD est un carré de côté 1 ;

$AB'C'D'$ est un rectangle tel que $AB' = 1$ et $AD' = 2$.

On appelle « vecteur de la figure » tout vecteur $\overrightarrow{MN}$ où M et N sont des points A, B, C, D, A', B', C' et D' (éventuellement confondus).

Obtenir six produits scalaires distincts $\vec{u} \cdot \vec{v}$, où $\vec{u}$ et $\vec{v}$ sont des vecteurs de la figure.

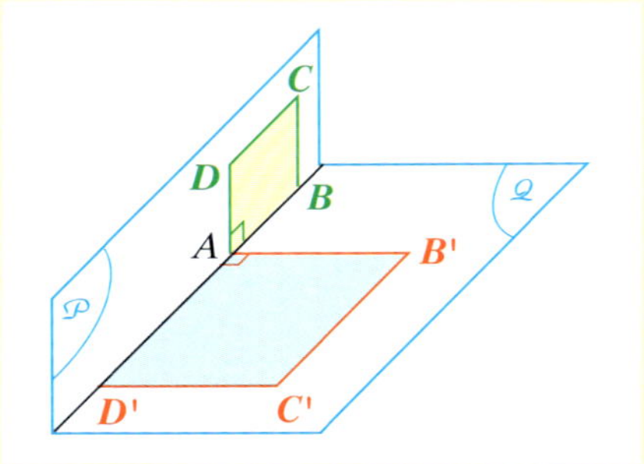

Orthogonalité. Projection orthogonale

6 Le cube

Montrer que la grande diagonale du cube (AG) perce orthogonalement en leurs centres I et J les triangles équilatéraux *EBD* et *FCH*, et que l'on a $\overrightarrow{AI} = \overrightarrow{IJ} = \overrightarrow{JG}$.

À SUIVRE Nous verrons, dans le chapitre 9, le rôle important de ce résultat dans la recherche des isométries de l'espace laissant un cube globalement invariant.

7 La relation d'Euler

Montrer que, quels que soient les points A, B, C et D de l'espace :

$$\overrightarrow{DA} \cdot \overrightarrow{BC} + \overrightarrow{DB} \cdot \overrightarrow{CA} + \overrightarrow{DC} \cdot \overrightarrow{AB} = 0 .$$

En déduire que, si dans un tétraèdre, deux couples d'arêtes opposées sont formés de droites orthogonales, il en est de même du troisième couple (voir une autre démonstration de ce résultat à l'exercice 46).

8 Un tétraèdre *ABCD* est tel que (AB) est orthogonale au plan (BCD).

1° Comparer les produits scalaires $\overrightarrow{AC} \cdot \overrightarrow{CD}$ et $\overrightarrow{BC} \cdot \overrightarrow{CD}$.

2° En déduire que le triangle (ACD) est rectangle en C si et seulement si le triangle (BCD) est rectangle en C.

3° Retrouver le résultat de la question 2° en utilisant les relations d'orthogonalité.

9 Un triangle *ABC* rectangle en A se projette orthogonalement sur deux plans sécants $\mathcal{P}$ et $\mathcal{P}'$ suivant deux triangles abc et $a'b'c'$.

À quelle condition les triangles abc et $a'b'c'$ sont-ils rectangles respectivement en a et a' ?

Géométrie analytique

10 Quelle est la nature du quadrilatère $ABCD$?
On donne $A(13, -11, 10)$, $B(13, 9, 25)$, $C(-7, 18, 13)$ et $D(-7, -2, -2)$.

11 Donner la mesure en radians de chacun des angles des vecteurs $\vec{u}$ et $\vec{i}$, $\vec{u}$ et $\vec{j}$, $\vec{u}$ et $\vec{k}$ sachant que :

$$\vec{u} = 2\vec{i} + \sqrt{2}(\vec{j} + \vec{k}).$$

12 Donner une équation du plan $\mathscr{P}$ orthogonal à la droite (AC) et passant par l'orthocentre du triangle (ABC), avec $A(3, 0, 4)$, $B(-1, 1, 1)$ et $C(2, 0, 0)$.

Dans les exercices 13 *à* 17, *on désigne par* $\mathscr{P}$ *le plan d'équation* $2x - 2y + z - 3 = 0$.

13 Quelle est la distance de $A(1, 1, 1)$ à $\mathscr{P}$?

14 Montrer que $\mathscr{P}$ est tangent à la sphère de centre O et de rayon 1.

15 Soit les points $B(3, 1, -4)$ et $C(5, -3, 3)$.
Montrer que le triangle OBC est rectangle, ainsi que son projeté orthogonal sur le plan $\mathscr{P}$.

16 Vérifier que le point $\Omega(0, 0, 3)$ appartient à $\mathscr{P}$.
Calculer les coordonnées du point appartenant au plan d'équation $x + y + z = 1$ et qui se projette orthogonalement sur $\mathscr{P}$ en Ω.

17 Montrer que, pour tout réel m,

$$mx + (2m - 1)y + 2(m - 1)z + 1 = 0$$

est l'équation d'un plan $\mathscr{P}_m$ perpendiculaire à $\mathscr{P}$.
Prouver que les plans $\mathscr{P}_m$ passent par une droite fixe Δ et donner une représentation paramétrique de Δ.

18 On considère les points $A(2, 1, 0)$, $B(-1, 0, 1)$ et $C(2, 2, 1)$.

1° Calculer les coordonnées du barycentre G du système $\{(O, 1), (A, 2), (B, 3)\}$.

2° Déterminer l'ensemble $\mathscr{S}$ des points M de l'espace tels que :

$$(\overrightarrow{MO} + 2\overrightarrow{MA} + 3\overrightarrow{MB}) \cdot \overrightarrow{MC} = 0.$$

Donner une équation cartésienne de $\mathscr{S}$.

Orientation. Produit vectoriel

19 La base $(\vec{i}, \vec{j}, \vec{k})$ étant une base orthonormale directe, préciser parmi les bases orthonormales suivantes celles qui sont directes ou indirectes :

a) les six bases obtenues par permutation de $(\vec{i}, \vec{j}, \vec{k})$;

b) les huit bases de la forme $(\alpha\vec{i}, \beta\vec{j}, \gamma\vec{k})$, avec $|\alpha| = |\beta| = |\gamma| = 1$.

20 Que signifie ce document photographique ?

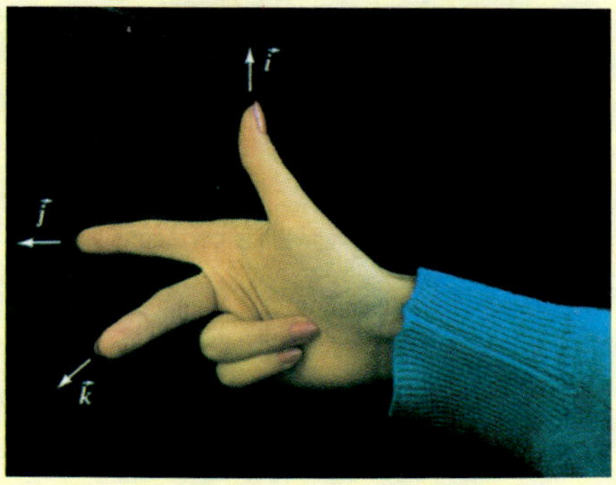

21 Le repère (A, B, D, E) construit à partir du cube est orthonormal direct.
Préciser les vecteurs :
$\overrightarrow{AB} \wedge \overrightarrow{AE}$; $\overrightarrow{AB} \wedge \overrightarrow{AC}$
$\overrightarrow{BD} \wedge \overrightarrow{AC}$; $\overrightarrow{AC} \wedge \overrightarrow{AG}$;
$\overrightarrow{AC} \wedge \overrightarrow{AF}$ et $\overrightarrow{AF} \wedge \overrightarrow{BC}$.

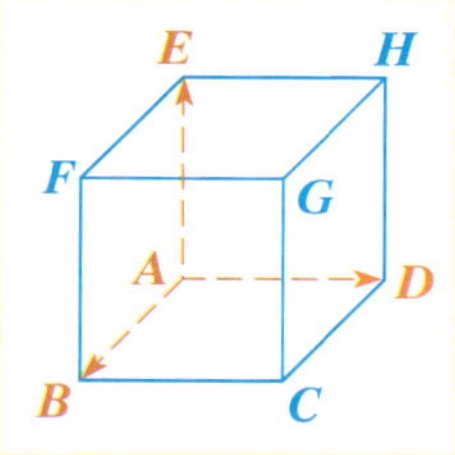

22 Montrer que :

$$\|\vec{u} \wedge \vec{v}\|^2 + |(\vec{u} \cdot \vec{v})|^2 = \|\vec{u}\|^2 \|\vec{v}\|^2.$$

Démonstration de certains résultats (exercices 23 *et* 24).

★ **23** Soit $\vec{u}$, $\vec{v}$ deux vecteurs de $\mathscr{E}$.

1° Montrer que $\vec{v} \wedge \vec{u} = -\vec{u} \wedge \vec{v}$.

2° Soit α un réel, montrer que $(\alpha\vec{u}) \wedge \vec{v} = \alpha(\vec{u} \wedge \vec{v})$.

☞ On pourra distinguer $\alpha \geqslant 0$ et $\alpha < 0$.

24 Établir l'expresion analytique de $\vec{u} \wedge \vec{v}$ dans une base orthonormale directe (théorème 10, p. 123).

25 Montrer que $(\vec{u}, \vec{v}, \vec{w})$ est une base orthonormale. Est-elle directe ?

$$\vec{u}\left(-\frac{4}{9}, \frac{1}{9}, \frac{8}{9}\right); \quad \vec{v}\left(\frac{4}{9}, \frac{8}{9}, \frac{1}{9}\right); \quad \vec{w}\left(\frac{7}{9}, -\frac{4}{9}, \frac{4}{9}\right).$$

26 Soit :
$\vec{u}(0{,}960 ; 0{,}224 ; 0{,}168)$ et $\vec{v}(-0{,}280 ; 0{,}768 ; 0{,}576)$.

1° Montrer que $\vec{u}$ et $\vec{v}$ sont unitaires et orthogonaux.

2° Déterminer l'unique vecteur $\vec{w}$ tel que $(\vec{u}, \vec{v}, \vec{w})$ soit une base orthonormale directe.

27 Soit $A(-1, 1, 3)$, $B(0, 2, -1)$ et $C(2, 1, 1)$.
Donner une équation du plan (ABC) ainsi que l'aire du triangle ABC.

28 Donner une représentation paramétrique de la droite orthogonale au plan (ABC) et passant par le centre de gravité G du triangle ABC.
On donne $A(1, 2, -3)$, $B(2, 1, -4)$, $C(0, 0, 2)$.

29 Montrer que $\vec{u}$, $\vec{v}$ et $\vec{w}$ sont coplanaires si et seulement si $(\vec{u} \wedge \vec{v}) \cdot \vec{w} = 0$.

Application : Les points $A(1, 2, 0)$, $B(0, 6, 2)$, $C(-1, 0, -6)$ et $D(1, 3, 1)$ sont-ils coplanaires ?

EXERCICES

Vrai/Faux

30 Les vecteurs $\vec{u}$, $\vec{v}$, $\vec{w}$ sont deux à deux orthogonaux si, et seulement si :

$$\|\vec{u}+\vec{v}+\vec{w}\|^2 = \|\vec{u}\|^2 + \|\vec{v}\|^2 + \|\vec{w}\|^2 .$$

Dans les Vrai/Faux 31 *et* 32, *on considère deux plans : $\mathcal{P}$ de vecteur normal $\vec{u}$ et $\mathcal{Q}$ de vecteur normal $\vec{v}$.*

31 $\mathcal{P}$ et $\mathcal{Q}$ sont parallèles si et seulement si $\vec{u}$ et $\vec{v}$ sont colinéaires.

32 $\mathcal{P}$ et $\mathcal{Q}$ sont perpendiculaires si et seulement si $\vec{u}$ et $\vec{v}$ sont orthogonaux.

33 Les droites (AB), (CD) et (EF) sont orthogonales à une même droite :

$$A(0, 0, 3);\ B(1, -1, 0);\ C(3, 3, 0);$$
$$D(-4, 0, 1);\ E(3, 0, 3) \text{ et } F(-1, -3, 1).$$

34 Tout plan contenant $A(1, 1, 0)$ et $B(-2, 7, 3)$ est perpendiculaire au plan d'équation :

$$x - 2y - z + 1 = 0 .$$

35 Le point $H\left(\frac{1}{3}, \frac{4}{3}, \frac{1}{3}\right)$ est le projeté orthogonal de $A(1, 1, 1)$ sur le plan passant par O de couple de vecteurs directeurs $\vec{u}(1, 2, 0)$ et $\vec{v}(0, 2, 1)$.

36 Si le repère $(O, \vec{i}, \vec{j}, \vec{k})$ est orthonormal direct, le repère $(O, \vec{i}+\vec{j}, \vec{j}+\vec{k}, \vec{k}+\vec{i})$ est un repère direct.

37 Étant donné un tétraèdre $ABCD$, l'ensemble des points M de $\mathcal{E}$ tels que :

$$\overrightarrow{AM}\cdot\overrightarrow{AB} = \overrightarrow{AM}\cdot\overrightarrow{AC} = \overrightarrow{AM}\cdot\overrightarrow{AD}$$

est la droite passant par A, de vecteur directeur $\overrightarrow{BC}\wedge\overrightarrow{BD}$.

38 Avec $A(2, 0, 0)$, $B(0, 1, 0)$ et $C(0, 0, 8)$, l'aire du triangle ABC est un entier naturel.

La technique mise à l'épreuve

39 **Calcul d'angles sur le cube**

1° Évaluer l'angle $\widehat{HBC}$.

2° Soit O le centre du cube.

Évaluer l'angle $\widehat{AOC}$.

Comparer avec le résultat obtenu à l'exercice 1 du T.P. 1 concernant le tétraèdre régulier, et expliquer en considérant dans le cube le tétraèdre $AFCH$.

40 On considère un triangle ABC.

Montrer que chacun des ensembles suivants est un plan dont on précisera un point et un vecteur normal (indication générale : « barycentre ») :

a) $(2\overrightarrow{MA}+\overrightarrow{MB})\cdot\overrightarrow{AC} = 0$;

b) $(\overrightarrow{MA}+\overrightarrow{MB}+\overrightarrow{MC})\cdot\overrightarrow{AB} = 0$;

c) $(\overrightarrow{MA}+2\overrightarrow{MB}-\overrightarrow{MC})\cdot(\overrightarrow{MA}-2\overrightarrow{MB}+\overrightarrow{MC}) = 0$.

★ **41** On donne, dans l'espace, quatre points A, B, C et D, non coplanaires. I est le milieu de $[AB]$. J est le milieu de $[CD]$. G est le milieu de $[IJ]$.

1° Peut-on avoir $I = J$?

Existe-t-il des points de l'espace tels que $\overrightarrow{MA}+\overrightarrow{MB} = \overrightarrow{MC}+\overrightarrow{MD}$? (Justifier les réponses.)

2° Déterminer l'ensemble (P_1) des points M de l'espace tels que :

$$\|\overrightarrow{MA}+\overrightarrow{MB}\| = \|\overrightarrow{MC}+\overrightarrow{MD}\| .$$

3° Déterminer l'ensemble (P_2) des points M de l'espace tels que :

$$MA^2 + MB^2 = MC^2 + MD^2 .$$

4° Peut-on avoir $(P_1) = (P_2)$?

BAC

42 $ABCD$ est un rectangle ; $AB = a$ et $AD = 2a$. M est un point de l'espace.

On pose : $f(M) = MA^2 + MB^2 + MC^2 + MD^2$

et $g(M) = MA^2 + MB^2 - MC^2 - MD^2$.

1° Déterminer l'ensemble des points M tels que (1) $6a^2 \leqslant f(M) \leqslant 10a^2$.

2° Même question pour l'ensemble des points M tels que (2) $g(M) = 4a^2$.

3° Quelle est l'intersection de ces deux ensembles ?

BAC

MÉTHODE On notera que le traitement de problèmes de l'espace mettant en scène des expressions telles que $\sum_{i=1}^{n} \alpha_i \overrightarrow{MA_i}$ ou $\sum_{i=1}^{n} \alpha_i MA_i^2$ $\left(\text{ou encore } \frac{MA}{MB} \text{ voir problème 62}\right)$ est strictement analogue à celui effectué dans le plan (voir chapitre 4).

43 Former l'équation du plan perpendiculaire au plan $\mathcal{P}$ d'équation $x - 2y - z + 1 = 0$ et passant par les points $A(0, 1, 0)$ et $B(0, 0, 1)$.

44 Étant donné un tétraèdre $ABCD$, décrire :

a) l'ensemble des points M de $\mathcal{E}$ tels que :

$$(\overrightarrow{MB}+\overrightarrow{MC}+\overrightarrow{MD})\cdot\overrightarrow{MA} = 0 ,$$

b) l'ensemble des points M de $\mathcal{E}$ tels que :

$$(\overrightarrow{MB}+\overrightarrow{MC}+\overrightarrow{MD})\wedge\overrightarrow{MA} = \vec{0} .$$

45 Point fixe

A) On considère le cercle $\mathcal{C}$ du plan (xOy) d'équations $x^2+y^2=R^2$ $(R>0)$ et $z=0$.
Soit $A(a, b, c)$ un point de $\mathcal{E}$ tel que $c \neq 0$ et $B\left(-a, -b, \dfrac{a^2+b^2-R^2}{c}\right)$.
Calculer $\overrightarrow{AM}\cdot\overrightarrow{BM}$, pour tout point M de $\mathcal{C}$.

B) Montrer que la partie A) est une solution analytique du problème suivant :
« Soit $\mathcal{C}$ un cercle de l'espace et A un point n'appartenant pas au plan de $\mathcal{C}$. Alors, lorsque le point M varie sur $\mathcal{C}$, le plan orthogonal en M à (AM) passe par un point fixe. »

Problèmes d'orthogonalité

★ **46** Soit un tétraèdre $ABCD$.

1° Démontrer que les droites (AB) et (CD) sont orthogonales si et seulement si :

$$AC^2+BD^2=AD^2+BC^2 \quad (1).$$

2° Démontrer que si dans un tétraèdre $ABCD$ les arêtes (AB) et (CD) d'une part, les arêtes (BC) et (AD) d'autre part sont orthogonales, alors les arêtes (BD) et (AC) sont aussi orthogonales.

3° Dans cette question, on suppose réalisées les conditions de la question 2°. Soit A' le projeté orthogonal de A sur la face (BCD). Démontrer que A' est l'orthocentre du triangle BCD.
Soit B', C' et D' les projetés respectifs des points B, C et D sur la face opposée.
Démontrer que les droites (AA'), (BB'), (CC') et (DD') sont concourantes.

BAC

Note : Un tel tétraèdre où les hauteurs (AA'), (BB'), (CC'), (DD') sont concourantes est appelé *tétraèdre orthocentrique.*

47 Dans un tétraèdre $ABCD$, soit A' le projeté orthogonal de A sur le plan (BCD).

1° Comparer $\overrightarrow{BA'}\cdot\overrightarrow{CD}$ et $\overrightarrow{BA}\cdot\overrightarrow{CD}$, puis $\overrightarrow{CA'}\cdot\overrightarrow{BD}$ et $\overrightarrow{CA}\cdot\overrightarrow{BD}$.

2° En déduire que, si A' est l'orthocentre de (BCD), le tétraèdre $ABCD$ est orthocentrique.

☞ Utiliser les résultats de l'exercice 46.

48 Soit $ABCD$ un carré donné dans l'espace.
Quels sont les plans $\mathcal{P}$ pour lesquels le projeté orthogonal de $ABCD$ sur $\mathcal{P}$ est :

a) un parallélogramme ? *b*) un losange ?
c) un rectangle ? *d*) un carré ?

49 Perpendiculaire commune

Soit deux droites $\mathcal{D}$ et $\mathcal{D}'$ non coplanaires de repères respectifs $(A, \vec{u})$ et $(A', \vec{u}')$.

1° Soit $\vec{v}=\vec{u}\wedge\vec{u}'$.
Justifier que $(A, \vec{u}, \vec{v})$ et $(A', \vec{u}', \vec{v})$ sont des repères de deux plans $\mathcal{P}$ et $\mathcal{P}'$ et que $\mathcal{P}$ et $\mathcal{P}'$ sont sécants suivant une droite Δ rencontrant orthogonalement $\mathcal{D}$ et $\mathcal{D}'$.

2° Montrer que Δ est la seule droite sécante avec $\mathcal{D}$ et $\mathcal{D}'$ et orthogonale à $\mathcal{D}$ et $\mathcal{D}'$.

La droite Δ est appelée *perpendiculaire commune à $\mathcal{D}$ et $\mathcal{D}'$.*

3° *Exemple*
Sur le cube, déterminer la perpendiculaire commune aux droites (AC) et (DF).

☞ On rappelle que (DF) est orthogonale au plan (ACH) (voir exercice 6).

Calculs de grandeurs

★ **50 Cosinus $\widehat{MAN}$**

(D'après *Les Olympiades internationales de Mathématiques,* D. Gerll et G. Girard. Classiques Hachette.)

On considère un tétraèdre régulier $ABCD$. On se propose de montrer que quel que soit M du segment $[B, C]$ et N du segment $[B, D]$, la mesure de $\widehat{MAN}$ est inférieure ou égale à $\dfrac{\pi}{3}$.

On pose $x=BM$ et $y=BN$ et on désigne par a l'arête du tétraèdre.

1° Évaluer, en fonction de a, x et y : AM^2, AN^2 et $\overrightarrow{AM}\cdot\overrightarrow{AN}$.

2° Montrer que $\overrightarrow{AM}\cdot\overrightarrow{AN}\geqslant\dfrac{a^2}{2}$ et en déduire une minoration de $\cos\widehat{MAN}$ pour conclure.

51 Calcul de volumes

1° Soit un tétraèdre $ABCD$.
Montrer que la hauteur issue de D a pour longueur $\dfrac{|(\overrightarrow{AB}\wedge\overrightarrow{AC})\cdot\overrightarrow{AD}|}{\|\overrightarrow{AB}\wedge\overrightarrow{AC}\|}$.
En déduire que le *volume V du tétraèdre* est calculé par $V=\dfrac{1}{6}|(\overrightarrow{AB}\wedge\overrightarrow{AC})\cdot\overrightarrow{AD}|$.

2° Établir que le *volume d'un parallélépipède* $ABCDEFGH$ est donné par $V=|(\overrightarrow{AB}\wedge\overrightarrow{AD})\cdot\overrightarrow{AE}|$.

52 Distance d'un point à une droite

Soit Δ la droite passant par A, de vecteur directeur $\vec{u}$ et M un point de projeté orthogonal H sur Δ.

1° Établir que $\overrightarrow{MA}\wedge\vec{u}=\overrightarrow{MH}\wedge\vec{u}$, puis que :

$$\|\overrightarrow{MH}\wedge\vec{u}\|=MH\times\|\vec{u}\|.$$

2° En déduire que la distance du point M à la droite Δ est donnée par $\dfrac{\|\overrightarrow{MA}\wedge\vec{u}\|}{\|\vec{u}\|}$.

3° *Application analytique*
Calculer la distance de M à Δ, dans les cas suivants :
a) $M=0$, $A(-2, 0, 1)$, $\vec{u}(-1, 2, 2)$;
b) $M(1, 2, -1)$, $A(1, 2, 1)$, $\vec{u}(-1, -1, 1)$.

SYNTHÈSE Si l'on considère le plan $\mathcal{P}$ passant par A, dont $\vec{u}$ est un vecteur normal, et Δ la droite $d(A, \vec{u})$, alors, pour tout point M, on a distance de M à $\mathcal{P}=\dfrac{|\overrightarrow{MA}\cdot\vec{u}|}{\|\vec{u}\|}$ et distance de M à $\Delta=\dfrac{\|\overrightarrow{MA}\wedge\vec{u}\|}{\|\vec{u}\|}$, avec H_1 (respectivement H_2) projeté orthogonal de M sur $\mathcal{P}$ (respectivement Δ).
D'après le théorème de Pythagore, on devrait avoir $AM^2=AH_1^2+AH_2^2$. Qu'en est-il ? (Voir exercice 22.)

53 **Empilement de sphères**

Soit n un entier naturel et C_n un cube d'arête n. On empile dans le cube des sphères toutes de diamètre égal à 1 :

- n^2 sphères pour la 1re couche;
- $(n-1)^2$ sphères pour la 2e couche, ces sphères étant placées dans les creux formés par la première couche;
- n^2 sphères pour la 3e couche suivant le principe précédent etc. jusqu'à la $n^{\text{ième}}$ couche.

1° Calculer la distance entre les plans contenant les centres des sphères de deux couches consécutives.

2° Soit V_n le volume total occupé par les sphères dans le cube C_n.

Montrer que $\lim\limits_{n \to +\infty} \dfrac{V_n}{\text{volume } C_n} = \dfrac{\pi}{3\sqrt{2}}$.

$\left(\dfrac{\pi}{3\sqrt{2}} \approx 0{,}74\right.$ est, par définition, le coefficient de remplissage de l'empilement.$\left.\right)$

Géométrie analytique

54 Dans l'espace muni d'un repère orthonormal, on donne les points $A(6, -6, 6)$, $B(-6, 0, 6)$ et $C(-2, -2, 11)$.

1° *a*) Déterminer une équation de la sphère S de centre B et passant par A.

b) Déterminer une équation du plan Π tangent à S en A.

2° *a*) Déterminer les coordonnées du pied D de la perpendiculaire ℓ à Π passant par C. $\{D\} = \ell \cap \Pi$.

b) Déterminer les coordonnées du point d'intersection des droites (AD) et (BC).

BAC

★ **55** **La déformation élastique**

À tout point $M(x, y, z)$ de $\mathcal{E}$, différent de O, on associe le point M' tel que le vecteur $\overrightarrow{MM'}$ a pour coordonnées (u, v, w) avec :

$$u = \frac{2xz}{OM^3}, \quad v = \frac{2yz}{OM^3}, \quad w = \frac{2z^2}{OM^3}.$$

Montrer que l'ensemble des points M tels que $MM' = 1$ est formé de deux sphères tangentes en O au plan (xOy) dont on précisera le centre et le rayon.

56 Dans un repère orthonormal $(O, \vec{i}, \vec{j}, \vec{k})$, on considère :

- la droite $\mathcal{D}'$ passant par $A(0, 2, 0)$ et de vecteur directeur $\vec{i}$,
- la sphère S de diamètre $[O, A]$, et l'on désigne par $\mathcal{D}$ la droite passant par O et de vecteur directeur $\vec{k}$.

1° Soit M un point de $\mathcal{D}$ tel que $\overrightarrow{OM} = u\vec{k}$ et M' un point de $\mathcal{D}'$ tel que $\overrightarrow{AM'} = v\vec{i}$ (u, v réels).
Montrer que la droite (MM') est tangente à S si et seulement si $u^2v^2 = 4$.

2° On suppose que la droite (MM') est tangente à la sphère et l'on note $T(X, Y, Z)$ le point de contact.
Calculer $X^2 - Z^2$ et interpréter le résultat obtenu.

3° En déduire le lieu des points de contact avec la sphère des tangentes qui rencontrent à la fois $\mathcal{D}$ et $\mathcal{D}'$.

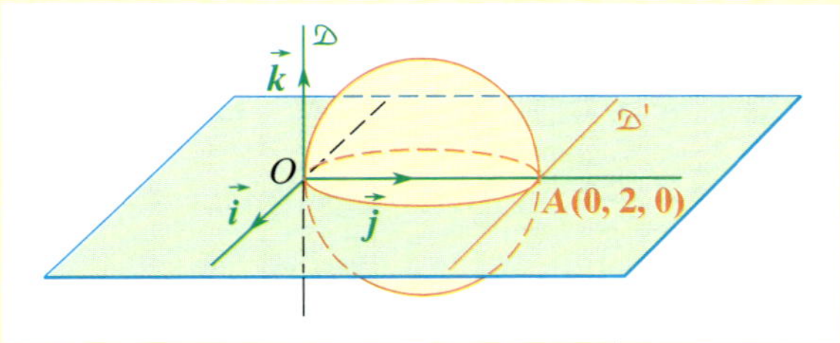

Problèmes de lieu

57 L'espace est rapporté à un repère orthonormal $(O, \vec{i}, \vec{j}, \vec{k})$. Soit $A(6, 0, 0)$ et $B(0, 6, 0)$.

1° Déterminer le barycentre G du système $\{(O, 1), (A, 2), (B, 3)\}$.

2° Soit $C(0, 0, 6)$.
Déterminer l'ensemble S des points M de l'espace définis par $(\overrightarrow{MO} + 2\overrightarrow{MA} + 3\overrightarrow{MB}) \cdot \overrightarrow{MC} = 0$.
Donner une équation cartésienne de S.

3° Soit $\mathcal{P}$ le plan d'équation $3x + 4y + \dfrac{17}{2} = 0$.
Déterminer la distance du centre Ω de S à $\mathcal{P}$.
Que peut-on en déduire pour S et $\mathcal{P}$?

4° Soit $\mathcal{Q}$ l'ensemble des points M de l'espace tels que $MO^2 + 2MA^2 - 3MB^2 = 24$.
Montrer que G appartient à $\mathcal{Q}$
Déterminer $\mathcal{Q}$.

BAC

58 Dans un plan $\mathcal{P}$ de l'espace, on considère un cercle $\mathcal{C}$ de diamètre $[AB]$. Soit Δ la droite passant par A orthogonale à $\mathcal{P}$ et S un point de Δ distinct de A. On note I le projeté orthogonal de A sur la droite (BS).
Pour tout point M du cercle $\mathcal{C}$, on note H le projeté orthogonal de A sur la droite (MS).

1° Placer les données précédentes sur une figure, Δ étant placée verticalement.

2° Prouver que H appartient à la sphère Σ de diamètre $[AS]$.

3° Dans cette question, on suppose que M est distinct de A et de B.
Prouver que la droite (MB) est orthogonale au plan (AMS).
En déduire que la droite (AH) est orthogonale au plan (BMS).

4° Montrer que H appartient au plan Π passant par I orthogonal à la droite (BS).

5° *a*) Déterminer l'intersection Γ de la sphère Σ et du plan Π.

b) Prouver que l'ensemble décrit par H lorsque M parcourt $\mathcal{C}$ est égal à Γ. À cet effet, étant donné un point N' de Γ distinct de A, on pourra montrer que le plan $(AN'S)$ coupe le cercle $\mathcal{C}$ en A et en un autre point M.

BAC

PROBLÈMES

★ **59 Une sphère et quatre points**

(D'après *Rallye Mathématique d'Alsace*.)

« On considère quatre points dans l'espace tels que toutes les distances mutuelles soient supérieures ou égales à 2.
Démontrer qu'il n'existe aucune sphère de rayon strictement inférieur à $\sqrt{\frac{3}{2}}$ qui contienne les quatre points. »

☞ Raisonner par l'absurde en supposant qu'il existe une sphère de centre O et de rayon $R < \sqrt{\frac{3}{2}}$ contenant les quatre points A, B, C et D :

1° Majorer au mieux OA^2, OB^2, ... et les produits scalaires $\overrightarrow{OA} \cdot \overrightarrow{OB}$, $\overrightarrow{OA} \cdot \overrightarrow{OC}$, ...

2° Que dire alors de $\|\overrightarrow{OA} + \overrightarrow{OB} + \overrightarrow{OC} + \overrightarrow{OD}\|^2$?

60 Le théorème de Pappus[1]

1° *Question préliminaire*
Soit A, B, C trois points alignés et A', B', C' trois points alignés.
Vérifier la relation :

$$\overrightarrow{B'A} \wedge \overrightarrow{BA'} + \overrightarrow{C'B} \wedge \overrightarrow{CB'} + \overrightarrow{A'C} \wedge \overrightarrow{AC'} = \vec{0}.$$

2° Déduire du résultat précédent le *théorème de Pappus :*

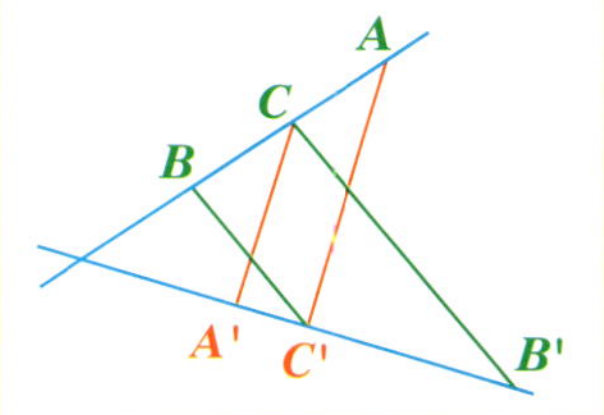

- A, B, C alignés ;
- A', B', C' alignés ;
- $(BC') /\!/ (B'C)$;
- $(AC') /\!/ (A'C)$;

alors on a (AB') parallèle à $(A'B)$.

61 Cubes entiers

(D'après *Le Petit Archimède* n°s 39-40.)

Dans l'espace muni d'un repère orthonormal, on appelle « cube entier » un cube dont tous les sommets sont à coordonnées entières.
Soit $ABCDEFGH$ un tel cube et a son arête.

1° Sans entrer dans des calculs détaillés, expliquer pourquoi $\overrightarrow{AB}^2$ et $|(\overrightarrow{AB} \wedge \overrightarrow{AD}) \cdot \overrightarrow{AE}|$ sont des entiers naturels.

2° En déduire que a^2 et a^3 sont des entiers.

☞ Consulter l'exercice 51.

3° En admettant ou en démontrant que, pour tout entier naturel n, $\sqrt{n}$ est soit un entier, soit un nombre irrationnel, établir que l'arête a d'un cube entier est un nombre entier.

DANS LE PLAN? Il n'existe pas de résultat analogue dans le plan : il est aisé de construire un carré entier dont le côté est un irrationnel...

62 $\dfrac{MA}{MB} = k$

A) *Étude théorique*
Soit A et B deux points distincts. Pour k réel, on désigne par Σ_k l'ensemble des points M de $\mathcal{E}$ tels que $\dfrac{MA}{MB} = k$.

1° Déterminer Σ_k lorsque $k < 0$, $k = 0$ et $k = 1$.

2° On suppose, par la suite, $k > 0$ et $k \neq 1$.
Justifier l'existence des points I et J barycentres respectifs de $\{(A, 1), (B, k)\}$ et $\{(A, 1), (B, -k)\}$.
Montrer que Σ_k est la sphère de diamètre $[I, J]$.

B) *Applications*

1° Soit A, B et C trois points de $\mathcal{E}$.
Déterminer l'ensemble des points M de $\mathcal{E}$ tels que $\|\overrightarrow{MA} + \overrightarrow{MB}\| = \|\overrightarrow{MC}\|$.

2° *« Sous le même angle »*
(D'après *Casse-tête dans le cosmos*. M. Gardner. Éd. Dunod.)

« En quels points de l'espace voit-on la Terre et la Lune sous le même angle ? »

☞ Lune : centre L, rayon r ; Terre : centre T, rayon R.
Montrer qu'un point M appartient à l'ensemble cherché si, et seulement si $\dfrac{ML}{MT} = \dfrac{r}{R}$ (trigonométrie élémentaire dans le plan MTL).

63 Distance entre deux droites

Soit Δ et Δ' deux droites *non coplanaires*.

1° Montrer que la perpendiculaire commune à Δ et Δ' (voir exercice 49) rencontre Δ et Δ' en des points H et H' tels que, pour tous points M de Δ et M' de Δ', $HH' \leqslant MM'$.
La distance HH' est appelée *distance des droites Δ et Δ' et notée $d(\Delta, \Delta')$.*

2° On suppose que :

$$\Delta = \mathcal{D}(A, \vec{u}) \text{ et } \Delta' = \mathcal{D}(A', \vec{u}').$$

Démontrer que $d(\Delta, \Delta') = \dfrac{\|(\vec{u} \wedge \vec{u}') \cdot \overrightarrow{AA'}\|}{\|\vec{u} \wedge \vec{u}'\|}$.

★ **64 Un problème de lieu** (D'après *Le Petit Archimède*, n° 108.)

Quel est le lieu des points M de l'espace tels que $MA^2 + MB^2 + MA \times MB = AB^2$, A et B étant deux points distincts donnés ?

☞ $AB^2 = (\overrightarrow{MB} - \overrightarrow{MA})^2$ et T.P. A du chapitre 4.

(1) Ceci est un exemple de problème de Géométrie plane résolu par des méthodes de la Géométrie dans l'espace.

Trucs & Astuces

Angles dans l'espace

Il n'existe pas dans l'espace de notion d'angles orientés : les seuls angles qu'il y a lieu de manipuler sont des angles géométriques.

Extension à l'espace

Dans l'extension du produit scalaire du plan à l'espace, il faut bien distinguer deux types de relations :

■ ***Les relations purement algébriques,*** **qui ne mettent en jeu que la définition et les propriétés algébriques du produit scalaire, comme par exemple la relation d'Euler (exercice 7) :**

$\overrightarrow{DA}\cdot\overrightarrow{BC}+\overrightarrow{DB}\cdot\overrightarrow{CA}+\overrightarrow{DC}\cdot\overrightarrow{AB}=0$.

Pour de telles relations, il est indifférent de considérer que les points sont dans le plan ou dans l'espace.

■ ***Les relations qui traduisent une propriété géométrique***

Par exemple, A et B étant fixés, la relation $\overrightarrow{AM}\cdot\overrightarrow{AB}=0$ caractérise :

a) Dans le plan : **la *droite* passant par A, orthogonale à la droite (AB).**

b) Dans l'espace : **le *plan* passant par A, orthogonal à la droite (AB).**

Projection, distance

Il est recommandé (par les programmes) de connaître sans hésitation (« savoir par cœur ») l'expression analytique de la distance d'un point à un plan. Dont acte.

En ce qui concerne la projection orthogonale sur un plan ou sur une droite, tous les résultats s'articulent autour de deux idées essentielles :

■ ***Décomposer :*** $\overrightarrow{AM}=\overrightarrow{AM'}+t\vec{n}$.

■ ***Traduire les relations d'orthogonalité :*** $\overrightarrow{AM}\cdot\vec{n}=\ldots$

Le reste n'est qu'une affaire de calcul.

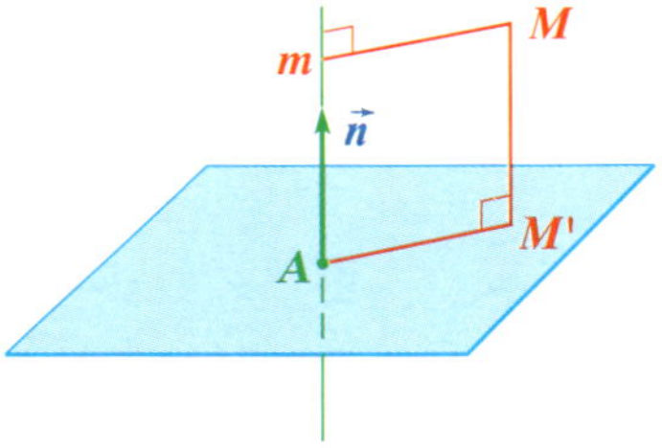

Équation d'un plan

Se ramener presque toujours à écrire l'équation d'un plan dont on connaît un *point* et un *vecteur normal.*

Exemple **(voir p. 123) :**

Équation au plan (ABC) (A, B et C non alignés) :

■ **Un point ? A (par exemple).**

■ **Un vecteur normal ? $\overrightarrow{AB}\wedge\overrightarrow{AC}$ convient.**

La Galaxie du Sombrero : une image exceptionnelle de l'espace.

Rubrique d'Bac

Gros plan : les surfaces de niveau

Il suffit d'ouvrir un quelconque recueil d'annales à la rubrique « Géométrie dans l'espace » pour se convaincre de l'hégémonie du thème : recherche de surfaces de niveau.

■ Sans ordre d'importance à l'écran, citons :

- $\left\|\sum_{i=1}^{p}\alpha_i\overrightarrow{MA_i}\right\|=\left\|\sum_{j=1}^{q}\beta_j\overrightarrow{MB_j}\right\|$
- $\sum_{i=1}^{n}\alpha_i MA_i^2=$ constante donnée
- $\sum_{i=1}^{p}\alpha_i MA_i^2=\sum_{j=1}^{q}\beta_j MB_j^2$
- $\left(\sum_{i=1}^{p}\alpha_i\overrightarrow{MA_i}\right)\cdot\left(\sum_{j=1}^{q}\beta_j\overrightarrow{MB_j}\right)=0$.

(Les (A_i, α_i), (B_j, β_j) sont donnés en quantité raisonnable, et la question est : « Déterminer l'ensemble des points M tels que... »)

■ Le scénario immuable : « Réduire à l'aide du barycentre (voir chap. 3) pour se ramener à l'une des situations suivantes :

$AM=$ constante ;

$AM=kMB$, k réel (voir problème 67) ; $\overrightarrow{AM}\cdot\overrightarrow{BM}=0$ (voir p. 120) ; $\overrightarrow{AM}\cdot\vec{u}=0$ (voir p. 116).

■ Il s'agit donc d'une adaptation à l'espace de ces mêmes intrigues situées dans le plan, avec les dénouements correspondants (plans et sphères dans l'espace, droites et cercles dans le plan).

TRANSFORMATIONS ET CONFIGURATIONS

Avec les *similitudes* (voir chapitre 8), sera quasiment close l'histoire des transformations planes qui ne «déforment» pas : une figure et son image ont la même forme (*i.e. :* sont semblables) par une translation, une symétrie, unne rotation, une homothétie et leurs composées : les similitudes.
Mais de nombreux problèmes mathématiques (Géométrie, évolution de systèmes dynamiques...) font appel aux *transformations «déformantes»*. Une des petites dernières implique la pâtisserie : on l'appelle la *transformation de la pâte feuilletée du boulanger.*
Voici comment le mathématicien Arnold l'illustre avec «le chat d'Arnold»:

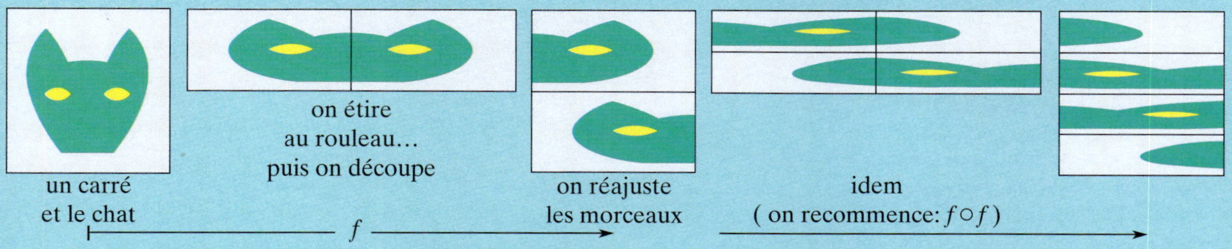

Le plus étonnant dans cette affaire est le retour à la normale (ou presque) — à la longue. Un théorème du mathématicien français H. Poincaré affirme que l'on revient aussi près que l'on veut de la configuration initiale en composant suffisamment de fois avec elle-même la transformation du boulanger.

(Les documents ci-contre, extraits de Science & Vie n° 166 de mars 88, illustrent ce phénomène, partant de la photo de Poincaré soumise à un boulanger un peu vicieux dont le feuilletage des pâtes se ferait — en quelque sorte — en oblique.)

Entre autres, la météorologie, la modélisation du cœur humain, ... s'alimentent d'un point de vue théorique de résultats semblables.
Voilà en grandes lignes certes, un exemple saisissant de mathématique «qui établit des liens entre des domaines jusque-là indépendants, qui comble des vides, qui ouvre des vues nouvelles...»

Si l'on rencontre une transformation, on peut être sûr qu'une imagination matérielle est en œuvre sous le jeu des formes.

GASTON BACHELARD

6

Compléments sur les transformations

COURS

EXERCICES

INTRODUCTION

6
Compléments sur les transformations

1 OBJECTIFS

Deux thèmes organisent le contenu de ce chapitre :

■ L'**écriture complexe** des transformations usuelles. Nous entendons nous familiariser avec les écritures complexes des translations, des homothéties, des rotations, ... et les exploiter dans deux directions ;
— approfondir l'*emploi des nombres complexes dans la résolution de problèmes* de Géométrie ;
— les mettre au service de l'*étude des transformations* (notamment des isométries, dans ce chapitre et le suivant, mais aussi des similitudes directes dans le chapitre 8).

■ La **composition des transformations.** L'étude plus systématique de la composée de transformations (et plus spécialement des isométries) va permettre d'enrichir les procédés d'*étude de configurations* et de *recherche de lieux* géométriques, qui s'appuient sur les transformations.
Nous sommes loin, on le voit, d'un chapitre qui reprendrait l'étude des transformations à partir de zéro : nous renvoyons donc aux chapitres 6 et 7 du livre de Géométrie de 1res S et E pour une synthèse des notions de base.

2 CONNAISSANCES MISES EN JEU

Livre de Première

Transformations usuelles

Homothéties, translations, réflexions, rotations : propriétés de conservation, action sur les figures usuelles.

CHAPITRE 3

Barycentre

Conservation du barycentre par les transformations usuelles.

CHAPITRE 2

Nombres complexes

■ Représentation géométrique des complexes dans le plan muni d'un repère orthonormal direct.

■ Lecture géométrique des opérations usuelles sur les complexes :

$$z' = z + b \quad \text{et} \quad z' = e^{i\theta} z .$$

CHAPITRE 4

Conditions de cocyclicité

$(\overrightarrow{MA}, \overrightarrow{MB}) = \alpha \mod [2\pi]$ et $(\overrightarrow{MA}, \overrightarrow{MB}) = \alpha \mod [\pi]$.

Note : Ce chapitre *reprend* les résultats obtenus en classe de Première sur la composition des transformations (voir chapitre 7, tome de *Géométrie*).

3 ACTIVITÉS PRÉPARATOIRES

FLASH... BACK

Les activités ci-après fournissent le prétexte de solliciter les propriétés des transformations usuelles. Le cadre de ces activités est net et précis, qu'il s'agisse des *problèmes* abordés (étude de configurations, problèmes de lieux) ou de la *transformation* mobilisée (elle est systématiquement indiquée et le parcours est fléché).

ACTIVITÉ 1

1 Alignement

La droite d'Euler (autre approche[1])

Soit ABC un triangle, G son centre de gravité. Montrer que l'homothétie de centre G et de rapport -2 transforme les médiatrices du triangle en hauteurs du triangle.

Retrouver ainsi que les hauteurs d'un triangle sont concourantes et que le centre de gravité G, l'orthocentre H et le centre O du cercle circonscrit à un triangle sont alignés.

Retrouver la relation $\overrightarrow{OH} = 3\overrightarrow{OG}$.

2 Orthogonalité

$ABCD$ est un carré, $AE = BF$, (AF) et (EC) se coupent en M.

Question : Montrer que (DM) est orthogonale à (EF).

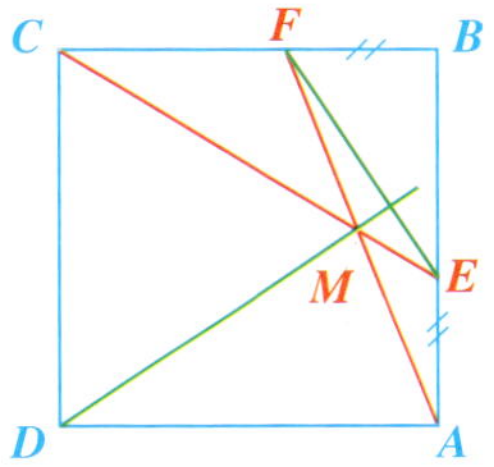

☞ Quart de tour de centre O (centre du carré). Il y a aussi un orthocentre...

3 Concours

On considère un quadrilatère $ABCD$ inscrit dans un cercle $\mathcal{C}$ de centre O, et l'on trace les quatre droites passant par le milieu d'un côté et perpendiculaires au côté opposé.

Il s'agit d'établir (ce que suggère la figure ci-dessous) que ces quatre droites sont concourantes.

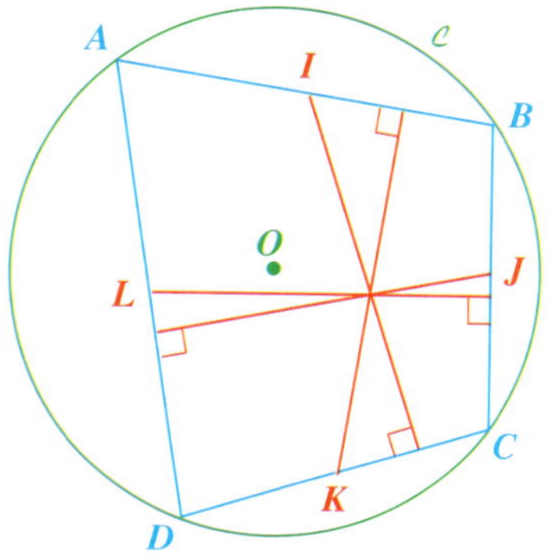

☞ Soit Ω le centre du parallélogramme des milieux $IJKL$ et S_Ω la symétrie de centre Ω...

ACTIVITÉ 2

1 Lieu géométrique

On donne un cercle $\mathcal{C}$ de centre O et de rayon R, et une droite $\mathcal{D}$ ne rencontrant pas $\mathcal{C}$.

1° Soit A un point de $\mathcal{D}$. On note E_A l'ensemble des points M du plan vérifiant la propriété :

« Il existe un point N du cercle $\mathcal{C}$ tel que le triangle AMN est équilatéral de sens direct. »

Montrer que E_A est un cercle dont on déterminera le centre Ω_A et le rayon R_A.

Construire E_A.

2° Quel est l'ensemble des points Ω_A lorsque A décrit $\mathcal{D}$?

Construire cet ensemble.

BAC

☞ Rotation associée à un triangle équilatéral variable dont un sommet est fixe.

2 Une configuration mobile

On fait tourner une circonférence autour de l'un de ses points, et dans chacune de ses positions on lui mène des tangentes parallèles à une droite fixe donnée.

Trouver le lieu des points de contact.

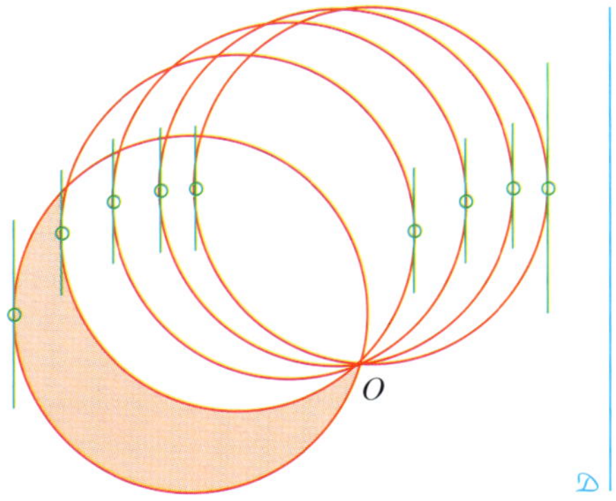

☞ Soit A et B les points de la perpendiculaire à $\mathcal{D}$ menée de O tels que $OA = OB = R$ (R étant le rayon du cercle).

Étudier la configuration formée par le centre d'un cercle, un point de contact, O et l'un des deux points A et B.

(1) Voir chapitre 3, exercice 31.

VERS L'ÉCRITURE COMPLEXE D'UNE TRANSFORMATION

Le plan est muni d'un repère orthonormal direct $(O, \vec{e}_1, \vec{e}_2)$.

■ *De quoi s'agit-il?*

Nous avons vu, dans le chapitre 2, que la **réflexion** d'axe (Ox) associe au point M d'affixe z le point M' d'affixe z' tel que $\boldsymbol{z' = \bar{z}}$.
De même, nous avons su interpréter géométriquement une relation telle que $\boldsymbol{z' = z + 1 + i}$ par : «La **translation** de vecteur $\vec{e}_1 + \vec{e}_2$ associe au point M d'affixe z le point M' d'affixe z' (avec $z' = z + 1 + i$)».
Ces exemples simples sont cependant significatifs de la question qui nous préoccupe ici et que nous formulerons ainsi :
Soit f une transformation, usuelle pour l'instant. Elle associe au point M d'affixe z le point M' d'affixe z'. ***Exprimer z' en fonction de z*** *(et bien sûr des données initiales).*

■ *Le cas des translations, des homothéties et des rotations*

ACTIVITÉ 3

1 Les translations

Soit t la translation de vecteur $\vec{u}$.
On désigne par b l'affixe de $\vec{u}$.
Montrer que t associe au point M d'affixe z le point M' d'affixe z' tel que $z' = z + b$.

2 Les homothéties

Soit h l'homothétie de centre Ω et de rapport k (k *réel* non nul et différent de 1).
On note ω l'affixe du point Ω.
Montrer que h associe au point M d'affixe z le point M' d'affixe z' tel que :

$$z' - \omega = k(z - \omega).$$

☞ Exploiter, après l'avoir justifiée, la relation $\overrightarrow{\Omega M'} = k\overrightarrow{\Omega M}$.

3 Les rotations

1° Soit $\vec{u}$ et $\vec{u}'$ deux vecteurs non nuls de même norme $(\|\vec{u}\| = \|\vec{u}'\|)$ et tels que l'angle $(\vec{u}, \vec{u}')$ est égal à θ, θ étant un réel donné.
Montrer que les affixes z de $\vec{u}$ et z' de $\vec{u}'$ sont telles que $z' = e^{i\theta} z$.

☞ Chercher l'écriture complexe du quotient $\dfrac{z'}{z}$.

2° Soit r la rotation de centre Ω et d'angle θ.
On note ω l'affixe de Ω.
Montrer que r associe au point M d'affixe z le point M' d'affixe z' tel que :

$$z' - \omega = e^{i\theta}(z - \omega).$$

☞ $\vec{u} = \overrightarrow{\Omega M}$, $\vec{u}' = \overrightarrow{\Omega M'}$ et la question 1.

Ces résultats feront l'objet d'une synthèse (voir théorème 1 du cours).
Signalons dès maintenant que nous adopterons une *convention de vocabulaire* fort commode.

Par exemple, considérons la rotation r de centre O et d'angle $\dfrac{\pi}{2}$. Au lieu de dire : «r associe au point M d'affixe z le point M' d'affixe z' tel que $z' = iz$ (rappel : $e^{i\frac{\pi}{2}} = i$)», nous dirons : **L'écriture complexe** de r est $z \mapsto z'$ avec $z' = iz$» ou, de façon encore plus schématique : «L'écriture complexe de r est $z' = iz$.»

Métamorphosis (de la chenille au papillon) : transformation dite des «stades intermédiaires». Réalisation par ordinateur qui requiert une planification très soignée.

COURS

6
Compléments sur les transformations

TRANSFORMATIONS ET ÉCRITURE COMPLEXE

1 RAPPELS : TRANSFORMATION, TRANSFORMATION RÉCIPROQUE

Définition 1

Une **transformation** du plan est une *bijection* du plan sur lui-même.

$f^{-1}(A) = B$ signifie $f(B) = A$.

Rappelons qu'une application f du plan est une bijection si tout point du plan est l'image par f d'un point unique :
« Pour tout point m de $\mathcal{P}$, il existe un point M et un seul tel que $f(M) = m$. »
On peut alors introduire l'application qui associe à tout point m de $\mathcal{P}$ le point M tel que $f(M) = m$. Il s'agit encore d'une transformation appelée **transformation réciproque de f** et notée f^{-1}.

Exemples

transformation	transformation réciproque
translation de vecteur $\vec{u}$	**translation** de vecteur $-\vec{u}$
homothétie de centre Ω, de rapport k ($k \neq 0$)	**homothétie** de même centre, de rapport $\frac{1}{k}$
réflexion d'axe Δ	**réflexion** d'axe Δ : ($f^{-1} = f$)
rotation de centre Ω, d'angle θ	**rotation** de même centre, d'angle $-\theta$

2 ÉCRITURE COMPLEXE D'UNE TRANSFORMATION

Le plan est muni d'un repère orthonormal direct $(O, \vec{e}_1, \vec{e}_2)$.

En guise de définitions

■ L'écriture complexe d'une application plane f est l'application de $\mathbb{C}$ dans $\mathbb{C}$ que nous noterons $\widetilde{f}$ lorsque le besoin s'en fera sentir, définie ainsi : **si z est l'affixe de M, alors $z' = \widetilde{f}(z)$ est l'affixe de $M' = f(M)$.**
Il est aisé de voir que lorsque f est une *transformation,* l'écriture complexe de f est une *bijection* de $\mathbb{C}$ sur lui-même.

■ Maintenant, soit φ une application de $\mathbb{C}$ dans $\mathbb{C}$. Il est manifeste que l'application du plan dans lui-même, qui au point **$M(z)$ associe le point $M'(z')$ avec $z' = \varphi(z)$**, est l'application de $\mathcal{P}$ dans $\mathcal{P}$, dont l'écriture complexe est φ.

3 ÉCRITURE COMPLEXE DES TRANSFORMATIONS USUELLES

Un tableau va résumer les propriétés obtenues sur ce sujet dans les activités préparatoires (p. 140). L'importance pour la suite de tels résultats justifie que nous accordions à ce tableau le statut de théorème :

Théorème 1

transformation	**écriture complexe** Au point $M(z)$, la transformation associe le point $M'(z')$.	
translation de vecteur $\vec{u}$	$\boldsymbol{z' = z + b}$	b : affixe de $\vec{u}$
homothétie de centre Ω, de rapport k	$\boldsymbol{z' - \omega = k(z - \omega)}$	ω : affixe de Ω
rotation de centre Ω, d'angle θ	$\boldsymbol{z' - \omega = e^{i\theta}(z - \omega)}$	ω : affixe de Ω

Remarques **1.** Soit deux vecteurs non nuls $\vec{u}$ et $\vec{u}'$ d'affixes z et z'. Alors :

- $\vec{u}' = k\vec{u}$ (k réel) est équivalent à $z' = kz$;
- $\|\vec{u}'\| = \|\vec{u}\|$ et $(\vec{u}, \vec{u}') = \theta$ (θ réel) équivaut à $z' = e^{i\theta}z$.

Ce sont les *deux points clé qui permettent de retrouver* les résultats du théorème 1 (via la traduction par des relations vectorielles et angulaires de l'effet des transformations).

2. Observons qu'en développant dans l'écriture complexe, nous obtenons des *relations de la forme* $z' = az + b$ avec $a = 1$ (translation) ou a réel non nul (homothétie) ou $|a| = 1$ (rotation)...

4 ÉCRITURES COMPLEXES CARACTÉRISTIQUES

Étude Considérons l'application f du plan dans lui-même dont l'écriture complexe est de la forme $z' = az + b$ avec $|a| = 1$ ou a réel non nul.

> $z = az + b$ est l'équation aux points fixes de f.

- $a = 1$, $z' = z + b$: f est la **translation** de vecteur $\vec{u}$, d'affixe b.
- $a \neq 1$, l'application f admet un seul *point fixe* Ω : celui dont l'affixe ω est solution de $\omega = a\omega + b$, *à* savoir $\omega = \dfrac{b}{1 - a}$.

De $z' = az + b$ et $\omega = a\omega + b$, nous tirons, par simple différence :

$$z' - \omega = a(z - \omega) \qquad (1).$$

Lorsque $a = k$, k réel non nul (respectivement $a = e^{i\theta}$, θ réel), le théorème 1 fait reconnaître en f l'*homothétie* de centre $\Omega(\omega)$, de rapport k (respectivement la *rotation* de centre $\Omega(\omega)$ et d'angle θ). Voici le théorème important qui conclut cette étude :

Théorème 2

La transformation plane dont l'écriture complexe est de la forme :
- $\boldsymbol{z' = z + b}$ .... est une translation ;
- $\boldsymbol{z' = kz + b}$ (k réel non nul, $k \neq 1$) .... est une homothétie de rapport k ;
- $\boldsymbol{z' = e^{i\theta}z + b}$ (θ réel non nul $[2\pi]$) .... est une rotation d'angle θ.

Noter que pour l'instant, nous ne nous intéressons qu'à la *forme* de certaines écritures complexes... patientons un peu pour une **exploitation géométrique**.

COMPOSITION : GÉNÉRALITÉS

1 COMPOSÉE DE DEUX TRANSFORMATIONS

Définition 2

Soit f et g deux transformations du plan.
L'application, qui à tout point M du plan associe le point $g(f(M))$, est une transformation appelée **composée de f par g** et notée $g \circ f$.

Conventions usuelles

1. Le produit
Le mot « produit » s'utilise souvent au lieu et à la place du mot « composée ». Ainsi, nous dirons (voir théorème 6) :
« Toute translation est produit de deux réflexions » au lieu de « Toute translation peut s'écrire comme la composée de deux réflexions. »
ATTENTION ! Si l'on s'autorise l'expression « produit de f par g » pour désigner $g \circ f$, cela ne signifie pas pour autant que $f \circ g = g \circ f$.

2. Composer à gauche (à droite)
De l'égalité $f = g$, nous tirons :
- $h \circ f = h \circ g$: nous dirons que nous avons *composé à gauche* par h ;
- $f \circ h = g \circ h$: ici, évidemment, nous avons *composé à droite* par h.

3. La notation intermédiaire
Elle consiste à remplacer l'écriture : « $g \circ f$: $M \to f(M) \to g(f(M))$ » qui est la traduction fidèle de la définition par l'écriture :

On désigne le point intermédiaire $f(M)$ par M_1.

$$M \xrightarrow{f} M_1 \qquad M_1 \xrightarrow{g} M'$$

ou encore

$$M_1 = f(M) \qquad M' = g(M_1).$$

Ce procédé que nous mettrons en œuvre aussi bien dans les figures que dans le texte mathématique se révèle à l'usage commode, habile, simple, maniable, adroit, pratique, utile et salutaire...

2 DES SITUATIONS À REPÉRER

Dans ce qui suit f, g, h désignent des transformations.
Supposons que nous ayons $f \circ g = h$.
Voulons-nous f ? Composons à droite par g^{-1} : $f \circ g \circ g^{-1} = h \circ g^{-1}$.
Comme $g \circ g^{-1} = \mathrm{id}_{\mathscr{P}}$, il vient finalement $f = h \circ g^{-1}$.
En composant à gauche par f^{-1}, on obtient de même $g = f^{-1} \circ h$.
Attirons l'attention sur quelques situations que nous aurons l'occasion de rencontrer fréquemment :

À retenir

- $f \circ g = \mathrm{id}_{\mathscr{P}}$ signifie $g = f^{-1}$ ou tout aussi bien $f = g^{-1}$.
- s *symétrie* (orthogonale ou centrale) : $f = s \circ g \Leftrightarrow g = s \circ f$.
- $t_{\vec{u}}$ *translation* de vecteur $\vec{u}$: $f = t_{\vec{u}} \circ g \Leftrightarrow g = t_{-\vec{u}} \circ f$.

Cela résulte des relations $s^{-1} = s$ et $(t_{\vec{u}})^{-1} = t_{-\vec{u}}$.

3 ÉCRITURE COMPLEXE D'UNE COMPOSÉE

Exemple

La méthode est générale.

Soit t la translation de vecteur $\vec{e}_1$; écriture complexe : $z \mapsto z + 1$;
r le quart de tour de centre O; écriture complexe : $z \mapsto iz$.
Cherchons l'*écriture complexe de la composée* $f = t \circ r$:
r associe à $M(z)$ le point $M_1(z_1)$ avec $z_1 = iz$;
t associe à $M_1(z_1)$ le point $M'(z')$ avec $z' = z_1 + 1$.

L'écriture complexe de $f = t \circ r$ est alors définie par $\begin{cases} z_1 = iz \\ z' = z_1 + 1 \end{cases}$: c'est donc la *composée (dans le même ordre) des écritures complexes* de r et t.
Le résultat $z' = iz + 1$ est pour l'instant sans importance. En revanche :

À retenir

L'écriture complexe de la composée de deux transformations s'obtient en **composant dans le même ordre** leurs écritures complexes.

4 PROPRIÉTÉS GÉOMÉTRIQUES : LE PRINCIPE DE COMPOSITION

Cette location un peu savante cache quelque chose de simple et finalement d'assez naturel.
Deux exemples pour s'en convaincre :

Exemples

1 *Soit f et g deux transformations transformant les droites en droites. Montrer qu'il en est de même pour $g \circ f$.*

Soit $\mathcal{D}$ une droite du plan. Alors $\mathcal{D}_1 = f(\mathcal{D})$ est une droite du plan et donc $\mathcal{D}' = g(\mathcal{D}_1)$ est aussi une droite du plan.
Ainsi, l'image par $g \circ f$ d'une droite du plan est une droite du plan.

2 *Soit f et g deux transformations conservant les barycentres. Montrer que $g \circ f$ conserve les barycentres.*

Soit G le barycentre d'un système $(A_i, \alpha_i)_{1 \leqslant i \leqslant n}$.
Comme f conserve le barycentre, $f(G)$ est le barycentre du système $\big(f(A_i), \alpha_i\big)_{1 \leqslant i \leqslant n}$. De même, g conservant le barycentre, $g\big(f(G)\big)$ est le barycentre de $\big(g\big(f(A_i)\big), \alpha_i\big)_{1 \leqslant i \leqslant n}$.
Conclusion : $g \circ f$ conserve le barycentre.

Ce qui est important

On devine une généralisation sans peine :

■ **Images de figures usuelles**
Si f et g sont des transformations transformant droites en droites... cercles en cercles... carrés en carrés..., etc., il en sera de même de $g \circ f$.

■ **Propriétés de conservation**
Si f et g sont des transformations conservant les barycentres... les distances... le parallélisme... les angles (géométriques ou orientés)..., etc., il en sera encore de même de $g \circ f$.

Ce n'est pas moins important...

Il *faut être capable,* à chaque instant, d'*établir l'un quelconque de ces résultats* (en s'inspirant des exemples 1 et 2).
À chaque instant et notamment le jour dit...

COMPOSÉE D'ISOMÉTRIES

1 GÉNÉRALITÉS

Définition 3

On appelle **isométrie** toute transformation conservant la *distance.*

Les *réflexions,* les *translations* et les *rotations* sont des exemples d'isométries.

Théorème 3

La **transformation réciproque** d'une isométrie est une isométrie.
La **composée** de deux isométries est une isométrie.

La démonstration (facile) est laissée à titre d'exercice.

2 COMPOSÉE DE RÉFLEXIONS

Il s'agit de rappeler ici les résultats obtenus en classe de Première :

Théorème 4
xes parallèles)

Soit deux droites Δ et Δ' *parallèles.*
La composée de la réflexion d'axe Δ, s_Δ par la réflexion d'axe Δ', $s_{\Delta'}$ est la **translation de vecteur $2\vec{u}$** où $\vec{u} = \overrightarrow{AA'}$, A et A' étant des points de Δ et Δ' tels que (AA') soit orthogonale à Δ (et à Δ') : $\boldsymbol{s_{\Delta'} \circ s_\Delta = t_{2\vec{u}}}$.

La figure 1 fait comprendre un tel résultat. La perpendiculaire issue de M coupe Δ en H et Δ' en H' :
— d'une part, avec $M_1 = s_\Delta(M)$: $\overrightarrow{MM_1} = 2\overrightarrow{HM_1}$ et avec $M' = s_{\Delta'}(M_1)$: $\overrightarrow{M_1M'} = 2\overrightarrow{M_1H'}$, d'où il découle que $\overrightarrow{MM'} = 2\overrightarrow{HH'}$;
— d'autre part $\overrightarrow{AA'} = \overrightarrow{HH'}$.

Fig. 1 ▶

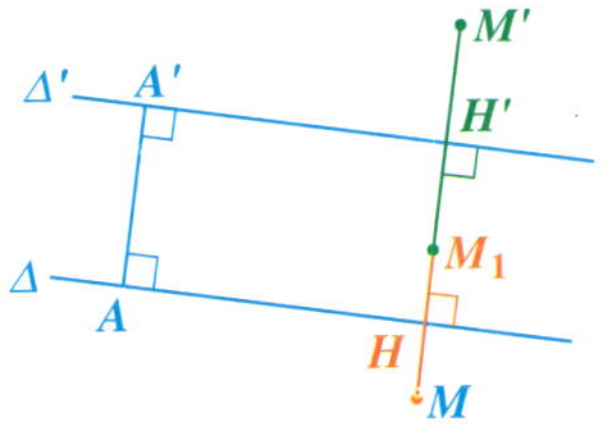

Théorème 5
(axes sécants)

Soit Δ et Δ' deux droites *sécantes en O.*
La composée de la réflexion d'axe Δ, s_Δ par la réflexion d'axe Δ', $s_{\Delta'}$ est la **rotation de centre O et d'angle $2(\vec{u}, \vec{u}')$**, où $\vec{u}$ et $\vec{u}'$ sont des vecteurs directeurs quelconques de Δ et Δ' : $\boldsymbol{s_{\Delta'} \circ s_\Delta = r_{O,\, 2(\vec{u},\, \vec{u}')}}$.

Dans le cas de deux droites *orthogonales* Δ et Δ', les composées $s_{\Delta'} \circ s_\Delta$ et $s_\Delta \circ s_{\Delta'}$ ne sont autres que la symétrie de centre O : s_O (rotation de centre O et d'angle π).
On en déduit (voir paragraphe 2, p. 143) des égalités telles que :

$$s_\Delta \circ s_O = s_{\Delta'}, \quad s_O \circ s_{\Delta'} = s_\Delta, \text{ etc.}$$

Mais ce qui suit est plus simple...

Corollaire

Soit deux réflexions d'axes orthogonaux en O et s_O la symétrie de centre O.
La composée de **deux** de ces transformations est la **troisième.**

3 LES THÉORÈMES DE DÉCOMPOSITION

Étude 1 Considérons une translation t de vecteur $\vec{u}$.
Choisissons arbitrairement une droite Δ **orthogonale à $\vec{u}$.**

Introduisons la droite Δ_1 image de Δ par la translation de vecteur $\frac{1}{2}\vec{u}$.

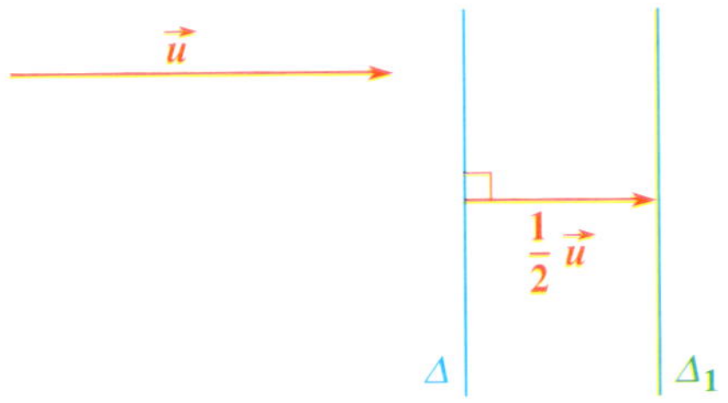

Fig. 2

D'après le théorème 4, on a :

$$s_{\Delta_1} \circ s_{\Delta} = t_{\vec{u}}\,.$$

Introduisons la droite Δ_2 image de Δ par la translation de vecteur $-\frac{1}{2}\vec{u}$.

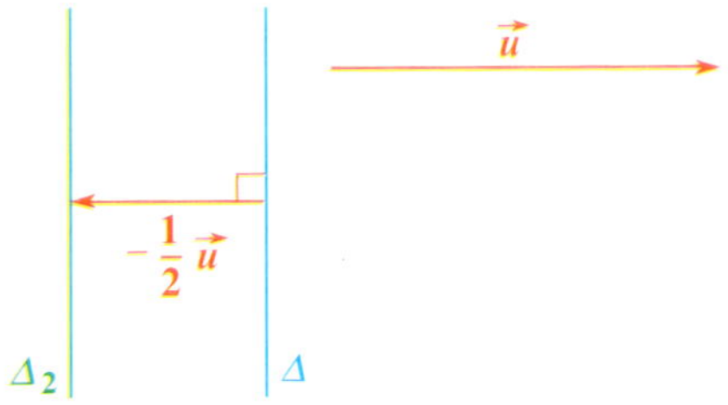

Fig. 3

D'après le théorème 4, on a :

$$s_{\Delta} \circ s_{\Delta_2} = t_{\vec{u}}\,.$$

Nous pouvons donc décomposer la translation t en produit de deux réflexions. Observons que la réflexion arbitrairement choisie s_{Δ} est écrite à droite dans la colonne de gauche et à gauche dans la colonne de droite (nul n'est parfait).
Il est possible de résumer simplement l'ensemble de ces résultats :

Théorème 6

> Toute **translation** se décompose en **produit de deux réflexions :**
> - d'axes *orthogonaux* au vecteur de la translation,
> - dont l'une d'elles peut être choisie arbitrairement.

Étude 2 Soit r une rotation de centre O et d'angle θ (θ réel).
Choisissons arbitrairement une droite Δ **passant par O.**
Introduisons, cette fois sur la même figure :

— la droite Δ_1 image de Δ par la rotation de centre O et d'angle $\frac{\theta}{2}$;

— la droite Δ_2 image de Δ par la rotation de centre O et d'angle $-\frac{\theta}{2}$.

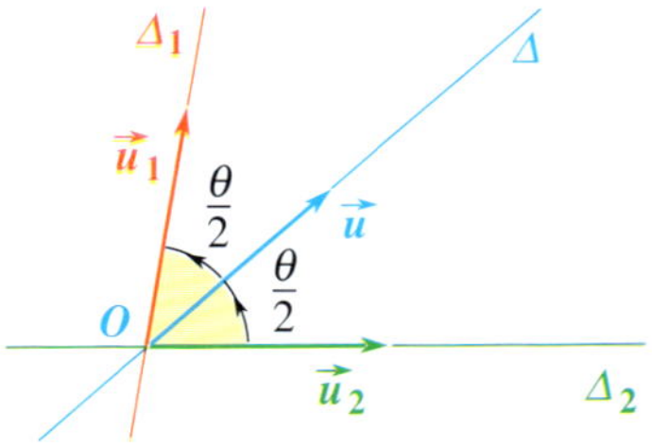

Fig. 4

Le théorème 5 permet alors d'affirmer que $s_{\Delta_1} \circ s_{\Delta} = s_{\Delta} \circ s_{\Delta_1} = r$, autrement dit :

Théorème 7

> Toute **rotation** se décompose en **produit de deux réflexions**
> - d'axes passant par le centre de la rotation,
> - dont l'une d'elles peut être choisie arbitrairement.

4 COMPOSÉE D'UNE TRANSLATION ET D'UNE ROTATION

Étude Soit t la *translation* de vecteur $\vec{u}$ ($\vec{u} \neq \vec{0}$) et r la *rotation* de centre O et d'angle θ ($\theta \neq 0 \quad [2\pi]$).

Si $\vec{u} = \vec{0}$, alors $t \circ r = r$. Si $\theta = 0 \quad [2\pi]$, alors $t \circ r = t$.

Nous nous proposons de conduire l'étude de la *transformation* $t \circ r$ à l'aide des **théorèmes de décomposition.**

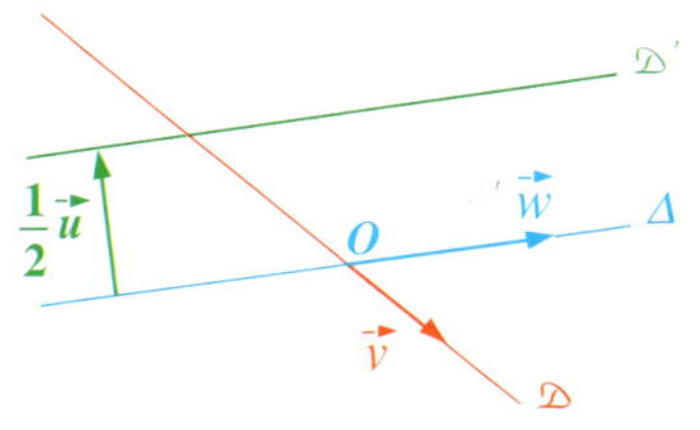

Fig. 5

Pour cela, introduisons la droite Δ passant par O et orthogonale à $\vec{u}$ et **dé-com-po-sons** :

▪ Il existe une droite $\mathcal{D}$ (passant par O) telle que $r = \boldsymbol{s_\Delta} \circ s_{\mathcal{D}}$.
Précisons : si $\vec{v}$ et $\vec{w}$ sont des vecteurs directeurs de $\mathcal{D}$ et Δ, on a $2(\vec{v}, \vec{w}) = \theta$.

▪ Il existe une droite $\mathcal{D}'$ (parallèle à Δ) telle que $t = s_{\mathcal{D}'} \circ \boldsymbol{s_\Delta}$.
Nous en déduisons : $t \circ r = s_{\mathcal{D}'} \circ \boldsymbol{s_\Delta} \circ \boldsymbol{s_\Delta} \circ s_{\mathcal{D}}$.
Et comme $s_\Delta \circ s_\Delta = \mathrm{id}_{\mathcal{P}}$, il vient finalement que $\boldsymbol{t \circ r = s_{\mathcal{D}'} \circ s_{\mathcal{D}}}$.
Nous savons que $\mathcal{D}'$ est parallèle à Δ; alors d'une part $\mathcal{D}$ *et* $\mathcal{D}'$ *sont sécantes* et d'autre part $\vec{w}$ est aussi un vecteur directeur de $\mathcal{D}'$.

Ainsi $\vec{v}$ et $\vec{w}$ sont des vecteurs directeurs de $\mathcal{D}$ et $\mathcal{D}'$ tels que $2(\vec{v}, \vec{w}) = \theta$.

Toutes les conditions sont réunies pour appliquer le théorème 5 : la transformation $s_{\mathcal{D}'} \circ s_{\mathcal{D}}$, autrement dit **$t \circ r$ est une rotation d'angle θ.**

En conséquence :

Théorème 8

> La composée d'une *rotation* d'angle θ (distincte de $\mathrm{id}_{\mathcal{P}}$) et d'une *translation* est une **rotation** de *même angle θ.*

Remarques **1.** Le libellé de notre théorème laisse penser que **$r \circ t$, est aussi une rotation d'angle θ,** comme $t \circ r$, ce qui n'est pas gênant puisque c'est vrai (voir, à ce sujet, l'exercice 17).

2. *Noter l'astuce* dans la décomposition de t et r en produit de deux réflexions :

(1) $\quad r = s_\Delta \circ s_{\mathcal{D}} \quad$ (s_Δ à gauche);

(2) $\quad t = s_{\mathcal{D}'} \circ s_\Delta \quad$ (s_Δ à droite).

Ainsi $t \circ r$ se simplifie en $s_{\mathcal{D}'} \circ s_{\mathcal{D}}$. Mais, pour ce faire il est nécessaire que Δ passe par O (relation (1)) et soit orthogonale à $\vec{u}$ (relation (2)) : cela explique le choix effectué pour Δ.
Finalement, ce n'est pas une astuce.

Et le centre ? Il est possible de préciser le centre de la rotation $t \circ r$: dans l'étude précédente, le centre est évidemment le point d'intersection de $\mathcal{D}$ et $\mathcal{D}'$.
N'insistons guère : nous verrons en T.P. d'*autres moyens* pas moins efficaces pour déterminer le centre d'une rotation obtenue comme composée de deux transformations.

5 COMPOSÉE DE DEUX ROTATIONS

Étude Considérons deux rotations r_1 et r_2 où r_1 *est la rotation de centre* O_1 *et d'angle* θ_1 et r_2 *est la rotation de centre* O_2 *et d'angle* θ_2.
Nous allons conduire l'étude de la transformation $f = r_2 \circ r_1$ à l'aide **des écritures complexes.**
L'écriture complexe de r_1 est de la forme $z \mapsto e^{i\theta_1} z + b_1$.
Celle de r_2 est $z \mapsto e^{i\theta_2} z + b_2$.
Il en découle que l'écriture complexe de la composée $f = r_2 \circ r_1$ est $z \mapsto e^{i\theta_2}(e^{i\theta_1} z + b_1) + b_2$; autrement dit de la forme $z \mapsto e^{i(\theta_1 + \theta_2)} z + b$ avec, si l'on y tient vraiment, $b = e^{i\theta_2} b_1 + b_2$.
Le théorème 2 délivre le verdict :
Si $\theta_1 + \theta_2 = 0 \ [2\pi]$, *alors **f est une translation.***
Si $\theta_1 + \theta_2 \neq 0 \ [2\pi]$, *alors **f est une rotation** d'angle* $\theta_1 + \theta_2$.

C'est le moment de la synthèse (1) :

Théorème 9

La composée de *deux rotations* d'angles θ_1 et θ_2 est une **translation ou une rotation :**
- lorsque $\theta_1 + \theta_2 = 0 \ [2\pi]$, il s'agit d'une *translation* ;
- lorsque $\theta_1 + \theta_2 \neq 0 \ [2\pi]$, il s'agit d'une *rotation d'angle* $\theta_1 + \theta_2$.

Considérons, par exemple, deux symétries centrales s_A et s_B : ce sont toutes deux des rotations d'angle π. La composée $s_B \circ s_A$ est donc une translation (puisque $\pi + \pi = 0 \ [2\pi]$).
Cette translation transforme A en A', symétrique de A par rapport à B ($s_B \circ s_A(A) = s_B(A) = A'$) ; son vecteur est donc le vecteur $\overrightarrow{AA'}$ soit $2\overrightarrow{AB}$.

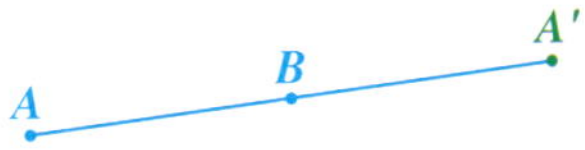

Fig. 6

Corollaire

La composée $s_B \circ s_A$ des symétries centrales s_A et s_B est la **translation de vecteur** $2\overrightarrow{AB}$.

Débat ? Nous aurions pu utiliser le théorème de décomposition pour conduire l'étude précédente et l'écriture complexe dans le paragraphe 4.
Nous voilà donc en présence de deux méthodes. Certains jugent l'une plus esthétique, l'autre plus efficace...
En débattre est sans enjeu : l'important est de **savoir utiliser les deux...**

(1) Pour des raisons évidentes, nous avons le même résultat que précédemment pour la transformation $r_1 \circ r_2$. Cela explique que, dans le théorème qui suit, nous ne distinguons pas $r_1 \circ r_2$ de $r_2 \circ r_1$, bien que ces transformations soient en général différentes.

TRAVAUX PRATIQUES

6
Compléments sur les transformations

A – EXEMPLES D'EMPLOI DES TRANSFORMATIONS

? *Concernant le* ***fonctionnement des transformations dans la résolution de problèmes de Géométrie,*** *ce T. P. n'a pas la vocation, qui serait par ailleurs démesurée et hors de propos, de faire le tour de la question. (Nous renvoyons sur ce sujet au livre de Géométrie de* 1res *S et E, chapitre 6, où séjournent les points essentiels, à savoir les références simples et solides.)*
Il s'agit plutôt, à propos d'une même situation, de proposer un exemple significatif :

- *Des problèmes envisagés :* ***études de configurations, problèmes de lieu*** *et à un degré moindre, problèmes de construction... ;*

- *De l'utilisation des* ***propriétés des transformations usuelles*** *qui se classent, comme nous l'avons fait, en deux rubriques : propriétés de conservation, effet sur les figures usuelles.*

Exercice résolu *Soit OAB un triangle rectangle isocèle direct de sommet O.*
Pour tout point M du segment $[A, B]$, on désigne par P et Q les projetés orthogonaux de M sur (OA) et (OB) et par R et S les sommets du carré de diagonale $[P, Q]$ (le carré $PRQS$ étant de sens direct).

1° *(Étude de configuration) Montrer que R est fixe.*

2° *(Lieux géométriques) Déterminer le lieu géométrique du milieu de $[P, Q]$, puis celui de S, lorsque le point M décrit $[A, B]$.*

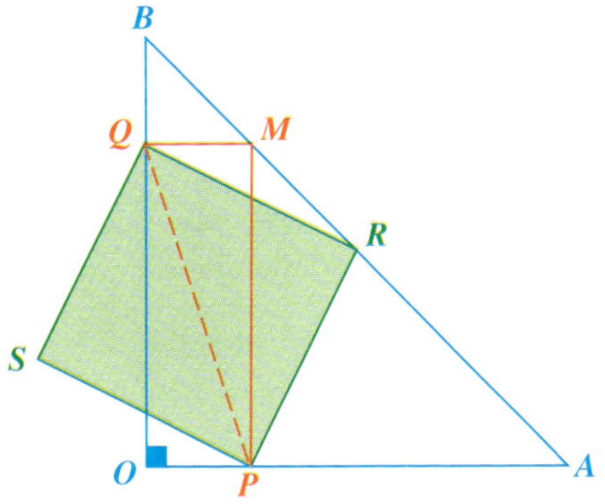

Fig. 7

1° Nous conjecturons que le point R est le milieu I de $[A, B]$, quel que soit M sur $[A, B]$ (cette conjecture est motivée par le tracé studieux d'une figure et l'examen de quelques cas particuliers : $M = A$, $M = B$ et $M = I$).
Soit donc r le **quart de tour direct** de centre I, milieu de $[A, B]$. Il s'agit de montrer que $r(Q) = P$. Comme r transforme B en O, O en A et donc le segment $[B, O]$ en $[O, A]$, le point $r(Q)$ est $\boxed{\text{le}}$ point du segment $[O, A]$ caractérisé par l'égalité des distances : $Or(Q) = BQ$.
Manifestement, on a $OP = QM = QB$ (car le triangle BQM est rectangle isocèle en Q).
Conclusion : $r(Q) = P$.

Ainsi, le quart de tour direct de centre I transforme Q en P : I est donc l'un des sommets du carré de diagonale $[P, Q]$ et, de plus, il est tel que $(\overrightarrow{IQ}, \overrightarrow{IP}) = \frac{\pi}{2}$.

Pas de doute : ***PIQS* est le carré de sens direct de diagonale $[P, Q]$,** ce qui confirme définitivement le pronostic effectué sur le point R.

2° Soit N le milieu de $[P, Q]$ comme $OPMQ$ est un rectangle, N est aussi le milieu de $[O, M]$. Cette dernière propriété est particulièrement avantageuse... car elle s'interprète aisément en **termes de transformations** : *« L'homothétie de centre O et de rapport* $\frac{1}{2}$ *transforme M en N. »* On en déduit le lieu de N : le segment $[A', B']$ où A' et B' sont les milieux de $[O, A]$ et $[O, B]$.
Le point N est aussi le centre du carré $PIQS$ ce que nous pouvons traduire par : *« L'homothétie de centre I et de rapport 2 transforme N en S. »*
Nous laissons vérifier que le lieu de S est le segment $[A_1, B_1]$ où A_1 et B_1 sont les symétriques de I par rapport aux côtés (OA) et (OB).

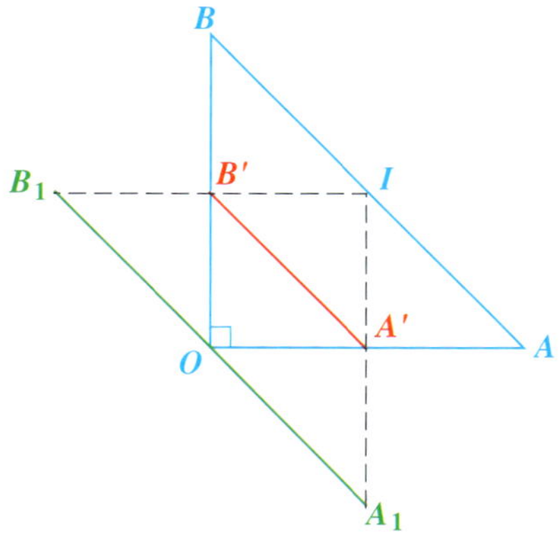

Fig. 8

POINT MÉTHODE

Que ce soit dans l'étude de figures ou la recherche de lieux géométriques, l'usage des transformations repose sur deux actions à entreprendre :

- **Traduire** une propriété géométrique d'une figure **en termes de transformation :** ceci a pour effet d'engager une transformation dans la résolution du problème.
- **Mobiliser** l'*action* (évidemment connue) de cette transformation sur les figures usuelles ou encore ses propriétés de *conservation.*
(Sur cette méthode, en ce qui concerne les problèmes de lieux par exemple, considérer que l'exercice 1 du T. P. 1 est le *support pratique indispensable.*)

TP I

1 Situation de base

Dans chacun des cas suivants, identifier dans le procédé de construction $M \mapsto M'$ une transformation usuelle.
En déduire le lieu des points M' lorsque M décrit une droite $\mathcal{D}$ donnée.
(Les points A et B sont fixés en dehors de $\mathcal{D}$.)

1° $M \mapsto M'$ tel que $MABM'$ est un parallélogramme.

2° $M \mapsto M'$ tel que $AMBM'$ est un parallélogramme.

3° $M \mapsto M'$ tel que AMM' est équilatéral (de sens direct).

4° $M \mapsto M'$ tel que M' est le milieu de $[A, M]$.

5° $M \mapsto M'$ tel que AMM' est isocèle rectangle en A et de sens direct.

6° $M \mapsto M'$ tel que M' est le centre de gravité du triangle ABM.

2 Construction

Les droites $\mathcal{D}$ et $\mathcal{D}'$ sont parallèles et A est un point en dehors de $\mathcal{D}$ et de $\mathcal{D}'$.
Construire un carré $ABCD$ avec B sur $\mathcal{D}$ et D sur $\mathcal{D}'$.

3 Une rotation, un cercle et son image

On considère deux cercles $\mathcal{C}$ et $\mathcal{C}'$ de centres O et O', de même rayon, sécants en deux points Ω et I.

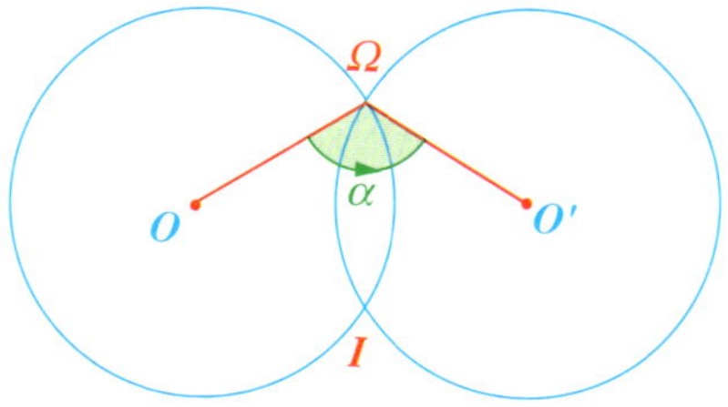

1° Montrer qu'il existe une rotation r de centre Ω et une seule qui transforme $\mathcal{C}$ en $\mathcal{C}'$. (On notera α l'angle de la rotation r.)

2° Soit M un point de $\mathcal{C}$ distinct de I et Ω. On désigne par M' l'image de M par r.

3° Établir les relations suivantes :

$2(\overrightarrow{MI}, \overrightarrow{M\Omega}) = \pi - \alpha$ (☞ angle inscrit) ;

$2(\overrightarrow{MM'}, \overrightarrow{M\Omega}) = \pi - \alpha$ (☞ $M\Omega M'$ est isocèle).

En déduire que les points M, I et M' sont alignés et donner une construction de M'.

B – EXEMPLES D'EMPLOI DE COMPOSÉES DE TRANSFORMATIONS

? *La résolution de problèmes de Géométrie par la composée de transformations est la matière première de ce travaux pratiques.*
La ***stratégie*** *générale reste celle dégagée en classe de Première (voir chapitre 7, tome de* Géométrie*). Elle s'articule, pour l'essentiel, autour de deux questions (et des réponses qu'il est évidemment souhaitable d'y apporter) :*

(1) *Quelle est la* ***nature de la composée?***

(2) *Quelle est son* ***action sur certains éléments de la figure?***

De façon plus spécifique, il s'agit de prendre en charge ici les ***composées d'isométries*** *en tant qu'outil de résolution de problèmes (étude de figures, lieux géométriques, constructions simples, ...).*
Il est temps d'examiner quelques exemples « solides ».

I FUTÉ : DEUX RÉSULTATS SIMPLES INDISPENSABLES

Exercice résolu 1 *Montrer que :*

1° *Une translation qui admet au moins un point fixe est l'identité.*

2° *Deux rotations de même angle qui coïncident au moins en un point sont égales; en particulier, elles ont donc même centre.*

1° Si la translation de vecteur $\vec{u}$, $t_{\vec{u}}$ fixe le point A ($t_{\vec{u}}(A) = A$), alors $\vec{u} = \overrightarrow{AA} = \vec{0}$: c'est donc la translation de vecteur nul, c'est-à-dire l'identité.

2° Soit r_1 et r_2 deux rotations de même angle θ qui coïncident en A : $r_1(A) = r_2(A)$.
Considérons la transformation $f = r_1^{-1} \circ r_2$. La somme des angles de r_1^{-1} et r_2 étant nulle (mod 2π), il résulte du théorème 9 de la page 148 que f est une translation.
De $r_1(A) = r_2(A)$, nous tirons $A = r_1^{-1} \circ r_2(A)$, soit $f(A) = A$. La translation f admet donc un point fixe : d'après le 1°, on a $f = \mathrm{id}_{\mathscr{P}}$.
Ainsi $r_1^{-1} \circ r_2 = \mathrm{id}_{\mathscr{P}}$, d'où $r_2 = r_1$.

POINT MÉTHODE

Ces résultats interviennent très souvent dans les problèmes. La seconde propriété notamment est d'une efficacité incomparable pour **déterminer le centre d'une rotation obtenue par composition.** (La suite des exercices va venir éclairer cette affirmation.)
Mais, « star-system » oblige, voilà les situations les plus en vue :

rotation d'angle $\pm \frac{\pi}{2}$ amenant A sur B	rotation d'angle $\pm \frac{\pi}{3}$ amenant A sur B	rotation d'angle $\pm \frac{2\pi}{3}$ amenant A sur B
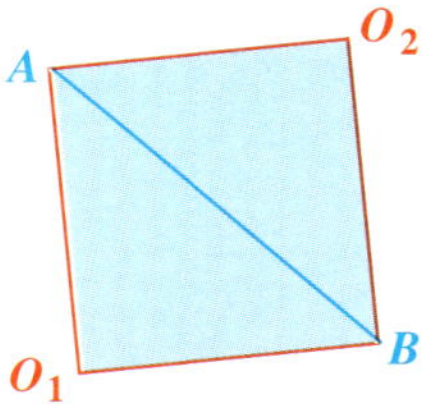	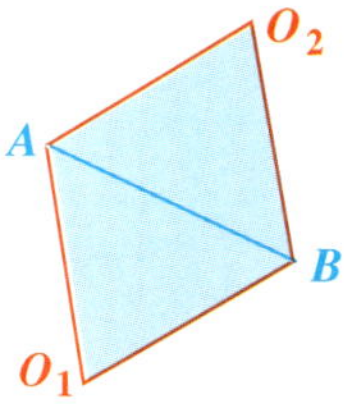	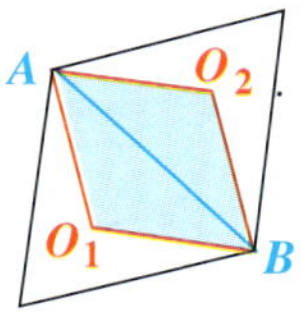
Centre : le "bon" sommet du **carré** de diagonale $[A, B]$.	**Centre** : le "bon" sommet des **triangles équilatéraux** de côté $[A, B]$.	**Centre** : le "bon" centre des **triangles équilatéraux** de côté $[A, B]$.

« Le bon... » : c'est l'*orientation* qui fait décider quel est, parmi O_1 et O_2, celui qui est effectivement le centre de la rotation.

2 COMPOSÉE DE ROTATIONS ET TRANSLATIONS

Exercice résolu 1 *On considère deux triangles équilatéraux directs OAB et OCD et l'on désigne par E le quatrième sommet du parallélogramme BOCE.*
Montrer que le triangle AED est équilatéral de sens direct.
Méthode : utiliser la composée $f = r_{\left(O,\frac{\pi}{3}\right)} \circ t_{\overrightarrow{BO}}$.

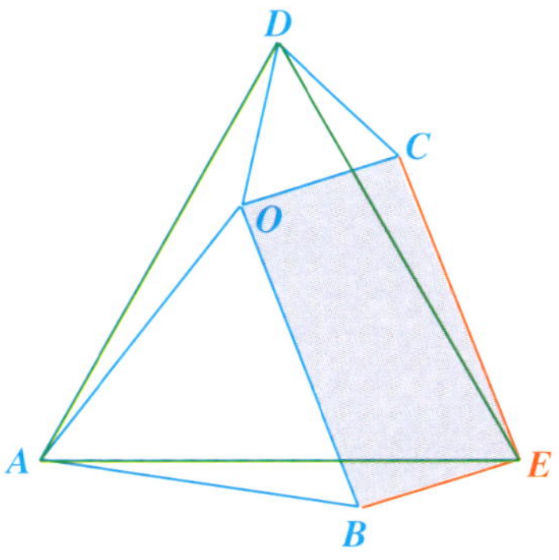

Fig. 9 ▶

1. Nature de *f*

D'après le théorème 8, f est une **rotation d'angle $\frac{\pi}{3}$.**

De façon évidente, $f(B) = O$ ($t_{\overrightarrow{BO}}(B) = O$ et O est fixe par $r_{\left(O,\frac{\pi}{3}\right)}$).

Il est clair aussi que la rotation r de centre A et d'angle $\frac{\pi}{3}$ transforme B en O. Voilà l'occasion d'être futé (voir paragraphe 1) :
f et r sont deux rotations de même angle qui coïncident en B.

Elles sont donc égales : ***f* est la rotation de centre *A* et d'angle $\frac{\pi}{3}$.**

2. Action sur certains éléments de la figure
Nous avons $\overrightarrow{BO} = \overrightarrow{EC}$ (puisque $BOCE$ est un parallélogramme). Ainsi, $t_{\overrightarrow{BO}}(E) = C$. Comme OCD est un triangle équilatéral direct, $r_{\left(O,\frac{\pi}{3}\right)}(C) = D$ et par suite $\boldsymbol{f(E) = D}$.

3. Conclusion
Par la rotation de centre A et d'angle $\frac{\pi}{3}$, E a pour image D. Ceci assure que **le triangle *AED* est équilatéral de sens direct.**

Exercice résolu 2 *Le triangle ABC est équilatéral direct de centre I.*
Étant donné un point D de [B, C] ($D \neq B$ et $D \neq C$), on considère les triangles équilatéraux extérieurs à ABC : DBE et CDF, de centres respectifs J et K.
Montrer que le triangle IJK est équilatéral.
Méthode : Utiliser $f = r_{\left(J,\frac{2\pi}{3}\right)} \circ r_{\left(K,\frac{2\pi}{3}\right)}$.

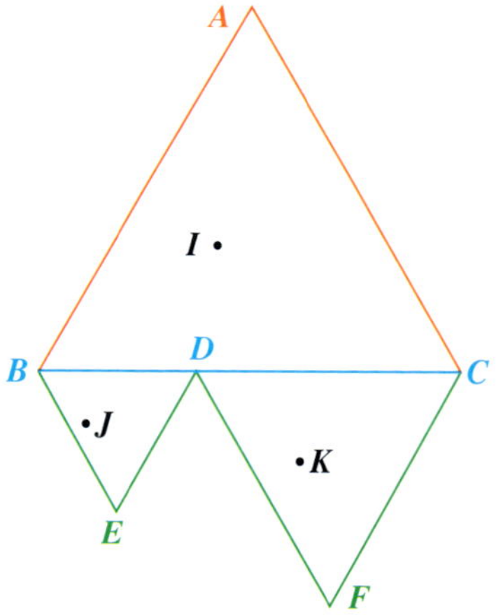

Fig. 10 ▶

■ D'après le théorème 9, f est une rotation d'angle $-\frac{2\pi}{3}$.

De plus, comme $r_{\left(K,\frac{2\pi}{3}\right)} : C \to D$ et que $r_{\left(J,\frac{2\pi}{3}\right)} : D \to B$, f transforme C en B.

Or, la rotation de centre I et d'angle $-\frac{2\pi}{3}$ (le même angle que f) transforme aussi C en B.

Ainsi, ***f* est la rotation de centre *I* et d'angle $-\frac{2\pi}{3}$.**

■ Prouvons, maintenant, que si $r_{\left(J,\frac{2\pi}{3}\right)} \circ r_{\left(K,\frac{2\pi}{3}\right)} = r_{\left(I,-\frac{2\pi}{3}\right)}$, alors le triangle IJK est équilatéral direct.
Pour cela, considérons *le* point Ω tel que ΩJK est équilatéral direct et montrons que I et Ω sont confondus.

Méthode 1 : décomposition en produit de réflexions (*théorème* 7)

Nous avons d'une part : $r_{\left(J,\,\frac{2\pi}{3}\right)} = s_{(J\Omega)} \circ s_{(JK)}$,

d'autre part : $r_{\left(K,\,\frac{2\pi}{3}\right)} = s_{(JK)} \circ s_{(K\Omega)}$.

Il en découle que $f = r_{\left(J,\,\frac{2\pi}{3}\right)} \circ r_{\left(K,\,\frac{2\pi}{3}\right)} = s_{(J\Omega)} \circ s_{(K\Omega)}$.

Cette dernière écriture montre que f est une rotation de centre Ω; autrement dit, $I = \Omega$.

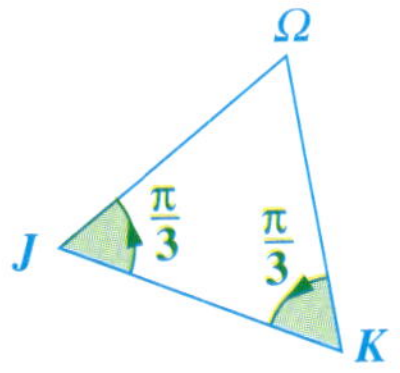

Fig. 11

Méthode 2 : un point et son image

Soit K' l'image de K par f : $K' = r_{\left(J,\,\frac{2\pi}{3}\right)}(K)$. Le triangle $J\Omega K'$ est équilatéral direct. Il est clair alors que la rotation de centre Ω et d'angle $-\dfrac{2\pi}{3}$ transforme aussi K en K'.

Ainsi, $f = r_{\left(\Omega,\,-\frac{2\pi}{3}\right)}$ ce qui prouve que I et Ω sont confondus.

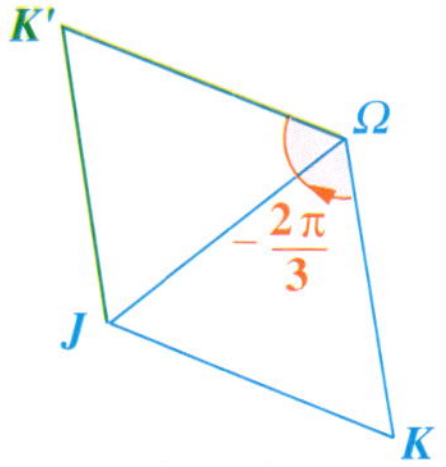

Fig. 12

Conclusion : le triangle ***IJK* est équilatéral direct.**

POINT MÉTHODE

Les deux exercices précédents conduisent à insister sur la **détermination complète d'une composée,** qui s'effectue en général en deux temps :

▪ *Nature de la transformation composée.* Elle est en général donnée par les résultats issus d'une étude théorique, c'est-à-dire (en plus simple) les **théorèmes** du cours (composées de deux translations, de deux réflexions, de deux rotations, d'une translation et d'une rotation, pour l'essentiel).

▪ *Éléments géométriques de la composée* (centre, angle pour une rotation ; axe pour une réflexion ; vecteur pour une translation ; centre, rapport pour une homothétie, ...) en dehors des renseignements fournis par les théorèmes précédents, on use en général de deux procédés :

— les théorèmes de décomposition et de composition ;

— un point et son image.

Note : « Quelle est la nature de la transformation ? Préciser les éléments géométriques qui la caractérisent » est une formulation courante dans les problèmes du BAC. Il faut accorder à une telle question le sens que nous venons de lui donner.

TP 2

1 On considère un carré direct $ABCD$ de centre O.

Dans chacun des cas suivants, identifier complètement la transformation f (nature et éléments géométriques).

a) $f = s_{(BC)} \circ s_{(OC)}$.

b) $f = r_{\left(O,\,-\frac{\pi}{2}\right)} \circ r_{\left(C,\,\frac{\pi}{2}\right)}$.

c) $f = r_{\left(A,\,\frac{\pi}{2}\right)} \circ t_{\overrightarrow{CB}}$.

d) $f = s_{(BD)} \circ s_{(OC)} \circ t_{\overrightarrow{BD}}$.

2 Dans la figure ci-après, les triangles AEB, ACF et CDB sont équilatéraux de sens directs.

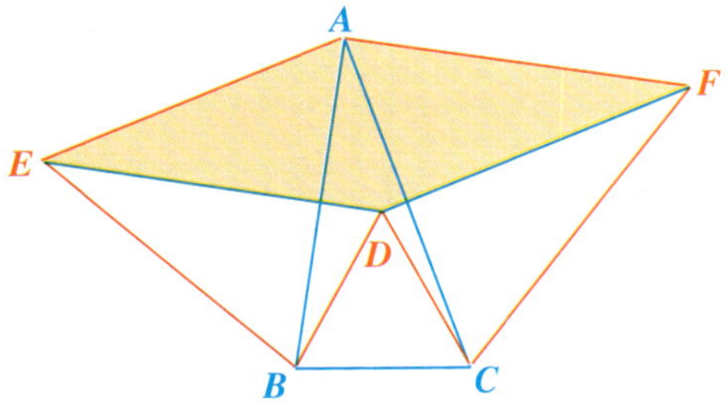

On pose $f = r_{\left(C,\,-\frac{\pi}{3}\right)} \circ r_{\left(A,\,\frac{\pi}{3}\right)}$.

1° Quelles sont les images par f de E et de A ?

2° Préciser la nature de f et en déduire la nature du quadrilatère $AEDF$.

C – EXEMPLES D'UTILISATION DES COMPLEXES EN GÉOMÉTRIE (SUITE)

? *Nous avons déjà illustré (voir chapitre 4) l'emploi des nombres complexes pour l'étude d'une configuration plane (problèmes de colinéarité, d'orthogonalité, de cocyclicité, ...).*
*Nous persévérons, en impliquant cette fois les **transformations** et leur **écriture complexe,** ce qui va nous permettre de mobiliser le **calcul algébrique** dans $\mathbb{C}$ pour une efficacité accrue dans la résolution de problèmes.*

Exercice résolu *Le plan est muni d'un repère orthonormal direct.*

1° Résultats préliminaires

Montrer qu'un triangle ABC est équilatéral de sens direct si, et seulement si, les affixes a, b et c des sommets sont telles que $c - a = e^{i\frac{\pi}{3}}(b - a)$ *(ce qui peut encore s'écrire* $c - a = -j^2(b - a)$*, puisque* $j = e^{i\frac{2\pi}{3}}$ *d'où* $j^2 = e^{i\frac{4\pi}{3}} = -e^{i\frac{\pi}{3}}$*).*

Montrer que l'affixe ω du centre Ω d'un triangle équilatéral direct ABC est solution de l'équation $b - \omega = j(a - \omega)$.

2° Le théorème de NAPOLÉON

On construit, extérieurement à un triangle ABC, trois triangles équilatéraux BCP, CAQ et ABR de centres de gravité désignés respectivement par U, V et W.

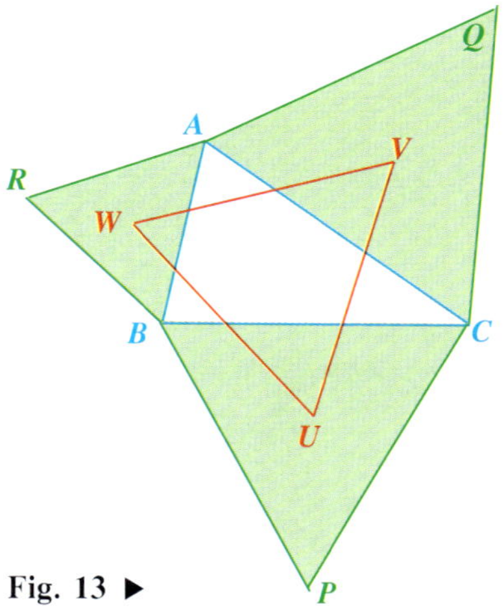

Fig. 13 ▶

Montrer que le triangle UVW est équilatéral et a même centre de gravité que le triangle ABC.

1° *Résultats préliminaires*

■ Nous pouvons traduire la propriété «*ABC* est équilatéral de sens direct» à l'aide de **transformations.** Elle est équivalente à, par exemple, «La rotation de centre *A* et d'angle $\frac{\pi}{3}$ transforme *B* en *C*».

Considérons, maintenant, l'**écriture complexe** de cette rotation : elle est de la forme $z \mapsto z'$, avec $z' - a = e^{i\frac{\pi}{3}}(z - a)$. Nous pouvons alors traduire la propriété «$r_{\left(A, \frac{\pi}{3}\right)}(B) = C$» par la relation entre nombres complexes : $c - a = e^{i\frac{\pi}{3}}(b - a)$.

Ainsi, «*ABC équilatéral de sens direct* $\Leftrightarrow c - a = -j^2(b - a)$» (puisque $e^{i\frac{\pi}{3}} = -j^2$).

■ La seconde relation procède de la même démarche :

Si Ω est le centre du triangle équilatéral direct *ABC*, alors la rotation de centre Ω et d'angle $\frac{2\pi}{3}$ amène *A* sur *B*. Mobilisons l'écriture complexe $z \mapsto z'$ de cette rotation : $z' - \omega = e^{i\frac{2\pi}{3}}(z - \omega)$; il vient immédiatement que $\boldsymbol{b - \omega = j(a - \omega)}$.

2° *Le théorème de NAPOLÉON*

En supposant, comme sur la figure, que les triangles équilatéraux *BPC*, *CQA* et *ARB* sont de sens direct, les affixes *u*, *v* et *w* des centres *U*, *V* et *W* vérifient :

$$\begin{cases} b - u = j(c - u) \\ c - v = j(a - v) \\ a - w = j(b - w), \end{cases} \quad \text{soit} \quad \begin{cases} u(j-1) = jc - b \\ v(j-1) = ja - c \\ w(j-1) = jb - a \end{cases} \quad (1).$$

■ On en déduit que $(v-u)(j-1) = ja + b - (1+j)c$, soit, comme $1 + j + j^2 = 0$, $(v-u)(j-1) = ja + b + j^2 c$. De même, $(w-u)(j-1) = -a - j^2 b - jc$. Il est clair que $(w-u)(j-1) = -j^2(v-u)(j-1)$. Finalement $\boldsymbol{w - u = -j^2(v-u)}$ ce que l'on traduit par « ***UVW* est équilatéral** direct ».

■ Par simple sommation des relations de (1), on obtient :

$$(j-1)(u+v+w) = (j-1)(a+b+c)\text{, d'où } \frac{u+v+w}{3} = \frac{a+b+c}{3}.$$

Nous reconnaissons là (voir chapitre 3, p. 62) l'égalité des affixes des centres de gravité des triangles UVW et ABC.

Conclusion : **Les triangles *UVW* et *ABC* ont même centre de gravité.**

POINT MÉTHODE

■ **La stratégie**

Elle transparaît dans l'exercice précédent. Précisons cependant avec un autre exemple, d'utilisation fréquente, comme point d'appui :

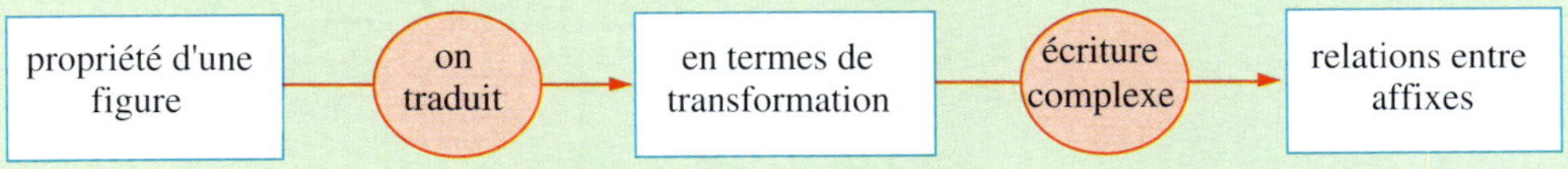

ABC triangle rectangle isocèle direct de sommet A.	la rotation $r_{\left(A, \frac{\pi}{2}\right)}$ transforme B en C.	$\boldsymbol{c - a = i(b-a)}$, a, b et c étant les affixes de A, B et C.

■ **Le bénéfice**

Étant donné des points A, B et C d'affixes a, b et c, *les égalités* $|b-a| = |c-b| = |a-c|$ sont tout autant habilitées à décrire que le triangle ABC est équilatéral que l'une des *relations* $c - a = \mathrm{e}^{i\frac{\pi}{3}}(b-a)$ ou $c - a = \mathrm{e}^{-i\frac{\pi}{3}}(b-a)$. Le net avantage de ces dernières est, comme nous l'avons vu dans la résolution du problème de NAPOLÉON, de se prêter facilement **au calcul algébrique.**

La recette s'impose d'elle-même : *Dès que l'on envisage un calcul algébrique, préférer de telles relations aux égalités entre modules ou arguments.*

TP 3

Les trois carrés

Les points U, V et W sont les centres des trois carrés.
Montrer que $UW = AV$ et que $(UW) \perp (AV)$.

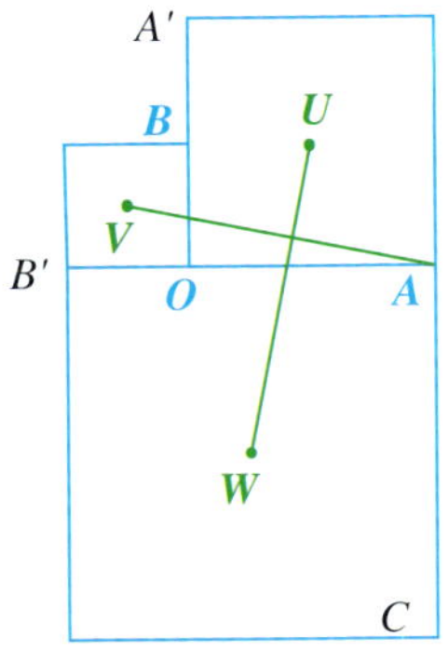

☞ Partir des affixes a et b de A et de B et exprimer les affixes de A', B' et C et enfin celles u, v et w de U, V et W. Vérifier alors que $w - u = i(v-a)$.

Bonus : on doit trouver $w = \dfrac{(i-1)(b-a)}{2}$.

APPLICATIONS DIRECTES DU COURS

Écriture complexe

Dans chacun des exercices 1 *à* 3, *donner l'écriture complexe des transformations f et g.*

1 *a*) f est la translation de vecteur $-2\vec{e}_1 + \vec{e}_2$.
b) g est la translation qui amène le point A d'affixe $1 + i$ sur le point de l'affixe $-1 + 2i$.

2 *a*) f est l'homothétie de centre Ω d'affixe $-1 - i$ et de rapport -3.
b) f est la symétrie centrale de centre Ω d'affixe $2 + 5i$.

3 *a*) f est la rotation d'angle $-\frac{\pi}{6}$, de centre Ω d'affixe $1 + 2i$.

b) g est la rotation d'angle $\frac{\pi}{2}$, de centre Ω d'affixe $3 - i$

Dans les exercices 4 *et* 5, *identifier la transformation plane d'écriture complexe* $z \mapsto z'$ *et préciser les éléments géométriques qui la caractérisent.*

4 $z' = z + i$; $\quad z' = -iz + 1$;
$z' = 2z + 1 - i$; $\quad z' = -z + 2(1 - i)$.

5 $z' = 3z + 2i$; $\quad z' = \frac{\sqrt{2}}{2}(1 + i)z$;
$z' = \frac{-1 + i\sqrt{3}}{2}z$; $\quad z' = i(1 - z)$.

★ **6** Soit A et B les points d'affixes respectives : 2 et $1 + 5i$.

Quelle est l'écriture complexe de la rotation d'angle $\frac{\pi}{2}$ qui transforme A en B?

Composition : généralités

7 1° Donner l'écriture complexe des homothéties h_1 et h_2 :
h_1 : centre O_1 d'affixe $1 + i$ et de rapport 2;
h_2 : centre O_2 d'affixe $1 - 2i$ et de rapport -3.
2° En déduire l'écriture complexe de $h_2 \circ h_1$, puis que $h_2 \circ h_1$ est une homothétie dont on calculera le rapport et l'affixe du centre O_3.
Vérifier que O_1, O_2 et O_3 sont alignés.

CAS D'ESPÈCE? La réponse est NON. Nous voulons dire que les résultats précédents sur la composée d'homothéties sont de facture générale (voir l'exercice 38 pour un point complet).

8 Montrer que la composée de deux transformations conservant l'orthogonalité est une transformation conservant l'orthogonalité.

9 Quel est l'effet sur les angles orientés de la composée de deux transformations possédant toutes les deux la propriété suivante :
« Tout angle orienté est transformé en son opposé. »

10 Examiner l'effet sur les distances et les aires :
— de la composée d'une homothétie de rapport -2 et d'une réflexion;
— de la composée d'une rotation et d'une homothétie de rapport $\frac{1}{2}$.

Composée de deux réflexions

Axes parallèles

11 Soit un parallélogramme $ABCD$, Δ la médiatrice de $[A, B]$ et Δ' la médiatrice de $[C, D]$.
On pose $P = s_{\Delta'}(B)$ et $Q = s_{\Delta}(D)$.
Quelle est la nature du quadrilatère $APCQ$?

12 Les cercles $\mathcal{C}$ et $\mathcal{C}'$ sont sécants en A et B. Deux droites parallèles $\mathcal{D}$ et $\mathcal{D}'$ passant par A et B rencontrent $\mathcal{C}$ en P et Q, et $\mathcal{C}'$ en P' et Q'.
Quelle est la nature du quadrilatère $PP'Q'Q$?

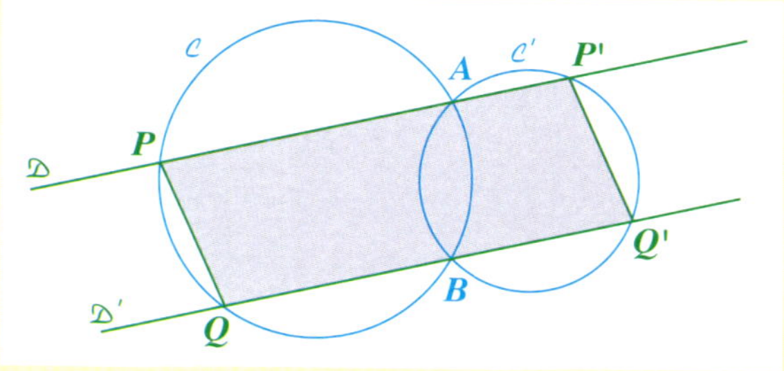

☞ Soit Δ et Δ' les diamètres de $\mathcal{C}$ et $\mathcal{C}'$ perpendiculaires à $\mathcal{D}$ et $\mathcal{D}'$. Faire intervenir $S_{\Delta'} \circ S_{\Delta}$.

13 **Symétriques de l'orthocentre : *n* ième méthode**
Soit ABC un triangle, O le centre du cercle circonscrit Γ et H l'orthocentre.
À l'aide de la relation d'Euler (voir chapitre 3, p. 73) : $\overrightarrow{OH} = \overrightarrow{OA} + \overrightarrow{OB} + \overrightarrow{OC}$, montrer que $t_{\overrightarrow{AH}} = S_{(BC)} \circ S_{\Delta}$, où Δ est le diamètre de Γ parallèle à (BC).
En déduire que les symétriques de H par rapport aux côtés du triangle appartiennent au cercle circonscrit.

Axes sécants

14 Étant donné un rectangle $ABCD$, on désigne par E le symétrique de B par rapport à A et par F le symétrique de B par rapport à C.
Une droite Δ passant par B rencontre (AD) en E' et (CD) en F'.
Montrer que les droites (EE') et (FF') sont parallèles.

☞ Utiliser $S_{(DC)} \circ S_{(DA)}$.

15 On considère un triangle ABC rectangle en A et M un point de (BC) distinct de B et C. On désigne par P et Q les symétriques de M par rapport aux côtés (AB) et (AC).

1° Montrer que A est le milieu de $[P, Q]$.

2° Montrer que les droites (BP) et (CQ) sont parallèles.

☞ Considérer la composée des deux réflexions $S_{(AC)} \circ S_{(AB)}$.

16 Le triangle ABC est rectangle en A et I, J et K sont les milieux des côtés $[B, C]$, $[C, A]$ et $[A, B]$.
Une droite Δ passant par A rencontre la droite (IJ) en E et la droite (IK) en F.
Montrer que les droites (BF) et (CE) sont parallèles.

☞ Action de $S_{(IJ)} \circ S_{(IK)}$ sur la droite (BF).

★ **17** Expliquer la construction de la trajectoire de billard qui, partant de M, permet de revenir en M :

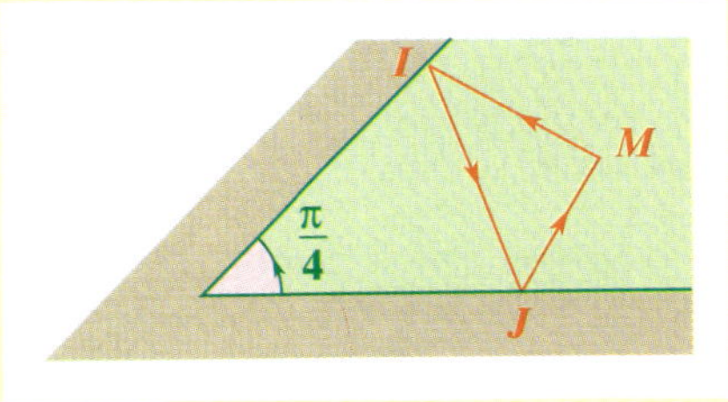

Montrer que (MI) et (MJ) sont orthogonales.

☞ $S_{(OJ)} \circ S_{(OI)}$ ↗ Action sur (IM) ? ↘ Qu'est-ce ?

Composée de rotations et de translations

18 On considère un triangle ABC et l'on note α l'angle $(\overrightarrow{AB}, \overrightarrow{AC})$.

1° Montrer que $R = t_{\overrightarrow{AB}} \circ r_{A,\alpha} \circ t_{\overrightarrow{CA}}$ est une rotation d'angle α.

2° On note Ω le centre de R.
Après avoir déterminé l'image de C par R, montrer que Ω est à la fois sur la médiatrice de $[B, C]$ et sur le cercle circonscrit au triangle ABC.

19 Trois symétries centrales

1° Soit $ABCD$ un parallélogramme, et S_A, S_B, S_C et S_D les symétries de centre A, B, C et D.
Quelle est la transformation $S_D \circ S_C \circ S_B \circ S_A$?

2° Déduire de la question 1 que la composée de trois symétries centrales $S_C \circ S_B \circ S_A$ est une symétrie centrale dont le centre D est le quatrième sommet du parallélogramme $ABCD$.

20 Soit ABC un triangle rectangle isocèle de sens direct $\left((\overrightarrow{AB}, \overrightarrow{AC}) = \frac{\pi}{2} \right)$ et I le milieu de $[B, C]$. Soit S la transformation $R_C \circ T \circ R_B$, où :

$$R_C = r\left(C, \frac{\pi}{2}\right), \ R_B = r\left(B, \frac{\pi}{2}\right) \ \text{et} \ T = t_{\overrightarrow{BC}}.$$

On se propose de trouver par *deux méthodes* la nature et les éléments caractéristiques de la transformation S :

1re méthode (Utilisation des nombres complexes)
On rapporte le plan au repère orthonormal direct $(A, \overrightarrow{AB}, \overrightarrow{AC})$.

a) Donner l'écriture complexe des transformations R_B, R_C, T, puis S.

b) Caractériser alors S.

2e méthode (Utilisation des propriétés des transformations)

a) Déterminer, sans calcul, la nature de S.

b) Préciser l'image de B par S.

c) Caractériser S.

BAC

21 On considère quatre points A, B, C, D non alignés tels que $\overrightarrow{AB} + \overrightarrow{CD} = \vec{0}$ dans le plan.

1° On considère la rotation R_1 de centre A et d'angle $(\overrightarrow{AD}, \overrightarrow{AB})$ et la rotation R_2 de centre B et d'angle $(\overrightarrow{BA}, \overrightarrow{BC})$.

a) Construire l'image de A par l'application $R_2 \circ R_1$.

b) Déterminer la nature et les éléments caractéristiques de $R_2 \circ R_1$.

2° Soit R_3 la rotation de centre C et d'angle $(\overrightarrow{CB}, \overrightarrow{CD})$, et R_4 la rotation de centre D et d'angle $(\overrightarrow{DC}, \overrightarrow{DA})$.
Déterminer, avec précision, l'application :

$$R_4 \circ R_3 \circ R_2 \circ R_1 .$$

3° Cette composée peut-elle être l'application identique du plan ?
Préciser alors la nature du quadrilatère (A, B, C, D).

BAC

22 Le carré $ABCD$ est de sens direct.
On considère l'application f :

$$f = r_{A,\frac{\pi}{2}} \circ r_{B,\alpha} \circ r_{C,\frac{\pi}{2}} \circ S_D ,$$

où, α est un angle donné et S_D la symétrie de centre D.
Étudier l'application f en précisant les éléments géométriques qui la caractérisent.

EXERCICES

Vrai/Faux

23 Les transformations dont l'écriture complexe est de la forme $z' = -z + b$ ($b \in \mathbb{C}$) sont les symétries centrales.

24 Si $M'(z')$ est l'image de $M(z)$ par la rotation de centre O et d'angle α, alors $M''(\bar{z}')$ est l'image de $M(z)$ par la rotation de centre O et d'angle $-\alpha$.

25 Quel que soit le réel α, la transformation d'écriture complexe $z' = (e^{i\alpha} + 1)z$ n'est jamais une rotation.

26 Les seuls quadrilatères $ABCD$ pour lesquels les transformations $S_{(CD)} \circ S_{(AB)}$ et $S_{(BC)} \circ S_{(AD)}$ n'ont pas de point fixe sont les parallélogrammes.

27 Le triangle ABC étant donné, la bissectrice intérieure issue de A est la seule droite $\mathcal{D}$ du plan telle que $S_{\mathcal{D}} \circ S_{(AB)} = S_{(AC)} \circ S_{\mathcal{D}}$.

28 Un triangle ABC tel que $S_{(AB)} \circ S_A = S_{(AC)}$ est rectangle en A.

29 Si trois points A, B, I vérifient $S_B = t_{\overrightarrow{AB}} \circ S_I$, alors I est le milieu de $[A, B]$.

30 On pourrait dessiner sur cette feuille une figure admettant deux centres de symétrie.

Numéro 30
Ad. Reinhardt

31 Étant donné un parallélogramme $ABCD$, les transformations $f = S_{(AB)} \circ S_{(BC)}$, $g = S_{(CD)} \circ S_{(DA)}$ et $f \circ g$ sont toutes trois des rotations.

La technique mise à l'épreuve

32 Déterminer la transformation plane d'écriture complexe $z' = jz + j^2$ $\left(\textit{rappel : } j = \dfrac{-1 + i\sqrt{3}}{2}\right)$.

33 La suite de nombres complexes (z_n) est définie par $z_0 = 0$ et $z_n = \dfrac{\sqrt{2}}{2}(1 + i)(z_{n-1} + 1)$, pour $n \geqslant 1$.
Calculer z_{1992}.

☞ Il faut interpréter.

34 Dans le plan orienté, on donne deux droites parallèles D et Δ, et un point A n'appartenant à aucune de ces droites.
Construire un triangle ABC vérifiant simultanément les conditions suivantes :
— ABC est rectangle en A,
— ABC est isocèle,
— B est sur D et C est sur Δ.
Donner deux solutions : l'une par les transformations, l'autre par les nombres complexes.

d'après BAC

Dans les exercices 35 à 37, on considère un carré ABCD de sens direct, I, J, K et L les milieux des côtés [A, B], [B, C], [C, D] et [D, A] et O le centre du carré. (Les notations sont habituelles et par exemple Q_A et Q'_A désignent les quarts de tour direct et indirect de centre A.)
Consigne : *Déterminer la nature de chaque transformation et préciser les éléments géométriques qui la caractérisent.*

35 $f = S_{(AC)} \circ S_{(BD)}$; $g = S_{(AC)} \circ S_{(AB)}$;
$h = S_{(AC)} \circ Q_A$; $\ell = Q_A \circ S_{(AC)}$.

36 $f = Q_D \circ Q_A$; $g = Q'_C \circ Q_A$;
$h = S_D \circ S_A$; $\ell = S_{(BC)} \circ S_{(OI)}$.

37 $f = Q_A \circ t_{\overrightarrow{CB}}$; $g = Q_C \circ S_D \circ Q_A$.

38 **Composée d'homothéties et de translations**
Étant donné deux réels k_1 et k_2 non nuls, et b_1 et b_2 deux complexes quelconques, on considère les transformations f et g d'écritures complexes :

$$f : z \to z' = k_1 z + b_1 \; ; \quad g : z \to z' = k_2 z + b_2 .$$

1° Montrer que l'écriture complexe de $g \circ f$ est de la forme $z \mapsto az + b$, a étant un réel que l'on explicitera en fonction des données et b un complexe sur lequel on ne s'attardera pas...

2° En déduire les résultats suivants :
(1) La composée d'une homothétie de rapport k ($k \neq 1$) et d'une translation est une homothétie de rapport k.

(2) La composée de deux homothéties de rapports k_1 et k_2 est :
— une translation, si $k_1 k_2 = 1$;
— une homothétie de rapport $k_1 k_2$, si $k_1 k_2 \neq 1$.

3° Établir, cette fois géométriquement, que, si la composée de deux homothéties est une homothétie, les centres des trois homothéties sont alignés.

Emploi d'une transformation

39 Relire l'introduction du T.P. A sur ce sujet (voir p. 149).

Ayant ainsi écarté (voir exercice 39) tout soupçon de publicité mensongère sur le contenu de cette rubrique, nous pouvons dire que l'objectif essentiel des exercices qui suivent est d'intégrer les nouveaux outils (complexes, angles, ...) dans la résolution de problèmes mobilisant une transformation usuelle.

40 Soit ABC un triangle isocèle en A et d'angle $\alpha = (\overrightarrow{AB}, \overrightarrow{AC})$.
On désigne par r la rotation de centre A et d'angle α et, pour tout point M de $\mathcal{P}$, on pose $M' = r(M)$.

1° On suppose que $M \neq B$ et $M \neq C$.
Montrer que $(\overrightarrow{MC}, \overrightarrow{MC'}) = (\overrightarrow{MC}, \overrightarrow{MB}) + \alpha \mod \pi$.

2° En déduire que le lieu géométrique des points M tels que C, M et M' sont alignés est le cercle circonscrit au triangle ABC.

★ **41 Le théorème de Papillon**

On considère un cercle $\mathcal{C}$, une corde $[A, B]$ et le milieu I de $[A, B]$. Deux droites passant par I coupent le cercle $\mathcal{C}$ en C et D, puis E et F. On suppose que (FC) et (DE) sont sécantes avec (AB) et l'on note M et N les points d'intersection.
Le théorème de Papillon (qu'il s'agit d'établir) affirme que I est le milieu de $[M, N]$.

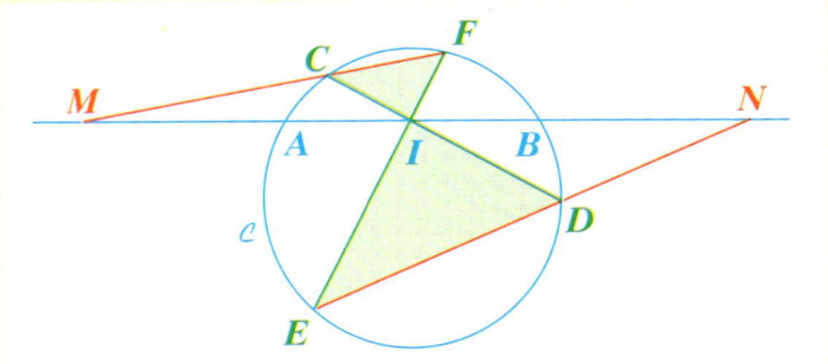

Soit Δ le diamètre du cercle $\mathcal{C}$ passant par I. On pose $D' = S_\Delta(D)$.

1° On suppose que $D' = F$.
Montrer que Δ est alors un axe de symétrie de la figure et conclure.

2° On suppose, maintenant, que $D' \neq F$.

a) Montrer que $(\overrightarrow{DC}, \overrightarrow{DD'}) = (\overrightarrow{IM}, \overrightarrow{ID'}) \mod \pi$.
En déduire que M, I, F et D' sont cocycliques, puis que $(\overrightarrow{D'I}, \overrightarrow{D'M}) = (\overrightarrow{DN}, \overrightarrow{DI}) \mod \pi$ (1).

b) Soit N' l'image de N par S_Δ.
Montrer que $(\overrightarrow{DN}, \overrightarrow{DI}) = (\overrightarrow{D'I}, \overrightarrow{D'N'})$ (2).

c) Déduire de (1) et (2) que D', M et N' sont alignés, puis que $N' = M$.

d) Conclure.

42 Le point de Toricelli d'un triangle

Soit ABC un triangle de sens direct. On construit, extérieurement au triangle, trois triangles équilatéraux CBA', ACB' et BAC'.

1° Montrer que $AA' = BB' = CC'$.

2° Montrer que les droites (AA'), (BB') et (CC') sont concourantes en un point désigné par T (point de Toricelli) qui appartient aux cercles circonscrits aux triangles CBA', ACB' et BAC'.

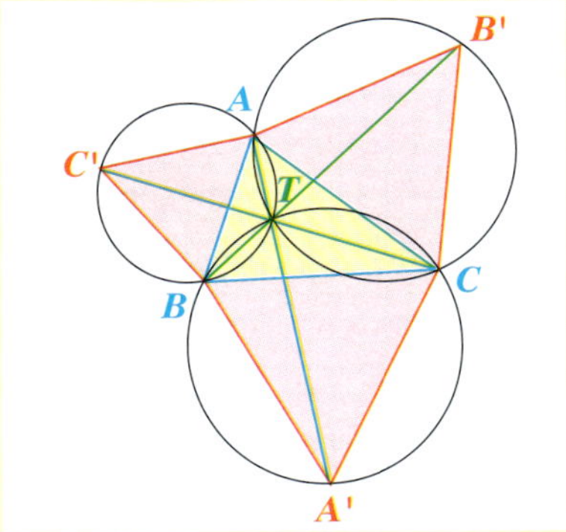

☞ La piste est dans l'introduction des rotations d'angle $\frac{\pi}{3}$ centrées aux sommets A, B et C du triangle, mais il faut rompre le bel agencement de l'énoncé : montrer que (AA') et (BB') sont sécantes en un point T, puis que T, C, B, A' et T, A, B, C' sont cocycliques.
Achever.

HISTORIQUE Le nom d'Evangelista TORRICELLI (1608-1647) est surtout associé, de nos jours, à l'invention du baromètre. Il fut poutant, en dehors de ses travaux de physicien, un des mathématiciens les plus prometteurs du XVIIe siècle, aussi bien en Géométrie qu'en Analyse (quadratures, travaux sur les tangentes, ...).

43 Le triangle ABC est équilatéral de sens direct et Γ est son cercle circonscrit. On se propose d'établir que, pour tout point M de Γ, l'une des relations suivantes est vérifiée :

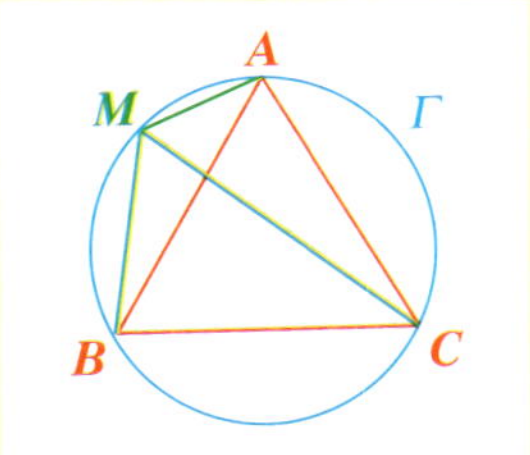

$$MA = MB + MC$$
ou $\quad MB = MC + MA \quad$ ou $\quad MC = MA + MB$.

(Il est clair qu'avec les données de la figure ci-dessus, il ne serait par raisonnable d'envisager une autre relation que $MC = MA + MB$.)
Soit M un point de Γ n'appartenant pas au demi-plan de frontière (AB) qui contient C et soit M' l'image de M par la rotation de centre A et d'angle $\frac{\pi}{3}$.

1° Montrer que $M'C = MB$.

2° Montrer que $(\overrightarrow{MM'}, \overrightarrow{MC}) = 0 \mod 2\pi$ (attention ! Modulo 2π) et que $MM' \leqslant MC$.

☞ Utiliser $MM' = MA$ et le régionnement par la médiatrice de $[A, C]$. En déduire que M' est un point du segment $[M, C]$.

3° Conclure.

Emploi de composées

44 On considère dans le plan orienté deux cercles $\mathcal{C}_1$ et $\mathcal{C}_2$ de même rayon r, de centres respectifs O_1 et O_2 et tangents extérieurement en A. On appelle f la transformation obtenue en effectuant d'abord la translation T de vecteur $\overrightarrow{O_1O_2}$, puis la rotation R de centre O_2 et d'angle $+\frac{\pi}{3}$ (modulo 2π) (on donne donc $f = R \circ T$).

a) Soit M_1 un point quelconque de $\mathcal{C}_1$.
Montrer que $M_2 = f(M_1)$ est un point de $\mathcal{C}_2$.

b) Déterminer l'image de O_1 par f.

c) On pose $A' = f(A)$ et l'on appelle B le symétrique de A par rapport à O_2.
Que peut-on dire du triangle $O_2A'B$?

d) Montrer que f est une rotation dont on précisera l'angle α et le centre I.
Que peut-on dire du triangle O_1O_2I?
Exprimer AI en fonction de r. BAC

45 **Le problème des pièces**
On fabrique un circuit fermé de quatre pièces identiques, chacune d'elles étant tangente aux deux qui l'entourent.

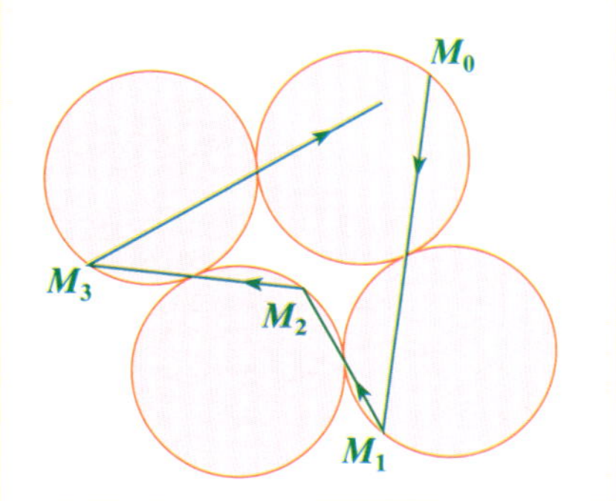

On choisit un point M_0 sur le bord d'une des pièces et l'on construit les points M_1, M_2, M_3, M_4 par alignement avec les points de contact.
Montrer que $M_4 = M_0$.

☞ Par quelle transformation passe-t-on d'un point au suivant?

46 On considère un triangle ABC et l'on construit (voir figure) les triangles rectangles isocèles EAB et DAC, puis le parallélogramme $CEBF$. On désigne par I le milieu de $[B, C]$.

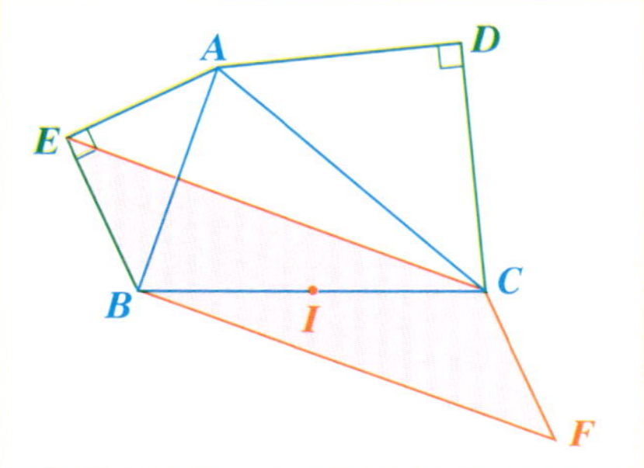

Soit r_D et r_E les quarts de tour directs de centres D et E.

1° Déterminer la transformation $S = r_D \circ r_E$.
En déduire que $r_D(E) = F$.

2° Montrer que les triangles DEF et IED sont rectangles isocèles.

47 Dans le plan orienté $\mathcal{P}$, on considère un triangle équilatéral ABC direct, c'est-à-dire tel que l'angle $(\overrightarrow{AB}, \overrightarrow{AC})$ ait pour mesure $\frac{\pi}{3}$.
On désigne par r_1 la rotation de centre A et d'angle de mesure $\frac{\pi}{3}$, et par r_2 la rotation de centre B et d'angle de mesure $\frac{2\pi}{3}$. Pour tout point M du plan, on pose $N = r_1(M)$, $M' = r_2(N)$. On pose $r = r_2 \circ r_1$.

1° *a*) Soit D le symétrique de C par rapport à la droite (AB).
Déterminer $r(D)$ et $r(B)$.

b) Montrer que r est la symétrie de centre le milieu Ω de $[BD]$.

2° *a*) Montrer que l'ensemble Γ des points M du plan tels que M, N et M' sont alignés est un cercle passant par les points A et Ω (on pourra considérer l'angle $(\overrightarrow{M\Omega}, \overrightarrow{MA})$).

b) Prouver que Γ admet $[AD]$ pour diamètre et que le milieu I de $[AB]$ appartient à Γ.
Construire le cercle Γ.

★ **48** **Le pentagone de Sin Pan**
(D'après *Jeux et divertissements mathématiques*, J.-P. Alem, Éd. du Seuil.)

« Sin Pan avait demandé à l'empereur de Chine un terrain pour y établir une académie de Géométrie : un vaste terrain car, dès cette époque, on avait en Chine inventé les campus.
Voulant s'assurer qu'il avait à faire à un véritable géomètre, l'empereur dit à Sin Pan : Je dispose d'un terrain en forme de pentagone. J'ai fait marquer par 5 bornes les milieux de ses côtés.
Trace les limites de ce pentagone et il est à toi.
Comment Sin Pan procéda-t-il? »

☞ Il s'agit de construire un pentagone connaissant les milieux I, J, K, L et M des côtés (voir exercice 3, activité 1, p. 59 pour une solution vectorielle). Utiliser ici la composée des symétries centrales $S_M \circ S_L \circ S_K \circ S_J \circ S_I$ et le résultat dégagé à l'exercice 19.

49 Deux points M et N varient sur un cercle $\mathcal{C}$ de centre O de façon que $(\overrightarrow{OM}, \overrightarrow{ON}) = \alpha$, où α est un angle donné. Un point A est fixé sur ce cercle.
Déterminer le lieu géométrique du symétrique M' de M par rapport à la droite (AN) (lorsque cette droite se trouve définie).

★ **50** **Un problème de lieu**

Dans le plan orienté, on considère deux points distincts A et B.
On note R_A et R_B les rotations de centres respectifs A et B et d'angle de mesure $\frac{\pi}{2}$.
Pour tout point M du plan, on note M_1 et M_2 les images respectives de M par R_A et R_B.

1° On considère la transformation $T = R_B \circ R_A^{-1}$.

a) Construire le point C image du point A par T.

b) Déterminer la nature et les éléments caractéristiques de T.

c) En déduire la nature du quadrilatère M_1M_2CA.

2° On suppose que le point M décrit le cercle Γ de diamètre $[AB]$.

a) Déterminer et construire l'ensemble Γ_2 décrit par le point M_2 quand M décrit Γ.

b) Soit ω et ω_2 les milieux respectifs des segments $[AB]$ et $[BC]$.
Comparer les vecteurs $\overrightarrow{\omega\omega_2}$ et $\overrightarrow{AC}$.

c) Déterminer l'ensemble décrit par le point I, milieu de $[M_1M_2]$ quand M décrit Γ. BAC

51 **Les droites de Steiner, de Simson**

Soit un triangle ABC, Γ son cercle circonscrit de centre O et H l'orthocentre du triangle.
On rappelle que les symétriques de H par rapport aux côtés du triangle appartiennent à Γ.

1° On désigne par Γ_1 et Γ_2 les cercles symétriques de Γ par rapport à (BC) et (AC).
Montrer que $S_{(AC)} \circ S_{(BC)}$ transforme Γ_1 en Γ_2.

2° Soit M un point de Γ, M_1 son symétrique par rapport à (BC), M_2 son symétrique par rapport à (AC).
Évaluer l'angle $2(\overrightarrow{HM_1}, \overrightarrow{HM_2})$ (attention aux cas particuliers).
En déduire que H, M_1 et M_2 sont alignés.

3° *a*) Montrer que les symétriques de M par rapport aux côtés du triangle ABC sont alignés avec H.

b) En déduire que les projections de M sur les côtés du triangle ABC sont aussi alignés.

Ces résultats ont déjà été obtenus page 104, exercice 52.

Les exercices 52 à 54 mobilisent les résultats obtenus à l'exercice 38 :

- *La composée de deux homothéties h_1 et h_2 est une homothétie ou une translation.*
- *Lorsqu'il s'agit d'une homothétie, son centre est aligné avec ceux de h_1 et h_2.*

★ **52** On note A_1, B_1, C_1 les symétriques d'un point M par rapport aux milieux A', B' et C' des côtés $[B, C]$, $[C, A]$ et $[A, B]$ d'un triangle ABC.

1° Montrer que $[A, A_1]$, $[B, B_1]$ et $[C, C_1]$ ont même milieu M'.

☞ Trouver des transformations usuelles f et g telles que :

$$f : \begin{cases} A \mapsto A' \\ B \mapsto B' \\ C \mapsto C' \end{cases} \qquad g : \begin{cases} A' \mapsto A_1 \\ B' \mapsto B_1 \\ C' \mapsto C_1 \end{cases}$$ et étudier $g \circ f$.

2° Quelle est la transformation $M \to M'$ définie au 1° ?

53 Deux rectangles $ABCD$ et $A'B'C'D'$ aux côtés parallèles deux à deux sont tels que les droites (AA'), (BB'), (CC') et (DD') sont concourantes (voir figure *a*).

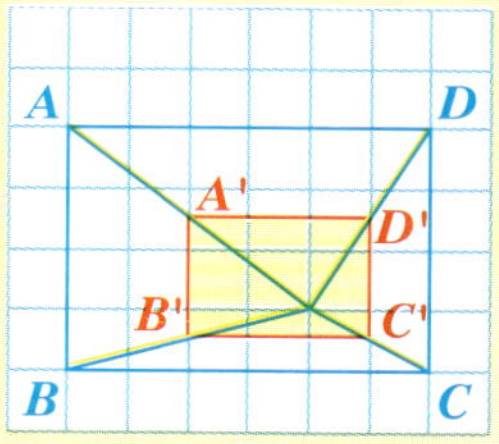

Figure a

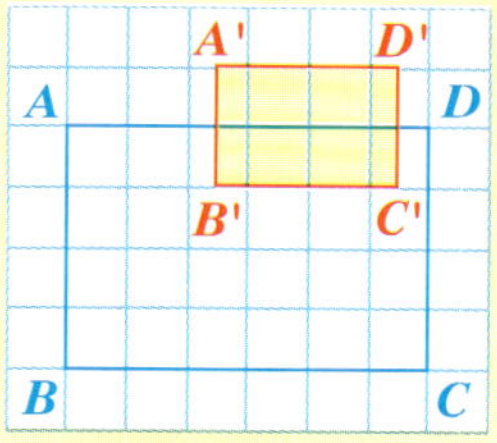

Figure b

Le rectangle $ABCD$ restant fixe, on déplace le rectangle $A'B'C'D'$ en conservant le parallélisme des côtés (voir figure *b*).
Les droites (AA'), (BB'), (CC') et (DD') sont-elles encore concourantes ?

54 **Desargues affaibli**(1)

Les données

Les droites $\mathcal{D}_1$, $\mathcal{D}_2$ et $\mathcal{D}_3$ sont parallèles. Deux triangles ont leurs sommets sur $\mathcal{D}_1$, $\mathcal{D}_2$ et $\mathcal{D}_3$, et les côtés homologues se coupent en I, J et K.

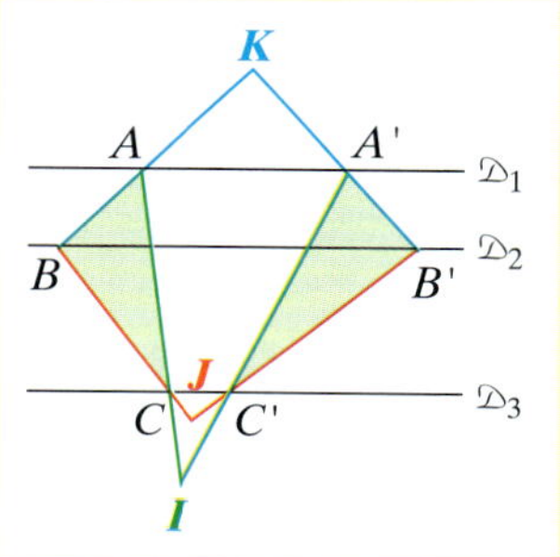

Le problème : Montrer que I, J et K sont alignés.

Une méthode : Soit h_K l'homothétie de centre K qui transforme A en B et h_J l'homothétie de centre J qui transforme B en C.

1° Préciser les images de A et A' par $h_J \circ h_K$.
En déduire que $h_J \circ h_K$ est une homothétie.

2° Préciser le centre de l'homothétie $h_J \circ h_K$ et conclure.

HISTORIQUE

Gérard DESARGUES (1591-1661).
Dans son principal ouvrage *« Brouillon project »* a priori consacré à l'étude des coniques, il introduit des concepts et des idées nouveaux qui seront exploités deux siècles plus tard (Poncelet, Monge, Möbius, ...) et fonderont les bases de la *Géométrie projective.*

Sa terminologie curieuse et originale (une hyperbole est un « outrepassement », le côté d'un quadrilatère est une « bornale droite », ...) n'est pas étrangère au relatif insuccès de ses idées en Géométrie, à son époque.

(1) Cas particulier du théorème de Desargues.

Complexes et géométrie

55 Le plan complexe est muni d'un repère orthonormal direct $(O, \overrightarrow{OA}, \overrightarrow{OB})$.
Unité graphique : 8 cm.
On note C le milieu du segment $[AB]$. Soit la rotation de centre C et d'angle de mesure $-\frac{\pi}{2}$. Pour tout point M du plan, d'affixe u, on note M' le transformé de M par r.

1° *a*) Placer sur une figure les points O, A, B, M et M' lorsque $u = \frac{3}{4}$.

b) Déterminer l'image du segment $[OA]$ par r.

c) Calculer l'affixe u' de M' en fonction de l'affixe u de M.

2° On note P le milieu du segment $[OC]$. Soit N le milieu du segment $[BM]$ et N' le milieu du segment $[AM']$.

a) Exprimer, en fonction de u, les affixes Z et Z' des vecteurs $\overrightarrow{PN}$ et $\overrightarrow{PN'}$.

b) Prouver que le triangle PNN' est rectangle et isocèle.

c) Dans le cas où $u = \frac{3}{4}$, placer le triangle PNN' sur la figure précédente.

BAC

56 Dans le plan orienté, on considère quatre points A, B, C, D distincts deux à deux. On note I le milieu de $[BD]$, J le milieu de $[AC]$ et O l'isobarycentre de (A, B, C, D). On construit les triangles rectangles isocèles ABM, BCN, CDP et DAQ tels que les angles orientés $(\overrightarrow{MB}, \overrightarrow{MA})$, $(\overrightarrow{NC}, \overrightarrow{NB})$, $(\overrightarrow{PD}, \overrightarrow{PC})$ et $(\overrightarrow{QA}, \overrightarrow{QD})$ admettent pour mesure $\frac{\pi}{2}$. On note K le milieu de $[MP]$ et L le milieu de $[NQ]$.
On se propose d'étudier la configuration de (I, J, K, L). À cet effet, on pourra prendre un repère orthonormal direct d'origine O et introduire les affixes a, b, c, d de A, B, C, D, les affixes m, n, p, q de M, N, P, Q et les affixes f, g, k, l de I, J, K, L.

1° Déterminer le milieu de $[IJ]$.

2° Prouver que $m(1-i) = a - ib$.
Calculer de manière analogue n, p et q.

3° Déterminer l'isobarycentre de (M, N, P, Q).
En déduire le milieu de $[KL]$.

4° Effectuer une figure soignée en prenant :
$a = -2 + 2i$, $b = -2 - i$, $c = -2i$ et $d = 4 + i$.

5° Soit r le quart de tour direct de centre O.
Montrer que $r(J) = K$.

6° Caractériser les configurations (A, B, C, D) telles que $I = J$.
Indiquer alors la position de K et de L et la nature de (M, N, P, Q).
Ce cas étant écarté, prouver que (I, K, J, L) est un carré de centre O.

BAC

57 Le parallélogramme et les quatre carrés

On construit quatre carrés à l'extérieur d'un parallélogramme $ABCD$.
Montrer que les centres de ces carrés sont les sommets d'un carré.

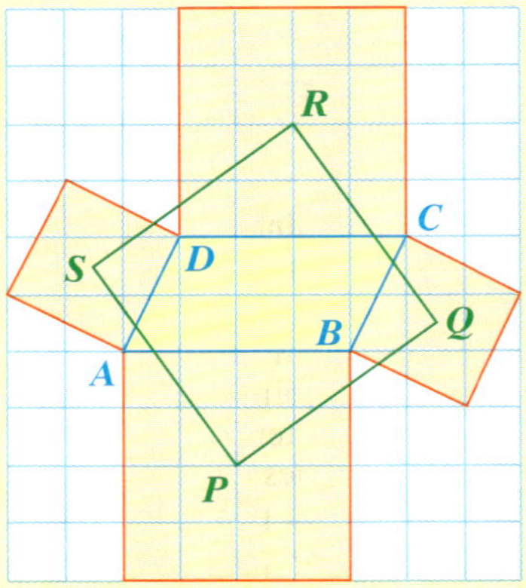

☞ Poser $z_A = 0$, $z_B = a$ et $z_D = b$, puis expliciter les affixes de C, Q, R et S.
En déduire alors que QRS est un triangle rectangle isocèle en R de sens direct. Ne pas recommencer : utiliser le centre de $ABCD$...

Expression analytique d'une transformation

Dans les exercices 58 *et* 59, *le plan est muni d'un repère orthonormal (que l'on supposera direct si besoin est). On rappelle que, si f est une transformation qui au point $M(x, y)$ associe le point $M'(x', y')$, donner l'expression analytique de f, c'est exprimer x' et y' en fonction de x et de y.*

58 Cas des homothéties et des translations

1° Donner l'expression analytique de la translation de vecteur $\vec{u}(a, b)$ et de l'homothétie de centre $\Omega(x_0, y_0)$ et de rapport k (k réel non nul).

2° Identifier les transformations définies analytiquement par :

a) $\begin{cases} x' = x - 1 \\ y' = y + 1 \end{cases}$; *b*) $\begin{cases} x' = 2x + 3 \\ y' = 2y - 1 \end{cases}$; *c*) $\begin{cases} x' = -x - 2 \\ y' = -y + 1 \end{cases}$.

59 Cas des rotations

À l'aide de l'écriture complexe d'une rotation, donner l'expression analytique de :

— la rotation de centre O et d'angle $\frac{2\pi}{3}$;

— la rotation de centre $\Omega(x_0, y_0)$ et d'angle $\frac{\pi}{2}$;

— la rotation de centre $\Omega(1, 3)$ et d'angle $\frac{\pi}{3}$.

MÉTHODE Dans le cas des homothéties et des translations, l'expression analytique est directement recueillie après un passage studieux aux coordonnées dans les relations vectorielles $\overrightarrow{\Omega M'} = k\overrightarrow{\Omega M}$ et $\overrightarrow{MM'} = \vec{u}$. Nul besoin des nombres complexes.
En revanche, concernant les rotations, l'utilisation de l'écriture complexe (même si elle n'est pas la voie unique pour accéder à l'expression analytique) est un des moyens les plus efficaces.

PROBLÈMES

★ **60 Trajet minimum**

Montrer que le trajet représenté ci-après est le trajet le plus court qui permet, en partant de I, d'atteindre successivement un point de $\mathcal{D}_1$, puis un point de $\mathcal{D}_2$ et enfin un point de $\mathcal{D}_3$.

Note : Il faut tenir compte du quadrillage (les points marqués sur les droites visent à souligner les nœuds du quadrillage par lesquels passent les droites).

☞ Symétrie, projection orthogonale, lecture de pente, ...

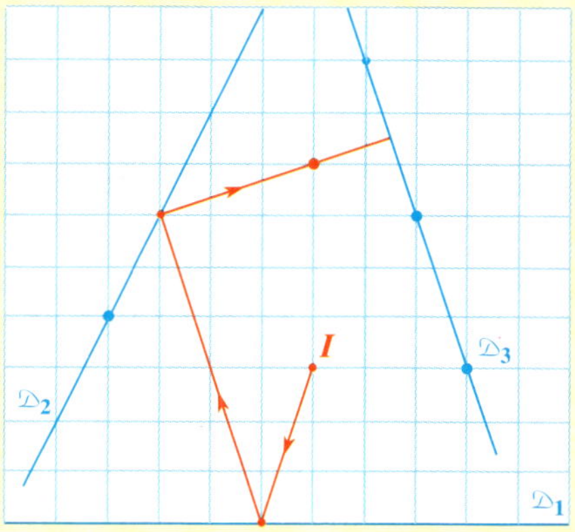

★ **61 Complexes et triangle équilatéral**

Soit A, B, C trois points distincts d'affixes a, b et c. Montrer que le triangle ABC est équilatéral si, et seulement si, $(a-b)^2+(b-c)^2+(c-a)^2=0$ (1).

★ **62** On considère la configuration ci-contre obtenue à partir de deux carrés ayant un sommet commun et de la construction de deux parallélogrammes.

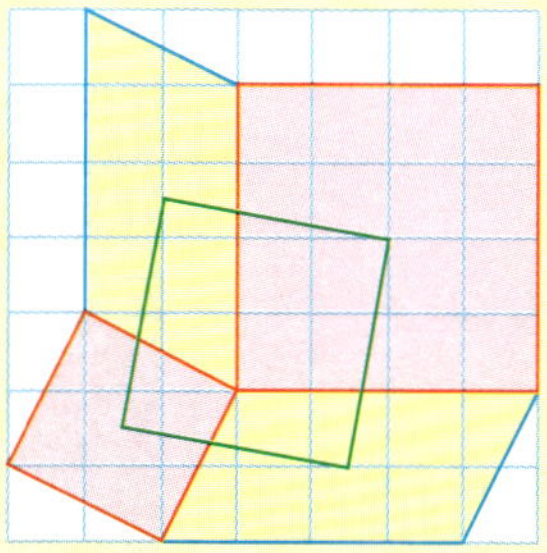

Montrer que les centres des carrés et des parallélogrammes sont les sommets d'un carré.

☞ La méthode est laissée au choix : nombres complexes, composée de transformations, ... (voir une autre solution à l'exercice 53, chapitre 7, p. 186).

63 On considère un triangle ABC et l'on construit successivement :

- D, image de C par le quart de tour direct de centre A ;
- E, image de C par le quart de tour indirect et de centre B ;
- I, milieu de $[D, E]$.

Puis, on efface tout ou presque : il ne reste plus que les points A et B.

Trouver I (si ! c'est possible).

★ **64 Les trois triangles équilatéraux**

On considère trois triangles équilatéraux de sens directs OAA', OBB' et OCC'.

Montrer que les milieux U, V et W de $[A', B]$, $[B', C]$ et $[C', A]$ sont les sommets d'un triangle équilatéral direct.

☞ Nombres complexes.

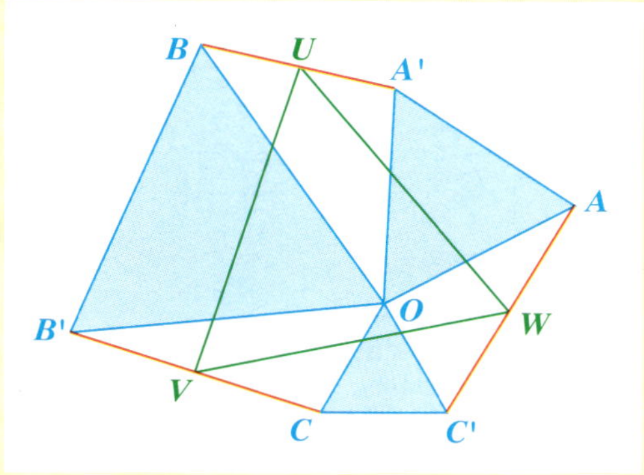

À SUIVRE L'exercice 64 fait partie des exercices que nous reprendrons dans le chapitre 7 avec l'outil des « isométries vectorielles ».

Suprématisme. C. MALEVITCH.
Chez MALEVITCH, l'éloge du « zéro de la forme » est traduit par les *figures géométriques :* il postule la « suprématie » de la sensation picturale pure sur l'ancienne peinture figurative.

Trucs & Astuces

Écriture complexe

Les formes privilégiées sont :

(1) $z' - z = b$ ...
translation de vecteur $\vec{u}(b)$.

(2) $z' - \omega = k(z - \omega)$ $(k \in \mathbb{R}^*)$ ...
homothétie de rapport k.

(3) $z' - \omega = e^{i\theta}(z - \omega)$, θ réel ...
rotation d'angle θ.

Elles ont l'avantage ((2) et (3)) de permettre une lecture immédiate du *centre* de l'homothétie ou de la rotation : son affixe est ω.

Un point et son image

Que ce soit pour introduire une transformation ou préciser une transformation obtenue comme composée, le procédé « un point et son image » est souvent le plus pertinent.
Il est donc essentiel de savoir, qu'étant donné deux points distincts A et A' :

■ Il existe *une seule translation* amenant A sur A' : la translation de vecteur $\overrightarrow{AA'}$.

■ Il existe *une seule rotation d'angle donné* θ amenant A sur A' : son centre est d'une part sur la médiatrice de $[A, A']$ et d'autre part sur l'arc capable d'extrémités A et A', et d'angle θ. (Pour les angles « usuels », voir point méthode T. P. B, p. 151.)

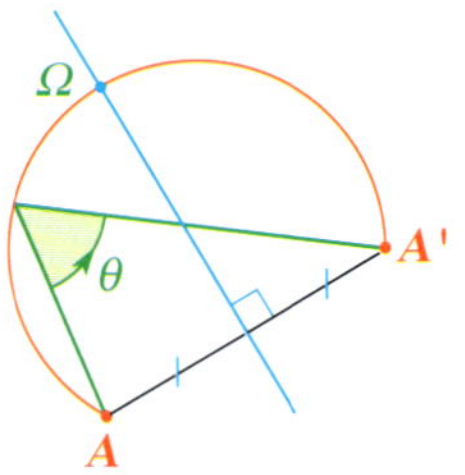

■ Il existe *une seule réflexion* amenant A sur A' : son axe est la médiatrice de $[A, A']$.

Symétrie et composée

Les symétries (qu'elles soient centrales ou axiales) jouent un rôle intéressant dans le maniement algébrique des composées de transformations : cela tient au fait qu'elles satisfont à la relation $s \circ s = \mathrm{id}_{\mathcal{P}}$.
Voici deux exploitations très usuelles :

(1) $f = s \circ g$ équivaut à $g = s \circ f$ (voir p. 143)

(2) $(f \circ s) \circ (s \circ g) = f \circ g$ (voir la remarque 2, p. 147, à propos du théorème 8).

Rubrique de Bac

Des énoncés de bonne composition

La première partie de la plupart des sujets (exercices en général) qui mettent en scène la composée de deux (ou plusieurs) transformations a pour objet de répondre à la question :
« Quelle est cette transformation composée ? »
Cela donne en général :
« ■ Déterminer la nature de la transformation $f \circ g$.
■ Chercher l'image de « tel point » par cette transformation, et caractériser alors cette application. »

On voit qu'il s'agit de la stratégie « standard », explicitée en travaux pratiques.
Certains textes doivent même mettre la puce à l'oreille : observer l'exercice 21 : la rotation $R_A \circ T \circ R_B$ s'appelle s... le point I ne sert strictement à rien dans l'introduction des données... Parions que s est la symétrie de centre I. (Bien sûr, cela ne peut faire office de la moindre preuve : il s'agit simplement d'exploiter le fait qu'il n'y a pas de sournoiseries dans de tels énoncés.)

Le papillon et l'orchidée : Quelle est la transformation évoquée ?

7

Oserait-on dire que
le monde est
peuplé de
correspondances
inconnues,
d'allusions
vivantes,
d'invisibles
symétriques.

PAUL MORAND

Isométries du plan

COURS

EXERCICES

INTRODUCTION

7
Isométries
du plan

1 OBJECTIFS

L'étude systématique des **isométries,** plus particulièrement des **déplacements,** et la mise en place des **transformations vectorielles** associées constituent l'essentiel de ce chapitre.
Mais la finalité, l'objectif visé, reste la **résolution de problèmes :** il se trouve en effet que les outils que nous allons installer vont se révéler particulièrement efficaces, notamment dans l'**étude des configurations géométriques.**

2 CONNAISSANCES MISES EN JEU

CHAPITRE 6

Transformations

- Pratique de la composition.
- Notion d'isométrie.
- Écriture complexe d'une isométrie.
- Caractérisation des figures usuelles par les transformations (triangle équilatéral, triangle rectangle isocèle, ...).

Plafond du Palais de Justice de Rouen.
Illustration d'une famille d'isométries invariant globalement une configuration.
En termes savants : le groupe $\mathfrak{M}_6^1$.

CHAPITRE 4

Angles

- Condition de cocyclicité : « Si les points A, B, C, D non alignés sont tels que $2(\widehat{\overrightarrow{AB}, \overrightarrow{AC}}) = 2(\widehat{\overrightarrow{DB}, \overrightarrow{DC}})$, alors A, B, C et D appartiennent à un même cercle ».
- Arc capable :

« Si $(\widehat{\overrightarrow{AB}, \overrightarrow{AC}}) = (\widehat{\overrightarrow{DB}, \overrightarrow{DC}})$, A et D sont sur un même arc de cercle d'extrémités B et C ».

CHAPITRE 3

Vecteurs

Tout vecteur se décompose de façon unique suivant deux directions distinctes. En particulier, étant donnée une droite Δ, tout vecteur $\vec{u}$ s'écrit de manière unique : $\vec{u} = \vec{u}_1 + \vec{u}_2$ avec $\vec{u}_1$ de direction Δ, $\vec{u}_2$ de direction orthogonale à Δ.

3 ACTIVITÉS PRÉPARATOIRES

De façon tout à fait exceptionnelle, on n'aura pas manqué de le remarquer, nous consacrons ce paragraphe à la démonstration d'un théorème du cours, à savoir la réponse à la question :

« Quelles sont les isométries qui fixent un point donné ? »

En effet, l'occasion est opportune pour initier à la démarche qui traite du problème plus général suivant : *« Trouver les transformations du plan ayant une propriété commune donnée » ;* démarche que nous retrouverons en travaux pratiques à propos de questions telles que :

« Quelles sont les isométries qui laissent invariant (globalement) une configuration donnée ? »

« Quelles sont les isométries qui transforment une configuration donnée en une autre ? »...

ACTIVITÉ 1

Isométries et points fixes

1 Soit f une isométrie admettant au moins un point fixe.
Montrer que pour tout point M non invariant par f, c'est-à-dire tel que $f(M) \neq M$, la médiatrice du segment $[M, f(M)]$ contient tous les points fixes de f.

2 Soit f une isométrie fixant trois points non alignés.
Montrer que $f = \text{id}_{\mathscr{P}}$.

☞ Utiliser l'exercice 1 avec le raisonnement :

« S'il existait M tel que $f(M) \neq M$, ... »

3 Montrer que si deux isométries f et g coïncident sur trois points non alignés, alors elles sont égales.

☞ Considérer $f^{-1} \circ g$.

Enchaînons sans tarder :

ACTIVITÉ 2

Isométries fixant O

Dans cette activité, f désignera une isométrie fixant O (*i. e.* $f(O) = O$).

1 Un autre point fixe

On suppose qu'il existe $A \neq O$ avec $f(A) = A$.
Soit B un point non aligné avec O et A.

1° On suppose que $f(B) = B$.
Montrer que $f = \text{id}_{\mathscr{P}}$.

☞ Utiliser l'exercice 2 de l'activité 1.

2° On suppose que $f(B) \neq B$.
Montrer que la symétrie d'axe (OA) coïncide avec f en O, A et B.
En déduire que $f = S_{(OA)}$.

2 Seul le point O est fixe

On suppose que f n'admet pas d'autres points fixes que O.

1° Soit A un point distinct de O et Δ la médiatrice de $[A, f(A)]$.
Montrer que S_Δ échange A et $f(A)$ et fixe O.

2° On considère $g = s_\Delta \circ f$.

a) Prouver que g est une isométrie fixant O et A.
Déduire de l'exercice 1 que $g = \text{id}_{\mathscr{P}}$ ou $g = S_{(OA)}$.

b) Montrer que $g = \text{id}_{\mathscr{P}}$ est à rejeter et en déduire que f est une rotation de centre O.

☞ Utiliser le théorème 5 de la page 145, du chapitre 6.

Les enseignements que nous tirons de ces activités se résument par :

- *Si f a au moins un point fixe O,* alors f est une rotation de centre O ($\text{id}_{\mathscr{P}}$ comprise) ou une réflexion d'axe passant par O.
- *Si f a au moins deux points fixes A et B* et si f n'est pas $\text{id}_{\mathscr{P}}$, alors f est la réflexion d'axe (AB).

COURS

7
Isométrie
du plan

ÉTUDE GÉNÉRALE DES ISOMÉTRIES

1 UN THÉORÈME DE DÉCOMPOSITION

Théorème 1

Étant donné un point O du plan, une isométrie f se *décompose de manière unique* en $\boldsymbol{f = t \circ u}$, où :
t est une **translation;**
u est une **isométrie fixant O** (*i.e.* $u(O) = O$).

Soit O' l'image de O par f. Si l'on veut écrire $f = t \circ u$ avec t translation et u isométrie fixant O, on doit avoir en particulier $f(O) = t \circ u(O)$, soit $O' = t(O)$.

Ainsi, t *ne peut être* que la translation de vecteur $\overrightarrow{OO'}$ et u l'isométrie $t^{-1} \circ f$. Voilà pourquoi s'introduisent la translation t de vecteur $\overrightarrow{OO'}$ et l'isométrie $u = t^{-1} \circ f$. Il est clair que $f = t \circ u$ et que u fixe le point O.

Remarque Ce théorème légitime, si besoin en était, l'intérêt à accorder aux isométries fixant un point donné.

2 ISOMÉTRIES FIXANT UN POINT DONNÉ

Théorème 2

Toute isométrie fixant un point O est :
- soit une **réflexion d'axe passant par O,**
- soit une **rotation de centre O** (éventuellement $\mathrm{id}_{\mathcal{P}}$).

Les activités préparatoires avaient fonction d'établir ces résultats : nous vous y renvoyons tout en rappelant que nous en savons « un peu plus » :

- Si une isométrie a *un seul point fixe O*, alors c'est une « vraie » rotation (*i.e.* distincte de $\mathrm{id}_{\mathcal{P}}$) de centre O.
- Si une isométrie a *au moins deux points fixes A* et B distincts, c'est soit l'identité, soit la réflexion d'axe (AB).
- Si une isométrie a *au moins trois points fixes non alignés,* alors c'est l'application identique $\mathrm{id}_{\mathcal{P}}$.

(D'après *Transformation Geometry,* G.E. MARTIN. Springer Verlag.)

3 QUELLES SONT LES ISOMÉTRIES DU PLAN ?

Étude Le sort des isométries admettant un point fixe étant réglé par le théorème 2, considérons maintenant *une isométrie f sans point fixe.*
Un point O étant choisi, nous pouvons écrire (théorème 1) :
$f = t \circ u$, où t est une translation et u une isométrie fixant O.
Examinons, en suivant (encore) le théorème 2, les diverses possibilités :

- $u = \mathrm{id}_{\mathscr{P}}$, alors $f = t$: f est une **translation.**
- $u = r$, où r est une rotation (avec $r \neq \mathrm{id}_{\mathscr{P}}$). Nous savons (voir théorème 8, chapitre 6) que $t \circ r$ est une rotation et donc en particulier une isométrie fixant un point. Comme f est sans point fixe, nous devons écarter cette éventualité.
- Il ne reste plus que $u = s$ (s réflexion), d'où $f = t \circ s$.

Nous sommes donc conduits au théorème suivant :

Théorème 3

> Toute isométrie du plan est une **translation** ou une **rotation** ou une **réflexion** ou la **composée d'une translation et d'une réflexion.**

Complément : exercices 7 et 8, «symétrie glissée».

1. Une translation et une rotation étant le produit de deux réflexions (voir chapitre 6), il découle du théorème ci-dessus que :

Toute isométrie est le produit d'au plus trois réflexions.

2. Le produit d'une translation et d'une réflexion n'est pas nécessairement sans point fixe.
Dans la figure, où $\mathscr{D} /\!/ \Delta$, $s_{\mathscr{D}} \circ s_{\Delta}$ est une translation : $s_{\mathscr{D}} \circ s_{\Delta} = t$ et donc $s_{\mathscr{D}} \circ t = s_{\Delta}$ ($s_{\mathscr{D}} \circ t$ a donc des points fixes).

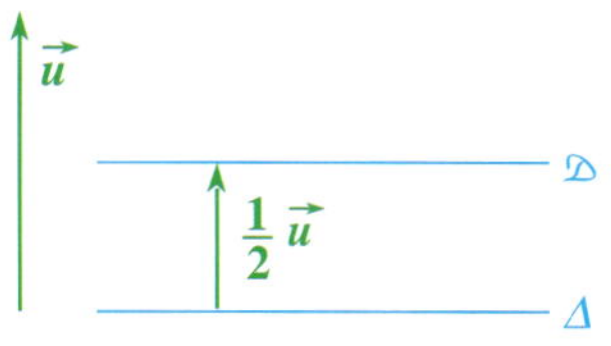

Fig. 1 $S_{\mathscr{D}} \circ t_{\vec{u}} = S_{\mathscr{D}} \circ S_{\mathscr{D}} \circ S_{\Delta} = S_{\Delta}$

4 PROPRIÉTÉS GÉOMÉTRIQUES

Nous connaissons les propriétés géométriques usuelles des *réflexions,* des *translations* et des *rotations.* En ce qui concerne les isométries qui s'écrivent comme la composée d'une translation et d'une réflexion, nous ne ferons qu'appliquer «le principe de composition» (voir p. 144).
En bref :

Les résultats essentiels

- *Une isométrie transforme une* ***droite*** *en droite, un* ***segment*** *en segment (de même longueur) et un* ***cercle*** *en cercle (de même rayon).*
- *Une isométrie conserve le* ***parallélisme,*** *l'****orthogonalité,*** *le* ***contact,*** *les* ***barycentres,*** *les* ***angles géométriques,*** *les* ***aires*** *(sans oublier les distances).*

Compléments à venir

1. Effet d'une isométrie sur les *angles orientés :* prochain paragraphe.

2. Image d'une *conique :* voir chapitre 11.

3. Conservation du *contact* «courbe-droite» en général (*i.e.* : la courbe n'est pas nécessairement un cercle) : voir chapitre 10.

DÉPLACEMENTS

1 DÉFINITION ET GÉNÉRALITÉS

Définition 1

On appelle **déplacement** toute isométrie qui conserve les *angles orientés*.

Les translations, les rotations sont des déplacements.
En revanche, les réflexions ne sont pas des déplacements (par une réflexion, tout angle orienté est changé en son opposé).

Propriétés immédiates

1. L'isométrie réciproque d'un déplacement est un déplacement.
2. La composée de deux déplacements est un déplacement.
3. Soit t une translation et u une isométrie. Alors $f = t \circ u$ est un déplacement si et seulement si u est un déplacement. En effet, en composant un déplacement et une translation, nous obtenons un déplacement. La propriété en découle par les égalités : $f = t \circ u$ et $u = t^{-1} \circ f$.
En particulier, la composée d'une translation et d'une réflexion n'est pas un déplacement.

2 LES RÉSULTATS FONDAMENTAUX

Théorème 4

Tout déplacement est une **translation** ou une **rotation.**

En dehors des translations et des rotations qui, nous venons de le dire, sont des déplacements, les autres isométries (voir théorème 3) sont des réflexions ou la composée d'une translation et d'une réflexion qui, d'après ce qui précède, ne sont pas des déplacements.

Théorème 5

Soit f une transformation du plan. Il est équivalent de dire :
(1) f est un **déplacement.**
(2) L'*écriture complexe* de f est de la forme $\boldsymbol{z' = az + b}$, où a et b sont deux nombres complexes avec $|a| = 1$.

Nous ne faisons que reformuler le théorème 2 du chapitre 6 (voir p. 142) :

Translation : $z' = z + b$
Rotation : $z' = e^{i\theta} z + b \; (\theta \neq 0 \; [2\pi])$
→ $z' = az + b$: déplacement et $|a| = 1$

3 DÉTERMINATION D'UN DÉPLACEMENT

Le problème abordé

Existe-t-il un déplacement transformant deux points distincts donnés en deux points donnés ? Autrement dit ?
Étant donné des points A, B, A' et B' avec $A \neq B$, existe-t-il un déplacement f tel que $f(A) = A'$ et $f(B) = B'$?
Un déplacement étant une isométrie, si $A'B' \neq AB$, la réponse est immédiate : c'est NON.
Nous allons donc maintenant supposer que **$A'B' = AB$.**

Étude

Formulons notre problème avec les nombres complexes.
Soit z_A, z_B, $z_{A'}$, et $z_{B'}$ les affixes des points A, B, A' et B'.

Sachant que $|z_{B'} - z_{A'}| = |z_B - z_A| \neq 0$, ⟶ [$A'B' = AB \neq 0$.]
peut-on trouver deux complexes a et b, avec $|a| = 1$, *tels que :* ⟶ [L'écriture complexe d'un déplacement f est $z \mapsto az + b$, avec $|a| = 1$.]
$z_{A'} = az_A + b$ et $z_{B'} = az_B + b$? ⟶ [$f(A) = A'$ et $f(B) = B'$.]

On obtient immédiatement $a = \dfrac{z_{B'} - z_{A'}}{z_B - z_A}$, qui est de module 1 (quotient de deux complexes de même module), puis $b = z_{A'} - az_A$ (par exemple).
Nous voyons donc que le problème posé admet une *unique solution.*

Le point de vue géométrique

▪ Lorsque **$\overrightarrow{A'B'} = \overrightarrow{AB}$,** c'est-à-dire lorsque $ABB'A'$ est un parallélogramme, f est la **translation** de vecteur $\overrightarrow{AA'}$ (ou $\overrightarrow{BB'}$) (c'est le seul cas où f est une translation).

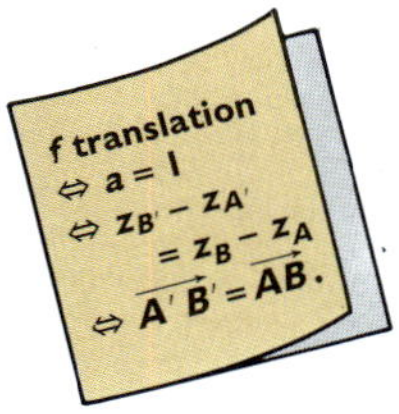

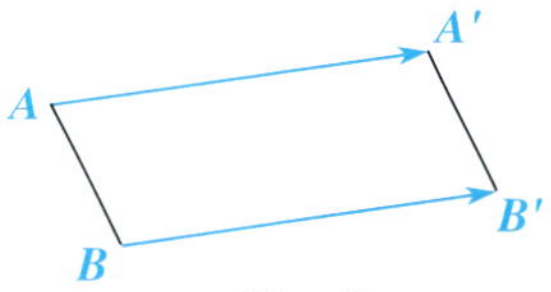

Fig. 2

▪ Lorsque **$\overrightarrow{A'B'} \neq \overrightarrow{AB}$;** f est une **rotation.** Précisons :
L'angle : Comme f transforme A en A' et B en B', l'angle de la rotation est $(\overrightarrow{AB}, \overrightarrow{A'B'})$.
Le centre : Le centre Ω de la rotation f est situé sur les médiatrices de $[A, A']$ et $[B, B']$.

Voici les situations de référence :

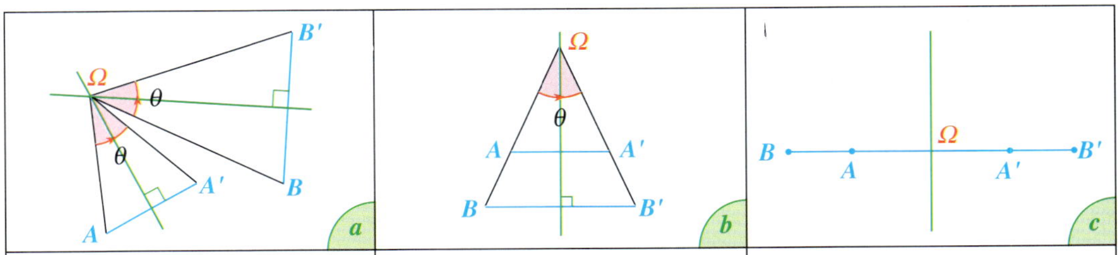

f est la rotation de centre Ω et d'angle θ	f est la rotation de centre Ω et d'angle θ	f est la symétrie centrale de centre Ω

Note : On trouvera en T.P. des compléments sur ce sujet.
Rassemblons l'essentiel des résultats précédents :

Théorème 6

Étant donné des points A, B, A', B' tels que $A'B' = AB \neq 0$, il existe un **unique déplacement** f transformant **A en A'** et **B en B'** :

▪ Lorsque $\overrightarrow{A'B'} = \overrightarrow{AB}$, f est la **translation** de vecteur $\vec{u} = \overrightarrow{AA'} = \overrightarrow{BB'}$.

▪ Lorsque $\overrightarrow{A'B'} \neq \overrightarrow{AB}$, f est une **rotation** d'angle $(\overrightarrow{AA'}, \overrightarrow{BB'})$.

ISOMÉTRIES VECTORIELLES

1 TRANSFORMATION VECTORIELLE ASSOCIÉE À UNE ISOMÉTRIE

Définition 2

Soit f une isométrie du plan $\mathcal{P}$.
Il existe une application de l'ensemble $\mathcal{V}$ des vecteurs dans lui-même, notée F, telle que, pour tous points A et B, $\boldsymbol{F(\overrightarrow{AB}) = \overrightarrow{A'B'}}$ (où $A' = f(A)$ et $B' = f(B)$).
Cette application est appelée **isométrie vectorielle associée à *f*.**

▪ Cette définition est cohérente au sens suivant :
Si $\overrightarrow{AB} = \overrightarrow{CD}$, c'est-à-dire si $[A, C]$ et $[B, D]$ ont même milieu, il en est de même pour leurs images par f (conservation du milieu) et donc $\overrightarrow{A'B'} = \overrightarrow{C'D'}$.

▪ L'appellation «isométrie vectorielle» est légitimée par le fait que F conserve la norme :
$\|F(\overrightarrow{AB})\| = \|\overrightarrow{A'B'}\| = \|\overrightarrow{AB}\|\cdot$ (f est une isométrie).

▪ Examinons, maintenant, quelques exemples :

Cas d'une translation

Pour une translation t, l'égalité $\overrightarrow{A'B'} = \overrightarrow{AB}$ se traduit par :
L'isométrie vectorielle associée à une **translation** est l'**identité sur $\mathcal{V}$.**

Cas d'une rotation

Soit r une rotation d'angle θ. On a, pour des points distincts A et B :
$A'B' = AB$ et $(\overrightarrow{AB}, \overrightarrow{A'B'}) = \theta$.
L'application R est donc définie par $R(\vec{u}) = \vec{u}'$, avec :
— si $\vec{u} = \vec{0}$, alors $\vec{u}' = \vec{0}$: $\boldsymbol{R(\vec{0}) = \vec{0}}$;
— si $\vec{u} \neq \vec{0}$, $\vec{u}'$ est le vecteur tel que :

$$\|\vec{u}'\| = \|\vec{u}\| \quad \text{et} \quad (\vec{u}, \vec{u}') = \theta .$$

L'isométrie vectorielle R est appelée **rotation vectorielle d'angle θ.**

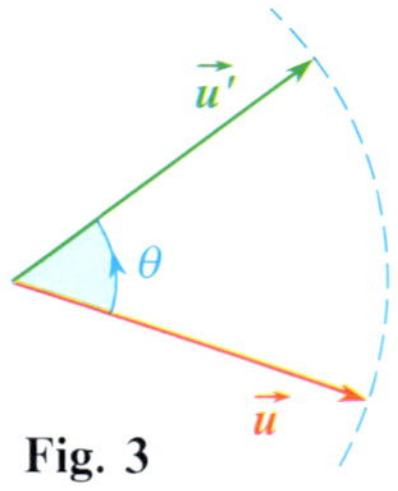

Fig. 3

Cas d'une réflexion

Soit s une réflexion d'axe Δ. Tout vecteur $\vec{u}$ de $\mathcal{V}$ s'écrit de manière unique $\vec{u} = \vec{u}_1 + \vec{u}_2$, *où $\vec{u}_1$ a la direction de Δ et $\vec{u}_2$ la direction orthogonale à Δ.*
L'isométrie vectorielle S est telle que :

$$\boldsymbol{S(\vec{u}) = \vec{u}_1 - \vec{u}_2} .$$

Fig. 4 ▶

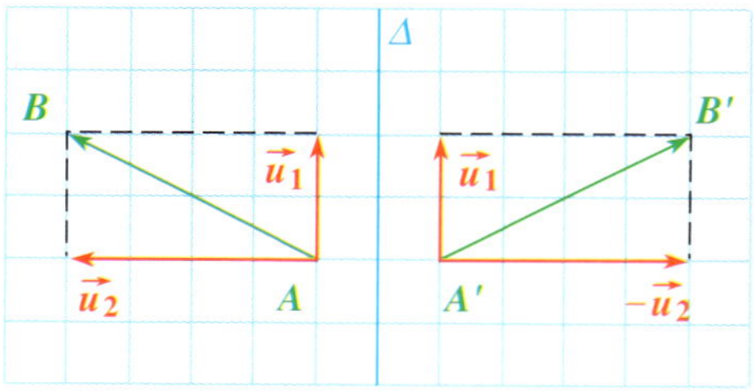

2 COMPOSÉE ET RÉCIPROQUE

Théorème 7

Voir exercice 20.

▪ Soit f et g des isométries ponctuelles, F et G les isométries vectorielles qui leur sont associées.
Alors $\boldsymbol{G \circ F}$ est l'isométrie vectorielle **associée à $g \circ f$.**

▪ Soit f une isométrie ponctuelle, F l'isométrie vectorielle associée.
Alors, **F est bijective** et $\boldsymbol{F^{-1}}$ est l'isométrie vectorielle **associée à f^{-1}.**

3 LIEN AVEC LES ISOMÉTRIES FIXANT UN POINT DONNÉ

ême vectorielle associée

■ Soit f une isométrie telle que l'isométrie vectorielle associée F soit $\mathrm{id}_{\mathcal{V}}$. Alors, pour tous points A et B, $\overrightarrow{f(A)f(B)} = \overrightarrow{AB}$, ce qui s'écrit encore $\overrightarrow{Af(A)} = \overrightarrow{Bf(B)}$.
Le vecteur $\overrightarrow{Mf(M)}$, pour tout M de $\mathcal{P}$, est constant : f est donc une *translation*.

■ Maintenant, si pour deux isométries f et g, on a $F = G$, alors du théorème 7 il découle que $g \circ f^{-1}$ a pour associée $G \circ F^{-1} = \mathrm{id}_{\mathcal{V}}$.
D'après ce qui précède, $g \circ f^{-1}$ est une translation t et donc $g = t \circ f$.
Ces résultats, compte tenu de leur grande utilité, sont à souligner :

> Soit, f, g des isométries, F, G les isométries vectorielles associées.
> ■ **$F = \mathrm{id}_{\mathcal{V}}$** est équivalent à **$f$ est une translation.**
> ■ **$F = G$** est équivalent à **$g = t \circ f$,** où t est une *translation*.

Identification

Existence et unicité.

Soit O un point fixé de $\mathcal{P}$. Toute isométrie vectorielle est associée à une isométrie ponctuelle unique fixant O.

■ Soit F une isométrie vectorielle associée à l'isométrie f. Nous savons écrire (voir théorème 1) $f = t \circ u$, avec t translation et u *isométrie fixant* O.
Du résultat précédent, il découle que F *est associée à* u (u fixant O).

■ Si u et v sont deux isométries fixant O et ayant F pour associée, alors u s'écrit $t \circ v$, où t est une translation... admettant O comme point fixe : c'est clair. Ainsi, $t = \mathrm{id}_{\mathcal{P}}$, d'où $u = v$.

4 PROPRIÉTÉS

Théorème 8

> Soit f une isométrie et F l'isométrie vectorielle associée à f.
> Alors f est un **déplacement** si et seulement si F est une **rotation vectorielle :**
> ■ $F = \mathrm{id}_{\mathcal{P}}$ signifie que f est une translation.
> ■ $F = R_{(\theta)}$, rotation vectorielle d'angle θ (θ non nul mod 2π) signifie que f est une rotation d'angle θ.

■ La première propriété a été énoncée dans le paragraphe précédent.

■ Soit O un point de $\mathcal{P}$. La rotation $r_{(O,\theta)}$ a aussi pour associée $F = R_{(\theta)}$.
Il en découle (voir paragraphe 3) que f s'écrit $f = t \circ r_{(O,\theta)}$, où t est une translation. Nous savons alors que f est une rotation d'angle θ (voir théorème 8, chapitre 6, p. 147).

Théorème 9

> L'isométrie vectorielle F associée à une isométrie f a les propriétés suivantes :
> *Linéarité :* $\boldsymbol{F(\vec{u} + \vec{v}) = F(\vec{u}) + F(\vec{v})}$. $\boldsymbol{F(\alpha\vec{u}) = \alpha F(\vec{u})}$ **(α réel).**
> Conservation du *produit scalaire :* $\boldsymbol{F(\vec{u}) \cdot F(\vec{v}) = \vec{u} \cdot \vec{v}}$.
> Effet sur le *déterminant :*
> (base orthonormale directe)
> $$\det(F(\vec{u}), F(\vec{v})) = \begin{cases} \det(\vec{u}, \vec{v}), & \text{si } f \text{ est un déplacement;} \\ -\det(\vec{u}, \vec{v}), & \text{sinon.} \end{cases}$$

Les exercices 21 et 22 prennent en charge la démonstration de ces résultats basée sur l'identification entre isométrie vectorielle et isométrie fixant un point donné.

TRAVAUX PRATIQUES

7
Isométries du plan

A – EXEMPLES D'EMPLOI DES DÉPLACEMENTS

? *Nous avons déjà abondamment œuvré avec les translations et les rotations dans la résolution de problèmes de Géométrie (voir notamment le chapitre 6). En dehors du fait que nous savons (maintenant) que de telles transformations sont appelées* ***déplacements,*** *il vient une question réaliste :* ***« Quelle est la nouveauté de cette rubrique ? »***
Le théorème 6 est la clé de la réponse. De façon moins abrupte, il s'agit d'exploiter l'existence d'un ***déplacement amenant A sur A′ et B sur B′,*** *sous la condition $A'B' = AB \neq 0$, en approfondissant les divers procédés aptes à décrire « entièrement » ce déplacement.*

Exercice résolu *Dans le plan orienté, on trace un triangle ABC non isocèle et tel que $(\overrightarrow{AB}, \overrightarrow{AC}) = \frac{\pi}{3}$ (2π).*
Soit d_1 la demi-droite d'origine B contenant A. Soit d_2 la demi-droite d'origine C contenant A. On place sur d_1 un point P différent de B et sur d_2 un point Q différent de C tels que $BP = CQ$.
1° *Justifier l'existence d'une unique rotation r transformant B en C et P en Q. Préciser l'angle de r.*
Construire le centre O de r et prouver que ce point est indépendant de P et Q.
2° *Quelle est la nature du triangle OPQ?*
3° *Construire les points P sur d_1 et Q sur d_2 sachant que $BP = CQ = PQ$.*

BAC

1° ▪ Les deux segments $[B, P]$ et $[C, Q]$ ayant même *longueur,* nous savons (par le théorème 6) qu'il existe un *déplacement* amenant B sur C et P sur Q. Les droites (BP) et (CQ) étant sécantes, il ne peut s'agir d'une translation. Ainsi :

Il existe une unique rotation r telle que :
$$r(B) = C \quad \text{et} \quad r(P) = Q.$$

▪ Son *angle* θ est tel que $\theta = (\overrightarrow{BP}, \overrightarrow{CQ})$. Comme P et Q appartiennent aux demi-droites $[BA)$ et $[CA)$, nous avons $\theta = (\overrightarrow{BA}, \overrightarrow{CA})$. C'est là que s'inscrit la relation $(\overrightarrow{BA}, \overrightarrow{CA}) = (\overrightarrow{AB}, \overrightarrow{AC})$ qui fait conclure à $\theta = \frac{\pi}{3}$ (modulo 2π, comme il se doit).

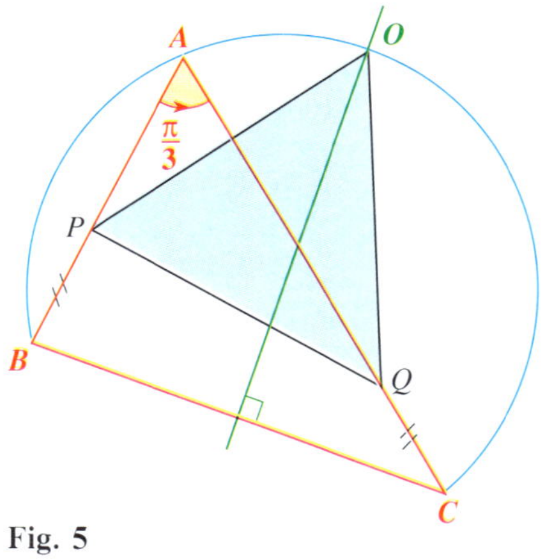

Fig. 5

▪ Comme $r(B) = C$, *le centre O de la rotation r* est sur la médiatrice de $[B, C]$.
Par ailleurs, nous avons $(\overrightarrow{OB}, \overrightarrow{OC}) = (\overrightarrow{AB}, \overrightarrow{AC}) = \frac{\pi}{3}$ (angle de la rotation) et maintenant, rappelons-nous que, si $(\overrightarrow{OB}, \overrightarrow{OC}) = (\overrightarrow{AB}, \overrightarrow{AC})$, alors... *le point O appartient à l'arc de cercle d'extrémités B et C passant par A.*
Ainsi, **le centre O de la rotation r est indépendant de P et Q :** il se définit comme le *point d'intersection de la médiatrice de* $[B, C]$ *et de l'arc de cercle d'extrémités B et C passant par A.*
2° Manifestement $OP = OQ$ (*i.e.* le triangle OPQ est isocèle en O). De plus, $(\overrightarrow{OP}, \overrightarrow{OQ}) = \frac{\pi}{3}$. Il est connu qu'alors un tel **triangle OPQ est équilatéral.**

3° Nous avons $PQ = OP$ et nous voulons $PQ = PB$.
C'est clair, il nous faut $PB = PO$, autrement dit :

« P doit appartenir à la médiatrice de $[O, B]$. »

Le point **P est donc l'intersection de la demi-droite d_1 et de la médiatrice de $[O, B]$.**
Pour des raisons analogues, le point Q appartient à d_2 et à la médiatrice de $[O, C]$.

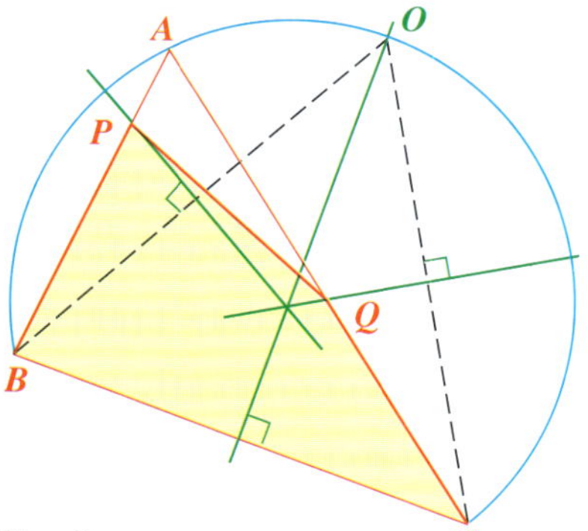

Fig. 6

POINT MÉTHODE

Quelques pistes sur l'utilisation du **déplacement f qui amène A sur A' et B sur B'** (dès lors que, condition indispensable, $A'B' = AB$) :

1. Lorsque **les droites (AB) et $(A'B')$ sont sécantes,** f est une rotation (puisque f est une translation si et seulement si $\overrightarrow{A'B'} = \overrightarrow{AB}$).

2. Dans un tel cas ((AB) et $(A'B')$ sécantes en un point noté I), il est souvent fait appel à la figure ci-contre (ou à une partie) :
Les cercles circonscrits aux triangles IAA' et IBB' se recoupent au centre O de la rotation f (voir l'exercice 1 du T.P. 1 pour cette propriété édifiante et sa mise en œuvre).

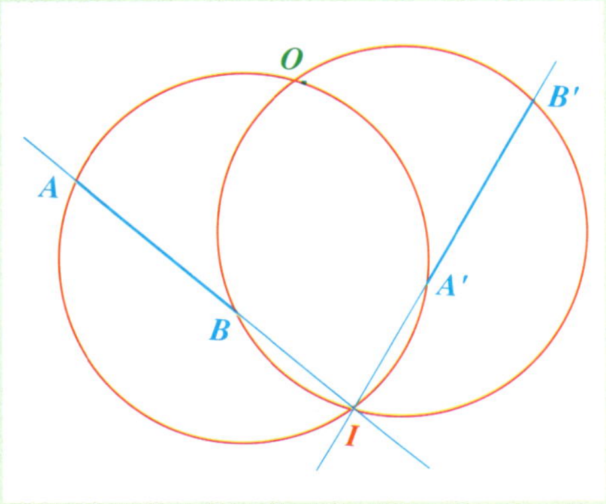

TP I

1 On donne A, B, A' et B' tels que $A'B' = AB \neq 0$, (AB) et $(A'B')$ sécantes en I et soit O le centre de la rotation amenant A sur A' et B sur B'.

1° Montrer que I, O, A et A' sont cocycliques.

☞ Critère angulaire.

2° Montrer de même que I, O, B et B' sont cocycliques.

3° En déduire que le centre O de la rotation est commun aux cercles circonscrits aux triangles IAA' et IBB'.

4° *Peut-on avoir $O = I$?*
Montrer que si $O = I$, les cercles précédents sont tangents en I et préciser la configuration formée par les points I, A, A', B et B'.
En dehors de ce dernier cas, montrer que O est le second point d'intersection des cercles circonscrits aux triangles IAA' et IBB'.

2 Pour tout point M du segment $[A, B]$ ($M \neq A$, $M \neq B$), on désigne par P et Q les sommets des triangles équilatéraux directs AMP et MBQ.

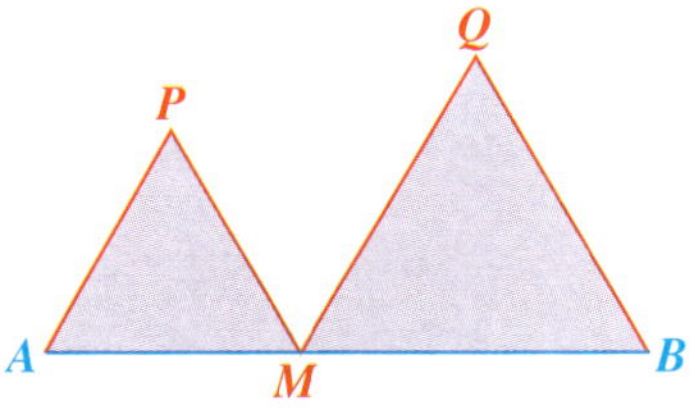

1° Montrer que (AP) et (BQ) se coupent en un point fixe C.
Nature du triangle ABC ?

2° On se propose de montrer que la médiatrice de $[P, Q]$ passe par un point fixe :

▪ *Méthode 1 :* Montrer qu'il existe une rotation r telle que $r(A) = C$ et $r(P) = Q$.
Quel est son angle ?
Montrer que son centre est fixe et conclure.

▪ *Méthode 2 :* Utiliser $r_{\left(B,\, -\frac{\pi}{3}\right)} \circ r_{\left(A,\, -\frac{\pi}{3}\right)}$.

☞ Action sur P.

B – ISOMÉTRIES TRANSFORMANT UNE CONFIGURATION DONNÉE EN UNE AUTRE[1]

? *Les exemples soumis à l'étude dans ce travaux pratiques relèvent du problème général suivant :* ***Trouver les isométries transformant une figure $\mathcal{F}$ en une figure $\mathcal{F}'$****, problème qui, dans le cas où $\mathcal{F}'$ et $\mathcal{F}$ sont confondues, s'énonce alors :* ***Trouver les isométries laissant globalement invariante la figure $\mathcal{F}$.***

Une remarque s'impose : si $\mathcal{F}$ et $\mathcal{F}'$ ne sont pas « superposables » (directement ou après retournement), il faudrait dire « isométriques », le problème est de peu d'intérêt.
Nous nous limitons ici à quelques figures « simples » (carrés, rectangles, cercles, ...) en nous plaçant du point de vue géométrique; signalons que l'étude des courbes paramétrées (chapitre 11) soulèvera des questions analogues, mais du point de vue analytique.

Exercice résolu I **La table tournante...**
Les rectangles R et R' sont de mêmes dimensions $2a$ et a. Trouver les rotations (angle, centre) transformant R en R'.

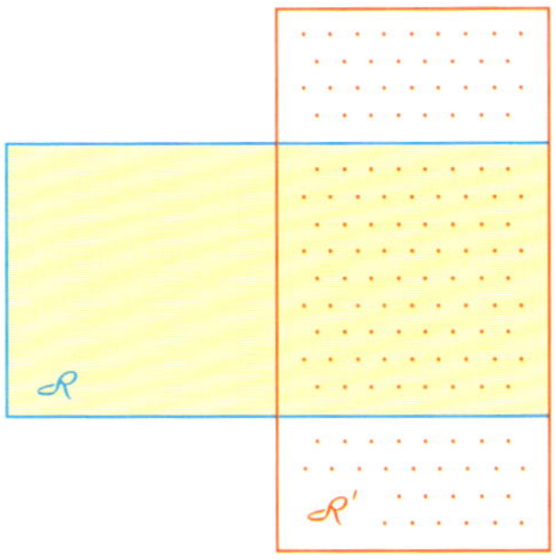

Fig. 7

▪ Évidemment, nous aurions préféré traiter ce problème avec les rectangles R et R_1 plutôt que R et R', car la réponse est immédiate : *Les rotations qui transforment R en R_1 sont q et q', les deux quarts de tour de centre O.*
Mais cette remarque n'est pas une anecdote de faible intérêt. Manifestement, on passe de R' à R_1 par une translation; appelons-la t. Et donc, si r est une rotation amenant R sur R', *$t \circ r$ amène R sur R_1*. Or, nous savons (voir théorème 8, chapitre 6, p. 147) que *$t \circ r$ est une rotation* (car $r \neq \mathrm{id}_{\mathcal{F}}$).
Notre remarque prend alors toute sa valeur : on a $t \circ r = q$ ou $t \circ r = q'$, d'où il découle que :

$$r = t^{-1} \circ q \text{ ou } r = t^{-1} \circ q' .$$

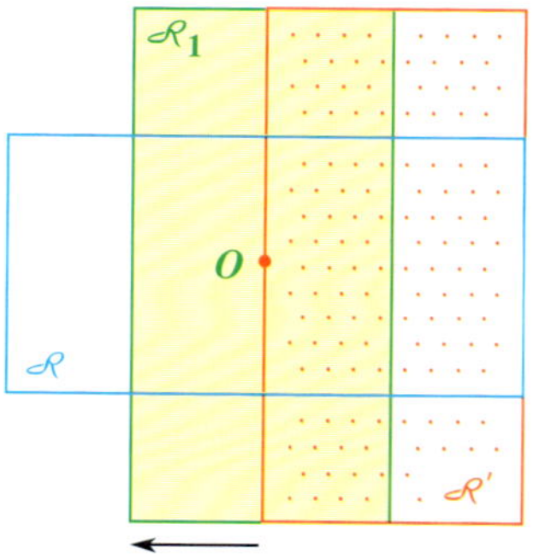

(vecteur de la translation t)

Fig. 8

▪ La solution se met alors en place en remarquant que t^{-1} est la translation de vecteur $\vec{u} = \frac{1}{4}\overrightarrow{AB}$ (voir figure 8, où sont introduites les notations).

— **Étude de $t_{\frac{1}{4}\overrightarrow{AB}} \circ q$** ($q$ est le *quart de tour direct de centre O*) :
Cette transformation est une *rotation d'angle* $\frac{\pi}{2}$ (même angle que Q).
Construisons O' l'image de O : comme $q(O) = O$, $O' = t_{\frac{1}{4}\overrightarrow{AB}}(O)$. Il s'agit alors de trouver le centre du quart de tour direct amenant O sur O'.
C'est le « bon » sommet Ω du carré de diagonale $[O, O']$.

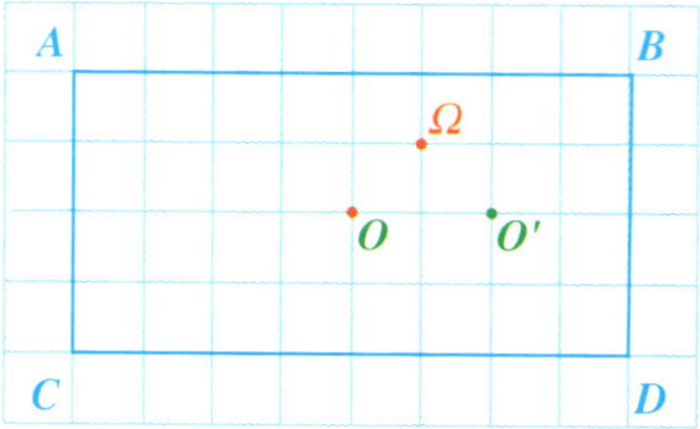

Fig. 9

Concluons :

Le quart de tour direct de centre Ω transforme R en R'.

— **Étude de $t_{\frac{1}{4}\overrightarrow{AB}} \circ q'$** : elle est laissée à titre d'exercice (on obtient un quart de tour indirect dont le centre est l'autre sommet du carré précédent).

(1) Éventuellement confondues.

Remarque : Le point Ω est utilisé en... *ébénisterie* dans la construction de tables à forme variable. Une table (un double plateau, en réalité) a la forme du rectangle $\mathcal{R}$. En la faisant pivoter d'un quart de tour autour de Ω, puis en rabattant le plateau supérieur, on obtient une nouvelle table carrée restant centrée sur le rectangle d'assiette. D'où le titre de l'exercice, mais...

Si les tables tournent, c'est que quelqu'un les pousse du pied.
ARAGON.

Exercice résolu 2 *Soit ABCD un carré direct.*
Déterminer les isométries du carré, c'est-à-dire les isométries qui laissent globalement invariante la configuration formée par les quatre sommets du carré.

Remarque préliminaire : Il n'est pas difficile de trouver *des* isométries du carré. Il s'agit donc davantage de dégager une **méthode** permettant de les *déterminer toutes* et qui de plus, *puisse s'adapter* dans des situations analogues (isométries du pentagone régulier, de l'hexagone régulier, etc.).
On désigne par f une isométrie du carré.

1. Recherche des points fixes
Soit O le centre du carré, c'est-à-dire... l'isobarycentre des sommets. La conservation du barycentre mène à : $f(O)$ est l'isobarycentre du système de points $\{f(A), f(B), f(C), f(D)\}$ qui n'est autre que le système de points $\{A, B, C, D\}$. Ainsi, $f(O) = O$.
Tirons du théorème 2 la conséquence qui s'impose : ***f* est soit une rotation de centre *O* (éventuellement l'identité), soit une réflexion d'axe passant par *O*.**

2. Les rotations du carré
Une rotation de centre O est entièrement déterminée par un point, A par exemple, et son image. Quatre cas sont *possibles* : $r(A) = A$, $r(A) = B$, $r(A) = C$, $r(A) = D$, qui correspondent respectivement à **l'identité, le quart de tour direct de centre *O*, la symétrie centrale de centre *O* et le quart de tour indirect de centre *O*.**
Comme il est aisé de voir que ces isométries invarient le carré, voilà donc achevé l'inventaire des rotations du carré.

3. Les symétries du carré
Nous sommes familiers de quatre axes de symétrie (figure 10). Y en a-t-il d'autres? La réponse est NON.[1]

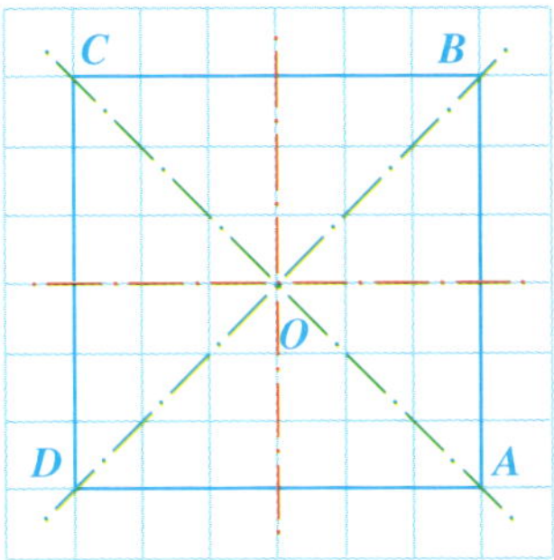

Fig. 10

Voici la méthode :

- Considérons **une** symétrie du carré notée σ (son axe passe par O).
- Soit s une quelconque symétrie du carré. Son axe passant par O, *$\sigma \circ s$ est une rotation de centre O qui invarie le carré.* D'après le point 2, nous savons qu'il existe *quatre* rotations qui invarient le carré : r_1, r_2, r_3 et r_4.

Ainsi, $\sigma \circ s = r_1$ ou $\sigma \circ s = r_2$ ou $\sigma \circ s = r_3$ ou $\sigma \circ s = r_4$, d'où $\boldsymbol{s = \sigma \circ r_1}$ ou $\boldsymbol{s = \sigma \circ r_2}$ ou $\boldsymbol{s = \sigma \circ r_3}$ ou $\boldsymbol{s = \sigma \circ r_4}$.

(1) On serait en droit de s'ébahir devant une réponse positive...

■ Il n'y a donc que quatre éventualités pour s. Comme nous connaissons quatre réflexions invariant le carré, nous les connaissons toutes.
En résumé :

les isométries du carré

quatre rotations :

- l'identité ;
- la symétrie de centre O ;
- le quart de tour direct de centre O ;
- le quart de tour indirect de centre O.

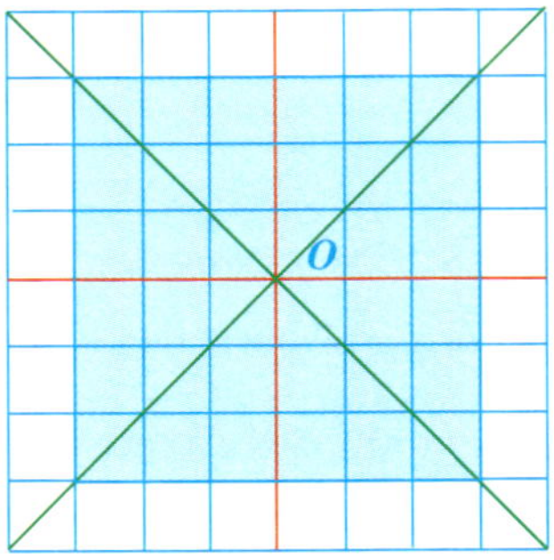

quatre réflexions d'axes :

- les deux diagonales ;
- les deux médiatrices des côtés opposés.

Fig. 11

POINT MÉTHODE

Dans les problèmes de recherche d'isométries transformant une figure $\mathcal{F}$ donnée en une figure $\mathcal{F}'$ également donnée, nous indiquerons *toujours la marche à suivre* (il en est de même dans les exercices ou problèmes du BAC).
Cela ne signifie pas pour autant qu'il n'y a plus rien à dire :
1. Il est essentiel de bien comprendre le *problème posé*, à savoir :
S'agit-il de déterminer **toutes les isométries** transformant $\mathcal{F}$ en $\mathcal{F}'$? certaines isométries (comme les déplacements par exemple) ? etc.
2. Il faut souligner le rôle majeur de la **conservation du barycentre** par une isométrie. C'est cette propriété qui permet d'obtenir que toute isométrie du carré fixe le centre du carré et qui aurait pu conduire la résolution du problème de la table tournante (voir explications à l'exercice 3 du T. P. ci-après).

TP 2

1 Isométries du triangle équilatéral

Soit ABC un triangle équilatéral direct de centre O.
Déterminer toutes les isométries invariant globalement $\{A, B, C\}$.

☞ S'inspirer de la méthode utilisée pour les isométries du carré. *Schéma :*

■ O est fixe par toute isométrie invariant $\{A, B, C\}$.

■ Il y a trois rotations (y compris $\mathrm{id}_{\mathcal{P}}$).

■ On « connaît » trois réflexions et il ne peut y en avoir d'autres.

2 D'un carré à un autre

On considère un carré $ABCD$ de sens direct et de centre O. Soit $A'B'C'D'$ le carré transformé de $ABCD$ par la rotation de centre O et d'angle $\frac{\pi}{4}$.

■ Quel est son centre ?

■ Soit f une isométrie transformant $\{A, B, C, D\}$ en $\{A', B', C', D'\}$.
Montrer que $f(O) = O$.
En déduire toutes les isométries f. BAC

3 La table tournante (bis)

Note : Le problème de la table tournante est un exercice « d'après BAC » : nous avons mis en œuvre la méthode suggérée par l'énoncé. Une autre démarche est proposée ci-après.
Autre méthode :
Soit r une rotation transformant R en R'.

1° Montrer que r a pour angle $\frac{\pi}{2}$ ou $-\frac{\pi}{2}$.

☞ Si dans une rotation une droite et son image sont orthogonales, alors...

2° Montrer que r transforme le centre O de R en le centre O' de R'.

3° Conclure.

C – EXEMPLES D'EMPLOI D'UNE ISOMÉTRIE VECTORIELLE

?

L'objectif de ce T.P. est d'illustrer le **fonctionnement des isométries vectorielles** *dans la résolution de problèmes de géométrie. Nous soulignerons deux approches :*

■ *L'isométrie vectorielle intervient au titre de transformation vectorielle associée à une isométrie ponctuelle précise.*

■ *L'isométrie vectorielle intervient à titre personnel. Nous voulons dire que nous pourrons, par exemple, mobiliser dans un problème le quart de tour vectoriel direct sans pour autant faire référence à un quart de tour direct ponctuel précis.*

Exercice résolu 1 *On considère deux triangles équilatéraux directs OAB et OCD et l'on désigne par E le quatrième sommet du parallélogramme BOCE. On se propose de retrouver*(1) *le fait que le triangle AED est équilatéral direct.*

Méthode : Soit r la rotation $r_{\left(A,\frac{\pi}{3}\right)}$ *et R l'isométrie vectorielle associée à r. Déterminer* $R(\overrightarrow{AB})$, $R(\overrightarrow{OC})$. *En déduire* $r(E)$ *et conclure.*

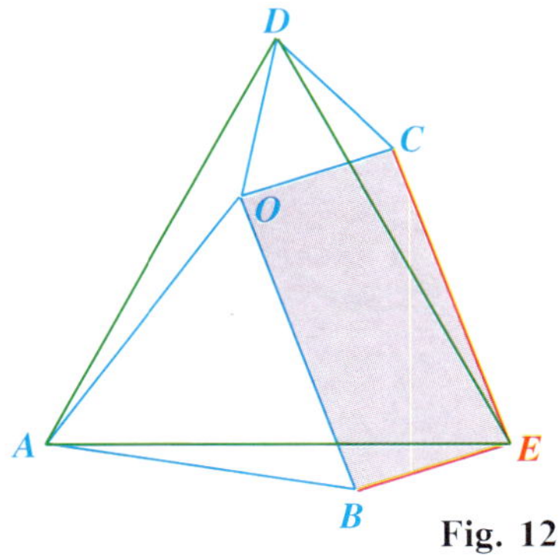

Fig. 12

Évidemment, R est la rotation vectorielle d'angle $\frac{\pi}{3}$.

Chacun des triangles ABO et OCD étant équilatéral direct : $R(\overrightarrow{AB}) = \overrightarrow{AO}$ et $R(\overrightarrow{OC}) = \overrightarrow{OD}$.

Nous avons alors :

■ $R(\overrightarrow{AE}) = \overrightarrow{Ar(E)}$ (par définition de R et compte tenu que A est invariant par r).

■ $R(\overrightarrow{AE}) = R(\overrightarrow{AB} + \overrightarrow{BE}) = R(\overrightarrow{AB}) + R(\overrightarrow{BE}) = R(\overrightarrow{AB}) + R(\overrightarrow{OC})$, en utilisant la *linéarité* de R et le fait que $\overrightarrow{BE} = \overrightarrow{OC}$ ($BOCE$ est un parallélogramme).

Des résultats précédents, découle $R(\overrightarrow{AE}) = \overrightarrow{AO} + \overrightarrow{OD}$, soit $R(\overrightarrow{AE}) = \overrightarrow{AD}$.

Les deux expressions obtenues pour $R(\overrightarrow{AE})$ mènent à $r(E) = D$.

Conclusion : Le triangle ***AED* est équilatéral de sens direct.**

Exercice résolu 2 *Les points P, Q et R étant les centres des carrés construits sur les côtés du triangle ABC, à l'extérieur de ce triangle, on se propose de montrer que* $AP = QR$ *et que* (AP) *est orthogonale à* (QR).

Méthode : Soit φ *le quart de tour vectoriel direct. Montrer que* $\varphi(\overrightarrow{QR}) = \overrightarrow{AP}$, *après avoir décomposé* $\overrightarrow{QR} = \overrightarrow{QJ} + \overrightarrow{JK} + \overrightarrow{KR}$ *(I, J et K sont les milieux des côtés).*

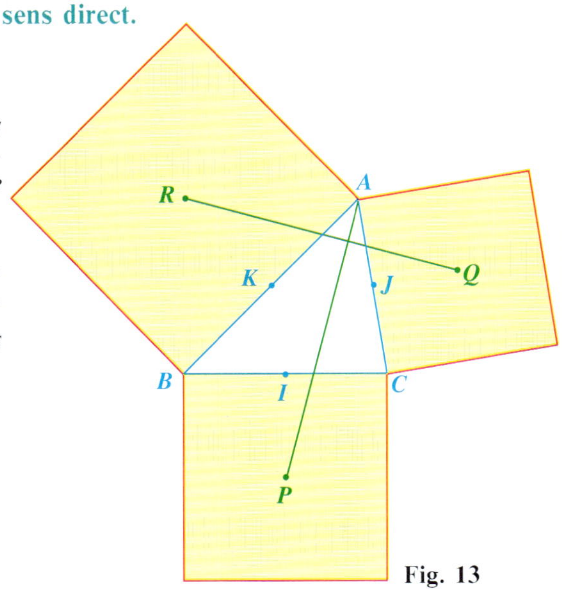

Fig. 13

Il est clair que le triangle QAC est isocèle rectangle direct de sommet Q.
Avec J milieu de $[A, C]$, nous avons $\varphi(\overrightarrow{QJ}) = \overrightarrow{AJ}$.

(1) Voir chapitre 6, exercice résolu à la page 152.

Comme $\overrightarrow{JK} = \overrightarrow{IB}$, puisque $BIJK$ est un parallélogramme (rappel : dans un triangle un sommet et les trois milieux...), $\varphi(\overrightarrow{JK}) = \varphi(\overrightarrow{IB})$.
Pour des raisons analogues à celles qui viennent d'être citées, nous avons $\varphi(\overrightarrow{IB}) = \overrightarrow{IP}$ et donc $\varphi(\overrightarrow{JK}) = \overrightarrow{IP}$.
Et toujours pour ces mêmes raisons (RBA isocèle rectangle direct de sommet R, et K milieu de $[A, B]$, nous avons $\varphi(\overrightarrow{KR}) = \overrightarrow{AK}$.
Utilisons, maintenant, la linéarité de φ :

$$\varphi(\overrightarrow{QR}) = \varphi(\overrightarrow{QJ} + \overrightarrow{JK} + \overrightarrow{KR}) = \varphi(\overrightarrow{QJ}) + \varphi(\overrightarrow{JK}) + \varphi(\overrightarrow{KR}) = \overrightarrow{AJ} + \overrightarrow{IP} + \overrightarrow{AK}.$$

Mais $\overrightarrow{AJ} + \overrightarrow{AK} = \overrightarrow{AI}$ ($AKIJ$ est un parallélogramme), d'où $\varphi(\overrightarrow{QR}) = \overrightarrow{AI} + \overrightarrow{IP}$, c'est-à-dire :

$$\varphi(\overrightarrow{QR}) = \overrightarrow{AP}.$$

Nous recueillons de cette égalité : **$AP = QR$** et **(AP) et (QR) sont orthogonales.**

POINT MÉTHODE

- Ces deux exemples permettent d'apprécier *l'efficacité* au procédé de résolution de certains problèmes par les isométries vectorielles.
La contrepartie est évidente : « Quelle isométrie mobiliser ? », « Sur quels vecteurs la faire agir ? » sont des questions embarrassantes. En conséquence, *dans tous ces problèmes, les réponses à de telles questions sont toujours prodiguées.*

- Il est recommandé d'être familier des situations suivantes tant elles sont présentes dans de très nombreux problèmes :

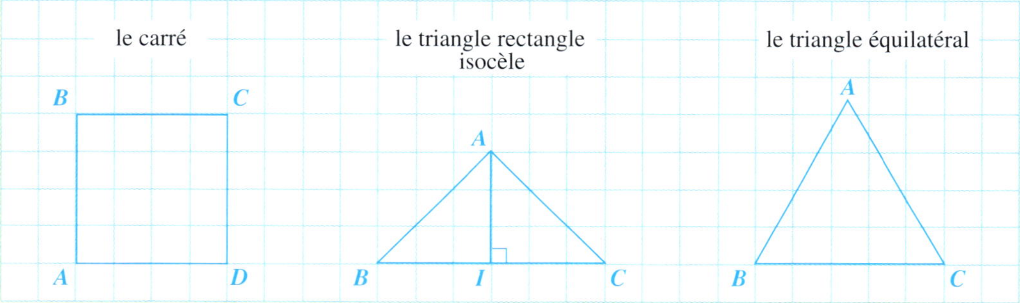

Il s'agit de **lire, sur la figure,** les images des vecteurs :
$\overrightarrow{AB}, \overrightarrow{BC}, \overrightarrow{CD}, \overrightarrow{DA}, \overrightarrow{BA}$... par les quarts de tour vectoriels (carré) ;
$\overrightarrow{AI}, \overrightarrow{IB}, \overrightarrow{CI}$... par les quarts de tour vectoriels (triangle rectangle isocèle) ;
$\overrightarrow{AB}, \overrightarrow{BC}, \overrightarrow{CA}$... par la rotation vectorielle d'angle $\frac{\pi}{3}$ par exemple (triangle équilatéral).

La méthode : « Faire tourner »...

TP 3

À partir d'un quadrilatère direct $ABCD$, on construit les triangles équilatéraux :
AMB et CPD de sens direct,
BNC et DQA de sens indirect.

Soit R la rotation vectorielle d'angle $\frac{\pi}{3}$.

1° En utilisant successivement les rotations d'angle $\frac{\pi}{3}$ et de centres B et D, montrer que $R(\overrightarrow{AC}) = \overrightarrow{MN}$, puis que $R(\overrightarrow{AC}) = \overrightarrow{QP}$.

2° En déduire la nature du quadrilatère $MNPQ$.

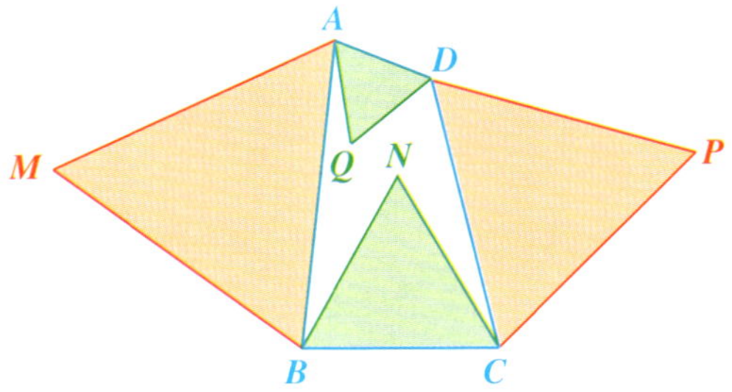

APPLICATIONS DIRECTES DU COURS

Généralités sur les isométries

1 Soit s la réflexion d'axe $\mathcal{D}$ et O un point de $\mathcal{P}$.

1° Quelle est la transformation $s \circ s_\Delta$, s_Δ étant la réflexion dont l'axe Δ est la parallèle à $\mathcal{D}$ passant par O?

2° Préciser alors l'isométrie u dans l'écriture $s = t \circ u$ (t translation, u isométrie fixant O).

2 On écrit une rotation d'angle θ sous la forme $t \circ u$, où t est une translation et u une isométrie fixant O (O étant donné).
Montrer que u est la rotation de centre O et d'angle θ.

3 Le triangle ABC est isocèle en A.
Quelles sont les isométries f du plan telles que $f(A) = A$ et $f(B) = C$?

Dans les exercices 4 à 6, on examine la composée d'isométries fixant O.

4 Soit r une rotation de centre O et s une réflexion d'axe passant par O.
Montrer que $s \circ r$ et $r \circ s$ sont des réflexions d'axes passant par O.

☞ On pourra utiliser, au choix, l'une des méthodes suivantes :
Méthode 1 : Appliquer le théorème de décomposition à r (voir théorème 7, p. 146).
Méthode 2 : Établir que, par exemple, $s \circ r$ est une isométrie fixant O et examiner si $s \circ r$ peut être une rotation.

5 Montrer que la composée de trois réflexions d'axes passant par O est encore une réflexion d'axe passant par O.

☞ Utiliser l'exercice 4.

6 Soit r une rotation de centre O et s une réflexion d'axe passant par O.
Établir que $s \circ r \circ s = r^{-1}$.

☞ Soit $f = r \circ s$. Que dire de f ? de $f \circ f$?

★ **7** Soit $\mathcal{D}$ une droite de vecteur directeur $\vec{u}$.

1° Montrer que $t_{\vec{u}} \circ s_{\mathcal{D}} = s_{\mathcal{D}} \circ t_{\vec{u}}$.

2° La transformation f ainsi définie a-t-elle des points fixes?

3° Quel est le lieu des milieux des segments $[M, f(M)]$, M décrivant le plan $\mathcal{P}$?

8 Soit $ABCD$ un rectangle et I et J les milieux de $[B, C]$ et $[A, D]$.
On désigne par f la transformation $f = t_{\overrightarrow{AC}} \circ s_{(AB)}$.

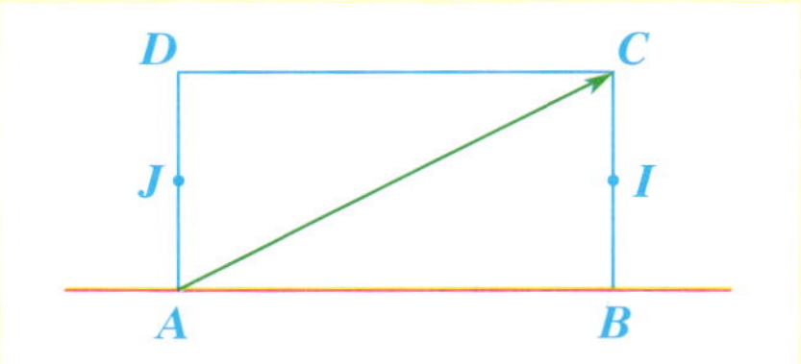

1° Justifier l'égalité $f = t_{\overrightarrow{AB}} \circ (t_{\overrightarrow{BC}} \circ s_{(AB)})$.

2° Quelle est la transformation $t_{\overrightarrow{BC}} \circ s_{(AB)}$?

☞ Écrire $t_{\overrightarrow{BC}} = s_\Delta \circ s_{(AB)}$, où Δ est à préciser.

3° En déduire que $f = t_{\overrightarrow{AB}} \circ s_{(IJ)}$.

INFO La transformation définie à l'exercice 7 s'appelle une *symétrie glissée.* Lors d'une promenade régulière, nous laissons sur le sable, à moins que la mer ne les efface, des traces de pas qui se correspondent par symétrie glissée (d'une couleur à une autre) :

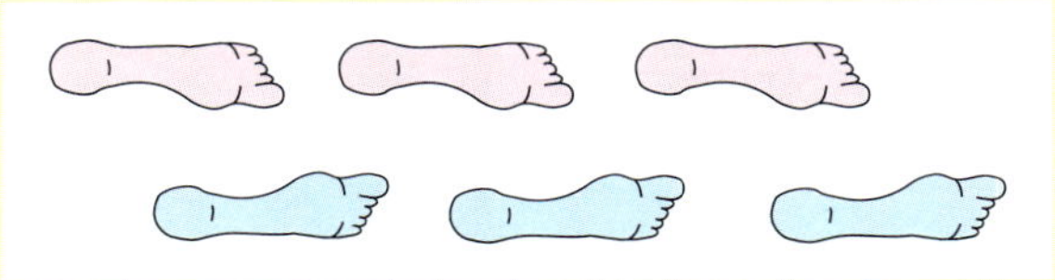

Quant à l'exercice 8, il fait apprendre que sauf lorsque $\vec{u}$ est normal à $\mathcal{D}$ ($\vec{u} \neq \vec{O}$) $t_{\vec{u}} \circ s_{\mathcal{D}}$ est une symétrie glissée (il suffit de reconstituer le rectangle $ABCD$ avec $\vec{u} = \overrightarrow{AC}$ et $\mathcal{D} = (AB)$).
Nous pouvons alors reformuler ainsi le théorème 3 (voir p. 169) :

Toute isométrie du plan est une translation ou une rotation ou une réflexion ou une symétrie glissée.

Déplacements

9 Préciser, parmi les transformations suivantes, celles qui sont des déplacements :

a) la composée de cinq réflexions;

b) la transformation dont l'écriture complexe est :

$$z' = jz + i\,;$$

c) la composée d'une réflexion et d'une symétrie centrale;

d) une homothétie de rapport positif.

10 Dans le plan complexe, on considère les points A d'affixe 1, B d'affixe j et C le symétrique de B par rapport à l'origine O.

1° Justifier qu'il existe un déplacement f tel que :

$$f(O) = A \quad \text{et} \quad f(B) = C\,.$$

2° Donner l'écriture complexe de f et en déduire ses éléments géométriques caractéristiques.

11 Le carré $ABCD$ est de sens direct et I, J, K et L sont les milieux des côtés.
Justifier l'existence d'un déplacement f satisfaisant les conditions imposées et préciser les éléments géométriques qui le caractérisent.

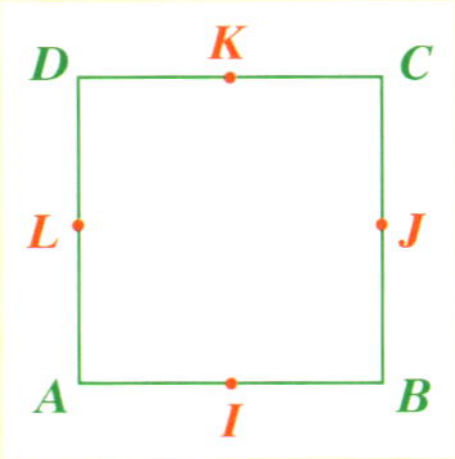

a) $f(I) = K$ et $f(J) = L$.
b) $f(J) = I$ et $f(K) = L$.
c) $f(K) = L$ et $f(B) = C$.
d) $f(B) = K$ et $f(L) = A$.
☞ Estimer d'abord l'angle $(\overrightarrow{BL}, \overrightarrow{KA})$.

12 Les cercles $\mathcal{C}$ et $\mathcal{C}'$ sont de même rayon et de centres O et O' distincts.
Soit A un point de $\mathcal{C}$ et A' un point de $\mathcal{C}'$.
Montrer qu'il existe un unique déplacement transformant A en A' et $\mathcal{C}$ en $\mathcal{C}'$.

★ **13** Soit $\mathcal{D}$ et $\mathcal{D}'$ deux droites sécantes en O.
1° Montrer que le lieu des centres des rotations qui transforment $\mathcal{D}$ en $\mathcal{D}'$ est la réunion des deux bissectrices des droites $\mathcal{D}$ et $\mathcal{D}'$.
2° Soit A un point de $\mathcal{D}$, A' un point de $\mathcal{D}'$ tels que $OA \neq OA'$.
Trouver les centres des rotations transformant $\mathcal{D}$ en $\mathcal{D}'$ et A en A'.

14 Les deux triangles sont équilatéraux.

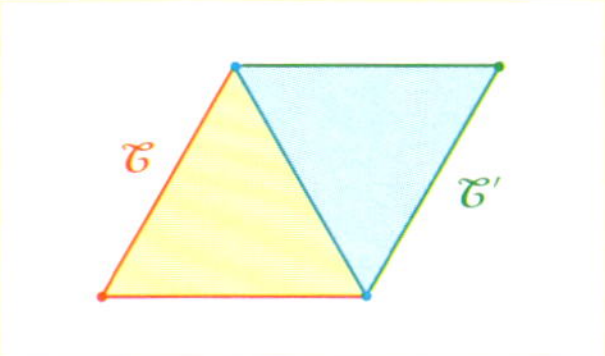

1° Citer trois déplacements et une réflexion transformant le triangle $\mathcal{T}$ en le triangle $\mathcal{T}'$.
2° Trouver une cinquième isométrie ayant la même propriété.

Isométries vectorielles

Dans les exercices 15 *à* 17, *on considère (encore) un carré ABCD de sens direct. I, J, K et L étant les milieux des côtés.*
De plus, on pose $\vec{u} = \overrightarrow{AB}$ *et* $\vec{v} = \overrightarrow{AD}$.

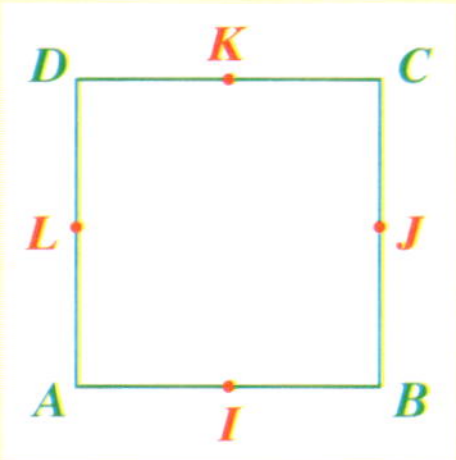

15 Soit F l'isométrie vectorielle associée à la réflexion d'axe (LJ).
Exprimer, en fonction de $\vec{u}$ et de $\vec{v}$, les vecteurs :

$$F(\overrightarrow{IC}),\ F(\overrightarrow{IK}),\ F(\overrightarrow{KL}) \text{ et } F(\overrightarrow{BD}).$$

16 Même exercice que précédemment, F étant l'isométrie vectorielle associée à la réflexion d'axe (KJ) avec les vecteurs $F(\overrightarrow{BD})$, $F(\overrightarrow{AC})$, $F(\overrightarrow{BC})$ et $F(\overrightarrow{IA})$.

17 Soit R le quart de tour vectoriel direct.
Exprimer, en fonction de $\vec{u}$ et de $\vec{v}$: $R(\overrightarrow{AB})$, $R(\overrightarrow{AD})$, $R(\overrightarrow{IJ})$, $R(\overrightarrow{IL})$ et $R(\overrightarrow{KB})$.

18 Deux isométries ponctuelles ont même isométrie vectorielle associée et coïncident en un point.
Montrer qu'elles sont égales.

★ **19** **Un classique pour une première utilisation**
Les triangles OAA' et OBB' sont rectangles isocèles directs de sommet O.
On désigne par U le quatrième sommet du parallélogramme $A'OBU$.
1° Soit Q le quart de tour vectoriel direct.
Montrer que $Q(\overrightarrow{OU}) = \overrightarrow{AB'}$.
☞ Écrire $\overrightarrow{OU} = \overrightarrow{OA'} + \overrightarrow{OB}$ et utiliser la linéarité de Q.
2° Retrouver ainsi (voir exercice résolu, p. 90) que la médiane issue de O dans le triangle $OA'B$ est une hauteur du triangle OAB'.

20 Établir les résultats énoncés page 172, au théorème 7.

Les exercices 21 *et* 22 *prennent en charge la démonstration du théorème* 9. *Pour cela, on considère une isométrie f fixant un point O et F l'isométrie vectorielle associée. Étant donné deux vecteurs* $\vec{u}$ *et* $\vec{v}$, *on définit les points A, B, A' et B' par* $\overrightarrow{OA} = \vec{u}$, $\overrightarrow{OB} = \vec{v}$, $A' = f(A)$ *et* $B' = f(B)$.

21 **Linéarité**
1° Soit C le point défini par $\overrightarrow{OC} = \overrightarrow{OA} + \overrightarrow{OB}$ et $C' = f(C)$.
Montrer que $\overrightarrow{OC'} = \overrightarrow{OA'} + \overrightarrow{OB'}$.
En déduire que $F(\vec{u} + \vec{v}) = F(\vec{u}) + F(\vec{v})$.
2° Soit α un réel et D le point défini par $\overrightarrow{OD} = \alpha\overrightarrow{OA}$. On pose $D' = f(D)$.
En interprétant la relation précédente comme une relation barycentrique (pour $\alpha \neq 1$), montrer que $\overrightarrow{OD'} = \alpha\overrightarrow{OA'}$.
En déduire $F(\alpha\vec{u}) = \alpha F(\vec{u})$.

22 **Produit scalaire. Déterminant**
En utilisant les relations :

$$\overrightarrow{OA} \cdot \overrightarrow{OB} = \|\overrightarrow{OA}\|\|\overrightarrow{OB}\| \cos(\overrightarrow{OA}, \overrightarrow{OB})$$

et $\det(\overrightarrow{OA}, \overrightarrow{OB}) = \|\overrightarrow{OA}\|\|\overrightarrow{OB}\| \sin(\overrightarrow{OA}, \overrightarrow{OB})$,
montrer que :
- F conserve le produit scalaire ;
- dét $(F(\vec{u}), F(\vec{v}))$ est égal à :
  - dét $(\vec{u}, \vec{v})$ *si* f est un déplacement,
  - − dét $(\vec{u}, \vec{v})$ sinon.

EXERCICES

Vrai/Faux

23 La seule isométrie fixant (au moins) trois points distincts est l'identité.

24 Les translations (de vecteur non nul) sont les seules isométries sans point fixe.

25 Un déplacement qui fixe au moins deux points distincts est l'identité.

26 Quel que soit le point A du cercle Γ, la transformation d'écriture complexe :

$$z' = (a - 1)\,z$$

est un déplacement (a désigne l'affixe de A).

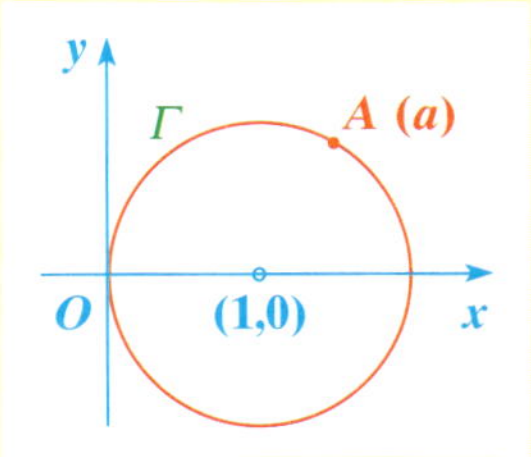

27 Si $AB = CD$, il existe un déplacement unique transformant A en B et C en D.

28 L'isométrie vectorielle associée à la translation de vecteur $\vec{v}$ est l'application $\vec{\mathcal{P}} \to \vec{\mathcal{P}}$, $\vec{u} \mapsto \vec{u} + \vec{v}$.

29 Deux réflexions d'axes parallèles ont la même isométrie vectorielle associée.

30 Par un quart de tour vectoriel R, si $R(\vec{u}) = \vec{v}$ alors $R(\vec{v}) = -\vec{u}$.

31 La symétrie de centre O est la seule isométrie qui transforme W en M.

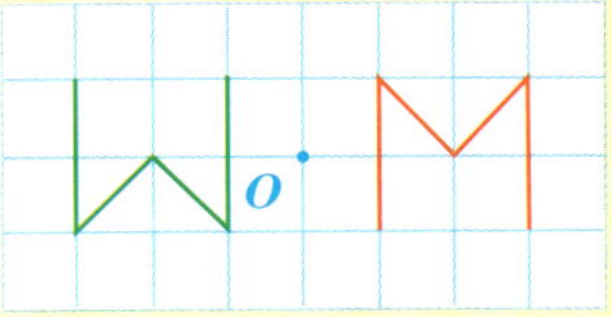

La technique mise à l'épreuve

32 Soit f une isométrie et r le quart de tour direct de centre O (O étant un point donné).

1° Montrer que $f^{-1} \circ r \circ f$ est un quart de tour direct R.

2° Construire le centre de R dans chacun des cas suivants :

a) f est une réflexion d'axe Δ ;

b) f est une translation de vecteur $\vec{u}$;

c) f est une rotation de centre Ω et d'angle α.

33 Soit A, B deux points distincts et A', B' leurs images par un déplacement f.
Prouver qu'il existe un déplacement g tel que :

$$g(A) = B' \quad \text{et} \quad g(B) = A'.$$

Définir le déplacement g (discuter suivant f).

Comparaison de méthodes

Le parallélogramme ABCD étant donné, on construit des triangles isocèles DCF et BEC de sommets B et D et tels que les angles $(\overrightarrow{BE}, \overrightarrow{BC})$ et $(\overrightarrow{DC}, \overrightarrow{DF})$ soient de même mesure α.

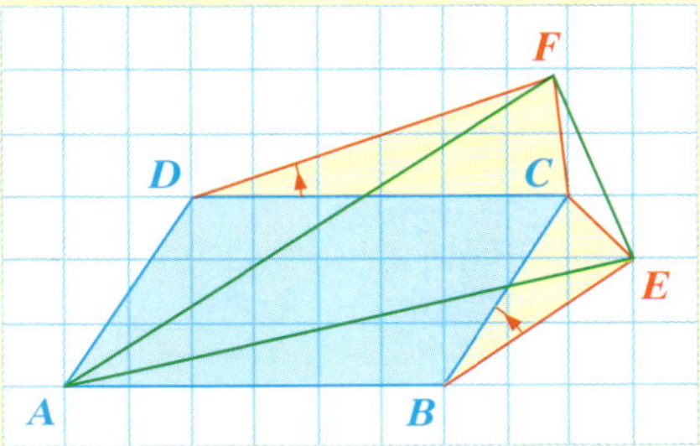

Nous proposons de comparer l'efficacité de plusieurs méthodes dans la résolution du problème : « Montrer que le triangle AEF est isocèle en A » (exercices 34 à 37).

★ **34** **Composition d'isométries**
On désigne par r la rotation de centre D et d'angle α et par t la translation de vecteur $\overrightarrow{EC}$.
Soit f la composée $r \circ t$.

1° Que peut-on dire de f ?
Quel est l'effet de f sur E ?

2° Soit G le symétrique de E par rapport au centre du parallélogramme.
Montrer que $r(G) = A$, puis que $f(A) = A$.

3° Conclure.

35 **Les nombres complexes**
On choisit le point A comme origine du plan complexe et l'on introduit les affixes z_B et z_D de B et D.

1° Calculer les affixes z_C, z_E et z_F des points C, E et F en fonction de z_B et z_D.

2° Vérifier que $z_F = e^{i\alpha} z_E$ et conclure.

36 **Les isométries vectorielles**
Soit R la rotation vectorielle d'angle α.

1° Montrer que $R(\overrightarrow{AE}) = \overrightarrow{AF}$ en écrivant $\overrightarrow{AE} = \overrightarrow{AB} + \overrightarrow{BE}$.

2° Conclure.

37 **Et s'il fallait conclure**
Quelle est la méthode qui est la plus efficace ?

Emploi d'isométries fixant O

Le résultat impliqué dans les exercices 38 *et* 39, *a été dégagé à l'exercice* 5. *« La composée de trois réflexions d'axes passant par O est encore une réflexion d'axe passant par O. »*

38 **La tourniquette sur le cercle**

Soit un cercle $\mathcal{C}$ et trois droites d_1, d_2 et d_3. À partir d'un point M_0 de $\mathcal{C}$, on effectue la construction suivante :

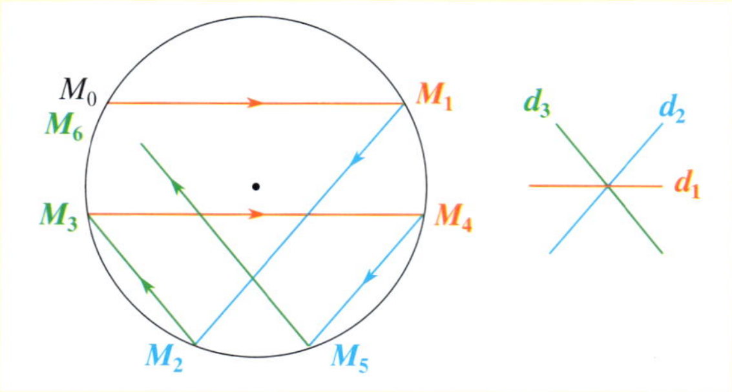

— la parallèle à d_1 menée de M_0 recoupe $\mathcal{C}$ en M_1,
— la parallèle à d_2 menée de M_1 recoupe $\mathcal{C}$ en M_2,
— etc. : les droites de même couleur sont parallèles.
Montrer que le « circuit » se ferme, c'est-à-dire que :

$$M_6 = M_0 .$$

☞ On pourra établir et exploiter la propriété suivante : « Soit $\mathcal{C}$ un cercle et $\mathcal{D}$ une droite. Étant donné un point M de $\mathcal{C}$, la parallèle à $\mathcal{D}$ menée de M recoupe $\mathcal{C}$ en M'. Alors M' est l'image de M par la réflexion d'axe Δ, où Δ est le diamètre de $\mathcal{C}$ perpendiculaire à $\mathcal{D}$. »

⋆ **39** **Des médiatrices au triangle**

On donne trois droites Δ_1, Δ_2 et Δ_3 concourantes en un point O. Il s'agit de construire un triangle ABC de façon que Δ_1, Δ_2 et Δ_3 soient les médiatrices des côtés $[B, C]$, $[C, A]$ et $[A, B]$.

1° *Analyse*
Montrer que le point B est sommet d'un tel triangle si et seulement si B est un point fixe de la transformation $s_{\Delta_3} \circ s_{\Delta_2} \circ s_{\Delta_1}$ (composée des réflexions d'axes Δ_1, Δ_2 et Δ_3).

2° *Synthèse*
Étudier la transformation $s_{\Delta_3} \circ s_{\Delta_2} \circ s_{\Delta_1}$ et donner une construction géométrique de l'ensemble de ces points fixes.
Montrer que deux triangles, solutions du problème, se correspondent dans une homothétie de centre O.

Emploi des déplacements

⋆ **40** Soit un triangle OAB ($OA = OB$) et un point P variable du segment $[AB]$, $P \neq A$ et $P \neq B$. La parallèle menée de P à la droite (OB) coupe la droite (OA) en A' et la parallèle menée de P à la droite (OA) coupe la droite (OB) en B'.

1° Démontrer que $OA' = BB'$.

2° En déduire qu'il existe une rotation r telle que $r(O) = B$ et $r(A') = B'$ dont on déterminera l'angle en fonction de l'angle des vecteurs $(\overrightarrow{OA}, \overrightarrow{OB})$.
Démontrer que $r(A) = O$.
Déterminer alors le centre Ω de cette rotation.

3° Démontrer que les quatre points O, A', B', Ω sont cocycliques.

BAC

41 À tout point M du côté $[A, B]$, on associe le point N de la demi-droite $[AC)$ tel que :

- $CN = BM$.
- N et A sont de part et d'autres de C.

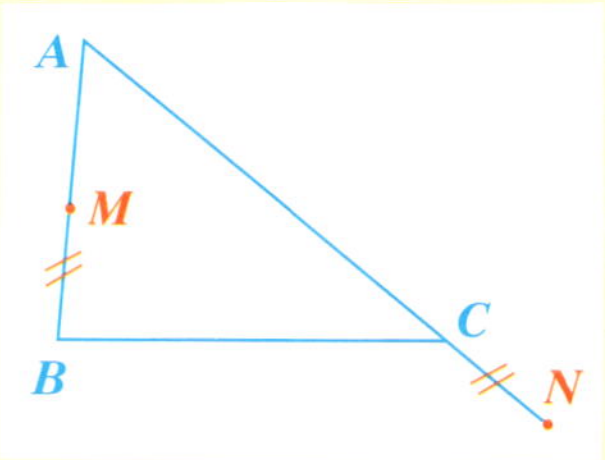

Montrer que la médiatrice de $[M, N]$ passe par un point fixe.

☞ Utiliser la rotation qui transforme B en C et M en N : montrer que son centre Ω est fixe (on pourra évaluer l'angle $(\overrightarrow{\Omega B}, \overrightarrow{\Omega C})$).

42 Le triangle ABC est de sens direct, I, J et K sont les milieux des côtés $[B, C]$, $[C, A]$ et $[A, B]$.
Soit U et V les centres des carrés construits extérieurement au triangle sur les côtés $[A, B]$ et $[A, C]$.

1° Montrer que $KU = IJ$.

2° Soit r la rotation telle que $r(K) = J$, $r(U) = I$. Quel est l'angle de r ?

3° Montrer que $r(I) = V$.
En déduire que (IU) et (IV) sont orthogonales et que $IU = IV$.

Recherche d'isométries

43 Soit $\mathcal{T} = \{A, B, C\}$ un triangle équilatéral direct et $\mathcal{T}'$ son image par la translation de vecteur $\overrightarrow{AC}$.
Trouver tous les déplacements du plan transformant $\mathcal{T}$ en $\mathcal{T}'$.

44 Reprendre l'exercice précédent en remplaçant la translation de vecteur $\overrightarrow{AC}$ par la symétrie de centre A.

45 Déterminer les isométries d'un losange qui n'est pas un carré.

46 Même exercice que précédemment avec un rectangle qui n'est pas un carré.

47 Le triangle ABC est équilatéral de sens direct, I, J et K sont les milieux des côtés.
On désigne par $\mathcal{E}$ l'ensemble des isométries f de $\mathcal{P}$ telles que $B = f(A)$ et $K = f(J)$.

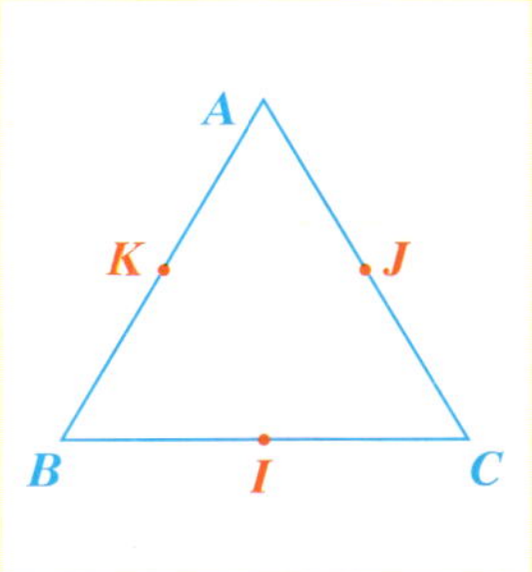

1° Démontrer que $\mathcal{E}$ contient une rotation R que l'on précisera.
Quelle est l'image du triangle ABC par R ?

2° Montrer que la composée $u = t_{\overrightarrow{JK}} \circ s_{(JK)}$ est un élément de $\mathcal{E}$.
Quelle est l'image du triangle ABC par cette transformation ?

3° Soit f un élément de $\mathcal{E}$.
Quelles sont les images possibles du triangle équilatéral IJK par f ?
En déduire que :
$$\mathcal{E} = \{R, u\}.$$

d'après BAC

BON COURAGE ! Nous voulons souligner par là la « maladresse » de la dernière question, qui fait fi des méthodes « canoniques ». Par exemple : « Soit f et g appartenant à $\mathcal{E}$. Alors $f^{-1} \circ g$ est une isométrie qui fixe A et J. Donc (voir théorème 2, p. 168) $f^{-1} \circ g = \mathrm{id}_{\mathcal{P}}$, alors $g = f$ ou $f^{-1} \circ g = s_{(AJ)}$ et alors $g = f \circ s_{(AJ)}$. Moralité : $\mathcal{E}$ comporte au plus deux transformations... » Mais il est vrai qu'« Il est très difficile d'imaginer quelque chose de simple » (Pierre MAC ORLAN).

48 **Déplacements amenant A sur B**
Soit deux points distincts A et B et Δ la médiatrice de $[A, B]$.
Montrer que les déplacements du plan qui amènent A sur B sont les composées $s_{\mathcal{D}} \circ s_{\Delta}$, où $\mathcal{D}$ est une droite quelconque passant par B.

☞ 1° Vérifier que si $B \in \mathcal{D}$, $s_{\mathcal{D}} \circ s_{\Delta}$ est un déplacement amenant A sur B.

2° Pour la réciproque, distinguer translation et rotation et appliquer les théorèmes de décomposition du chapitre 6 (voir p. 146).

49 **Le groupe de Klein**
Soit A, B deux points distincts, I le milieu de $[A, B]$ et Δ la médiatrice de $[A, B]$.

1° Montrer que les seules isométries invariant globalement $\{A, B\}$ sont $\mathrm{id}_{\mathcal{P}}$, s_I, $s_{(AB)}$ et s_{Δ}.

2° Dresser la table de composition de ces isométries.

50 **Les isométries du fer de lance**
Tracer un quadrilatère $ABCD$, où ABD est un triangle équilatéral de sens direct et C le centre de gravité de ce triangle.

1° Montrer que toute isométrie qui invarie globalement $\{A, B, C, D\}$ est une isométrie du triangle équilatéral ABD.

2° Quelles sont, parmi ces isométries, celles qui laissent globalement invariant le pourtour du quadrilatère ? (Pourtour : réunion des segments $[A, B]$, $[B, C]$, $[C, A]$ et $[A, D]$.)

51 **Isométries du pentagone régulier**
Soit $ABCDE$ un pentagone convexe régulier de centre O.

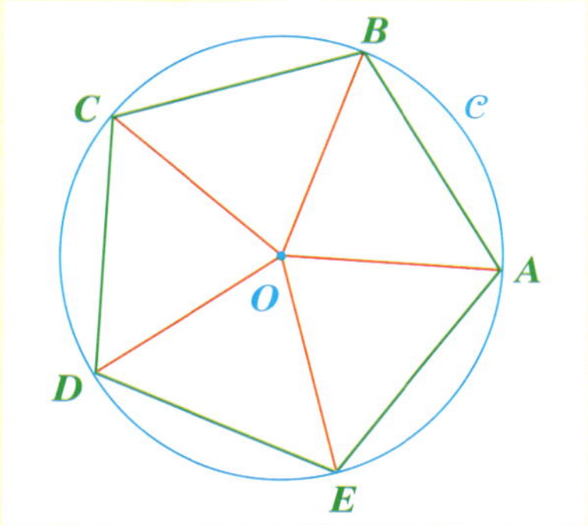

On note $\mathcal{E}$ l'ensemble des isométries du pentagone, c'est-à-dire l'ensemble des isométries qui invarient globalement $\{A, B, C, D, E\}$.

1° Soit f un élément de $\mathcal{E}$.
Montrer que $f(O) = O$.

☞ On peut songer à la conservation du barycentre ou plus simplement montrer que $f(\mathcal{C}) = \mathcal{C}$.

2° Montrer que $\mathcal{E}$ contient cinq rotations que l'on précisera.

3° *a*) Trouver cinq réflexions appartenant à $\mathcal{E}$.

b) Montrer que $\mathcal{E}$ contient exactement cinq réflexions.

☞ Utiliser la méthode développée dans le T. P. B.

★ **52** À partir d'un carré $IJKL$, on construit un octogone $ABCDEFGH$ suivant le principe défini par le quadrillage.

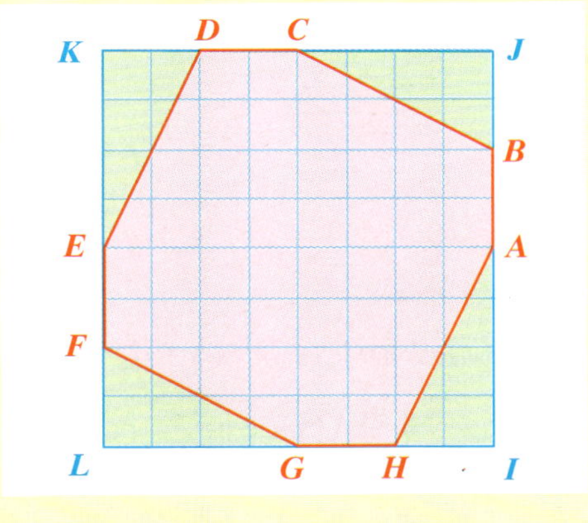

Montrer que les isométries de l'octogone $ABCDEFGH$ sont les déplacements du carré $IJKL$.

INFO De façon générale, les *déplacements* qui invarient un polygone régulier à n sommets, inscrit dans un cercle de centre O sont au nombre de n. En désignant par r la rotation de centre O et d'angle $\frac{2\pi}{n}$, il s'agit des rotations $\mathrm{Id}_{\mathcal{P}}$, r, r^2, ..., r^{n-1} ($r^2 = r \circ r$, $r^3 = r \circ r \circ r$, ...). Évidemment, d'autres isométries (réflexions) invarient le polygone régulier. À la question : « Existe-t-il un polygone qui admet pour **seules** isométries les n rotations précédentes ? », il faut un peu d'ingéniosité pour répondre.

Exemple : Pour $n = 6$, on bâtit un dodécagone à partir d'un hexagone régulier selon le même principe qu'à l'exercice 52 :

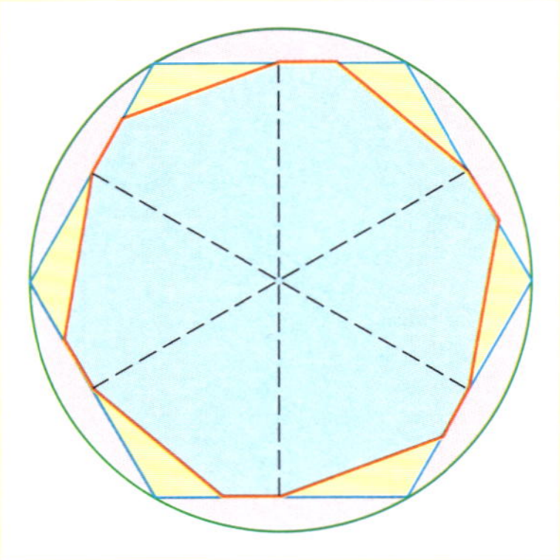

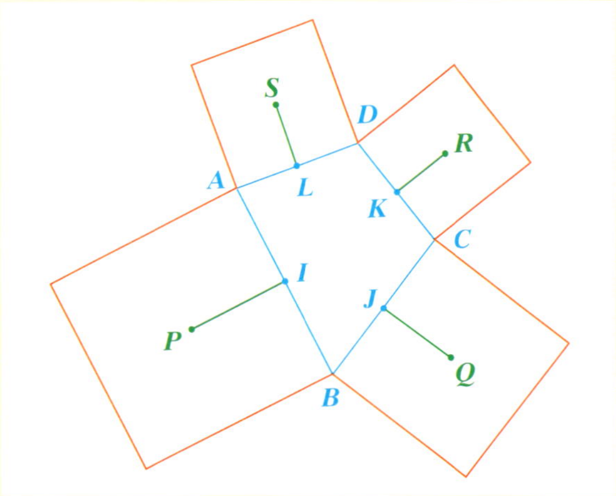

1° Établir que :

$$\overrightarrow{IK} = \frac{1}{2}(\overrightarrow{BC} + \overrightarrow{AD}) \quad \text{et} \quad \overrightarrow{JL} = \frac{1}{2}(\overrightarrow{BA} + \overrightarrow{CD}).$$

2° Prouver que les images par $\mathcal{R}$ des vecteurs $\overrightarrow{PI}$, $\overrightarrow{IK}$ et $\overrightarrow{KR}$ sont respectivement $\frac{1}{2}\overrightarrow{BA}$, $\overrightarrow{QJ} + \overrightarrow{LS}$ et $\frac{1}{2}\overrightarrow{CD}$.

3° En déduire que $\mathcal{R}(\overrightarrow{PR}) = \overrightarrow{QS}$, puis que $PR = QS$ et $\overrightarrow{PR} \perp \overrightarrow{QS}$.

Note : On pourra vérifier que l'exercice du T. P. 3 de la page 155 et l'exercice résolu 2 de la page 179 sont des cas particuliers de la configuration de Von Aubel.

Isométries vectorielles

53 À partir de deux carrés de sens direct $ABCD$ et $AEFG$ ayant un sommet commun, on construit les parallélogrammes $DAEH$ et $BAGI$.
Il s'agit de montrer que les centres des deux carrés et les centres des parallélogrammes sont les sommets d'un... carré (voir problème 62, p. 163).

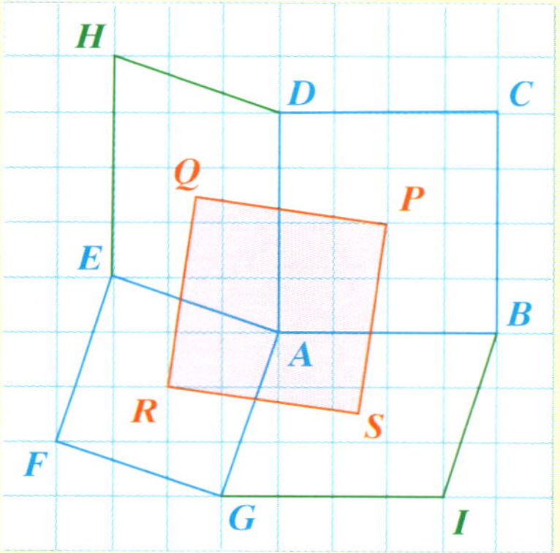

Voici un scénario :

1° Établir les égalités :

$$\overrightarrow{PQ} = \frac{1}{2}(\overrightarrow{AE} - \overrightarrow{AB}) \quad \text{et} \quad \overrightarrow{PS} = \frac{1}{2}(\overrightarrow{AG} - \overrightarrow{AD}).$$

2° Montrer que $\overrightarrow{PS}$ est l'image de $\overrightarrow{PQ}$ par le quart de tour vectoriel direct.

3° Compléter par des résultats analogues permettant d'affirmer que $PQRS$ est un carré.

54 La configuration de Von Aubel

On considère quatre points A, B, C et D (non nécessairement deux à deux distincts) et l'on note I, J, K et L les milieux des segments $[A, B]$, $[B, C]$, $[C, A]$ et $[A, D]$. On désigne par P, Q, R et S les images respectives de A, B, C et D par les quarts de tour directs de centres respectifs I, J, K et L.
(On notera que P, Q, R et S peuvent être obtenus, en général, comme les centres des carrés construits sur les côtés $[A, B]$, $[B, C]$, ... en tenant compte de l'orientation.)
On désigne par $\mathcal{R}$ le quart de tour vectoriel direct.

★ **55** Les triangles OAA', OBB' et OCC' sont équilatéraux de sens direct.
Les points I, J et K sont tels que $A'OBI$, $B'OCJ$ et $C'OAK$ sont des parallélogrammes.

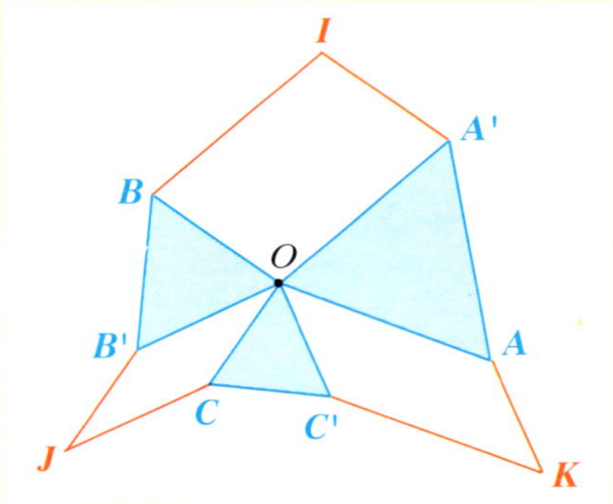

Soit R la rotation vectorielle d'angle $\frac{\pi}{3}$.

1° Établir que $R(\overrightarrow{JC}) = \overrightarrow{B'B}$, $R(\overrightarrow{CC'}) = \overrightarrow{JB'}$ et $R(\overrightarrow{C'K}) = \overrightarrow{BI}$.

2° En déduire que $R(\overrightarrow{JK}) = \overrightarrow{JI}$.
Quelle est la nature du triangle IJK ?

3° Soit U, V et W les milieux de $[A', B]$, $[B', C]$ et $[C', A]$.
Montrer que le triangle UVW est équilatéral de sens direct.

☞ Exploiter le résultat obtenu au 2° à l'aide d'une transformation.

Note : Cet exercice a déjà été résolu par les nombres complexes au chapitre 6 (voir problème 64, p. 163).

PROBLÈMES

56 Le théorème de Hjelmslev

Le théorème de Hjelmslev (prononcer « Hjelmslev ») énonce :

« Soit f une isométrie du plan et $\mathscr{D}$ une droite. Alors les milieux des segments $[M, f(M)]$ pour M appartenant à $\mathscr{D}$, sont alignés. »

Pour établir ce théorème, nous allons passer en revue les différentes isométries du plan.

(INFO, p. 181.)

1° Établir le théorème de Hjelmslev dans les cas particuliers suivants :

a) f est une réflexion ;

b) f est une symétrie glissée.

2° *Cas d'un déplacement*

Soit u un déplacement et $\mathscr{D}$ une droite. En considérant $f = u \circ s_{\mathscr{D}}$, montrer que les milieux des segments $[M, u(M)]$ sont alignés, M décrivant la droite $\mathscr{D}$.

57 Un problème de lieu

L'arc de cercle Γ d'extrémités A et B est donné.
À tout point M de Γ, M distinct de A et de B, on associe le point M' de la demi-droite $[BM)$ tel que $BM' = AM$.
Quel est le lieu géométrique des points M' ?

☞ $AM = BM'$ doit faire songer à introduire...

★ **58 Un problème de construction**

On considère deux demi-droites de même origine $[Ox)$ et $[Oy)$, et A un point fixé de $[Ox)$.
Construire M sur $[Ox)$, N sur $[Oy)$ de façon que :

- $AM = ON$;
- $MN = \ell$, où ℓ est une longueur donnée.

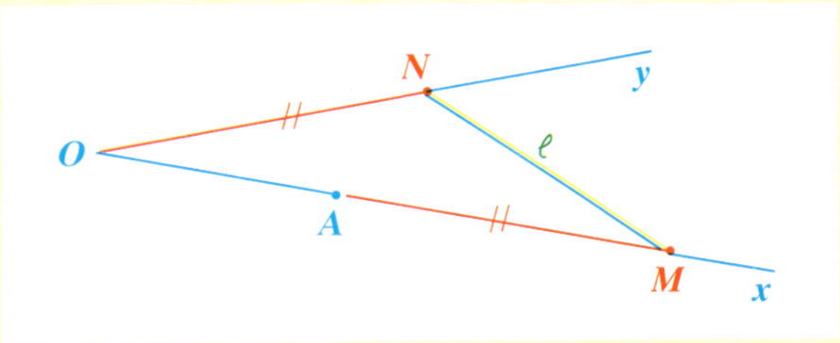

☞ Ramener le problème au problème suivant : « Trouver M sur $[Ox)$, N sur $[Oy)$ tel que $MN = \ell$, N étant l'image de M par une rotation entièrement fixée par les données initiales, rotation dont on construira le centre. »

59 Le triangle, les trois carrés et les trois parallélogrammes

En construisant trois carrés extérieurement aux côtés d'un triangle et en complétant par trois parallélogrammes, nous obtenons une configuration riche, très riche de propriétés... que nous proposons d'étudier à l'aide des quarts de tour vectoriels.

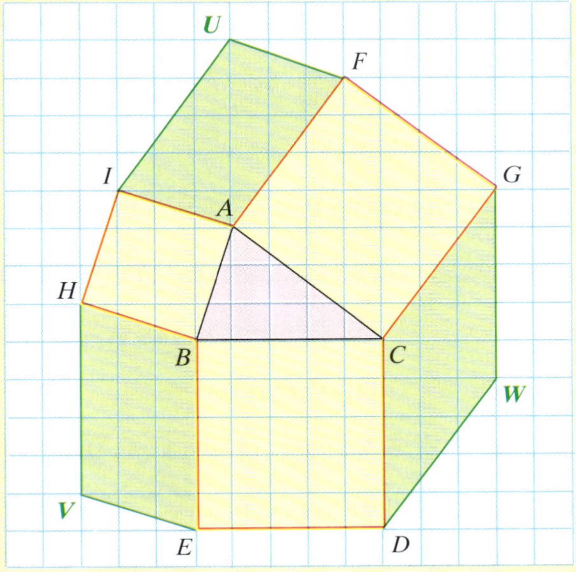

Les carrés : *BCDE*, *ACGF*, *ABHI*.
Les parallélogrammes : *IAFU*, *EBHV* et *GCDW*.

A) *Les relations de base*

Soit Q le quart de tour vectoriel direct.

1° Établir les relations suivantes (la notation « $\vec{U} \to \vec{V}$ » signifie « l'image de $\vec{U}$ par Q est $\vec{V}$: $Q(\vec{U}) = \vec{V}$ ») :

(1) $\overrightarrow{AU} \to \overrightarrow{CB}$; $\overrightarrow{BV} \to \overrightarrow{AC}$; $\overrightarrow{CW} \to \overrightarrow{BA}$.

2° En déduire les relations (2) :

(2) $\overrightarrow{AB} \to \overrightarrow{CW}$; $\overrightarrow{BC} \to \overrightarrow{AU}$ et $\overrightarrow{CA} \to \overrightarrow{BV}$,

puis (3) $\overrightarrow{AU} = \overrightarrow{VH} = \overrightarrow{EB} = \overrightarrow{DC} = \overrightarrow{WG}$, ainsi que les relations analogues pour les vecteurs $\overrightarrow{BV}$ et $\overrightarrow{CW}$.

B) *Applications géométriques*

1° Montrer que les droites (AU), (BV) et (CW) concourent en l'orthocentre du triangle ABC.

2° Prouver que les triangles AVW, BWU et CUV sont des triangles isocèles rectangles de sens direct.

3° Soit X, Y et Z les centres des carrés $BCDE$, $ACGF$ et $ABHI$.

a) Montrer que X, Y et Z sont les milieux des côtés du triangle UVW.

b) Établir que (AX), (BY) et (CZ) concourent en l'orthocentre du triangle XYZ.

ETC. La figure recèle encore de nombreuses propriétés. Avis aux curieux...

Trucs & Astuces

Point fixe

Nous avons souligné tout le parti que l'on pouvait tirer, dans la recherche d'isométries, d'une information telle que : « L'isométrie *f* a un point fixe. » Penser aux méthodes permettant de s'assurer de l'existence d'un point fixe :

- **Conservation du barycentre.**
- **Invariance d'un cercle : si un cercle est invariant globalement par une isométrie, son centre est fixe.**

L'égalité $AB = CD$

Elle doit stimuler le déplacement qui amène A sur C et B sur D (ou bien A sur D et B sur C).

Rubrique d' Bac

Beaucoup de bruit pour rien

Les isométries vectorielles : Les programmes leur accordent une place importante (voir p. 301-302)... Elles sont un outil performant dans la résolution de problèmes... Elles n'apparaissent presque jamais dans les sujets du Baccalauréat...

Le dossier des frises

Qu'est-ce qu'une frise ?

Une frise est obtenue à l'aide d'une figure $\mathcal{F}$ (appelée motif) et de ses images par les translations de vecteurs $n\vec{u}$, n décrivant $\mathbb{Z}$ et $\vec{u}$ étant un vecteur non nul. (Évidemment, dans la pratique, on ne peut représenter qu'une partie limitée de la frise.)

Combien y a-t-il de frises ?

Une infinité c'est sûr, mais beaucoup moins si l'on s'intéresse aux isométries invariant globalement la frise. On découvre alors qu'il y a **sept types de frises.**

Ci-contre, le « test » pratiqué conduisant aux différents types et quelques exemples pour s'exercer (Ce n'est pas aussi facile qu'on pourrait le croire.) :

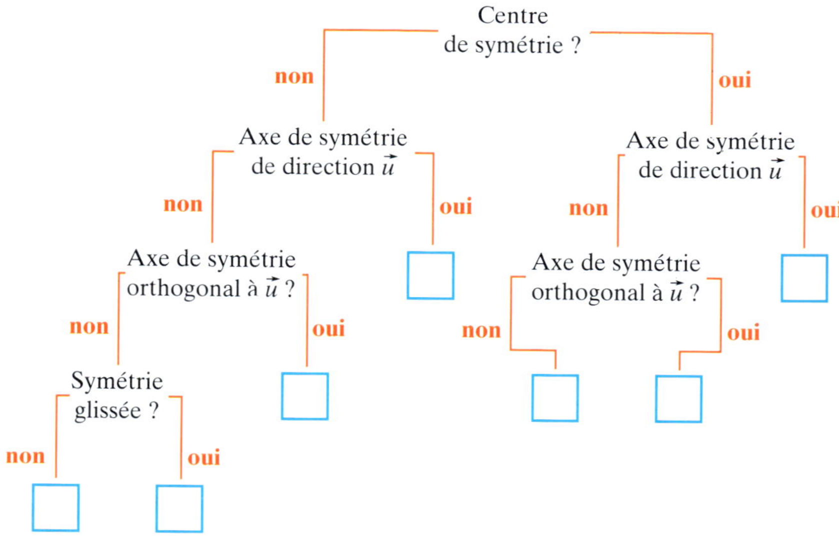

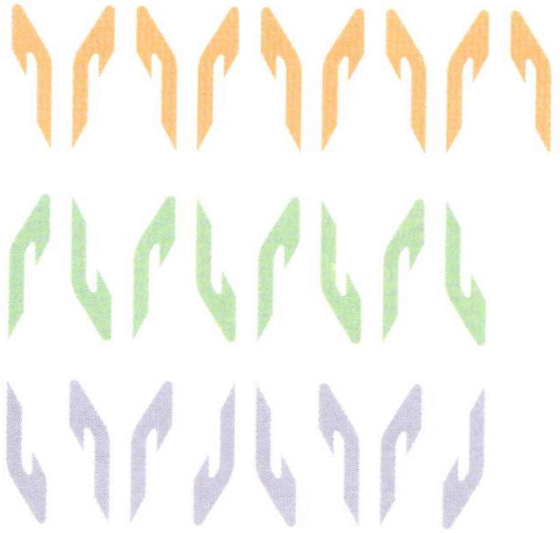

8

L'amour préfère ordinairement
les contrastes aux similitudes.

HONORÉ DE BALZAC

Similitudes directes du plan

INTRODUCTION

8
Similitudes
directes
du plan

1 OBJECTIFS

En toute conformité avec le programme, nous assignons à ce chapitre des objectifs **très modestes.** Il va s'agir pour l'essentiel :
— de mettre en place **quelques** notions sur les *similitudes directes* du plan ;
— d'exploiter leur *écriture complexe ;*
— d'illustrer leur mise en œuvre dans la *résolution de problèmes de Géométrie* (études de configurations, lieux géométriques) au travers de quelques exemples **très** simples.

Coupe de la partie interne d'un nautile. Toutes les parties de la spirale sont semblables entre elles, c'est-à-dire identiques à l'échelle près. ▶

2 CONNAISSANCES MISES EN JEU

CHAPITRE 4

Angles orientés

Particulièrement à l'honneur dans ce chapitre, les relations entre les angles $(k\vec{u}, \vec{v})$, $(\vec{u}, k\vec{v})$ et $(\vec{u}, \vec{v})$ ($k \neq 0$, réel) :

$$(k\vec{u}, \vec{v}) = (\vec{u}, k\vec{v}) = \begin{cases} (\vec{u}, \vec{v}) & \text{si } k > 0 \\ (\vec{u}, \vec{v}) + \pi & \text{si } k < 0 . \end{cases}$$

PREMIÈRE

Propriétés des transformations

▪ Propriétés usuelles des homothéties et des rotations (notamment la conservation des angles orientés).
▪ Deux points et leurs images :
— dans une homothétie de rapport k : $\overrightarrow{A'B'} = k\overrightarrow{AB}$, d'où $A'B' = |k|AB$;
— dans une rotation d'angle θ : $A'B' = AB$ et $(\overrightarrow{AB}, \overrightarrow{A'B'}) = \theta$.

CHAPITRE 6

Écriture complexe d'une transformation

▪ Le principe général.
▪ Écriture complexe d'une homothétie, d'une rotation.
▪ Principe de calcul de l'écriture complexe d'une composée.

CHAPITRE 6

Le principe de composition

Soulignons : si g conserve les distances, si f les multiplie par k ($k > 0$), alors $f \circ g$ et $g \circ f$ les multiplient aussi par k.

3 ACTIVITÉS PRÉPARATOIRES

La notion de **formes semblables** est relativement naturelle : elle correspond à celle d'agrandissement ou de réduction. Nous distinguerons cependant les formes *directement* semblables (A et B), où **l'orientation** est conservée, des autres (A et C) appelées (logiquement) formes indirectement semblables.

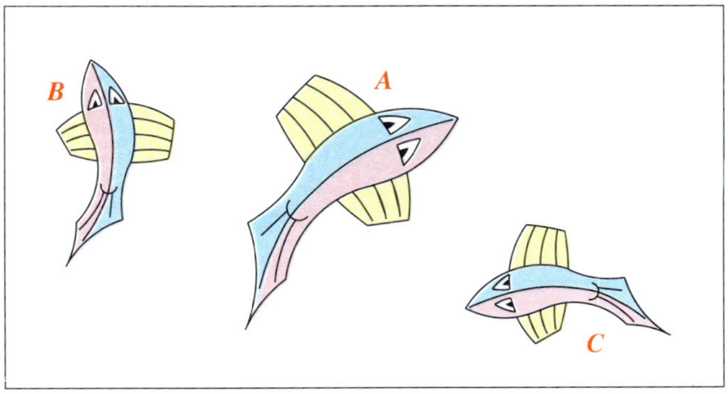

Poissons d'Escher

Mais, si l'on formait le projet de chercher (de trouver) et d'étudier les transformations du plan associant à toute figure une figure directement semblable, on se heurterait d'entrée à une question incontournable : **Comment définir mathématiquement que deux figures sont directement semblables ?** La réponse tient en deux lignes :
— toutes les distances sont multipliées par un même nombre ;
— les angles orientés sont conservés.

La concision de la réponse cache les multiples facettes de ces transformations que l'on trouvera parfois comme *composées* de transformations connues, parfois associées à des *écritures complexes* particulières, parfois définies à l'aide d'un *triangle,* etc.
L'activité 1 explore ces divers aspects sur un exemple précis... que l'on retrouve, somme toute assez naturellement, dans de nombreux problèmes.

ACTIVITÉ 1

Soit Ω un point fixe et f l'application définie par :
- $f(\Omega) = \Omega$.
- Si $M \neq \Omega$, $M' = f(M)$ est le milieu de $[\Omega, M_1]$, où M_1 est tel que $\Omega M M_1$ est un triangle équilatéral de sens direct.

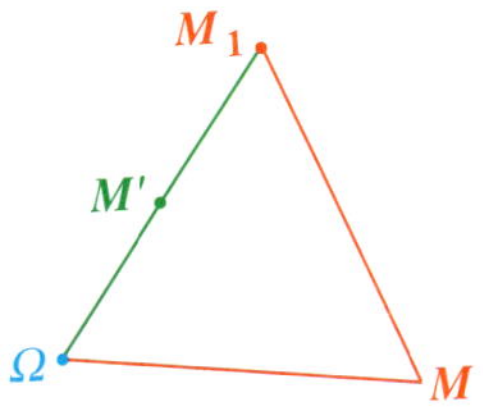

1 Un point et son image

Soit M un point distinct de Ω.
Montrer que $M' = f(M)$ est tel que :

$$\Omega M' = \frac{1}{2}\,\Omega M \quad \text{et} \quad (\overrightarrow{\Omega M}, \overrightarrow{\Omega M'}) = \frac{\pi}{3}.$$

2 *f* comme composée

Soit h l'homothétie de centre Ω, de rapport $\frac{1}{2}$ et r la rotation de centre Ω, d'angle $\frac{\pi}{3}$.
Prouver que $f = h \circ r = r \circ h$.

☞ On pourra introduire, dans la figure ci-dessus, le milieu M_2 de $[\Omega, M]$.

3 Quelques propriétés de *f*

En utilisant le principe de composition, montrer que :
- f multiplie la distance par $\frac{1}{2}$;
- f conserve les angles orientés.

Étudier l'effet de f sur le parallélisme, l'orthogonalité, les aires.

4 Deux points distincts et leurs images

Soit A, B ($A \neq B$) deux points d'images A' et B' par f.
Établir que :

$$A'B' = \frac{1}{2}AB \quad \text{et} \quad (\overrightarrow{AB}, \overrightarrow{A'B'}) = \frac{\pi}{3}.$$

5 L'écriture complexe de *f*

1° Ω est l'origine du repère.
Montrer que, si z est l'affixe de M, $z' = \frac{1}{2}e^{i\frac{\pi}{3}}z$ est l'affixe de $M' = f(M)$.

2° Ω a pour affixe ω (ω complexe).
Montrer que f est l'application d'écriture complexe :

$$z \mapsto z' \ , \quad \text{où} \quad z' - \omega = \left(\frac{1 + i\sqrt{3}}{4}\right)(z - \omega).$$

COURS

8
Similitudes directes du plan

GÉNÉRALITÉS

1 DÉFINITION ET PREMIÈRES PROPRIÉTÉS

Définition 1

> Une **similitude directe** est une transformation du plan qui multiplie les *distances* par un réel k ($k > 0$) et qui conserve les *angles orientés.*
> Le réel strictement positif k est appelé **rapport** de la similitude directe.

Ainsi, quels que soient les points A, B et C distincts, leurs images A', B' et C' par une similitude directe de rapport k vérifient :

$$A'B' = kAB \quad \text{et} \quad (\overrightarrow{A'B'}, \overrightarrow{A'C'}) = (\overrightarrow{AB}, \overrightarrow{AC}).$$

Exemples
- Les similitudes directes de rapport 1 sont les *déplacements.*
- Une *homothétie* de rapport λ ($\lambda \neq 0$) conserve les angles orientés et multiplie les distances par $|\lambda|$: c'est donc une similitude directe de rapport $|\lambda|$ (Attention !).
- La *composée d'un déplacement et d'une homothétie* de rapport k ($k > 0$) est une similitude directe de rapport k. Mais, il y a mieux :

Théorème 1

> Toute similitude directe de rapport k ($k > 0$) est la **composée** d'une *homothétie* de rapport k et d'un *déplacement.*

h donnée. On veut écrire $s = h \circ d$. On n'a pas le choix : $d = h^{-1} \circ s$ ...

Soit s la similitude directe et h une homothétie (arbitraire) de rapport k.

Introduisons $d = h^{-1} \circ s$ $\left(h^{-1} \text{ est une homothétie de rapport } \frac{1}{k}\right)$.

- h^{-1} et s conservant les *angles orientés,* il en est de même de d.
- s multiplie les distances par k et h^{-1} les multiplie par $\frac{1}{k}$: d conserve donc les *distances.*

Ainsi, d est un déplacement et $s = h \circ d$.

2 PROPRIÉTÉS GÉOMÉTRIQUES D'UNE SIMILITUDE DIRECTE

Elles découlent du « principe de composition » via le théorème 1 :
Une similitude directe transforme une ***droite*** *en droite, un* ***segment*** *en segment et un* ***cercle*** *en cercle.*
Une similitude directe conserve le ***parallélisme, l'orthogonalité,*** *le* ***contact,*** *les* ***barycentres*** *et multiplie les* ***aires*** *par le carré de son rapport* (voir rappel, p. 190).
On trouvera des compléments :
— sur la conservation du *contact* dans le chapitre 10 ;
— sur l'image d'une *conique* dans le chapitre 11.

3 EXEMPLE FONDAMENTAL

Soit Ω un point de $\mathcal{P}$, θ et k deux réels avec $k > 0$. Nous désignons par :

- **h** l'**homothétie** de centre Ω et de rapport k,
- **r** la **rotation** de même centre Ω et d'angle θ,
- **s** la transformation **$h \circ r$** qui est donc une similitude directe.

Propriétés géométriques

1. Un point et son image

Soit M un point distinct de Ω et M' son image par s.
Introduisons $M_1 = r(M)$. Alors $M' = h(M_1)$, c'est-à-dire $\overrightarrow{\Omega M'} = k\overrightarrow{\Omega M_1}$.
Par définition de la rotation r, nous avons $\Omega M_1 = \Omega M$ et $(\overrightarrow{\Omega M}, \overrightarrow{\Omega M_1}) = \theta$.
Il en découle :

- $\Omega M' = k\Omega M_1 = k\Omega M$;
- $(\overrightarrow{\Omega M}, \overrightarrow{\Omega M'}) = (\overrightarrow{\Omega M}, k\overrightarrow{\Omega M_1}) = (\overrightarrow{\Omega M}, \overrightarrow{\Omega M_1}) = \theta$.

Le point M' se trouve donc défini par :

$$\Omega M' = k\Omega M \quad \text{et} \quad (\overrightarrow{\Omega M}, \overrightarrow{\Omega M'}) = \theta.$$

(distance) *(angle)*

Avec $k > 0$, $(\vec{u}, k\vec{v})$ est égal à $(\vec{u}, \vec{v})$.

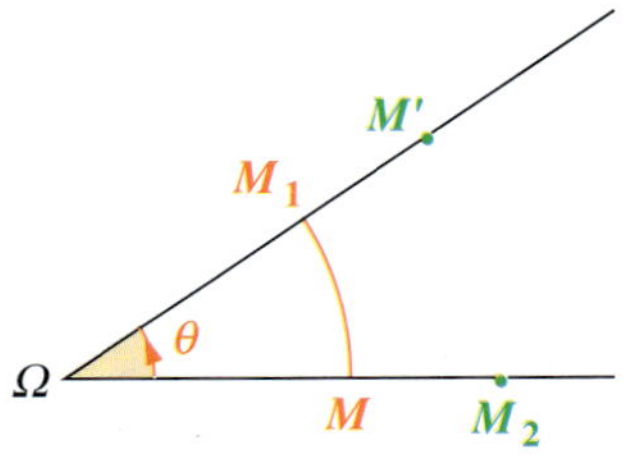

Fig. 1

2. L'égalité $h \circ r = r \circ h$

Désignons par M_2 (voir figure 1) l'image de M par h : $\overrightarrow{\Omega M_2} = k\overrightarrow{\Omega M}$.
Avec les mêmes arguments que précédemment, nous obtenons :
$\Omega M_2 = k\Omega M$ ...., d'où $\Omega M' = \Omega M_2$;
$(\overrightarrow{\Omega M_2}, \overrightarrow{\Omega M'}) = (k\overrightarrow{\Omega M}, \overrightarrow{\Omega M'}) = (\overrightarrow{\Omega M}, \overrightarrow{\Omega M'})$ ..., d'où $(\overrightarrow{\Omega M_2}, \overrightarrow{\Omega M'}) = \theta$.
Les conditions sont réunies pour affirmer que $M' = r(M_2) = r \circ h(M)$.
Autrement dit, $\boldsymbol{s = h \circ r = r \circ h}$.

3. Deux points et leurs images

Soit A, B deux points distincts.
Posons $A_1 = r(A)$, $B_1 = r(B)$ et $A' = s(A) = h(A_1)$, $B' = s(B) = h(B_1)$.
Nous avons alors $\overrightarrow{A'B'} = k\overrightarrow{A_1B_1}$.
Il en découle les égalités angulaires :

$$(\overrightarrow{AB}, \overrightarrow{A'B'}) = (\overrightarrow{AB}, k\overrightarrow{A_1B_1}) = (\overrightarrow{AB}, \overrightarrow{A_1B_1}) = \theta \text{ (angle de la rotation).}$$

r rotation d'angle θ : $(\overrightarrow{AB}, \overrightarrow{r(A)r(B)})$ vaut θ.

Adjoignons la relation $A'B' = kAB$ (les distances sont multipliées par k) :
pour deux points A, B et leurs images A', B' :

$$A'B' = kAB \ ; \ (\overrightarrow{AB}, \overrightarrow{A'B'}) = \theta.$$

Écriture complexe

Introduisons ω l'affixe de Ω.
La rotation r de centre Ω et d'angle θ associe au point $M(z)$ le point $M_1(z_1)$, avec $z_1 - \omega = e^{i\theta}(z - \omega)$.
L'homothétie h de centre Ω et de rapport k associe au point $M_1(z_1)$ le point $M'(z')$, avec $z' - \omega = k(z_1 - \omega)$.
On en déduit l'**écriture complexe de s** :

$$z' - \omega = k e^{i\theta}(z - \omega).$$

Remarque

Il faut patienter pour comprendre... pourquoi cet exemple de similitude directe peut être qualifié de « fondamental ».
Il faut patienter jusqu'au théorème 4 (forme réduite) (voir p. 195).

ÉCRITURE COMPLEXE

1 ÉCRITURE COMPLEXE D'UNE SIMILITUDE DIRECTE

Étude Soit s une similitude directe de rapport k ($k > 0$).
Nous pouvons écrire $s = h \circ d$, où h est une homothétie de rapport k et d un déplacement (voir théorème 1).
Utilisons les écritures complexes de d et h (voir p. 142). Elles sont de la forme :

- pour d : $z \mapsto e^{i\theta} z + b_0$, avec θ réel et b_0 complexe;
- pour h : $z \mapsto kz + b_1$, avec b_1 complexe et k égal au rapport de h.

L'écriture complexe de $h \circ d$ est donc $z \mapsto k(e^{i\theta} z + b_0) + b_1$ c'est-à-dire de la forme $z \mapsto az + b$, avec a, b complexes et $|a| = k$.

Nous avons donc :

Théorème 2

> L'écriture complexe d'une similitude directe de rapport k ($k > 0$) est de la forme $z \mapsto az + b$, a et b étant deux complexes tels que $|a| = k$.

2 TRANSFORMATION D'ÉCRITURE COMPLEXE $z \mapsto az + b$ ($a \neq 0$)

Étude Désignons par f l'application plane qui associe au point $M(z)$ le point $M'(z')$ tel que $z' = az + b$.

Deux cas se présentent :

- $a = 1$: alors $z' = z + b$ et **f est la translation de vecteur d'affixe b.**
- $a \neq 1$: l'équation $z' = az + b$ admet une seule solution $\omega = \dfrac{b}{1 - a}$.

Le point Ω d'affixe ω est donc le seul point fixe de f.
Des relations $z' = az + b$ et $\omega = a\omega + b$, on obtient (par différence) $z' - \omega = a(z - \omega)$; soit, en écrivant a sous la forme exponentielle $a = |a| e^{i\theta}$:

$$z' - \omega = |a| e^{i\theta}(z - \omega) .$$

Nous reconnaissons l'écriture complexe de la *composée de l'homothétie de centre Ω, de rapport $|a|$ et de la rotation de même centre Ω, d'angle θ* (θ étant un argument de a).

Pour résumer :

Théorème 3

> La transformation f dont l'écriture complexe est de la forme $z \mapsto az + b$ (avec $a \in \mathbb{C}^*$, $b \in \mathbb{C}$) est une **similitude directe :**
>
> - Lorsque $a = 1$, f est une **translation.**
> - Lorsque $a \neq 1$, f admet un seul point fixe Ω et f est la **composée de l'homothétie** de centre Ω et de rapport $|a|$ et de la **rotation** de même centre Ω, dont l'angle est un argument de a.

FORME RÉDUITE D'UNE SIMILITUDE DIRECTE

1 LES RÉSULTATS FONDAMENTAUX

Théorème 4

> Toute similitude directe qui *n'est pas une translation* est la **composée** d'une homothétie de rapport positif et d'une rotation de *même centre* qui est le seul point fixe de la similitude.

Ce théorème est un corollaire immédiat des deux théorèmes précédents.

Le vocabulaire en usage

- On baptise **similitude directe de centre Ω, de rapport k ($k>0$) et d'angle θ,** la composée de l'homothétie $h_{(\Omega,\, k)}$ et de la rotation $r_{(\Omega,\, k)}$.
- L'écriture d'une similitude directe sous la forme précédente est appelée **forme réduite** de la similitude. D'après le théorème 4, en dehors des translations, toute similitude directe admet une forme réduite unique. (De ce fait, les similitudes directes qui ne sont pas des translations sont appelées *similitudes à centre*.) Le théorème suivant n'est qu'un rappel issu de l'étude «exemple fondamental» (voir p. 193).

Théorème 5

> Propriétés de la similitude directe de centre Ω, de rapport k ($k>0$) et d'angle θ :
> 1. Un point et son image : $\Omega M' = k\Omega M$ et $(\overrightarrow{\Omega M}, \overrightarrow{\Omega M'}) = \theta$.
> 2. Deux points et leurs images : $A'B' = kAB$ et $(\overrightarrow{AB}, \overrightarrow{A'B'}) = \theta$.
> 3. Écriture complexe : $z' - \omega = k\,e^{i\theta}(z - \omega)$ (ω : affixe de Ω).

2 TRIANGLES ET SIMILITUDES À CENTRE

Étant donné un triangle ABC, *il existe une seule similitude directe, de centre A, transformant B en C* : c'est la similitude directe de centre A, d'angle $\theta = (\overrightarrow{AB}, \overrightarrow{AC})$ et de rapport $k = \dfrac{AC}{AB}$. Quel est l'intérêt d'un tel résultat? Il permet, dans les problèmes, d'introduire une similitude directe par **son centre, un point et son image.** Examinons quelques cas particuliers : ils sont relatifs aux figures usuelles de la Géométrie : le *demi-carré* (ou triangle rectangle isocèle) et le *demi-triangle équilatéral* (2 cas). Nous donnons l'angle θ et le rapport k de la similitude directe de centre Ω qui transforme M en M'.

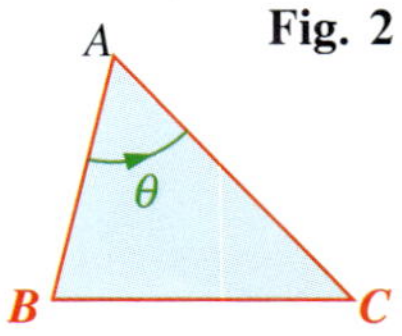

Fig. 2

triangle rectangle isocèle	demi-triangle équilatéral — exemple I	demi-triangle équilatéral — exemple II
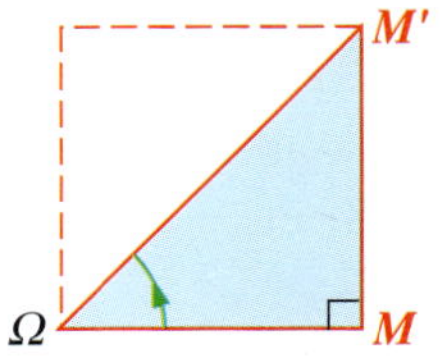	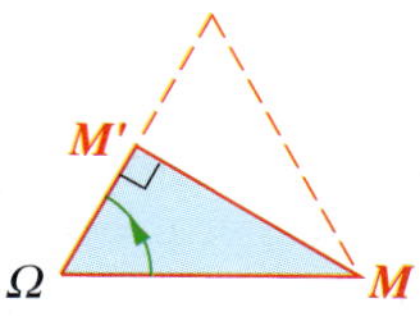	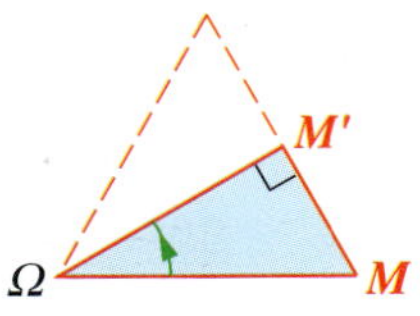
$\theta = \dfrac{\pi}{4}$; $k = \sqrt{2}$.	$\theta = \dfrac{\pi}{3}$; $k = \dfrac{1}{2}$.	$\theta = \dfrac{\pi}{6}$; $k = \dfrac{\sqrt{3}}{2}$.

Voir exercices 15 et 16 avec aussi la similitude de centre Ω : $M' \mapsto M$.

3 COMPOSÉE D'UNE HOMOTHÉTIE ET D'UNE ROTATION (1)

Théorème 6

La composée d'une homothétie h de rapport λ (λ réel quelconque non nul) et d'une rotation r d'angle θ est une similitude directe :

- de **rapport** $|\lambda|$;
- **d'angle :** θ lorsque $\lambda > 0$; $\theta + \pi$ lorsque $\lambda < 0$.

Notons, tout d'abord, que la similitude directe obtenue $s = h \circ r$ n'est pas une translation : elle admet donc une forme réduite.
Cela dit, nous avons les moyens de trouver le rapport et l'angle de la similitude en considérant deux points distincts A et B, et leurs images A' et B' par s (d'après le théorème 5) :

- Le *rapport* est égal à $\dfrac{A'B'}{AB}$. Et, manifestement, nous avons $\dfrac{A'B'}{AB} = |\lambda|$.

- L'*angle* est égal à $(\overrightarrow{AB}, \overrightarrow{A'B'})$. Désignons alors par $A_1 = r(A)$ et $B_1 = r(B)$. Ainsi, $A' = h(A_1)$ et $B' = h(B_1)$. Nous avons :
$(\overrightarrow{AB}, \overrightarrow{A_1B_1}) = \theta$ (propriété d'une rotation d'angle θ) ;
$\overrightarrow{A'B'} = \lambda \overrightarrow{A_1B_1}$ (propriété vectorielle de l'homothétie), d'où la relation $(\overrightarrow{AB}, \overrightarrow{A'B'}) = (\overrightarrow{AB}, \lambda\overrightarrow{A_1B_1})$.
Mais :
pour $\lambda > 0$, $(\vec{u}, \lambda\vec{v}) = (\vec{u}, \vec{v})$ et donc $(\overrightarrow{AB}, \overrightarrow{A'B'}) = \theta$;
pour $\lambda < 0$, $(\vec{u}, \lambda\vec{v}) = (\vec{u}, \vec{v}) + \pi$ et donc $(\overrightarrow{AB}, \overrightarrow{A'B'}) = \theta + \pi$.
C'est fini...

Exemple 1 La forme réduite d'une **homothétie de rapport négatif λ** et de centre O est donc $h_{(O,\,-\lambda)} \circ r_{(O,\,\pi)}$ ou, mieux dit, $h_{(O,\,-\lambda)} \circ s_O$, où s_O est la **symétrie de centre O.**

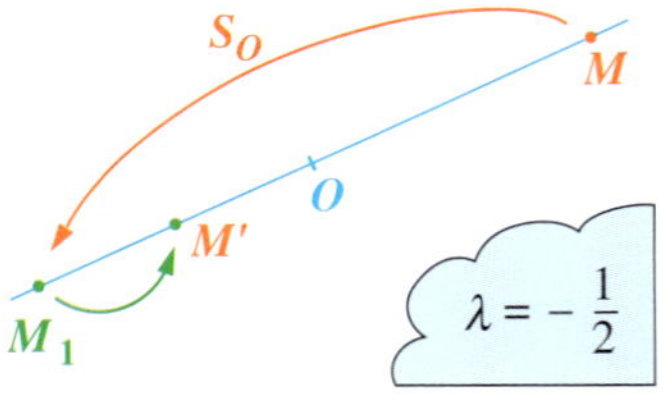

Fig. 3

Exemple 2 *Soit h l'homothétie de centre O_1, de rapport -2 ; soit r la rotation de centre O_2, d'angle $\dfrac{\pi}{2}$.*
Quelle est la forme réduite de $r \circ h$?

D'après le théorème 6, $r \circ h$ est une similitude directe de rapport 2 et d'angle $\pi + \dfrac{\pi}{2}$ ou encore $-\dfrac{\pi}{2}$.
Et le centre ? Nous dirons que d'une part, il n'est pas immédiat à déterminer (voir, cependant, l'exercice 48) et que, d'autre part, dans les problèmes de Géométrie, sa détermination n'est pas indispensable (voir, par exemple, l'exercice résolu 1 du T. P. B).

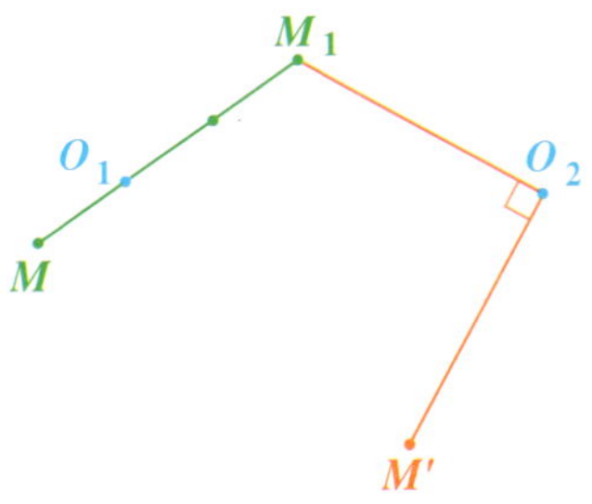

Fig. 4

(1) Non nécessairement de même centre.

4 FORME RÉDUITE ET NOMBRES COMPLEXES

De quoi s'agit-il ? S'il est attendu de savoir donner l'écriture complexe d'une similitude directe définie par son centre, son angle et son rapport (voir théorème 5 et exercices 7 à 9), il n'est pas moins impératif de savoir **trouver la forme réduite** d'une similitude directe **à partir de son écriture complexe.**

Exemple *Soit s l'application qui au point M d'affixe z fait correspondre le point M' d'affixe z' telle que* $z' = (1+i)z + 2$.

Nous procédons en trois étapes :

- *s est une similitude directe qui n'est pas une translation :* son écriture complexe est de la forme $z \mapsto az + b$ avec $a \neq 1$ $(a = 1 + i)$.
- *Centre de s :* on résout l'équation aux points fixes $z = (1+i)z + 2$ qui admet (sans surprise) une unique solution : $\omega = 2i$. Le centre de s est donc le point Ω d'affixe $2i$.
- *Rapport et angle :* écrivons a sous la forme exponentielle : $a = \sqrt{2}e^{i\frac{\pi}{4}}$.

On en déduit que s est de rapport $\sqrt{2}$ et d'angle $\frac{\pi}{4}$.

Conclusion : *s est la similitude directe de centre $\Omega(2i)$, de rapport $\sqrt{2}$ et d'angle $\frac{\pi}{4}$.*

(Noter que, du point de vue géométrique, s est associée au triangle rectangle isocèle : $s : M \mapsto M'$ de façon que $\Omega MM'$ soit rectangle isocèle direct en M.)

Limite circulaire III. Une des estampes de M. C. ESCHER avec figures semblables, inspirée par les travaux du *célèbre géomètre contemporain H. S. M. COXETER.*

TRAVAUX PRATIQUES

8
Similitudes directes du plan

A – AVEC L'ÉCRITURE COMPLEXE

? *Il s'agit d'exploiter l'identification que l'on peut faire entre les* **similitudes directes du plan** *et les transformations dont l'écriture complexe se présente sous la forme* $z' = az + b$ *(a, b complexes et* $a \neq 0$ *).*

Signalons que cette rubrique est abordée dans le même esprit que celles, analogues des chapitres 4, 6 et 7; nous l'avons résumée par : « transférer un problème de Géométrie vers un problème sur les nombres complexes et vice versa ».

Exercice résolu (1) *Le plan étant rapporté à un repère orthonormal direct d'origine O, on considère un triangle ABC équilatéral direct de centre O.*
On désigne par $\mathcal{S}$ *la famille de toutes les similitudes directes s de centre O telles que les points A,* $s(B)$ *et* $s(C)$ *soient alignés.*
Montrer que l'ensemble des points $s(A)$*, lorsque s décrit la famille* $\mathcal{S}$*, est un cercle Γ privé de O.*
Préciser Γ lorsque le point A est d'affixe $1 + i$.

1. Mise en place des données
Désignons par a l'affixe de A.
Comme le rappelle la figure ci-contre, dire que ABC est équilatéral direct de centre O signifie que l'on passe de A à B et de B à C par la rotation de centre O et d'angle $\frac{2\pi}{3}$. Compte tenu de l'égalité $e^{2i\frac{\pi}{3}} = j$, les affixes des points B et C sont respectivement ja et $j^2 a$.
En résumé :

$$A(a),\ B(aj) \text{ et } C(aj^2).$$

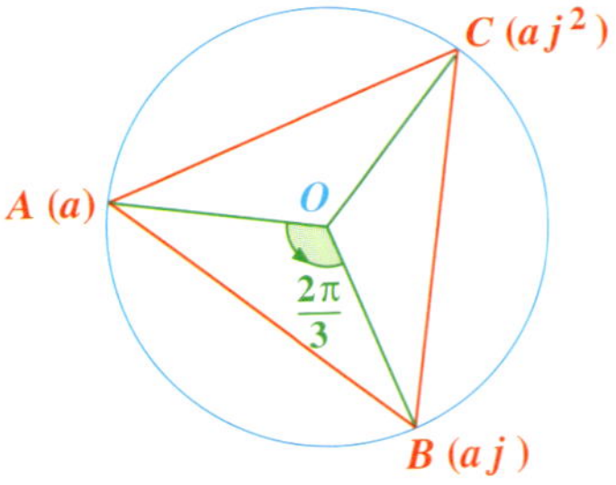

Fig. 5

2. Caractérisation des éléments de $\mathcal{S}$ par leur écriture complexe

■ L'écriture complexe d'une similitude directe de centre O est de la forme $z' = uz$, où u est un complexe non nul et différent de 1.
Par une telle similitude, les points B et C sont transformés en B' et C' d'affixes respectives uaj et uaj^2.

■ Il reste à traduire l'**alignement de $A(a)$, $B'(uaj)$ et $C'(uaj^2)$.**
Nous laissons vérifier que cet alignement se traduit par la condition $u + \bar{u} + u\bar{u} = 0$.
Autrement dit :
Soit s la similitude directe d'écriture complexe $z' = uz$ ($u \neq 0$ et $u \neq 1$).
A, $s(B)$ et $s(C)$ sont alignés si, et seulement si : $u + \bar{u} + u\bar{u} = 0$.

(1) Précisons que tous les calculs ne sont pas conduits dans le détail : l'exercice 1 du T.P. 1 vient compléter la résolution de cet exercice.

3. Détermination de l'ensemble Γ

Introduisons l'ensemble $\mathcal{C}$ des points d'affixe u telle que $u + \bar{u} + u\bar{u} = 0$. C'est en «passant à l'analytique» (c'est-à-dire en posant $u = x + iy$) que l'on voit assez facilement que $\mathcal{C}$ *est le cercle de centre* $\Omega(-1, 0)$ *et de rayon* 1 *privé de l'origine O* (rappel : $u \neq 0$).

Nous pouvons déterminer, maintenant, l'ensemble Γ : c'est l'ensemble des points $s(A)$ où s décrit $\mathcal{S}$, autrement dit *l'ensemble des points d'affixe ua* où u est un complexe non nul tel que $u + \bar{u} + u\bar{u} = 0$.

Il faut **in-ter-pré-ter.** Considérons, pour cela, la transformation d'écriture complexe **$z' = az$;** il s'agit d'une similitude directe σ de centre O qui **transforme $\mathcal{C}$ en Γ :** Γ est donc un cercle privé de l'origine (puisque $\sigma(O) = O$).

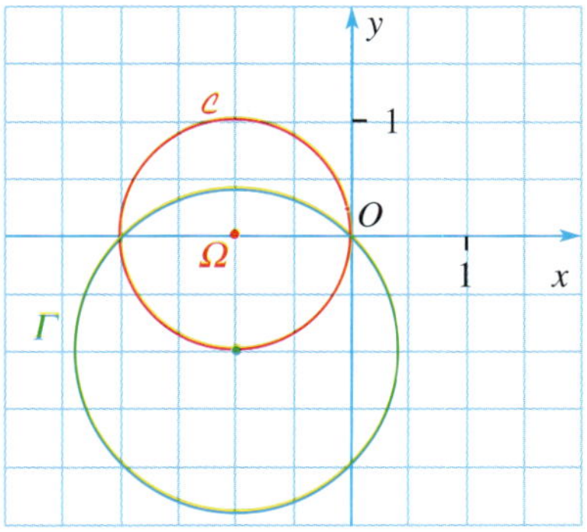

Fig. 6

4. Le cas $a = 1 + i$

La similitude directe σ est alors d'écriture complexe $z' = (1 + i)z$; il s'agit de la *similitude directe de centre O, de rapport* $\sqrt{2}$ *et d'angle* $\frac{\pi}{4}$. On contrôlera que Γ est le cercle représenté figure 7, privé du point O.

POINT MÉTHODE

Nous savons que les figures ci-contre sont appelées à jouer un rôle majeur dans l'intervention des similitudes (voir p. 195). Et donc, si nous voulons exploiter au mieux l'écriture complexe des similitudes, nous avons un tribut à payer, qui serait par exemple :

- Figure *a* (*OABC* est un carré direct) : **z est l'affixe de B; trouver, en fonction de z, les affixes de A et C.**
- Figure *b* (*OAB* est un triangle équilatéral direct) : **z est l'affixe du milieu I de $[A, B]$; trouver, en fonction de z, les affixes de A et B.**

(Sur ce sujet, voir exercice 2, T. P. 1, exercices et la synthèse «planche» p. 283.)

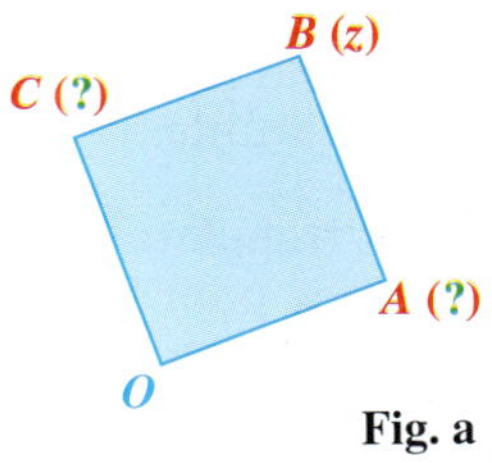

Fig. a

le carré

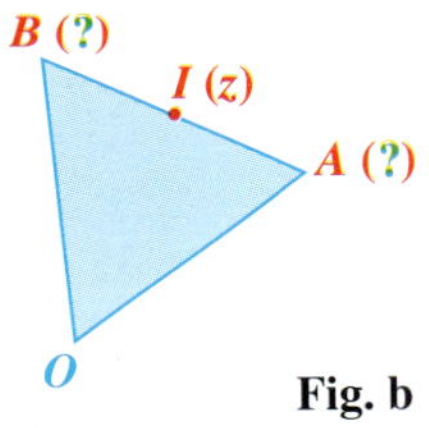

Fig. b

le triangle équilatéral

TP I

1 Compléter la solution de l'exercice résolu.

2 Les données sont celles des figures du point méthode (le point O est l'origine du repère).

1° Le carré : z est l'affixe de B.
Donner (en fonction de z) les affixes de A et C.

2° Le triangle équilatéral : z est l'affixe de I.
Donner les affixes de B, C et des milieux des côtés.

3 Soit s une similitude à centre distincte d'une symétrie centrale.

1° On désigne par f l'application qui au point M associe le milieu m de $[M, M']$, où $M' = s(M)$.
Montrer que f est une similitude à centre de même centre que s.

2° s est une rotation d'angle θ $(-\pi < \theta \leq \pi)$.
Montrer que f a pour rapport $2\cos\frac{\theta}{2}$ et pour angle $\frac{\theta}{2}$.

B – ÉTUDE DE CONFIGURATIONS ET PROBLÈMES DE LIEUX

? *Cette rubrique a pour objet d'illustrer le fonctionnement des* ***similitudes dans la résolution*** *de problèmes de Géométrie (étude de configurations et problèmes de lieux). Même si la démarche reste celle mise en œuvre pour les transformations usuelles, les objectifs sur ce sujet sont modestes, comme peut l'expliquer le commentaire du programme ci-contre.*

... ; en outre, pour l'emploi des similitudes directes, on se limitera à **quelques** exemples **très** simples.
(B.O. n° Spécial 2, 2 mai 1991, p. 62.)

Exercice résolu I *Soit OAA' et OBB' deux triangles isocèles rectangles en O, de sens direct, et I le milieu de $[A', B]$. On se propose d'établir les résultats suivants : (OI) est orthogonale à (AB')*(1) *et $AB' = 2OI$.*
Pour cela, on utilisera la transformation $s = r \circ h$, où r est la rotation de centre O et d'angle $\frac{\pi}{2}$, et h l'homothétie de centre A' et de rapport 2.

La transformation s étant définie par composition, sa mise en œuvre s'appuie sur les deux études suivantes (comme nous l'avons dégagé dans le chapitre 6, à la page 151) :
- Nature de la transformation.
- Action sur certains éléments de la figure.

1. Nature de la transformation
Nous reconnaissons dans s, une *similitude directe de rapport 2 et d'angle* $\frac{\pi}{2}$ (voir théorème 5).
En ce qui concerne le centre, attendons de savoir s'il aura quelque utilité...

2. Action de la transformation
Il n'est que temps pour une figure...

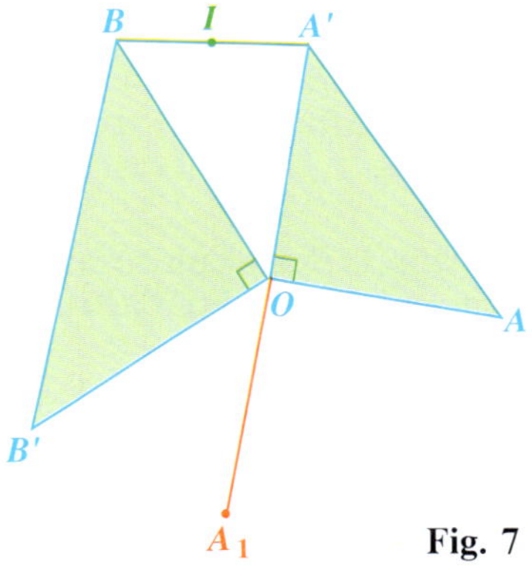

Fig. 7

Étudions l'action de s sur I et O :
- Le point I étant le milieu de $[A', B]$, l'homothétie h (centre A', rapport 2) transforme I en B.
Comme il est clair que $r(B) = B'$, nous avons $s(I) = B'$.
- L'image de O par h est le point A_1, symétrique de A' par rapport à O. De ce fait, le triangle OA_1A est rectangle isocèle en O, de sens direct. Nous avons donc $r(A_1) = A$ et par suite $s(O) = A$.

3. Conclusion
Elle découle du théorème 5 :
$(\overrightarrow{OI}, \overrightarrow{AB'}) = \frac{\pi}{2}$ (angle de la similitude) et $\frac{AB'}{OI} = 2$ (rapport de la similitude).

(1) Cet exercice a déjà été abordé (voir p. 182, n° 19).

Exercice résolu 2 Un classique[1]...

On considère un carré ABCD direct. Étant donné un point M de (BC), on désigne par M′ le point d'intersection de la droite (CD) et de la perpendiculaire menée de A à la droite (AM).
Quel est le lieu du milieu I de [M, M′]?
Indication : Étudier la nature du triangle AMM′ et en déduire une transformation qui au point M associe le point I.

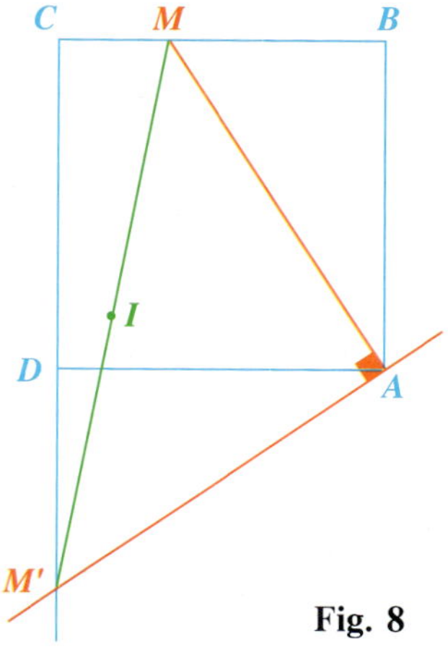

Fig. 8

■ Nous pouvons conjecturer que le *triangle AMM′ est rectangle isocèle de sommet A et,* d'après la figure, *de sens direct.*
Voilà pourquoi nous allons introduire le **quart de tour direct de centre *A* : *r*.**
Déterminons l'image de M par r (il faut espérer trouver M'...) en considérant M comme le point d'intersection de (AM) et (BC).
Le résultat essentiel utilisé est *« une droite et son image par un quart de tour sont orthogonales ».*
Ainsi, l'image de la droite (AM) est la droite (AM'). De plus, comme $r(B) = D$, l'image de (BC) est *la* perpendiculaire à (BC) passant par D : il s'agit donc de la droite (CD). On conclut que l'image de M par r est le point d'intersection de (AM') et (CD), à savoir $r(M) = M'$ **.**
Voilà donc établi que **le triangle *AMM′* est rectangle isocèle en *A*, de sens direct.**

■ En adjoignant le milieu I de $[M, M']$, la figure à l'étude est alors la figure ci-contre. Il est clair que :

$$(\overrightarrow{AM}, \overrightarrow{AI}) = \frac{\pi}{4} \text{ et que } AI = \frac{\sqrt{2}}{2} AM .$$

Traduisons : *la similitude s de centre A, d'angle* $\frac{\pi}{4}$ *et de rapport* $\frac{\sqrt{2}}{2}$ *transforme M en I.*
Observons que I est le sommet du triangle rectangle isocèle bâti sur $[A, M]$ et qui, de plus, est tel que IAM soit de sens direct : géométriquement, comme nous allons le voir tout de suite, cela est plus parlant.

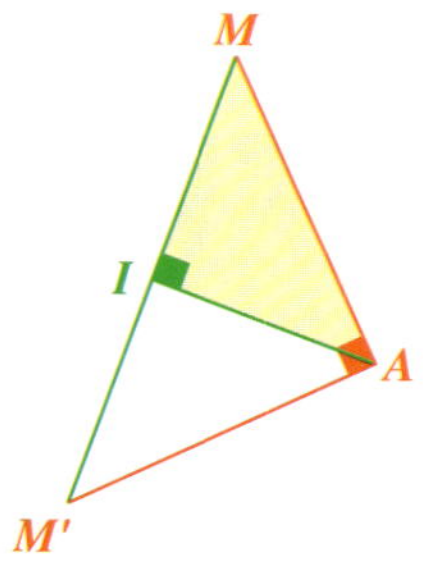

Fig. 9

■ *Le lieu de I* est donc l'image par s de la droite (BC). Ce qui vient d'être dit montre immédiatement que $s(C) = D$ et que $s(B) = O$, centre du carré.
Ainsi, **le lieu de *I* est la diagonale (*BD*).**

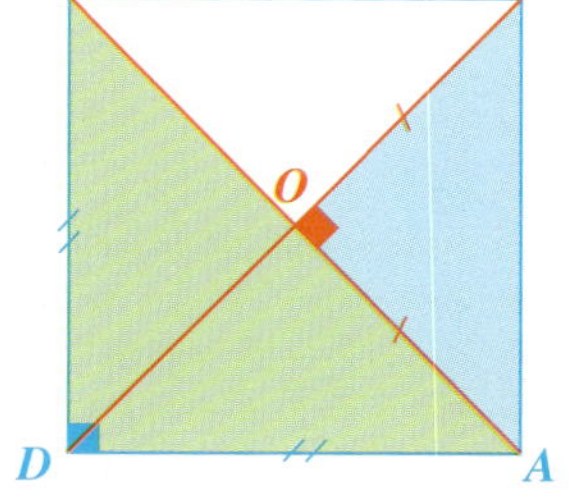

Fig. 10

(1) Cette configuration est source de nombreux problèmes (voir, par exemple, le nº 52).

POINT MÉTHODE

Si l'on élimine le cas (examiné dans le T. P. A) « transformation d'écriture complexe $z' = az + b \ (a \neq 0)$ », deux situations facilement repérables peuvent susciter l'intervention d'une similitude directe :

1. En composant une homothétie et un déplacement (exemple : exercice 1).
Le principe général de travail avec une composée s'applique, en précisant :
— *l'action sur certains éléments de la figure ;*
— *la nature de la composée* (c'est le théorème 6 qui fournit la réponse avec les restrictions que nous avons indiquées sur le centre de la similitude directe ainsi obtenue).

2. En associant une similitude à centre à un triangle (exemple : exercice 2).
Sur ce sujet, l'examen de la situation suivante est plus significatif qu'un discours :

« Un triangle ABC rectangle isocèle en A, de sens direct, varie dans le plan sous les conditions suivantes : l'un des sommets est fixe, un second sommet décrit une courbe Γ. Quel est le lieu du troisième sommet ? »

La démarche est immuable, quels que soient les cas de figures :

- A fixe, B décrit Γ : on mobilisera le **quart de tour direct** de centre A (point fixe) ; il transforme B en C, d'où : « Le lieu de C est... ».
- B fixe, A décrit Γ : on mobilisera la **similitude** de centre B (point fixe), d'angle $-\frac{\pi}{4}$, de rapport $\sqrt{2}$; elle transforme A en C, d'où : « Le lieu de C est... ».
- Etc.

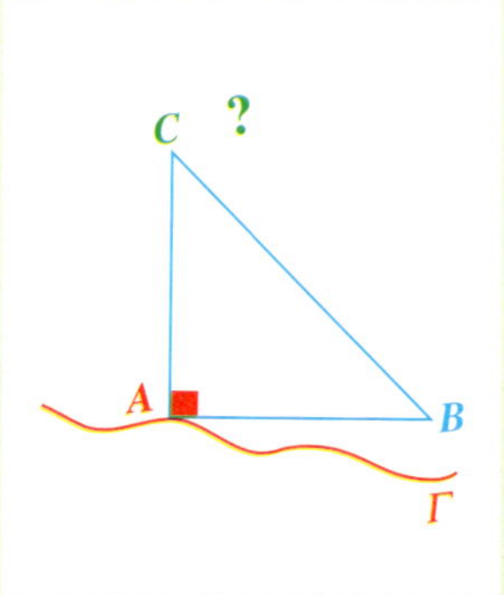

En résumé, nous venons d'étudier un *prototype*.

TP 2

1 Donner une autre solution de l'exercice résolu 1 en utilisant les nombres complexes.

2 **Le même format**

- $ABCD$ est un rectangle, Δ et (BD) sont perpendiculaires en B.
- M étant un point de Δ, on construit P sur (AB), puis N de façon que $MAPN$ soit un rectangle.

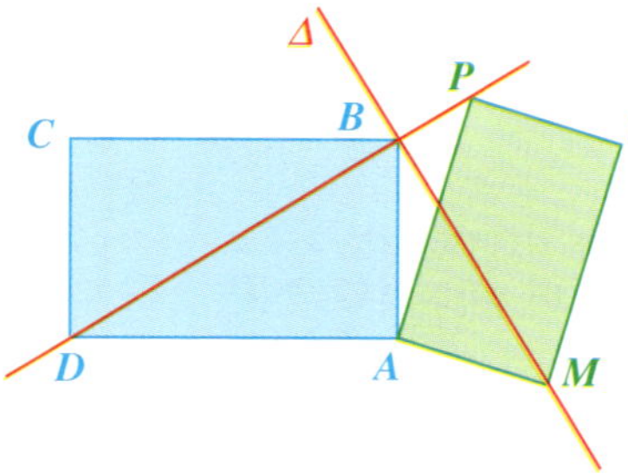

Soit s la similitude de centre A telle que $s(B) = D$.

1° Déterminer $s(\Delta)$, puis $s(M)$.

2° En déduire que les deux rectangles ont même format $\left(\text{format} = \dfrac{\text{longueur}}{\text{largeur}} \right)$.

3 On considère une droite Δ et un point A non situé sur Δ. Étant donné un point M de Δ, on considère :
— *Situation 1 :* Les points P et Q sur la perpendiculaire en M à (AM) tels que $MP = MQ = MA$.
— *Situation 2 :* Le point M' tel que AMM' soit un triangle équilatéral direct.

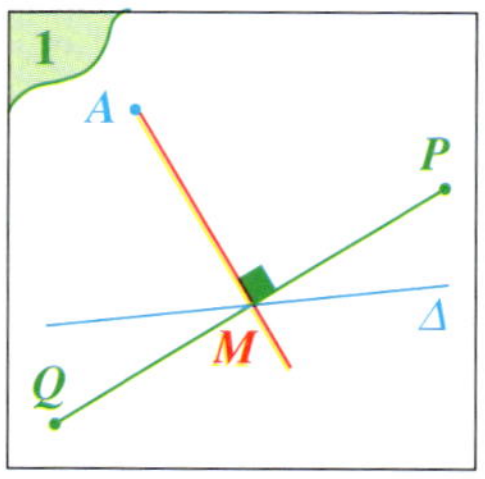

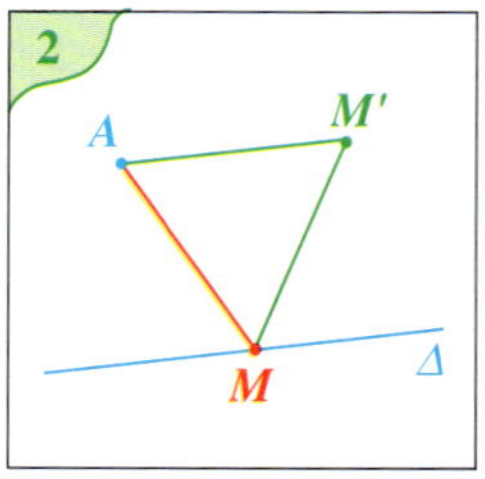

Le point M décrivant Δ, déterminer les lieux géométriques :
— des points P et Q (situation 1) ;
— du centre du triangle AMM' (situation 2).

☞ Faire intervenir le milieu de $[M, M']$.

APPLICATIONS DIRECTES DU COURS

Généralités

Dans les exercices 1 à 6, on considère un carré ABCD direct de centre O, h une homothétie et d un déplacement.
On désigne par S et S′ les transformations $S = h \circ d$ et $S' = d \circ h$.
Les consignes sont les suivantes :

1° *Construire l'image du carré ABCD par S et S′.*

2° *Donner l'écriture complexe de S et S′ dans chacun des repères représentés ci-après (deux cas) que l'on suppose orthonormaux directs :*

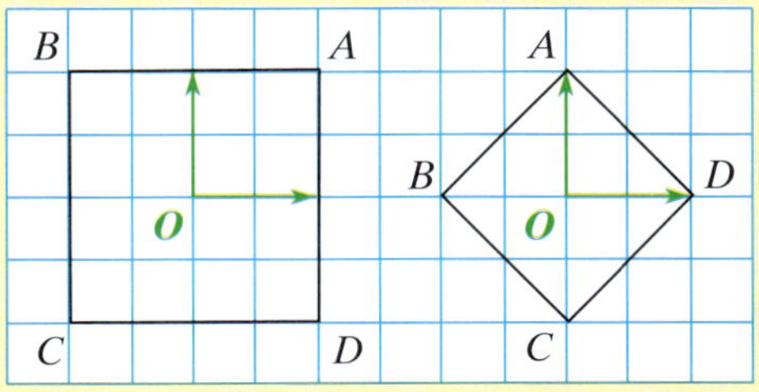

1 h : homothétie de centre O et de rapport 2 ;
d : rotation de centre O et d'angle $\frac{\pi}{2}$.

2 h : homothétie de centre B et de rapport $\frac{1}{2}$;
d : rotation de centre B et d'angle $\frac{\pi}{2}$.

3 h : homothétie de centre C et de rapport $\sqrt{2}$;
d : rotation de centre C et d'angle $-\frac{\pi}{4}$.

4 h : homothétie de centre O et de rapport $\frac{1}{2}$;
d : rotation de centre D et d'angle $-\frac{\pi}{2}$.

5 h : homothétie de centre B et de rapport $-\sqrt{2}$;
d : rotation de centre D et d'angle $\frac{\pi}{4}$.

★ **6** h : symétrie centrale de centre B ;
d : déplacement qui amène B sur O et O sur A.

L'écriture complexe

Dans chacun des exercices 7 à 9, donner l'écriture complexe de la similitude S.

7 S est de centre $A(1, 1)$, de rapport $\sqrt{2}$ et d'angle $\frac{3\pi}{4}$.

8 $S = h \circ r$, où h est l'homothétie de centre O, de rapport $\frac{1}{2}$ et r la rotation de centre $\Omega(-2, 1)$ et d'angle $-\frac{\pi}{3}$.

9 S est la similitude directe de centre $\Omega(1, -1)$ qui transforme $A(3, 5)$ en $B(-2, 0)$.

Forme réduite

... Propriétés géométriques...

10 Montrer que la similitude directe de centre I, qui transforme B en C, transforme C en A. Retrouver ainsi que IC est la moyenne géométrique de IA et IB (*i.e.* : $IC = \sqrt{IA \cdot IB}$).

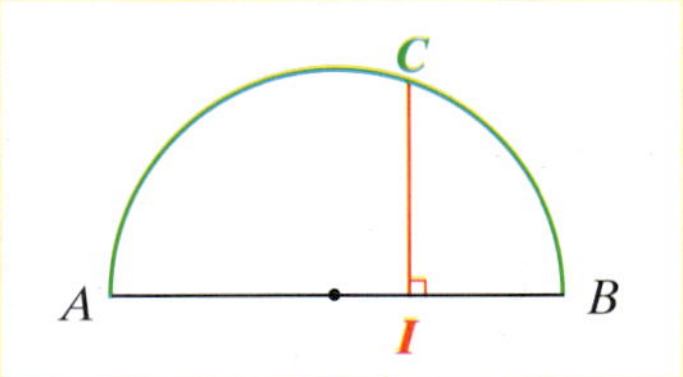

11 Le triangle ABC et isocèle de sommet A, I est le milieu de $[B, C]$ et J le second point d'intersection (autre que A) de (AC) et du cercle de diamètre $[A, I]$.
Montrer que la similitude directe de centre A, qui transforme B en I, transforme I en J.

12 Soit S une similitude directe de centre Ω.
Montrer que, pour tout point M du plan, les points Ω, M, $M_1 = S(M)$ et $M' = S(M_1)$ sont cocycliques.

13 On donne une similitude S de centre Ω et deux points A et B distincts de Ω. On note $A' = S(A)$ et $B' = S(B)$.

1° Montrer que la similitude de centre Ω, qui transforme A en B, transforme A' en B'.

2° En déduire que les angles orientés du triangle $\Omega AA'$ sont égaux aux angles orientés correspondants du triangle $\Omega BB'$.

FIGURE À CONNAÎTRE

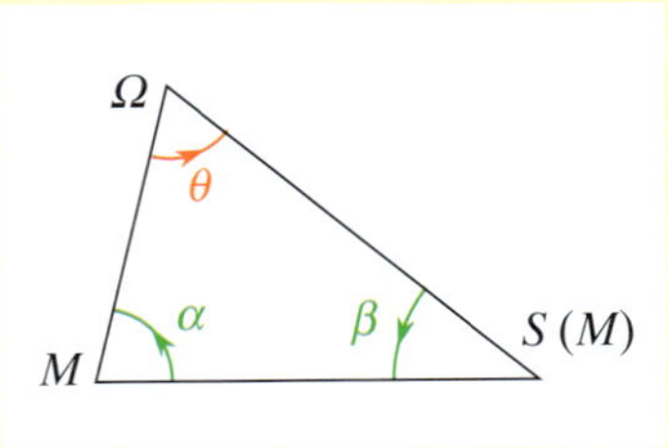

L'interprétation que l'on peut donner de l'exercice est la suivante :
Soit S une similitude de centre Ω. Alors les angles orientés du triangle $\Omega M S(M)$ sont constants (*i.e.* : α et β sont indépendants du point M choisi, θ étant évidemment l'angle de la similitude). Cette propriété est fort utile dans la fabrication de similitudes...
Note : On suppose implicitement que S n'est pas « réduite » à une simple homothétie.

14 Une similitude S a pour centre Ω et on suppose que S n'est pas une homothétie. De ce fait, pour tout point M distinct de Ω, Ω, M et $S(M)$ sont les sommets d'un « vrai » triangle.
On désigne par m le pied de la hauteur issue de Ω dans le triangle $\Omega M S(M)$.
Montrer que la transformation σ, définie par $\sigma(\Omega) = \Omega$ et $\sigma(M) = m$ pour $M \neq \Omega$, est encore une similitude directe de centre Ω.
☞ Utiliser l'information précédente.

... avec des triangles...

Les exercices 15 et 16 précisent les similitudes directes « associées » au triangle rectangle isocèle (ou demi-carré) (voir exercice 15) et au demi-triangle équilatéral (voir exercice 16).

15 **Avec le demi-carré**
Déterminer l'angle et le rapport de la similitude de centre Ω :
a) qui transforme A en B ;
b) qui transforme B en A.
On désigne par ω l'affixe de Ω.
Donner l'écriture complexe de chacune de ces similitudes.

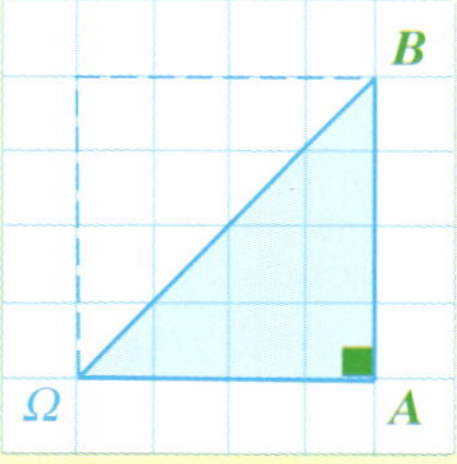

16 **Avec le demi-triangle équilatéral**
Reprendre l'exercice précédent avec chacune des configurations ci-après :

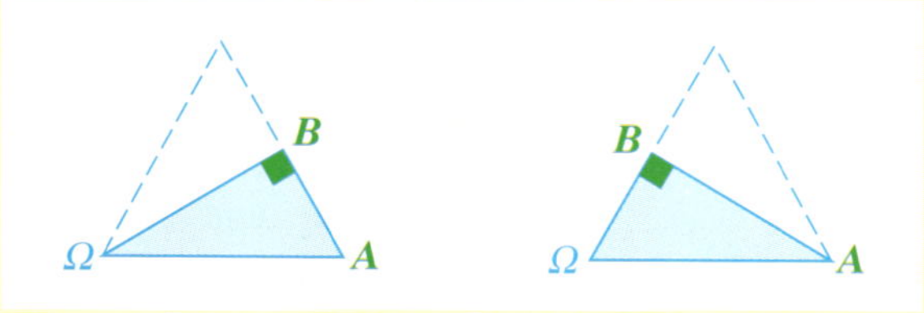

17 On donne deux droites $\mathscr{D}$ et $\mathscr{D}'$ et un point A non situé sur ces droites.
Construire un triangle ABC rectangle en B et isocèle tel que B est un point de $\mathscr{D}$ et C un point de $\mathscr{D}'$.

De l'écriture complexe à la forme réduite

Dans chacun des exercices 18 à 21, étudier la transformation géométrique définie par l'écriture complexe proposée (« étudier » signifie identifier la transformation (translation, homothétie, rotation, similitude directe, ...) et préciser les éléments géométriques qui la caractérisent (centre, rapport, angle, etc.)).

18 *a)* $z' = z + 2 + i$; *b)* $z' = -z + 2i$;
c) $z' = 3z - 2$; *d)* $z' = \frac{1}{i} z$.

19 *a)* $z' = \frac{1 + i\sqrt{3}}{2} z$; *b)* $z' = \frac{\sqrt{2}}{2}(1 + i)z$.

20 *a)* $z' = 2z + 1 - i$; *b)* $z' - i = (\sqrt{3} + i)(z - i)$.

21 *a)* $z' = -2iz + 5$; *b)* $z' = (3 + 4i)z - 4 - 8i$.

★ **22** Soit α un réel tel que $0 < \alpha < \frac{\pi}{2}$.
Montrer que la transformation d'écriture complexe $z' = (1 + i \tan \alpha)z + \tan \alpha$ est une similitude directe et préciser l'affixe de son centre, son rapport et son angle en fonction de α.

23 Dans le plan muni d'un repère orthonormal direct, on considère :
— l'homothétie h de centre $A(-2, 1)$ et de rapport 2 ;
— la rotation r de centre $B(1, 0)$ et d'angle $\frac{\pi}{2}$.
1° Quelle est l'écriture complexe de la transformation $S = r \circ h$?
2° Donner l'angle, le rapport et les coordonnées du centre de la similitude directe S.

24 Dans le plan complexe rapporté au repère orthonormal $(O, \vec{e}_1, \vec{e}_2)$, on considère l'application F qui, à tout point M d'affixe z, associe le point M' d'affixe z' définie par $z' = u^2 z + u - 1$, où u désigne un nombre complexe.
1° Déterminer l'ensemble des nombres complexes u pour lesquels F est une translation ; caractériser F pour chacune des valeurs trouvées.
2° Déterminer l'ensemble des nombres complexes u pour lesquels F est une rotation d'angle de mesure $\frac{\pi}{2}$ (en radians) ; caractériser F pour chacune des valeurs trouvées.
3° Déterminer l'ensemble des nombres complexes u pour lesquels F est une homothétie de rapport (-2) ; caractériser F pour chacune des valeurs trouvées.
4° Caractériser F lorsque $u = 1 - i$.

BAC

EXERCICES

Vrai/Faux

25 Les seules similitudes directes qui laissent globalement invariant un cercle de centre O sont les rotations de centre O.

26 Il existe une similitude directe qui transforme la figure en rouge en la figure en vert.

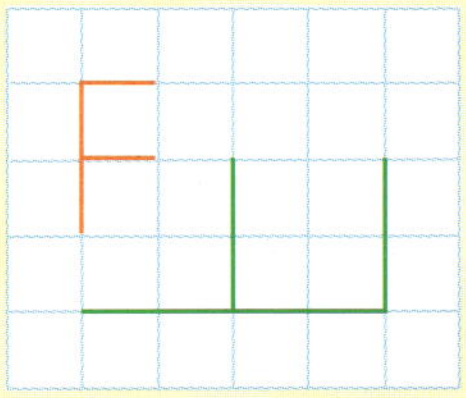

27 La similitude directe d'écriture complexe $z' = (1 - \sqrt{2})e^{i\frac{\pi}{4}}z + i$ a pour angle $\frac{\pi}{4}$.

28 Si S_1 et S_2 sont deux similitudes directes, la transformation définie par $M \mapsto M'$, où $\overrightarrow{OM'} = \overrightarrow{OS_1(M)} + \overrightarrow{OS_2(M)}$, est encore une similitude directe.

29 Étant donné une similitude directe S de centre O, on ne peut trouver qu'une rotation r de centre O telle que $r \circ S$ est une homothétie.

30 Le point O est le centre des similitudes directes

$$r_{\left(\Omega, \frac{\pi}{2}\right)} \circ h_{(I, 3)}$$

et $h_{\left(I, \frac{1}{3}\right)} \circ r_{\left(\Omega, -\frac{\pi}{2}\right)}$.

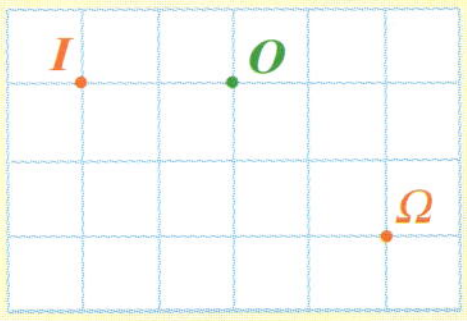

31 Les similitudes directes d'écritures complexes $z' = i(z + 1) - 1$ et $z' = z(i + 1) + 1$ ont le même centre.

La technique mise à l'épreuve

32 Dans un plan affine euclidien orienté rapporté à un repère orthonormal direct $(O, \vec{u}, \vec{v})$, on considère la transformation F qui, au point M d'affixe z, associe le point M' d'affixe $z' = (1 - i)z + i$.

1° Déterminer la nature et les éléments géométriques de cette transformation.

2° Quel est l'ensemble des points M du plan dont l'affixe z vérifie $|(1 - i)z + i| = 2$?

BAC

★ **33** Soit Γ le cercle circonscrit à un triangle ABC et Ω un point de Γ distinct de B et C.
Montrer que la similitude directe de centre Ω, qui transforme B en C, transforme la droite (AB) en la droite (AC).

☞ Montrer que l'image de A est sur la droite (AC).

34 1° Déterminer le module et un argument du nombre complexe $u = \frac{\sqrt{3} + i}{4}$.

2° Soit f l'application de $\mathbb{C}$ vers lui-même qui, à tout nombre complexe z, associe :

$$f(z) = uz + (1 + i)(1 - u).$$

Montrer que f est bijective, et déterminer le complexe w tel que $f(w) = w$.

3° Soit I, M et M' les points du plan complexe ayant pour affixes w, z et $f(z)$ respectivement. On suppose M différent de I.
Donner une mesure de l'angle $(\overrightarrow{IM}, \overrightarrow{IM'})$, et calculer la distance IM' en fonction de la distance IM. On note F l'application qui à M associe M'.
Préciser la nature de F et ses éléments caractéristiques.

4° Soit A_0 le point d'affixe $z_0 = -1 + 2i$. On définit, pour tout entier naturel n, $z_{n+1} = f(z_n)$.
On note A_n le point d'affixe z_n dans le plan complexe.
Calculer, en fonction de n, la distance IA_n.
Quelle est la limite de cette distance quand n tend vers $+\infty$?

BAC

Le bon choix :
« Utilisation de la forme réduite d'une similitude directe ou utilisation de son écriture complexe ? » Telle est la question à laquelle il faut amener une réponse préalable à la résolution de chacun des exercices 35 *à* 37, *afin d'obtenir la méthode la mieux adaptée.*

35 Soit t une translation de vecteur $\vec{u}$ et r une rotation d'angle α (avec $0 < \alpha < \pi$). Étant donné un point O du plan, on définit l'application S par $S(M) = M'$, avec :

$$\overrightarrow{OM'} = \overrightarrow{Ot(M)} + \overrightarrow{Or(M)}.$$

Montrer que S est une similitude directe dont on précisera l'angle et le rapport.

36 Soit S une similitude directe de centre Ω, de rapport k et d'angle α et r une rotation de centre Ω et d'angle θ.
Montrer que $s \circ r = r \circ s$ et préciser la transformation ainsi obtenue.

37 On donne quatre points A, B, C et D, avec $A \neq B$.
Montrer qu'il existe une seule similitude drecte S telle que $S(A) = C$ et $S(B) = D$.

À partir de $z' = az + b$

Chaque exercice de cette rubrique introduit une similitude directe à partir de son écriture complexe : $z' = az + b$. Signalons que ce thème (?) semble susciter un engouement certain chez les fabricants de sujets du Baccalauréat. Nous avons donc abondamment puisé dans la réserve...

★ **38** La notation tan désigne la fonction tangente.
Soit $a \in \left]-\frac{\pi}{2}, \frac{\pi}{2}\right[$ et f_a l'application du plan complexe dans lui-même qui, au point M d'affixe z, associe le point M' d'affixe z' définie par :

$$z' = (1 + i \tan a)z - i \tan a .$$

1° Déterminer la nature et les éléments caractéristiques de f_a.

2° Soit A le point d'affixe 1 et M un point distinct de A.
Montrer que si a n'est pas nul, alors AMM' est un triangle rectangle.

3° Soit B un point du plan.

a) Déterminer l'ensemble des points $f_a(B)$ quand a décrit $\left]-\frac{\pi}{2}, +\frac{\pi}{2}\right[$.

b) Déterminer l'ensemble des antécédents de B par f_a quand a décrit $\left]-\frac{\pi}{2}, +\frac{\pi}{2}\right[$.

BAC

39 Le plan complexe Π est rapporté à un repère orthonormal direct $(O, \vec{u}, \vec{v})$. On note A le point d'affixe 2. Soit φ l'application de Π vers Π qui, à tout point M d'affixe z, associe le point $M' = \varphi(M)$ d'affixe z' définie par :

$$z' = \frac{3 + \sqrt{3}\,i}{4} z + \frac{1 - \sqrt{3}\,i}{2} .$$

1° Déterminer :

a) l'affixe de l'image $\varphi(A)$ du point A;

b) l'affixe du point P tel que $\varphi(P) = O$.

2° Déterminer la nature et les éléments caractéristiques de φ (on pourra utiliser les résultats de la question 1°).

3° Lorsque le point M est distinct du point A :

a) démontrer que le triangle AMM', où $M' = \varphi(M)$, est rectangle en M' ;

b) le point M et le milieu du segment $[A, M]$ étant donnés, en déduire une construction au compas du point M'.

BAC

40 Soit $\mathcal{P}$ le plan complexe muni du repère orthonormal $(O, \vec{u}, \vec{v})$, d'unité 1 cm. On donne les points A et B d'affixes respectives 12 et $9i$ et l'application f de $\mathcal{P}$ dans $\mathcal{P}$ qui, au point M d'affixe z, associe le point M' d'affixe Z définie par $Z = -\frac{3}{4} iz + 9i$.

1° Démontrer que f admet un point invariant Ω de coordonnées $\left(\frac{108}{25}, \frac{144}{25}\right)$.
Démontrer que f est une similitude directe d'angle $-\frac{\pi}{2}$, de rapport $\frac{3}{4}$.
Quel est son centre ?

2° Quelles sont les images par f des points A et O ?
Montrer que Ω est un point commun aux cercles $\mathcal{C}_1$ et $\mathcal{C}_2$ de diamètres respectifs $[OA]$ et $[OB]$.
Établir que Ω est le pied de la hauteur issue de O dans le triangle AOB et montrer que :

$$\Omega A \times \Omega B = \Omega O^2 .$$

Faire une figure comportant les points A, B, Ω ainsi que les cercles $\mathcal{C}_1$ et $\mathcal{C}_2$.

BAC

41 Soit $(O, \vec{i}, \vec{j})$ un repère orthonormal du plan, A_0 le point d'affixe 6 et S la similitude de centre O, de rapport $\frac{\sqrt{3}}{2}$ et d'angle $\frac{\pi}{6}$.
On pose $A_{n+1} = S(A_n)$, pour $n = 0, 1, ..., 11$.

1° Déterminer, en fonction de n, l'affixe du point A_n et vérifier que A_{12} appartient à la demi-droite $(O, \vec{i})$.

2° Établir que le triangle OA_nA_{n+1} est rectangle en A_{n+1}.
Représenter les points $A_0, A_1, ..., A_{12}$ (on ne demande pas de calculer explicitement leurs coordonnées) et tracer les segments $[OA_0]$, $[OA_1]$, ..., $[OA_{12}]$ et $[A_0A_1]$, $[A_1A_2]$, ..., $[A_{11}A_{12}]$.

3° Calculer la longueur du segment $[A_0A_1]$.
En déduire la longueur ℓ de la ligne polygonale $A_0A_1A_2, ..., A_{12}$.
Donner une valeur approchée de ℓ à 10^{-3} près.

BAC

★ **42** Dans le plan complexe $\mathcal{P}$ rapporté au repère orthonormal $(O, \vec{e}_1, \vec{e}_2)$, l'unité graphique étant 4 cm, on définit l'application f qui, au point M d'affixe z, associe le point M' d'affixe z' définie par $z' = -jz + i$, où $j = e^{i\frac{2\pi}{3}}$.

1° Montrer que f admet exactement un point invariant Ω, dont on donnera l'affixe.
Caractériser géométriquement f.

2° On définit dans $\mathcal{P}$ la suite $(M_n)_{n \in \mathbb{N}}$ par :

$$\begin{cases} M_0 = O . \\ \text{Pour tout } n, \ M_{n+1} = f(M_n) . \end{cases}$$

a) Construire Ω, M_0, M_1, M_2.

b) Pour tout entier n, on note z_n l'affixe de M_n et on pose $Z_n = z_n - e^{i\frac{\pi}{6}}$.
Déterminer un nombre complexe a tel que, pour tout entier n, $Z_{n+1} = aZ_n$.
Mettre a sous forme trigonométrique et déterminer un entier p strictement positif tel que $a^p = 1$.

c) Calculer Z_n puis z_n en fonction de n.
Calculer z_{1989} et placer M_{1989} sur le dessin.

BAC

Utilisation de $z' = az + b$

Le point de vue diffère de la rubrique précédente : l'écriture complexe $z' = az + b$ est mise au service de l'étude d'une configuration ou de la recherche de similitudes, etc.

43 Le rectangle d'or

On considère un rectangle $ABCD$, de longueur

$$L = \frac{1+\sqrt{5}}{2},$$

de largeur 1, et les points F et E tels que $AFED$ est un carré.

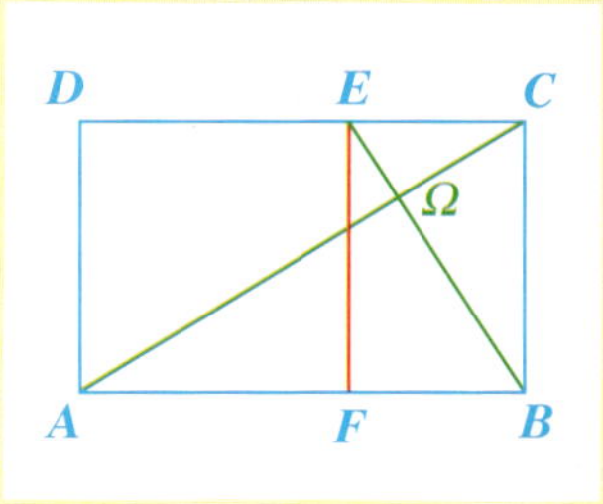

Montrer que la similitude S de centre Ω, d'angle $\frac{\pi}{2}$, de rapport $\frac{\sqrt{5}-1}{2}$ transforme respectivement A, B, C, D en B, C, E, F.

☞ Trouver l'écriture complexe de S, le plan étant muni du repère orthonormal direct $(A, \overrightarrow{AF}, \overrightarrow{AD})$.

À VOIR Si nous itérons le procédé (voir figure ci-après), nous obtenons ainsi une famille de rectangles semblables et nous retrouvons encore une spirale (voir p. 190).

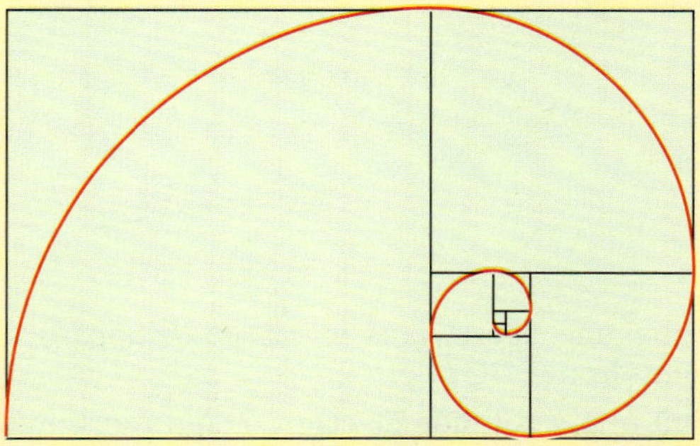

44 $ABCD$ est un quadrilatère et α est un complexe de module r et d'argument θ.
a, b, c, d représentent les affixes de A, B, C et D dans un plan affine euclidien muni d'un repère orthonormal direct.
La similitude directe de centre A, de rapport r et d'angle θ transforme B en Q.
La similitude directe de centre B, de rapport r et d'angle θ transforme C en M.
La similitude directe de centre C, de rapport r et d'angle θ transforme D en N.
La similitude directe de centre D, de rapport r et d'angle θ transforme A en P.
On appellera q, m, n et p les affixes de Q, M, N et P.

1° Déterminer q en fonction de α, a et b.

2° *a)* Montrer que $MNPQ$ est un parallélogramme équivaut à $n + q = m + p$.

b) En déduire que $MNPQ$ est un parallélogramme équivaut à $\alpha = \frac{1}{2}$ ou $ABCD$ est un parallélogramme.

3° On suppose que $ABCD$ est un parallélogramme et que $\alpha = \frac{1+i}{2}$.
En déduire que $MNPQ$ est un carré.

BAC

45 Dans un plan orienté, une similitude directe S de centre O transforme un couple donné (A, B) de points distincts, autres que O, en un couple (A', B').
La similitude directe σ_A de centre A, qui transforme B en B', transforme O en P. La similitude directe σ_B de centre B, qui transforme A en A', transforme O en Q.
Démontrer que O est le milieu de $[PQ]$.

BAC

Étude de configurations, problèmes de lieux

46 Le centre de $h \circ r$ et de $r \circ h$

Soit h l'homothétie de centre O_1 et de rapport -2, r la rotation de centre O_2 et d'angle $\frac{\pi}{2}$.
On désigne par S et S' les transformations définies par :

$$S = r \circ h \quad \text{et} \quad S' = h \circ r.$$

1° Montrer que S et S' sont deux similitudes à centre, de même rapport et de même angle que l'on précisera.

2° *Détermination du centre de $r \circ h$*
Soit Ω le centre de la similitude $S = r \circ h$. On pose $O'_1 = r(O_1)$.

a) Montrer que le point Ω vérifie :

$$(\overrightarrow{\Omega O_1}, \overrightarrow{\Omega O'_1}) = -\frac{\pi}{2} \quad \text{et} \quad \frac{\Omega O'_1}{\Omega O_1} = 2.$$

b) Représenter, sur une même figure, les points O_1, et O_2 (en supposant $O_2 \neq O_1$), O'_1 ainsi que :
Γ : ensemble des points M de $\mathscr{P}$ tels que :

$$(\overrightarrow{MO_1}, \overrightarrow{MO'_1}) = -\frac{\pi}{2};$$

$\mathscr{C}$: ensemble des points M de $\mathscr{P}$ tels que $\frac{MO'_1}{MO_1} = 2$.

☞ Voir chapitre 4, T.P. C, p. 95.

c) En déduire une construction de Ω.

3° Adapter la question 2° à la construction du centre Ω' de la similitude $h \circ r$.

☞ On pourra introduire $O'_2 = h(O_2)$.

★ **47** Le point A et la droite Δ sont fixes, A n'appartenant pas à Δ. On considère alors un triangle variable AMN tel que :

- M et N appartiennent à Δ;
- l'angle $(\overrightarrow{AM}, \overrightarrow{AN})$ est égal à $\frac{\pi}{6}$.

Quel est le lieu des pieds des hauteurs issues de M et N dans le triangle AMN?

48 On considère un cercle de diamètre $[OB]$.
Soit A un point du segment $[OB]$, distinct de O et de B, I le milieu de $[AB]$.
La médiatrice du segment $[AB]$ coupe le cercle en M et M' tels qu'une mesure de l'angle $(\overrightarrow{MO}, \overrightarrow{MB})$ est $+\frac{\pi}{2}$.
Soit N le projeté orthogonal de A sur (OM).

1° Donner la nature du quadrilatère $AMBM'$.
En déduire que la droite (AM') est orthogonale à (OM) et que N, A et M' sont alignés.

2° On appelle S la similitude directe de centre N, telle que $S(M) = A$.
Préciser l'angle de cette similitude.
Déterminer les images par S des droites (MI) et (NA).
En déduire l'image par S du point M'.

3° Montrer que l'image par S de I est le point I', milieu de $[OA]$.
En déduire que la droite (NI) est tangente en N au cercle de diamètre $[OA]$.

★ **49** Le triangle ABC étant donné, on construit trois triangles rectangles isocèles IBC, JCA et KAB de la manière suivante :

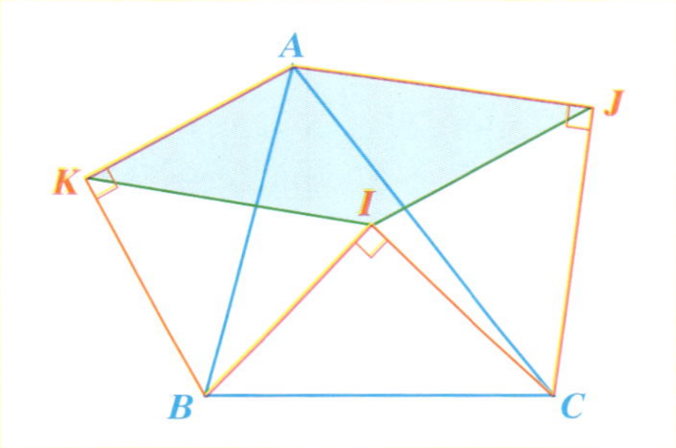

Il s'agit de montrer que $IJAK$ est un parallélogramme.

1° Évaluer $(\overrightarrow{AC}, \overrightarrow{AJ})$ et le rapport $\frac{AJ}{AC}$.

2° À l'aide d'une similitude directe de centre B convenable, évaluer $(\overrightarrow{AC}, \overrightarrow{KI})$ et le rapport $\frac{KI}{AC}$.

3° En déduire que $(\overrightarrow{KI}, \overrightarrow{AJ}) = 0$ et que $KI = AJ$, puis conclure.

50 Adopter la méthode de l'exercice précédent pour montrer que $AKIJ$ est encore un parallélogramme lorsque l'on suppose que les triangles IBC, ACJ et AKB sont équilatéraux et de sens direct.
Note : Il s'agit d'une autre démonstration du résultat obtenu à l'exercice 2 du T.P. 2 (voir chapitre 6, p. 153) par la composée de rotations.

51 Dans le plan orienté, on considère un carré direct $ABCD$ de centre O $\left(\text{c'est-à-dire tel que } (\overrightarrow{OA}, \overrightarrow{OB}) = \frac{\pi}{2}\right)$.
Soit P un point du segment $[BC]$ distinct de B. On note Q l'intersection de (AP) avec (CD). La perpendiculaire Δ à (AP) passant par A coupe (BC) en R et (CD) en S.

1° Faire une figure (prendre $BC = 3$ cm et $BP = 1$ cm et placer (BC) horizontale sur la feuille).

2° Soit r la rotation de centre A et d'angle $\frac{\pi}{2}$.

a) Préciser l'image de la droite (BC) par r.

b) Déterminer les images de R et P par r.

c) Quelle est la nature des triangles RAQ et PAS?

3° On note N le milieu du segment $[PS]$ et M celui du segment $[QR]$. Soit s la similitude directe de centre A, d'angle $\frac{\pi}{4}$ et de rapport $\frac{1}{\sqrt{2}}$.

a) Préciser les images des points R et P par s.

b) Quel est le lieu géométrique du point N quand P décrit le segment $[BC]$ privé de B?

c) De ce qui précède, déduire que les points M, B, N et D sont alignés.

BAC

(Noter que cet exercice est un prolongement de l'exercice résolu 2, T. P. B, p. 201.)

52 On considère deux carrés $ABCD$, $DEFG$ de sens direct, E étant un point de la droite (DC). On désigne par I le point d'intersection des droites (AE) et (BF). L'objet de l'exercice est de montrer que C, I et G sont alignés.

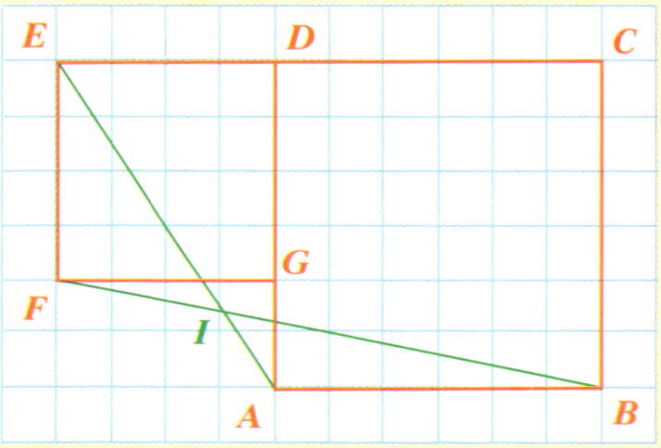

1° Faire une figure dans le cas où E appartient à la demi-droite $[DC)$.

2° Soit S la similitude de centre D qui transforme A en B.
Quelle est l'image de E par S?
En déduire que $(\overrightarrow{AE}, \overrightarrow{BF}) = \frac{\pi}{4}$.

3° Déduire de l'égalité précédente que I appartient aux cercles circonscrits aux carrés $ABCD$ et $EFGH$ et enfin que I, C et G sont alignés.

★ **53** On envisage un cercle $\mathcal{C}$ de centre O, A un point de $\mathcal{C}$ et une similitude directe S de centre A, distincte d'une homothétie. On désigne alors par $\mathcal{C}'$ le cercle image de $\mathcal{C}$ par S et par O' son centre.

1° Montrer que $\mathcal{C}$ et $\mathcal{C}'$ sont sécants en deux points distincts dont l'un est le point A, l'autre étant noté B par la suite.

2° Soit M un point de $\mathcal{C}$ et M' le point de $\mathcal{C}'$, image de M par S.

a) Comparer les angles $(\overrightarrow{OA}, \overrightarrow{OM})$ et $(\overrightarrow{O'A}, \overrightarrow{O'M'})$.

b) En déduire que les points M, B et M' sont alignés.

d'après BAC

PROBLÈMES

★ **54** Les données fixes du problème sont deux droites parallèles $\mathcal{D}$ et $\mathcal{D}'$ et un point O situé dans le demi-plan ouvert de frontière $\mathcal{D}$ ne contenant pas $\mathcal{D}'$.
À tout point M de $\mathcal{D}$, on fait correspondre le triangle $OM'm$ ainsi défini :

- O, M, M' sont alignés et $M' \in \mathcal{D}'$;
- le triangle $OM'm$ est un triangle rectangle en M', de sens direct et $M'm = OM$.

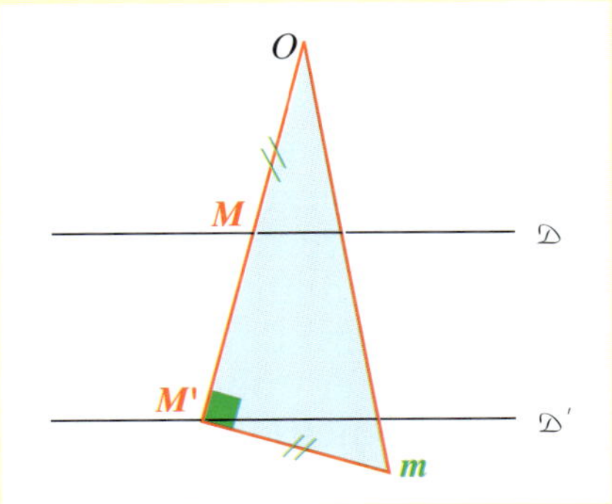

Quel est le lieu géométrique de m, lorsque M décrit $\mathcal{D}$?

Guide de résolution

- Montrer qu'il existe une homothétie h unique de centre O telle que $h(\mathcal{D}) = \mathcal{D}'$, puis que l'angle $(\overrightarrow{OM}, \overrightarrow{Om})$ est constant.

☞ Évaluer d'abord une ligne trigonométrique de $\widehat{MOm}$.

- Étudier alors la correspondance $M \mapsto m$.

55 Le plan complexe est rapporté à un repère orthonormal direct $(O, \vec{i}, \vec{j})$. On désigne par r un réel strictement positif et par θ un réel différent de $k\pi$, pour tout k de $\mathbb{Z}$.
On définit une suite de points du plan $(M_n)_{n\in\mathbb{N}}$ par les conditions :

$$\|\overrightarrow{M_nM_{n+1}}\| = r\,\|\overrightarrow{M_nM_{n-1}}\|$$

et $$(\overrightarrow{M_{n-1}M_n}, \overrightarrow{M_nM_{n+1}}) = \theta.$$

On note v_n l'affixe du vecteur $\overrightarrow{M_nM_{n+1}}$.

1° *a*) Démontrer que $v_n = re^{i\theta}v_{n-1}$, pour tout $n \geqslant 1$.

b) Exprimer v_n en fonction de n, r et θ, pour tout n.

c) Représenter M_n, pour $0 \leqslant n \leqslant 4$, lorsque $\theta = \dfrac{\pi}{4}$ et $r = \dfrac{1}{\sqrt{2}}$.

2° Dans toute la suite, on suppose que $0 < r < 1$ et l'on note z_n l'affixe de M_n.

a) Montrer que $z_n = v_0 + v_1 + \ldots + v_{n-1}$ et en déduire l'expression de z_n en fonction de n, r et θ.

b) Soit Ω le point d'affixe $\omega = \dfrac{1}{1 - re^{i\theta}}$.
Montrer que $\lim\limits_{n \mapsto +\infty} |z_n - \omega| = 0$ et interpréter géométriquement.

c) Montrer qu'il existe une similitude directe f de centre Ω telle que $f(M_{n-1}) = M_n$, pour tout $n \geqslant 1$.
Préciser son angle et son rapport.

d) On suppose que $\theta = \dfrac{\pi}{4}$ et $r = \dfrac{1}{\sqrt{2}}$.
Placer le point Ω et indiquer une construction de M_n à partir de M_{n-1}.
Représenter les points M_n, pour $0 \leqslant n \leqslant 8$.

d'après BAC

★ **56** **Le format commercial**
On considère, dans le plan complexe, le rectangle $OACB$ où A a pour affixe $\sqrt{2}$ et C a pour affixe i.
On note I le milieu de $[O, A]$ et J celui de $[B, C]$.

1° Montrer que les rectangles $OACB$ et $JIAC$ ont le même format. (*Rappel :* le format d'un rectangle est le rapport $\dfrac{\text{longueur}}{\text{largeur}}$.)

2° Soit S la similitude directe d'écriture complexe :

$$z' = -i\frac{\sqrt{2}}{2}z + \frac{\sqrt{2}}{2} + i.$$

a) Donner l'angle et le rapport de S.

b) Préciser les images par S des sommets du rectangle $OACB$.

3° On se propose d'étudier quelques propriétés géométriques du centre de S, noté Ω.

a) Montrer que les cercles de diamètres $[O, J]$, $[B, C]$, $[A, C]$ et $[A, I]$ sont concourants en Ω.

b) On note h la transformation $S \circ S$. Préciser la transformation h et en déduire les alignements suivants :
Ω, C et I; Ω, A et B; O, Ω et L, où L est le milieu de $[A, C]$ et enfin Ω, J et K, où K est le milieu de $[A, I]$.
Montrer que les cercles de diamètres $[B, C]$ et $[A, I]$ sont tangents en Ω et préciser leur tangente commune.

Note : Les feuilles de format commercial A_0, A_1, ... sont des rectangles de format (au sens mathématique) égal à $\sqrt{2}$. Le format A_0 est un rectangle d'aire 1 m² ($L = 118{,}8$ cm, $\ell = 84$ cm). Par pliage, on obtient le format A_1, ..., puis A_4, qui est celui des feuilles de machine à écrire, de classeur, etc. (on a : $L = 29{,}7$ cm, $\ell = 21$ cm, $\dfrac{29{,}7}{21} = 1{,}4142857\ldots$ et $\sqrt{2} = 1{,}4142136\ldots$).

TRUCS & ASTUCES

$z' = az + b$ ($a \in \mathbb{C}^*$, $b \in \mathbb{C}$)

Un moyen simple et rapide pour savoir si $z' = az + b$ est l'écriture complexe d'une similitude directe « familière » (c'est-à-dire dont l'angle se situe parmi $\frac{\pi}{6}, \frac{\pi}{4}, \frac{\pi}{3}$ modulo $\frac{\pi}{2}$) est de calculer $\frac{y}{x}$ lorsque $a = x + iy$ (x, y réels) : on obtient en effet $\tan \theta$, où θ est un argument de a. (Voir Trucs et Astuces, p. 54.)

PIÈGE CLASSIQUE

La composée $h(O, \lambda) \circ r(O, \theta)$ ($h(O, \lambda)$: homothétie de centre O et de rapport λ ($\lambda \in \mathbb{R}^*$); $r(O, \theta)$: rotation de centre O et d'angle θ) est évidemment une similitude de centre O et... de rapport λ et d'angle θ, uniquement si $\lambda > 0$.

Si $\lambda < 0$, le rapport est $-\lambda$, l'angle $\theta + \pi$.

Bref : *le rapport d'une similitude est toujours positif* (par définition).

LA CLÉ DE NOMBREUX PROBLÈMES

Elle réside dans l'interprétation d'une même propriété dans les trois domaines : figures, complexes, similitudes.

Pour le triangle rectangle isocèle et le demi-triangle équilatéral il est impératif d'avoir à sa disposition les résultats développés pages 195 et 199.

QUE CHOISIR ?

De nombreux exercices du BAC sont bâtis sur le modèle suivant :

1. *On introduit une similitude directe par son écriture complexe* $z' = az + b$.
Question type : « Caractériser géométriquement cette application. » (Réponse p. 197 exemple.)

2. *Suit une question plus géométrique...* (propriété d'une figure, lieu, suite de points...) Que choisir pour traiter cette question ? l'écriture complexe ou la définition géométrique de la similitude ?

Voilà notre conseil : faire une tentative géométrique — d'autant plus que la similitude est associée à un triangle de référence : triangle rectangle isocèle ou demi-triangle équilatéral —. En cas d'efforts infructueux, essayer l'écriture complexe sans insister outre mesure (sur un tel thème, si l'encombrement des calculs (justes) devient insupportable, parier pour une méthode géométrique).

LE DOSSIER 3S : SCARABÉE, SIMILITUDE ET SPIRALE

« Eadem mutata resurgo » (« semblable à moi-même, le renais. »)
Nous pouvons maintenant expliquer cette propriété de la **spirale** logarithmique (voir p. 190) :

Les arcs de courbe d'extrémités A, B et A', B' se correspondent par une **similitude** directe de centre O (voir exercice 57 p. 254, chapitre 10).

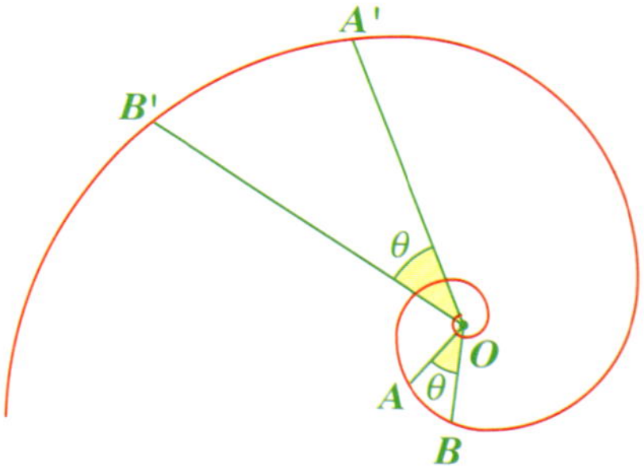

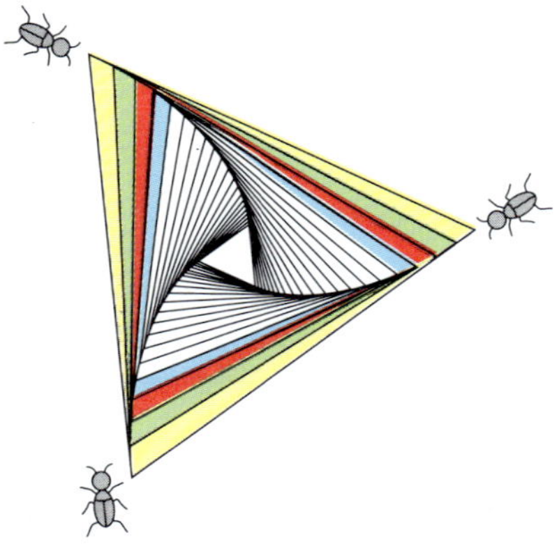

« Trois **scarabées** se déplacent à partir des sommets d'un triangle équilatéral dans le sens des aiguilles d'une montre à une vitesse constante.

À tout instant, pendant la marche des insectes vers leur point de rencontre (au centre du triangle), ils forment les sommets d'un triangle équilatéral et ce triangle diminue et tourne à la fois. Chaque scarabée décrit alors une spirale logarithmique. »

Martin GARDNER.
Scientific American

9

Je sais.
Cependant l'espace
et l'espace mien qui me démange,
continuellement,
bougeons et bouillonnons...

HENRI MICHAUX

Transformations de l'espace

COURS

EXERCICES

INTRODUCTION

9
Transformations
de l'espace

1 OBJECTIFS

Ce chapitre met en place quelques notions sur les **transformations de l'espace** afin de les exploiter dans l'**étude des configurations.**
S'il s'agit donc de la même démarche que celle mise en œuvre dans la Géométrie du plan (voir chapitres 6 à 8), les objectifs sont cependant plus *modestes :*

- Seules les transformations «élémentaires» : *translation, homothétie, réflexion* et *rotation,* sont introduites (sans l'ambition de procéder à une étude systématique).
- Les *objets usuels* de l'espace (tétraèdre, cube, sphère, ...) restent la matière première où vont opérer ces transformations.

2 CONNAISSANCES MISES EN JEU

Solides usuels

Propriétés «classiques» du cube, du tétraèdre, ... concernant l'alignement, le parallélisme, l'orthogonalité, etc. et les relations métriques (distances, angles, ...) familières.

CHAPITRE 3

Barycentre

Notion d'isobarycentre et théorème d'associativité.

CHAPITRE 5

Espace euclidien

- Calcul vectoriel, produit scalaire, repère orthonormal, ...
- Orientation de l'espace et, en particulier, l'orientation d'un plan de l'espace par le choix d'un vecteur normal à ce plan (le procédé est rappelé en cours à la page 218).

CHAPITRES 6 ET 7

Transformations

- Propriétés usuelles des transformations du plan.
- Quelques notions ensemblistes; pour l'essentiel :

— ensemble globalement invariant,
— restriction (par exemple, si une application de l'espace dans lui-même laisse globalement invariant un plan $\mathscr{P}$, elle induit une application du plan $\mathscr{P}$ dans lui-même).

3 ACTIVITÉS PRÉPARATOIRES

Faire subir un quart de tour à un objet de l'espace, observer un plan de symétrie sur un solide, ... sont des exemples de situations où *se visualisent certains aspects des transformations* de l'espace.
Ce que nous voulons dire, c'est que les transformations se manifestent de manière sensible dans l'espace bien avant même de disposer d'une définition «propre» et rigoureuse : c'est ce point de vue qui gouverne les activités proposées ci-après.

ACTIVITÉ 1

1 Cinq cubes identiques ont été accolés pour former l'objet représenté ci-dessous.
Combien admet-il de plans de symétrie?

2 Dans l'image donnée par un miroir (plan), la droite et la gauche sont échangées, mais pas le haut et le bas.
Pourquoi?
Les miroirs feraient bien de réfléchir un peu plus avant de renvoyer les images.
J. COCTEAU

3 **La bonne question**
Le problème aurait pu être :
«Rajouter un seul cube à la construction ci-dessous de façon à obtenir une construction ayant un plan de symétrie.»

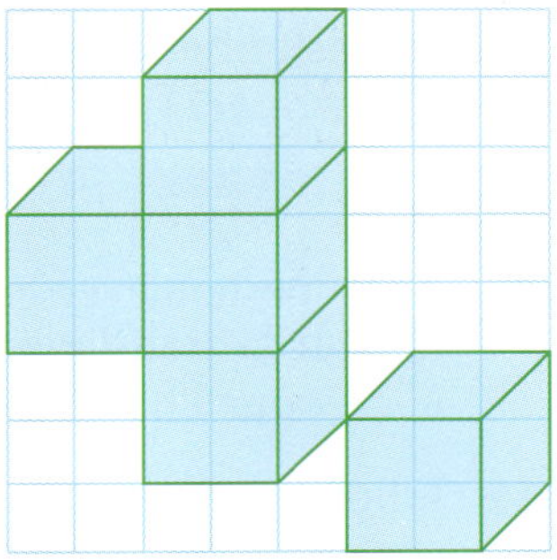

Mais la question est :
«Combien de réponses distinctes admet le problème précédent?»

ACTIVITÉ 2

1 Un prisme droit à base hexagonale régulière porte, sur chacune de ses faces latérales, l'un des symboles : ▲, ■ ou ●.
En faisant tourner le prisme autour de l'axe Δ, on a obtenu les situations :

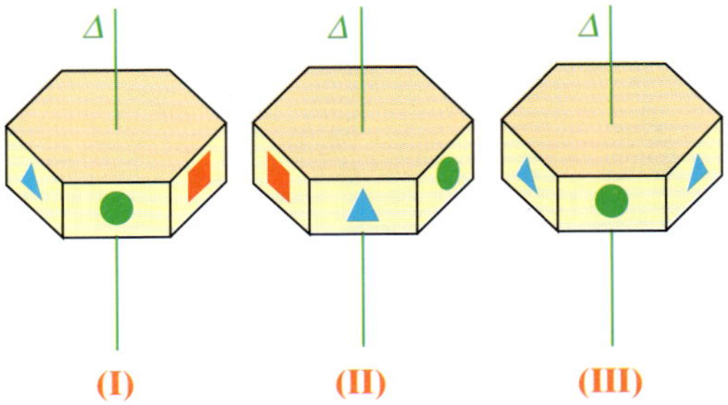

Quelles images obtient-on en faisant subir au prisme, dans chaque cas, un demi-tour autour de Δ?

2 Reproduire la figure ci-après (en tenant compte du quadrillage) et la compléter en traçant les symétriques de M :
— par rapport aux plans de coordonnées;
— par rapport aux axes de coordonnées.

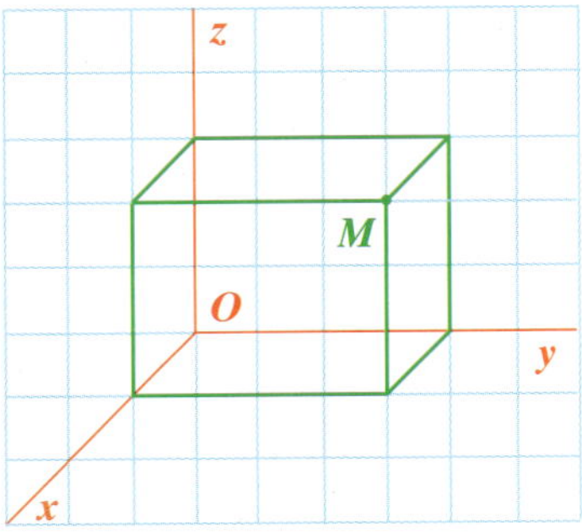

COURS

9
Transformations
de l'espace

TRANSLATIONS HOMOTHÉTIES

I DÉFINITION ET RELATION FONDAMENTALE

Définition 1

La *translation de vecteur* $\vec{u}$ est la transformation de l'espace qui, à chaque point M de $\mathcal{E}$, associe le point M' tel que $\overrightarrow{MM'} = \vec{u}$.
L'*homothétie de centre* O (O point de $\mathcal{E}$) et *de rapport* k (k réel non nul) est la transformation de l'espace qui, à chaque point M de $\mathcal{E}$, associe le point M' tel que $\overrightarrow{OM'} = k\overrightarrow{OM}$.

Notations Nous ne bouleverserons pas les notations familières :
$t_{\vec{u}}$ pour la translation de vecteur $\vec{u}$,
$h_{(O,\,k)}$ pour l'homothétie de centre O et de rapport k.

Symétrie centrale L'homothétie de centre O et de rapport -1 n'est autre que la **symétrie centrale de centre O.** Elle associe, à chaque point M de l'espace, le point M' tel que O soit le milieu de $[M, M']$.

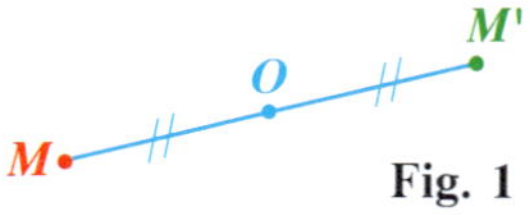

Fig. 1

La relation fondamentale *Soit M et N deux points de $\mathcal{E}$ et M' et N' leurs images par une homothétie ou une translation. Alors :*

- $\overrightarrow{M'N'} = \overrightarrow{MN}$ *dans une translation,*
- $\overrightarrow{M'N'} = k\overrightarrow{MN}$ *dans une homothétie de rapport k.*

Ce sont les mêmes manipulations vectorielles que celles effectuées dans le cadre de la Géométrie plane qui conduisent à de telles relations.
N'insistons pas : rappelons simplement que ce sont *ces* relations qui régulent l'effet d'une translation ou d'une homothétie sur l'alignement, le barycentre, le parallélisme, etc. et qui permettent, jointes à la définition, d'établir les propriétés suivantes[1].

Translatés ou homothétiques ?
Les silhouettes sont translatées l'une de l'autre !
Même quand nous le savons, il nous est très difficile de le percevoir : le tracé de lignes en perspective crée un contexte tridimensionnel qui donne l'impression de figures homothétiques (la silhouette de gauche semble deux fois plus petite que la silhouette de droite, alors qu'elles sont de même taille).

(1) Elles sont énoncées sans démonstrations. Cependant, on trouvera dans l'exercice 6 quelques suggestions de preuves parmi les plus significatives (*i.e.* celles qui sont spécifiques de l'espace : plans, sphères, ...).

2 PROPRIÉTÉS

Points, droites et plans

Par une homothétie ou une translation :

- l'image d'une **droite** est une droite parallèle ;
- l'image d'un **plan** est un plan parallèle.

Les homothéties et les translations conservent :

- l'*alignement* et la *coplanarité ;*
- le *parallélisme* et l'*orthogonalité* (entre droites, entre plans et entre droites et plans) ;
- le *barycentre* et, en particulier, le *milieu.*

Effet sur les grandeurs

Les **translations et les symétries centrales** conservent la *distance :* ce sont des *isométries* de l'espace. Elles conservent également les *aires,* les *volumes* et les *angles géométriques.*

Une **homothétie de rapport k** multiplie les distances par $|k|$, les aires par k^2 et les volumes par $|k|^3$. Elle conserve les angles géométriques.

Images de configurations

Par une homothétie ou une translation :

- l'image d'une **figure usuelle plane** (triangle équilatéral, carré, cercle, ...) est une figure usuelle plane de même nature *située dans un plan parallèle* à celui de la figure initiale ;
- l'image d'un **solide usuel de l'espace** (tétraèdre régulier, cube, sphère, ...) est un solide usuel de même nature.

Par exemple, l'*image de la sphère* de centre Ω et de rayon R est :

— la sphère de centre Ω' et de *même rayon* par une *translation* t avec $\Omega' = t(\Omega)$;

— la sphère de centre Ω', de *rayon* $|k|R$ par une *homothétie* h de rapport k, avec $\Omega' = h(\Omega)$.

Exemples

1 *Le parallélépipède.*

Il est commode d'utiliser la caractérisation suivante du parallélépipède :

« Quatre sommets forment un parallélogramme. Les quatre autres s'en déduisent par translation. »

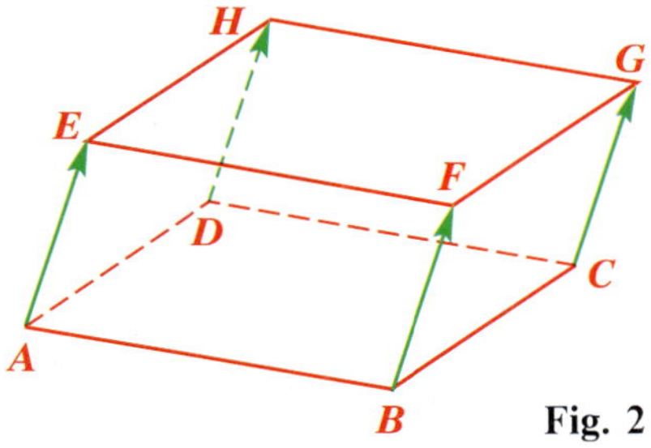

Fig. 2

2 *Quel est le lieu géométrique des milieux des segments* $[A, M]$, *M décrivant un plan $\mathcal{P}$ et A étant un point fixé?*

La propriété « M' milieu de $[A, M]$ » peut être traduite par : « L'homothétie de centre A et de rapport $\frac{1}{2}$ transforme M en M' » $\left(\text{car } \overrightarrow{AM'} = \frac{1}{2}\overrightarrow{AM}\right)$.

Le lieu cherché en découle : il s'agit du plan $\mathcal{P}'$ parallèle à $\mathcal{P}$ passant par l'un quelconque milieu de $[A, M]$, M étant choisi dans $\mathcal{P}$.

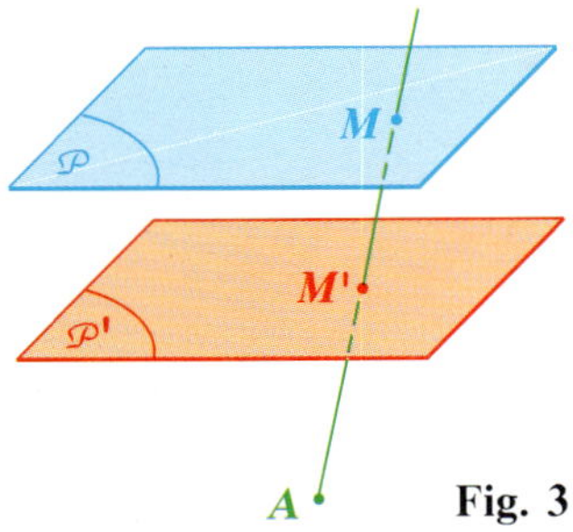

Fig. 3

RÉFLEXIONS

1 DÉFINITION ET PREMIÈRES PROPRIÉTÉS

Définition 2

Étant donné un plan $\mathcal{P}$ de l'espace, on appelle **réflexion de plan** $\mathcal{P}$ (ou encore symétrie orthogonale par rapport à $\mathcal{P}$), la transformation de l'espace qui :
— **laisse invariant** chaque point de $\mathcal{P}$;
— à chaque point M n'appartenant pas à $\mathcal{P}$, associe le point M' tel que $\mathcal{P}$ **soit le plan médiateur de** $[M, M']$.

▪ Rappelons que le **plan médiateur** d'un segment $[A, B]$, lorsque $A \neq B$, est le plan orthogonal à la droite (AB) passant par le milieu de $[A, B]$.
Ce rappel n'en serait pas un sans l'énoncé de la propriété suivante : « Le plan médiateur d'un segment est l'ensemble des points de l'espace à égale distance des extrémités de ce segment. »

▪ On désigne par $S_{\mathcal{P}}$ la réflexion de plan $\mathcal{P}$. Quel que soit le point M de $\mathcal{E}$, *si m est le projeté orthogonal de M sur $\mathcal{P}$*, alors le point $M' = S_{\mathcal{P}}(M)$ est tel que :

m est le milieu de $[M, M']$.

▪ Lorsque $M' = S_{\mathcal{P}}(M)$, on a évidemment $M = S_{\mathcal{P}}(M')$.
On dit simplement que « M et M' sont symétriques par rapport à $\mathcal{P}$ » (observer que ce résultat légitime, *a posteriori*, que $S_{\mathcal{P}}$ est une *transformation* (*i.e.* : une bijection de l'espace)).

Ou encore $S_{\mathcal{P}} \circ S_{\mathcal{P}} = id_{\mathcal{E}}$.

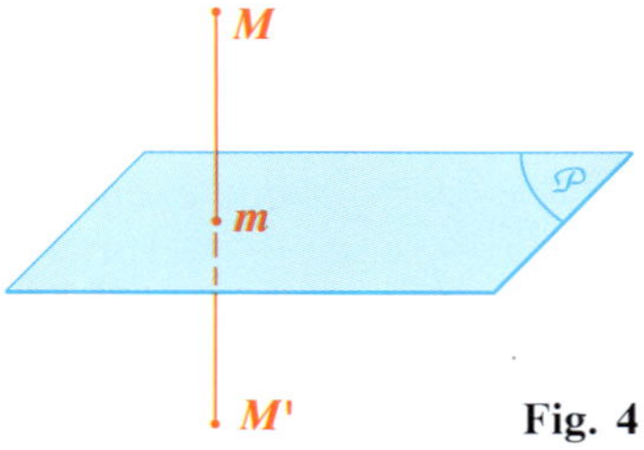

Fig. 4

▪ Lorsqu'une configuration $\mathcal{F}$ de l'espace est globalement invariante par la réflexion $S_{\mathcal{P}}$, on dit que $\mathcal{P}$ **est un plan de symétrie de** $\mathcal{F}$.

2 POUR UNE ÉTUDE DES RÉFLEXIONS

La stratégie analytique

En choisissant un repère orthonormal de l'espace tel que $\mathcal{P}$ soit le plan (xOy) de ce repère, on obtient une expression analytique simple de la réflexion de plan $\mathcal{P}$.
Au point $M(x, y, z)$, $S_{\mathcal{P}}$ associe le point $M'(x', y', z')$ avec :

$$x' = x, \quad y' = y, \quad z' = -z.$$

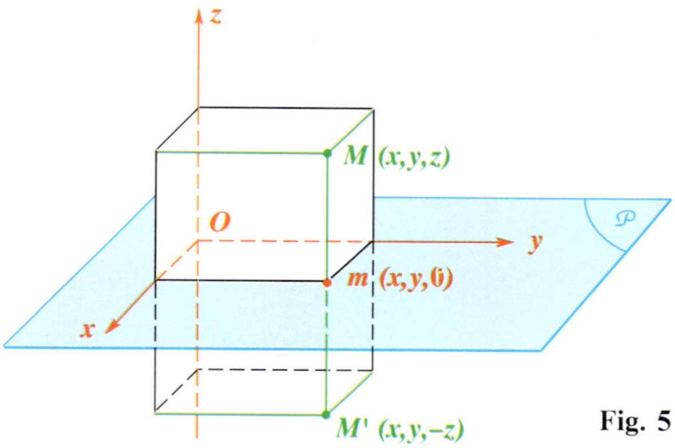

Fig. 5

Commentaire Nous tenons là un exemple pertinent de la **méthode analytique** : « Le choix d'un bon repère permet d'accéder facilement à l'*essentiel des propriétés des réflexions.* »

3 PROPRIÉTÉS DES RÉFLEXIONS

Deux résultats pour l'exemple

Les résultats suivants, outre le fait qu'ils servent de points d'appui pour établir les propriétés d'une réflexion, sont très faciles à obtenir analytiquement[1] :

1. Une réflexion conserve le **produit scalaire :**

$$\overrightarrow{A'B'} \cdot \overrightarrow{A'C'} = \overrightarrow{AB} \cdot \overrightarrow{AC}.$$

2. Une réflexion conserve les **coefficients de colinéarité :**

$$\text{Si } \overrightarrow{AC} = \alpha\overrightarrow{AB} \ (\alpha \text{ réel}), \text{ alors } \overrightarrow{A'C'} = \alpha\overrightarrow{A'B'}.$$

Conséquences

■ Une réflexion plane est une **isométrie de l'espace** (c'est-à-dire une transformation de l'espace qui conserve les distances). Elle conserve donc les *aires,* les *volumes,* les *angles.*

■ Une réflexion plane transforme les *droites en droites,* les *plans en plans* en conservant le *parallélisme* et l'*orthogonalité.*
En particulier :
Une droite et un plan **perpendiculaires** au plan de la réflexion sont globablement invariants par cette réflexion.
Une droite et un plan **parallèles** au plan de la réflexion ont pour images une droite et un plan encore parallèles au plan de la réflexion.

■ Une réflexion conserve le *barycentre.*

■ Les solides usuels de l'espace sont transformés par réflexion en solides de même nature :
l'image d'un *cube* est un cube de même arête;
l'image d'une *sphère* est une sphère de même rayon;
etc.

Remarque

Lorsqu'un rayon lumineux frappe un miroir plan $\mathcal{P}$, le rayon réfléchi et le rayon incident ont pour support des droites symétriques par rapport au plan $\mathcal{P}$.
La réflexion sur un miroir plan a donc tout naturellement laissé son nom à la transformation...

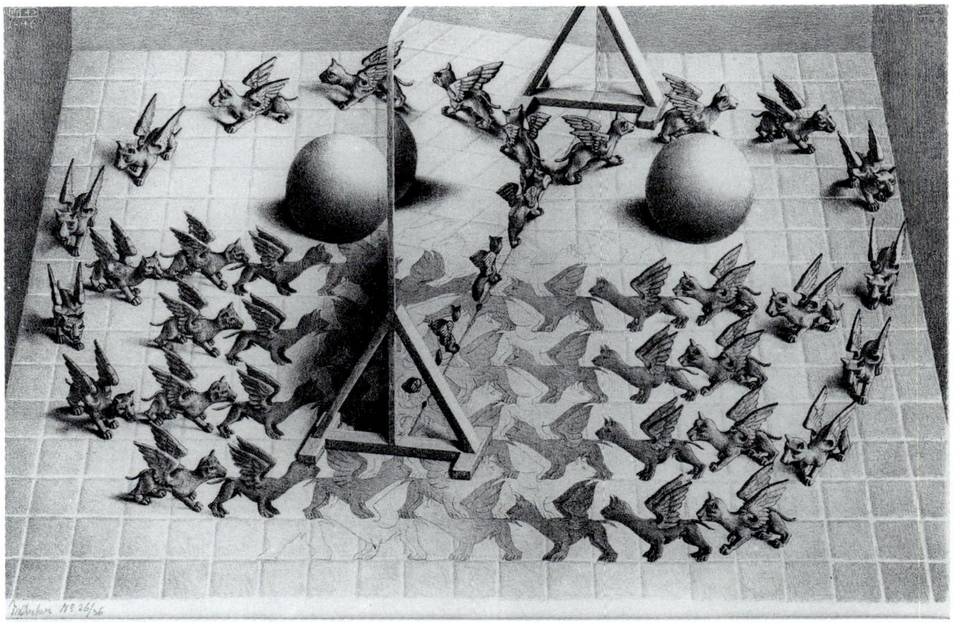

Miroir magique, lithographie de M. C. ESCHER (1946).
C'est une histoire bien compliquée : la réalité et l'image réfléchie sont nées toutes deux dans le miroir. L'image réfléchie devient réalité derrière le miroir...

(1) Les démonstrations sont laissées à titre d'exercices.

ROTATIONS AUTOUR D'UN AXE

I DÉFINITION. GÉNÉRALITÉS

Rappels sur l'orientation

■ Étant donné une droite Δ et $\vec{u}$ un vecteur unitaire de Δ (*i. e.* : $\vec{u}$ est un vecteur directeur de Δ tel que $\|\vec{u}\| = 1$), **tout plan orthogonal à Δ est orienté par $\vec{u}$.** Cela signifie que les repères orthonormaux directs de $\mathcal{P}$ sont tous les repères orthonormaux $(O, \vec{i}, \vec{j})$ de $\mathcal{P}$ tels que $(O, \vec{i}, \vec{j}, \vec{u})$ *soit un repère orthonormal direct de l'espace.*

■ Dans toute la suite, nous réserverons le mot **axe** (ou «axe orienté») à la désignation d'une droite Δ sur laquelle a été choisi un vecteur unitaire.

Définition 3

Soit Δ un axe orienté et θ un nombre réel. La **rotation d'axe Δ et d'angle θ** est la transformation de l'espace qui, à chaque point M, associe le point M' défini de la manière suivante :

Soit $\mathcal{P}_M$ le plan passant par M et orthogonal à Δ et m le point d'intersection de Δ et de $\mathcal{P}_M$. **M' est l'image de M par la rotation plane** (dans le plan $\mathcal{P}_M$) **de centre m** et **d'angle θ.**

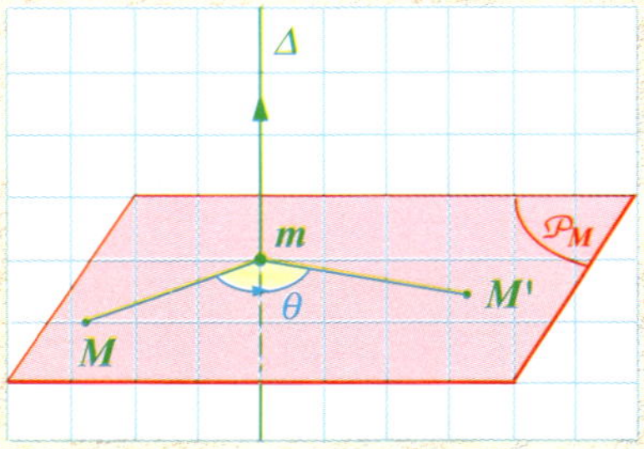

On note $R_{(\Delta,\theta)}$ la rotation d'axe Δ et d'angle θ. Avec les notations de la figure ci-dessus, l'image M' de M par $R_{(\Delta,\theta)}$ est définie par :

— si $M \in \Delta$, $M' = M$;

— si $M \notin \Delta$, M' est le point du plan $\mathcal{P}_M$ défini par les conditions $mM' = mM$ et $(\overrightarrow{mM}, \overrightarrow{mM'}) = \theta$.

Propriétés

1. La rotation d'axe Δ et *d'angle nul* (modulo 2π) est **l'application identique** de l'espace.

2. Lorsque $\theta \neq 0 \ [2\pi]$, les seuls **points invariants** de $R_{(\Delta,\theta)}$ sont *les points de l'axe Δ.*

3. Tout plan perpendiculaire à Δ est globalement invariant par la rotation $R_{(\Delta,\theta)}$. Dans chacun de ces plans, $R_{(\Delta,\theta)}$ coïncide avec la **rotation plane d'angle θ et de centre le point du plan appartenant à Δ :** cette rotation est appelée *rotation induite par la rotation axiale.*

2 ROTATION ET COMPOSÉE DE DEUX RÉFLEXIONS

Étude directe

Soit $\mathcal{P}$ et $\mathcal{P}'$ deux plans de l'espace sécants suivant une droite Δ, $S_{\mathcal{P}}$ et $S_{\mathcal{P}'}$ les réflexions de plans $\mathcal{P}$ et $\mathcal{P}'$ et **f la composée $S_{\mathcal{P}'} \circ S_{\mathcal{P}}$.**
Examinons l'action de f sur un point M de $\mathcal{E}$.

- *Lorsque M appartient à Δ,* M est invariant par $S_{\mathcal{P}}$ et par $S_{\mathcal{P}'}$. On a donc **$f(M) = M$.**

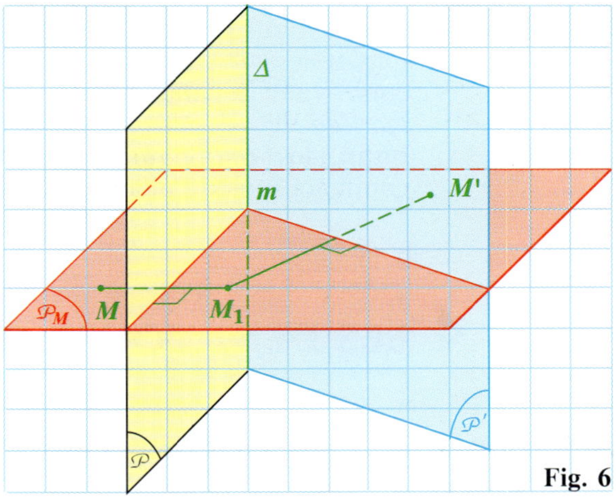

Fig. 6

- *Soit M un point n'appartenant pas à Δ.* Introduisons le plan $\mathcal{P}_M$ passant par M et orthogonal à Δ et définissons, comme l'indique la figure :
  — le point m, intersection de $\mathcal{P}_M$ et Δ,
  — les droites $\mathcal{D}$ et $\mathcal{D}'$ intersections de $\mathcal{P}_M$ avec les plans $\mathcal{P}$ et $\mathcal{P}'$.

Alors, dans le plan $\mathcal{P}_M$, $S_{\mathcal{P}'} \circ S_{\mathcal{P}}$ coïncide avec $S_{\mathcal{D}'} \circ S_{\mathcal{D}}$ qui est une **rotation,** dans le plan $\mathcal{P}_M$, **de centre m.**
Pour évaluer l'angle de cette rotation, orientons Δ à l'aide d'un vecteur unitaire $\vec{u}$, ce qui a pour effet d'orienter le plan $\mathcal{P}$.

Voir chapitre 6, p. 145.

En désignant par $\vec{v}$ et $\vec{v}'$ des vecteurs directeurs de $\mathcal{D}$ et $\mathcal{D}'$, nous savons alors que **$2(\vec{v}, \vec{v}')$ mesure l'angle** de cette rotation. À priori, l'angle obtenu dépend du plan $\mathcal{P}_M$ et donc du point M. Nous admettrons qu'il n'en est rien : *l'angle $\theta = 2(\vec{v}, \vec{v}')$ est indépendant du point M.*

Le point $M' = f(M)$ est donc l'image de M **par la rotation d'axe Δ et d'angle θ.**

Étude réciproque

Réciproquement, on montre (à l'aide du résultat précédent) que toute rotation d'axe Δ peut s'écrire comme la composée de deux réflexions dont les plans passent par Δ, l'un de ces plans pouvant être choisi arbitrairement.

Théorème 1

> La *composée de deux réflexions* de plans sécants suivant une droite Δ est une **rotation d'axe** défini par **Δ.**
>
> Réciproquement, toute *rotation d'axe Δ* peut être considérée comme la **composée de deux réflexions** dont les plans se coupent suivant Δ.

Exemple

Sur le cube

Soit $\mathcal{P}$ et $\mathcal{P}'$ les plans des faces $(ADHE)$ et $(BFHD)$.
La composée $S'_{\mathcal{P}} \circ S_{\mathcal{P}}$ est une rotation d'axe $\Delta = (DH)$ et d'angle...

STOP ! On ne peut rien avancer sur ce sujet tant que l'axe Δ n'est pas orienté.

Reprenons : si l'on choisit d'orienter Δ par le vecteur $\overrightarrow{DH}$, alors l'angle de la rotation $\mathcal{R}$ est $\frac{\pi}{2}$ (il suffit de « regarder » dans le plan $ABCD$ orienté par $\overrightarrow{DH}$; par exemple, A devient C par $\mathcal{R}$ et $(\overrightarrow{DA}, \overrightarrow{DC}) = \frac{\pi}{2}$).

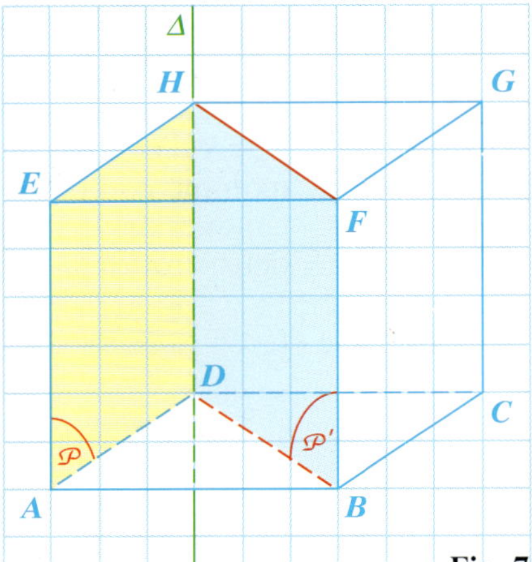

Fig. 7

3 PROPRIÉTÉS GÉOMÉTRIQUES

Le principe Les propriétés des rotations découlent :
— des propriétés des réflexions,
— de la mise en œuvre dans l'espace du « principe de composition » (voir chapitre 6, p. 144) à l'aide du théorème 1.

En résumé Les rotations sont des **isométries** de l'espace ; elles conservent les *distances* (dont acte), les *angles*, les *aires* et les *volumes*. Elles transforment *droites en droites, plans en plans* en conservant le parallélisme et l'orthogonalité ainsi que l'*alignement*, la *coplanarité* et le *barycentre*.
Enfin, les *configurations usuelles* (figures planes ou solides) sont transformées en configurations de même nature.

4 LES DEMI-TOURS OU SYMÉTRIES AXIALES

Généralités

Inutile d'orienter Δ.

■ La rotation d'axe Δ et d'angle π est appelée **demi-tour** d'axe Δ :
— dans chaque *plan perpendiculaire à Δ,* la rotation induite est une *symétrie centrale ;*
— dans chaque *plan contenant Δ,* le demi-tour coïncide avec la *symétrie d'axe Δ.*

■ Le demi-tour d'axe Δ est donc aussi appelé **symétrie d'axe Δ.** En général, il est désigné par S_Δ. On a $S_\Delta \circ S_\Delta = \mathrm{id}_\mathcal{E}$.

■ Lorsqu'une figure $\mathcal{F}$ est invariante par le demi-tour d'axe Δ, on dit que Δ est un **axe de symétrie** de $\mathcal{F}$.

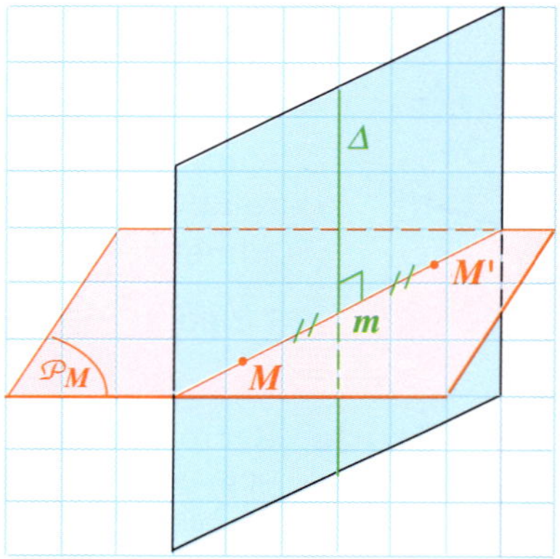

Fig. 8

Théorème 2

> La composée (dans n'importe quel ordre) de deux **réflexions** par rapport à des plans *perpendiculaires* est le **demi-tour** ayant pour axe la *droite d'intersection* des deux plans.

Encore chapitre 6, p. 145.

Ce résultat est un corollaire du théorème 1 : dans tout plan perpendiculaire à la droite d'intersection Δ des deux plans, la composée $S_{\mathcal{P}'} \circ S_\mathcal{P}$ (ou $S_\mathcal{P} \circ S_{\mathcal{P}'}$) induit une symétrie centrale (comme composée dans un ordre quelconque des symétries par rapport à deux droites $\mathcal{D}$ et $\mathcal{D}'$ orthogonales).

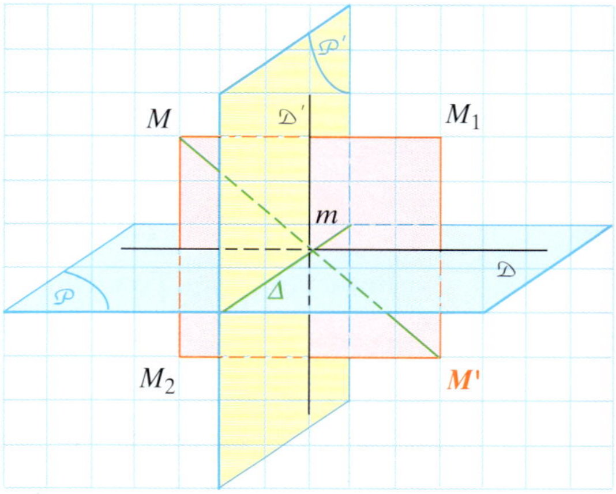

Fig. 9

5 AUTRES EXEMPLES

Les quarts de tour

Les quarts de tour d'axe Δ sont les rotations d'axe Δ et d'**angle** $\frac{\pi}{2}$ et $-\frac{\pi}{2}$ (il existe donc deux quarts de tour d'axe donné).

Remarque : Les quarts de tour viennent rapidement à l'affiche dès que se présente un carré. La raison : un point A, ses images B et D par les quarts de tour d'axe Δ et son image C par le demi-tour d'axe Δ sont les sommets d'un carré.

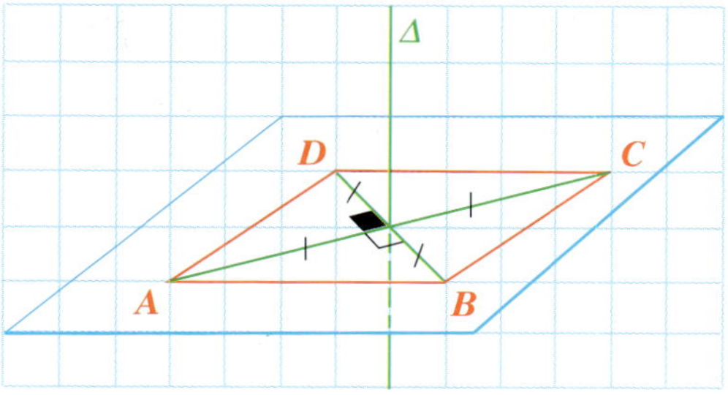

Fig. 10

Rotations et polygones réguliers

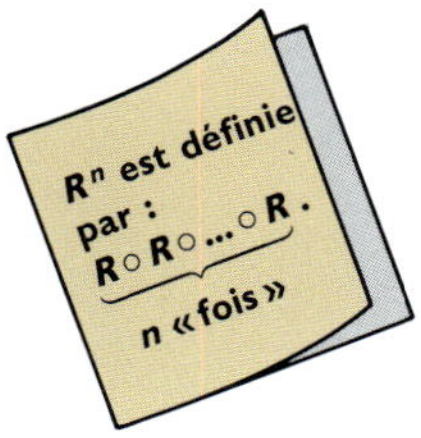

Étant donné un polygone régulier $A_1A_2\ldots A_n$ sur un cercle $\mathcal{C}$ de centre O et Δ l'axe du cercle, les rotations d'*axe* Δ et d'*angles* $\frac{2k\pi}{n}$ *(k entier) invarient* globalement *le polygone.* Une quelconque de ces rotations R vérifie $R^n = \mathrm{id}_{\mathcal{E}}$. On dit que ce sont des rotations d'ordre n.

Le cas $n = 3$: ABC équilatéral. ▶

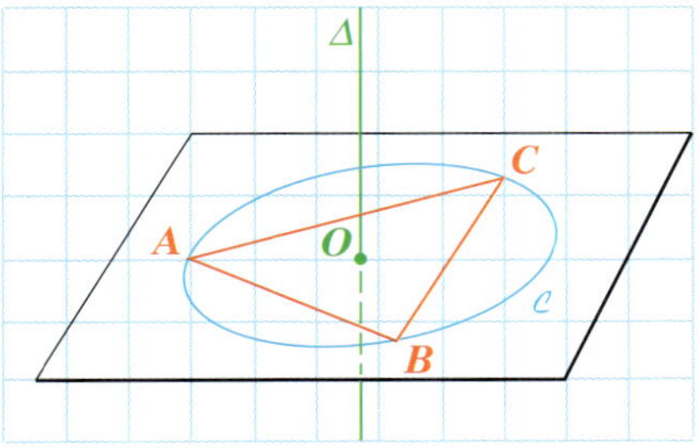

Fig. 11

6 COMPLÉMENT : COMPOSÉE DE RÉFLEXIONS DE PLANS PARALLÈLES

Étude sommaire

Soit $\mathcal{P}$ et $\mathcal{P}'$ deux plans parallèles, A un point de $\mathcal{P}$ et A' le projeté orthogonal de A sur $\mathcal{P}'$. Alors :

- $\overrightarrow{AA'}$ est un vecteur normal à $\mathcal{P}$ et $\mathcal{P}'$ indépendant du choix de A dans le plan $\mathcal{P}$.
- Pour tout point M, on a, en posant $M_1 = S_{\mathcal{P}}(M)$ et $M' = S_{\mathcal{P}'}(M_1)$: $\overrightarrow{MM'} = 2\overrightarrow{AA'}$ (il s'agit d'un résultat de Géométrie plane (voir chapitre 6, p. 145), appliqué dans le plan contenant les droites parallèles (AA') et (MM')).

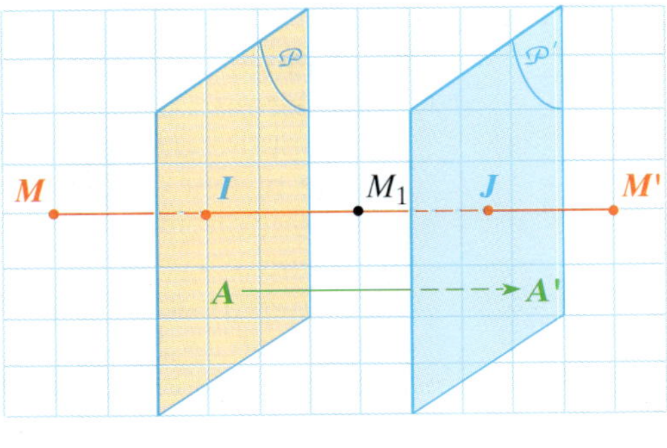

Fig. 12

Ainsi, la translation de vecteur $2\overrightarrow{AA'}$ amène M sur M'.
De façon générale (et semblable à la situation plane) :

Théorème 3

La *composée de deux réflexions de plans parallèles* est une **translation** de vecteur *normal* aux plans.
Réciproquement, toute *translation* de vecteur $\vec{u}$ peut être considérée comme la **composée de deux réflexions de plans parallèles** admettant $\vec{u}$ comme vecteur *normal.*

TRAVAUX PRATIQUES

9
Transformations
de l'espace

A – EXEMPLES D'ÉTUDE DE CONFIGURATIONS DE L'ESPACE

? *Mobiliser les* ***transformations usuelles*** *de l'espace et leurs propriétés élémentaires pour* ***étudier des configurations*** *: voilà l'objet de ce T. P.*
Tout sera dit lorsque nous aurons rajouté que nous nous bornerons à quelques « exemples simples », suivant en cela les indications du programme.

Exercice résolu ***Le tétraèdre équifacial***

Étant donné un tétraèdre ABCD et I, J, K, L, M et N les milieux des arêtes (voir figure), on appelle bimédianes *du tétraèdre les droites (IK), (JL) et (MN) (droites joignant les milieux de deux arêtes opposées).*
Montrer que les propriétés suivantes sont équivalentes[1] :

(1) *Les bimédianes sont les perpendiculaires communes aux arêtes correspondantes.*

(2) *Les arêtes opposées sont de même longueur ($AB = CD$, $AC = BD$ et $AD = BC$) (les faces du tétraèdre sont alors des triangles « identiques » (côtés de même longueur), d'où le nom de tétraèdre équifacial).*

d'après BAC

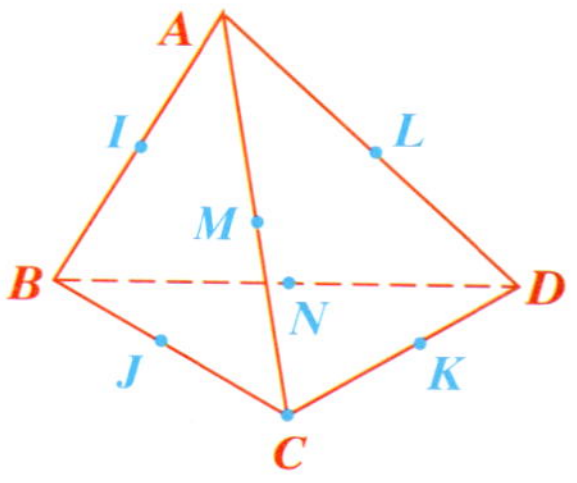

Fig. 13

1. Montrons que la propriété (1) implique la propriété (2).
Considérons, par exemple, la bimédiane (IK). Lorsque l'on suppose (IK) perpendiculaire à (AB) et (CD), comme I est le milieu de $[A, B]$ et K celui de $[C, D]$, il résulte de la définition même d'un demi-tour (voir p. 220) que le **demi-tour d'axe (IK)** transforme A en B et C en D.
La *conservation de la distance* par un demi-tour livre alors l'égalité $AC = BD$.
Il est clair qu'en considérant les demi-tours d'axes (JL) et (MN) on recueillerait les égalités $AB = CD$ et $BC = AD$.

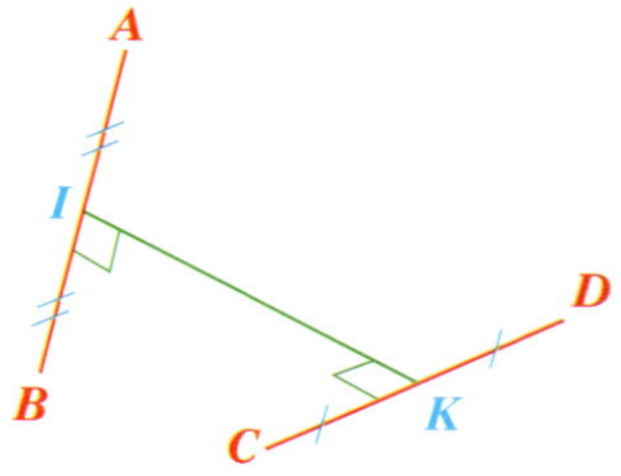

Fig. 14

2. Établissons la réciproque.
Voici les indications annoncées :

« *Établir les égalités* $CA^2 + CB^2 = 2CI^2 + \frac{1}{2}AB^2$ *et* $DA^2 + DB^2 = 2DI^2 + \frac{1}{2}AB^2$. *En déduire que (IK) est orthogonale à (CD). Prouver de même que (IK) est orthogonale à (AB).* »

(1) Les indications utiles sont données dans la suite.

Les égalités proposées sont celles que décrit le théorème de la médiane (voir p. 86) :
— dans le triangle ABC en «privilégiant» le sommet C,
— dans le triangle ABD en «privilégiant» le sommet D.

Il en découle alors que, si l'on a $AC = BD$ et $AD = BC$, alors $CI = DI$, ce qui signifie que le triangle CID est isocèle en I. Par suite, la médiane (IK) de ce triangle est aussi hauteur :

(IK) est donc orthogonale à (CD).

En permutant les rôles de (AB) et (CD) et donc celui de I et de K, on montrerait de même que (IK) *est orthogonale à* (AB).

Et donc, de façon générale, les bimédianes sont les perpendiculaires communes aux arêtes correspondantes.

POINT MÉTHODE

Dans la Géométrie du plan ou de l'espace, les mêmes idées gouvernent l'emploi des transformations dans l'étude de figures : **exprimer en termes de transformations** certaines *propriétés géométriques* (orthogonalité, relations métriques ou angulaires, etc.) ou encore certaines *relations vectorielles* (voir l'exercice du T. P. 1, par exemple).

Cela dit, n'est pas gommée pour autant la difficulté essentielle et spécifique de l'espace : *« La représentation plane d'objets de l'espace appauvrit l'information sur cet objet. »*

Une première nécessité apparaît dès lors : **maîtriser** les quelques propriétés des **objets usuels de l'espace** sur lesquelles pourront s'enclencher bien des études. Nous en donnerons quelques aperçus dans la «Rubrique à BAC» (voir p. 234), mais surtout une synthèse «solide» en fin d'ouvrage (voir «planches espace, pp. 281 et 284).

Bref, nous ne renonçons pas à l'espoir de trouver dans l'espace des **situations de référence** (pour l'usage des transformations) : le titre de notre paragraphe n'est donc pas usurpé.

TP 1

On considère un cube $ABCDEFGH$, on appelle O_1 et O_2 les centres respectifs des faces $ADHE$ et $BCGF$.
Soit N un point du segment $[HF]$ et P un point du segment $[AC]$ définis par $\overrightarrow{HN} = k\overrightarrow{HF}$ et $\overrightarrow{AP} = k\overrightarrow{AC}$, où $k \in [0, 1]$.

1° Montrer que N est barycentre du système des points pondérés $\{(H, 1-k), (F, k)\}$ et que P est barycentre du système des points pondérés $\{(A, 1-k), (C, k)\}$.

2° Soit d le demi-tour d'axe $(O_1 O_2)$.
Quelles sont les images par d des points A, C et P?

3° I étant le milieu du segment $[NP]$, montrer que $\overrightarrow{HN} + \overrightarrow{AP} = 2\overrightarrow{O_1 I}$, puis que

$$\overrightarrow{HF} + \overrightarrow{AC} = 2\overrightarrow{O_1 O_2}.$$

En déduire que $\overrightarrow{O_1 I} = k\overrightarrow{O_1 O_2}$, $k \in [0, 1]$.
Quel est l'ensemble des points I lorsque k décrit l'intervalle $[0, 1]$?

BAC

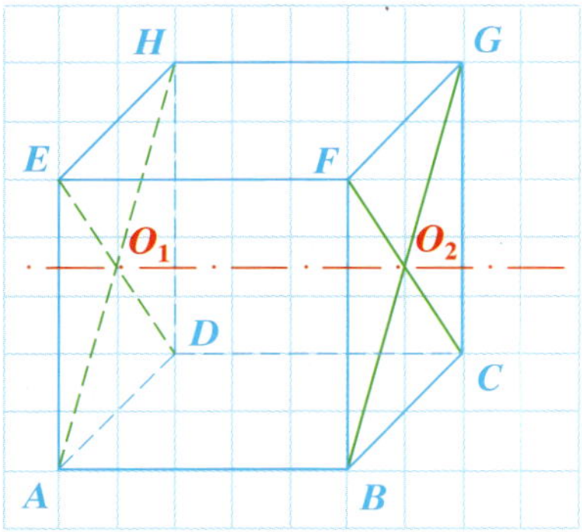

B – EXEMPLES DE RECHERCHE DE SYMÉTRIES OU DE ROTATIONS LAISSANT INVARIANT UN SOLIDE USUEL

? *Il n'est pas une affaire inouïe de citer des plans de symétrie du tétraèdre régulier ou des rotations laissant un cube globalement invariant. Ce n'est pas en ces termes que se pose le problème général abordé dans ce T. P. Il s'agit plutôt d'esquisser une* ***démarche*** *permettant de déterminer* ***toutes les réflexions (ou rotations)*** *qui laissent globalement invariant un solide usuel donné.*

Exercice résolu *Il s'agit de déterminer toutes les réflexions et les rotations qui laissent globalement invariant un tétraèdre régulier :*

- *Nous désignons par ABCD le tétraèdre régulier (rappelons que cela signifie que les arêtes ont toutes même longueur) et par I, J, etc. les milieux des arêtes (voir figure 15).*

- *Les diverses étapes de la recherche sont consignées ci-après, où f désigne une réflexion ou une rotation du tétraèdre c'est-à-dire une réflexion ou une rotation qui laisse l'ensemble $\{A, B, C, D\}$ globalement invariant.*

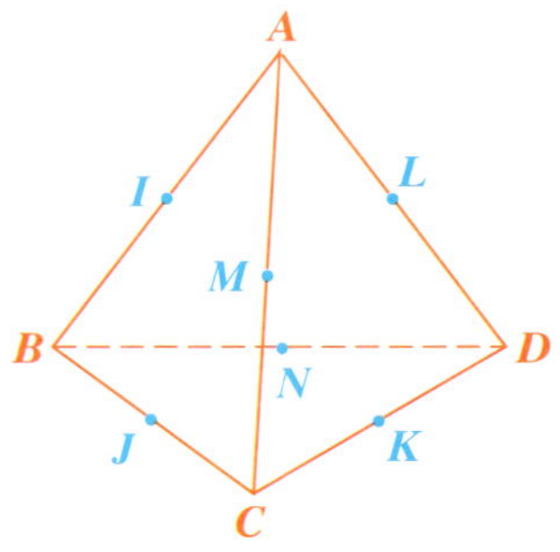

Fig. 15

1. Points invariants

Montrer que le centre de gravité O du tétraèdre est invariant par f. En déduire que tout plan de symétrie et tout axe de rotation du tétraèdre passent par O.

Comme f est bijective, nous avons l'égalité $\{f(A), f(B), f(C), f(D)\} = \{A, B, C, D\}$. C'est la propriété de conservation du barycentre (voir p. 220) qui permet d'affirmer que $f(O) = O$, autrement dit que O est invariant par f.
Le résultat annoncé découle alors immédiatement de la connaissance des points invariants d'une rotation (axe) et d'une réflexion (plan).

2. Recherche des réflexions

Montrer que les six plans médiateurs des arêtes sont les seuls plans de symétrie du tétraèdre.

Le plan médiateur de $[C, D]$, par exemple, passe par K et par A et B (puisque $AC = AD$ et $BC = BD$). Alors, par définition, si S est la réflexion par rapport à ce plan, $S(A) = A$, $S(B) = B$, $S(C) = D$ et $S(D) = C$. La réflexion S invarie donc le tétraèdre. Nous obtenons, de cette manière, **six plans de symétrie** (puisque il y a six arêtes).
Montrons que ce sont les seuls.
Il est plus qu'évident qu'une réflexion du tétraèdre ne peut fixer tous les sommets. Un sommet au moins est donc transformé en un autre sommet. Or, seule la réflexion par rapport au *plan médiateur de l'arête* ainsi définie est capable d'une telle prouesse. On retrouve donc l'une des six réflexions que nous venons de décrire.

3. Recherche des rotations

a) Montrer qu'il existe neuf rotations (en comptant l'identité $\mathrm{id}_{\mathcal{E}}$ *de l'espace) qui laissent fixe l'un des sommets du tétraèdre. Préciser l'axe et l'angle.*

b) Montrer que les bimédianes du tétraèdre sont des axes de symétrie.

c) Établir que ces douze rotations sont les seules qui invarient le tétraèdre.

a) Si une rotation f, autre que $\mathrm{id}_{\mathcal{E}}$, invarie le sommet A (par exemple), alors, comme de plus f fixe le centre O du tétraèdre (voir **1.**), *nécessairement* (OA) *est l'axe de la rotation.*

Or c'est une propriété «classique» du tétraèdre régulier (voir l'exercice résolu, par exemple, p. 124), la droite (OA) perce orthogonalement le plan (BCD) au centre Ω du triangle équilatéral BCD. De ce fait (voir cours, p. 218), f induit une rotation r dans le plan (BCD). Comme f invarie globalement l'ensemble $\{B, C, D\}$, r est soit la rotation de centre Ω et d'angle $\frac{2\pi}{3}$, soit la rotation de centre Ω et d'angle $-\frac{2\pi}{3}$(1).

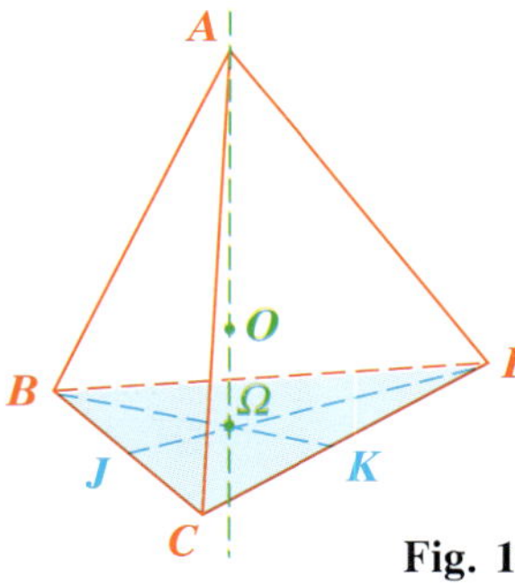

Fig. 16

Ainsi, les rotations du tétraèdre qui invarient le sommet A sont : **l'identité et les deux rotations d'axe (OA) et d'angles $\frac{2\pi}{3}$, et $-\frac{2\pi}{3}$.**

On obtient ainsi *neuf rotations (en comptant* $\mathrm{id}_{\mathscr{E}}$*) qui laissent fixe l'un des sommets du tétraèdre.*

b) En ce qui concerne les bimédianes, on peut reconduire la démonstration effectuée dans le T. P. A, puisque manifestement un tétraèdre régulier est équifacial : *les demi-tours autour des bimédianes invarient le tétraèdre.*
De plus, si l'on veut bien admettre qu'il n'existe qu'un gabarit de tétraèdre régulier dont la longueur commune des arêtes est donnée, la figure 17 apporte une preuve supplémentaire (outre le fait qu'elle permet de visualiser facilement les axes de symétrie du tétraèdre).

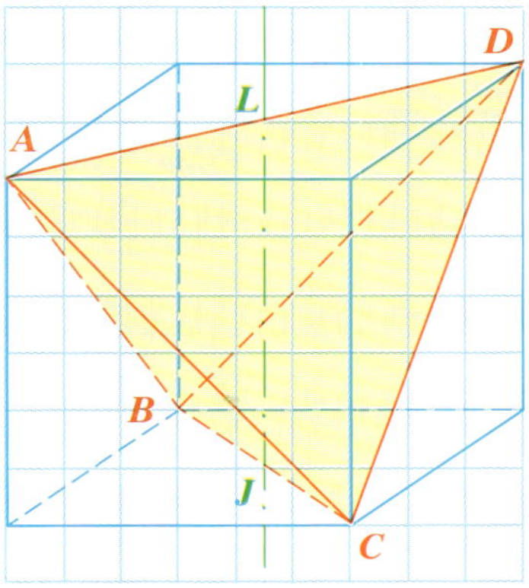

Fig. 17

c) Montrons qu'il n'existe pas d'autres rotations du tétraèdre.
Soit f une rotation du tétraèdre.
Si f invarie l'un des sommets, alors f est l'une des rotations obtenues en *a*), comme l'a déjà prouvé l'étude menée dans ce paragraphe. Sinon... c'est un peu plus compliqué et nous vous renvoyons à l'exercice 1 du T. P. 2 qui établit alors que f est l'un des demi-tours autour des bimédianes.

POINT MÉTHODE

L'avantage de l'exemple précédent (poursuivi dans le T. P. 2) est de souligner d'entrée la *difficulté du problème* général : «Recherche des rotations (ou des réflexions) invariant une configuration donnée.»
En fait, les eaux sont encore plus troubles qu'il n'y paraît, comme le montrera la diversité des arguments utilisés (combinatoire, composition de transformations, technique des «cas possibles» (voir exercice 2 du T. P. ci-après)...). Et donc (partout, tout le temps), selon la formule consacrée, «toutes les indications utiles seront fournies».
Dégageons cependant, à l'état de pistes, deux idées simples qui, on le verra à l'usage, s'avèreront efficaces dans chaque situation :

- **La recherche de points fixes.**
L'*idée :* si l'on sait qu'une rotation fixe le point O, alors on sait que son axe passe par O.
L'*outil majeur :* la conservation du barycentre.
- **L'usage des propriétés de conservation :** par exemple, l'image d'un carré par une réflexion est un carré. Et donc, toute réflexion du cube transforme une face en une face (voir exercice 2 du T. P. 2). Où est l'intérêt? Au lieu de «travailler» avec **8** sommets, on opère avec **6** faces.
(Et si le gain peut sembler dérisoire, l'usage montrera que, dans ce genre de problèmes, on n'est jamais «gagne-petit»...)

(1) L'orientation de (OA) étant fixée.

TP 2

1 Le tétraèdre régulier (suite et fin)

Soit f une rotation du tétraèdre régulier ne fixant aucun sommet.
On désigne par Δ l'axe de la rotation f.

1° Montrer que Δ ne passe par aucun des sommets et n'est orthogonal à aucune face du tétraèdre.

☞ Δ passe par le centre O du tétraèdre...

2° Soit S un sommet quelconque du tétraèdre.
On pose $S_1 = f(S)$, $S_2 = f(S_1)$.

a) Montrer que $S_1 \neq S$, $S_2 \neq S_1$ et que $\Delta \perp (SS_1)$ et $\Delta \perp (SS_2)$.

b) En déduire que $S_2 = S$.

☞ Supposer S, S_1, S_2 distincts deux à deux.

Prouver que Δ serait alors orthogonal à une face.

3° Montrer que f est un demi-tour autour de l'une des bimédianes.

2 Les réflexions du cube

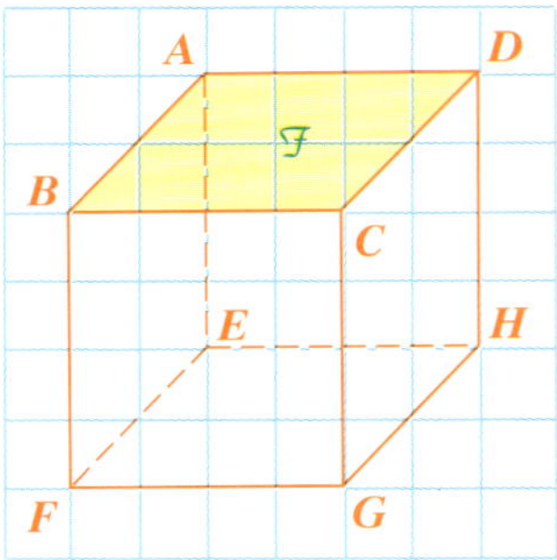

Soit S une réflexion invariant le cube, et $\mathcal{P}$ le plan de S.

1° Montrer que $\mathcal{P}$ passe par le centre du cube.

☞ Barycentre.

2° Soit $\mathcal{F}$ la face (ABCD).
Montrer que $S(\mathcal{F})$ est encore une face du cube.

3° Rechercher, dans chaque cas, les réflexions S du cube telles que :

a) $S(\mathcal{F}) = \mathcal{F}$;

b) $S(\mathcal{F})$ est parallèle à $\mathcal{F}$ et $S(\mathcal{F}) \neq \mathcal{F}$;

c) $S(\mathcal{F})$ est perpendiculaire à $\mathcal{F}$.

4° En déduire que le cube admet neuf plans de symétrie que l'on décrira.

Isométries et cristallographie

Les atomes d'un cristal sont disposés selon un réseau régulier et répétitif possédant de multiples «symétries» (terme qui, en cristallographie, est utilisé à la place d'isométrie). On distingue les **«symétries» ponctuelles** qui concernent l'arrangement des atomes autour de chaque point et les **«symétries de translation»** qui traduisent la périodicité spatiale du réseau dans certaines directions. La classification en 230 types distincts (!) de symétries cristallines joue un rôle essentiel en Physique de l'état solide.

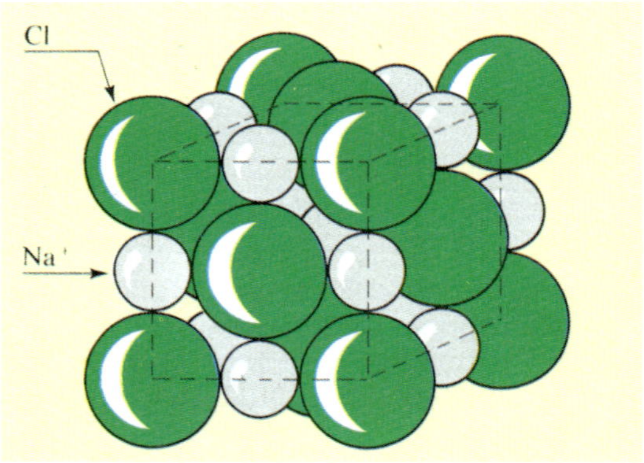

Structure d'un cristal de chlorure de sodium.

À signaler : les quasi-cristaux (qui ne possèdent pas la structure en réseau régulier des vrais cristaux) ont été découverts d'abord mathématiquement (Penrose), avant que Schechtmann et les chercheurs de Péchiney les rencontrent sur un alliage d'aluminium et de manganèse...

Quoi qu'il en soit, les cristallographes vont devoir potasser des formes exotiques des mathématiques.

John MADDOX.

APPLICATIONS DIRECTES DU COURS

De nombreux problèmes font appel au cube. Sauf dans quelques cas signalés, exercices du BAC *notamment, nous utiliserons le cube standard ci-contre ABCDEFGH ou ABCDA′B′C′D′.*

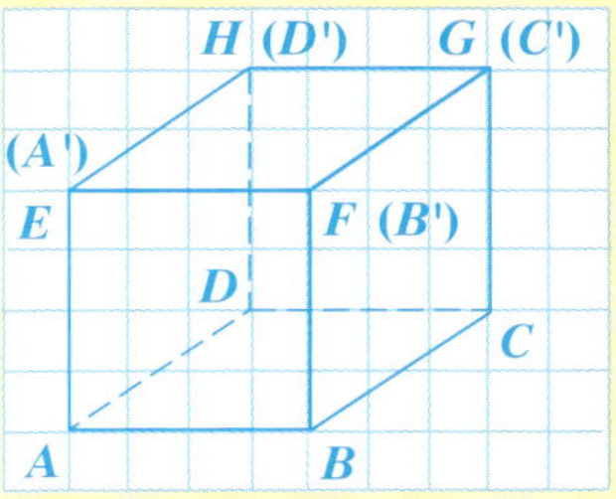

Translations - Homothéties

1 Soit trois points A, B et C de $\mathcal{E}$.
Identifier les transformations $M \mapsto M'$:
a) $\overrightarrow{MM'} = 2\overrightarrow{MA} - \overrightarrow{MB} - \overrightarrow{MC}$;
b) $\overrightarrow{MM'} = \overrightarrow{MA} + \overrightarrow{MB} + \overrightarrow{MC}$.

2 Représenter un cube standard et marquer un point I du segment $[A, G]$ distinct de A et G.
Représenter l'image du cube par :
— la translation de vecteur $\overrightarrow{GI}$;
— l'homothétie de centre A qui transforme G en I;
— l'homothétie de centre A qui transforme I en G.

3 Le point M décrit la face $ADHE$ du cube.
Représenter, dans chaque cas, l'ensemble des points M' :
a) $MAFM'$ est un parallélogramme;
b) $MAM'G$ est un parallélogramme;
c) M' est le milieu de $[G, M]$.

4 On considère un tétraèdre $ABCD$ et les milieux I, J et K des arêtes $[A, B]$, $[A, C]$ et $[A, D]$.
Exprimer l'aire du triangle IJK en fonction de celle du triangle BCD.

5 Soit S une sphère et A un point de S.
Quel est le lieu des symétriques de A par rapport aux points de S?

6 Établir les résultats suivants énoncés en cours (voir p. 214) :
Par une homothétie ou une translation :
(1) L'image d'une droite est une droite parallèle.
(2) L'image d'un plan est un plan parallèle.
(3) L'image d'une sphère est une sphère (préciser les relations entre les rayons).

☞ Ne pas oublier de mobiliser les résultats de Géométrie plane. Par exemple, pour (1), si la droite $\mathcal{D}$ ne passe pas par O, travailler dans le plan $(O, \mathcal{D})$.

Réflexions

7 On considère un tétraèdre $ABCD$, où $AB = AC$ et $DB = DC$.
1° Tracer la section du tétraèdre par le plan $\mathcal{P}$ de la réflexion $S_{\mathcal{P}}$ qui échange B et C.
2° Soit I un point de $[A, C]$, J un point de $[C, D]$ (I et J étant distincts des sommets).
Expliquer le tracé de l'image de la droite (IJ) par $S_{\mathcal{P}}$.

★ **8** Sur le cube, on note I le symétrique de H par rapport à la face $(ABCD)$.
Tracer la section du cube par le plan de la réflexion qui échange I et F.

☞ Représenter le symétrique du cube par rapport à la face $(ABCD)$ et rechercher des points «visiblement» dans le plan médiateur de $[I, F]$.

9 Montrer que, dans une réflexion, une droite et son image sont coplanaires.
Quelles sont les droites globalement invariantes?

10 Quels sont les plans globalement invariants par une réflexion?
Préciser alors la transformation induite.

★ **11** **Allez les vers!**
(D'après *Le petit Archimède*, n°s 39-40.)

Une pomme parfaitement sphérique, de 3 cm de rayon, a été rongée par un ver, qui y a creusé une galerie de moins de 6 cm de long depuis le point d'entrée E jusqu'au point de sortie S.
Il s'agit de montrer que l'on peut découper un hémisphère de la pomme non visité par l'hôte indésirable...

☞ Soit E' le point de la sphère diamétralement opposé à E et $\mathcal{P}$ le plan médiateur de $[S, E']$.
Montrer que l'hémisphère délimité par $\mathcal{P}$ contenant E' répond à la question (raisonner par l'absurde).

12 On considère un plan $\mathcal{P}$, un point O de $\mathcal{P}$ et $\vec{n}$ un vecteur normal à $\mathcal{P}$ et unitaire.
Prouver que l'application $M \mapsto M'$ définie par :
$$\overrightarrow{OM'} = \overrightarrow{OM} - 2(\overrightarrow{OM} \cdot \vec{n})\vec{n}$$
est la réflexion de plan $\mathcal{P}$.

Rotation ; composée de réflexions

Dans les exercices 13 *et* 14, *on considère un tétraèdre* $ABCD$ *tel que* $AB = BC = CD = DB$ *et* (AB) *est orthogonale au plan* (BCD) *noté* $\mathscr{P}$.

13 Prouver qu'il existe une rotation r telle que $r(A) = A$, $r(B) = B$ et $r(C) = D$.
Préciser son axe et son angle (au signe près).
Construire un point I du plan (BCD) tel que $r = S_{(ABI)} \circ S_{(ABC)}$.

14 Montrer qu'il existe une rotation R d'axe (BD) transformant A en C et que $R(C) = S_{\mathscr{P}}(A)$.
Préciser quelle est la transformation $R \circ R$.

15 Quels sont les plans globalement invariants par une rotation d'axe Δ ?

☞ Distinguer le cas où la rotation est un demi-tour.

16 Préciser chacune des transformations suivantes définies à partir du cube :

$$S_{(ABE)} \circ S_{(ABC)} \; ; \; S_{(AEF)} \circ S_{(EGC)} \; ;$$
$$S_{(AEG)} \circ S_{(BDF)} \; ; \; S_{\mathscr{P}} \circ S_{(AEG)} \; ;$$

où $\mathscr{P}$ est le plan médiateur de $[A, B]$.

17 Soit $ABCD$ un tétraèdre régulier et I le milieu de $[B, C]$.

1° Montrer que la composée $S_{(ADI)} \circ S_{(ABD)}$ est une rotation transformant B en C.

2° Préciser son axe et le cosinus de son angle.

☞ Introduire le milieu de $[A, D]$.

Demi-tour, quart de tour

18 Préciser les axes des symétries échangeant deux points distincts.

★ **19** On considère, dans le plan médiateur $\mathscr{P}$ de $[A, B]$, le cercle Γ centré au milieu de $[A, B]$ et de rayon $a = \dfrac{AB}{2}$.
Montrer que toute tangente à Γ (contenue dans $\mathscr{P}$) est l'axe d'un quart de tour amenant A sur B.

20 La droite Δ perce orthogonalement en Ω le plan (BCD) et l'on suppose de plus qu'elle est parallèle au plan (ABD).
Construire l'image du tétraèdre $ABCD$ par le demi-tour d'axe Δ, après avoir reproduit la figure ci-dessous, en tenant compte du quadrillage.

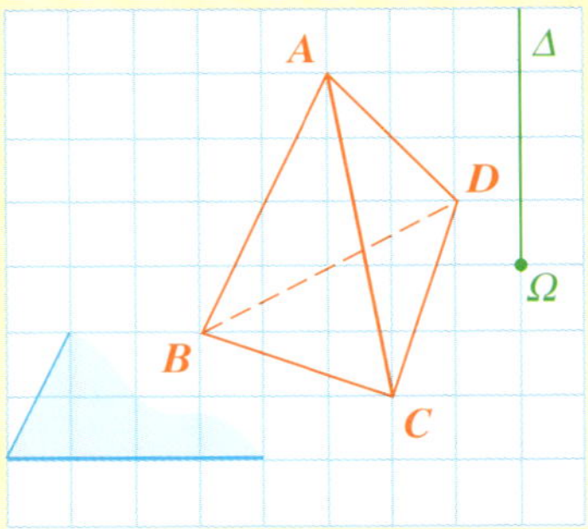

21 Dans la figure ci-dessous, la droite Δ perce orthogonalement en A le plan sur lequel repose le cube.

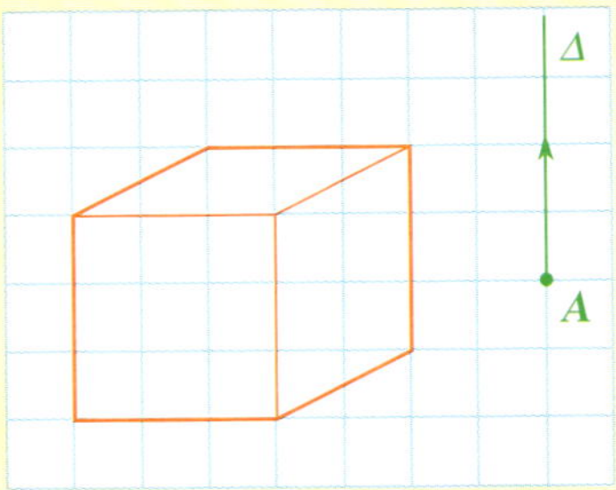

Reproduire la figure en tenant compte du quadrillage et représenter l'image du cube par le quart de tour d'axe Δ orienté comme indiqué.

22 **Analytique**
Soit Δ une droite de $\mathcal{E}$ que l'on munit d'un repère orthonormal $(O, \vec{i}, \vec{j}, \vec{k})$ tel que O est un point de Δ et $\vec{k}$ un vecteur directeur de Δ.
Montrer que la symétrie d'axe Δ associe au point $M(x, y, z)$ le point $M'(x', y', z')$, avec $x' = -x$, $y' = -y$, $z' = z$.

Translation comme composée de réflexions

Les exercices 23 *à* 25 *portent sur le cube.*

23 Quelle est la nature de l'application $S_{(AFH)} \circ S_{(BGD)}$?

24 Représenter le plan $\mathscr{P}$ tel que $t_{\overrightarrow{AB}} = S_{\mathscr{P}} \circ S_{(AHDE)}$ et préciser la transformation $S_{\mathscr{P}} \circ S_{(BCGF)}$.

25 Quelles sont les transformations $S_{(ADHE)} \circ S_{(ABFE)}$ et $S_{(ABFE)} \circ S_{(BCGF)}$?
En déduire que la composée de la symétrie d'axe (BF) par la symétrie d'axe (AE) est la translation de vecteur $2\overrightarrow{BA}$.

EXERCICES

Vrai/Faux

26 Un tétraèdre régulier admet un centre de symétrie.

27 Deux cercles de même rayon se correspondent toujours par une translation.

28 La seule réflexion échangeant les plans des faces $(ABFE)$ et $(ADHE)$ du cube standard est la réflexion de plan (AEC).

29 Un prisme droit dont la base est un triangle équilatéral admet exactement trois plans de symétrie.

30 Une symétrie centrale est une rotation d'angle π.

31 Il n'y a qu'un demi-tour échangeant deux points distincts.

32 Si la rotation d'axe Δ laisse globalement invariant un plan passant par Δ, elle invarie tous les plans passant par Δ.

33 Quelle que soit la face $\mathcal{F}$ du cube, la composée $S_{(ACGE)} \circ S_{\mathcal{F}}$ est un quart de tour ou un demi-tour.

34 La composée de deux réflexions est toujours une rotation ou une translation.

La technique mise à l'épreuve

35 Montrer que les centres de gravité des faces d'un tétraèdre $ABCD$ sont les sommets d'un tétraèdre homothétique au premier.

☞ Solliciter l'isobarycentre des sommets A, B, C et D.

Dans les exercices 36 *et* 37, *l'espace est muni d'un repère orthonormal et A est le point* $A(1, 1, 1)$.

36 Étudier le tétraèdre $ABCD$ où B, C et D sont les symétriques de A par rapport à (Ox), (Oy) et (Oz).

37 Trouver le plus petit ensemble de points contenant A et ayant la propriété d'être globalement invariant par les réflexions de plans (xOy), (yOz) et (zOx).

38 Soit $ABCD$ un tétraèdre régulier et $\mathcal{P}$ le plan médiateur de $[A, D]$.
Inscrire, dans chaque case □, une lettre prise parmi A, B, C et D de façon à obtenir une affirmation vraie :
$S_{(\square\square\square)} \circ S_{\mathcal{P}}$ est la rotation d'axe $(\square\square)$ qui amène □ sur □.

☞ Il y a deux solutions.

39 Représenter un cube $ABCDEFGH$ et le point I milieu de $[E, H]$.
Construire le point M de la face $(ABCD)$ qui minimise la longueur du trajet $IM + MG$.

☞ Songer au problème analogue dans le plan.

40 On considère un trièdre trirectangle et $S_{(Ox)}$, $S_{(Oy)}$ et $S_{(Oz)}$ les demi-tours d'axe (Ox), (Oy) et (Oz).
En écrivant chaque demi-tour comme composé de deux réflexions par rapport à des plans bien choisis, montrer que :

$$S_{(Ox)} \circ S_{(Oy)} = S_{(Oy)} \circ S_{(Ox)} = S_{(Oz)} .$$

41 La droite Δ perce orthogonalement le plan $\mathcal{P}$ en O. On désigne par $S_{\mathcal{P}}$: la réflexion de plan $\mathcal{P}$, S_{Δ} : la symétrie d'axe Δ, S_O : la symétrie de centre O.
Montrer que la composée, dans un ordre quelconque, de deux de ces transformations est égale à la troisième.

★ **42** Trois miroirs M_1, M_2 et M_3 forment un trièdre trirectangle ; un rayon lumineux se réfléchit successivement sur M_1, M_2 et M_3 :

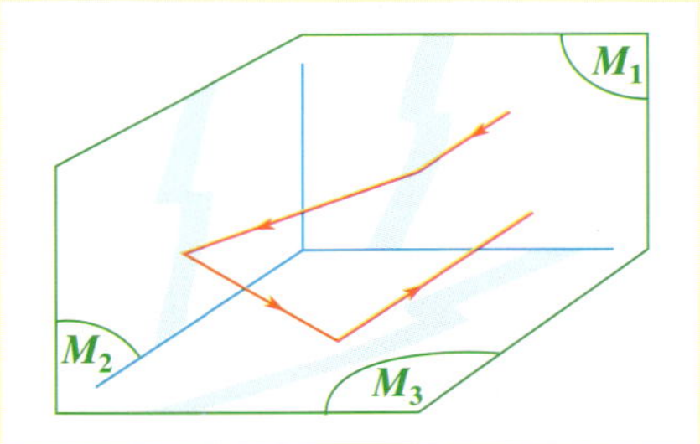

Expliquer pourquoi le rayon réfléchi sur M_3 est parallèle au rayon incident.

☞ Voir la remarque du cours de la page 217 et l'exercice précédent.

★ **43** **Casse-tête**
Sur une planète sphérique, les mers et océans couvrent une superficie totale plus grande que celle des terres.
Montrer que l'on peut trouver deux points de la planète, diamétralement opposés, tous deux situés en pleine mer.

Étude de figures

44 Combien de faces ?

On dispose d'une pyramide carrée dont toutes les arêtes ont pour longueur a et d'un tétraèdre régulier d'arête a également. On colle ces deux solides de manière à faire coïncider deux de leurs faces :

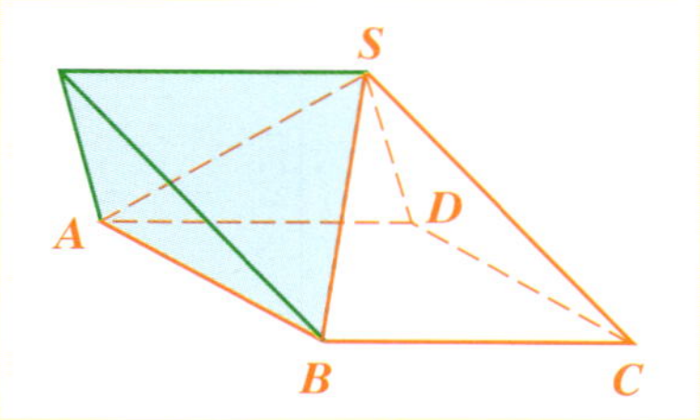

Combien de faces comporte le solide ainsi construit ?

☞ Soit Ω l'image de S par la *translation* de vecteur $\overrightarrow{CB}$.
Montrer que ΩABS est un tétraèdre régulier.

45 Milieux de segments

On considère tous les segments $[M, N]$ où M décrit une plaque carrée $ABCD$ de centre O et N le segment $[O, E]$, (OE) étant perpendiculaire au plan de la plaque.
Représenter l'ensemble des milieux des segments $[M, N]$.

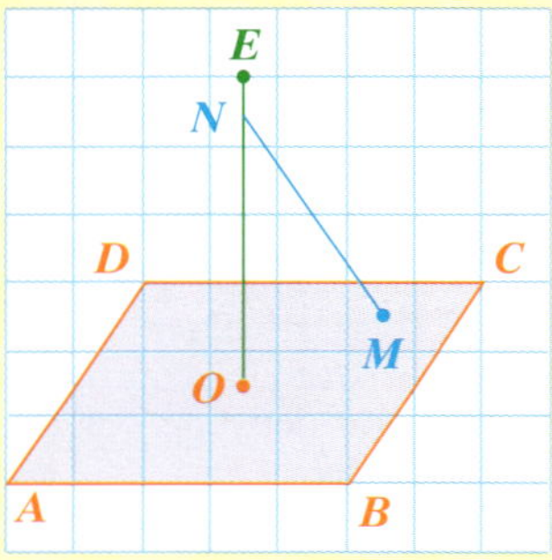

☞ Raisonner en deux temps :

1° N fixé sur $[O, E]$; utiliser une bonne *homothétie.*

2° Faire varier N sur $[O, E]$.

46 Quel est le lieu géométrique du *symétrique* d'un point donné A par rapport à un plan $\mathcal{P}$ variable qui passe par une droite fixe Δ ?

☞ C'est presque un problème de Géométrie plane.

★ **47** Une droite $\mathcal{D}$ varie dans l'espace en passant par un point fixe O.
Quel est, dans chaque cas, le lieu du *symétrique* par rapport à $\mathcal{D}$ d'un point donné A ?

a) La droite $\mathcal{D}$ varie en restant dans un plan $\mathcal{P}$.

b) La droite $\mathcal{D}$ varie sans autre contrainte que de passer par O.

☞ S'intéresser en « premier lieu » au projeté orthogonal de A sur $\mathcal{D}$.

48 Le cuboctaèdre

Le cuboctaèdre est un solide dont les sommets sont les milieux des arêtes d'un cube.

1° Dénombrer les sommets et les faces du cuboctaèdre.

2° Montrer que les faces sont soit des carrés, soit des triangles équilatéraux.

3° Montrer que les centres de gravité des faces triangulaires sont les sommets d'un cube.

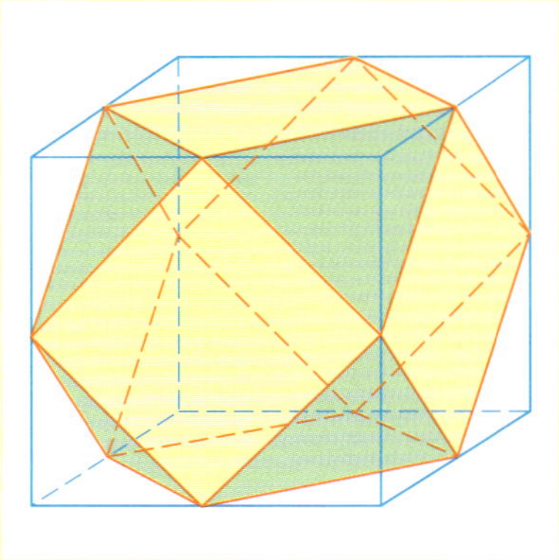

☞ On cherchera à obtenir ces points comme images des sommets du cube initial par une *homothétie.*

49 On se propose de déterminer la section d'un cube[1] par le plan médiateur d'une de ses diagonales et d'étudier l'effet sur cette section de transformations laissant le cube invariant.
On considère un cube de centre O et de diagonales $[AG]$, $[BH]$, $[CE]$ et $[DF]$.
On rappelle que ces diagonales se coupent en leur milieu O.
Soit M_1, M_2, M_3, M_4, M_5, M_6 les milieux respectifs des côtés $[AB]$, $[BF]$, $[FG]$, $[GH]$, $[HD]$ et $[DA]$.

1° Montrer que les points M_j appartiennent au plan médiateur Π de C et E. Ce plan coupe le cube suivant l'hexagone $M_1M_2M_3M_4M_5M_6$.
Placer cet hexagone sur une figure représentant le cube.

2° Soit σ la symétrie centrale par rapport à O.
Montrer que le plan Π est invariant par σ.
Déterminer les images des points M_j par σ.

3° *a*) Soit S la réflexion transformant A en F.
Déterminer les images par S des sommets du cube.

b) Soit de même S' la réflexion transformant A en H.
Déterminer les images par S' des sommets du cube.

c) Soit $r = S' \circ S$.
Prouver que r est une rotation d'axe (CE), et que le plan Π est invariant par r. Déterminer les images par r des sommets du cube et des points M_j.
Montrer que $r \circ r \circ r$ est l'identité.

d) Soit ρ la rotation dans le plan Π déterminée par r.
On oriente le plan Π et on note θ une mesure de l'angle de ρ telle que $0 < \theta < 2\pi$.
Déterminer les valeurs possibles de θ.
En déduire que $M_1M_3M_5$ et $M_2M_4M_6$ sont des triangles équilatéraux de centre O.

4° À partir de 2° et 3°, prouver que $M_1M_2M_3M_4M_5M_6$ est un hexagone régulier de centre O.

BAC

(1) Cube standard.

Étude de transformations

50 Dans l'espace orienté, on considère deux points distincts A et D et le plan $\mathcal{P}$ orthogonal en A à la droite (AD). On convient d'orienter $\mathcal{P}$ en choisissant pour vecteur normal le vecteur $\overrightarrow{AD}$.
Dans le plan $\mathcal{P}$, on considère deux points B et C tels que le triangle ABC soit équilatéral de sens direct.
On pose $AB = BC = CA = a$. On note I le milieu du segment $[BC]$.

1° *a*) Placer les éléments précédents sur une figure (on représentera $\overrightarrow{AD}$ vertical ascendant).

b) Montrer que le plan (IDA) est le plan médiateur du segment $[BC]$.

2° Soit S_1 la réflexion par rapport au plan (ABC) et S_2 la réflexion par rapport au plan (DBC).
On note $r = S_1 \circ S_2$.

a) Indiquer l'image de D par r et déterminer l'axe et l'angle de la rotation r. (Le plan (AID) sera orienté de telle sorte que $(\overrightarrow{AI}, \overrightarrow{AD})$ ait pour mesure $\frac{\pi}{2}$.)

b) Déterminer, en fonction de a, la distance AD pour que l'angle de r admette pour mesure $\frac{\pi}{2}$.

BAC

51 **Effet sur l'orientation**

1° *Cas d'une réflexion*
Soit $S_{\mathcal{P}}$ la réflexion de plan $\mathcal{P}$. On munit l'espace d'un repère orthonormal direct tel que $\mathcal{P}$ soit le plan (xOy) (voir cours, p. 216).
Étant donné des points $A_1(x_1, y_1, z_1)$ et $A_2(x_2, y_2, z_2)$, on définit les points $A'_1 = S_{\mathcal{P}}(A_1)$, $A'_2 = S_{\mathcal{P}}(A_2)$, puis A et A' tels que :

$$\overrightarrow{OA} = \overrightarrow{OA_1} \wedge \overrightarrow{OA_2} \quad \text{et} \quad A' = S_{\mathcal{P}}(A).$$

a) Montrer analytiquement que :

$$\overrightarrow{OA'} = -\overrightarrow{OA'_1} \wedge \overrightarrow{OA'_2}.$$

b) En déduire que l'image par $S_{\mathcal{P}}$ d'un repère orthonormal direct est un repère orthonormal indirect.

2° *Cas d'une rotation*
En utilisant le théorème 1 (voir p. 219), montrer que l'image par une rotation d'un repère orthonormal direct est encore un repère orthonormal direct.

REMARQUE Si l'on présente un repère orthonormal direct $(O, \vec{i}, \vec{j}, \vec{k})$ devant un miroir plan *parallèle à* (Oz), son image sera un repère orthonormal indirect $(O', \vec{i}', \vec{j}', \vec{k}')$ avec $\vec{k}' = \vec{k}$.
Voilà pourquoi, debout face à un miroir vertical, le miroir donne de nous-même une image où gauche et droite sont échangées, le haut restant le haut et le bas, le bas (voir activité 1, p. 213).

52 1° Dans l'espace, on donne deux points A et B distincts.

a) Montrer que toute rotation R de l'espace transformant A en B a son axe D inclus dans le plan médiateur de $[AB]$.

b) Réciproquement, soit D une droite du plan médiateur de $[A, B]$.
Montrer qu'il existe une rotation R et une seule d'axe D transformant A en B.
On pourra introduire le projeté orthogonal K de A sur D.

2° Soit $OABC$ un tétraèdre régulier.

a) Montrer qu'il existe une rotation R_1 et une seule d'axe (OC) transformant A en B.

b) Montrer que le projeté orthogonal K de A sur (OC) est le milieu de $[OC]$.

c) Déterminer le cosinus de la rotation R_1.

BAC

53 $ABCDA'B'C'D'$ et un cube[1]. On note :
S_1 la réflexion de plan $(AA'BB')$;
S_2 la réflexion de plan $(BB'CC')$;
S_3 la réflexion de plan $(CC'DD')$;
S_4 la réflexion de plan $(DD'AA')$.

1° *a*) Montrer que $r' = S_2 \circ S_1$ est un demi-tour dont on précisera l'axe.

b) Déterminer de même la nature de $r'' = S_4 \circ S_3$.

2° *a*) On note S la réflexion de plan $(BB'DD')$.
Déterminer les réflexions S' et S'' telles que $r' = S \circ S'$ et $r'' = S'' \circ S$.

b) En déduire que $t = r'' \circ r'$ est la translation de vecteur $2\overrightarrow{BD}$.

BAC

★ **54** Dans l'espace, on considère le cube de centre O représenté sur la figure ci-contre.

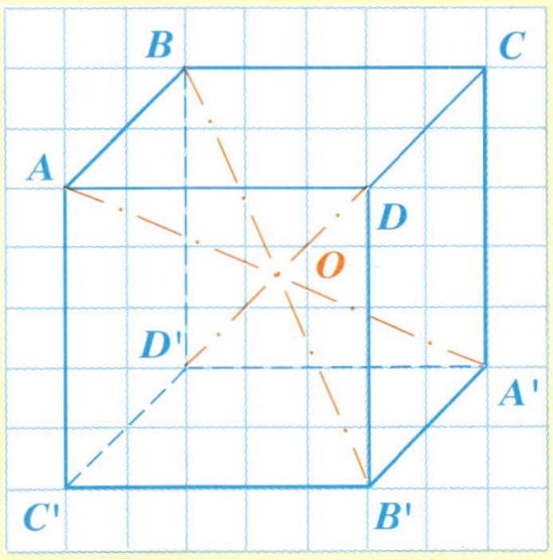

1° *a*) Démontrer que les plans OAB et OBC sont des plans de symétrie de ce cube.
Soit S_1 et S_2 les réflexions correspondantes.

b) Soit $f = S_1 \circ S_2$.
Préciser les images des huit sommets du cube par f.
Déterminer l'axe de la rotation f et montrer que les plans ACD' et $A'C'D$ sont invariants par f.
En déduire l'angle de f.

2° Soit I le milieu du segment $[AB]$.

a) Démontrer que la droite (OI) est un axe de symétrie du cube.
Soit r le demi-tour correspondant.

b) Indiquer la nature de $g = r \circ f$. Pour cela, on écrira r sous la forme $r = S_3 \circ S_1$, où S_3 est une réflexion dont on indiquera le plan.

c) Préciser les images des huit sommets du cube par g et déterminer enfin les éléments caractéristiques de g.

BAC

(1) Cube standard.

Recherche de transformations

★ **55** **Les rotations du cube**

L'objet de l'exercice est de déterminer toutes les rotations invariant le cube que l'on supposera d'arête égale à 1.

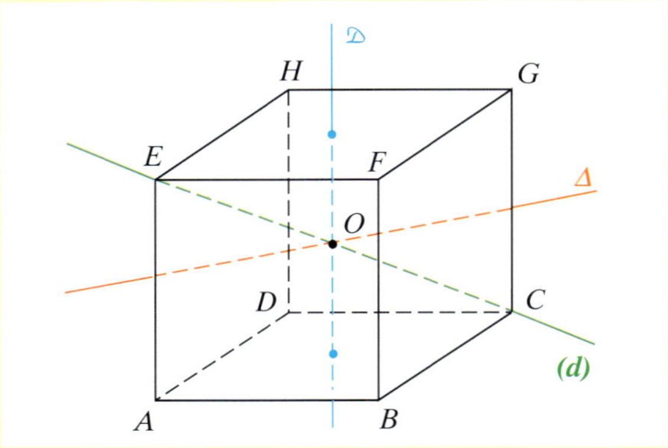

1° *Rotations distinctes de* $\text{id}_{\mathcal{E}}$

a) Montrer que la droite joignant les milieux de deux arêtes opposées est un axe de symétrie du cube (exemple : la droite Δ).
En déduire que l'on obtient ainsi **6** demi-tours invariant le cube.

b) Soit $\mathcal{D}$ la droite joignant les centres des faces opposées.
Citer trois rotations d'axe $\mathcal{D}$ invariant le cube, dont un demi-tour.
En déduire **9** rotations du cube supplémentaires.

c) Trouver deux rotations du cube autour de la «grande» diagonale (d).

☞ Prouver que (d) perce orthogonalement les plans (AHF) et (GBD) aux centres des triangles équilatéraux AHF et GBD.
Dénombrer **8** nouvelles rotations du cube.
Note : En ajoutant $\text{id}_{\mathcal{E}}$, nous obtiendrons ainsi $1 + 6 + 9 + 8 =$ *24 rotations du cube.* La question 2 montre qu'il n'en existe pas d'autres.

2° *Une méthode combinatoire*
Soit r une rotation du cube. On s'intéresse à l'image par r du repère orthonormal direct (A, B, D, E).
On rappelle qu'une rotation conserve l'orientation (voir exercice 51).

a) Montrer que l'on peut construire au plus 24 repères orthonormaux directs avec les sommets du cube.

☞ Il y a ... choix pour l'origine du repère, ... choix pour le premier point du repère (distinct de l'origine). Expliquer que cela suffit.

b) En déduire que le cube admet au plus 24 rotations.

☞ Si deux rotations coïncident sur un repère, elles sont égales.

56 On considère un triangle équilatéral ABC dans l'espace $\mathcal{E}$. Soit :

- O le centre de gravité du triangle ABC;
- I un point extérieur au plan (ABC), équidistant de A, B et C;
- J le symétrique de I par rapport au plan (ABC).

On suppose l'espace orienté et le plan (ABC) orienté de telle sorte que l'angle $(\overrightarrow{OA}, \overrightarrow{OB})$ soit de sens direct.
On se propose de déterminer l'ensemble $\mathcal{R}$ des réflexions de l'espace qui transforment l'ensemble $\{A, B, C\}$ en lui-même.

1° Soit S un élément de $\mathcal{R}$. On note $\mathcal{P}$ le plan de S.

a) Montrer que $\mathcal{P}$ passe nécessairement par O.

b) Montrer que I a pour image I ou J par S.
Que peut-on en déduire pour $\mathcal{P}$?

c) On se place dans le cas où $S(I) = I$.
Déterminer alors le plan $\mathcal{P}$ en considérant les différentes possibilités pour l'image de A.

2° En déduire l'ensemble $\mathcal{R}$.

3° Déterminer l'ensemble obtenu en composant deux à deux les éléments de $\mathcal{R}$.
Combien de transformations distinctes trouve-t-on ainsi? Préciser les demi-tours obtenus.

BAC

57 $\mathcal{P}$ désigne le plan horizontal passant par le centre O du cube, (ABC) celui passant par A, B et C, $S_{\mathcal{P}}$ la réflexion (ou symétrie orthogonale) par rapport à $\mathcal{P}$.
I et J sont les centres respectifs des carrés $ABCD$ et $EFGH$.

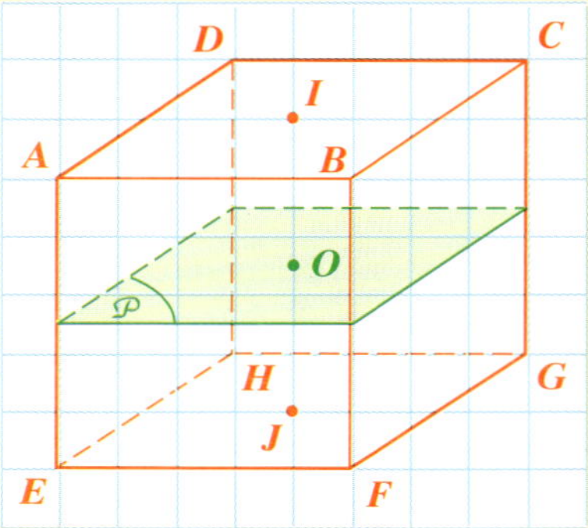

Il s'agit de déterminer les rotations de l'espace qui échangent $\{A, B, C, D\}$ et $\{E, F, G, H\}$, autrement dit qui transforment tout sommet de l'une des faces horizontales en un sommet de l'autre.

1° *a*) On suppose que S est une réflexion transformant $\{A, B, C, D\}$ en $\{E, F, G, H\}$.
Déterminer $S(I)$ et $S(J)$.

b) Déduire qu'il existe une seule réflexion transformant $\{A, B, C, D\}$ en $\{E, F, G, H\}$.

2° Pour toute rotation r échangeant $\{A, B, C, D\}$ et $\{E, F, G, H\}$, déterminer $r(I)$, $r(J)$ et $r(O)$.
Déduire que l'axe de r passe par O, qu'il est horizontal et que r est un demi-tour.

3° Soit r un demi-tour d'axe horizontal L passant par O.

a) Déterminer $r \circ S_{\mathcal{P}}(I)$ et $r \circ S_{\mathcal{P}}(M)$ pour tout point M de L. Déduire que $r \circ S_{\mathcal{P}}$ est la réflexion $S_{\mathcal{Q}}$ par rapport au plan vertical $\mathcal{Q}$ contenant L.

b) On note Δ la droite intersection des plans $\mathcal{Q}$ et (ABC). Montrer que (ABC) est stable par $S_{\mathcal{Q}}$.
Quelle est la restriction de $S_{\mathcal{Q}}$ à ce plan (ABC)?

c) Montrer que r est solution si et seulement si la symétrie orthogonale S_{Δ}, isométrie du plan (ABC), laisse invariant l'ensemble $\{A, B, C, D\}$.

4° Déduire les quatre demi-tours solutions.

BAC

PROBLÈMES

58 **L'octaèdre régulier**

Les centres des faces d'un cube définissent un solide appelé octaèdre régulier.

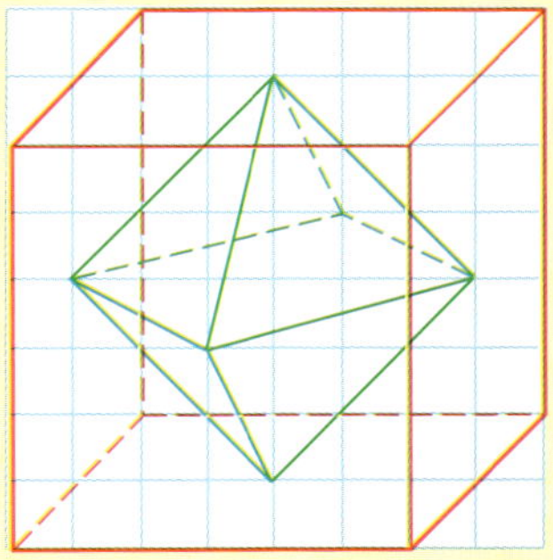

1° Préciser la nature des faces de ce solide.

2° Déterminer les rotations de l'octaèdre régulier.

☞ Étudier l'effet d'une rotation de l'octaèdre sur le cube. Voir alors l'exercice 55.

59 **Le grenat dodécaèdre**

On colle sur chaque face d'un cube une pyramide ayant pour base la face du cube et dont le sommet est le symétrique du centre du cube par rapport au plan de la face considérée.
Montrer que le solide ainsi obtenu comporte douze faces (et non vingt-quatre) toutes isométriques à un losange que l'on décrira (longueur des côtés en fonction de l'arête du cube; angles).

★ **60** Représenter l'intersection du plan (PQR) avec les trois faces du cube (voir la figure ci-après que l'on reproduira).
Évidemment, tel quel, ce problème est bien classique et n'entretient aucun rapport avec le contenu de ce chapitre.
Il en va différemment si l'on impose d'effectuer tous les tracés sur les faces.
Autrement dit : interdit de « sortir » du cube.

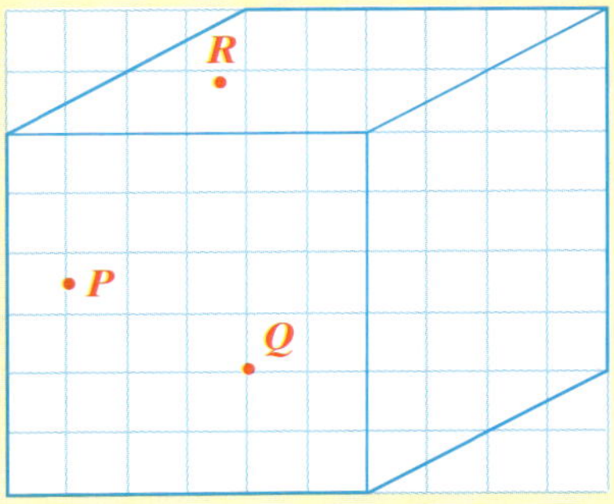

61 **Rotations axiales**

A) *Droites invariantes par rotation*
Soit R une rotation d'axe Δ, distincte de $\mathrm{id}_{\mathcal{E}}$.
Montrer que les droites globalement invariantes par R sont :
— la droite Δ, si R n'est pas un demi-tour;
— la droite Δ et les droites orthogonales et sécantes à Δ, si R est un demi-tour.

B) *Rotations qui commutent*
On considère deux rotations R et R' d'axes Δ et Δ', distinctes de $\mathrm{id}_{\mathcal{E}}$ et telles que $R' \circ R = R \circ R'$.

1° Montrer que Δ' est invariante par R.

☞ Soit A un point de Δ'. Montrer que $R(A)$ est un point fixe de R'.

2° À l'aide des résultats de A), en déduire que :
— soit les rotations R et R' ont même axe ($\Delta' = \Delta$),
— sinon, R et R' sont des demi-tours d'axes orthogonaux et sécants.

★ **62** **Deux cercles sur le cube**

On désigne par $\mathcal{C}$ et $\mathcal{C}'$ les cercles inscrits dans les faces $EFGH$ et $BCGF$ du cube, par Ω et Ω' leurs centres et par $\mathcal{T}$ le plan $(ADGF)$.
On se propose de déterminer *les axes des rotations transformant* $\mathcal{C}$ *en* $\mathcal{C}'$.

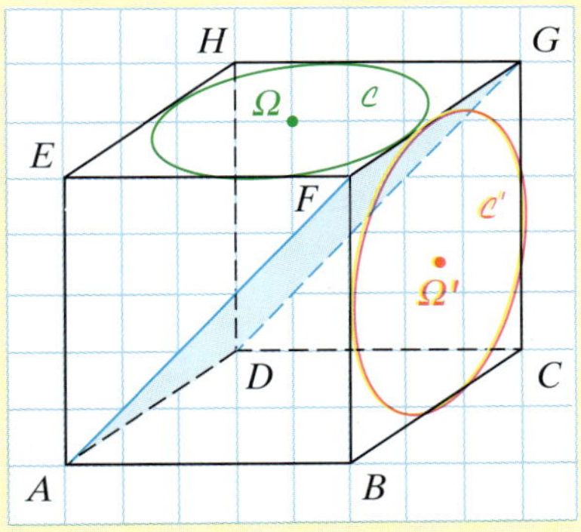

1° Montrer que la réflexion $S_{\mathcal{T}}$ transforme $\mathcal{C}$ en $\mathcal{C}'$.

2° *Analyse*
Soit R une rotation d'axe Δ transformant $\mathcal{C}$ en $\mathcal{C}'$.

a) Montrer que Δ est contenu dans $\mathcal{T}$.

b) Montrer que R peut s'écrire $R = S_{\mathcal{T}} \circ S_{\mathcal{Q}}$ où $\mathcal{Q}$ est un plan de symétrie du cercle $\mathcal{C}$.

c) En déduire que $\Delta = (FG)$ ou que Δ est une droite de $\mathcal{T}$ passant par le centre du cube.

3° *Synthèse*

a) Prouver que (FG) est l'axe d'une rotation transformant $\mathcal{C}$ en $\mathcal{C}'$.
Préciser son angle.

b) Soit Δ une droite de $\mathcal{T}$ passant par le centre du cube et $\mathcal{Q}$ le plan (Ω, Δ).
Montrer que $S_{\mathcal{T}} \circ S_{\mathcal{Q}}$ est une rotation d'axe Δ transformant $\mathcal{C}$ en $\mathcal{C}'$.

TRUCS & ASTUCES

TRANSLATIONS. HOMOTHÉTIES

Dans l'étude de figures ou la recherche d'un lieu géométrique, la stratégie reste celle de la Géométrie plane : elle s'applique « telle quelle ».
Exemple : **A fixé, M décrit une partie de $\mathcal{E}$, lieu du milieu de $[A, M]$?**
La stratégie : « M' milieu de $[A, M]$ » signifie :
$$\text{« } M' = h_{A, \frac{1}{2}}(M). \text{ »}$$

LES PLANS INVARIANTS

Ils sont très importants pour la simple raison qu'une transformation induit dans un plan invariant une transformation... plane.
Il faut donc les connaître (voir exercices 10 et 15).

POINT FIXE

Si une réflexion ou une rotation f invarie globalement l'ensemble $\{A_1, A_2, ..., A_n\}$, alors :

- **$\{f(A_1), f(A_2), ..., f(A_n)\} = \{A_1, A_2, ..., A_n\}$ (f bijective).**
- **Si G est isobarycentre de $(A_i)_{1 \leqslant i \leqslant n}$, $f(G) = G$ (car f conserve le barycentre et que le système $(A_i, 1)_{1 \leqslant i \leqslant n}$ a même barycentre que $(f(A_i), 1)_{1 \leqslant i \leqslant n}$).**

Ce résultat est un résultat clé dans de nombreuses situations.

Rubrique à Bac

ON PREND LES MÊMES ET ON RECOMMENCE...

Le CUBE et le TÉTRAÈDRE RÉGULIER sont sollicités dans la plupart des exercices BAC de Géométrie dans l'espace impliquant des transformations.

IMPÉRATIF Connaître les propriétés géométriques « non banales » qui se prêtent à une interprétation en termes de transformations.

LA GRANDE DIAGONALE DU CUBE

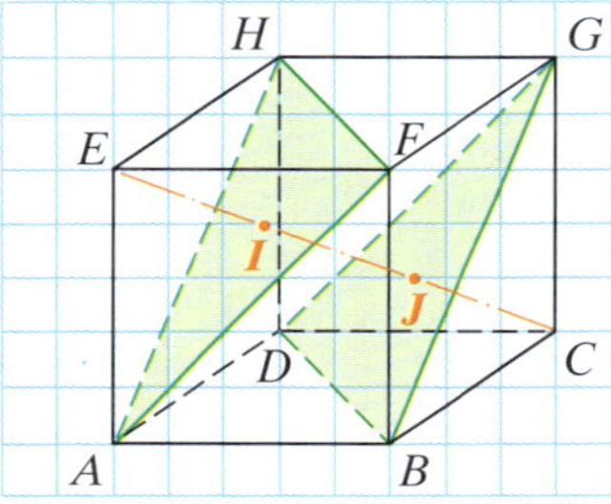

Elle perce orthogonalement les triangles équilatéraux AHF et GBD en leurs centres I et J. De plus $\overrightarrow{EI} = \overrightarrow{IJ} = \overrightarrow{JC}$ et le centre du cube est le milieu de $[I, J]$.

LES BIMÉDIANES DU TÉTRAÈDRE RÉGULIER

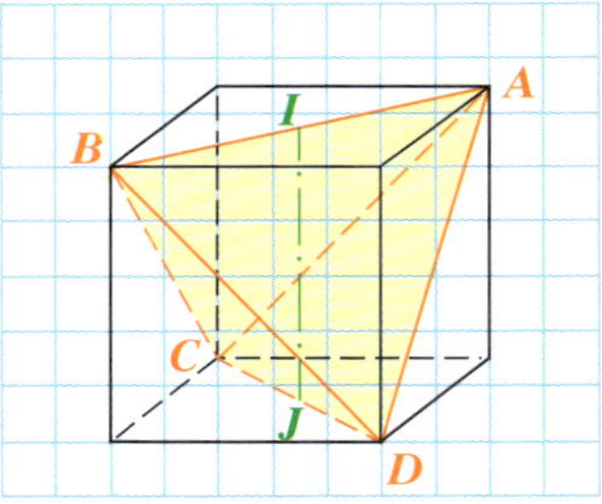

La bimédiane (IJ) est axe de symétrie du tétraèdre et le centre de gravité du tétraèdre est le milieu de $[I, J]$ (visualiser sur le cube).

DÉMYSTIFICATION D'UN SOLIDE

◄ *« Mouvement perpétuel »,* une des lithographies d'Escher les plus connues et le plus souvent reproduites.
Le centre de l'œuvre est occupé par trois constructions impossibles à trois chevrons jointes bout à bout.

Il est possible de donner par une ► photographie l'image d'une construction impossible (ici, la construction dite des trois chevrons).
Décidément, la réflexion explique bien des phénomènes.

COURBES PLANES

Nous le savons : les moteurs des mathématiques, ce sont les problèmes. Et, s'il fallait dégager une branche des Mathématiques où viendrait s'inscrire de façon aiguë et convaincante une telle affirmation, l'étude des courbes planes serait un exemple particulièrement sensible et saisissant ; à tel point que tout choix d'illustration dans ce domaine risque de paraître arbitraire...
Nous considérons cependant que les deux problèmes qui suivent sont parmi les plus instructifs.

Quelle est l'orbite d'une planète ?

La réponse paraît bien anodine de nos jours... Les plus élémentaires des ouvrages sur ce sujet sont imagés d'une orbite exagérément aplatie — pour bien montrer qu'il s'agit d'une ellipse et non d'un cercle.
On imagine mal cependant, toute la pugnacité qu'il fallut à Képler pour obtenir et imposer une telle « vérité » : elle exigeait de rompre avec l'obsession du mouvement circulaire uniforme. Pendant plus de deux mille ans, d'Aristarque à Copernic en passant par Ptolémée, l'image si simple d'un point se déplaçant sur un cercle à vitesse constante, accréditée de tout le poids de la tradition, était ancrée avec insistance dans l'esprit de tous les chercheurs.
« Le même chantier était ouvert depuis vingt siècles, les générations d'ouvriers se succédaient, se léguant leurs outils et recyclant les mêmes matériaux, sans que personne n'ait eu l'idée d'aller chercher du neuf. » (Ivar EKELAND. *Le calcul, l'imprévu.*)
Jusqu'à Képler...

Quelle est la courbe suivant laquelle la descente d'un point à un autre est la plus rapide ? (On néglige les frottements et autres effets secondaires.)

Pour glisser en un temps le plus court possible de A à B, le toboggan doit avoir une forme cycloïdale et non rectiligne comme on pourrait le croire et ni circulaire comme le proposa Galilée. (Pour la définition et l'étude de la cycloïde, voir p. 243 et problème n° 61, p. 254.)

Ce qu'il faut souligner, c'est que les recherches (les frères Bernoulli, Newton, Leibniz, L'Hospital...) qui permirent de trouver la réponse à ce problème furent à l'origine du *calcul des variations* qui demeure l'une des pierres angulaires des Mathématiques et que l'on applique aujourd'hui, avec succès, en Mécanique quantique, en Relativité générale, etc.

10

Je vais, je viens, je te dépasse,
je reviens, je t'environne en cercles,
en ellipses, en huit...

COLETTE

Courbes paramétrées

COURS

EXERCICES

INTRODUCTION

10
Courbes paramétrées

1 OBJECTIFS

De nombreuses situations géométriques (problèmes de lieux géométriques) mécaniques, physiques (détermination de trajectoires) font intervenir des courbes planes qui ne peuvent être considérées comme la courbe représentative d'une fonction (spirales, boucles, ...).
C'est en considérant une **courbe comme un ensemble de points dont la position dans le plan dépend d'un paramètre** que l'on peut conduire l'étude de telles situations.
Voilà donc défini l'objectif de ce chapitre : introduire quelques notions **sur les courbes paramétrées.**
Pour l'essentiel :

- Traiter le problème de la *construction* d'une telle courbe.
- Éclairer le sujet par le *point de vue cinématique.*
- Illustrer l'intérêt d'une telle généralisation de la notion de courbe dans la *résolution de quelques problèmes* parmi ceux évoqués précédemment (lieux, trajectoires, ...).

2 CONNAISSANCES MISES EN JEU

TOME ANALYSE

1. En analyse

Seront sollicitées : les fonctions usuelles, les règles du calcul différentiel (dérivation) ainsi que les relations « dérivée ↔ variations de la fonction ».

2. En géométrie

CHAPITRES 3 ET 4

- Les relations vectorielles caractérisant des propriétés géométriques telles que : alignement, orthogonalité, etc. (usage du déterminant, du produit scalaire, de représentations paramétriques de droites, ...).

CHAPITRES 6 À 8

- Transformations :

— propriétés fondamentales des transformations usuelles ;
— l'expression analytique de ces transformations, notamment les symétries :
d'axe (Ox) : $(x, y) \mapsto (x, -y)$;
d'axe (Oy) : $(x, y) \mapsto (-x, y)$;
d'axe $\Delta\ (y = x)$: $(x, y) \mapsto (y, x)$
et la symétrie centrale de centre O : $(x, y) \mapsto (-x, -y)$.

3 ACTIVITÉS PRÉPARATOIRES

Les activités qui suivent sont toutes consacrées à l'étude d'une courbe appelée **« cissoïde de Dioclès »**. L'intérêt que nous accordons à cette courbe ne se réduit pas à sa composante historique (voir p. 240) :
— elle est un exemple particulièrement simple de *lieu géométrique* émancipé (enfin) de la famille des droites et des cercles;
— elle permet d'initier (et c'est la moindre des choses) à la notion de *courbe paramétrée;*
— elle fournit le prétexte pour soulever les problèmes « naturels » que pose la *représentation graphique* de tellles courbes (recherche d'éléments de symétrie, recherche des tangentes, d'asymptotes, ...), problèmes auxquels la partie cours apportera quelques solutions.

LA CISSOÏDE DE DIOCLÈS

Dans un repère orthonormal (O, I, J), on considère le cercle $\mathcal{C}$ de diamètre $[O, I]$ et Δ la tangente en I à $\mathcal{C}$.
Une droite variable $\mathcal{D}$ passant par O, coupe $\mathcal{C}$ en P et Δ en Q. On définit le point M par l'égalité $\overrightarrow{OM} = \overrightarrow{PQ}$.
Le lieu de M lorsque $\mathcal{D}$ varie est, par définition, la *cissoïde de Dioclès :* elle sera notée Γ par la suite.

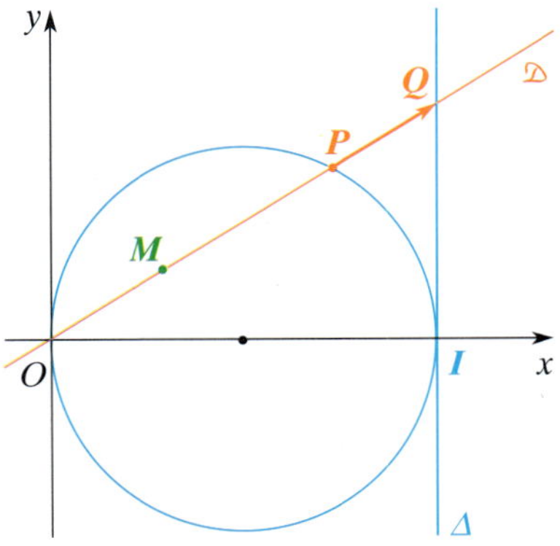

$\overrightarrow{OM} = \overrightarrow{PQ}$

Fig. 1

« CONSTRUCTION POINT PAR POINT »[1] ; PARAMÉTRAGE

ACTIVITÉ 1

1 « Construction »

1° Montrer que (Ox) est un axe de symétrie de Γ.

2° Effectuer une construction point par point et donner une première allure de la courbe (« lisser »).

2 Représentation paramétrique

Soit t la pente de la droite $\mathcal{D}$.
Montrer que les coordonnées x et y de M sont données par :

$$x = \frac{t^2}{1+t^2}\ ;\ y = \frac{t^3}{1+t^2}.$$

À chaque réel t, nous pouvons donc associer un point du plan, que nous noterons **$M(t)$**, afin de marquer la dépendance par rapport à t, de coordonnées **$(x(t), y(t))$** définies par :

$$x(t) = \frac{t^2}{1+t^2}\ ;\ y(t) = \frac{t^3}{1+t^2}.$$

La courbe Γ étant alors l'ensemble des points $M(t)$, pour $t \in \mathbb{R}$, nous dirons que le système de relations :

$$\begin{cases} x(t) = \dfrac{t^2}{1+t^2} \\ y(t) = \dfrac{t^3}{1+t^2} \end{cases}$$

est une **représentation paramétrique de Γ**, t étant le paramètre.

(1) Rappelons ce que signifie une telle expression : quelle que soit la position de la droite $\mathcal{D}$, on sait construire le point M de Γ correspondant. Toutefois, par ce procédé, il est matériellement impossible de construire *tous* les points de Γ. Cette expression est donc exagérément évocatrice.

QUELQUES PROBLÈMES : ASYMPTOTES, ÉQUATION CARTÉSIENNE, ...

ACTIVITÉ 2

1 Une asymptote

Calculer la distance de $M(t)$ à la droite Δ et étudier la limite de cette distance quand t tend vers $+\infty$.
Interpréter géométriquement sur la figure 1.

2 Une équation cartésienne

a) Montrer que tout point $M(x, y)$ de Γ vérifie $y^2(1-x) = x^3$.

b) Réciproquement, soit $M(x, y)$ vérifiant $y^2(1-x) = x^3$.
Montrer que M appartient à Γ.

☞ Pour $x \neq 0$, poser $t = \dfrac{y}{x}$ (pente de (OM)).

Nous dirons que $y^2(1-x) = x^3$ est une **équation cartésienne de Γ**. Quant à la notion d'asymptote, conformément au programme, nous nous contenterons de l'entr'aperçu donné par l'exercice 1 ci-dessus : nous n'y reviendrons plus.

LE PROBLÈME DE LA TANGENTE

Dans cette partie, on suppose que $t = 1$

$$\left(x(1) = \frac{1}{2} \; ; \; y(1) = \frac{1}{2} \right).$$

Pour aborder le problème de la tangente au point $M(1)$, nous adoptons le même point de vue («naïf») que pour les fonctions usuelles. «Si la sécante $(M(1)M(1+h))$ a une «position limite» quand h tend vers 0, nous dirons que cette position limite est la tangente au point $M(1)$» :

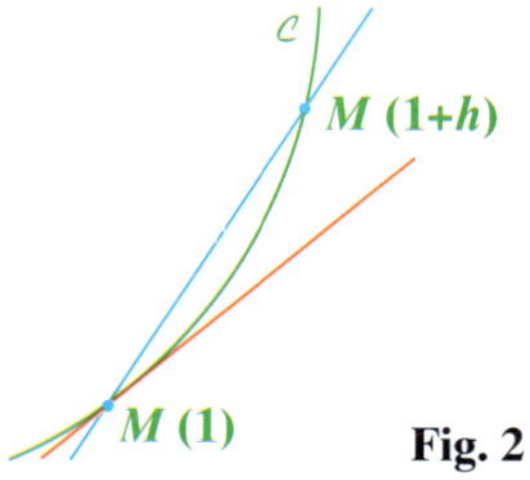

Fig. 2

ACTIVITÉ 3

1° Justifier les relations suivantes vraies pour tout réel h :

$$x(1+h) = x(1) + hx'(1) + h\varepsilon_1(h)$$

$$y(1+h) = y(1) + hy'(1) + h\varepsilon_2(h),$$

avec $\lim\limits_{h \to 0} \varepsilon_1(h) = 0$ et $\lim\limits_{h \to 0} \varepsilon_2(h) = 0$.

2° On définit les vecteurs $\vec{v}(x'(1), y'(1))$; $\overrightarrow{\varepsilon(h)}(\varepsilon_1(h), \varepsilon_2(h))$ et $\vec{v}_h = \vec{v} + \overrightarrow{\varepsilon(h)}$.
Déduire du 1° que :

a) $\vec{v}_h$ est un vecteur directeur de la sécante $(M(1)M(1+h))$;

b) $\lim\limits_{h \to 0} \|\vec{v}_h - \vec{v}\| = 0$.

Cette activité fait comprendre que, si les vecteurs directeurs $\vec{v}_h$ des sécantes $(M(1)M(1+h))$ se «rapprochent», quand h tend vers 0, d'un vecteur $\vec{v}$, au sens $\lim\limits_{h \to 0} \|\vec{v}_h - \vec{v}\| = 0$, ce vecteur $\vec{v}$ sera légitimement pris comme vecteur directeur de la tangente *à condition... qu'il soit non nul* (c'est la moindre des choses à exiger d'un vecteur directeur d'une droite).
Un autre enseignement que l'on peut tirer est que, dès que les fonctions coordonnées sont dérivables en t_0, le vecteur $\vec{v}$ sera le vecteur $(x'(t_0), y'(t_0))$... toujours sous la condition qu'il soit non nul.

Un peu d'histoire

Le commentateur d'Archimède, Eutocius, accorde la paternité de cette courbe à Dioclès. Pappus la considère comme sa propre invention et lui donne le nom de *cissoïde* (lierre) (on comprend qu'elle soit parvenue jusqu'à nous sous le nom de cissoïde de Dioclès). Cette courbe intervient dans le problème de la duplication du cube évoqué dans le tome d'Analyse (voir p. 77).

COURS

10
Courbes paramétrées

NOTIONS SUR LES COURBES PARAMÉTRÉES (1)

I DÉFINITION. EXEMPLES

Définition I

Soit deux fonctions numériques f et g définies sur un même intervalle I.
L'ensemble $\mathcal{C}$ des points $M(t)$ de coordonnées $(f(t), g(t))$, où t appartient à I, est une **courbe paramétrée** dont une **représentation paramétrique** est $\begin{cases} x = f(t) \\ y = g(t) \end{cases}$ $t \in I$.

Le vocabulaire usuel

- La variable t est le **paramètre** (il peut être désigné par une autre lettre).
- Le point $M(t)$ de coordonnées $(f(t), g(t))$ est appelé **point de paramètre t :**

$$\overrightarrow{OM(t)} = f(t)\,\vec{i} + g(t)\,\vec{j}\,.$$

- Il n'est pas obligatoire de s'encombrer des notations f et g. On écrira par exemple (voir activités préparatoires) :

Soit Γ la courbe de représentation paramétrique : $\begin{cases} x(t) = \dfrac{t^2}{1+t^2} \\ y(t) = \dfrac{t^3}{1+t^2}\,. \end{cases}$

Exemples

1 *Représentation paramétrique d'un cercle.*

Dans le repère orthonormal $(O, \vec{i}, \vec{j})$, une représentation paramétrique du cercle $\mathcal{C}$ de centre O et de rayon R est :

$$\mathcal{C}(O, R) : \begin{cases} x(\theta) = R\cos\theta \\ y(\theta) = R\sin\theta \end{cases} \quad \theta \in [0, 2\pi[\ ^{(2)}.$$

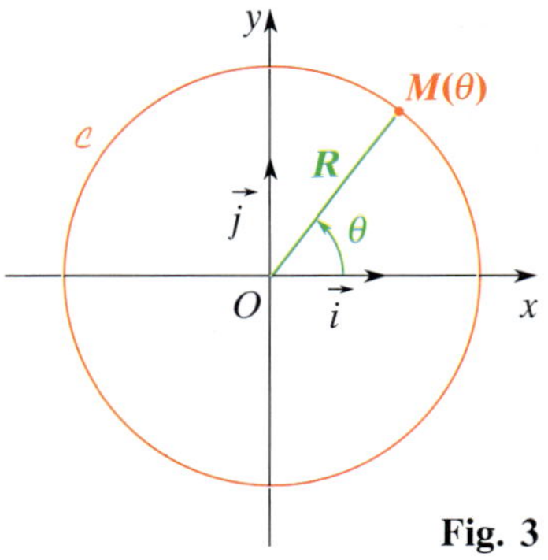

Fig. 3

2 *Le point de vue cinématique.*

À chaque instant t d'un intervalle I, la position d'un point mobile $M(t)$ est repérée par l'expression de ses coordonnées en fonction du temps t : $x = f(t)$ et $y = g(t)$.

Dans ce cas, la courbe paramétrée de représentation paramétrique $\begin{cases} x = f(t) \\ y = g(t) \end{cases}$ $t \in I$, s'appelle la **trajectoire du point $M(t)$.**

(1) Le plan est muni d'un repère orthonormal $(O, \vec{i}, \vec{j})$.
(2) Ou n'importe quel intervalle *contenant* un intervalle de la forme $[a, a + 2\pi[$: $\mathbb{R}$, $[-5\pi, \pi]$, etc. Pour l'instant, seul compte de ne pas «oublier» des points du cercle.

2 TANGENTE À UNE COURBE PARAMÉTRÉE

Préliminaire L'activité 2 a préparé le terrain pour que nous puissions former la définition qui suit, définition qui recouvre la notion «intuitive» de tangente à une courbe.
Cela dit, on se gardera de croire qu'il existerait une procédure sophistiquée, tue ici, qui permettrait de définir autrement la notion de tangente : il n'y en a pas.

Définition 2

Soit $\mathcal{C}$ une courbe paramétrée : $\begin{cases} x = f(t) \\ y = g(t) \end{cases}$ $t \in I$;
soit $M(t_0)$ ($t_0 \in I$) un point de $\mathcal{C}$.

SI
- f et g sont dérivables en t_0,
- le vecteur $\vec{v}(t_0) = f'(t_0)\,\vec{i} + g'(t_0)\,\vec{j}$ *n'est pas nul,*

ALORS, la droite passant par le point $M(t_0)$ et de vecteur directeur $\vec{v}(t_0)$ est la **tangente à $\mathcal{C}$ au point $M(t_0)$.**

Le vecteur $\vec{v}(t) = x'(t)\,\vec{i} + y'(t)\,\vec{j}$ s'appelle le **vecteur dérivé en t,** ou encore le **vecteur tangent à la courbe en $M(t)$.**

Exemples **1** *Tangente au cercle.*

De la représentation paramétrique du cercle $\mathcal{C}(O, R)$:

$$\begin{cases} x(\theta) = R\cos\theta \\ y(\theta) = R\sin\theta \end{cases} \quad \theta \in [0, 2\pi[,$$

nous déduisons que le vecteur dérivé $\vec{v}(\theta)$ s'écrit :

$$\vec{v}(\theta)\begin{pmatrix} -R\sin\theta \\ R\cos\theta \end{pmatrix}$$

Comme $\vec{v}(\theta) \neq \vec{0}$ (en fait $\|\vec{v}(\theta)\| = R$), *le vecteur $\vec{v}(\theta)$ est un vecteur directeur de la tangente à $\mathcal{C}(O, R)$ au point $M(\theta)$.*

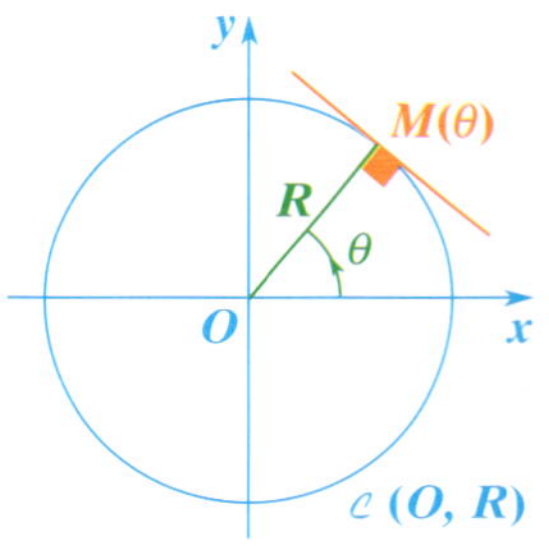

Fig. 4

2 *Le point de vue cinématique.*

Si le vecteur
$$\overrightarrow{OM}(t) = x(t)\,\vec{i} + y(t)\,\vec{j}$$
détermine la position du point mobile $M(t)$ en fonction du temps t, le vecteur dérivé
$$\vec{v}(t_0) = x'(t_0)\,\vec{i} + y'(t_0)\,\vec{j}$$
est le vecteur vitesse instantanée du point mobile $M(t)$ à l'instant t_0.

INFO Ci-contre, l'explication du Physicien.

Le vecteur $\dfrac{\overrightarrow{OM_i} - \overrightarrow{OM_1}}{t_i - t_1}$ représente le taux de déplacement pour la durée $t_i - t_1$.
Faisons tendre la date t_i vers la date t_1. La durée $t_i - t_1$ tend vers zéro et la position M_i tend vers la position M_1.
Le vecteur $\dfrac{\overrightarrow{OM_i} - \overrightarrow{OM_1}}{t_i - t_1}$ tend alors vers une limite $\vec{v}_1$. Ce vecteur représente par définition le **vecteur vitesse instantanée** du point mobile à la date t_1 :

$$\vec{v}_1 = \lim_{t_i \to t_1} \frac{\overrightarrow{OM_i} - \overrightarrow{OM_1}}{t_i - t_1} = \lim_{t_i \to t_1} \frac{\overrightarrow{M_1 M_i}}{t_i - t_1}.$$

- **Le vecteur vitesse instentanée $\vec{v}$, à la date t, d'un point mobile M a :**
  - **la direction de la tangente à la trajectoire en M ;**
  - **le sens du mouvement ;**
  - **une norme $\|\vec{v}\|$ égale à la mesure de la vitesse instantanée.**

3 TRANSFORMATIONS ET COURBES PARAMÉTRÉES

Nous admettrons qu'étant donné :
— une courbe paramétrée $\mathcal{C}$,
— une transformation usuelle T du plan : similitude directe (avec donc en particulier : translation, homothétie, rotation) ou réflexion,
alors, d'une part l'image par la transformation T de la courbe $\mathcal{C}$ est encore une courbe paramétrée $\mathcal{C}'$, et d'autre part l'image de la tangente en un point M de $\mathcal{C}$ est la tangente en $M' = T(M)$ à la courbe $\mathcal{C}'$.
Ce résultat est résumé sous la forme :

Théorème 1

Une transformation usuelle transforme une courbe paramétrée en une courbe paramétrée, en **conservant le contact.**

4 CONSTRUCTION D'UNE COURBE PARAMÉTRÉE

L'équation cartésienne

■ Il n'est pas nécessaire d'avoir entrepris de savantes études sur les courbes paramétrées pour construire les courbes :

$$\mathcal{C}_1 : \begin{cases} x = 1 + t \\ y = 3 - 2t \end{cases} \quad t \in \mathbb{R} ; \qquad \mathcal{C}_2 : \begin{cases} x = 1 + t \\ y = \ln(1 + t^2) \end{cases} \quad t \in \mathbb{R}.$$

En effet, nous reconnaissons :
— dans $\mathcal{C}_1$, la droite d'équation cartésienne $y + 2x - 5 = 0$;
— dans $\mathcal{C}_2$, la courbe représentative de $x \mapsto \ln(1 + (x-1)^2)$.

■ En revanche, la question pourrait être posée pour la courbe paramétrée suivante :

$$\mathcal{P} : \begin{cases} x = 1 + t^2 \\ y = 1 + t \end{cases} \quad t \in \mathbb{R},$$

dont on peut obtenir une **équation cartésienne** par *élimination du paramètre t :* $\mathcal{P}$: $x = 1 + (y-1)^2$. Pour l'instant, nous ne savons pas identifier $\mathcal{P}$, mais nous verrons (au chapitre 11) qu'il s'agit d'une parabole.

■ *En résumé, le choix entre représentation paramétrique et équation cartésienne* est fonction de la culture mathématique de chacun...

... vif du sujet... Voir les travaux pratiques pour une étude complète.

Ce cliché représente la trajectoire d'un point situé sur la circonférence d'une roue de bicyclette en mouvement ; cette trajectoire est une cycloïde (voir problème 60).

TRAVAUX PRATIQUES

10
Courbes paramétrées

PROBLÈMES DE LIEUX ET CONSTRUCTION DE COURBES PARAMÉTRÉES

? *Dans ce T. P., nous mettons l'accent sur les procédés de* ***construction d'une courbe paramétrée*** *en marquant :*

- *les* différentes étapes *qui organisent l'étude de la courbe (chaque étape étant appuyée d'un point méthodologique) ;*
- *les* limites des procédés *dont nous disposons, ce qui nous amène à préciser les résultats que l'on admet dans certaines situations.*

Exercice résolu *Soit Γ le cercle de centre O et de rayon* 1. *À tout point m de Γ, on associe ses projetés orthogonaux P et Q sur (Ox) et (Oy) et l'on désigne par M le projeté orthogonal de m sur la droite (PQ).*
Déterminer le lieu géométrique $\mathcal{C}$ *de M et montrer en particulier que la droite (PQ), lorsqu'elle est définie, est la tangente en M à la courbe* $\mathcal{C}$.

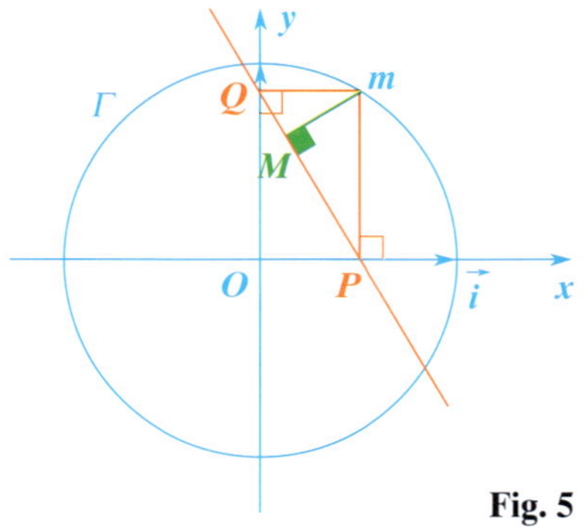

Fig. 5

A) Mise en équations

1. Choix du paramètre
Il est naturel d'utiliser le paramétrage du cercle Γ. Nous choisirons donc comme *paramètre t* une mesure en radians de l'angle $(\vec{i}, \overrightarrow{Om})$.

De ce fait, nous avons $m(t)\begin{cases}\cos t\\ \sin t.\end{cases}$

2. Équations
Désignons par $x(t)$ et $y(t)$ les coordonnées du point $M(t)$ associé à $m(t)$. Ces coordonnées peuvent être obtenues par les relations :
- $\det(\overrightarrow{PM}, \overrightarrow{PQ}) = 0$ qui traduit l'alignement de P, Q et M ;
- $\overrightarrow{mM} \cdot \overrightarrow{PQ} = 0$ qui traduit l'orthogonalité de $\overrightarrow{PQ}$ et $\overrightarrow{mM}$.

Avec $P(\cos t, 0)$, $Q(0, \sin t)$ et $m(\cos t, \sin t)$, on obtient, tous calculs faits :

$$M(t)\begin{cases}x(t) = \cos^3 t\\ y(t) = \sin^3 t\end{cases} \quad t \in \mathbb{R}.$$

POINT MÉTHODE

1. Le choix du paramètre est capital dans ce genre de problèmes. Conformément au programme, nous indiquerons toujours la méthode à suivre pour obtenir le paramétrage souhaité (celui qui, en général, est capable d'assurer la plus grande simplicité dans les calculs).

2. Obtention des équations
L'idée est simple : « Parce que l'on dispose d'un paramètre, il vaut mieux travailler avec les **représentations paramétriques des données initiales** (droites, cercles pour l'essentiel) qu'avec les équations cartésiennes. » (Noter dans l'exemple ci-dessus comment il aurait été inutilement compliqué d'utiliser l'équation cartésienne de la droite (PQ).)

B) Étude de la courbe paramétrée

1. Périodicité. Symétries

■ Le **procédé de construction géométrique** permet d'avancer que :
— l'axe (Ox), l'axe (Oy) et le point O sont des éléments de symétrie de $\mathcal{C}$;
— la droite « $y = x$ » (mais aussi $y = -x$) est également un axe de symétrie de $\mathcal{C}$;
— les points $M(t + 2\pi)$ et $M(t)$ sont confondus (car $m(t + 2\pi) = m(t)$).
La conséquence immédiate, en ce qui concerne l'étude de $\mathcal{C}$, est qu'il suffit de «travailler» pour $t \in \left[0, \frac{\pi}{4}\right]$ et de compléter le tracé obtenu par les symétries convenables(1).

■ Deux hypothèses imposent la question : «*Ces propriétés sont-elles décelables sur les coordonnées de $M(t)$?*» :

— *Hypothèse 1*

On est la victime d'un moment d'égarement : obnubilé par « $M(t) \begin{cases} \cos^3 t \\ \sin^3 t \end{cases}$ », on a oublié que M est le résultat d'une construction géométrique...

— *Hypothèse 2*

On peut imaginer d'être soumis à une *étude à priori* de $\mathcal{C}$ (question du type : «Étudier la courbe de représentation paramétrique définie par $x(t) = \cos^3 t$ et $y(t) = \sin^3 t$»)(2).

POINT MÉTHODE

La recherche de périodicité et de symétrie est encore plus importante dans l'étude de courbes paramétrées que dans celle de fonctions définies par $x \mapsto f(x)$. **À ne pas la faire, on risque de décrire deux (ou plusieurs) fois la courbe.** Voici les situations usuelles :

1. Symétries (le paramètre t appartient à $\mathbb{R}$ ou à un intervalle centré en 0)

Relations entre les coordonnées	$x(-t) = x(t)$ $y(-t) = -y(t)$	$x(-t) = -x(t)$ $y(-t) = y(t)$	$x(-t) = -x(t)$ $y(-t) = -y(t)$
Symétries de la courbe	axe (Ox)	axe (Oy)	centre O

Nous verrons (Remarque, p. 248) que d'autres transformations sur le paramètre t peuvent conduire à des éléments de symétrie.
Considérer que le *test de parité* sur les fonctions coordonnées est le «cas» élémentaire.

2. Périodicité
Des relations telles que $x(t + 2\pi) = x(t)$ *et* $y(t + 2\pi) = y(t)$, vraies pour tout réel t, signifient que lorsque le *paramètre t varie dans un intervalle de longueur* 2π, **période commune à x et y,** le point $M(t)$ décrit entièrement la courbe $\mathcal{C}$.

3. Un conseil
Lorsqu'une étude sommaire conduit à dessiner des *arcs très voisins,* on doit soupçonner une réduction possible de l'intervalle d'étude (par symétrie ou périodicité).

(1) Il est facile de contrôler géométriquement que de telles symétries permettent d'obtenir le cercle entier à partir de l'arc de cercle correspondant aux points $m(t)$, avec $0 \leqslant t \leqslant \frac{\pi}{4}$.
(2) Et ce, malgré la consigne du programme «on évitera de multiplier les exemples posés a priori».

2. Variations des coordonnées. Tangente

L'intervalle d'étude étant réduit à $\left[0, \frac{\pi}{4}\right]$, et les fonctions $t \mapsto x(t)$ et $t \mapsto y(t)$ étant dérivables, calculons les coordonnées du vecteur dérivée $\vec{v}(t) : (x'(t), y'(t))$.

On obtient : $\vec{v}(t) \begin{cases} x'(t) = -3\cos^2 t \sin t \\ y'(t) = 3\sin^2 t \cos t\,. \end{cases}$

Il faut accorder *deux fonctions* au calcul de $\vec{v}(t)$:

▪ Il permet de tracer **simultanément le tableau de variations** de x et de y en utilisant la disposition ci-dessous. (Noter l'agencement des lignes du tableau : les variations de y sont immédiatement lisibles sous celles de x.)

t	0	⟶	$\frac{\pi}{4}$
x'	0	−	$-\frac{3}{2\sqrt{2}}$
x	**1**	↘	$\frac{1}{2\sqrt{2}}$
y	**0**	↗	$\frac{1}{2\sqrt{2}}$
y'	0	+	$\frac{3}{2\sqrt{2}}$

▪ Il permet (en général) d'obtenir un **vecteur directeur de la tangente** à la courbe.
Pour $t \neq 0$, nous avons $\vec{v}(t) \neq \vec{0}$ et, mieux encore, $\vec{v}(t) = 3\cos t \sin t\,\vec{N}(t)$ où le vecteur $\vec{N}(t)$ a pour coordonnées $\vec{N}(t) \begin{cases} -\cos t \\ \sin t. \end{cases}$

Pour $0 < t \leqslant \frac{\pi}{4}$, le vecteur $\vec{N}(t) \begin{cases} -\cos t \\ \sin t \end{cases}$ est un vecteur directeur de la tangente à la courbe au point $M(t)$.
Avec $P(\cos t, 0)$ et $Q(0, \sin t)$, on a $\overrightarrow{PQ} = \vec{N}(t)$.
Ainsi : **la droite (PQ) est** (en général, *i.e.* : lorsqu'elle est définie) **la tangente à la courbe $\mathcal{C}$ au point M.**

POINT MÉTHODE

1. Sur le tableau de variations

Il est impératif de décomposer l'intervalle d'étude $\left(\text{ici } \left[0, \frac{\pi}{4}\right]\right)$ en intervalles où **chacune des fonctions coordonnées est monotone** : c'est un point capital pour la construction de la courbe (voir point méthode suivant).

2. Sur le vecteur dérivé $\vec{v}(t)$

▪ Nous savons (voir cours, p. 242) que lorsqu'il est non nul, $\vec{v}(t)$ est un vecteur directeur de la tangente à la courbe au point $M(t)$. Il ne faut pas hésiter (soit parce que son écriture est simplifiable « à vue d'œil », soit parce qu'il est trop long...) à le remplacer par un vecteur colinéaire.

▪ Un point $M(t_0)$ où $\overrightarrow{v(t_0)} = \vec{0}$ est appelé *point stationnaire,* mais il n'y a pas lieu que nous nous y attardions, conformément au programme.

3. Construction de la courbe

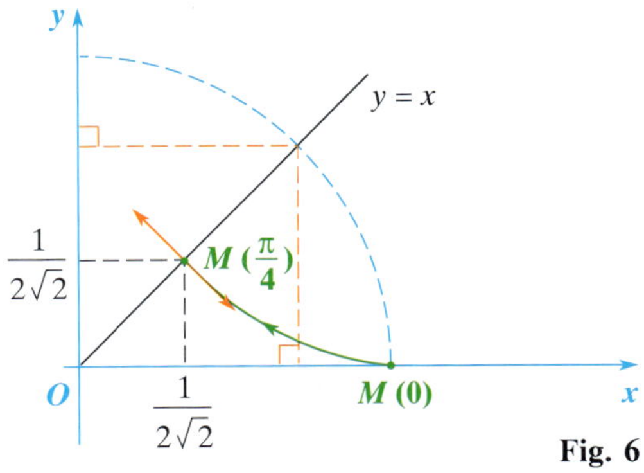

Fig. 6

■ Plaçons les points correspondant aux valeurs $t = 0$ et $t = \frac{\pi}{4}$ du paramètre, accompagnés du « vecteur tangent » (lorsqu'il existe).

■ La lecture du tableau de variations montre que lorsque t croît de 0 à $\frac{\pi}{4}$, x décroît de 1 à $\frac{1}{2\sqrt{2}}$ et y croît de 0 à $\frac{1}{2\sqrt{2}}$.

On en déduit l'allure de la courbe et le sens de parcours symbolisé par la flèche.

■ On complète ensuite par symétrie.

Remarque : Au point $M(0)$, on « devine » (ou on admet) qu'il y a une demi-tangente horizontale...

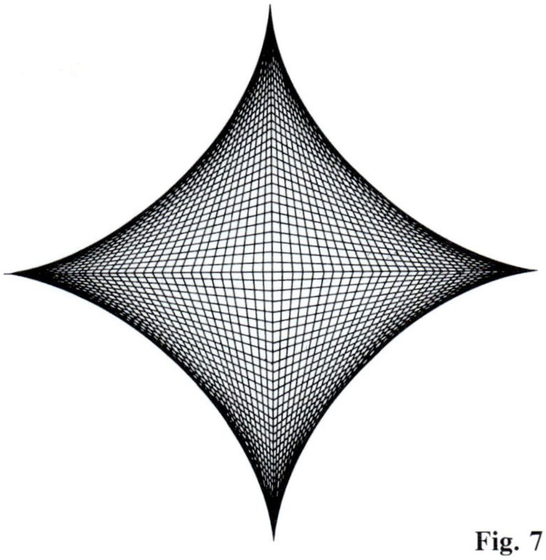

Fig. 7

L'astroïde : La courbe $\mathcal{C}$ avec ses tangentes. Cette courbe fut étudiée par Jean Bernoulli, d'Alembert... et par M. Haton de La Goupillière (« spécialiste » de l'astroïde). C'est aussi *le lieu décrit par un point d'une circonférence de rayon $\frac{1}{4}$ roulant intérieurement sur la circonférence du cercle unité (Sturm).*

POINT MÉTHODE

La construction de la courbe s'effectue en *trois étapes :*

1. Placer les points particuliers et les tangentes correspondantes
Il s'agit des points $M(t)$ où le paramètre t est une borne d'un intervalle de monotonie pour chacune des fonctions x et y. Si $\vec{v}(t) \neq \vec{0}$, il y a lieu de tracer la droite tangente(1).

2. Tracer la courbe, intervalle de monotonie par intervalle de monotonie
Encore plus simple qu'un discours, voilà les quatre situations de référence :

extrait du tableau de variations	x ↗ y ↗	x ↗ y ↘	x ↘ y ↗	x ↘ y ↘
allure de la courbe				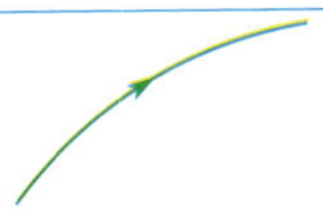

Note : La flèche, nullement obligatoire, explique le sens de parcours de la courbe lorsque t varie en croissant.

3. Compléter par d'éventuelles symétries (voir le premier point méthode).

(1) Pour les points correspondants au changement de monotonie de x ou de y, on aura (le plus souvent) $x' = 0$ ou $y' = 0$. Si tangente il y a, elle sera donc verticale ($x' = 0$ et $y' \neq 0$) ou horizontale ($x' \neq 0$ et $y' = 0$).

TP 1

Un complément technique

1 Soit $\mathcal{C}$ la courbe définie par :

$$\begin{cases} x(t) = 3 \sin t + 2 \cos t \\ y(t) = 2 \sin t \end{cases} \quad t \in \mathbb{R}.$$

1° Que peut-on dire des points associés à t et $t + \pi$?

2° Expliquer pourquoi l'intervalle d'étude peut être réduit à $\left[-\frac{\pi}{2}, \frac{\pi}{2}\right]$.

2 On considère la courbe $\mathcal{C}$ définie par :

$$\begin{cases} x(t) = \dfrac{t}{t^2 + 1} \\ y(t) = \ln |t| \end{cases} \quad t \in \mathbb{R}^*.$$

1° Étudier les positions des points associés aux valeurs t, $-t$ et $\frac{1}{t}$ du paramètre et en déduire des éléments de symétrie de la courbe.

2° Quel est l'intervalle d'étude ?

3 Les lentilles

Associer à chaque trajectoire le tableau des variations qui lui correspond.

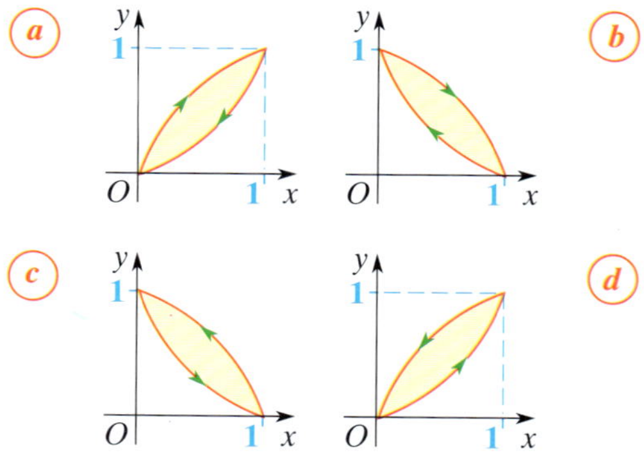

①

t	0		1		2
x	0	↗	1	↘	0
y	1	↘	0	↗	1

②

t	0		1		2
x	1	↘	0	↗	1
y	1	↘	0	↗	1

③

t	0		1		2
x	0	↗	1	↘	0
y	0	↗	1	↘	0

④

t	0		1		2
x	0	↗	1	↘	0
y	1	↘	0	↗	1

Remarque : Les exercices 1 et 2 montrent que la recherche de symétries d'une courbe paramétrée ne se limite pas à l'étude de la parité des fonctions coordonnées (même si cela correspond au cas le plus fréquent). En tout état de cause, quelle que soit la transformation effectuée sur le paramètre ($t \mapsto -t$ ou $t \mapsto t + \pi$ ou $t \mapsto \frac{1}{t}$, etc.), l'essentiel est dans *l'interprétation à l'aide de symétries de résultats tels que : si $M(x, y) \in \mathcal{C}$, il en est de même des points de coordonnées $(-x, y)$ ou $(x, -y)$ ou $(-x, -y)$ ou (y, x)...*

TP 2

Une cardioïde[1]

À tout point m du cercle $\mathcal{C}$ de centre O et de rayon 1, on associe le point M, projeté orthogonal de A sur la tangente Δ_m au cercle $\mathcal{C}$ menée de m.

1° Donner une représentation paramétrique du lieu $\mathcal{C}$ de M (le paramètre θ est indiqué sur la figure).

2° Construire la courbe $\mathcal{C}$.

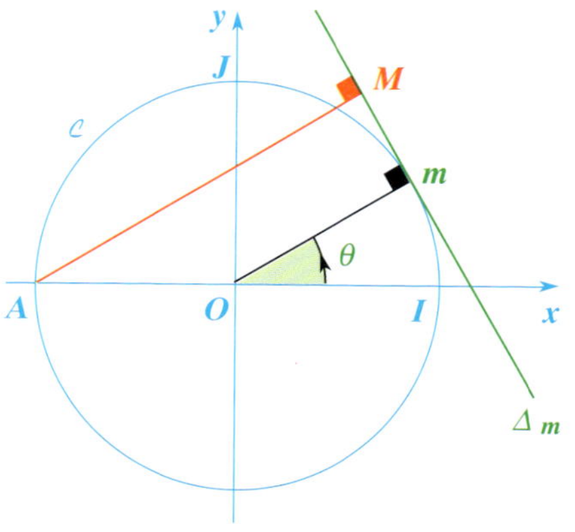

(1) Exemple de courbe appelée «limaçon de Pascal»; le nom de «cardioïde» lui a été donné par le mathématicien CASTILLON en 1741 : le tracé de la courbe est susceptible d'expliquer cette appellation.

APPLICATIONS DIRECTES DU COURS

Dans tous les exercices, le plan est muni d'un repère orthonormal $(O, \vec{i}, \vec{j})$.

Exemples de courbes paramétrées

1 Déterminer une représentation paramétrique de la droite d passant par le point $A(1, 1)$ et de vecteur directeur $\vec{u} = 2\vec{i} - \vec{j}$.
Quelles sont les coordonnées du point de d de paramètre $t = 2$?

2 Soit les points $A(-2, 1)$ et $B(2, 3)$.
Déterminer une représentation paramétrique :

a) de la droite (AB) ;

b) de la demi-droite d'origine A et contenant B ;

c) du segment $[AB]$.

3 On considère les points $A(-2, 0)$ et $B(2, 0)$.
Déterminer une représentation paramétrique du demi-cercle de diamètre $[AB]$ et dont les points ont une ordonnée positive ou nulle.

4 Soit le point $A(1, -4)$ et le vecteur $\vec{u} = 3\vec{i} + 2\vec{j}$.
1° Déterminer une représentation paramétrique de la droite d passant par A et de vecteur directeur $\vec{u}$.
2° Déterminer le point B de d, de paramètre $t = 2$.
3° Montrer que $\begin{cases} x = 7 + 6\lambda \\ y = 4\lambda \end{cases}$ $(\lambda \in \mathbb{R})$ est aussi une représentation paramétrique de d.

REMARQUE Les exercices précédents montrent :
— qu'une même courbe peut avoir plusieurs représentations paramétriques ;
— l'importance qu'il faut accorder à l'ensemble des valeurs prises par le paramètre.

Tangente à une courbe paramétrée

Dans les exercices 5 à 7, déterminer une équation cartésienne de la tangente au point $M(t_0)$ *à la courbe* $\mathcal{C}$ *de représentation paramétrique donnée.*

5 $x(t) = 2t^2 + 1$ et $y(t) = t^3 - t$; $t_0 = 1$.

6 $x(t) = \cos t - \sin t$ et $y(t) = t - \cos t$; $t_0 = 0$.

7 $x(t) = \ln t$ et $y(t) = t^2 + 2t$; $t_0 = 1$.

Dans les exercices 8 et 9, déterminer le vecteur-vitesse à l'instant t_0 *du point mobile* $M(t)$ *dont les coordonnées, en fonction du temps, sont* $x(t)$ *et* $y(t)$.

8 $x(t) = \cos 2t - 1$ et $y(t) = 2\cos^2 t$; $t_0 = \frac{\pi}{6}$.

9 $x(t) = \cos 3t$ et $y(t) = \cos t$; $t_0 = \frac{2\pi}{3}$.

Transformations et courbes paramétrées

Dans les exercices 10 à 12, déterminer une représentation paramétrique de la courbe $\mathcal{C}$ *transformée du cercle* C *de centre* O *et de rayon 1 par la transformation* T.

10 T est la translation de vecteur $\vec{u} = 3\vec{i} - \vec{j}$.

11 T est l'homothétie de centre O et de rapport 5.

12 Comparer les coordonnées des points $M(t)$ et $M(t + 2\pi)$ de la courbe $\mathcal{C}$ de représentation paramétrique $\begin{cases} x = \cos t \\ y = t + \sin t \end{cases}$ $(t \in \mathbb{R})$.
En déduire que $\mathcal{C}$ est globalement invariante par la translation de vecteur $\vec{u} = 2\pi\vec{j}$.

Équations cartésiennes et équations paramétriques

Dans chacun des exercices 13 à 16, déterminer une équation cartésienne du support de la trajectoire du point M, *dont les coordonnées sont données en fonction du temps* t.

13 $x(t) = 3 + \cos 2t$ et $y(t) = \cos^2 t - 1$ avec $t \in \mathbb{R}$.

14 $x(t) = 2t^2$ et $y(t) = t^2 - 3$ avec $t \in \mathbb{R}$.

15 $x(t) = t + 1$ et $y(t) = 2t^2 - 3t$ avec $t \in \mathbb{R}$.

16 $x(t) = e^t$ et $y(t) = t + \frac{1}{2}e^{-t}$ avec $t \in \mathbb{R}$.

EXERCICES

Vrai/Faux

17 La représentation graphique de la fonction f définie sur I est la courbe de représentation paramétrique $\begin{cases} x = t \\ y = f(t) \end{cases}$ $(t \in I)$.

Dans les « Vrai/Faux » 18 à 24, le plan est muni d'un repère orthonormal $(O, \vec{i}, \vec{j})$ et $\mathcal{C}$ désigne la courbe de représentation paramétrique $\begin{cases} x = f(t) \\ y = g(t), \end{cases}$ *avec* $t \in \mathbb{R}$.

18 Si $\begin{cases} f(t) = t^2 - 2t \\ g(t) = t + t^3, \end{cases}$
le vecteur de coordonnées $(f'(t), g'(t))$ est un vecteur directeur de la tangente à la courbe $\mathcal{C}$ en chacun de ses points $M(t)$.

19 Si $\begin{cases} f(t) = t^2 - 2t \\ g(t) = t + t^3, \end{cases}$
$\mathcal{C}$ admet au point de paramètre $t = 0$ une tangente verticale.

20 Si $\begin{cases} f(t) = t + \sin t \\ g(t) = t^2 + \cos t, \end{cases}$
$\mathcal{C}$ admet au point de paramètre $t = 0$ une tangente horizontale.

21 Si $\begin{cases} f(t) = t + \cos 2t \\ g(t) = 2t + \sin 2t, \end{cases}$
$\mathcal{C}$ est globalement invariante par la translation de vecteur $\vec{u} = \pi(\vec{i} + 2\vec{j})$.

22 Si $\begin{cases} f(t) = t + 1 \\ g(t) = 2t^2 - 3, \end{cases}$
$\mathcal{C}$ est une droite.

23 Si $\begin{cases} f(t) = 3 + 5 \cos t \\ g(t) = -2 + 5 \sin t, \end{cases}$
$\mathcal{C}$ est un cercle.

24 Si $\begin{cases} f(t) = t + 2 \\ g(t) = t^2 + 4t + 4, \end{cases}$
$\mathcal{C}$ est une parabole.

La technique mise à l'épreuve

Dans les exercices 25 à 27, déterminer une équation cartésienne de la tangente au point $M(t_0)$ à la courbe $\mathcal{C}$ de représentation paramétrique donnée.

25 $x(t) = \dfrac{1}{2t}$ et $y(t) = \dfrac{1 - t}{1 + 2t}$; $t_0 = 2$.

26 $x(t) = \dfrac{1}{t + 1}$ et $y(t) = \sqrt{t^2 + 1}$; $t_0 = 0$.

27 $x(t) = \dfrac{1}{t} \ln t$ et $y(t) = t \ln t$; $t_0 = \mathrm{e}$.

Dans les exercices 28 et 29, déterminer le vecteur vitesse à l'instant t_0 du point mobile $M(t)$ dont les coordonnées en fonction du temps sont $x(t)$ et $y(t)$.

28 $x(t) = t + \dfrac{1}{t}$ et $y(t) = t - \dfrac{1}{t}$; $t_0 = 1$.

29 $x(t) = \dfrac{1 - t}{1 + t^2}$ et $y(t) = \dfrac{t + t^2}{1 + t^2}$; $t_0 = 1$.

Dans les exercices 30 à 32, déterminer une représentation paramétrique de la courbe $\mathcal{C}$ passant par le point A de paramètre t_0 et admettant en chacun de ses points $M(t)$ une tangente de vecteur directeur $\vec{v}(t)$.

30 $\vec{v}(t) = \sqrt{2}(-\sin t\vec{i} + \cos t\vec{j})$; $t_0 = \dfrac{\pi}{4}$; $A(1, 1)$.

31 $\vec{v}(t) = (\mathrm{e}^t + \mathrm{e}^{-t})\vec{i} + \dfrac{2t}{1 + t^2}\vec{j}$; $t_0 = 0$; $A(1, 1)$.

32 $\vec{v}(t) = \mathrm{e}^t(\vec{i} + (1 + t)\vec{j})$; $t_0 = 0$; $A(2, 0)$.

33 Déterminer une représentation paramétrique de la courbe $\mathcal{C}$ transformée du cercle C de centre O et de rayon 1 par l'homothétie de centre $A(2, 1)$ et de rapport -2.

34 Un point M se déplace dans le plan muni du repère orthonormal $(O, \vec{i}, \vec{j})$. Ses coordonnées à l'instant t sont :

$x(t) = 5 + 3 \cos^2 t$ et $y(t) = 1 + \cos 2t$ $(t \in \mathbb{R})$.

Montrer que le mouvement de M est rectiligne.

Dans les exercices 35 à 37, comparer les coordonnées des points $M(t)$ et $M(t+2\pi)$ de la courbe $\mathcal{C}$ dont une représentation paramétrique est donnée.
En déduire que $\mathcal{C}$ est globalement invariante par la translation de vecteur $\vec{u}$ indiqué.

35 $\begin{cases} x = \sin t - t \\ y = \cos t - \sin t \end{cases}$ $(t \in \mathbb{R})$; $\vec{u} = -2\pi\vec{i}$.

36 $\begin{cases} x = \cos t \\ y = \dfrac{t}{2} + \sin t \end{cases}$ $(t \in \mathbb{R})$; $\vec{u} = \pi\vec{j}$.

37 $\begin{cases} x = \cos t + t \\ y = \sin t - t \end{cases}$ $(t \in \mathbb{R})$; $\vec{u} = 2\pi(\vec{i} - \vec{j})$.

Dans chacun des exercices 38 à 41, déterminer une équation cartésienne du support de la trajectoire du point M, dont les coordonnées sont données en fonction du temps t.

38 $x(t) = \dfrac{e^{2t}-1}{e^{2t}+1}$ et $y(t) = \dfrac{2e^t}{e^{2t}+1}$, avec $t \in \mathbb{R}$.
☞ Calculer $x(t)^2 + y(t)^2$.

39 $x(t) = \sqrt{2}\cos\left(\dfrac{\pi}{2}t\right)$ et $y(t) = \sin\left(\dfrac{\pi}{2}t\right)$, avec $t \in \mathbb{R}$.
☞ Calculer $x(t)^2 + y(t)^2$.

40 $x(t) = e^t + e^{-t}$ et $y(t) = e^t - e^{-t}$, avec $t \in \mathbb{R}$.
☞ Calculer $x(t) + y(t)$ et $x(t) - y(t)$.

41 $x(t) = \cos^2 t$ et $y(t) = \sin t \cos t$, avec $t \in \mathbb{R}$.
☞ Calculer $x(t)^2 + y(t)^2$.

Construction de courbes paramétrées

Dans les exercices 42 à 44, montrer que la courbe $\mathcal{C}$ de représentation paramétrique donnée admet la symétrie indiquée.

42 $x(t) = \sin t$ et $y(t) = t^2$, avec $t \in \mathbb{R}$; l'axe des ordonnées est axe de symétrie.

43 $x(t) = e^t - e^{-t}$ et $y(t) = \tan t$, avec $t \in \left]-\dfrac{\pi}{2}, \dfrac{\pi}{2}\right[$;
l'origine O est centre de symétrie.

44 $x(t) = t + \dfrac{1}{t}$ et $y(t) = \ln t$, avec $t \in]0, +\infty[$;
l'axe des abscisses est axe de symétrie.
☞ Comparer $M(t)$ et $M\left(\dfrac{1}{t}\right)$.

45 Associer à chaque courbe la représentation paramétrique qui lui correspond :

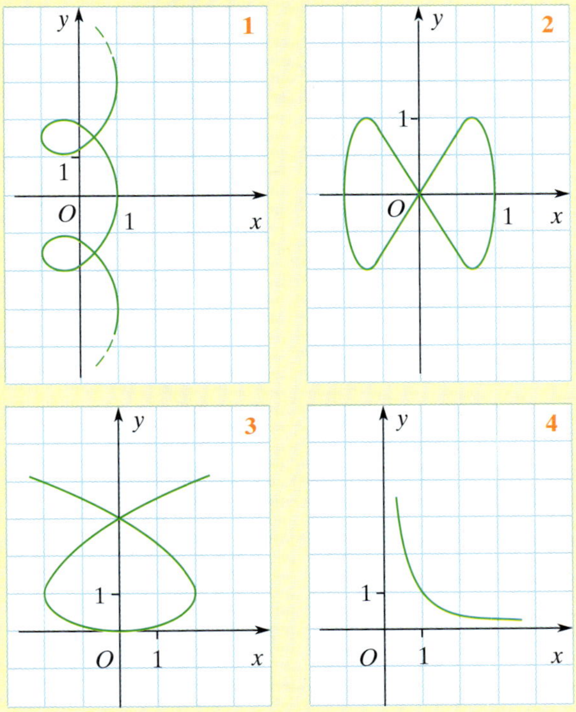

a) $\begin{cases} x = \sin t \\ y = \sin 2t \end{cases}$ $(t \in \mathbb{R})$; b) $\begin{cases} x = \dfrac{1}{t} \\ y = t \end{cases}$ $t \in]0, +\infty[$;

c) $\begin{cases} x = \cos t \\ y = \dfrac{t}{2} + \sin t \end{cases}$ $(t \in \mathbb{R})$; d) $\begin{cases} x = 3t - t^3 \\ y = t^2 \end{cases}$ $(t \in \mathbb{R})$.

☞ Penser aux symétries...

46 Tracer une courbe correspondant aux tableaux de variations ci-dessous :

a)

t	$-\infty$					$+\infty$
x	0 ↗	0,8 ↗	1 ↘	0 ↘	-1 ↗	2
y	0 ↘	-1 ↗	$-0,5$ ↗	1 ↘	0,7 ↘	0

b)

t	-1		1
x	0 ↗	1 ↗	2
y	1 ↘	-1 ↗	1

★ **47** Associer à chaque trajectoire le tableau qui lui correspond parmi les quatre proposés.

a)

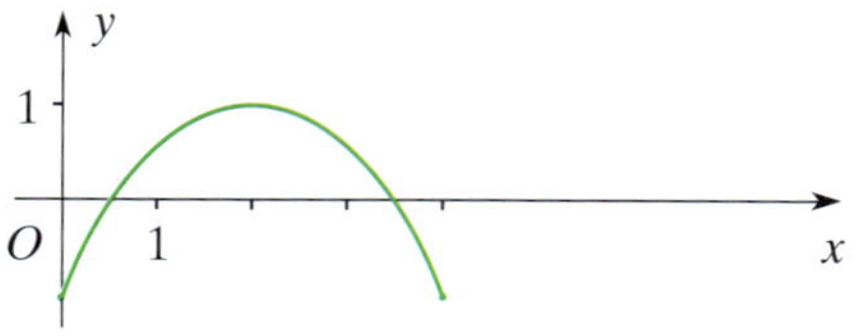

b)

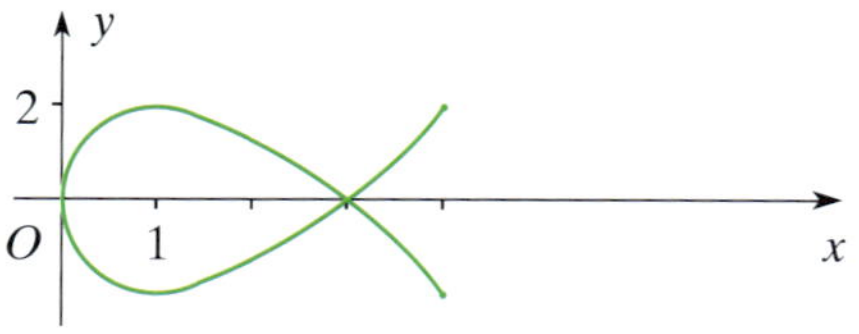

1

t	-3												0												3

t	-3 ……… 0 ……… 3
x	$4 \searrow 3 \searrow 1 \searrow 0 \nearrow 1 \nearrow 3 \nearrow 4$
y	$2 \searrow 0 \searrow -2 \nearrow 0 \nearrow 2 \searrow 0 \searrow -2$

2

t	-1 ……… 0 ……… 1
x	$0 \nearrow 1 \searrow 0$
y	$1 \searrow -1 \nearrow 1$

3

t	0 ……… 2 ……… 4
x	$0 \nearrow 1 \nearrow 4 \searrow 3 \searrow 0$
y	$0 \searrow -2 \nearrow 2 \searrow 0 \nearrow 2$

4

t	0 … $\frac{\pi}{2}$ … π … $\frac{3\pi}{2}$ … 2π
x	$2 \nearrow 4 \searrow 2 \searrow 0 \nearrow 2$
y	$1 \searrow -1 \nearrow 1 \searrow -1 \nearrow 1$

48 Un point M se déplace dans le plan muni du repère orthonormal $(O, \vec{i}, \vec{j})$ de manière qu'à chaque instant $t > 0$ les coordonnées du vecteur-vitesse soient :

$$x'(t) = \frac{1}{t^2} \quad \text{et} \quad y'(t) = \frac{1}{t}.$$

1° Déterminer les coordonnées du point M sachant qu'à l'instant $t = 1$, M est en $A(0, 2)$.

2° Déterminer une équation cartésienne de la trajectoire $\mathcal{C}$ de M.
Construire $\mathcal{C}$.

49 Le plan est muni du repère orthonormal $(O, \vec{i}, \vec{j})$. On appelle M le point de coordonnées $x(t) = e^t + e^{-t}$ et $y(t) = e^t - e^{-t}$, et $\mathcal{C}$ l'ensemble des points M lorsque t décrit $\mathbb{R}$. On peut considérer que $\mathcal{C}$ est la trajectoire d'un point mobile situé en M à l'instant t.

1° Montrer que $\mathcal{C}$ admet l'axe des abscisses pour axe de symétrie ; étudier les variations des fonctions $t \mapsto x(t)$ et $t \mapsto y(t)$, pour $t \in [0, +\infty[$.

2° Calculer la distance $d(t)$ d'un point M de $\mathcal{C}$ à la droite Δ d'équation $y = x$ et étudier la limite de cette distance quand t tend vers $+\infty$.
En déduire que la courbe $\mathcal{C}$ admet deux asymptotes.

3° Construire la courbe $\mathcal{C}$.

4° On note $\vec{V}$ le vecteur vitesse de M à l'instant t. Déterminer, en fonction de t, les coordonnées de $\vec{V}$ et celles du vecteur $\vec{V} + \overrightarrow{OM}$.
En déduire que la tangente à $\mathcal{C}$ au point M et la droite (OM) forment un angle dont les bissectrices ont une direction fixe que l'on précisera.

d'après BAC

50 Soit $\mathcal{C}$ la courbe de représentation paramétrique :

$$\begin{cases} x(t) = t \ln t \\ y(t) = \dfrac{1}{t} \ln t, \end{cases} \quad \text{avec } t \in]0, +\infty[.$$

1° Montrer que $\mathcal{C}$ admet la droite Δ d'équation $y = -x$ pour axe de symétrie et que l'on peut faire l'étude pour $t \in]0 ; 1[$.

☞ Comparer $M(t)$ et $M\left(\dfrac{1}{t}\right)$.

2° Construire $\mathcal{C}$.

★ **51** Dans le plan rapporté à un repère orthonormal, on considère la courbe $\mathcal{C}$ dont une représentation paramétrique est :

$$\begin{cases} x = \cos^2 t + \cos t - 1 \\ y = (1 + \cos t) \sin t. \end{cases}$$

1° Que peut-on dire des points M et M' de $\mathcal{C}$ de paramètres respectifs t et $-t$?
En déduire qu'il suffit de construire la partie de $\mathcal{C}$ correspondant aux valeurs de t de l'intervalle $[0, \pi]$ pour pouvoir obtenir $\mathcal{C}$.

2° Étudier les variations de x et y lorsque t appartient à l'intervalle $[0, \pi]$.

3° Tracer la courbe $\mathcal{C}$ en précisant les tangentes à $\mathcal{C}$ aux points de paramètres $0, \frac{\pi}{3}, \frac{\pi}{2}, \frac{2\pi}{3}$.

On admettra qu'au point de paramètre π la tangente est parallèle à l'axe des abscisses.
Note : On prendra 6 cm comme unité de longueur.

BAC

Problèmes de lieux

52 Le plan orienté est muni du repère orthonormal direct $(O, \vec{i}, \vec{j})$. On choisit 1 cm pour unité.
On considère les deux cercles $(\mathcal{C})$ et $(\mathcal{C}')$ de centre O et de rayons respectifs 8 et 2. Soit P un point de $(\mathcal{C})$ et t le nombre réel tel que $(\vec{i}, \overrightarrow{OP}) = t$ modulo 2π. La demi-droite $[OP)$ coupe le cercle $(\mathcal{C}')$ en Q. Soit R le symétrique de Q par rapport à l'axe des abscisses et M le milieu de $[PR]$.
On note (E) le lieu des points M lorsque P décrit $(\mathcal{C})$.

1° Exprimer, en fonction de t, les coordonnées de M.

2° Montrer que (E) admet en chacun de ses points M une tangente qui est la médiatrice de $[PR]$.

3° Faire l'étude de (E) et tracer cette courbe.

d'après BAC

53 Le plan est muni du repère orthonormal $(O, \vec{i}, \vec{j})$. (C) désigne le cercle de centre O et de rayon 1. Soit P un point de (C), de coordonnées $(\cos t, \sin t)$.
Construire la courbe $\mathcal{C}$ ensemble des points M de coordonnées $(2 \cos t, \sin 2t)$.

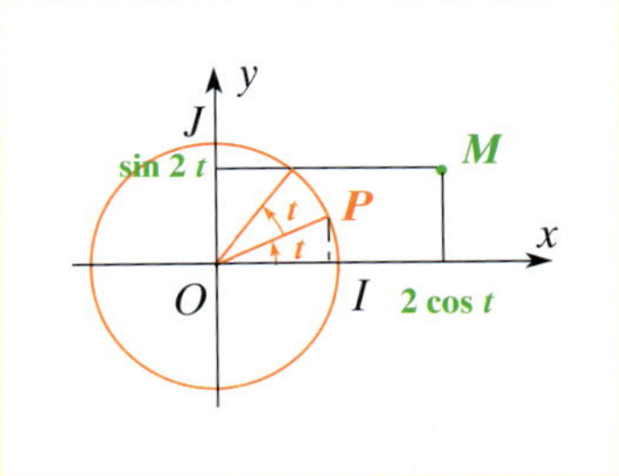

★ **54 Folium de Descartes**

Le plan est muni du repère orthonormal direct $(O, \overrightarrow{OI}, \overrightarrow{OJ})$. Γ désigne le cercle de centre O et de rayon 1. Soit A un point variable de Γ. On considère les points B et C de Γ définis de la manière suivante :
$(\overrightarrow{OI}, \overrightarrow{OB}) = 2(\overrightarrow{OI}, \overrightarrow{OA})$ modulo 2π; C est le symétrique de A par rapport à l'axe des abscisses.
On note G le centre de gravité du triangle ABC.
La courbe $\mathcal{F}$, lieu des points G lorsque A décrit le cercle $\mathcal{C}$, est un *folium de Descartes.*

1° *Un paramétrage*

a) On note t une mesure de l'angle $(\overrightarrow{OI}, \overrightarrow{OA})$.
Déterminer les affixes respectives des points A, B, C et G.

b) Montrer que $\mathcal{C}$ admet une représentation paramétrique donnée par :

$$x(t) = \frac{1}{3}(2 \cos t + \cos 2t) \quad \text{et} \quad y(t) = \frac{1}{3} \sin 2t \quad (t \in \mathbb{R}).$$

2° *Construction de* $\mathcal{F}$

a) Comparer les positions des points $M(t)$, $M(t + 2\pi)$, $M(-t)$.
Vérifier que l'on peut restreindre l'étude de $\mathcal{F}$ aux valeurs de t appartenant à l'intervalle $[0, \pi]$.
Par quelles transformations géométriques peut-on compléter la courbe $\mathcal{F}$?

b) Étudier les variations des fonctions $t \mapsto x(t)$ et $t \mapsto y(t)$, pour $t \in [0, \pi[$.

c) Construire la courbe $\mathcal{F}$. On précisera les tangentes au point $M\left(\frac{2\pi}{3}\right)$.

★ **55 La conchoïde de Nicomède**

Le plan est muni du repère orthonormal direct $(O, \overrightarrow{OI}, \overrightarrow{OJ})$. On considère la droite Δ d'équation $x = 1$. Une droite variable d, passant par O, coupe la droite Δ en A.
On note M le point de d tel que $AM = 2$, A étant situé sur le segment $[OM]$. La courbe $\mathcal{C}$, lieu des points M lorsque la droite d varie, est la *conchoïde de Nicomède.*

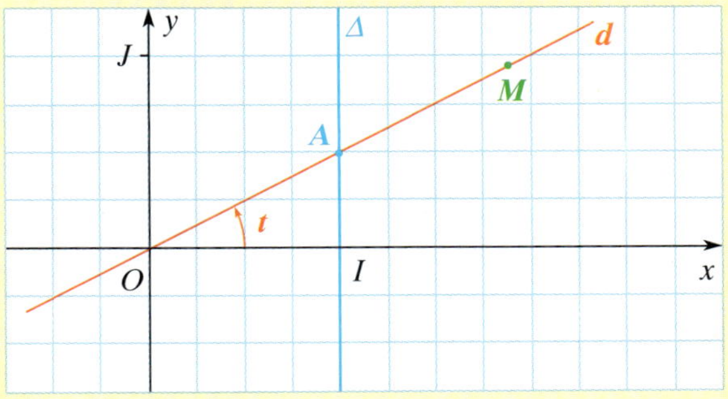

1° *Un paramétrage*
On note t une mesure de l'angle $(\overrightarrow{OI}, \overrightarrow{OA})$.
Montrer que $\mathcal{C}$ admet une représentation paramétrique donnée par :

$$x(t) = 1 + 2 \cos t$$

et $$y(t) = \tan t + 2 \sin t \quad \left(t \in \left]-\frac{\pi}{2}, \frac{\pi}{2}\right[\right).$$

2° *Construction de* $\mathcal{C}$

a) Vérifier que $\mathcal{C}$ admet l'axe des abscisses pour axe de symétrie.

b) Étudier les variations des fonctions $t \mapsto x(t)$ et $t \mapsto y(t)$, pour $t \in \left[0, \frac{\pi}{2}\right[$.

c) Construire la courbe $\mathcal{C}$.

INFO Cette courbe a été étudiée par le géomètre grec Nicomède (entre 100 et 200 avant notre ère); c'est sa forme de coquillage qui lui valut son nom.

56 Controverse

On considère deux cercles $\mathcal{C}$ et $\mathcal{C}'$ de même rayon, $\mathcal{C}$ étant fixe et $\mathcal{C}'$ roulant sur $\mathcal{C}$ sans glisser.

Nous ne poserons pas la question : « Étudier la trajectoire d'un point de $\mathcal{C}'$ » (on retrouverait la cardioïde introduite dans le T.P. 2, p. 248) mais plutôt la suivante, d'apparence plus facile :
« Combien de rotations sur lui-même le cercle $\mathcal{C}'$ aura-t-il accomplies après avoir fait le tour du cercle fixe ? »

PROBLÈMES

★ **57 Une courbe de Lissajous**

Soit $(O, \vec{i}, \vec{j})$ un repère orthonormal. On se propose de déterminer la trajectoire $\mathcal{C}$ d'un point mobile M dont les coordonnées sont données, en fonction du temps, par

$$x(t) = \cos 3t \quad \text{et} \quad y(t) = \sin 2t\text{, avec } t \in \mathbb{R}.$$

1° Pour tout réel t, comparer la position des points $M(t+2\pi)$ et $M(t)$, puis $M(-t)$ et $M(t)$, puis $M(\pi+t)$ et $M(t)$.

En déduire qu'il suffit de faire l'étude pour $t \in \left[0, \frac{\pi}{2}\right]$ et de construire la partie de la courbe $\mathcal{C}$ correspondante.

Indiquer les éléments de symétrie de la courbe $\mathcal{C}$.

2° Étudier les variations des fonctions x et y sur $\left[0, \frac{\pi}{2}\right]$.

3° Tracer la courbe $\mathcal{C}$.

INFO La courbe $\mathcal{C}$ est une courbe de Lissajous (1822-1880). C'est la trajectoire d'un point soumis à deux oscillations sinusoïdales perpendiculaires. On peut facilement visualiser de telles courbes sur l'écran d'un oscilloscope.

58 Spirale logarithmique

Dans le plan muni du repère orthonormal $(O, \vec{i}, \vec{j})$, on considère la courbe $\mathcal{S}$ de représentation paramétrique :

$$x(t) = e^t \cos t \quad \text{et} \quad y(t) = e^t \sin t\text{, avec } t \in \mathbb{R}.$$

1° Étudier les variations des fonctions $t \mapsto x(t)$ et $t \mapsto y(t)$, pour $t \in [0, \pi]$, et construire la partie correspondante $\mathcal{S}_1$ de la courbe $\mathcal{S}$.

2° Par quelles transformations géométriques peut-on obtenir, à partir du point $M(t)$:

a) le point $M(t+\pi)$;

b) le point $M(t-\pi)$?

En déduire une construction de $\mathcal{S}$ à partir de $\mathcal{S}_1$.

3° Soit M un point de $\mathcal{S}$.

a) Montrer que $\mathcal{S}$ admet une tangente en M et déterminer un vecteur directeur $\vec{v}$ de cette tangente.

b) En déduire que l'angle $(\overrightarrow{OM}, \vec{v})$ est indépendant du point M.

☞ L'affixe de M est $z = x(t) + iy(t)$; déterminer l'affixe de $\vec{v}$...

4° Soit α un réel.

Montrer que $\mathcal{S}$ est globalement invariante par la similitude s de centre O, de rapport e^α et d'angle α.

INFO La courbe $\mathcal{S}$ est une *spirale logarithmique,* encore appelée *spirale équiangle* (à cause de la propriété vue à la question 3° déjà présentée dans le chapitre 8, p. 190.

★ **59 Une rosace à quatre feuilles**

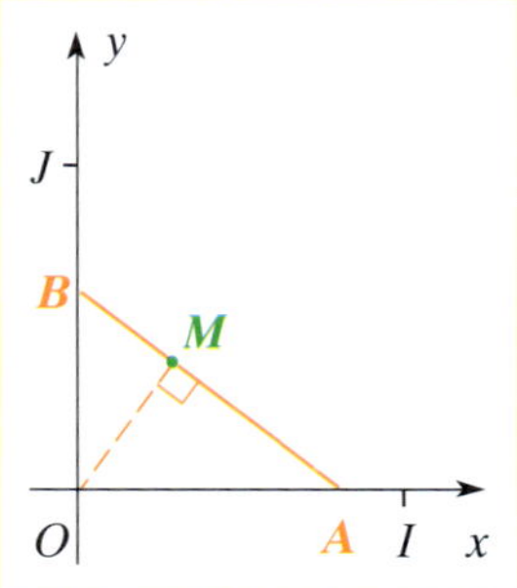

Soit $(O, \vec{i}, \vec{j})$ un repère orthonormal. Un point A sur l'axe des abscisses et un point B sur l'axe des ordonnées sont tels que $AB = 1$. On note M le projeté orthogonal de O sur $[AB]$.

On se propose de déterminer le lieu géométrique $\mathcal{C}$ de M lorsque A et B se déplacent, chacun sur son axe.

1° On note (x, y) les coordonnées de M et t une mesure de l'angle $(\overrightarrow{AB}, -\vec{i})$.

Montrer que $\mathcal{C}$ est l'ensemble des points $M(t)$ de coordonnées $\begin{cases} x = f(t) = \sin^2 t \cos t \\ y = g(t) = \cos^2 t \sin t\,. \end{cases}$ $(t \in \mathbb{R})$

2° Pour tout réel t, comparer la position des points $M(t+2\pi)$ et $M(t)$, puis $M(-t)$ et $M(t)$, puis $M(\pi - t)$ et $M(t)$ et enfin $M\left(\frac{\pi}{2} - t\right)$ et $M(t)$.

En déduire qu'il suffit de faire l'étude pour $t \in \left[0, \frac{\pi}{4}\right]$ et de construire la partie de la courbe $\mathcal{C}$ correspondante.

Indiquer les transformations qui permettent de compléter la courbe.

3° Étudier les variations des fonctions f et g sur $\left[0, \frac{\pi}{4}\right]$.

4° Tracer la courbe $\mathcal{C}$ en précisant les points où la tangente est parallèle à l'un des axes, ainsi que les tangentes à l'origine.

60 La cycloïde

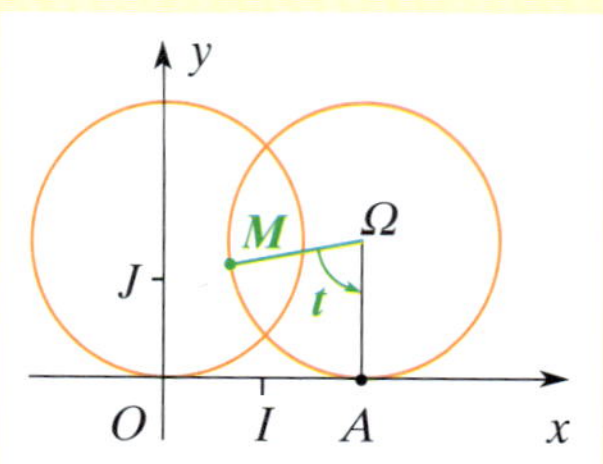

Un cercle C de centre Ω et de rayon R roule sans glisser sur la droite d. On se propose de déterminer la courbe $\mathcal{C}$ décrite par un point M lié au cercle C. La courbe $\mathcal{C}$ peut être considérée comme la trajectoire d'un point situé sur la circonférence d'une roue de bicyclette en mouvement. Cette trajectoire est une *cycloïde.*

1° *Équations paramétriques de* $\mathcal{C}$

Au départ, le point M est en O. À un instant, désignons par A le point de contact de C et de D. Le point M est alors repéré par une mesure t de l'angle $(\overrightarrow{\Omega M}, \overrightarrow{\Omega A})$.

Une mesure de l'arc orienté $\overset{\frown}{MA}$ est alors Rt qui est aussi l'abscisse de A.

Montrer que les coordonnées de M sont :
$x = f(t) = R(t - \sin t)$ et $y = g(t) = R(1 - \cos t)$.

☞ On montrera que $(\overrightarrow{OI}, \overrightarrow{\Omega M}) = -\frac{\pi}{2} - t \mod (2\pi)$.

2° Faire l'étude des variations de f et g sur $[0, 2\pi]$.

3° Construire la partie de $\mathcal{C}$ correspondant à $t \in [0, 2\pi]$.
On admettra qu'aux points $M(0)$ et $M(2\pi)$ $\mathcal{C}$ admet une tangente verticale.
Indiquer comment compléter la courbe $\mathcal{C}$.

INFO La *cycloïde* fut l'objet de nombreux concours et de maintes querelles. De nombreux savants s'en occupèrent. On peut citer Galilée qui en 1639 la conseille pour le dessin des arches d'un pont, Pascal qui la baptise *roulette* et lui consacre un écrit, Roberval qui la nomme *tronchoïde* (voir aussi p. 235).

★ **61 Trissectrice de Mac-Laurin**

Le plan est muni du repère orthonormal direct $(O, \overrightarrow{OI}, \overrightarrow{OJ})$. On considère le cercle (C) de centre $\Omega(2\,;\,0)$ et de rayon 2 et la droite Δ d'équation $x = 1$. Une droite variable d passant par O, coupe le cercle (C) en A et la droite Δ en A'. On note M le point de d tel que $\overrightarrow{OM} = \overrightarrow{AA'}$. La courbe $\mathcal{T}$, lieu des points M lorsque la droite d varie, est la *trisectrice de Mac-Laurin*.

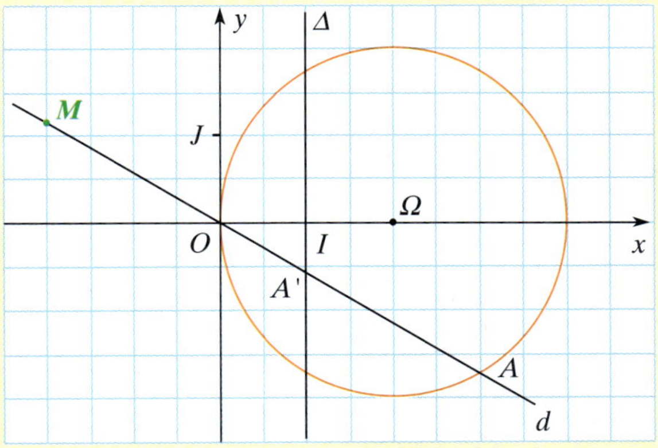

1° On note t la pente de la droite d.
Montrer que les coordonnées de M sont données par

$$x(t) = \frac{t^2 - 3}{t^2 + 1} \quad \text{et} \quad y(t) = \frac{t(t^2 - 3)}{t^2 + 1} \quad (t \in \mathbb{R}).$$

2° *a*) Vérifier que $\mathcal{T}$ admet l'axe des abscisses pour axe de symétrie.

b) Étudier les variations des fonctions $t \mapsto x(t)$ et $t \mapsto y(t)$, pour $t \in [0, +\infty[$, et construire la courbe $\mathcal{T}$.

3° Calculer la distance d'un point M de $\mathcal{T}$ à la droite Δ, puis la limite de cette distance lorsque t tend vers $+\infty$.
Interpréter graphiquement.

INFO Cette courbe à laquelle on attache le nom du mathématicien écossais Colin Mac-Laurin (1698-1746), a été utilisée pour résoudre graphiquement le problème de la trisection d'un angle.

Nous présentons, dans le problème 62, deux paramétrages possibles pour résoudre un même problème de lieu géométrique.

★ **62 Strophoïde droite**

Le plan est muni du repère orthonormal direct $(O, \overrightarrow{OI}, \overrightarrow{OJ})$. On considère le cercle (C) de centre I et de rayon 1 et la droite Δ d'équation $x = 1$. Une droite variable d passant par O, coupe le cercle (C) en A et la droite Δ en A'.

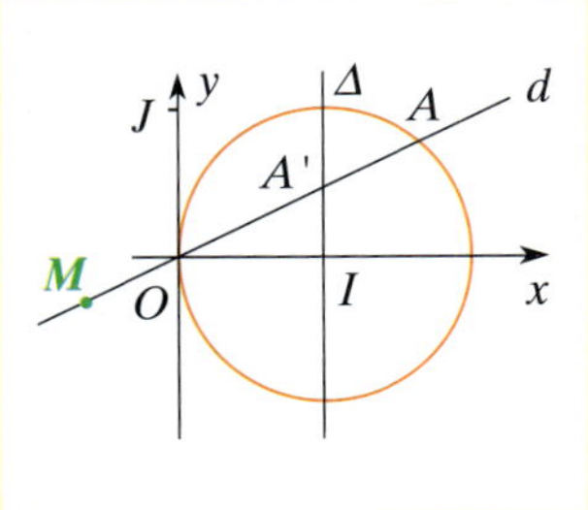

On note M le point de Δ tel que $\overrightarrow{OM} = \overrightarrow{AA'}$.
La courbe $\mathcal{S}$, lieu des points M lorsque la droite d varie, est une *strophoïde droite.*

Paramétrage n° 1

1° On note t la pente de la droite d.
Montrer que les coordonnées de M sont données par :

$$x(t) = \frac{t^2 - 1}{t^2 + 1} \quad \text{et} \quad y(t) = \frac{t(t^2 - 1)}{t^2 + 1} \quad (t \in \mathbb{R}).$$

2° *a*) Vérifier que $\mathcal{S}$ admet l'axe des abscisses pour axe de symétrie.

b) Étudier les variations des fonctions $t \mapsto x(t)$ et $t \mapsto y(t)$, pour $t \in [0, +\infty[$, et construire la courbe $\mathcal{S}$.

3° Calculer la distance de M à la droite Δ, puis la limite de cette distance lorsque t tend vers $+\infty$.
Interpréter graphiquement.

Paramétrage n° 2

1° On note θ une mesure de l'angle $(\overrightarrow{OI}, \overrightarrow{OA})$.
Montrer que les coordonnées de M sont données par :

$$x(t) = -\cos 2\theta \quad \text{et} \quad y(t) = -\sin 2\theta + \tan \theta,$$

$$\theta \in \left]-\frac{\pi}{2}, \frac{\pi}{2}\right[.$$

☞ Évaluer l'angle $(\overrightarrow{OI}, \overrightarrow{IA})$...

2° *a*) Vérifier que $\mathcal{S}$ admet l'axe des abscisses pour axe de symétrie.

b) Étudier les variations des fonctions $t \mapsto x(t)$ et $t \mapsto y(t)$, pour $t \in \left[0, \frac{\pi}{2}\right[$, et construire la courbe $\mathcal{S}$.

3° Calculer la distance de M à la droite Δ, puis la limite de cette distance lorsque t tend vers $+\frac{\pi}{2}$.

Interpréter graphiquement.

INFO C'est sans doute Roberval qui, pour la première fois, étudia cette courbe en 1645 ; il l'appelait alors *ptéroïde.*

Trucs & Astuces

Le contexte

L'étude d'une courbe paramétrée est le plus souvent motivée par une situation géométrique (ou mécanique...) : c'est le programme.
Il ne faut donc pas se laisser obnubiler par les seules équations paramétriques : exploiter le contexte pour obtenir directement des renseignements sur la courbe (périodicité, symétries, points remarquables...).

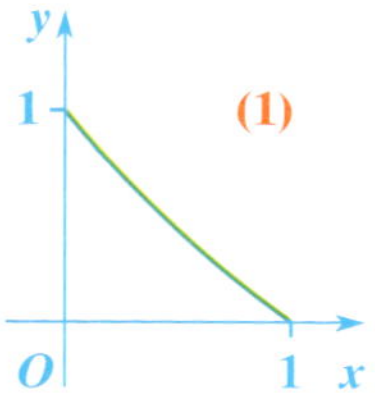

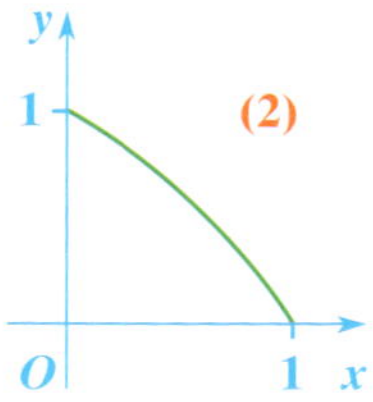

Le tracé des tangentes aux extrémités de la courbe donne une première idée...

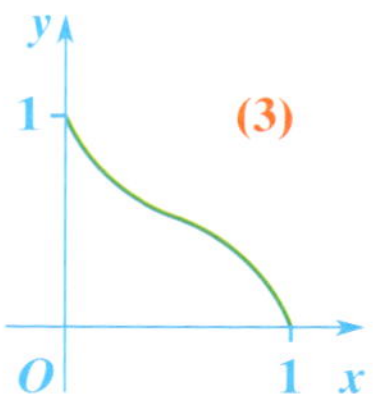

Tableau de variations

C'est *l'un* des deux points essentiels de l'étude d'une courbe paramétrée : les consignes données en T.P. (voir les divers « point méthode ») sont les références à connaître.

Tracé de la courbe

C'est *l'autre* point essentiel : passer du tableau de variations à la représentation graphique. Les quatre situations présentées à la page 247 (voir point méthode) doivent être maîtrisées parfaitement, sans pour autant avoir des états d'âme sur les problèmes de convexité. En clair, face à un tableau (ci-dessous, par exemple), on peut se poser la question : La courbe est-elle du type (1) ? du type (2) ? du type (3) ? etc.

t	α	β
x	1 ↘	0
y	0 ↗	1

Bornées ou non ?

Jeter un coup d'œil aux fonctions coordonnées sur ce sujet.
Par exemple, la courbe de Lissajous (étudiée au problème 57) :
$\begin{cases} x(t) = \cos 3t \\ y(t) = \sin 2t \end{cases}$, est nécessairement située dans le carré ci-contre ; c'est un moyen d'éviter quelques bévues.

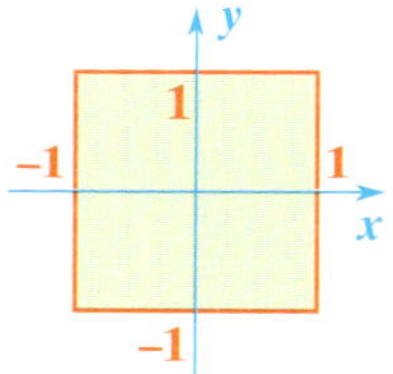

Rubrique du Bac

Gare aux coniques...

Quelques-unes des courbes soumises à l'étude sont des coniques (où des « morceaux » de coniques) : il est toujours dommageable de ne pas s'en apercevoir (voir chap. 11, série d'exercices 46 à 50).
En dehors de ces cas-là, malgré l'incitation assez précise du programme « Éviter les exemples posés à priori », de nombreux sujets proposent l'étude de courbes paramétrées définies de façon purement fonctionnelle (*i. e.* : sans motivation géométrique ou mécanique...). Tout est indiqué (les symétries éventuelles en particulier), et lorsque $\vec{v}\,'(t) = \vec{0}$ (vecteur dérivée nul), tout est admis : **suivre studieusement l'énoncé.**

La néphroïde

Une définition géométrique

On considère un cercle $\mathcal{C}$ et un de ses diamètres Δ. Pour tout point M de $\mathcal{C}$, on trace le cercle de centre M tangent à Δ. La courbe qui « enveloppe » tous ces cercles est une néphroïde.

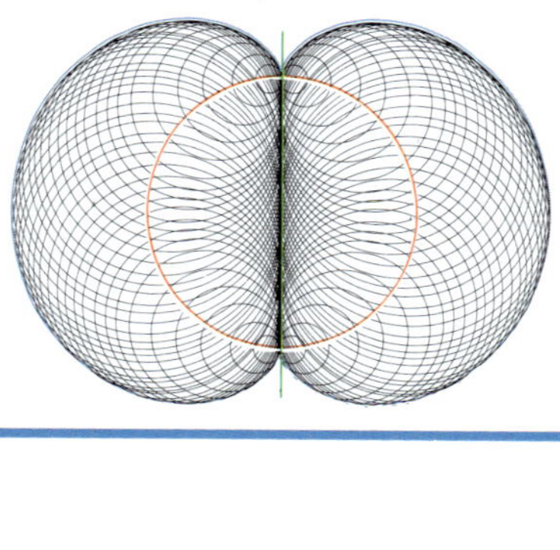

« Lever matin n'est point bonheur
Boire matin est le meilleur. »

Rabelais

« Tôt le matin, il fait beau : le soleil est encore rasant. Ses rayons viennent se réfléchir sur le bol de votre café que vous prenez à la terrasse, dessinant sur la surface du liquide une courbe en forme de cœur (cette courbe sépare sur cette surface la zone éclairé de celle qui ne l'est pas). »
Voilà la néphroïde...

11

Madame, voulez-vous être
Le cercle dont je serai le centre,
L'hyperbole dont je serai le foyer,
Le tétraèdre dont je serai le sommet,
La strophoïde dont je serai l'asymptote ?
En un mot, voulez-vous de moi pour époux ?

CHRISTOPHE
(L'idée fixe du savant Cosinus.)

Coniques

COURS

EXERCICES

INTRODUCTION

11
Coniques

1 OBJECTIFS

On imagine aisément l'enthousiasme de Képler (1571-1630) lorsqu'il découvrit que les planètes avaient pour trajectoires des «courbes» étudiées et répertoriées par le Grec Apollonios dix-huit siècles plus tôt !

Ces «sections coniques», ou plus simplement **coniques,** seront présentées dans ce chapitre sous deux aspects essentiels :
— l'aspect **géométrique,** en tant que lignes de niveau (définition par foyer, directrice et excentricité) ;
— l'aspect **algébrique,** comme courbes définies par certaines équations du second degré.

Enfin, et pour l'exécution des **tracés,** nous aurons recours à l'*Analyse,* en reconnaissant dans ces coniques des courbes représentatives définies par une *équation cartésienne* ou un *paramétrage.*

Nous aurons soin de dégager ces trois aspects complémentaires.

2 CONNAISSANCES MISES EN JEU

CHAPITRE 4

Géométrie euclidienne plane

Lignes de niveau de $M \mapsto \frac{MA}{MB}$, essentiellement :
— la ligne de niveau 1 est la médiatrice de $[AB]$;
— la ligne de niveau $e \neq 1$ est un cercle centré sur (AB).

CHAPITRE 5

Espace euclidien

Projection orthogonale ; projection de deux droites orthogonales.

CHAPITRE 10

Courbes paramétrées

Tout.

LIVRE D'ANALYSE
CHAPITRE 2

Étude de fonctions

3 ACTIVITÉS PRÉPARATOIRES

PARABOLE : FOYER ET DIRECTRICE

Dans l'activité 1, on considère la parabole $\mathcal{P}$ représentant graphiquement la fonction $x \mapsto x^2$.

On considère le point $F\left(0, \frac{1}{4}\right)$ et la droite $\mathcal{D}$ d'équation $y = -\frac{1}{4}$.

Si M est un point de $\mathcal{P}$ ($M \neq O$), on note H son projeté orthogonal sur $\mathcal{D}$; la tangente $\mathcal{T}$ à $\mathcal{P}$ en M coupe (Ox) en T.

Fig. 1 ▶

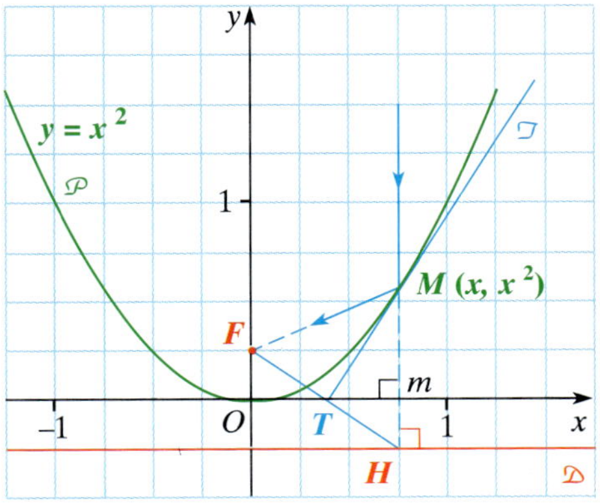

ACTIVITÉ 1

1° Calculer, en fonction de l'abscisse x de M, les coordonnées des points m, H et T.

En déduire que T est milieu de $[Om]$ et de $[FH]$.

2° Montrer que $\mathcal{T}$ est la médiatrice de $[FH]$. En déduire une construction géométrique des points et tangentes de $\mathcal{P}$.

3° Montrer que tout point de $\mathcal{P}$ est équidistant de F et de $\mathcal{D}$.

4° Montrer que tout rayon lumineux, parallèle à (Oy), qui vient « frapper » la parabole en M se réfléchit sur F.

☞ D'après la loi de la réflexion, cela se traduit : $\mathcal{T}$ est bissectrice extérieure « des deux rayons ».

La propriété dégagée au 4° justifie le nom de **foyer** donné au point F. $\mathcal{D}$ est appelée la **directrice de $\mathcal{P}$.**

Dans l'activité 2, on envisage une construction point par point de l'ensemble $\mathcal{P}$ des points M du plan équidistants d'un point fixe F et d'une droite fixe $\mathcal{D}$, par une méthode différente.

ACTIVITÉ 2

Construction d'une parabole

Soit $\mathcal{D}$ une droite fixe et F un point fixe ($F \notin \mathcal{D}$) ; $\mathcal{P}$ est définie ci-dessus.

Justifier la construction suivante :

La perpendiculaire Δ à $\mathcal{D}$ en F coupe $\mathcal{D}$ en K; une droite variable d est orthogonale à Δ en P.

Lorsque le cercle de centre F et de rayon KP coupe d, les points d'intersection M et M' sont des points de $\mathcal{P}$. On obtient tous les points de $\mathcal{P}$ en faisant varier d.

☞ Nature de $KPMH$ (où H est le projeté orthogonal de M sur $\mathcal{D}$).

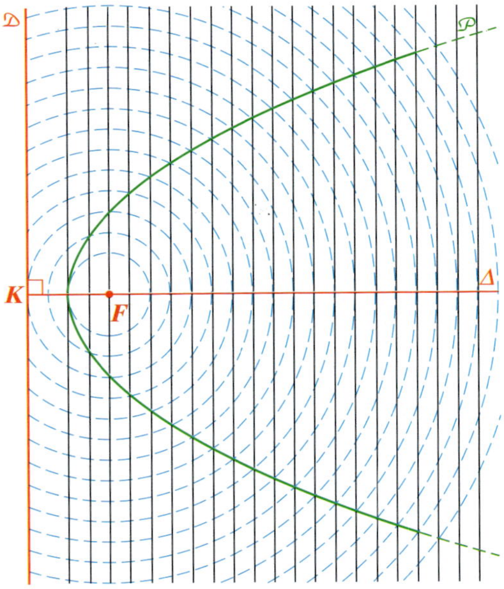

LIGNES DE NIVEAU DE $M \mapsto \dfrac{MF}{d(M, \mathcal{D})}$

Dans l'activité 3, on se propose de construire des points d'une courbe $\mathcal{C}$ ainsi définie : F est un point fixe, $\mathcal{D}$ une droite fixe ($F \notin \mathcal{D}$) et e un réel ($e > 0$). $\mathcal{C}$ est l'ensemble des points M du plan tels que $\dfrac{MF}{d(M, \mathcal{D})} = e$.

Nous dirons que $\mathcal{C}$ est la **conique de foyer F, de directrice $\mathcal{D}$ et d'excentricité e.**

On peut construire des points de $\mathcal{C}$ ainsi : soit Δ la perpendiculaire à $\mathcal{D}$ en F; Δ coupe $\mathcal{D}$ en K.
Soit H un point quelconque de $\mathcal{D}$; les points M de $\mathcal{C}$ situés sur la perpendiculaire à $\mathcal{D}$ en H vérifient $\dfrac{MF}{MH} = e$; si $e \neq 1$, ils sont donc situés sur un cercle (centré sur (HF)) que l'on sait construire (voir chapitre 4).

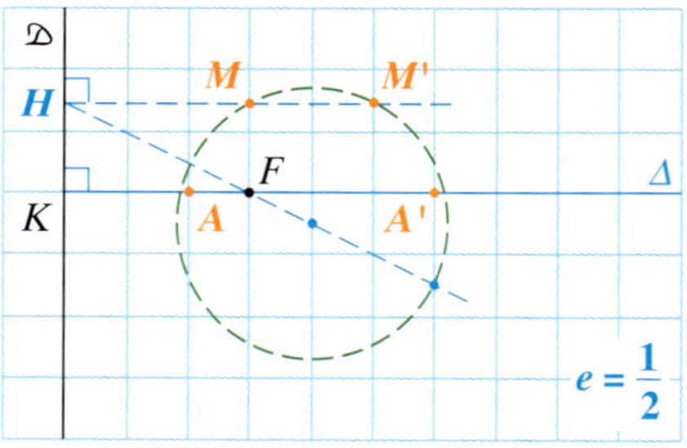

Fig. 2

Sur la figure, on a représenté deux de ces points : M et M' pour un point H donné, dans le cas $e = \dfrac{1}{2}$.

ACTIVITÉ 3

1° Montrer que Δ est un axe de symétrie de $\mathcal{C}$.

2° *Cas* $e = \dfrac{1}{2}$ *(ellipse)*
Représenter les points de $\mathcal{C}$ situés sur Δ, puis construire une dizaine de points de $\mathcal{C}$, compte tenu de la symétrie.
Relier ces points par une courbe «continue».

3° *Cas* $e = 2$ *(hyperbole)*
Construire $\mathcal{C}$ point par point dans ce cas, sur le même dessin.
(Attention ! Il y a deux branches.)

Les *coniques* étaient connues chez les Grecs comme *sections d'un cône* par un plan. L'ouvrage de référence est celui d'Apollonios de Perga (vers 262-vers 180 avant J.-C.).

cercle *ellipse* *parabole* *hyperbole*

COURS

II
Coniques

DÉFINITION PAR FOYER, DIRECTRICE, EXCENTRICITÉ

I DÉFINITIONS

Définition 1

Soit F un point fixe, $\mathcal{D}$ une droite fixe et e un réel strictement positif, $(F \notin \mathcal{D})$.
Pour tout point M du plan, on note H le projeté orthogonal de M sur $\mathcal{D}$.
L'ensemble $\mathcal{C}$ des points M du plan vérifiant $\dfrac{MF}{MH} = e$ est appelé **conique de foyer F, de directrice $\mathcal{D}$ et d'excentricité e.**

Cette conique est appelée :
- **parabole** lorsque $e = 1$;
- **ellipse** lorsque $0 < e < 1$;
- **hyperbole** lorsque $1 < e$.

Exemple Dans un repère orthonormal $(O, \vec{i}, \vec{j})$, la courbe d'équation $y = x^2$ est la parabole de foyer $F\left(0, \dfrac{1}{4}\right)$ et de directrice $\mathcal{D} : y = -\dfrac{1}{4}$ (voir activité 1).

Définition 2

Soit $\mathcal{C}$ une conique de foyer F, de directrice $\mathcal{D}$.
On appelle **axe focal** de $\mathcal{C}$ la *perpendiculaire Δ à $\mathcal{D}$ passant par F.*

Soit M un point de $\mathcal{C}$ et s_Δ la réflexion d'axe Δ.
Notons $s_\Delta(M) = M'$ et $s_\Delta(H) = H'$.
Comme $\Delta \perp \mathcal{D}$, H' est un point de $\mathcal{D}$ et $(H'M') /\!/ \Delta$, puisque $(HM) /\!/ \Delta$.
Il en résulte que H' *est le projeté orthogonal de* M' *sur* $\mathcal{D}$.
Enfin $\dfrac{M'F}{M'H'} = \dfrac{MF}{MH}$, donc **$M'$ est un point de $\mathcal{C}$.**

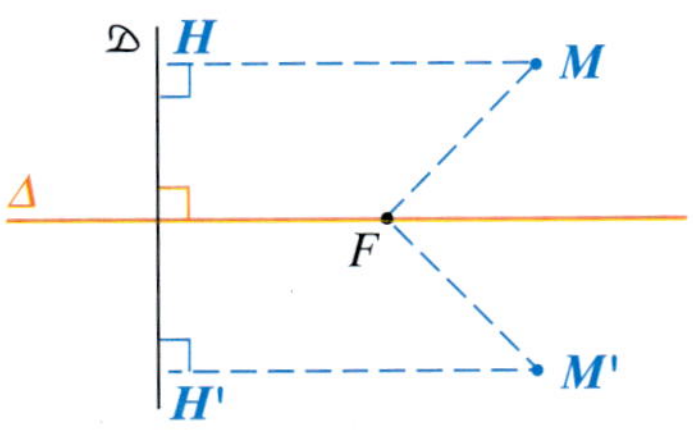

Fig. 3

Énonçons ce résultat :

Théorème 1

Toute conique admet un **axe de symétrie :** son axe focal.

2 SOMMETS SITUÉS SUR L'AXE FOCAL

Étude Cherchons les points (éventuels) d'une conique $\mathcal{C}$, situés sur son axe focal (sommets); si K est le point d'intersection de l'axe focal et de la directrice, ces points M vérifient $\frac{MF}{MK} = e$. L'ensemble $\mathcal{E}$ de ces points nous est bien connu (voir chapitre 4). Donc :
— si $e = 1$, $\mathcal{E}$ est la médiatrice de $[FK]$: **un seul sommet S, milieu de $[FK]$;**
— si $e \neq 1$, $\mathcal{E}$ est un cercle centré sur (FK) : **deux sommets S et S'**, vérifiant : **S barycentre de $\{(F, 1), (K, e)\}$, S' barycentre de $\{(F, 1), (K, -e)\}$.**

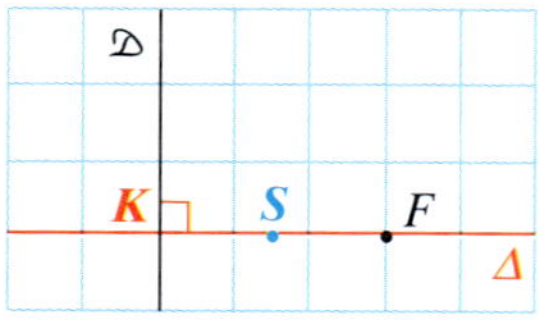

$e = 1$: parabole

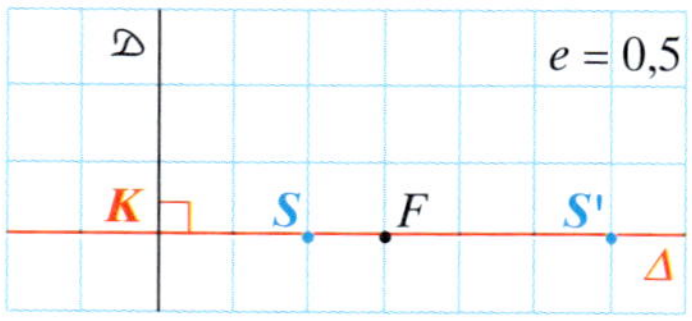

$0 < e < 1$: ellipse

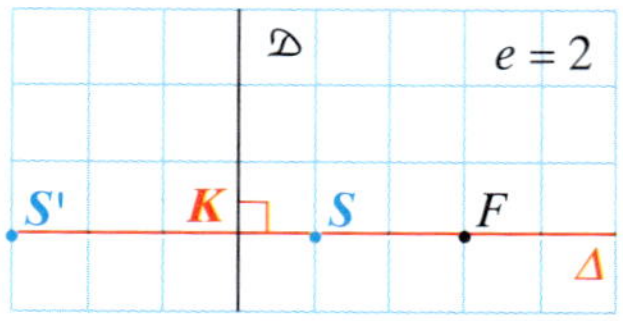

$1 < e$: hyperbole

Fig. 4

Théorème 2

> L'axe focal d'une conique $\mathcal{C}$ rencontre cette conique en :
> — un unique point S appelé sommet (parabole);
> — deux points distincts S et S' appelés sommets (ellipse ou hyperbole).

3 ÉQUATION RÉDUITE D'UNE PARABOLE

Choix d'un repère Choisissons un repère orthonormal $(S, \vec{i}, \vec{j})$ où **S est le milieu de $[KF]$** et $\vec{i}$ le vecteur unitaire de même sens que $\overrightarrow{SF}$.
Posons **$p = KF$.**

Fig. 5 ▶

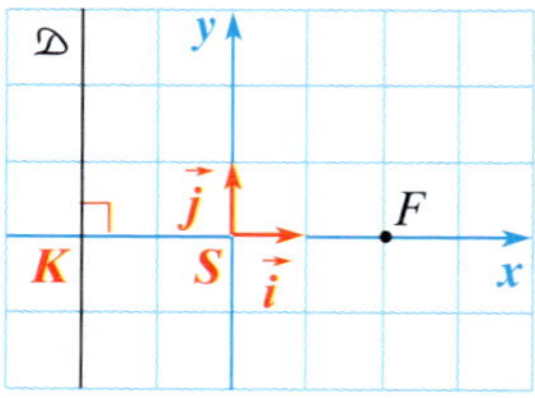

Théorème 3

> Soit $\mathcal{P}$ la parabole de foyer F, de directrice $\mathcal{D}$.
> Dans le repère $(S, \vec{i}, \vec{j})$ défini ci-dessus, $\mathcal{P}$ est la courbe d'équation :
> $$y^2 = 2px.$$

Dans le repère $(S, \vec{i}, \vec{j})$, on a $F\left(\frac{p}{2}, 0\right)$ et $\mathcal{D}$: $x = -\frac{p}{2}$.

Soit $M(x, y)$ un point du plan et H sont projeté orthogonal sur $\mathcal{D}$: $H\left(-\frac{p}{2}, y\right)$.

On vérifie aisément la relation $MF^2 - MH^2 = \left(x - \frac{p}{2}\right)^2 + y^2 - \left(x + \frac{p}{2}\right)^2 = y^2 - 2px$.

L'appartenance de $M \in \mathcal{P}$ étant équivalente à $MF = MH$ ou encore $MF^2 - MH^2 = 0$, l'énoncé précédent en découle.
Le réel positif $p = KF$ est appelé le **paramètre** de $\mathcal{P}$.
L'équation **$y^2 = 2px$** est une **équation réduite** de $\mathcal{P}$.

4 ÉQUATION RÉDUITE D'UNE ELLIPSE, D'UNE HYPERBOLE

Choix d'un repère

Soit $\mathcal{C}$ la conique définie par F, $\mathcal{D}$, e ($e \neq 1$) ; S et S' ses sommets situés sur l'axe focal, et O *le milieu de* $[SS']$.
Posons $a = OS$, $c = OF$ et choisissons un repère orthormal $(O, \vec{i}, \vec{j})$ tel que $\vec{i}$ est de même sens que $\overrightarrow{OF}$.

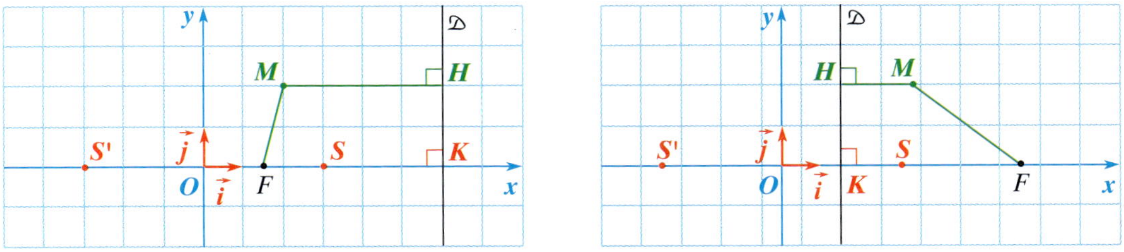

$e < 1$ (ellipse) $e > 1$ (hyperbole)

Fig. 6

Étude

▪ D'après le paragraphe 2, S est le barycentre de $\{(F, 1), (K, e)\}$ et S' celui de $\{(F, 1), (K, -e)\}$.
On en tire : $\overrightarrow{OF} + e\overrightarrow{OK} = (1 + e)\overrightarrow{OS}$ **(1)**
et : $\overrightarrow{OF} - e\overrightarrow{OK} = (1 - e)\overrightarrow{OS'}$ **(2).**
On en déduit, par addition et par soustraction de (1) et (2), que $\overrightarrow{OF} = e\overrightarrow{OS}$ et $\overrightarrow{OS} = e\overrightarrow{OK}$ (puisque $\overrightarrow{OS'} = -\overrightarrow{OS}$).

Ces égalités fournissent les relations $c = ea$ et $a = eOK$, donc $e = \dfrac{c}{a}$ et $OK = \dfrac{a^2}{c}$.

Ainsi dans le repère $(O, \vec{i}, \vec{j})$, $\mathcal{D}$ **a pour équation** $x = \dfrac{a^2}{c}$.

▪ Soit $M(x, y)$; on a :

$$MF^2 = (x - c)^2 + y^2 = x^2 - 2cx + c^2 + y^2 \quad \text{et} \quad e^2MH^2 = \frac{c^2}{a^2}\left(x - \frac{a^2}{c}\right)^2 = \frac{c^2}{a^2}x^2 - 2cx + a^2.$$

Donc :
$$MF^2 - e^2MH^2 = (a^2 - c^2)\frac{x^2}{a^2} + y^2 - (a^2 - c^2).$$

La condition : $M \in \mathcal{C}$ s'écrivant $MF = eMH$ ou encore $MF^2 - e^2MH^2 = 0$, nous énonçons le résultat suivant :

Théorème 4

Soit $\mathcal{C}$ la conique définie par F, $\mathcal{D}$ et e ($e \neq 1$).
Dans le repère $(O, \vec{i}, \vec{j})$ défini ci-dessus, $\mathcal{C}$ est la courbe d'équation « réduite » :

$$\frac{x^2}{a^2} + \frac{y^2}{a^2 - c^2} = 1, \text{ où } a = OS \text{ et } c = OF \left(\text{avec } a = \frac{c}{e}\right).$$

L'équation précédente est invariante si l'on change x en $-x$ ou y en $-y$.
On en déduit que les *ellipses* et les *hyperboles* admettent :

- **deux axes de symétrie : (Ox) et (Oy) ;**
- **un centre de symétrie : O.** Ce sont les **« coniques à centre ».**

De plus, si $F' = s_{(Oy)}(F)$ et $\mathcal{D}' = s_{(Oy)}(\mathcal{D})$, **$\mathcal{C}$ est aussi la conique définie par F', $\mathcal{D}'$ et e.**

Remarque Il est impératif de savoir écrire l'équation réduite d'une conique et donc, en particulier, de mémoriser les repères qui viennent d'être introduits (dans le paragraphe 3 pour la parabole et, ci-dessus, pour l'ellipse et l'hyperbole).
Dans le paragraphe qui suit le plan est muni d'un tel repère.

5 LES TRACÉS

Parabole $\mathcal{P}$ a pour équation réduite $y^2 = 2px$ dans le repère défini au paragraphe 3 ($p > 0$). C'est la réunion des courbes représentatives des fonctions $x \mapsto \pm\sqrt{2px}$.

$p = KF$ est le *paramètre* de $\mathcal{P}$.
Dans le repère choisi :

$$F\left(\frac{p}{2}, 0\right); \quad \mathcal{D} : x = -\frac{p}{2};$$

$$\boxed{\mathcal{P} : y^2 = 2px}.$$

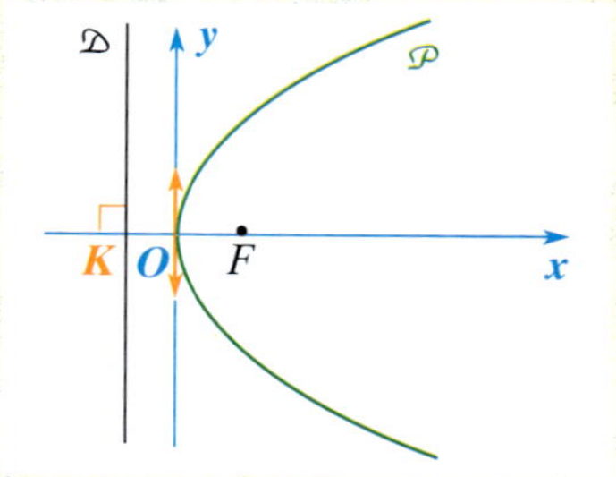

Ellipse Soit $\mathcal{E}$ l'ellipse d'équation réduite $\frac{x^2}{a^2} + \frac{y^2}{a^2 - c^2} = 1$. Comme $\frac{c}{a} = e < 1$, on a $c < a$; posons alors $a^2 - c^2 = b^2$ avec $b > 0$. $\mathcal{E}$ est alors la réunion des courbes représentatives des fonctions $x \mapsto \pm\frac{b}{a}\sqrt{a^2 - x^2}$, dont l'étude sera confiée à l'exercice 13.

$a = OS$; $c = OF$.
Foyers : **$F(c, 0)$** et **$F'(-c, 0)$**.

Directrices : $\mathcal{D}\left(x = \frac{a^2}{c}\right)$, $\mathcal{D}'\left(x = -\frac{a^2}{c}\right)$.

$$e = \frac{c}{a} < 1, \quad b = \sqrt{a^2 - c^2};$$

$$\boxed{\mathcal{E} : \frac{x^2}{a^2} + \frac{y^2}{b^2} = 1 \quad (b < a)}.$$

B et B' sont deux autres sommets. (Oy) est l'axe secondaire.

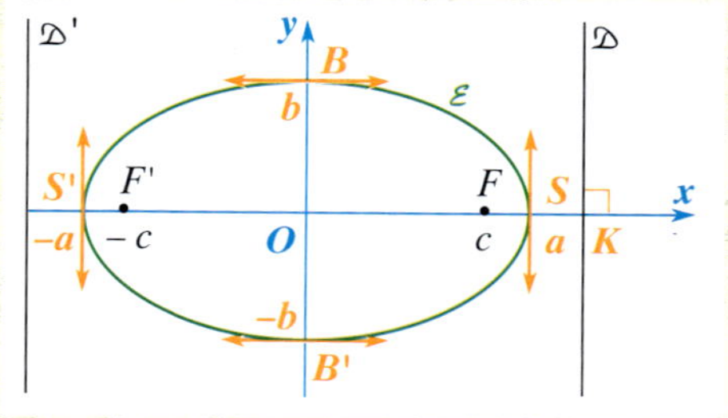

Hyperbole Soit $\mathcal{H}$ est l'hyperbole d'équation réduite $\frac{x^2}{a^2} + \frac{y^2}{a^2 - c^2} = 1$. Ici, $\frac{c}{a} = e > 1$; nous posons cette fois $b = \sqrt{c^2 - a^2}$ et $\mathcal{H}$ est la réunion des courbes représentatives des fonctions $x \mapsto \pm\frac{b}{a}\sqrt{x^2 - a^2}$ (voir l'exercice 14).

$a = OS$; $c = OF$.
Foyers : **$F(c, 0)$; $F'(-c, 0)$**.

Directrices : $\mathcal{D}\left(x = \frac{a^2}{c}\right)$, $\mathcal{D}'\left(x = -\frac{a^2}{c}\right)$.

$$e = \frac{c}{a} > 1, \quad b = \sqrt{c^2 - a^2}.$$

Asymptotes : $y = \pm\frac{b}{a}x$.

$$\boxed{\mathcal{H} : \frac{x^2}{a^2} - \frac{y^2}{b^2} = 1}.$$

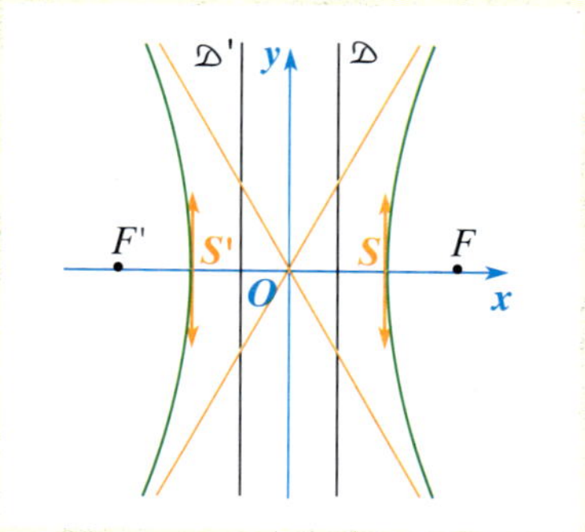

COURBES DÉFINIES PAR CERTAINES ÉQUATIONS DE DEGRÉ 2

I ÉQUATIONS $y^2 = 2px$ et $x^2 = 2py$ $(p \neq 0)$

Théorème 5

> Dans un repère orthonormal $(O, \vec{i}, \vec{j})$, la courbe $\mathcal{P}$ d'équation $y^2 = 2px$ est la parabole de foyer $F\left(\frac{p}{2}, 0\right)$, de directrice $\mathcal{D}$ d'équation $x = -\frac{p}{2}$ ($|p|$ est le paramètre de $\mathcal{P}$).

Si F est le point de coordonnées $\left(\frac{p}{2}, 0\right)$, $M(x, y)$ et $\mathcal{D}$ la droite d'équation $x = -\frac{p}{2}$, il est clair que les égalités :

$$MF^2 - d(M, \mathcal{D})^2 = \left(x - \frac{p}{2}\right)^2 + y^2 - \left(x + \frac{p}{2}\right)^2 = y^2 - 2px$$

fournissent le résultat annoncé.

Corollaire

> Dans un repère orthonormal $(O, \vec{i}, \vec{j})$, la courbe d'équation $x^2 = 2py$ est la parabole de foyer $F\left(0, \frac{p}{2}\right)$ et de directrice $\mathcal{D}$ d'équation $y = -\frac{p}{2}$.

Ceci découle immédiatement du fait qu'un échange des coordonnées x et y correspond à une réflexion d'axe, la droite d'équation $y = x$.
Voilà donc justifié le nom de «paraboles» attribué en Seconde aux courbes représentatives des fonctions $x \mapsto ax^2$.

Exemples

type : $y^2 = 2px$

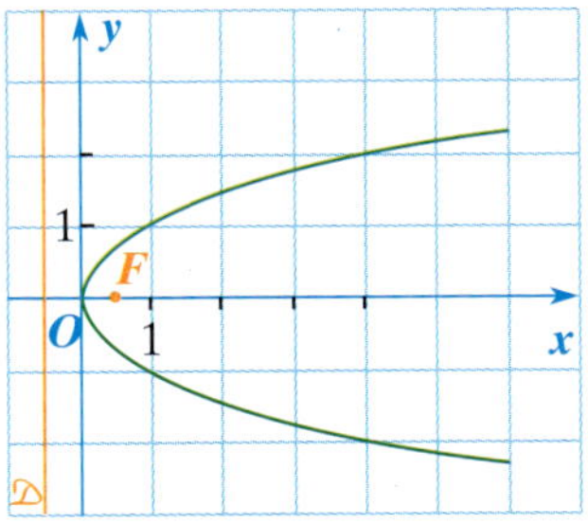

$(p > 0)$

◄ Fig. 7

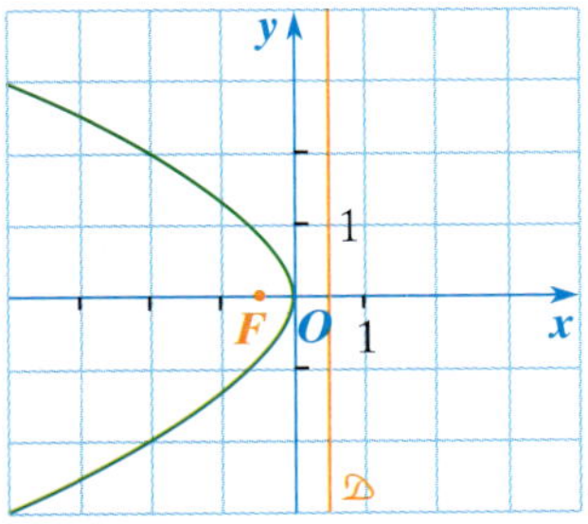

$(p < 0)$

◄ Fig. 8

type : $x^2 = 2py$

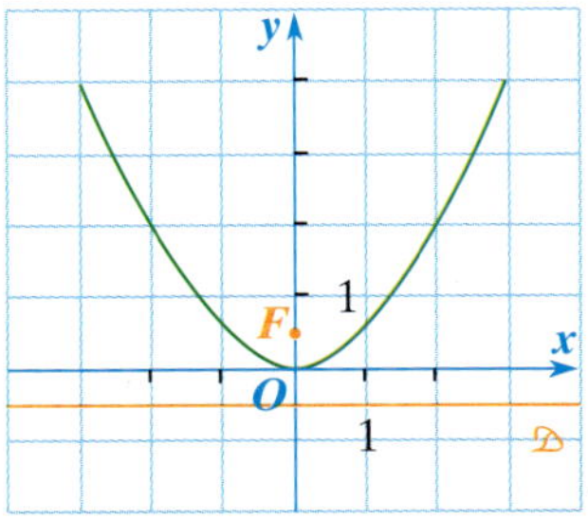

$(p > 0)$

◄ Fig. 9

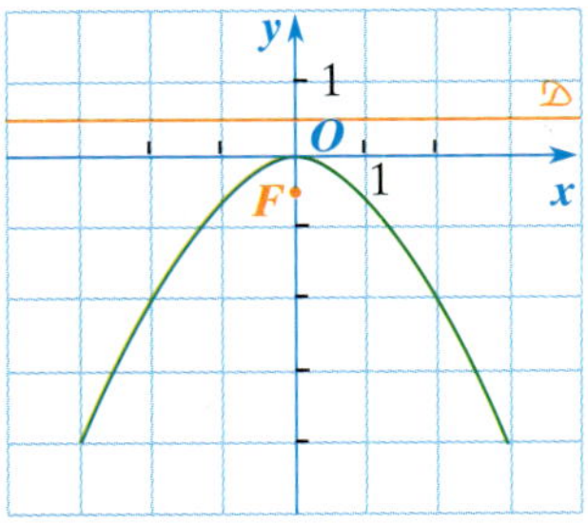

$(p < 0)$

◄ Fig. 10

2 ÉQUATION $\alpha x^2 + \beta y^2 = \gamma$ $(\alpha\beta > 0)$

Remarque On peut supposer $\alpha > 0$ et $\beta > 0$ (sinon on multiplie l'équation par -1).
- Si $\gamma < 0$, aucun point ne vérifie l'équation ;
- si $\gamma = 0$, seule l'origine $O(0, 0)$ la vérifie ;
- si $\gamma > 0$, l'équation s'écrit $\dfrac{x^2}{a^2} + \dfrac{y^2}{b^2} = 1$, avec $a = \sqrt{\dfrac{\gamma}{\alpha}}$, $b = \sqrt{\dfrac{\gamma}{\beta}}$.

Théorème 6

Dans un repère orthonormal $(O, \vec{i}, \vec{j})$, la courbe $\mathscr{E}$ d'équation $\dfrac{\boldsymbol{x}^2}{\boldsymbol{a}^2} + \dfrac{\boldsymbol{y}^2}{\boldsymbol{b}^2} = \mathbf{1}$ (où l'on suppose $a > 0$, $b > 0$) :
- le **cercle** de centre O et de rayon a, si $\boldsymbol{a = b}$[(1)] ;
- une **ellipse** de sommets $\boldsymbol{A(a, 0)}$, $\boldsymbol{A'(-a, 0)}$, $\boldsymbol{B(0, b)}$, $\boldsymbol{B'(0, -b)}$, si $\boldsymbol{a \neq b}$.

- Supposons que $a > b$, et posons $c = \sqrt{a^2 - b^2}$ et $e = \dfrac{c}{a}$. Soit $F(c, 0)$ et $\mathscr{D}$ la droite d'équation $x = \dfrac{a^2}{c}$; soit enfin $M(x, y)$. Un calcul déjà effectué (voir p. 263) montre que :

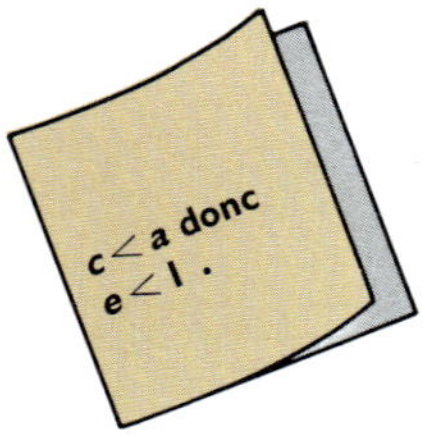

$$MF^2 - e^2 d(M, \mathscr{D})^2 = b^2\left(\frac{x^2}{a^2} + \frac{y^2}{b^2} - 1\right),$$

ainsi $\mathscr{E}$ est l'ellipse de foyer F, de directrice $\mathscr{D}$ et d'excentricité e.
- Si $a < b$, la preuve est identique en échangeant les rôles de x et y puis de a et b.
- En résumé :

Éléments caractéristiques

ellipse $\mathscr{E}$ d'équation $\dfrac{\boldsymbol{x}^2}{\boldsymbol{a}^2} + \dfrac{\boldsymbol{y}^2}{\boldsymbol{b}^2} = \mathbf{1}$, $\boldsymbol{a > 0}$, $\boldsymbol{b > 0}$, $\boldsymbol{a \neq b}$

centre $\boldsymbol{O}$, axes $\boldsymbol{(Ox)}$ et $\boldsymbol{(Oy)}$, sommets $\boldsymbol{A(a, 0)}$, $\boldsymbol{A'(-a, 0)}$, $\boldsymbol{B(0, b)}$, $\boldsymbol{B'(0, -b)}$

$a > b$	$a < b$
$\boldsymbol{c = \sqrt{a^2 - b^2}}$; **axe focal** $\boldsymbol{(Ox)}$.	$\boldsymbol{c = \sqrt{b^2 - a^2}}$; **axe focal** $\boldsymbol{(Oy)}$.
Foyers : $F(c, 0)$ et $F'(-c, 0)$.	Foyers : $F(0, c)$ et $F'(0, -c)$.
Directrices $\mathscr{D}$ et $\mathscr{D}'$: $x = \pm\dfrac{a^2}{c}$.	Directrices $\mathscr{D}$ et $\mathscr{D}'$: $y = \pm\dfrac{b^2}{c}$.
Excentricité : $\boldsymbol{e = \dfrac{c}{a}}$.	Excentricité : $\boldsymbol{e = \dfrac{c}{b}}$.

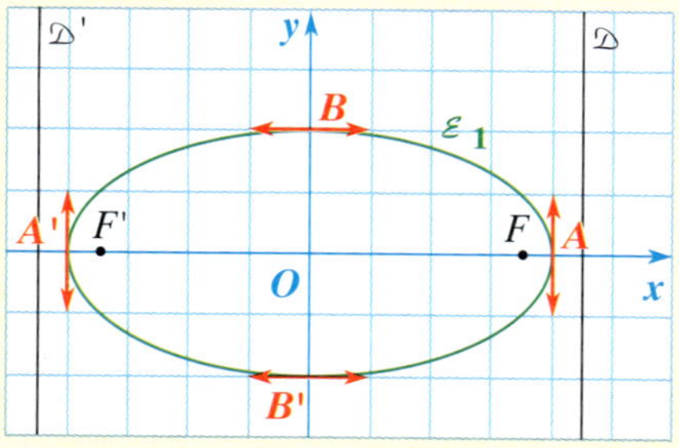

Fig. 11

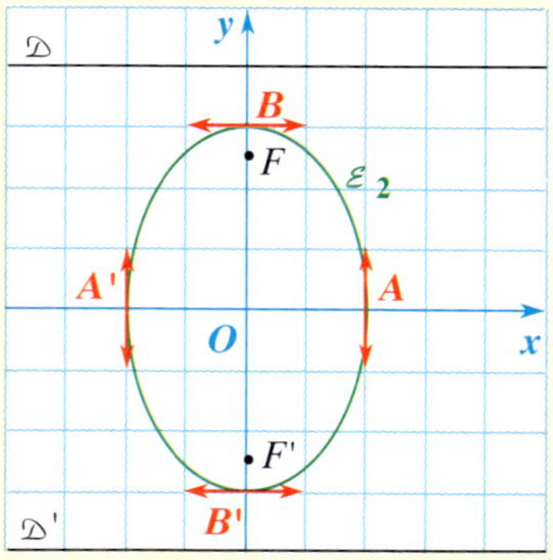

Fig. 12

3 ÉQUATION $\alpha x^2 + \beta y^2 = \gamma \ (\alpha\beta < 0)$

Remarque On peut supposer ici que $\alpha > 0$ et $\beta < 0$, par exemple.

- Si $\gamma = 0$, l'équation $\alpha^2 x^2 + \beta y^2 = 0$ ($\alpha > 0$, $\beta < 0$) définit deux droites ;
- si $\gamma > 0$, l'équation s'écrit $\frac{x^2}{a^2} - \frac{y^2}{b^2} = 1$, avec $a = \sqrt{\frac{\gamma}{\alpha}}$, $b = \sqrt{\frac{\gamma}{-\beta}}$;
- si $\gamma < 0$, l'équation s'écrit $\frac{x^2}{a^2} - \frac{y^2}{b^2} = -1$, avec $a = \sqrt{\frac{-\gamma}{\alpha}}$, $b = \sqrt{\frac{-\gamma}{-\beta}}$.

Théorème 7

> Dans un repère orthonormal $(O, \vec{i}, \vec{j})$, les courbes $\mathcal{H}_1$ et $\mathcal{H}_2$ d'équations respectives :
> $$\frac{x^2}{a^2} - \frac{y^2}{b^2} = 1 \quad \text{et} \quad \frac{x^2}{a^2} - \frac{y^2}{b^2} = -1$$
> sont des hyperboles de centre $\boldsymbol{O}$, d'axes $(\boldsymbol{Ox})$ et $(\boldsymbol{Oy})$.

Dans le cas de $\mathcal{H}_1$, la démonstration est analogue à celle du théorème 6, en posant $c = \sqrt{a^2 + b^2}$ et $e = \frac{c}{a}$.

Dans le cas de $\mathcal{H}_2$, on échange x et y avec a et b, comme précédemment.
Lorsque $a = b$, l'hyperbole est dite **équilatère** (ses asymptotes sont orthogonales et son excentricité vaut $\sqrt{2}$).

Éléments caractéristiques

hyperbole d'équation $\frac{x^2}{a^2} - \frac{y^2}{b^2} = \pm 1$, $a > 0$, $b > 0$	
centre $\boldsymbol{O}$, axe $(\boldsymbol{Ox})$ et $(\boldsymbol{Oy})$, $c = \sqrt{a^2 + b^2}$, asymptotes $y = \pm \frac{b}{a} x$	
$\mathcal{H}_1 : \frac{x^2}{a^2} - \frac{y^2}{b^2} = 1$	$\mathcal{H}_2 : \frac{x^2}{a^2} - \frac{y^2}{b^2} = -1$
Axe focal $(\boldsymbol{Ox})$. Foyers : $F(c, 0)$ et $F'(-c, 0)$. Directrices $\mathcal{D}$ et $\mathcal{D}'$: $x = \pm \frac{a^2}{c}$. Excentricité : $e = \frac{c}{a}$. Sommets : $A(a, 0)$ et $A'(-a, 0)$.	Axe focal $(\boldsymbol{Oy})$. Foyers : $F(0, c)$ et $F'(0, -c)$. Directrices : $y = \pm \frac{b^2}{c}$. Excentricité : $e = \frac{c}{b}$. Sommets : $B(0, b)$ et $B'(0, -b)$.
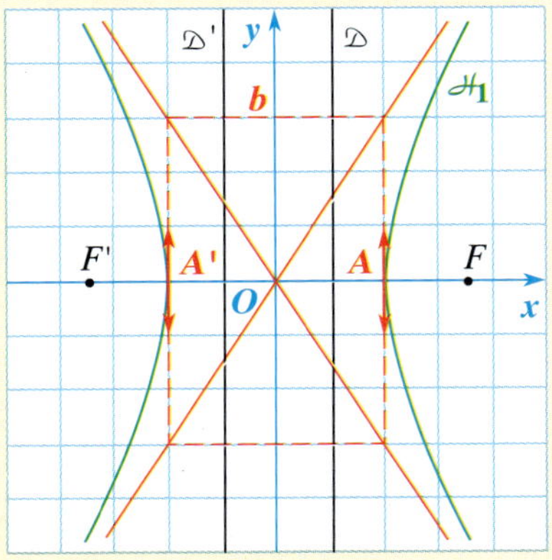 Fig. 13	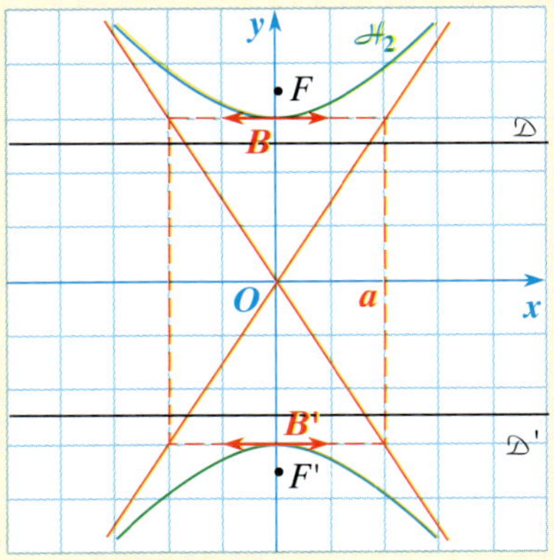 Fig. 14

REPRÉSENTATION PARAMÉTRIQUE D'UNE ELLIPSE

1 PARAMÉTRAGE $t \mapsto (a \cos t, b \sin t)$

Théorème 8

> Dans un repère orthonormal $(O, \vec{i}, \vec{j})$, l'ellipse $\mathcal{E}$ d'équation réduite $\dfrac{x^2}{a^2} + \dfrac{y^2}{b^2} = 1$ est la courbe paramétrée : $t \mapsto \begin{cases} x(t) = a \cos t \\ y(t) = b \sin t \end{cases}$ $t \in [0, 2\pi]$.

Ce résultat sera aisément prouvé à l'exercice 26.

Cercle principal Soit $\mathcal{E}$ l'ellipse de paramétrage $t \mapsto (a \cos t, b \sin t)$, avec $a > b$, et f l'application du plan dans lui-même qui à $M(x, y)$ associe $M'\left(x, \dfrac{b}{a} y\right)$ (**f est l'affinité orthogonale d'axe (Ox) et de rapport $\dfrac{b}{a}$**).

Le cercle $\mathcal{C}$ de centre O, de rayon a admettant le paramétrage $t \mapsto (a \cos t, a \sin t)$, il est clair que **$f(\mathcal{C}) = \mathcal{E}$. $\mathcal{C}$ est le cercle principal de $\mathcal{E}$.**

$\mathcal{E}$ est aussi « affine » de son cercle « secondaire » $\mathcal{C}'$ (voir figure 15).

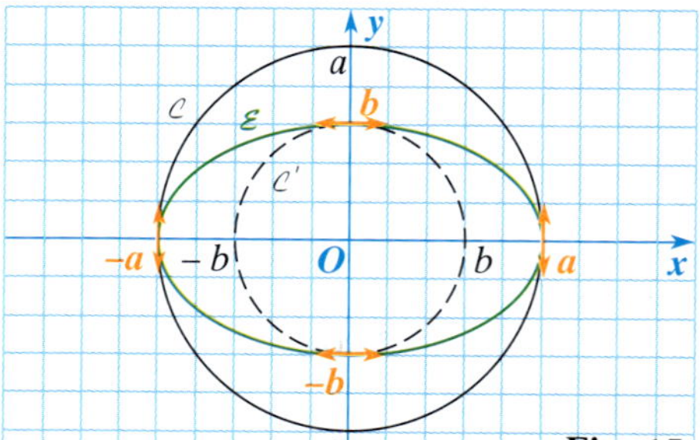

Fig. 15

2 PROJECTION D'UN CERCLE SUR UN PLAN

Théorème 9

> Dans l'espace, le projeté d'un cercle sur un plan est une ellipse de ce plan[1].

Nous prouvons ce résultat dans le cas d'une projection orthogonale, et l'admettrons dans le cas général.

Soit $\mathcal{C}$ le cercle $\mathcal{C}(\Omega, a)$, $\mathcal{Q}$ le plan de $\mathcal{C}$, p la projection orthogonale sur le plan $\mathcal{P}$, π la projection vectorielle associée, $\vec{i}$ un vecteur unitaire dirigeant $\mathcal{P}$ et $\mathcal{Q}$[2], et $(\vec{i}, \vec{J})$ une base orthonormale de $\mathcal{Q}$. Si $\pi(\vec{J}) = \vec{J}'$, on a $\vec{J}' \perp \vec{i}$.

Posons $\vec{j} = \dfrac{1}{\|\vec{J}'\|}\vec{J}'$; ainsi $(\vec{i}, \vec{j})$ est une base orthonormale de $\mathcal{P}$.

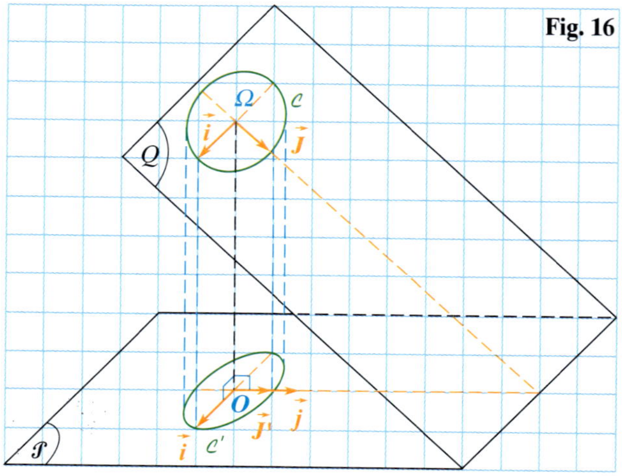

Fig. 16

Si $p(\mathcal{C}) = \mathcal{C}'$, $p(\Omega) = O$, $p(M) = M'$, l'égalité $\overrightarrow{\Omega M} = a \cos t\vec{i} + a \sin t\vec{J}$ implique $\overrightarrow{OM'} = a \cos t\vec{i} + a \sin t\vec{J}'$.

En posant $b = a\|\vec{J}'\|$, il vient $\overrightarrow{OM'} = a \cos t\vec{i} + b \sin t\vec{j}$.

Donc $\mathcal{C}'$ est l'ellipse de paramétrage $t \mapsto (a \cos t, b \sin t)$ dans $(O, \vec{i}, \vec{j})$.

(1) Ainsi, le dessin d'un cercle en perspective cavalière est une ellipse.

(2) Un tel vecteur $\vec{i}$ existe dans tous les cas ($\mathcal{P} /\!/ \mathcal{Q}$ ou $\mathcal{P}$ et $\mathcal{Q}$ sécants).

TRAVAUX PRATIQUES

11
Coniques

A – EXEMPLES DE REPRÉSENTATIONS PARAMÉTRIQUES DE CONIQUES

? *Nous avons vu dans l'activité 1 comment construire des* ***tangentes*** *à une parabole donnée ; nous présenterons dans les exercices des constructions géométriques de tangentes aux coniques. Il s'agit ici d'en donner une* ***construction numérique*** *à partir d'une* ***représentation paramétrique.***

Exercice résolu *Dans un repère orthonormal* $(O, \vec{i}, \vec{j})$, *on considère l'hyperbole* $\mathcal{H}$ *d'équation* $x^2 - \frac{1}{4}y^2 = 1$.

1° *Montrer que* $t \mapsto \left(\frac{1}{\cos t}, 2\tan t\right)$, *où* $t \in \left]-\frac{\pi}{2}, \frac{\pi}{2}\right[\cup \left]\frac{\pi}{2}, \frac{3\pi}{2}\right[$ *est un paramétrage de* $\mathcal{H}$.

2° *Construire les tangentes à* $\mathcal{H}$ *aux points d'abscisses* 2 *et* -2 *et aux points d'ordonnées* 0, 2, *et* -2.

1° Soit $M(x, y)$ un point de $\mathcal{H}$; comme y $\left(\text{et donc } \frac{y}{2}\right)$ décrit $\mathbb{R}$, il existe un unique $t \in \left]-\frac{\pi}{2}, \frac{\pi}{2}\right[$ tel que $\tan t = \frac{y}{2}$. $\left(\text{On a aussi } \tan(t+\pi) = \frac{y}{2}.\right)$

D'autre part :
$$x^2 = 1 + \left(\frac{y}{2}\right)^2 = 1 + \tan^2 t = \frac{1}{\cos^2 t}.$$

Donc, si $x > 0$, $x = \frac{1}{\cos t}$,
avec $t \in \left]-\frac{\pi}{2}, \frac{\pi}{2}\right[$, et $y = 2\tan t$;

si $x < 0$, $x = \frac{1}{\cos t}$,
avec $t \in \left]\frac{\pi}{2}, \frac{3\pi}{2}\right[$, et $y = 2\tan t$.

Ainsi, $\mathcal{H}$ *est contenue* dans la courbe paramétrée ci-dessus.

Réciproquement, il est clair que tout point M de coordonnées $x = \frac{1}{\cos t}$, $y = 2\tan t$ appartient à $\mathcal{H}$, puisque $x^2 - \frac{1}{4}y^2 = 1$.

$\mathcal{H}$ est bien définie par le paramétrage $t \mapsto \left(\frac{1}{\cos t}, 2\tan t\right)$, où $t \in \left]-\frac{\pi}{2}, \frac{\pi}{2}\right[\cup \left]\frac{\pi}{2}, \frac{3\pi}{2}\right[$.

2° Le tableau ci-dessous permet de placer les tangentes aux points considérés :

t	$x(t)$	$y(t)$	$x'(t)$	$y'(t)$
0	1	0	0	2
$\frac{\pi}{4}$	$\sqrt{2}$	2	$\sqrt{2}$	4
$\frac{\pi}{3}$	2	$2\sqrt{3}$	$2\sqrt{3}$	8

avec $x'(t) = \dfrac{\sin t}{\cos^2 t}$ et $y'(t) = \dfrac{2}{\cos^2 t}$.

Les autres s'en déduisent par symétrie.

Fig. 17 ▶

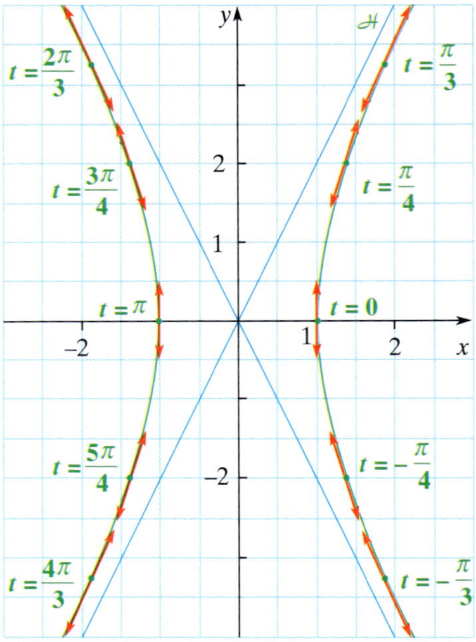

POINT MÉTHODE

■ Seul le paramétrage de l'**ellipse** $t \mapsto (a \cos t, b \sin t)$ étudié en cours est à connaître ; conformément au programme, nous donnerons toute indication nécessaire dans les autres cas.

■ Le paramétrage de $\mathcal{H}$, utilisé dans l'exercice ci-dessus, se généralise : l'hyperbole d'équation $\dfrac{x^2}{a^2} - \dfrac{y^2}{b^2} = 1$ peut être paramétrée par $t \mapsto \left(\dfrac{a}{\cos t}, b \tan t\right)$, où $t \in \left]-\dfrac{\pi}{2}, \dfrac{\pi}{2}\right[\cup \left]\dfrac{\pi}{2}, \dfrac{3\pi}{2}\right[$.

Il existe un paramétrage plus « symétrique » de l'hyperbole, que nous présenterons dans l'exercice 45.

■ En toute occurrence, l'identification d'une conique à une courbe paramétrée se conduit *en deux étapes,* sans oublier la **réciproque.**

TP I

1 Prolongement de l'exercice précédent

Montrer que l'hyperbole $\mathcal{H}$, définie dans l'exercice résolu, admet aussi le paramétrage :

$$t \mapsto \left(\frac{1}{2}\left(t + \frac{1}{t}\right), t - \frac{1}{t}\right), \text{ où } t \in \mathbb{R}^*.$$

2 Paramétrage d'une parabole

Soit $\mathcal{P}$ la parabole d'équation $y^2 = 2px$ ($p > 0$) dans un repère orthonormé.

1° Montrer que $\begin{cases} x = \dfrac{t^2}{2p} \\ y = t \end{cases}$ $t \in \mathbb{R}$ définit un paramétrage de $\mathcal{P}$.

2° Construire $\mathcal{P}$ si $p = \dfrac{1}{4}$ et placer les tangentes aux points d'abscisses 0, 1, 2, 3.

3 Un exercice de BAC (adapté)

On considère, dans le plan muni du repère orthonormal $(O, \vec{i}, \vec{j})$, la courbe paramétrée définie par $x = \dfrac{\cos\theta}{2 + \cos\theta}$ et $y = \dfrac{\sin\theta}{2 + \cos\theta}$, où $\theta \in [0, 2\pi]$.

1° Montrer que le point $M_\theta\,(x(\theta), y(\theta))$ est situé sur une ellipse $\mathcal{E}$.

☞ Calculer OM_θ et la distance de M à la droite $\mathcal{D}$ d'équation $x = 1$.

2° Tracer $\mathcal{E}$ et préciser ses éléments géométriques.

B – EXEMPLES DE SITUATIONS MENANT À DES CONIQUES

?

Certaines situations, issues de la Géométrie, de la Physique et de la Mécanique, conduisent à des coniques. Nous allons envisager ici certaines de ces situations ; d'autres seront présentées dans la partie « exercices ».

Exercice résolu

Glissement d'un bâton

Un bâton d'extrémités A et B, de longueur ℓ, et de bois dur, repose initialement le long d'un mur vertical.
Par une mystérieuse raison, il glisse dans un plan perpendiculaire au mur et au sol, ses extrémités A et B restant en contact permanent respectivement avec le sol et le mur, jusqu'à l'horizontale.
Quelle est la courbe décrite par chacun des points liés au bâton ?

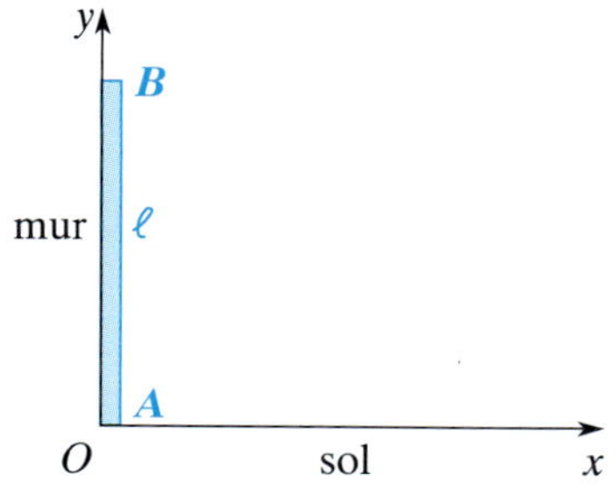

Fig. 18

1. Trajectoire des extrémités *A* et *B*

Il est clair que les trajectoires de A et B sont rectilignes et limitées par les positions initiales et finales de ces points.

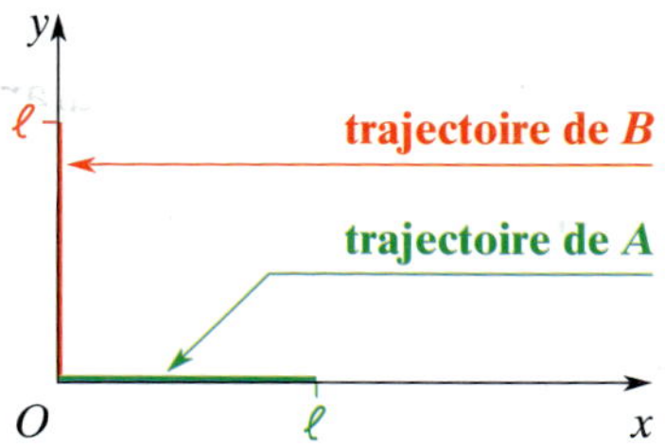

Fig. 19

2. Trajectoire d'un point *M*

Soit $(O, \vec{i}, \vec{j})$ un repère orthonormal du plan de la trajectoire, tel que le bâton soit situé dans le quart de plan $x \geqslant 0$ et $y \geqslant 0$.
Déterminons la trajectoire du point M tel que $BM = a$ et $AM = b$ $(a + b = \ell)$.
Notons α l'angle $(\overrightarrow{AB}, -\vec{i})$; ainsi, lorsque le bâton glisse de sa position initiale à sa position finale, **α varie de $\frac{\pi}{2}$ à 0.**

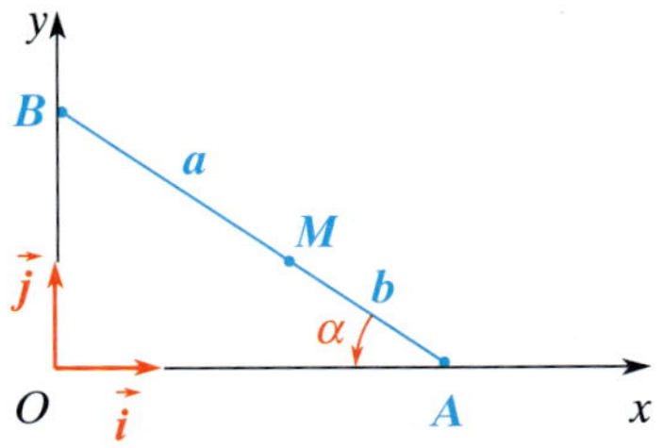

Fig. 20

Des égalités vectorielles $\overrightarrow{OA} = \ell \cos \alpha \vec{i}$ et $\overrightarrow{AM} = -b \cos \alpha \vec{i} + b \sin \alpha \vec{j}$, on tire **$\overrightarrow{OM} = a \cos \alpha \vec{i} + b \sin \alpha \vec{j}$** (puisque $\ell - b = a$).

Ainsi, M décrit la courbe paramétrée **$\alpha \mapsto (a \cos \alpha, b \sin \alpha)$, $\alpha \in \left[0, \frac{\pi}{2}\right]$.**

La trajectoire de *M* est le quart d'une ellipse.

3. Construction de quelques trajectoires

Sur la figure ci-contre sont construites les trajectoires des points M correspondant à :

$a = 0$, $a = \dfrac{\ell}{2}$, $a = \ell$ (en rouge);

$a = \dfrac{\ell}{6}$ et $a = \dfrac{5\ell}{6}$ (en vert);

$a = \dfrac{\ell}{4}$ et $a = \dfrac{3\ell}{4}$ (en bleu).

Lorsque $a = \dfrac{\ell}{2}$ (M milieu de $[AB]$), on trouve un quart de cercle, ce qui était prévisible puisque, dans ce cas, $OM = \text{C}^{\text{te}} = \dfrac{AB}{2}$.

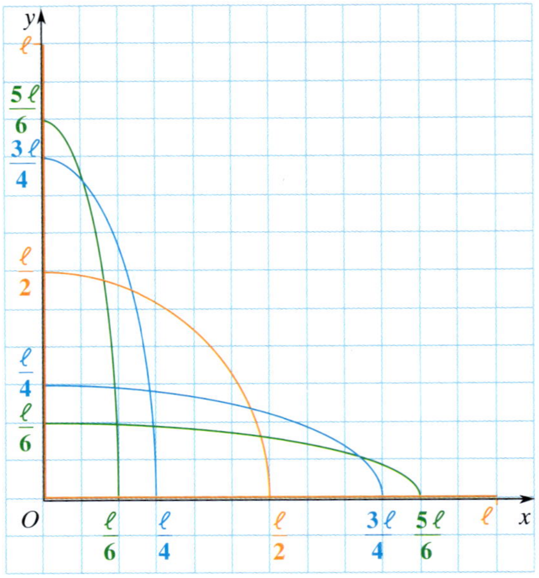

Fig. 21 ▶

POINT MÉTHODE

Pas de méthode particulière, mais l'énoncé donnera les indications nécessaires. Disons simplement que l'on doit savoir reconnaître une conique sous des formes diverses :
— la **définition par foyer, directrice et excentricité;**
— une **équation cartésienne;**
— une **représentation paramétrique.**
D'autres « formes » seront étudiées en exercice (définition bifocale, équation polaire).

TP 2

1 Donné au BAC

L'espace $\mathcal{E}$ est rapporté à un repère orthonormal $(O, \vec{i}, \vec{j}, \vec{k})$. On considère le plan $\mathcal{P}$ d'équation $3x + 4z - 5 = 0$ et l'ensemble Γ des points du plan (xOy) équidistants de $\mathcal{P}$ et de O.

1° Calculer la distance à $\mathcal{P}$ d'un point $M_0(x_0, y_0, z_0)$ de $\mathcal{E}$.
En déduire que Γ admet pour équation :

$$x^2 + y^2 = \left(\frac{3x - 5}{5}\right)^2.$$

2° Soit $\mathcal{D}$ la droite d'intersection des plans $\mathcal{P}$ et (xOy).
Montrer que Γ est une conique de foyer O et de directrice associée $\mathcal{D}$.
Déterminer son excentricité.

3° Préciser la nature de Γ, ses sommets et son centre.
Représenter Γ dans $(O, \vec{i}, \vec{j})$.

2 On donne, dans le plan, deux points fixes distincts F et A.

1° Quel est l'ensemble des centres O des ellipses $\mathcal{E}$ dont un foyer est F, et A le sommet de l'axe focal le plus voisin de F?

2° Montrer que les sommets B et B' du petit axe des ellipses $\mathcal{E}$ décrivent une partie d'une parabole de foyer F que l'on construira.

☞ Évaluer BF et $B'F$.

APPLICATIONS DIRECTES DU COURS

Définition des coniques

1 Soit $\mathcal{D}$ une droite et F un point ($F \notin \mathcal{D}$). Construire six points de la parabole de foyer F et de directrice $\mathcal{D}$.

2 Même exercice avec la conique de foyer F, de directrice $\mathcal{D}$ et d'excentricité :

a) $e = \frac{1}{2}$; *b)* $e = 2$.

3 Même exercice avec :

a) $e = \sqrt{2}$; *b)* $e = \sqrt{3}$.

4 Soit $\mathcal{D}$ une droite et F un point ($F \notin \mathcal{D}$). Montrer que, par tout point M du plan ($M \neq F$ et $M \notin \mathcal{D}$), il passe une conique de foyer F, de directrice $\mathcal{D}$, et une seule.
En quoi la construction du cercle de centre M et de rayon FM permet-elle de déterminer la nature de cette conique ?

5 Soit $\mathcal{D}$ une droite et A un point ($A \notin \mathcal{D}$). Déterminer et construire l'ensemble des foyers F des coniques passant par A et définies par F, $\mathcal{D}$ et e, dans les cas suivants :

a) $e = 1$; *b)* $e = \frac{1}{4}$; *c)* $e = 3$.

6 **Un lieu géométrique**
Soit $\mathcal{D}$ une droite et F un point ($F \notin \mathcal{D}$).
Quel est le lieu géométrique des centres des cercles passant par F et tangents à $\mathcal{D}$?

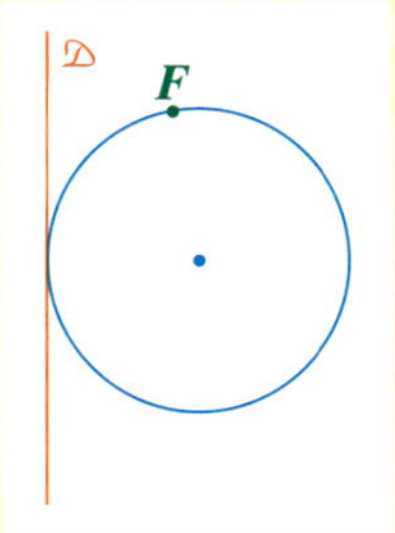

7 Soit $\mathcal{D}$ une droite du plan et F un point dont la distance à $\mathcal{D}$ est égale à 3, l'unité étant le centimètre. Soit Δ la droite passant par F et orthogonale à $\mathcal{D}$.

On considère θ un réel tel que $0 \leqslant \theta < \frac{\pi}{2}$.

1° Soit Γ_θ l'ensemble des points M du plan tels que $\frac{MF}{MH} = \cos\theta$, H désignant le projeté orthogonal de M sur la droite $\mathcal{D}$.
Donner, suivant les valeurs de θ, la nature de Γ_θ.

2° Tracer Γ_0, cas où $\theta = 0$.

3° *a)* Soit $\theta = \frac{\pi}{3}$.

Déterminer les sommets A et A' de $\Gamma_{\frac{\pi}{3}}$ situés sur Δ, le centre O et le deuxième foyer F' de $\Gamma_{\frac{\pi}{3}}$. Tracer $\Gamma_{\frac{\pi}{3}}$.

b) Déterminer l'équation cartésienne de $\Gamma_{\frac{\pi}{3}}$ dans le repère orthonormal $(O, \vec{u}, \vec{v})$ où O est le centre de $\Gamma_{\frac{\pi}{3}}$ et $\vec{u}$ un vecteur unitaire de la droite Δ.

BAC

Équation réduite

Dans les exercices 8 à 11, on considère, dans un repère orthonormal $(O, \vec{i}, \vec{j})$, la droite $\mathcal{D}$ d'équation $x = 2$, et on demande de déterminer une équation de la conique $\mathcal{C}$ de foyer O, de directrice $\mathcal{D}$ et d'excentricité e, et de tracer $\mathcal{C}$, en précisant ses éléments géométriques.

8 $e = 1$. **9** $e = \frac{1}{4}$. **10** $e = 4$. **11** $e = 6$.

12 Soit $\mathcal{D}$ une droite du plan, F un point dont la distance à $\mathcal{D}$ est égale à 2,25 (unité : 1 cm) et Δ la droite passant par F et perpendiculaire à $\mathcal{D}$.

1° Déterminer l'ensemble (E) des points M du plan tels que $\frac{MF}{MH} = 0{,}8$ H étant la projection orthogonale de M sur $\mathcal{D}$. Donner la nature de (E).
Préciser les directrices, les foyers et les sommets A et A' situés sur Δ. Représenter (E) sur un dessin.

2° Déterminer l'équation cartésienne de (E) dans un repère orthonormal formé par Δ et la médiatrice de $[A, A']$.

BAC

13 Soit a et b deux réels strictement positifs.

1° Étudier la fonction $f : x \mapsto \frac{b}{a}\sqrt{a^2 - x^2}$ (variations, dérivabilité aux points d'abscisses a et $-a$).

2° En déduire la représentation graphique de l'ellipse d'équation $\frac{x^2}{a^2} + \frac{y^2}{b^2} = 1$.

14 Soit a et b deux réels strictement positifs.

1° Étudier la fonction $f : x \mapsto \frac{b}{a}\sqrt{x^2 - a^2}$ (variations, dérivabilité aux points d'abscisses a et $-a$, limites). Montrer que la courbe représentative de f admet deux asymptotes d'équations $y = \pm\frac{b}{a}x$ et étudier sa position par rapport aux asymptotes.

2° En déduire la représentation graphique de l'hyperbole d'équation $\frac{x^2}{a^2} - \frac{y^2}{b^2} = 1$.

Courbes définies par une équation du second degré

MISE AU POINT D'après le cours, nous savons reconnaître les courbes définies dans un repère orthonormal par une des équations : $y^2 = 2px$, $x^2 = 2py$, $\alpha x^2 + \beta y^2 = \gamma$ ($\alpha\beta\gamma \neq 0$).
L'équation proposée se ramènera à l'un de ces archétypes en faisant apparaître, pour les termes en x et ceux en y, le début d'un carré ; ainsi l'équation $x^2 + 4y^2 + x + 6y = 0$ s'écrit-elle :

$$\left(x + \frac{1}{2}\right)^2 + 4\left(y + \frac{3}{4}\right)^2 = \frac{5}{2}.$$

Dans les exercices 15 à 22, identifier la courbe proposée (dans un repère orthonormal), la construire et donner ses éléments géométriques (sommets, axes, asymptotes, foyers, directrices, excentricité).

15 *a)* $y^2 = x + 3$; *b)* $x^2 + 3y = 1$.

16 *a)* $y^2 = 2y + x$; *b)* $x^2 - y = 3x - 1$.

17 $x^2 + 4y^2 + x + 6y = 0$.

18 $6x^2 + 2y^2 - 12x + 8y + 9 = 0$.

19 $x^2 - y^2 = -1$.

20 $2x^2 - y^2 = 3 - 4x$.

21 $(x + 2y)^2 = (2x + y + 1)^2$.

22 $(3x + 5y)^2 = (6x - 1)(5y + 2)$.

23 Dans le plan affine euclidien muni d'un repère orthonormal $(O, \vec{i}, \vec{j})$, on note E l'ensemble des points $M(x, y)$ tels que : $x^2 + 4y^2 - 2|x| - 3 = 0$.
Étudier et construire E.
En particulier, préciser les axes de symétries, les points où les tangentes sont parallèles aux axes et les demi-tangentes aux points d'abscisse nulle.

BAC

24 $\mathcal{P}$ désigne un plan rapporté à un repère orthonormal $\mathcal{R} = (O, \vec{i}, \vec{j})$; λ désigne un réel quelconque et k un réel *strictement positif*. À tout couple de réels (λ, k), ainsi constitué, on associe la courbe $\mathcal{C}_{\lambda, k}$ dont une équation dans le repère $\mathcal{R}$ est :

$$(1 + \lambda)x^2 + (1 - \lambda)y^2 = k.$$

1° Étudier les courbes $\mathcal{C}_{0, k}$, $\mathcal{C}_{1, k}$ et $\mathcal{C}_{-1, k}$.

2° *a)* Montrer que les deux coniques admettant respectivement pour équations

$$3x^2 + y^2 = 12 \quad \text{et} \quad 3x^2 - y^2 = 6$$

sont des courbes $\mathcal{C}_{\lambda, k}$.

b) Déterminer les éléments géométriques de ces coniques : foyers, sommets, asymptotes et les représenter sur deux figures distinctes.

3° On suppose λ différent de -1, 0 et 1.
Le réel k étant fixé, discuter, suivant la valeur de λ, la nature (ellipse ou hyperbole) de la conique $\mathcal{C}_{\lambda, k}$.
Préciser son axe focal et calculer, en fonction de λ le carré e^2 de son excentricité.

BAC

25 Soit $\mathcal{C}$ la courbe d'équation $y^2 = \frac{16}{9}x^2 - \frac{32}{3}x$ dans le repère orthonormal $(O, \vec{i}, \vec{j})$.

1° Montrer que $\mathcal{C}$ admet un centre de symétrie Ω dont on déterminera les coordonnées.

2° Montrer que $\mathcal{C}$ est une conique.
Déterminer ses foyers F et F' et son excentricité e.

3° Montrer que la conique de foyers F et F' et d'excentricité $e' = \frac{1}{2}e$ est une ellipse $\mathcal{E}$.

Déterminer une équation de $\mathcal{E}$ dans le repère $(\Omega, \vec{i}, \vec{j})$.

BAC

Représentation paramétrique d'une ellipse

26 Montrer que la courbe définie par le paramétrage

$$t \mapsto (3 \sin t, \cos t)$$

est une ellipse ($t \in [0, 2\pi]$).
La tracer et préciser ses éléments géométriques.

27 Même exercice avec $t \mapsto (2 \sin^2 t, \sin t \cos t)$, $t \in [0, \pi]$.

28 Dans le plan muni d'un repère orthonormal $(O, \vec{i}, \vec{j})$, on considère deux cercles $\mathcal{C}$ et $\mathcal{C}'$ de centre O et de rayons respectifs a et b (avec $a > b > 0$).
Pour tout point m de $\mathcal{C}$, on désigne par m' le point du segment $[O, m]$ appartenant à $\mathcal{C}'$.
La parallèle en m à (Oy) et la parallèle en m' à (Ox) se coupent en M.

1° Quel est le lieu de M lorsque m décrit $\mathcal{C}$?

☞ Utiliser une représentation paramétrique.

2° En déduire une construction point par point de l'ellipse $\mathcal{E}$ d'équation $\frac{x^2}{a^2} + \frac{y^2}{b^2} = 1$.

★ **29** **Construction d'une ellipse par points et tangentes**

1° Montrer que, dans la construction ci-dessous, M' est un point de l'ellipse $\mathcal{E}$ de paramétrage $t \mapsto (a \cos t, b \sin t)$.

2° Montrer que D' est la tangente à $\mathcal{E}$ en M'.

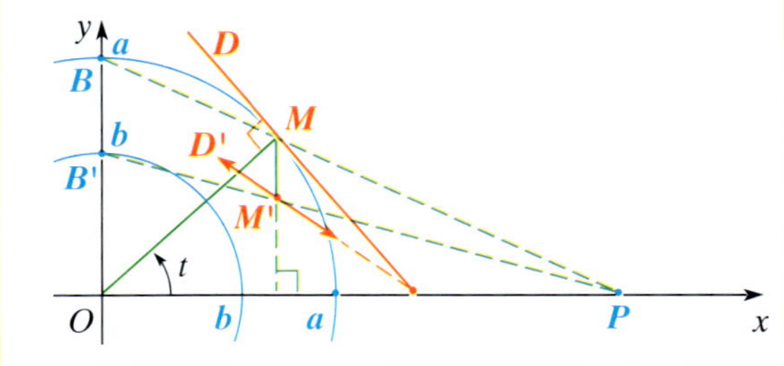

☞ On admettra que, par une affinité orthogonale, l'image d'une droite est une droite et que le contact est conservé.

EXERCICES

Vrai/Faux

30 Une conique $\mathcal{C}$ est l'ensemble des points M vérifiant $\dfrac{MF}{d(M, \mathcal{D})} = e$, où F est l'un des foyers et $\mathcal{D}$ l'une des directrices de $\mathcal{C}$.

31 L'hyperbole d'équation $\dfrac{x^2}{a^2} - \dfrac{y^2}{b^2} = 1$ dans le repère orthonormal $(O, \vec{i}, \vec{j})$ est d'axe focal (Ox), si $a > b$, et (Oy), si $a < b$.

32 L'hyperbole d'axe focal $(O, \vec{i})$ et dont une asymptote est dirigée par le vecteur $\vec{u}$ tel que $\alpha = (\vec{i}, \vec{u})$ a pour excentricité $e = \dfrac{1}{|\cos \alpha|}$.

33 Soit $\mathcal{D}$ une droite, F un point $(F \notin \mathcal{D})$ et e un réel tel que $0 < e < 1$.
L'ellipse définie par $(F, \mathcal{D}, e)$ et l'hyperbole définie par $\left(F, \mathcal{D}, \dfrac{1}{e}\right)$ ont les mêmes sommets situés sur l'axe focal.

34 La courbe d'équation
$$(2x + 3y)(2x - 3y) = 4x - 1$$
dans un repère orthonormal est une hyperbole.

35 Le lieu des points M dont l'affixe z est telle que $z^2 - 1$ est imaginaire pur, est une hyperbole équilatère.

La technique mise à l'épreuve

36 Construire, dans le plan rapporté à un repère orthonormal, la courbe d'équation :
$$4y^2 = |9x^2 - 36x|.$$

☞ C'est la réunion de deux coniques.

37 Dans le plan $\mathcal{P}$ muni du repère orthonormal $(O, \vec{i}, \vec{j})$, on définit les trois points $A(1, 0)$, $B\left(\dfrac{3}{2}, \dfrac{1}{2}\right)$, $C\left(\dfrac{3}{2}, -\dfrac{1}{2}\right)$ et la droite $\mathcal{D}$ dont une équation est $x = 1$.

1° Déterminer les coordonnées du point G tel que $\overrightarrow{CG} = \overrightarrow{AB}$.
Quelle est la nature du quadrilatère (A, B, G, C) ?

2° On note (Γ) l'ensemble des points M de $\mathcal{P}$, de coordonnées (x, y), qui vérifient la relation :
$$-MA^2 + MB^2 + MC^2 = 2(x-1)^2.$$

a) Montrer que B et C appartiennent à (Γ).

b) Montrer que (Γ) est l'ensemble des points M de $\mathcal{P}$ tels que $MG = \sqrt{2}\,d(M, \mathcal{D})$, où $d(M, \mathcal{D})$ désigne la distance de M à la droite $\mathcal{D}$.

c) En déduire la nature de (Γ) et préciser ses éléments remarquables.

Représenter (Γ) dans le repère $(O, \vec{i}, \vec{j})$. **BAC**

★ **38** Dans l'espace rapporté à un repère orthonormal direct $(O, \vec{i}, \vec{j}, \vec{k})$, on donne les points $A\left(-\dfrac{1}{2}, 0, 0\right)$, $B\left(\dfrac{1}{2}, 0, 0\right)$ et $F(0, 1, 0)$.

1° Soit $M(x, y, z)$ un point de l'espace.
Calculer les coordonnées du vecteur $\overrightarrow{MA} \wedge \overrightarrow{MB}$.
Déterminer le point M_0 tel que :
$$\overrightarrow{M_0A} \wedge \overrightarrow{M_0B} = \overrightarrow{M_0F}.$$

2° Déterminer l'ensemble des points M du plan $(O, \vec{j}, \vec{k})$ tels que $\|\overrightarrow{MA} \wedge \overrightarrow{MB}\| = \|\overrightarrow{MF}\|$.
En interprétant $\|\overrightarrow{MA} \wedge \overrightarrow{MB}\|$ comme une aire, montrer que ces points M sont à égale distance du point F et de la droite (AB).
En déduire une solution géométrique.

3° Résoudre les mêmes questions qu'au 2° en remplaçant le plan $(O, \vec{j}, \vec{k})$ par le plan $(O, \vec{i}, \vec{j})$. **BAC**

39 **Coniques semblables**
Montrer que l'image d'une conique par une similitude directe est une conique de même excentricité.

40 **Parabole par points et tangentes**
Soit $\mathcal{P}$ une parabole de foyer F, de directrice $\mathcal{D}$.
Soit M un point de $\mathcal{P}$ et H le projeté orthogonal de M sur $\mathcal{D}$.
Montrer que la médiatrice de $[FH]$ est la tangente à $\mathcal{P}$ en M.
Ceci permet une construction géométrique des points et tangentes de $\mathcal{P}$:

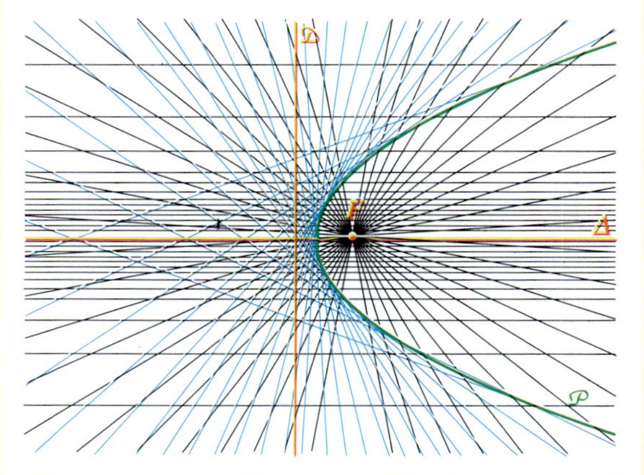

41 **Tangente à l'ellipse et à l'hyperbole**

Soit $\mathcal{C}$ la conique à centre d'équation réduite $\frac{x^2}{a^2} \pm \frac{y^2}{b^2} = 1$.

Montrer qu'une équation de la tangente à $\mathcal{C}$ au point $M_0(x_0, y_0)$ est $\frac{xx_0}{a^2} \pm \frac{yy_0}{b^2} = 1$.

★ **42** Soit ABO un triangle équilatéral du plan orienté tel que :

$(\overrightarrow{OA}, \overrightarrow{OB}) = \frac{\pi}{3}$ (à 2π près).

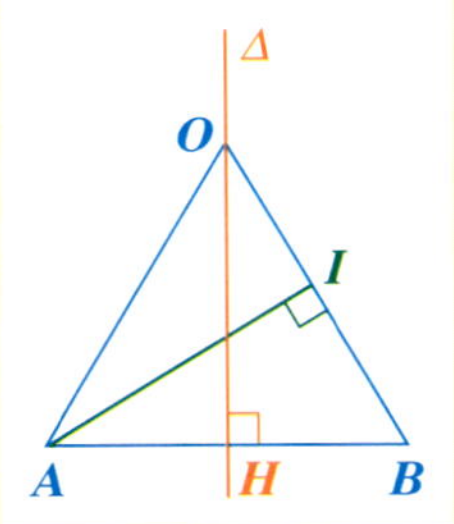

On note H le milieu de $[AB]$, I celui de $[OB]$ et Δ la médiatrice de $[AB]$. On note s la similitude plane directe de centre O transformant le point A en I.

M désigne un point quelconque du plan et M' son image par s.

1° *a*) Déterminer l'angle et le rapport de la similitude directe s.

b) Construire le point C du plan tel que $s(C) = A$. On justifiera soigneusement cette construction.

c) Exprimer AM' en fonction de CM.

2° On note M'' l'image du point M par la réflexion d'axe Δ. On se propose de déterminer l'ensemble (Γ) des points M du plan tels que A est équidistant de M' et M''.

a) Montrer que $AM'' = BM$.

b) Montrer que M appartient à (Γ) si, et seulement si, $CM = 2BM$.

c) Déterminer la nature de (Γ), puis construire (Γ).

BAC

Représentations paramétriques de coniques

43 Dans un plan rapporté à un repère orthonormal $(O, \vec{i}, \vec{j})$, on considère l'ensemble $\mathcal{C}$ des points M de coordonnées : $\begin{cases} x = \sqrt{2}\cos\left(\frac{\pi}{2}t\right) \\ y = \sin\left(\frac{\pi}{2}t\right). \end{cases}$ $(t \in \mathbb{R})$

a) Montrer que le lieu de M est une conique $\mathcal{C}$ dont on précisera les éléments caractéristiques.

b) Représenter $\mathcal{C}$.

BAC

44 Soit θ un réel appartenant à l'intervalle $\left]-\frac{\pi}{2}, \frac{\pi}{2}\right[$.

On considère l'équation (E) d'inconnue complexe z :

$$(E) \quad (\cos^2\theta)z^2 - 4(\cos\theta)z + 5 - \cos^2\theta = 0.$$

1° Résoudre l'équation (E) dans l'ensemble des nombres complexes. Préciser pour quelle valeur de θ l'équation admet une racine double. Donner la valeur de cette racine double.

2° Soit $\mathcal{P}$ le plan complexe rapporté à un repère orthonormal. On appelle M' et M'' les points de $\mathcal{P}$ dont les affixes respectives sont les nombres z' et z'' solutions de l'équation (E).

Montrer que, lorsque θ varie, M' et M'' se déplacent sur une hyperbole $\mathcal{H}$. Déterminer le centre, les sommets et les asymptotes de $\mathcal{H}$. Tracer $\mathcal{H}$.

3° Montrer que, lorsque θ décrit l'intervalle $\left]-\frac{\pi}{2}, \frac{\pi}{2}\right[$, l'ensemble $(\mathcal{E})$ décrit par les points M' et M'' est une branche de $\mathcal{H}$.

BAC

45 Soit $\mathcal{R}$ un repère orthonormal de $\mathcal{P}$. On considère, dans le plan $\mathcal{P}$, le mobile M dont les coordonnées dans $\mathcal{R}$ sont données, en fonction du temps t par : $\begin{cases} x = -\frac{1}{\sqrt{6}}(e^t + e^{-t}) \\ y = \frac{1}{\sqrt{2}}(e^{-t} - e^t). \end{cases}$

1° Montrer que le point M appartient à la courbe $\mathcal{H}$ d'équation cartésienne $3x^2 - y^2 = 2$.

2° Soit h la fonction numérique de la variable réelle t définie par $h(t) = \frac{1}{\sqrt{2}}(e^{-t} - e^t)$.

Étudier les variations de h, puis déterminer la trajectoire $\mathcal{T}$ de M. Construire $\mathcal{T}$ en prenant 2 cm pour unité de longueur.

BAC

STOP Nous avons rencontré au chapitre 4 du tome d'Analyse (voir exercice 105) les fonctions « cosinus hyperbolique » ch : $t \mapsto \frac{e^t + e^{-t}}{2}$ et « sinus hyperbolique » sh : $t \mapsto \frac{e^t - e^{-t}}{2}$.

De même que $t \mapsto (a\cos t, b\sin t)$ est un paramétrage de l'ellipse, $t \mapsto (a \operatorname{ch} t, b \operatorname{sh} t)$ est un paramétrage d'une branche d'hyperbole.

Voilà justifié le nom donné à ces fonctions.

46 Un plan est rapporté à un repère orthonormal $(O, \vec{i}, \vec{j})$. Soit $\mathcal{C}$ la courbe dont une représentation paramétrique est :

$$\begin{cases} x = 2e^t + e^{-t} \\ y = 2e^t - e^{-t} \end{cases}$$

où le réel t décrit $\mathbb{R}$.

1° Soit $M(a, b)$ un point de $\mathcal{C}$.

a) Donner, en fonction de a et b, les coordonnées d'un vecteur directeur $\vec{u}$ de la tangente en M à $\mathcal{C}$.

b) Soit N le point de coordonnées (b, a) et T le point défini par :

$$\overrightarrow{OT} = \overrightarrow{OM} + \overrightarrow{ON}.$$

Montrer que la droite (MT) est la tangente en M à la courbe $\mathcal{C}$.

2° *a*) Montrer que la courbe $\mathcal{C}$ est contenue dans l'hyperbole $\mathcal{H}$ d'équation $x^2 - y^2 = 8$.

b) Tracer l'hyperbole $\mathcal{H}$ et préciser ses éléments caractéristiques.

BAC

Situations menant à des coniques

47 Soit $\mathcal{D}$ une droite et A un point ($A \notin \mathcal{D}$).
Déterminer le lieu géométrique des foyers, puis celui des sommets des paraboles de directrice $\mathcal{D}$ passant par le point A.

★ **48** Dans le plan, on donne deux points distincts A et B.
Soit $\mathcal{D}$ la droite perpendiculaire à (AB) en B. On considère tous les cercles $\mathcal{C}$ du plan caractérisés par la propriété suivante : T et T' étant les points de contact des tangentes menées de A au cercle $\mathcal{C}$, le triangle ATT' est équilatéral.

1° En étudiant le rapport des distances du centre d'un cercle $\mathcal{C}$ aux points A et B, déterminer et préciser la nature de l'ensemble des centres des cercles $\mathcal{C}$ qui passent par B.

2° Déterminer et préciser la nature de l'ensemble des centres des cercles $\mathcal{C}$ tangents à la droite $\mathcal{D}$.
N.B. : Pour faire la figure, on prendra $AB = 6$ cm .

BAC

★ **49** $ABCD$ est un carré ; à tout point M du plan, on associe son projeté m sur (BD) selon la direction de (AD).
Déterminer et construire l'ensemble des points M tels que $2MA^2 = Mm^2$.

☞ On pourra introduire le projeté orthogonal H de M sur (BD).

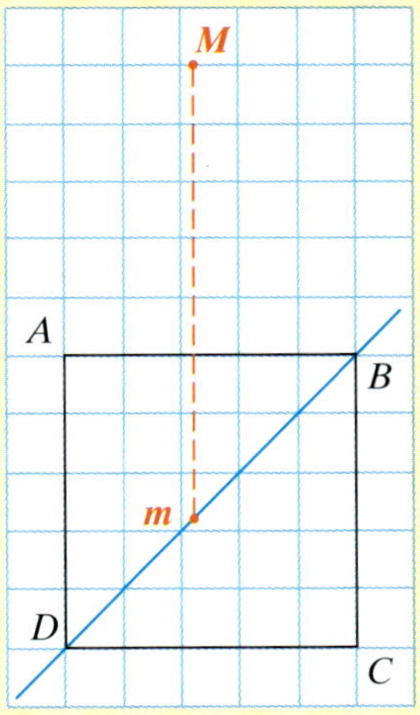

Nombres complexes et coniques

Cette rubrique alimente bon nombre de sujets de baccalauréat ; les exercices qui suivent en sont des exemples.

50 Le plan $\mathcal{P}$ est rapporté à un repère orthonormal direct $(O, \vec{u}, \vec{v})$.

1° Pour tout point M du plan, on note z son affixe.

a) Vérifier que l'ensemble des points M tels que $\bar{z} + z + 4 = 0$ est une droite $\mathcal{D}$.
Tracer $\mathcal{D}$.

b) Démontrer que, pour tout point M de $\mathcal{P}$, la distance de M à $\mathcal{D}$ est $\frac{1}{2}\,|z + \bar{z} + 4|$.

2° On note F le point d'affixe $1 + i$ et $\mathcal{P}'$ le plan $\mathcal{P}$ privé de la droite $\mathcal{D}$.

Soit E l'ensemble des points M, d'affixe z, de $\mathcal{P}'$ tels que $\left|\dfrac{z - 1 - i}{z + \bar{z} + 4}\right| = \dfrac{\sqrt{2}}{4}$.
Démontrer que E est une conique à centre dont on précisera l'excentricité et la nature.
Vérifier que E passe par O.

51 Le plan orienté est rapporté au repère orthonormal direct $(O, \vec{u}, \vec{v})$.
Au point M d'affixe $z = x + iy$, où x et y sont réels, on fait correspondre le point M' d'affixe $z' = z^2 + 2z$.

1° *a*) Calculer les coordonnées (x', y') du point M' en fonction des coordonnées (x, y) du point M.

b) Montrer que l'ensemble $\mathcal{H}$ des points M du plan tels que z' soit imaginaire pur est une hyperbole dont on précisera le centre, les sommets et les asymptotes.
Tracer $\mathcal{H}$.

2° Soit Ω le point d'affixe -1.
Déterminer les points M du plan tels que le quadrilatère $OMM'\Omega$ soit un parallélogramme.

52 Le plan complexe est muni d'un repère orthonormal direct $(O, \vec{u}, \vec{v})$.
À tout point M du plan d'affixe z, $z \neq 0$, on associe le point M' d'affixe $z' = \frac{1}{2}\left(z + \frac{1}{z}\right)$.

1° On pose $z = x + iy$, où x et y sont des réels.

a) Exprimer, en fonction de x et y, la partie réelle x' et la partie imaginaire y' de z'.

b) Déterminer l'ensemble E des points M tels que M' appartienne à l'axe réel.

2° On suppose que M décrit le cercle de centre O et de rayon 2. On écrit alors z sous la forme $z = 2e^{it}$, $t \in [0, 2\pi[$.

a) Exprimer x' et y' en fonction de t.

b) En déduire que M' décrit une conique $\mathcal{C}$ dont on déterminera le centre et les sommets.

★ **53** On appelle Γ l'ensemble des points du plan $\mathcal{P}$ dont les coordonnées (x, y) vérifient :

$$x^2 - y^2 - 2xy\sqrt{3} + 2 = 0 .$$

1° On pose $j = -\frac{1}{2} + i\,\frac{\sqrt{3}}{2}$, et on considère la transformation g de $\mathcal{P}$ dans $\mathcal{P}$ qui, à tout point M d'affixe z, associe le point $g(M)$ d'affixe jz.
Montrer que g est une rotation de centre O et d'angle $\frac{2\pi}{3}$.

2° On désigne par $\mathcal{H}$ l'ensemble des points M de $\mathcal{P}$ d'affixe z vérifiant $\mathcal{Re}(z^2) = 1$.
Définir la nature de cet ensemble $\mathcal{H}$ et le tracer.

3° Soit M un point de $\mathcal{P}$ d'affixe z.
Montrer qu'un point M d'affixe z appartient à l'ensemble Γ si, et seulement si, $\mathcal{Re}[(jz)^2] = 1$.

4° Montrer que $\mathcal{H}$ est l'image de Γ par la transformation g.
En déduire la nature de Γ et tracer Γ sur la figure précédente.

PROBLÈMES

54 Le plan $\mathcal{P}$ est rapporté au repère orthonormal direct $(O, \vec{u}, \vec{v})$. On considère l'ensemble $\mathcal{E}$ des points M de $\mathcal{P}$ de coordonnées (x, y) vérifiant l'équation :

$$25(x^2 + y^2) = (3x - 16)^2 \quad (1).$$

1° En interprétant géométriquement l'équation (1), démontrer que $\mathcal{E}$ est une conique de foyer O et de directrice la droite Δ d'équation $x = \frac{16}{3}$.

Donner la nature et l'excentricité de $\mathcal{E}$.

Dans toute la suite de l'exercice, M désigne un point de $\mathcal{E}$ et θ une détermination de l'angle $(\vec{u}, \overrightarrow{OM})$.

2° *a*) Déduire de l'équation (1) une relation du premier degré entre OM et l'abscisse x de M.

b) Démontrer que $OM = \dfrac{16}{5 + 3\cos\theta}$.

3° On suppose ici que θ appartient à $\left]-\frac{\pi}{2}, \frac{\pi}{2}\right[$.

La droite (OM) coupe Δ en I et recoupe $\mathcal{E}$ en un point M'.

a) Démontrer que $\dfrac{1}{OM} + \dfrac{1}{OM'}$ est une constante indépendante de M.

b) Démontrer que $\dfrac{1}{OM} - \dfrac{1}{OM'} = \dfrac{2}{OI}$. **BAC**

Note : La relation $r = OM = \dfrac{16}{5 + 3\cos\theta}$ est une équation polaire de $\mathcal{E}$.

★ **55** **Une quadrique**

On se propose dans ce problème d'étudier l'ensemble, noté Σ, des points de l'espace équidistants de deux droites $\mathcal{D}$ et $\mathcal{D}'$ non coplanaires et orthogonales.

Les parties A) et B) pourront être traitées de façon indépendante.

A) 1° *a*) Donner la condition nécessaire et suffisante pour qu'une symétrie orthogonale par rapport à un plan (réflexion) s laisse invariante une droite donnée.

En déduire qu'il existe deux symétries orthogonales par rapport à un plan et deux seulement qui laissent simultanément invariantes les droites $\mathcal{D}$ et $\mathcal{D}'$:

— l'une par rapport au plan passant par $\mathcal{D}$ et orthogonal à $\mathcal{D}'$ en B,

— l'autre par rapport au plan passant par $\mathcal{D}'$ et orthogonal à $\mathcal{D}$ en A.

b) Montrer que Σ admet, en particulier, deux plans de symétrie et un axe de symétrie (AB).

2° Montrer que l'intersection de Σ avec l'un quelconque de ses plans de symétrie est une parabole dont on précisera le foyer et la directrice.

B) Dans cette partie, l'espace est rapporté à un repère orthonormal $\mathcal{R} = (O, \vec{i}, \vec{j}, \vec{k})$.

La droite $\mathcal{D}$ passe par le point A de coordonnées $(0, 0, 1)$ et admet comme vecteur directeur $\vec{u}$ tel que $\vec{u} = \vec{i} + \vec{j}$.

La droite $\mathcal{D}'$ passe par le point B de coordonnées $(0, 0, -1)$ et admet comme vecteur directeur $\vec{v}$ tel que $\vec{v} = \vec{i} - \vec{j}$.

1° *a*) Vérifier que $\mathcal{D}$ et $\mathcal{D}'$ sont orthogonales et non coplanaires.

Montrer que le point O appartient à Σ.

b) Montrer qu'une représentation paramétrique de $\mathcal{D}$ est :

$$\begin{cases} x = t \\ y = t \quad t \in \mathbb{R} \\ z = 1 . \end{cases}$$

Soit M un point de coordonnées (x, y, z) et P un point de $\mathcal{D}$.

Exprimer MP^2.

En considérant MP^2 comme fonction de t, en déduire la distance de M à $\mathcal{D}$.

c) Calculer, de même, la distance du point M à la droite $\mathcal{D}'$.

d) En déduire que M appartient à Σ si, et seulement si, on a $xy + 2z = 0$.

2° Déduire de cette relation :

a) Que les intersections de Σ avec des plans orthogonaux à la droite (AB) sont en général des hyperboles.

Préciser le cas d'exception.

b) La nature des intersections de Σ avec des plans orthogonaux à l'axe $(O, \vec{i})$ ou à l'axe $(O, \vec{j})$. **BAC**

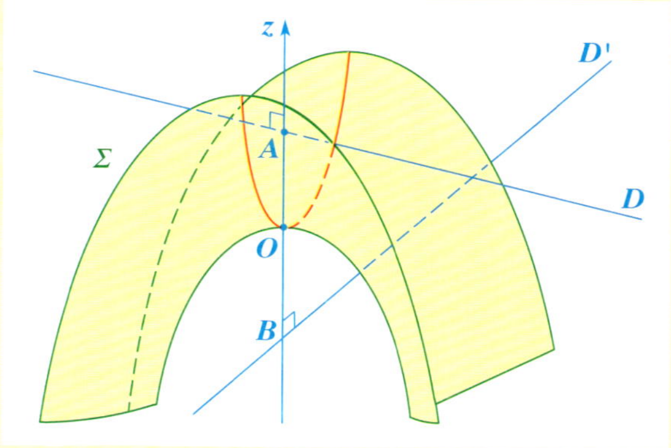

La surface Σ est un paraboloïde hyperbolique ou « selle de cheval » (infinie). C'est une quadrique (surface de l'espace définie par une certaine équation du second degré).

56 **L'ellipse du jardinier**

1° Soit $\mathcal{E}$ l'ellipse « standard » d'équation $\dfrac{x^2}{a^2} + \dfrac{y^2}{b^2} = 1$ dans le repère orthonormal $(O, \vec{i}, \vec{j})$, avec $a > b$.

On note $c = \sqrt{a^2 - b^2}$, F et F' les foyers de $\mathcal{E}$. Montrer que, pour tout point M de $\mathcal{E}$, $MF + MF' = 2a$.

2° Soit F et F' deux points distincts. On considère l'ensemble $\mathcal{C}$ des points M du plan vérifiant $MF + MF' = 2a$, où $a > 0$.
On considère le repère orthonormal $(O, \vec{i}, \vec{j})$ tel que :

- O est le milieu de $[F, F']$;
- $(\vec{i}, \overrightarrow{OF}) = 0 \quad (2\pi)$.

a) Si $c = OF$ et $M(x, y) \in \mathcal{C}$, montrer les relations :

$$MF = a - \frac{cx}{a}\ ; \quad MF' = a + \frac{cx}{a}.$$

b) En déduire que $\mathcal{C}$ est contenue dans l'ellipse $\mathcal{E}$ définie au 1°.
Ainsi $\mathcal{E}$ est l'ensemble des points M vérifiant $MF + MF' = 2a$.

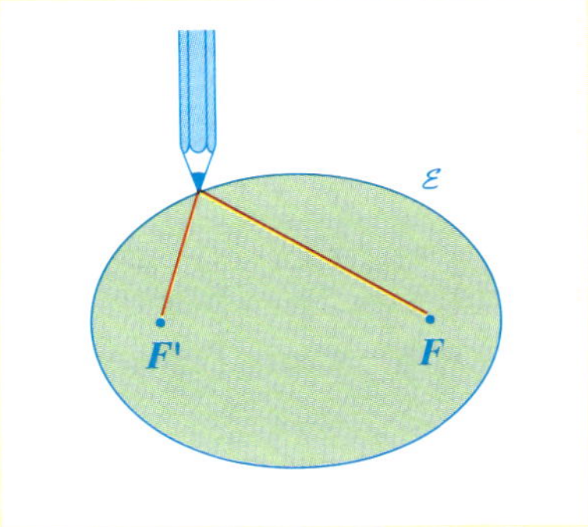

Ceci permet aux jardiniers de construire un parterre en forme d'ellipse à l'aide d'un fil tendu...

★ 57 L'hyperbole rapportée à ses asymptotes

1° Soit $\mathcal{H}$ l'hyperbole standard d'équation réduite $\frac{x^2}{a^2} - \frac{y^2}{b^2} = 1$ dans un repère orthonormal $(O, \vec{i}, \vec{j})$.

On pose $\vec{I} = \frac{a}{2}\vec{i} - \frac{b}{2}\vec{j}$ et $\vec{J} = \frac{a}{2}\vec{i} + \frac{b}{2}\vec{j}$.

a) Exprimer $\vec{i}$ et $\vec{j}$ en fonction de $\vec{I}$ et $\vec{J}$.

b) Si $\overrightarrow{OM} = x\vec{i} + y\vec{j}$ et $\overrightarrow{OM} = X\vec{I} + Y\vec{J}$, exprimer X et Y en fonction de x et y.

c) En déduire que, dans le repère $(O, \vec{I}, \vec{J})$, $\mathcal{H}$ est la courbe d'équation $XY = 1$.
Vérifier que $\vec{I}$ et $\vec{J}$ dirigent les asymptotes de $\mathcal{H}$.

2° Cette question propose de montrer des propriétés géométriques d'une hyperbole $\mathcal{H}$, en utilisant le 1°.

a) Une droite coupe $\mathcal{H}$ en M_1 et M_2 et les asymptotes en A_1 et A_2.
Montrer que $[A_1 A_2]$ et $[M_1 M_2]$ ont le même milieu.

b) Une tangente à $\mathcal{H}$ en M coupe les asymptotes en A et B.
Montrer que M est le milieu de $[AB]$.

c) Déduire de *a*) et *b*) une construction des points et des tangentes d'une hyperbole dont on connaît les asymptotes et un point A quelconque.

3° Montrer que l'orthocentre de tout triangle ABC inscrit dans une hyperbole *équilatère* est sur cette hyperbole.

☞ Utiliser le 1° et montrer qu'une équation de $\mathcal{H}$ est $xy = k \quad (k \neq 0)$ dans un repère orthonormal $(O, \vec{I}', \vec{J}')$, $\vec{I}'$ et $\vec{J}'$ colinéaires à $\vec{I}$ et $\vec{J}$...

★ 58 Points et tangentes d'une ellipse

Nous admettons dans ce problème le résultat du n° 56, à savoir : « L'ensemble des points M tels que $MF + MF' = 2a$ est l'ellipse de foyers F et F', et dont le grand axe a pour longueur 2a, si F et F' sont deux points fixes et $a > 0$. »

On se donne un point F et un réel $a > 0$; soit Γ le cercle de centre F et de rayon $2a$ et F' un point intérieur à Γ. Il s'agit de construire les points et les tangentes de l'ellipse $\mathcal{E}$ de foyers F et F', et dont le grand axe a pour longueur $2a$.

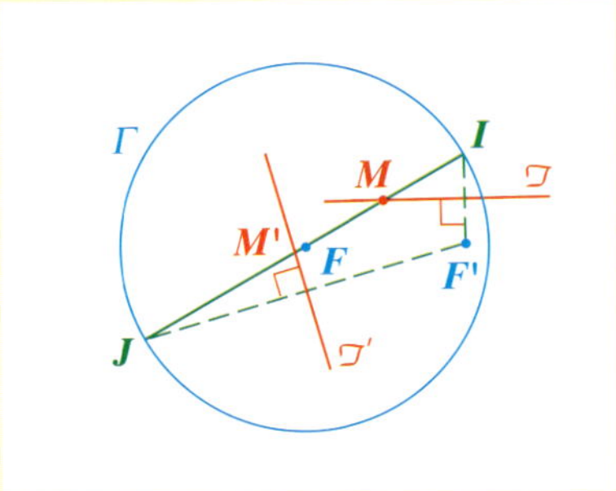

1° Soit $[IJ]$ un diamètre quelconque de Γ, $\mathcal{T}$ la médiatrice de $[IF']$, $\mathcal{T}'$ celle de $[JF']$. $\mathcal{T}$ coupe (IJ) en M, $\mathcal{T}'$ coupe (IJ) en M'.
Montrer que M et M' sont des points de $\mathcal{E}$, et que $\mathcal{T}$ est la bissectrice extérieure de $(\overrightarrow{MF}, \overrightarrow{MF'})$.

2° Soit N un point de $\mathcal{T}$, autre que M; à l'aide de l'inégalité triangulaire, prouver que $NF + NF' \neq 2a$.
En déduire que $\mathcal{T}$ est tangente à $\mathcal{E}$ en M.

3° Soit M un point de $\mathcal{E}$; la droite (FM) coupe Γ en I et J (avec $MI < MJ$).
Montrer que M est sur la médiatrice de $[IF']$.

4° Déduire du 1° et 3° un procédé de construction point par point de $\mathcal{E}$ et de ses tangentes (à l'aide du 2°).

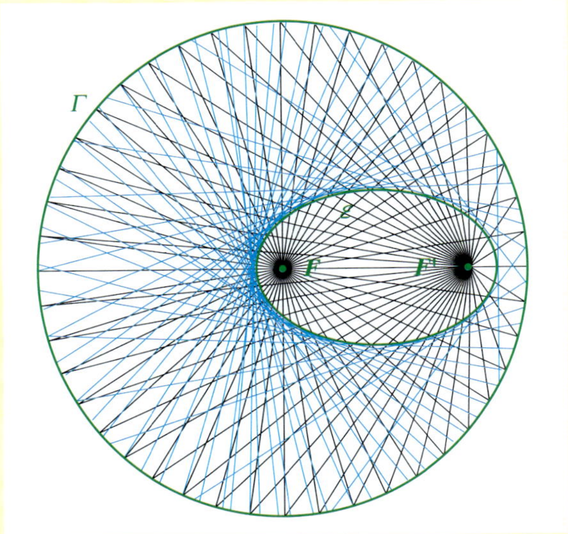

Trucs & Astuces

Identifier une conique

Lorsqu'un ensemble de points est défini de manière géométrique, il faut d'abord penser à la caractérisation F, $\mathcal{D}$, e pour identifier une conique.

$$\frac{x^2}{a^2} \pm \frac{y^2}{b^2} = \pm 1 \quad (\mathcal{C})$$

Pour le *tracé* de telles courbes, placer d'abord sommets et asymptotes éventuelles : c'est presque suffisant.

En particulier, le rectangle ci-dessous doit être mémorisé.

Les sommets de $\mathcal{C}$ sont des points parmi A, A', B, B'.

Les asymptotes (éventuelles) sont les diagonales.

Pour les *éléments géométriques* de ces courbes, repérer d'abord l'axe focal, puis appliquer les formules !

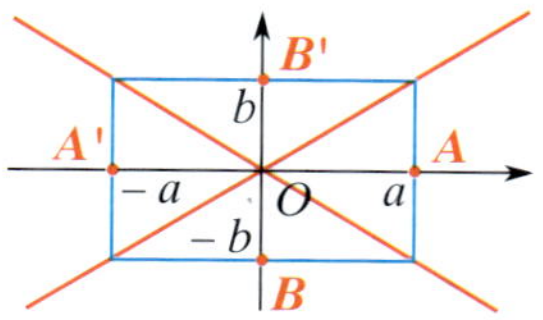

Avec un paramétrage

Pour reconnaître une conique dans une courbe paramétrée, il faut éliminer le paramètre en essayant d'obtenir une des trois équations réduites « classiques ».

Rubrique de Bac

Les complexes : une mine de coniques

Les ensembles de points définis par une condition sur les affixes sont fréquemment des coniques. Pour les débusquer, repérons les deux « chefs de file » :

- z^2 : sa partie réelle est $x^2 - y^2$.
- $z\bar{z} = |z|^2$: c'est $x^2 + y^2$.

En combinant tout cela...

Chercher la directrice

Pour reconnaître certaines coniques données par une équation (truquée), il n'est pas toujours nécessaire de passer par la forme réduite.
Ainsi en est-il de la courbe d'équation :

$$x^2 + y^2 = (3x + 4y - 1)^2$$

surtout si la droite $\mathcal{D}$: $3x + 4y - 1 = 0$ est mentionnée dans l'énoncé !

Où sont les coniques d'antan ? (histoire belge)

D'après M. Berger, *Géométrie* (Nathan) (pour les figures).

L'identité entre les « sections coniques » d'Apollonius et nos coniques définies par foyer, directrice, excentricité a été établie par les Belges Dandelin et Quêtelet. Les sphères tangentes au cône et au plan $\mathcal{P}$ de la conique (sphères de Dandelin) ont leur point de contact avec $\mathcal{P}$ aux foyers.

$MF + MF' = MA + MA' = AA' = C^{te}$.

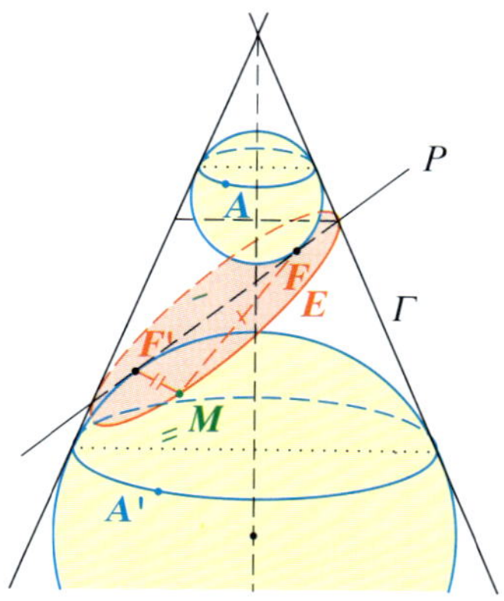

$MF - MF' = MA - MA' = AA' = C^{te}$.

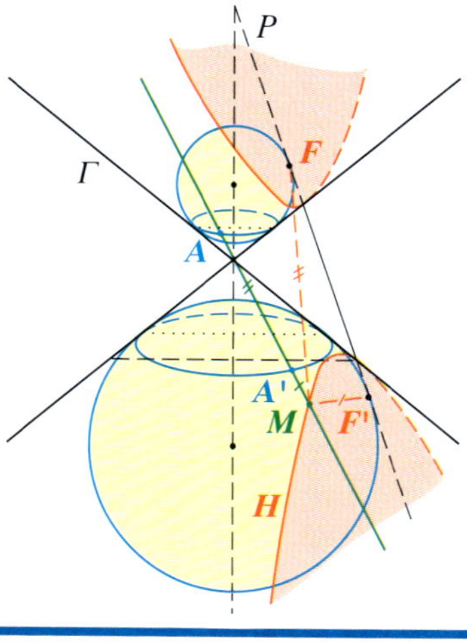

$\dfrac{MH}{MA} = C^{te} = \tan\alpha$

(α = demi-angle du cône).

$\dfrac{MH}{d(M, D)} = C^{te} = \cos\beta$ et $MA = MF$.

Donc $\dfrac{MF}{d(M, D)} = \dfrac{\cos\beta}{\tan\alpha} = e$.

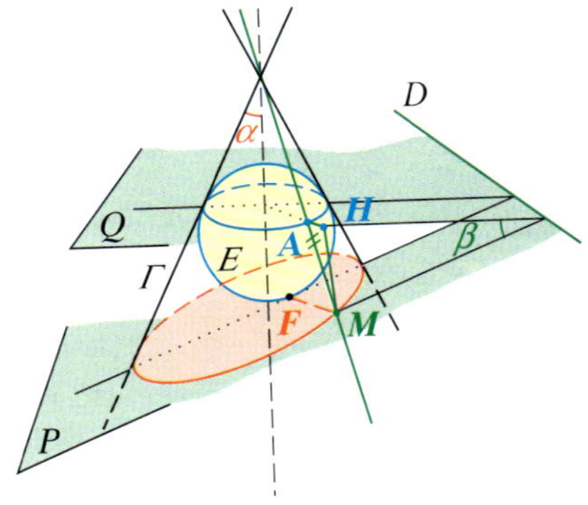

GRANDEURS EUCLIDIENNES

AUTOUR DU PRODUIT SCALAIRE

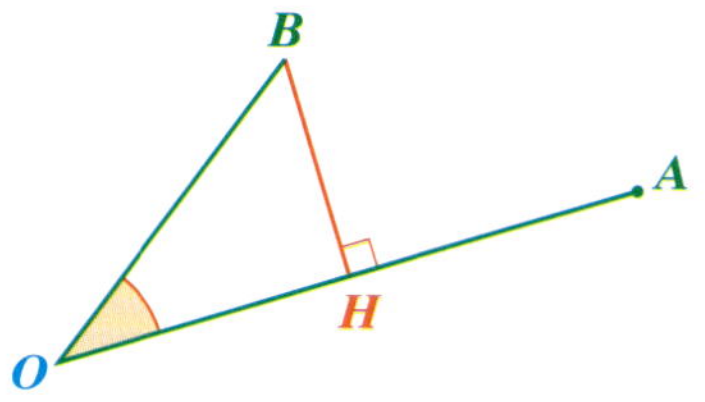

$\overrightarrow{OA} \cdot \overrightarrow{OB} = OA \times OB \times \cos \widehat{AOB}$

$\overrightarrow{OA} \cdot \overrightarrow{OB} = \overrightarrow{OA} \cdot \overrightarrow{OH}$.

ANALYTIQUE (repère orthonormal)

$\vec{u}(x, y, z)$ et $\vec{v}(x', y', z')$: $\quad \vec{u} \cdot \vec{v} = xx' + yy' + zz'$.

LIGNES DE NIVEAU USUELLES

$\boxed{\overrightarrow{AM} \cdot \vec{u}}$ **droite** (plan dans $\mathcal{E}$) de vecteur normal $\vec{u}$

$\boxed{MA^2 + MB^2}$ **cercle** (sphère dans $\mathcal{E}$) centré sur (AB) (en général)

$\boxed{MA^2 - MB^2}$ **droite** (plan dans $\mathcal{E}$) orthogonale à (AB)

$\boxed{\dfrac{MA}{MB}}$ **cercle** (sphère dans $\mathcal{E}$) centré sur (AB) (en général).

DÉTERMINANT

$$\det(\vec{u}, \vec{v}) = \begin{cases} 0, \text{ si } \vec{u} \text{ ou } \vec{v} \text{ nul} \\ \|\vec{u}\| \|\vec{v}\| \sin(\vec{u}, \vec{v}) \text{ sinon.} \end{cases}$$

ANALYTIQUE (repère orthonormal direct)

$\vec{u}(x, y)$ et $\vec{v}(x', y')$:

$$\det(\vec{u}, \vec{v}) = \begin{vmatrix} x & x' \\ y & y' \end{vmatrix} = xy' - yx' .$$

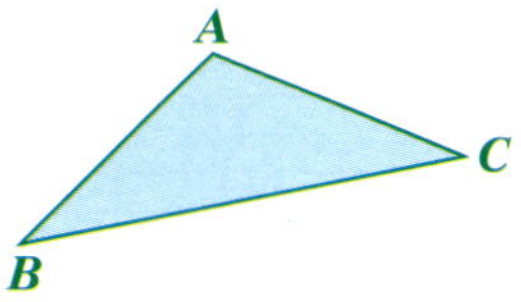

aire ABC :

$\frac{1}{2} \left|\det(\overrightarrow{AB}, \overrightarrow{AC})\right|$.

$|\det(\vec{u}, \vec{v})|$:
aire du parallélogramme «bâti sur $\vec{u}$ et $\vec{v}$».

PRODUIT VECTORIEL

GÉOMÉTRIQUE

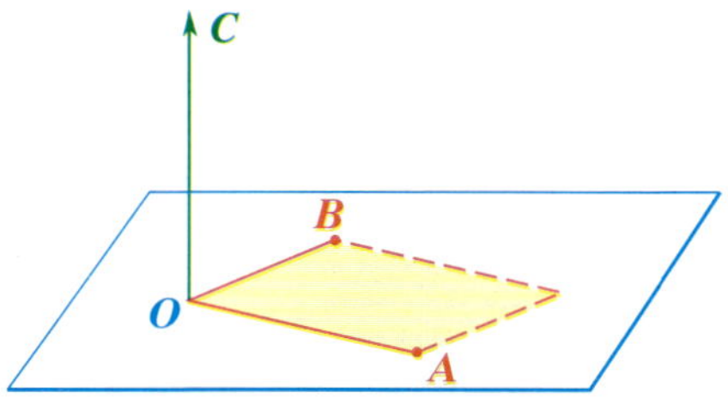

$\overrightarrow{OC} = \overrightarrow{OA} \wedge \overrightarrow{OB}$

- O, A, B alignés $\Leftrightarrow \overrightarrow{OC} = \vec{0}$
- O, A, B non alignés

$\Leftrightarrow \begin{cases} \overrightarrow{OC} \text{ **orthogonal** à } \overrightarrow{OA} \text{ et } \overrightarrow{OB} \\ (\overrightarrow{OA}, \overrightarrow{OB}, \overrightarrow{OC}) \text{ de **sens direct**} \\ OC = OA \times OB \times \sin \widehat{AOB} \end{cases}$

(aire du parallélogramme).

ANALYTIQUE (repère orthonormal direct)

$\vec{u}(x, y, z)$ et $\vec{v}(x', y', z')$:

$\vec{u} \wedge \vec{v}(X, Y, Z)$

$\begin{matrix} x & \boxed{\begin{matrix} y & z \\ y' & z' \end{matrix}} & x & y \\ x' & & x' & y' \end{matrix} \qquad X = \begin{vmatrix} y & z \\ y' & z' \end{vmatrix}$

$\begin{matrix} x & y & \boxed{\begin{matrix} z & x \\ z' & x' \end{matrix}} & y \\ x' & y' & & y' \end{matrix} \qquad Y = \begin{vmatrix} z & x \\ z' & x' \end{vmatrix}$

$\begin{matrix} x & y & z & \boxed{\begin{matrix} x & y \\ x' & y' \end{matrix}} \\ x' & y' & z' & \end{matrix} \qquad Z = \begin{vmatrix} x & y \\ x' & y' \end{vmatrix}$

TRIGONOMÉTRIE

$$\cos(-\alpha) = \cos\alpha$$
$$\sin(-\alpha) = -\sin\alpha$$
$$\cos(\pi+\alpha) = -\cos\alpha$$
$$\sin(\pi+\alpha) = -\sin\alpha$$
$$\cos\left(\frac{\pi}{2}-\alpha\right) = \sin\alpha$$
$$\sin\left(\frac{\pi}{2}-\alpha\right) = \cos\alpha$$
$$\cos\left(\frac{\pi}{2}+\alpha\right) = -\sin\alpha$$
$$\sin\left(\frac{\pi}{2}+\alpha\right) = \cos\alpha\,.$$

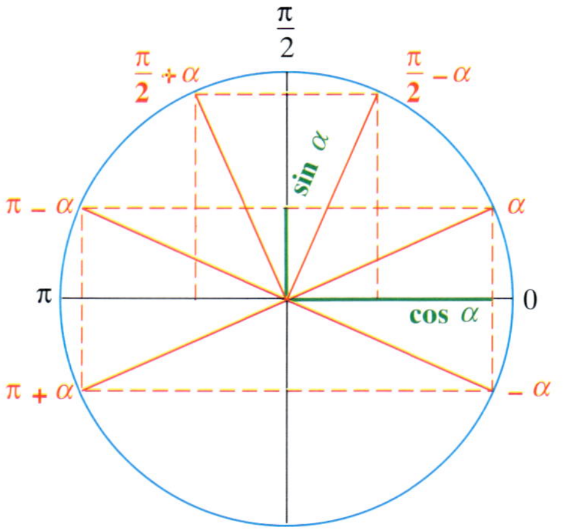

Formules d'addition

$$\cos(a-b) = \cos a\cos b + \sin a\sin b \qquad \cos(a+b) = \cos a\cos b - \sin a\sin b$$
$$\sin(a-b) = \sin a\cos b - \sin b\cos a\,. \qquad \sin(a+b) = \sin a\cos b + \sin b\cos a\,.$$

Formules de duplication

$$\cos 2a = \cos^2 a - \sin^2 a$$
$$\sin 2a = 2\sin a\cos a\,.$$

Formules de linéarisation

$$\cos^2 a = \frac{1+\cos 2a}{2}$$
$$\sin^2 a = \frac{1-\cos 2a}{2}\,.$$

Avec les nombres complexes

$$e^{ix} = \cos x + i\sin x$$
$$e^{-ix} = \cos x - i\sin x\,.$$

Formules de Moivre

$$(\cos x + i\sin x)^n = \cos nx + i\sin nx$$
$$(\cos x - i\sin x)^n = \cos nx - i\sin nx\,.$$

Formules d'Euler

$$\cos x = \frac{e^{ix}+e^{-ix}}{2}$$
$$\sin x = \frac{e^{ix}-e^{-ix}}{2i}\,.$$

Abraham De Moivre (1667-1754)
Il fut aussi l'un des initiateurs de la théorie des probabilités.

TRANSFORMATIONS

ÉCRITURE COMPLEXE

homothétie	translation	rotation	similitude
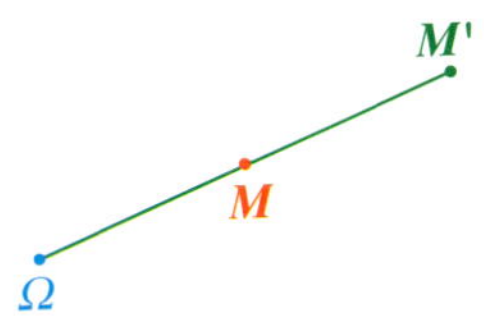	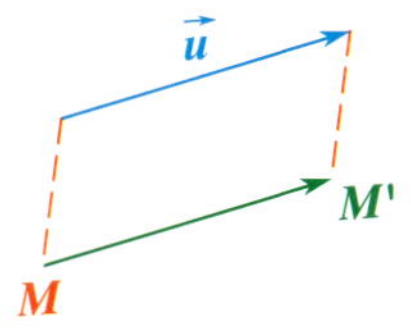	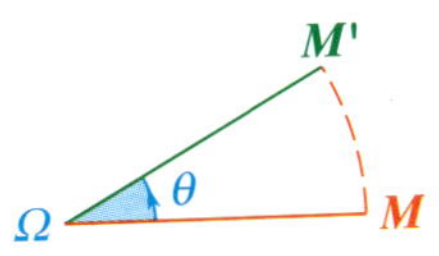	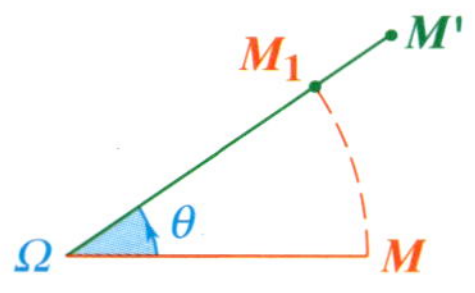
centre $\Omega(\omega)$ et rapport k ($k \in \mathbb{R}^*$) $z' - \omega = k(z - \omega)$	vecteur $\vec{u}$ d'affixe b $z' = z + b$	centre $\Omega(\omega)$; angle θ $z' - \omega = e^{i\theta}(z - \omega)$	centre $\Omega(\omega)$; angle θ et rapport $k > 0$ $z' - \omega = k e^{i\theta}(z - \omega)$

<table>
<tr><td rowspan="4">$z' = az + b$
$a \in \mathbb{C}^*$, $b \in \mathbb{C}$</td><td rowspan="2">a réel</td><td>$a = 1$</td><td>translation</td><td></td><td rowspan="4">centre $\Omega(\omega)$
$\omega = a\omega + b$
(équation au point fixe)</td></tr>
<tr><td>$a \neq 1$</td><td>homothétie</td><td>rapport : a</td></tr>
<tr><td rowspan="2">a non réel</td><td>$|a| = 1$</td><td>rotation</td><td>angle : arg a (2π)</td></tr>
<tr><td>$|a| \neq 1$</td><td>similitude</td><td>angle : arg a (2π)
rapport : $|a|$</td></tr>
</table>

FIGURES DE RÉFÉRENCE

triangle équilatéral	demi-triangle équilatéral	triangle rectangle isocèle
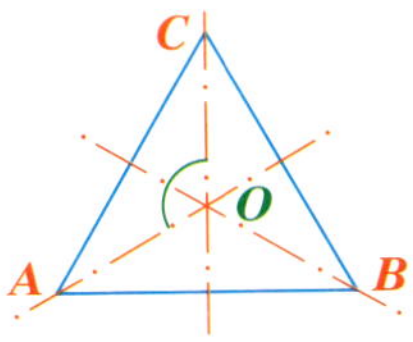	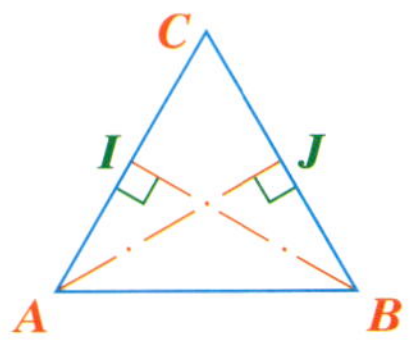	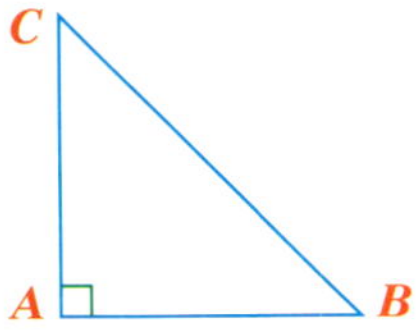
■ $\text{rot}_{A, \frac{\pi}{3}}$: $B \to C$ ■ les rotations de centre O et **d'angle** $\pm \frac{2\pi}{3}$ invarient le triangle.	**similitude** de centre A angle $\frac{\pi}{3}$, rapport $\frac{1}{2}$: $B \to I$ angle $\frac{\pi}{6}$, rapport $\frac{\sqrt{3}}{2}$: $B \to J$.	■ $\text{rot}_{A, \frac{\pi}{2}}$: $B \mapsto C$ ■ similitude centre B, angle $\frac{\pi}{4}$, rapport $\frac{\sqrt{2}}{2}$: $C \mapsto A$.

deux segments de même longueur	configuration de Thalès (rappel)
$A'B' = AB$ 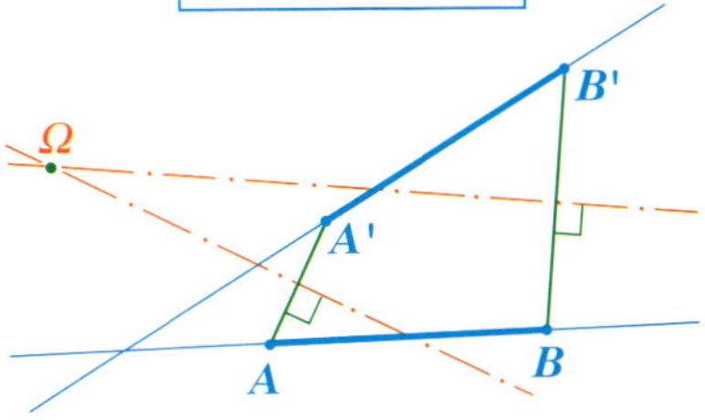	(BC // DE) 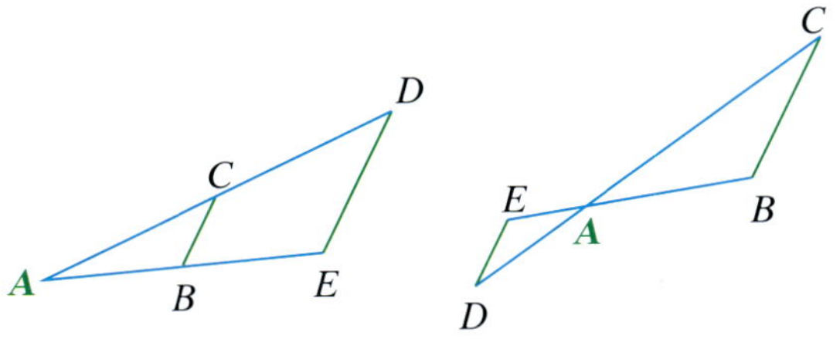
En général, il existe une **rotation** : $\begin{cases} A \to A' \\ B \to B' \end{cases}$ angle : $(\overrightarrow{AB}, \overrightarrow{A'B'})$; centre Ω : sur les médiatrices de $[A, A']$ et $[B, B']$.	On passe d'un triangle à un autre par une **homothétie** de centre A.

ESPACE

PLAN DE L'ESPACE

définitions

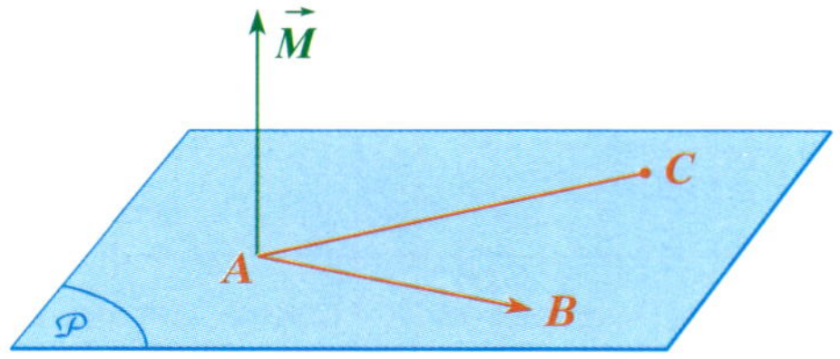

■ plan passant par A, de vecteur normal $\vec{n}$:

$$\overrightarrow{AM} \cdot \vec{n} = 0$$

■ plan de repère $(A, \overrightarrow{AB}, \overrightarrow{AC})$:

$$\overrightarrow{AM} = x\overrightarrow{AB} + y\overrightarrow{AC} \qquad x, y \text{ réels}$$

($\overrightarrow{AB} \wedge \overrightarrow{AC}$ est normal au plan).

projection orthogonale

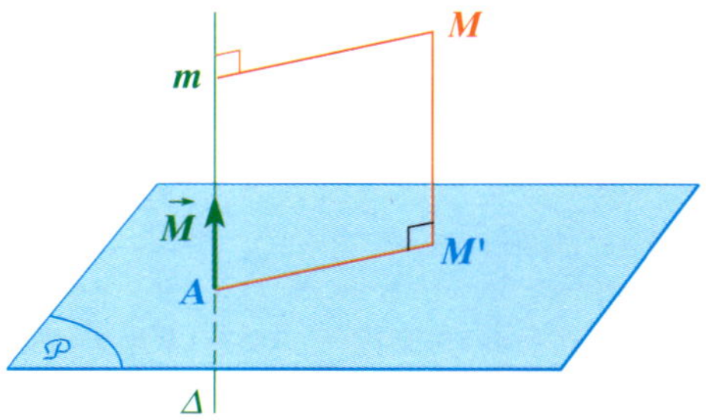

m, M' projetés orthogonaux de M sur Δ et $\mathcal{P}$ ($\Delta \perp \mathcal{P}$) :

■ $\overrightarrow{AM} = \overrightarrow{AM'} + \overrightarrow{Am}$

■ $\overrightarrow{Am} = \dfrac{(\overrightarrow{AM} \cdot \vec{n})}{\|\vec{n}\|^2}\,\vec{n}$.

LE TÉTRAÈDRE

INFOS « FIGURES-VECTEURS »

O **centre de gravité** du tétraèdre

■ (AO) perce orthogonalement le plan (BCD) au centre I du triangle équilatéral BCD.

■ $\overrightarrow{AO} = \dfrac{3}{4}\overrightarrow{AI}$.

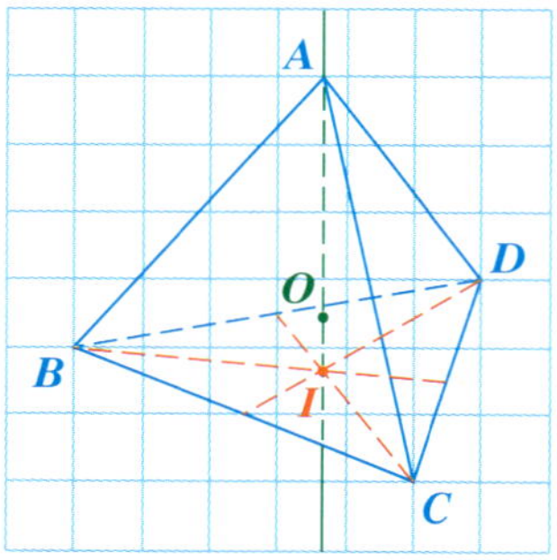

INFOS « TRANSFORMATIONS »

Les deux rotations d'axe (AO) et d'angles $\dfrac{2\pi}{3}$ et $-\dfrac{2\pi}{3}$ invarient globalement le tétraèdre (orientation indifférente).

le tétraèdre dans le cube

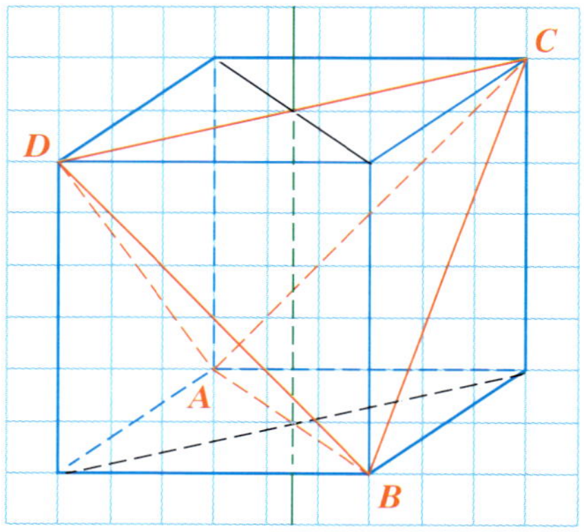

Les demi-tours autour des bimédianes invarient le tétraèdre.

LE CUBE

INFOS « FIGURES »

La diagonale (CE) perce orthogonalement le plan (AFH) au centre I du triangle équilatéral AFH.

INFOS « VECTEURS »

■ $\overrightarrow{CE}$ normal au plan (AHF)

■ $\overrightarrow{EI} = \dfrac{1}{3}\overrightarrow{EC}$

■ I centre de AHF :

$$\overrightarrow{IA} + \overrightarrow{IH} + \overrightarrow{IF} = \vec{0}.$$

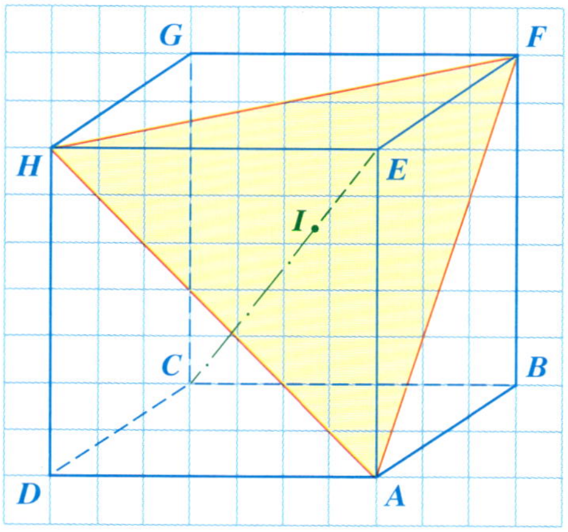

INFOS « TRANSFORMATIONS »

Les deux rotations d'axe (EC) et d'angles $\dfrac{2\pi}{3}$, $-\dfrac{2\pi}{3}$ invarient globalement le cube (orientation indifférente).

COMPLEXES ET GÉOMÉTRIE

LE PLAN COMPLEXE

affixe	opérations	
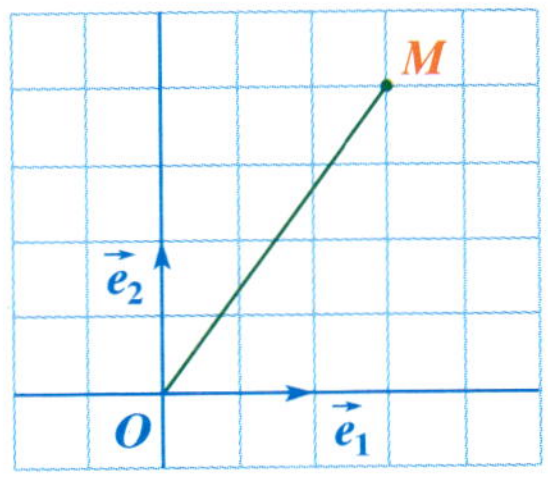	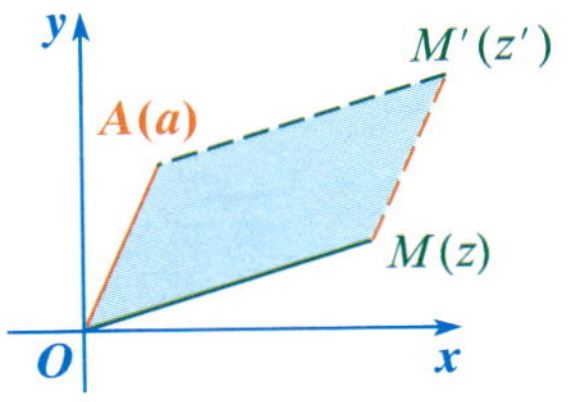	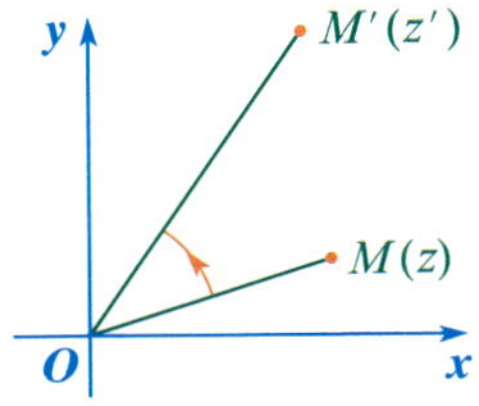
z affixe de M : ■ $M(x, y)$, avec $z = x + \mathrm{i}y$ (x et y réels) ou : ■ $OM = \lvert z \rvert$; $(\vec{e}_1, \overrightarrow{OM}) = \arg z\ [2\pi]$	$z' = z + a$ signifie : $AOMM'$ parallélogramme.	$z' = az$ signifie : $\begin{cases} OM' = \lvert a \rvert\, OM \\ (\overrightarrow{OM}, \overrightarrow{OM'}) = \arg a \quad (2\pi). \end{cases}$

CARACTÉRISATION DE PROPRIÉTÉS GÉOMÉTRIQUES

alignement	orthogonalité	cocyclicité
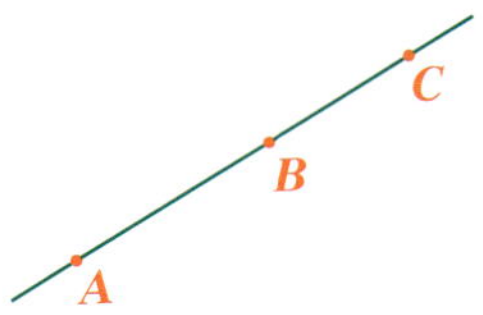	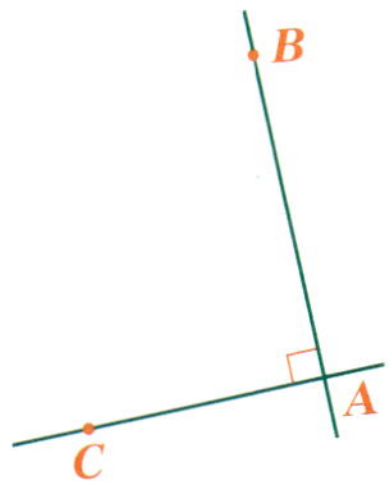	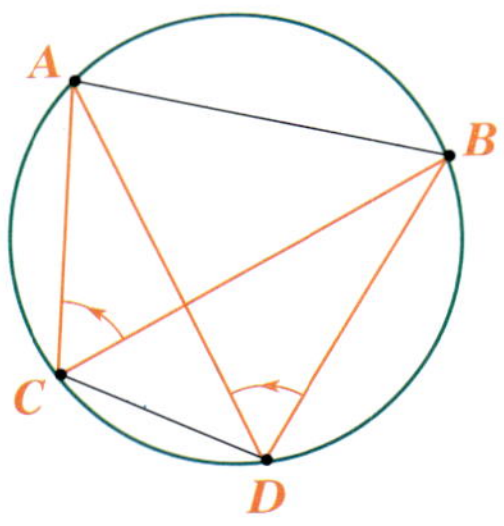
A, B, C alignés ⇔ $\dfrac{c-a}{b-a}$ réel.	$(AB) \perp (AC)$ ⇔ $\dfrac{c-a}{b-a}$ imaginaire pur.	A, B, C, D non alignés et cocycliques ⇔ $\dfrac{b-c}{a-c} : \dfrac{b-d}{a-d}$ réel.

DEUX CONFIGURATIONS USUELLES

triangle rectangle isocèle	triangle équilatéral
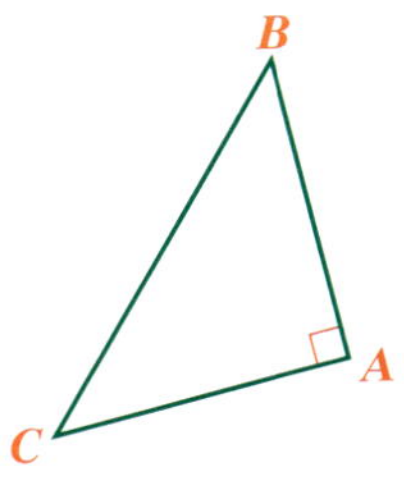	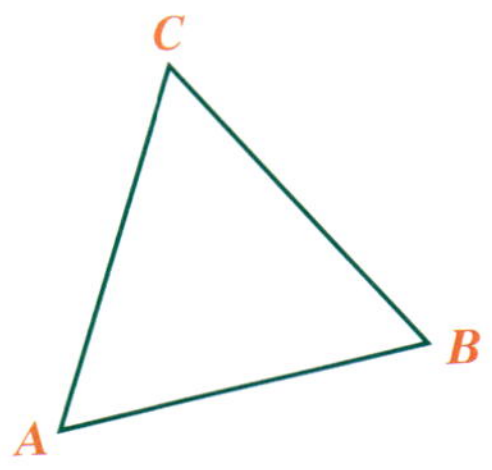
ABC rectangle isocèle en A (de sens direct) ⇔ $c - a = i(b - a)$.	ABC équilatéral direct ⇔ $c - a = \mathrm{e}^{i\frac{\pi}{3}}(b - a)$.

LES CONIQUES

LA PARABOLE

$y^2 = 2px \quad p > 0$

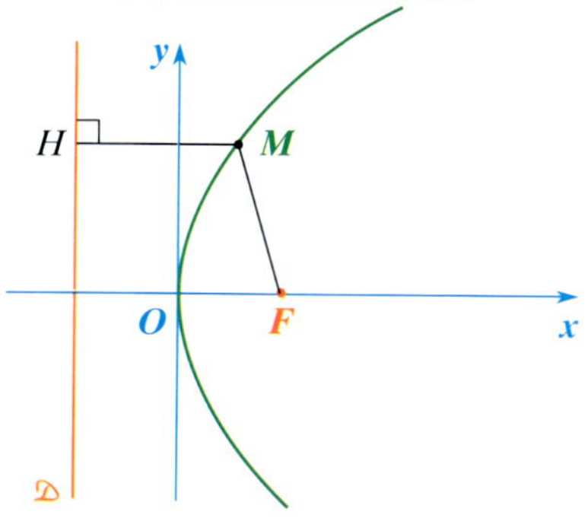

Foyer : $F\left(\frac{p}{2}, 0\right)$.

Directrice : $\mathcal{D} : x = -\frac{p}{2}$.

$x^2 = 2py \quad p < 0$

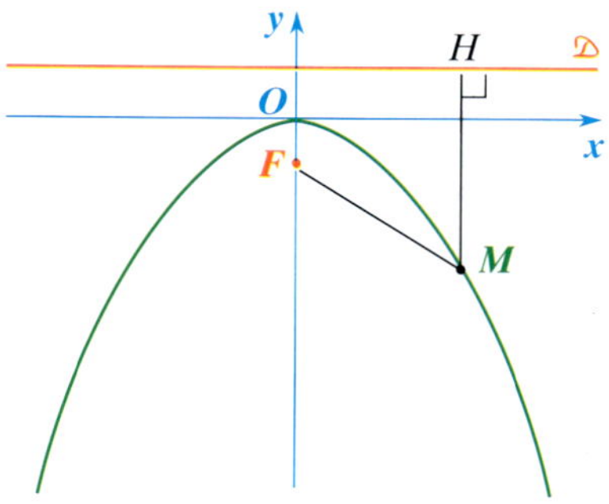

Foyer : $F\left(0, \frac{p}{2}\right)$.

Directrice : $\mathcal{D} : y = -\frac{p}{2}$.

Lieu des points M tels que $MF = MH$.

PARABOLE

Venant de loin

Avec toujours la même,
La régulière allure,

Chaque pas que je fais
Est par avance inscrit,
Chaque lieu que je touche
Était prédestiné
Mais par ma seule histoire.

Venant de loin

Vers cette volupté,
Mais si courte, au sommet.

Puis repartir
En sens inverse
Pareillement,
Exactement.

GUILLEVIC

L'ELLIPSE

$\frac{x^2}{a^2} + \frac{y^2}{b^2} = 1 \quad (a > b > 0)$

On pose $c = \sqrt{a^2 - b^2}$.

Foyers : $F(c, 0)$ et $F'(-c, 0)$.

Directrices :

$\mathcal{D} : x = \frac{a^2}{c}$ et $\mathcal{D}' : x = -\frac{a^2}{c}$.

Excentricité : $e = \frac{c}{a} < 1$.

Lieu des points M tels que :

$\frac{MF}{MH} = e$ ou encore $\frac{MF'}{MH'} = e$.

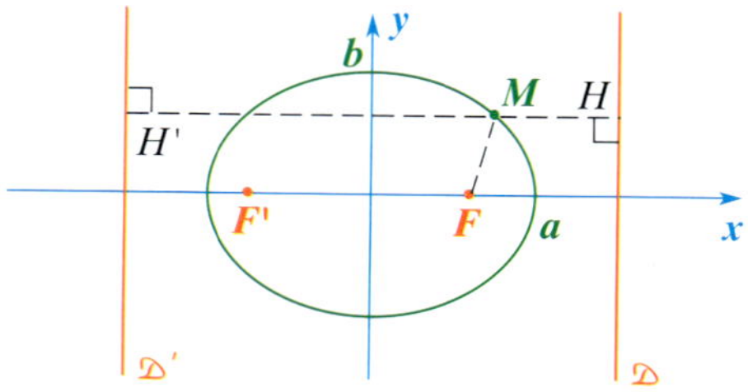

Paramétrage

$\begin{cases} x = a \cos t \\ y = b \sin t \end{cases} \quad t \in [0, 2\pi[$.

ELLIPSE

Détrompe-toi : je sais
Que ce n'est pas facile
D'avoir ton équilibre,

Avec cette pression
En chacun de tes points
D'un extérieur informe,

Toi qui n'as pas en toi
De lieu où t'appuyer,

Tiraillée que tu es
Sur ton parcours entier

Entre deux centres qui
s'ignorent
Ou qui s'en veulent.

GUILLEVIC

L'HYPERBOLE

$\frac{x^2}{a^2} - \frac{y^2}{b^2} = 1 \quad (a > 0, \ b > 0)$

On pose $c = \sqrt{a^2 + b^2}$.

Foyers : $F(c, 0)$ et $F'(-c, 0)$.

Directrices : $\mathcal{D}$ et $\mathcal{D}'$: $x = \pm \frac{a^2}{c}$.

Excentricité : $e = \frac{c}{a} > 1$

Asymptotes : $y = \pm \frac{b}{a} x$

Lieu des points M tels que :

$\frac{MF}{MH} = e \left(\text{ou } \frac{MF'}{MH'} = e\right)$.

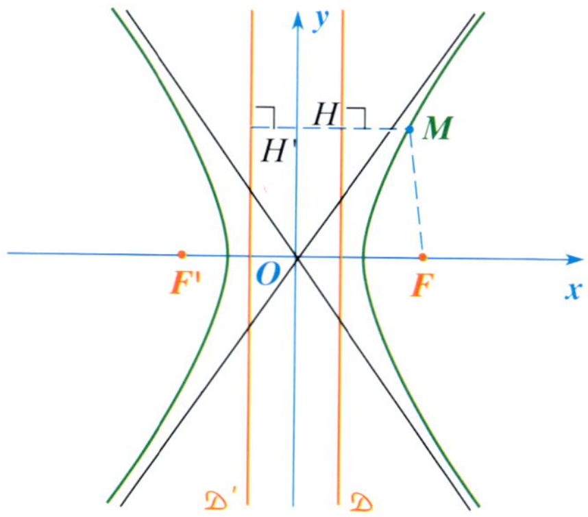

HYPERBOLE

Être pourtant ce creux,
mais ces deux longs tracés

Qui n'en finissent plus
De n'être pas encore
Des droites qui soient
droites.

Savoir que ça ne peut
venir qu'à l'infini,

Qui doit être une fable,
une région perdue.

— Faut-il être asymptote
À l'infini lui-même ?

GUILLEVIC

ÉLÉMENTS DE RÉPONSE AUX EXERCICES

CHAPITRE 1

8. *Réponses :* a) $S = \{(0, 3, 1)\}$;
b) $S = \{(0, 0, 0)\}$.

11. *Réponses :* $S = \{(1, 2, 3, 4)\}$.

13. Posons $x = AP = AR$; $y = BR = BQ$; $z = CP = CQ$. (x, y, z) est solution du système :

$$\begin{cases} x + y = 4 \\ x + z = 5 \\ y + z = 7 \ldots \end{cases}$$

16. L'ensemble des solutions est :

$$S = \left\{\left(-2z + \frac{2}{11} ; -z + \frac{8}{11} ; z\right), z \in \mathbb{R}\right\}.$$

19. Vrai.

20. Faux : Un système linéaire admet zéro, une, ou une infinité de solutions.

21. Faux : Ils n'ont pas les mêmes inconnues.

22. Vrai : Il est résoluble par substitution.

23. Faux : On ne peut avoir :

$$x - z = \sqrt{2} - \sqrt{3} \quad \text{et} \quad x - z = -\sqrt{5}.$$

24. Faux.

26. Par combinaisons, on obtient :

$$\begin{cases} 3S = a + b + c + d \\ S - t = a \\ S - x = b \\ S - y = c \\ S - z = d. \end{cases}$$

Après la résolution, reste à vérifier...

27. 1° On obtient : $0 = 13 - \alpha$.

33. Les équations respectives des droites (AP), (BQ), (CR) sont :

$$\begin{cases} \alpha x + y = 0 \\ x + (1 - \beta) y = 1 \\ (\gamma - 1) x + \gamma y = y \ldots \end{cases}$$

36. 2° Posons $\vec{u}_1 = a\vec{e}_2 + b\vec{e}_2$, $\vec{u}_3 = c\vec{e}_3$. Écrire le système de trois équations à trois inconnues vérifié par (a, b, c).

43. Déduire des hypothèses, successivement :

$$A \leqslant 14 \; ; \; B + C \geqslant 16 \; ; \; B \geqslant 8 \; ;$$
$$B < 2C \; ; \; C \geqslant 5, \ldots$$

Enfin, discuter.

45. Soit g et f les nombres respectifs de garçons et de filles.
L'égalité :

$$1{,}735\, g + 1{,}6 f = 1{,}67\,(g + f)$$

implique : $\dfrac{g}{f} = \dfrac{0{,}07}{0{,}065} = \dfrac{14}{13} \ldots$

47. Soit $a, b, c, \ldots$ le nombre de prisonniers enfermés dans les cellules $A, B, C, \ldots$
L'énoncé s'écrit :

$$a + e + g + f = e + b + d + h = f + i + d + c$$
$$= g + h + i = 17,$$

et $\quad a + b + \ldots + h = 45.$

En déduire d'abord $a + b + c = 22$, puis discuter.
Il y a deux solutions.

50. Le « polygone des contraintes » est défini par :

$$\begin{cases} x \geqslant 0, \; y \geqslant 0 \\ 2x + 2y \leqslant 120 \\ 2x + 4y \leqslant 180 \\ 6x + 2y \leqslant 300, \end{cases}$$

où x et y sont les nombres respectifs de produits A et B.

CHAPITRE 2

21. $|z|^2 = z\bar{z}$; $|z'|^2 = z'\bar{z}'$;
$|z - z'|^2 = (z - z')(\bar{z} - \bar{z}')$,
d'où :

$$(1 + |z|^2)(1 + |z'|^2) - |z - z'|^2$$
$$= (1 + z\bar{z})(1 + z'\bar{z}') - (z - z')(\bar{z} - \bar{z}')$$
$$= z\bar{z}z'\bar{z}' + z\bar{z}' + z'\bar{z} + 1$$
$$= (z\bar{z}' + 1)(\bar{z}z' + 1)$$
$$= |z\bar{z}' + 1|^2 \geqslant 0.$$

Il y aura égalité si, et seulement si :

$$z\bar{z}' = -1.$$

22. $|z|^2 = \alpha\bar{z} + \bar{\alpha}z$

$$\Leftrightarrow z\bar{z} - \alpha\bar{z} - \bar{\alpha}z + \alpha\bar{\alpha} = \alpha\bar{\alpha}$$
$$\Leftrightarrow (z - \alpha)(\bar{z} - \bar{\alpha}) = |\alpha|^2$$
$$\Leftrightarrow |z - \alpha|^2 = |\alpha|^2$$
$$\Leftrightarrow AM^2 = OA^2.$$

Conclure.

23. $|z'| = 3 \Leftrightarrow |(1 + i)z - (1 - 3i)| = 3$

$$\Leftrightarrow \left|z - \frac{1 - 3i}{1 + i}\right| = \frac{3}{\sqrt{2}}.$$

(Remarquer que $|1 + i| = \sqrt{2}$.)
Considérer le point A d'affixe $\dfrac{1 - 3i}{1 + i}$.

33. a) $\dfrac{i}{1 + i} = \dfrac{1}{\sqrt{2}}\left(\cos\dfrac{\pi}{4} + i \sin\dfrac{\pi}{4}\right) \ldots$

b) Poser $z = 1993 + i$.

$$(1993 + i)^3 + (1993 - i)^3 = z^3 + (\overline{z^3})$$
$$= 2\,\mathfrak{Re}(z^3) \ldots$$

38. Soit A, B et C d'affixes respectives a, ja et $j^2 a$.

$$(\overrightarrow{AB}, \overrightarrow{AC}) = \arg\frac{j^2 a - a}{ja - a} = \arg(j + 1)$$
$$= \frac{\pi}{3} \; [2\pi].$$

Évaluer de même $(\overrightarrow{BC}, \overrightarrow{BA})$.

40. $z_1(2z_2) = 1$ et $z_1 + 2z_2 = \sqrt{3}$.
On dispose de la somme et du produit de deux nombres...

44. ■ On a :

$$e^{2i\alpha} + 1 = e^{i\alpha}(e^{i\alpha} + e^{-i\alpha}) = 2\cos\alpha \cdot e^{i\alpha},$$

$$e^{2i\alpha} - 1 = e^{i\alpha}(e^{i\alpha} - e^{-i\alpha}) = 2i\sin\alpha \cdot e^{i\alpha},$$

d'où : $\dfrac{e^{2i\alpha} - 1}{e^{2i\alpha} + 1} = i\tan\alpha$.

■ $e^{4i\alpha} + 2e^{i\alpha} + 1 = (e^{2i\alpha} + 1)^2 = 4\cos^2\alpha\, e^{2i\alpha}$

$$= \frac{4}{1 + \tan^2\alpha}(\cos 2\alpha + i\sin 2\alpha).$$

On a : $\cos 2\alpha = \dfrac{1 - \tan^2\alpha}{1 + \tan^2\alpha}$

et : $\sin 2\alpha = \dfrac{2\tan\alpha}{1 + \tan^2\alpha}$ ...

45. 1° Prendre le module de chaque membre de l'équation et remarquer que :

$$|1 + i\tan\alpha| = |1 - i\tan\alpha|.$$

Pour prouver que z est réel, on peut donner une interprétation géométrique de $|1 + iz| = |1 - iz|$:

$$|1 + iz| = |1 - iz| \Leftrightarrow |i(z - i)| = |-i(z + i)|$$
$$\Leftrightarrow |z - i| = |z + i|,$$

traduire alors la dernière égalité en termes de distance.

2° *a)* $e^{i\alpha} = \cos\alpha + i\sin\alpha$
$= \cos\alpha(1 + i\tan\alpha)$,
$e^{-i\alpha} = \cos\alpha - i\sin\alpha$
$= \cos\alpha(1 - i\tan\alpha)$,

donc : $\dfrac{1 + i\tan\alpha}{1 - i\tan\alpha} = e^{2i\alpha}$.

b) $(E) \Leftrightarrow \left(\dfrac{1 + i\tan\varphi}{1 - i\tan\varphi}\right)^3 = \dfrac{1 + i\tan\alpha}{1 - i\tan\alpha}$

$\Leftrightarrow e^{6i\varphi} = e^{2i\alpha}$

$\Leftrightarrow 3\varphi = \alpha \ [\pi]$.

Comme $\varphi \in \left]-\dfrac{\pi}{2}, \dfrac{\pi}{2}\right[$, on a :

$$\varphi \in \left\{\frac{\alpha - \pi}{3} ; \frac{\alpha}{3} ; \frac{\alpha + \pi}{3}\right\}.$$

54. Faux : $(1 + i)(2 + i) = 1 + 3i$.
La partie imaginaire est 3.

55. Vrai :

$$\frac{z}{\bar{z}} \in \mathbb{R} \Leftrightarrow \frac{z}{\bar{z}} = \frac{\bar{z}}{z} \Leftrightarrow z^2 = \bar{z}^2$$
$$\Leftrightarrow z = \bar{z} \text{ ou } z = -\bar{z}.$$

56. Faux :

$$\arg(\sin\alpha - i\cos\alpha) = \alpha - \frac{\pi}{2} \ [2\pi].$$

57. Faux : $|e^{i\theta} - 1| = 2\left|\cos\dfrac{\theta}{2}\right|$, donc $|e^{i\theta} - 1|$ décrit $[0, 2]$.

58. Faux : $\sin\theta = \dfrac{e^{i\theta} - e^{-i\theta}}{2i}$.

59. Faux : $\omega = e^{i\theta}$, d'où :

$$\omega^n = 1 \Leftrightarrow n\theta = 0 \ [2\pi].$$

θ devrait être de la forme $\dfrac{2k\pi}{n}$, avec $k \in \mathbb{Z}$.

60. Vrai : L'équation est à coefficients réels donc ω_1 et ω_2 sont conjugués.

61. Faux : Si $1992 + i$ est racine de $az^4 + bz^2 + c$ avec a, b, c, réels, les autres racines sont $1992 - i$, $-1992 - i$, $-1992 + i$.

62. 1° Si $z^n = x_n + iy_n$ avec x_n et $y_n \in \mathbb{Z}$, alors :

$$z^{n+1} = (x_n + iy_n)(x + iy)$$
$$= (xx_n - yy_n) + i(xy_n + yx_n)$$
$$= x_{n+1} + iy_{n+1},$$

avec x_{n+1} et $y_{n+1} \in \mathbb{Z}$.

2° $A = |z|^2$, donc

$$A^n = |z|^{2n} = |z^n|^2 = x_n^2 + y_n^2.$$

64. 1° *b)* $\arg(z') = -\arg(z) \ [2\pi]$, donc $(\vec{i}, \overrightarrow{OM'}) = (\overrightarrow{OM}, \vec{i}) \ [2\pi]$.

$$OM \times OM' = |z \times z'| = 1.$$

2° *a)*

$$\left(\frac{z + z'}{2} - 1\right)\left(\frac{z + z'}{2} + 1\right) = \left(\frac{z + z'}{2}\right)^2 - 1$$
$$= \left(\frac{z + z'}{2}\right)^2 - zz' = \left(\frac{z - z'}{2}\right)^2.$$

b) $IA = \left|\dfrac{z + z'}{2} - 1\right|$; $IB = \left|\dfrac{z + z'}{2} + 1\right|$;

$IM = \left|\dfrac{z - z'}{2}\right|$.

La relation du *a)* donne pour les arguments :

$$\arg\left(\frac{z + z'}{2} - 1\right) - \arg\left(\frac{z - z'}{2}\right)$$
$$= \arg\left(\frac{z - z'}{2}\right) - \arg\left(\frac{z + z'}{2} + 1\right),$$

soit $\left(\dfrac{1}{2}\overrightarrow{M'M}, \overrightarrow{AI}\right) = \left(\overrightarrow{BI}, \dfrac{1}{2}\overrightarrow{M'M}\right) \ [2\pi]$.

Conclure.

65. Pour tout $x \neq 1$,

$$1 + x + x^2 + \ldots + x^n = \frac{x^{n+1} - 1}{x - 1}.$$

En dérivant, on obtient :

$1 + 2x + 3x^2 + \ldots + nx^{n-1}$

$$= \frac{(n + 1)x^n(x - 1) - (x^{n+1} - 1)}{(x - 1)^2}.$$

En remplaçant x par ω et n par 1992, on obtient :

$1 + 2\omega + 3\omega^2 + \ldots + 1992\omega^{1991}$

$$= \frac{1993\omega^{1992}(\omega - 1) - (\omega^{1993} - 1)}{(\omega - 1)^2}.$$

Or, $\omega^{1992} = 1$.
Conclure.

68. 1° $(5 - i)^4(1 + i) = (476 - 480i)(1 + i)$
$= 956 - 4i$.

2° Vérifier que $\arg(5 - i) = -\alpha$ et $\arg(956 - 4i) = -\beta$.
On a alors :

$$\arg(5 - i)^4(1 + i) = \arg(956 - 4i) \ [2\pi],$$

soit : $-4\alpha + \dfrac{\pi}{4} = -\beta \ [2\pi]$,

d'où : $4\alpha - \beta = \dfrac{\pi}{4} \ [2\pi]$.

Comme $4\alpha - \beta \in \left]0, \dfrac{\pi}{2}\right[$, $4\alpha - \beta = \dfrac{\pi}{4}$.

69. $z^n = (z - 1)^n \Leftrightarrow \left(\dfrac{z - 1}{z}\right)^n = 1$

$$\Leftrightarrow \left(1 - \frac{1}{z}\right)^n = 1,$$

soit : $\dfrac{1}{z} = 1 - e^{i\frac{2k\pi}{n}}$,

pour $k \in \{0, 1, 2, \ldots, n - 1\}$, d'où les solutions :

$$z = \frac{1}{1 - e^{i\frac{2k\pi}{n}}} = \frac{e^{-i\frac{k\pi}{n}}}{e^{-i\frac{k\pi}{n}} - e^{i\frac{k\pi}{n}}}$$
$$= \frac{-e^{-i\frac{k\pi}{n}}}{2i\sin\frac{k\pi}{n}} = \frac{1}{2} + \frac{i}{2}\cot\frac{k\pi}{n},$$

pour $k \in \{1, 2, \ldots, n - 1\}$.

72. $z^8 + 1 = 0 \Leftrightarrow z^8 = e^{i\pi}$

$$\Leftrightarrow z = e^{i\left(\frac{\pi}{8} + \frac{2k\pi}{8}\right)},$$

$k \in \{0, 1, \ldots, 7\}$.

Posons $z_k = e^{i\left(\frac{\pi}{8} + \frac{2k\pi}{8}\right)}$, alors $\bar{z}_k = z_{7-k}$.

$$z^8 + 1 = \prod_{k=0}^{7}(z - z_k) = \prod_{k=0}^{3}(z - z_k)(z - \bar{z}_k)$$
$$= \prod_{k=0}^{3}(z^2 - 2\,\mathcal{R}e(z_k)z + 1)$$
$$= \left(z^2 - 2\cos\frac{\pi}{8}z + 1\right)\left(z^2 - 2\cos\frac{3\pi}{8}z + 1\right)$$
$$\left(z^2 - 2\cos\frac{5\pi}{8}z + 1\right)\left(z^2 - 2\cos\frac{7\pi}{8}z + 1\right)$$
$$= (z^2 - 2az + 1)(z^2 - 2\sqrt{1 - a^2}z + 1)$$
$$(z^2 + 2\sqrt{1 - a^2}z + 1)(z^2 + 2az + 1).$$

77. (1) ⇒ (2) : 1, j et j^2 sont les racines cubiques de l'unité donc, pour tout entier k, on a $j^{3k} = (j^2)^{3k} = 1$.

Enfin, $1 + j + j^2 = \dfrac{1 - j^3}{1 - j} = 0$.

(2) ⇒ (1) : $z^n = z'^n = 1$, donc

$$|z| = |z'| = 1.$$

Posons alors $z = e^{i\theta}$ et $z' = e^{i\theta'}$, avec θ et $\theta' \in]-\pi, \pi]$.
Comme $1 + z + z' = 0$, on obtient :

$$1 + \cos\theta + \cos\theta' = 0$$

et $\sin\theta + \sin\theta' = 0$.

La résolution de ce système donne $\{\theta, \theta'\} = \left\{-\frac{2\pi}{3}; \frac{2\pi}{3}\right\}$, soit $\{z, z'\} = \{j, j^2\}$.
L'examen des puissances de j livre $n = 3k$.

80. 1° Solutions de (E) : $e^{-i\theta}, e^{i\theta}$.
Solutions de (E') :

$$e^{i\frac{\theta}{2}}, -e^{i\frac{\theta}{2}}, e^{-i\frac{\theta}{2}}, -e^{-i\frac{\theta}{2}}.$$

2° M_1, M_2, M_3, M_4 sont les sommets d'un rectangle.

Ce sera un carré pour $\theta = \frac{\pi}{2}$.

3° $f(x) = (x - e^{i\frac{\theta}{2}})(xe^{-i\frac{\theta}{2}})$

$$(x + e^{i\frac{\theta}{2}})(x + e^{-i\frac{\theta}{2}})$$

$$= \left(x^2 - 2\cos\frac{\theta}{2}x + 1\right)\left(x^2 + 2\cos\frac{\theta}{2}x + 1\right).$$

86. *a)* Remarquer que $\overline{z^k} = z^{7-k}$, pour $k \in \{1, 2, ..., 6\}$, d'où $\overline{\alpha} = z^6 + z^5 + z^3$.
Par suite,

$$\alpha + \overline{\alpha} = z + z^2 + z^3 + z^4 + z^5 + z^6$$
$$= z\frac{z^6 - 1}{z - 1} = \frac{z^7 - z}{z - 1}$$
$$= \frac{1 - z}{z - 1} = -1 ;$$
$$\alpha\overline{\alpha} = (z + z^2 + z^4)(z^3 + z^5 + z^6)$$
$$= z^4(1 + z + z^3)(1 + z^2 + z^3)$$
$$= z^4(1 + z + z^2 + 3z^3 + z^4 + z^5 + z^6).$$

Or $1 + z + z^2 + z^3 + z^4 + z^5 + z^6 = 0$, donc $\alpha\overline{\alpha} = 2z^7 = 2$.
b) α et $\overline{\alpha}$ sont les racines de $X^2 + X + 2$ soit $\frac{-1 - i\sqrt{7}}{2}$ et $\frac{-1 + i\sqrt{7}}{2}$.
Vérifier que $\mathfrak{Im}(z + z^2 + z^4) > 0$, d'où $\alpha = -\frac{1}{2} + i\frac{\sqrt{7}}{2}$.

$$\mathfrak{Re}(z + z^2 + z^4) = \cos\frac{2\pi}{7} + \cos\frac{4\pi}{7} + \cos\frac{8\pi}{7},$$

$$\mathfrak{Im}(z + z^2 + z^4) = \sin\frac{2\pi}{7} + \sin\frac{4\pi}{7} + \sin\frac{8\pi}{7}.$$

88. *a)*

$$A + iB = (\cos\alpha + i\sin\alpha) + (\cos(x + \alpha) + i\sin(x + \alpha)) + ... + (\cos(nx + \alpha) + i\sin(nx + \alpha))$$
$$= e^{i\alpha} + e^{i(x+\alpha)} + ... + e^{i(nx+\alpha)}$$
$$= e^{i\alpha}[1 + e^{ix} + ... + e^{inx}]$$
$$= e^{i\alpha}\frac{e^{i(n+1)x} - 1}{e^{ix} - 1} ;$$

$$e^{ix} - 1 = e^{i\frac{x}{2}}[e^{i\frac{x}{2}} - e^{-i\frac{x}{2}}] = 2i\sin\frac{x}{2}e^{i\frac{x}{2}},$$

d'où $A + iB = e^{i\alpha}\dfrac{e^{i(2n+1)\frac{x}{2}} - e^{-i\frac{x}{2}}}{2i\sin\frac{x}{2}}$.

Calculer alors la partie réelle et imaginaire du précédent quotient.
b) Dériver A et B par rapport à x.

91. 1° $1 + e^{i\theta} = e^{i\frac{\theta}{2}}(e^{i\frac{\theta}{2}} + e^{-i\frac{\theta}{2}})$

$$= 2\cos\frac{\theta}{2}e^{i\frac{\theta}{2}}.$$

Comme $\theta \in]-\pi, \pi[$, $\cos\frac{\theta}{2} > 0$ d'où

$$|1 + e^{i\theta}| = 2\cos\frac{\theta}{2} \text{ et } \arg(1 + e^{i\theta}) = \frac{\theta}{2}.$$

$$|z(\theta)| = \frac{1}{2}|1 + e^{i\theta}|^2 = 2\cos^2\frac{\theta}{2}$$

et $\arg(z(\theta)) = 2\arg(1 + e^{i\theta}) = \theta$.

2° Le triangle OAP est rectangle en P; conclure.

3° Si $\theta \in \left[-\frac{\pi}{2}, \frac{\pi}{2}\right]$,

$$PM = OM - OP = 2\cos^2\frac{\theta}{2} - \cos\theta = 1.$$

Si $\theta \in \left]-\pi, -\frac{\pi}{2}\right[\cup \left]\frac{\pi}{2}, \pi\right[$,

$$PM = OM + OP = 2\cos^2\frac{\theta}{2} + |\cos\theta| = 1.$$

4° Pour tout point P du cercle distinct de O, on construit les deux points M de (OP) tels que $PM = 1$.
La courbe obtenue est une cardioïde.

92. Remarquer que $z = e^{i\frac{2\pi}{3}}$ et $z' = \overline{z}$, d'où :

$$z^n + z'^n = z^n + \overline{z}^n = 2\cos\frac{2n\pi}{3}.$$

Donc $z^n + z'^n = -1 \Leftrightarrow \cos\frac{2n\pi}{3} = -\frac{1}{2}$

$$\Leftrightarrow \frac{2n\pi}{3} = \pm\frac{2\pi}{3} + 2k\pi$$
$$\Leftrightarrow n = 6k \pm 1.$$

93. $1 - u = 1 - e^{i\theta}$

$$= -e^{i\frac{\theta}{2}}[e^{i\frac{\theta}{2}} - e^{-i\frac{\theta}{2}}]$$
$$= -2i\sin\frac{\theta}{2}e^{i\frac{\theta}{2}}$$
$$= 2\sin\frac{\theta}{2}e^{i\frac{(\theta-\pi)}{2}}.$$

Comme $\frac{\theta}{2} \in]0, \pi[$, $\sin\frac{\theta}{2} > 0$ d'où

$$|1 - u| = \sin\frac{\theta}{2} \text{ et } \arg(1 - u) = \frac{\theta - \pi}{2}.$$

Par suite, $\left|\frac{1}{1 - u}\right| = \frac{1}{\sin\frac{\theta}{2}}$

et $\arg\left(\frac{1}{1 - u}\right) = \frac{\pi - \theta}{2}$.

2° Pour traiter cette question, il vaut mieux adopter un point de vue géométrique.
a) $|u| = 1 \Leftrightarrow |1 - z| = 1$
$\Leftrightarrow AM = 1$
$\Leftrightarrow M \in \mathcal{C}(A, 1)$.
b) On a, pour tout u de $\mathcal{U}^*$,

$$z = \frac{1}{1 - u} \Leftrightarrow u = \frac{z - 1}{z}$$

d'où : $|u| = 1 \Leftrightarrow |z - 1| = |z|$
$\Leftrightarrow AM = OM$
$\Leftrightarrow M \in (D)$.

3° *a)* $|u| = 1 \Leftrightarrow \left|\frac{b - z}{b}\right| = 1$
$\Leftrightarrow |b - z| = |b|$
$\Leftrightarrow MB = OB$
$\Leftrightarrow M \in \mathcal{C}(B, OB)$.

b) $z = \frac{b}{1 - u} \Leftrightarrow u = \frac{z - b}{z}$, d'où
$|u| = 1 \Leftrightarrow |z - b| = |z| \Leftrightarrow BM = OM \Leftrightarrow M$ appartient à la médiatrice $[OB]$.

96. 1° $f \circ f = f$.
$z \in I_f \Leftrightarrow i\overline{z} = z \Leftrightarrow z = x(1 + i)$, $(x \in \mathbb{R})$;
$z \in N_f \Leftrightarrow i\overline{z} = -z \Leftrightarrow z = x(1 - i)$, $(x \in \mathbb{R})$.
2° *a)* $F \circ F = F$.
(D) et (Δ) sont les droites d'équations $y = x$ et $y = -x$.
b) Pour tout M, $F(F(M)) = F(M)$ car $F \circ F = F$ donc $F(M) \in (D)$.
Le vecteur $\overrightarrow{MF(M)}$ a pour affixe $-\frac{1}{2}z + \frac{i}{2}\overline{z} \in N_f$ donc, si $M \notin (D)$, on a $(M, F(M))$ parallèle à (Δ). De plus, $(\Delta) \perp (D)$.
F est la projection orthogonale sur (D).

97. Remarquer que, pour tout z tel que $|z| = 1$, $1 - \overline{\omega}z \neq 0$ car $|\omega| < 1$.

$$|z'| = 1 \Leftrightarrow \left(\frac{z - \omega}{1 - \overline{\omega}z}\right)\left(\frac{\overline{z} - \overline{\omega}}{1 - \omega\overline{z}}\right) = 1$$
$$\Leftrightarrow (z - \omega)(\overline{z} - \overline{\omega}) = (1 - \overline{\omega}z)(1 - \omega\overline{z})$$
$$\Leftrightarrow |z|^2 + |\omega|^2 = 1 + |\omega|^2|z|^2$$
$$\Leftrightarrow (1 - |\omega|^2)(1 - |z|^2) = 0$$
$$\Leftrightarrow |z| = 1.$$

Conclure.

100. 1° Le terme de plus haut degré de $(z - \omega)(z - \omega^2)...(z - \omega^{n-1})$ est z^{n-1}, donc P est un polynôme de degré inférieur ou égal à $n - 2$.
2° $\omega, \omega^2, ..., \omega^{n-1}$ sont les racines $n^{\text{ièmes}}$ de l'unité distincte de 1.

$$1 + z + ... + z^{n-2} + z^{n-1} = \frac{z^n - 1}{z - 1},$$

pour $z \neq 1$, donc $\omega, \omega^2, \ldots, \omega^{n-1}$ sont les $(n-1)$ racines du polynôme $1+z+\ldots+z^{n-2}+z^{n-1}$.
Vérifier alors que $\omega, \omega^2, \ldots, \omega^{n-1}$ sont racines de P.
Un polynôme non nul tel que $\deg(P) \leqslant n-2$ a, au plus, $n-2$ racines distinctes donc P est le polynôme nul.
En particulier, $P(1)=0$
soit $n=(1-\omega)(1-\omega^2)\ldots(1-\omega^{n-1})$.

3° $1-\omega^k = 1-e^{\frac{2ik\pi}{n}} = -e^{\frac{ik\pi}{n}}\left(e^{\frac{ik\pi}{n}}-e^{-\frac{ik\pi}{n}}\right)$

$$= -2i\sin\frac{k\pi}{n}\, e^{\frac{ik\pi}{n}}.$$

$$n = \prod_{k=1}^{n-1}(1-\omega^k)$$

$$= 2^{n-1}(-i)^{n-1}\prod_{k=1}^{n-1}\sin\frac{k\pi}{n}\prod_{k=1}^{n-1}e^{\frac{ik\pi}{n}}.$$

Or, $\prod_{k=1}^{n-1} e^{\frac{ik\pi}{n}} = e^{\frac{i(1+2+\ldots+(n-1))\pi}{n}}$

$$= e^{\frac{i\pi}{n}\cdot\frac{n(n-1)}{2}}$$

$$= e^{\frac{i(n-1)\pi}{2}}$$

$$= \left(e^{\frac{i\pi}{2}}\right)^{n-1} = (i)^{n-1}.$$

Finalement,

$$n = 2^{n-1}(-i)^{n-1}(i)^{n-1}\prod_{k=1}^{n-1}\sin\frac{k\pi}{n}$$

$$= 2^{n-1}\prod_{k=1}^{n-1}\sin\frac{k\pi}{n}.$$

CHAPITRE 3

5. L'affixe de $\overrightarrow{OA_1}+\overrightarrow{OA_2}+\overrightarrow{OA_3}+\ldots+\overrightarrow{OA_n}$ est :
$\omega+\omega^2+\omega_3+\ldots+\omega^n$

$$=\omega+\omega^2+\omega_3+\ldots+\omega^{n-1}+1$$

$$=\frac{1-\omega^n}{1-\omega}=0\text{, car } \omega^n=1.$$

Donc :

$$\overrightarrow{OA_1}+\overrightarrow{OA_2}+\overrightarrow{OA_3}+\ldots+\overrightarrow{OA_n}=\vec{0}.$$

Conclure.

6. K est le barycentre de $(C, 1)$ et $(D, 3)$. L est le barycentre de $(D, 3)$ et $(A, 1)$. Soit M le barycentre de $(A, 1)$, $(B, 1)$, $(C, 1)$ et $(D, 1)$. Par associativité,
M est le barycentre de $(I, 2)$ et $(K, 4)$ donc $M \in (IK)$;
M est le barycentre de $(J, 2)$ et $(L, 4)$ donc $M \in (JL)$;
M est le barycentre de $(G, 3)$ et $(D, 3)$ donc $M \in (DG)$.

11. ■ Le point $p(F)$ est le symétrique de O par rapport à B.

$$\overrightarrow{p(F)B}=\overrightarrow{BO}=\frac{1}{2}(\overrightarrow{BA}+\overrightarrow{BC}).$$

En déduire que $p(F)$ est le barycentre de $(A, 1)$, $(B, -4)$, $(C, 1)$.
■ $\overrightarrow{FG}=\overrightarrow{BC}$, donc $\overrightarrow{p(F)p(G)}=\overrightarrow{BC}$.

$$\overrightarrow{Bp(G)}=\overrightarrow{Bp(F)}+\overrightarrow{BC}=-\frac{1}{2}\overrightarrow{BA}+\frac{1}{2}\overrightarrow{BC}.$$

En déduire que $p(G)$ est le barycentre de $(A, -1)$, $(B, 2)$, $(C, 1)$.

13. L'isobarycentre de A, B, H et E est l'isobarycentre de A, B, O, $p(E)$. Le point $p(E)$ est le symétrique de O par rapport au milieu de $[AB]$. Donc l'image de l'isobarycentre de A, B, H, E est le milieu de $[AB]$.

14. Vrai.

15. Faux : Soit I le barycentre de $(B, 2)$ et $(C, 1)$ et J le barycentre de $(A, 2)$, $(B, 3)$, $(C, 1)$.
Alors (IJ) rencontre (AB) en K barycentre de $(A, 2)$, $(B, 1)$.

16. Vrai : Soit I le milieu de $[BD]$. G est le barycentre de $(A, 4)$, $(I, -4)$, $(C, 3)$ d'où A, I, G et C sont coplanaires.

17. Faux : Si I est le milieu de $[BD]$, G est le barycentre de $(A, 4)$, $(I, -4)$, $(C, 3)$ donc $4\overrightarrow{GA}-4\overrightarrow{GI}+3\overrightarrow{GC}=0$ soit $4\overrightarrow{IA}+3\overrightarrow{GC}=\vec{0}$ d'où $(GC) /\!/ \text{plan } (ABD)$.

18. Vrai : $[AB]$ est l'ensemble des points M tels que $\overrightarrow{BM}=\alpha\overrightarrow{BA}$ avec $\alpha \in [0, 1]$ soit $\overrightarrow{OM}=(3\alpha-1)\vec{u}+(2\alpha+1)\vec{v}$. Faire alors le changement de paramètre $k=2\alpha+1$.

19. Faux : Par exemple, dans le cube standard $ABCDEFGH$, (AF) et (HG) sont non coplanaires et se projettent sur la face $(ABCD)$ en (AB) et (DC).

20. Faux : La projection de l'isobarycentre de A, B, C, D est l'isobarycentre de B, B, C et D soit le barycentre de $(B, 2)$, $(C, 1)$ et $(D, 1)$.

21. Faux : Soit K et L tels que $\overrightarrow{IJ}=\overrightarrow{KL}$ ($K \neq I$), alors $f(K)=K$ et $f(L)=L$.
Si F existait, on aurait : $F(\overrightarrow{IJ})=\overrightarrow{JI}=-\overrightarrow{IJ}$ et $F(\overrightarrow{KL})=\overrightarrow{KL}$, soit $F(\overrightarrow{IJ})=\overrightarrow{IJ}$, d'où $\overrightarrow{IJ}=\vec{0}$ ...

***22.** 1° M est le barycentre de (A, α) et $(A', \beta+\gamma)$, où A' est le barycentre de (B, β) et (C, γ). On a $M \in [AA']$ et $A' \in [BC]$.
Ainsi $[AM)$ rencontre $[BC]$.
Même résultat pour les autres demi-droites.
2° $[AM)$ rencontre $[BC]$ donc M est situé dans l'intersection des demi-plans de frontière (AB) et (AC) contenant $[BC]$ d'où $\overrightarrow{AM}=\beta\overrightarrow{AB}+\gamma\overrightarrow{AC}$ avec $\beta \geqslant 0$ et $\gamma \geqslant 0$.
De cette dernière relation, il vient :

$$\overrightarrow{BM}=(1-\beta-\gamma)\overrightarrow{BA}+\gamma\overrightarrow{BC}.$$

Comme $[BM)$ rencontre $[AC]$, le raisonnement précédent montre que $1-\beta-\gamma \geqslant 0$.
Poser $\alpha=1-\beta-\gamma$ et vérifier que M est barycentre de (A, α), (B, β) et (C, γ).

23. Prolonger les arêtes du tétraèdre tronqué.
Elles devraient être...

25. Soit A' le point tel que $BCDA'$ soit un parallélogramme.
Alors $A' \in$ plan (BCD) et

$$\overrightarrow{AA'}=\overrightarrow{AB}+\overrightarrow{BA'}=\overrightarrow{AB}+\overrightarrow{CD'}.$$

Par suite, A' est le projeté de A sur la face (BCD) suivant la direction de $\overrightarrow{AB}+\overrightarrow{CD}$.

28. $ICJH$ et $IBKH$ sont des losanges, d'où $\overrightarrow{CI}=\overrightarrow{JH}$ et $\overrightarrow{IB}=\overrightarrow{HK}$.
Par suite, $\overrightarrow{CB}=\overrightarrow{JK}$. Or (JK) est la médiatrice de $[AH]$ donc $(AH)\perp(BC)$. Montrer de même que $\overrightarrow{AB}=\overrightarrow{IJ}$, puis que $(CH)\perp(AB)$.
Conclure.

30. B, E, C sont alignés. De même A, E, D sont alignés.
Les droites (BC) et (AD) sont sécantes en E...

32. 1° L'intersection avec les arêtes est constituée par les sommets d'un parallélogramme qui sont les milieux de $[AC]$, $[BC]$, $[BD]$ et $[AD]$.
2° $\frac{1}{2}(\overrightarrow{BM}+\overrightarrow{CM'})$

$$=\frac{1}{2}(\overrightarrow{BO}+\overrightarrow{CO}+\overrightarrow{OM}+\overrightarrow{OM'})$$

$$=\frac{1}{2}(\overrightarrow{OM}+\overrightarrow{OM'})=\overrightarrow{OI},$$

où I est le milieu de $[MM']$.
Si $M \in (AB)$ et $M' \in (CD)$, alors $\overrightarrow{OI}$, $\overrightarrow{AB}$ et $\overrightarrow{CD}$ sont coplanaires donc $I \in (P)$.
3° Le lieu cherché est inclus dans (P). Vérifier que tout point de (P) est un point du lieu.

35. À la $n^{\text{ième}}$ génération, on obtient l'isobarycentre des 2^n points de la 1re génération.

***36.** 1° Désignons par L_i la $i^{\text{ème}}$ ligne du système ($1 \leqslant i \leqslant 4$).
$L_1-L_2+L_3$ donne :

$$z_1+z_4=2(a_1-a_2+a_3).$$

Le système est équivalent à :

$$\begin{cases} z_1+z_2=2a_1 \\ z_2+z_3=2a_2 \\ z_1+z_4=2(a_1-a_2+a_3) \\ z_1+z_4=2a_4. \end{cases}$$

Si $\quad a_4 \neq a_1-a_2+a_3$
soit $\quad a_1-a_2+a_3-a_4 \neq 0$,
pas de solution.
Si $a_4=a_1-a_2+a_3$, les solutions sont :

$$(2(a_1-a_2+a_3)-\lambda\,;\, 2(a_2-a_3)+\lambda\,;$$
$$2a_3-\lambda\,;\,\lambda)\ \lambda \in \mathbb{C}.$$

2° *a*) Soit z_1, z_2, z_3 et z_4 les affixes de M_1, M_2, M_3 et M_4, a_1, a_2, a_3 et a_4 celles de A_1, A_2, A_3 et A_4.
$M_1M_2M_3M_4$ est le quadrilatère des milieux de $A_1A_2A_3A_4$ si, et seulement si, (z_1, z_2, z_3, z_4) est solution du système du 1°.
Il y aura des solutions si, et seulement si, $a_1-a_2+a_3-a_4=0$ soit $A_1A_2A_3A_4$ parallélogramme.

b) L'isobarycentre de $M_1 M_2 M_3 M_4$ a pour affixe :

$$\frac{1}{4}(z_1 + z_2 + z_3 + z_4) = \frac{1}{4}(a_1 + a_2 + a_3 + a_4)$$
$$= \frac{1}{2}(a_1 + a_3)$$
$$= \frac{1}{2}(a_2 + a_4).$$

Achever la démonstration.

38. D est le barycentre de $(A, 1-k)$ et (B, k). E est le barycentre de (A, k) et $(C, 1-k)$. Considérer alors le barycentre de $(A, 1)$, (B, k), $(C, 1-k)$. C'est aussi le barycentre du système $(A, 1-k)$, (A, k), (B, k), $(C, 1-k)$.
Utiliser alors le théorème d'associativité.

39. ■ 1°

$$\overrightarrow{AM} = \frac{y}{x+2y}\overrightarrow{AB} + \frac{y}{x+2y}\overrightarrow{AC} = \frac{2y}{x+2y}\overrightarrow{AI}$$

où I est le milieu de $[BC]$ d'où $M \in (AI)$. Vérifier que tout point de (AI) peut être considéré comme barycentre de (A, x), (B, y), (C, y) ($x + 2y \neq 0$).
2° a) Soit D tel que $ABDC$ soit un parallélogramme.
$M = D$ si, et seulement si, $x + y = 0$. On suppose désormais $x + y \neq 0$.
b) Q est le barycentre de (A, x) et (B, y) et P est le barycentre de (A, x) et (C, y).

$$\overrightarrow{AP} = \frac{y}{x+y}\overrightarrow{AC} \text{ et } \overrightarrow{AQ} = \frac{y}{x+y}\overrightarrow{AB},$$

d'où $$\overrightarrow{PQ} = \frac{y}{x+y}\overrightarrow{CB}.$$

***45.** 1° $(b+c)\overrightarrow{AU} = b\overrightarrow{AB} + c\overrightarrow{AC}$ (U barycentre de (B, b), (C, c)), d'où $\overrightarrow{AU} = \overrightarrow{AB_0} + \overrightarrow{AC_0}$.
AB_0UC_0 est donc un parallélogramme.
De plus, $\|\overrightarrow{AB_0}\| = \|\overrightarrow{AC_0}\| = \dfrac{bc}{b+c}$.
Le quadrilatère AB_0UC_0 est donc un losange et (AU) est axe de symétrie des demi-droites $[AB_0)$ et $[AC_0)$. En déduire le résultat.
2° U barycentre de (B, b) et (C, c) est le pied de la bissectrice intérieure issue de A. De même, le barycentre V de (C, c) et (A, a) est le pied de la bissectrice intérieure issue de B.
Soit I le barycentre (A, a), (B, b) et (C, c). Par le théorème d'associativité, I est barycentre de (A, a) et $(U, b+c)$ donc $I \in (AU)$. On montre de même que $I \in (BV)$ d'où le résultat.

***49.** $M_0 \in (A_0 A_1)$ alors M_0 peut être considéré comme le barycentre de (A_0, α) et (A_1, β).
Par projection,
M_1 est barycentre de (A_2, α) et (A_1, β) ;
M_2 est barycentre de (A_2, α) et (A_3, β) ;
M_3 est barycentre de (A_4, α) et (A_3, β) ;
etc.

D'une façon générale :
M_{2k} est barycentre de (A_{2k}, α) et (A_{2k+1}, β) ;
M_{2k+1} est barycentre de (A_{2k+2}, α) et (A_{2k+1}, β) ;
1° Si $n = 2p+1$, M_{n+1} est barycentre de (A_{n+1}, α) et (A_{n+2}, β), soit M_{n+1} est barycentre de (A_0, α) et (A_1, β) d'où $M_{n+1} = M_0$.
2° Si $n = 2p$, M_{n+1} est barycentre de (A_{n+2}, α) et (A_{n+1}, β), soit M_{n+1} est barycentre de (A_1, α) et (A_0, β).
Or, M_0 est barycentre de (A_0, α) et (A_1, β). Vérifier que l'isobarycentre de A_0 et A_1 est aussi l'isobarycentre de M_0 et M_{n+1}.

51. Construire le point d'intersection Ω de (AB) et (IJ).
B' est le point d'intersection de $(\Omega A')$ et de la parallèle à (AA') passant par B.

***55.** 1° $$\overrightarrow{IA} = \frac{1}{2}\overrightarrow{IJ} + \frac{1}{2}\overrightarrow{IC} = \frac{1}{2}\overrightarrow{IJ} + \frac{1}{4}\overrightarrow{IB}$$
$$= \frac{1}{2}\overrightarrow{IJ} + \frac{1}{8}(\overrightarrow{IA} + \overrightarrow{IK}),$$

d'où $7\overrightarrow{IA} = 4\overrightarrow{IJ} + \overrightarrow{IK}$. A est le barycentre de $(I, 2)$, $(J, 4)$ et $(K, 1)$. De même, B est le barycentre de $(I, 1)$, $(J, 2)$ et $(K, 4)$ et C est le barycentre de $(I, 4)$, $(J, 1)$ et $(K, 2)$.
2° P est le barycentre de $(J, 1)$ et $(K, 2)$, d'où $P \in (KJ)$. C est le barycentre de $(I, 4)$, $(J, 1)$ et $(K, 2)$ donc C est le barycentre de $(I, 4)$, $(P, 3)$, d'où $P \in (IC) = (BC)$.
Même démonstration pour les points Q et R.
3° À partir de I, J et K, construire les points P, Q et R.
Tracer (IP), (JQ) et (KR).

***57.** 1° Soit (x, y, z) les coordonnées de M dans le repère $(A, \overrightarrow{AB}, \overrightarrow{AC}, \overrightarrow{AD})$.
$$\overrightarrow{AM} = x\overrightarrow{AB} + y\overrightarrow{AC} + z\overrightarrow{AD},$$
soit :
$$(1 - x - y - z)\overrightarrow{MA} + x\overrightarrow{MB} + y\overrightarrow{MC} + z\overrightarrow{MD} = \vec{0}.$$
2° a) Dans la projection sur (CD) suivant le plan (ABM), les points A, B et M se projettent en P.
En « projetant » l'égalité (1), on obtient :
$$\alpha\overrightarrow{PP} + \beta\overrightarrow{PP} + \gamma\overrightarrow{PC} + \delta\overrightarrow{PD} = \vec{0},$$
soit : $$\gamma\overrightarrow{PC} + \delta\overrightarrow{PD} = \vec{0}.$$
b) Utiliser les projections sur (DA), (AB) et (BC) suivant les plans (BCM), (CDM) et (DAM) respectivement.
3° $$\alpha\overrightarrow{MA} + \beta\overrightarrow{MB} = (\alpha+\beta)\overrightarrow{MR} + \alpha\overrightarrow{RA} + \beta\overrightarrow{RB}$$
$$= (\alpha+\beta)\overrightarrow{MR}.$$
De même
$$\alpha\overrightarrow{MA} + \delta\overrightarrow{MD} = (\alpha+\delta)\overrightarrow{MS};$$
$$\gamma\overrightarrow{MC} + \delta\overrightarrow{MD} = (\gamma+\delta)\overrightarrow{MP};$$
$$\beta\overrightarrow{MB} + \gamma\overrightarrow{MC} = (\beta+\gamma)\overrightarrow{MQ}.$$
4° Les droites (PR) et (QS) sont sécantes en P...

CHAPITRE 4

6. 1° Les points A, P, I et S sont cocycliques (« triangles rectangles » d'hypoténuse commune $[A, I]$). On a donc $(\overrightarrow{PS}, \overrightarrow{PI}) = (\overrightarrow{AS}, \overrightarrow{AI})$ (π), puis par colinéarité $(\overrightarrow{AS}, \overrightarrow{AI}) = (\overrightarrow{AD}, \overrightarrow{AC})$ (π). (Les autres relations s'obtiennent de la même manière.)
3° *Rappel :* $\vec{u} \perp \vec{v} \Leftrightarrow 2(\vec{u}, \vec{v}) = 0$ (π).

10. C'est sûr : $B' \in (OA)$ et $A' \in (OB)$ (les bissectrices sont des axes de symétrie).
On évalue $\overrightarrow{OI} \cdot \overrightarrow{A'B'}$ en traduisant d'abord :
« I milieu de $[A, B]$ » soit $\overrightarrow{OI} = \dfrac{\overrightarrow{OA} + \overrightarrow{OB}}{2}$.
Ensuite $\overrightarrow{OA} \cdot \overrightarrow{A'B'} = \overrightarrow{OA} \cdot \overrightarrow{OB'}$ (projection orthogonale) et $\overrightarrow{OB} \cdot \overrightarrow{A'B'} = -\overrightarrow{OA'} \cdot \overrightarrow{OB}$.
Achever...

13. Il est clair que $\alpha = \dfrac{\pi}{4}$. Par la trigonométrie (par exemple), on obtient :
$$\cos(\beta + \gamma) = \cos\beta\cos\gamma - \sin\beta\sin\gamma$$
$$= \frac{2}{\sqrt{5}}\frac{3}{\sqrt{10}} - \frac{1}{\sqrt{5}}\frac{1}{\sqrt{10}}$$
$$= \frac{\sqrt{2}}{2} = \cos\frac{\pi}{4};$$
d'où...

19. Si $M \neq A$, la relation équivaut à :
$$\cos(\overrightarrow{AB}, \overrightarrow{AM}) = \sin(\overrightarrow{AB}, \overrightarrow{AM}),$$
soit $$(\overrightarrow{AB}, \overrightarrow{AM}) = \frac{\pi}{4} \ (\pi).$$
On obtient une droite passant par A.

21. $\arg z = \dfrac{\pi}{2} - \arg z$ (π)...

23. Faux : On a $(k\vec{u}, k\vec{v}) = (\vec{u}, \vec{v})$ (2π), pour tout $k \neq 0$.

24. Faux : L'égalité est vraie modulo π.

25. Vrai : On a, en effet,
$$(\overrightarrow{CB}, \overrightarrow{CM}) = (\overrightarrow{BM}, \overrightarrow{BC}) \ (\pi)$$
(« angles à la base »).

26. Faux : $\sin(\overrightarrow{MC}, \overrightarrow{MB}) = \sin(\overrightarrow{AC}, \overrightarrow{AB})$ n'est pas équivalent à :
$$(\overrightarrow{MC}, \overrightarrow{MB}) = (\overrightarrow{AC}, \overrightarrow{AB}) \ (\pi).$$
(Exemple : M sur le petit arc BC.)

27. Vrai : Utiliser les diverses expressions analytiques.

28. Vrai : Si A, B, C et D sont à coordonnées entières, il en est de même de $\overrightarrow{AB}$ et $\overrightarrow{AD}$, puis de $|\det(\overrightarrow{AB}, \overrightarrow{AD})|$, donc de l'aire $(ABCD)$ si (évidemment) $ABCD$ est un parallélogramme.

29. Vrai : $(\cos^2(\vec{u}, \vec{v}) + \sin^2(\vec{u}, \vec{v}) = 1)$.

30. Vrai : $\arg\left(\dfrac{z-i}{z+1}\right) = (\overrightarrow{AM}, \overrightarrow{BM})$ (M d'affixe z). Donc $\dfrac{z-i}{z+1}$ imaginaire pur signifie $(AM) \perp (BM)$; or, Γ est bien le cercle de diamètre $[A, B]$.

31. Vrai.

***38.** Avec $\overrightarrow{OM} = \overrightarrow{OA} + \overrightarrow{OC}$, $OAMC$ est un losange (parallélogramme avec deux côtés égaux). Donc $(\overrightarrow{OA}, \overrightarrow{OM}) = \dfrac{y}{2}$, puis $(\overrightarrow{OB}, \overrightarrow{OM}) = \dfrac{y}{2} - x$. Or, $-\dfrac{\pi}{2} \leqslant \dfrac{y}{2} - x \leqslant \dfrac{\pi}{2}$ (à vérifier) donc $\cos(\overrightarrow{OB}, \overrightarrow{OM}) \geqslant 1$, d'où

$$\|\overrightarrow{OB} + \overrightarrow{OM}\|^2 = OB^2 + OM^2 + 2OBOM\cos(\overrightarrow{OB}, \overrightarrow{OM}) \geqslant OB^2 = 1 .$$

39. Une méthode :
Calculer $\cos\alpha$ (relations métriques), puis, après simplifications, montrer que $\sin\alpha$ peut s'écrire $\dfrac{p}{q}\sqrt{3}$ (p, q entiers).
En déduire $\cos\beta$, puis la valeur de x.

***43.** A) Pour des raisons de symétrie, I est aligné avec A, B et C.
Soit P l'un des points d'intersection de $\mathcal{C}_1$ et $\mathcal{C}_2$. Nous sommes ramenés à montrer (en posant $AB = a$) qu'étant donné un triangle ACP avec $AC = CP = 2a$ et $AP = a$, B le milieu de $[A, C]$, la distance de P au milieu de $[A, B]$ est égale à a, c'est presqu'évident.
B) Se ramener au cas précédent (segment $[A, B]$) : il faut donc construire C. Et la construction de l'hexagone régulier?

***45.** 1° Soit Ω le centre du cercle circonscrit à ABM.
On a $AB = 2\Omega A \sin\left(\dfrac{\widehat{A\Omega B}}{2}\right)$.
Mais $\Omega A = R_M$ et au vu de la figure (angle inscrit) $\widehat{AMB} = \dfrac{\widehat{A\Omega B}}{2}$, d'où la relation $R_M = \dfrac{AB}{2\sin\widehat{AMB}}$.
▪ $R_M = \Omega M \geqslant$ distance de Ω à $[Hx) = IH$.
2° Raisonner ainsi :
$\widehat{AMB}$ maximum $\Leftrightarrow$ $\sin\widehat{AMB}$ maximum (sinus est croissante)
$\Leftrightarrow$ R_M minimum (relation).
Or, on a $R_M \geqslant IH$ et l'on peut réaliser $R_M = IH$: C_M tangent à $[Hx)$.

49. 2° *a*) P, M, Q et C sont cocycliques (toujours la configuration de deux triangles rectangles à hypoténuse commune). On a donc :

$$(\overrightarrow{PQ}, \overrightarrow{PM}) = (\overrightarrow{CQ}, \overrightarrow{CM}) = (\overrightarrow{CA}, \overrightarrow{CM}) \quad (\pi)$$

(avec la colinéarité).
b) Même technique.
3° $(\overrightarrow{PQ}, \overrightarrow{PR}) = (\overrightarrow{CA}, \overrightarrow{CM}) - (\overrightarrow{BA}, \overrightarrow{BM}) \quad (\pi)$.
Ensuite :
P, Q, R alignés
$\Leftrightarrow (\overrightarrow{PQ}, \overrightarrow{PR}) = 0 \quad (\pi)$
$\Leftrightarrow (\overrightarrow{CA}, \overrightarrow{CM}) = (\overrightarrow{BA}, \overrightarrow{BM}) \quad (\pi)$
$\Leftrightarrow$ A, B, C, M cocycliques.
4° Homothétie de centre M et de rapport 2.

***52.** 1° Soit H l'orthocentre de ABC. Alors (égalités mod π) :

$(\overrightarrow{\alpha\beta}, \overrightarrow{\alpha A}) = (\overrightarrow{\alpha\beta}, \overrightarrow{\alpha H})$
↑ colinéarité
$= (\overrightarrow{C\beta}, \overrightarrow{CH})$
↑ cocyclicité
$= (\overrightarrow{CB}, \overrightarrow{C\gamma})$
↑ colinéarité
$= (\overrightarrow{B\beta}, \overrightarrow{B\gamma})$
↑ cocyclicité
$= (\overrightarrow{BH}, \overrightarrow{B\gamma})$
↑ colinéarité
$= (\overrightarrow{\alpha H}, \overrightarrow{\alpha\gamma})$
↑ cocyclicité
$= (\overrightarrow{\alpha A}, \overrightarrow{\alpha\gamma})$,
↑ colinéarité

puis la caractérisation angulaire des bissectrices (exercice 51).
2° La démonstration attendue est angulaire :
soit $\alpha' = s_{(AB)}(\alpha)$, évaluer $(\overrightarrow{\gamma\alpha'}, \overrightarrow{\gamma\beta})$ en décomposant avec $\overrightarrow{AB}$.
On peut aussi utiliser des transformations :

$$(\gamma\alpha') \xrightarrow{s_{(AB)}} (\gamma\alpha) \xrightarrow{s_{(\gamma C)}} (\gamma\beta)$$

(bissectrices = axes de symétrie).
Comme $(AB) \perp (\gamma C)$, $s_{(\gamma C)} \circ s_{(\gamma\alpha')} = s_\gamma$ (symétrie centrale).
Ainsi, s_γ : $(\gamma\alpha') \to (\gamma\beta)$; γ, α', β sont alignés.

***53.** 1° $PQ + QR + RP = P_1Q + QR + RP_2 \geqslant P_1P_2$ (symétries et inégalité triangulaire) et AP_1P_2 isocèle en A, avec :

$$AP_1 = AP_2 = AP .$$

2° C'est clair car $AP \geqslant A\alpha$ et

$$\alpha\beta + \beta\gamma + \gamma\alpha = 2A\alpha\sin\widehat{BAC} .$$

55. De façon évidente, les points de $\mathcal{C}$ sur la médiatrice de $[A, B]$ conviennent. En dehors de ces points, M convient $\Leftrightarrow$ la bissectrice de $\widehat{AMB}$ passe par O. Comme O est sur la médiatrice de $[A, B]$, d'après l'exercice 54, O, A, M et B sont cocycliques. On trace le cercle circonscrit à OAB...

69. Si $M \neq C$ (sinon, c'est clair), $(MC) \perp (MB)$ donc $(MC) \,/\!/\, (mM')$. Mais $(Im) \,/\!/\, (CM)$ (droite des milieux). Alors I, m, M' sont alignés. Le lieu est contenu dans le cercle de diamètre $[I, B]$: le préciser.

***72.** 1° La médiatrice de $[M, C]$ et la perpendiculaire à (AC) menée de C se coupent au centre du cercle cherché.
2° $(\overrightarrow{M'A}, \overrightarrow{M'C}) = (\overrightarrow{M'M}, \overrightarrow{M'C}) = (\overrightarrow{CM}, \overrightarrow{CA}) = (\overrightarrow{CB}, \overrightarrow{CA}) = (\overrightarrow{BA}, \overrightarrow{BC})$
d'où... (évidemment, justifier ces égalités).

79. $\omega A^2 - \omega O^2 = \omega M^2 - \omega O^2 = OM^2$ (Pythagore) soit R^2 ; ω appartient à la ligne de niveau R^2 de $m \mapsto mA^2 - mO^2$. On sait que c'est une droite $\Delta \perp (AO)$: on cherche un point (1°) et l'on examine l'égalité $\ell = \Delta$ (3°).

***80.** 1° $\dfrac{MA}{MB} = \dfrac{OA}{OB}$ (voir T. P. C, exercice résolu 1).
2° AMB est une trajectoire de billard $\Leftrightarrow$ la bissectrice intérieure de $\widehat{AMB}$ passe par $O \Leftrightarrow \dfrac{OA}{OB} = \dfrac{MA}{MB}$ (d'après le théorème du pied de la bissectrice). On est ramené au 1°.

81. Non. Chercher encore.

82. Soit Ω le point d'intersection de Δ_1 et Δ_2 : $\overrightarrow{\Omega A} \cdot \overrightarrow{A_2A_3} = \overrightarrow{\Omega B} \cdot \overrightarrow{A_1A_3} = 0$.
Pour obtenir $\overrightarrow{AC} \cdot \overrightarrow{A_2A_3} = \overrightarrow{BC} \cdot \overrightarrow{A_1A_3}$, passer par le point M et faire la différence des deux produits scalaires.
On déduit, des deux relations précédentes, $\overrightarrow{\Omega C} \cdot \overrightarrow{A_1A_2} = 0$, d'où la conclusion.

***85.** 2° Faire apparaître que $(O_1O_2) \perp (IC)$ et que $(O_1O_3) \perp (IB)$.
D'où $(\overrightarrow{O_1O_2}, \overrightarrow{O_1O_3}) = (\overrightarrow{IB}, \overrightarrow{IC}) \quad (\pi)$ (les angles droits précédents montrent une cocyclicité et l'on prend des vecteurs colinéaires).

***86.** A) 1° $(\overrightarrow{BD}, \overrightarrow{BC}) = (\overrightarrow{AD}, \overrightarrow{AC}) \quad (2\pi)$ (arc capable) ;

$$(\overrightarrow{AD}, \overrightarrow{AC}) = (\overrightarrow{AB}, \overrightarrow{AD}) \quad (2\pi)$$

($[AD)$ est la bissectrice intérieure de l'angle $\widehat{BAC}$).
On écrit alors :

$$(\overrightarrow{BD}, \overrightarrow{BI}) = (\overrightarrow{BD}, \overrightarrow{BC}) + (\overrightarrow{BC}, \overrightarrow{BI}) = \ldots$$

Pour (2), utiliser la somme des angles d'un triangle.
2° $\mathcal{C}$ cercle inscrit dans le triangle $ABC \Leftrightarrow I$ est sur la bissectrice intérieure de ABC issue de B

$$\Leftrightarrow (\overrightarrow{BC}, \overrightarrow{BI}) = (\overrightarrow{BI}, \overrightarrow{BA}) \quad (2\pi).$$

D'après (1) et (2), cela équivaut à $(\overrightarrow{IB}, \overrightarrow{ID}) = (\overrightarrow{BD}, \overrightarrow{BI}) \quad (2\pi)$, relation angulaire qui caractérise le fait que DIB est isocèle en D.
B) 1° C'est indiqué.

2° $\sin \widehat{BAD} = \dfrac{r}{AI}$ (en projetant orthogonalement I sur (AB)) ;

$$\sin \widehat{BAD} = \sin\left(\frac{\widehat{BOD}}{2}\right)$$

(angle inscrit) qui vaut $\dfrac{\frac{BD}{2}}{R} = \dfrac{BD}{2R}$.

3° DIB isocèle en $D \Leftrightarrow DI = BD$

$$\Leftrightarrow R^2 - d^2 = 2Rr .$$

***87.** *Application*

Soit Γ le cercle de centre O, de rayon 1.

Le point A de Γ tel que $(\overrightarrow{OI}, \overrightarrow{OA}) = \theta$, étant marqué, tracer le symétrique B de A par rapport à O. Il faut alors plier la feuille de papier de façon à amener A sur (Ox) et B sur (Oy). Soit Δ_0 la ligne de pliage. Tracer la perpendiculaire à Δ_0 issue de O : elle coupe le cercle Γ en M tel que $(\overrightarrow{OI}, \overrightarrow{OM}) = \dfrac{\theta}{3}$.

CHAPITRE 5

6. Par le produit scalaire :

$$\overrightarrow{AG} \cdot \overrightarrow{EB} = \overrightarrow{AG} \cdot \overrightarrow{AB} - \overrightarrow{AG} \cdot \overrightarrow{AE} = AB^2 - AE^2 = 0$$

(avec la projection orthogonale) ;

de même, $\overrightarrow{AG} \cdot \overrightarrow{ED} = 0$: (AG) est orthogonale au plan EBD.

Même procédé pour $(AG) \perp (FCH)$.

- Par les théorèmes d'incidence :

$$(BD) \perp (CG) \text{ et } (BD) \perp (AC),$$

donc $(BD) \perp (AG)$, etc.

- Pour le reste, le plus rapide est d'utiliser $\overrightarrow{AG} = \overrightarrow{AB} + \overrightarrow{AD} + \overrightarrow{AE}$ et de projeter orthogonalement sur le plan $(B \in D)$:

$$\vec{0} = \overrightarrow{IB} + \overrightarrow{ID} + \overrightarrow{IE} .$$

12. Pas de calculs inutiles : vérifier que $B \in \mathscr{P}$.

21. Les résultats dans l'ordre : $\overrightarrow{DA}$, $\overrightarrow{AE}$, $2\overrightarrow{EA}$, $\overrightarrow{DB}$, $\overrightarrow{HB}$, $\overrightarrow{BE}$.

23. Fixer O dans $\mathscr{E}$, poser $\overrightarrow{OA} = \vec{u}$, $\overrightarrow{OB} = \vec{v}$ et $\overrightarrow{OC} = \vec{w}$.

- O, A, B alignés quel que soit $\vec{w}$ $(\vec{u} \wedge \vec{v}) \cdot \vec{w} = 0$ ($\vec{u} \wedge \vec{v} = \vec{0}$) et $(\vec{u}, \vec{v}, \vec{w})$ coplanaires ;
- Sinon,

$$(\vec{u} \wedge \vec{v}) \cdot \vec{w} = 0 \Leftrightarrow \overrightarrow{OC} \perp (\overrightarrow{OA} \wedge \overrightarrow{OB})$$
$$\Leftrightarrow C \in \text{plan}(OAB)$$
$$\Leftrightarrow (\vec{u}, \vec{v}, \vec{w}) \text{ colinéaires .}$$

30. Faux. **31. Vrai.** **32. Vrai.**

33. Vrai : $\overrightarrow{AB}(1, -1, -3)$, $\overrightarrow{CD}(-7, -3, 1)$, et $\overrightarrow{EF}(-4, -3, -2)$ sont orthogonaux à $\vec{u}(1, -2, 1)$.

34. Vrai car $\overrightarrow{AB}(-3, 6, 3)$ est normal au plan $\mathscr{P}$.

35. Vrai :

$$\overrightarrow{OH} = \frac{1}{3}(\vec{u} + \vec{v}) \text{ et } \overrightarrow{AH}\left(-\frac{2}{3}, \frac{1}{3}, -\frac{2}{3}\right)$$

est orthogonal à $\vec{u}$ et $\vec{v}$.

36. Vrai : Faire un dessin.

37. Vrai : (1re égalité) $\Leftrightarrow \overrightarrow{AM} \perp \overrightarrow{BC}$;
$\overrightarrow{AM} \cdot \overrightarrow{AB} = \overrightarrow{AM} \cdot \overrightarrow{AD} \Leftrightarrow \overrightarrow{AM} \perp \overrightarrow{BD}$.
Au total, $\overrightarrow{AM} \perp \overrightarrow{BC}$ et $\overrightarrow{AM} \perp \overrightarrow{BD} \Leftrightarrow \overrightarrow{AM}$ colinéaire à $\overrightarrow{BC}$ et $\overrightarrow{BD}$.

38. Vrai : L'aire est égale à 9.

41. 1° $I = J \Leftrightarrow [A, B]$ et $[C, D]$ même milieu, donc A, B, C, D seraient coplanaires.
$\overrightarrow{MA} + \overrightarrow{MB} = \overrightarrow{MC} + \overrightarrow{MD} \Leftrightarrow 2\overrightarrow{MI} = 2\overrightarrow{MJ}$: la réponse est non ($I \neq J$).
2° $(\mathscr{P}_1)$: plan médiateur de $[I, J]$.
3° On peut réduire :

$$MA^2 + MB^2 - MC^2 - MD^2$$

ou utiliser : $MA^2 + MB^2 = 2MI^2 + \dfrac{AB^2}{2}$,

$$MC^2 + MD^2 = 2MJ^2 + \frac{CD^2}{2},$$

puis $MI^2 - MJ^2 = 2\overrightarrow{IG} \cdot \overrightarrow{GM}$.

$$M \in (\mathscr{P}_2) \Leftrightarrow \overrightarrow{IJ} \cdot \overrightarrow{GM} = \frac{CD^2 - AB^2}{4} .$$

$(\mathscr{P}_2)$ est donc un plan perpendiculaire à (IJ).
4° $(\mathscr{P}_1) = (\mathscr{P}_2) \Leftrightarrow G \in (\mathscr{P}_2) \Leftrightarrow AB = CD$.

45. A) $\overrightarrow{AM} \cdot \overrightarrow{BM} = 0$.
B) Le plan $\mathscr{P}_M$ orthogonal à (AM) en M est l'ensemble des points m tels que $\overrightarrow{AM} \cdot \overrightarrow{mM} = 0$. D'après A), $B \in \mathscr{P}_M$.

46. 1° On a :

$$AC^2 - BC^2 + BD^2 - AD^2 = 2\overrightarrow{AB} \cdot \overrightarrow{DC}$$

(l'établir) d'où (1).
2° Utiliser (1) $AC^2 + BD^2 = BC^2 + AD^2$ et $BD^2 + AC^2 = CD^2 + BA^2$ d'où $BC^2 + AD^2 = CD^2 + BA^2$...
3° On a $(CD) \perp (AB)$, $(CD) \perp (AA')$, donc $(CD) \perp (BA')$: A' est sur la hauteur issue de B dans BCD. On procède de même avec une autre hauteur.

50. 1° $AM^2 = a^2 + x^2 - ax$,

$$AN^2 = a^2 + y^2 - ay ;$$

$$\overrightarrow{AM} \cdot \overrightarrow{AN} = a^2 - \frac{1}{2}ax - \frac{1}{2}ay + \frac{1}{2}xy = \frac{a^2 + (a - x)(a - y)}{2} .$$

2° Avec $x \leqslant a$, $y \leqslant a$, $\overrightarrow{AM} \cdot \overrightarrow{AN} \geqslant \dfrac{a^2}{2}$.

Comme $AM \geqslant a$ et $AN \geqslant a$, $\cos \widehat{MAN} \geqslant \dfrac{1}{2}$ donc (décroissance de cosinus sur $[0, \pi]$ oblige), mesure $\widehat{MAN} \leqslant \dfrac{\pi}{3}$.

***55.** $\overrightarrow{MM'} = \dfrac{2z}{OM^3} \overrightarrow{OM}$.

D'où :

$$MM' = 1 \Leftrightarrow \frac{2|z|}{OM^2} = 1$$
$$\Leftrightarrow OM^2 = 2z \text{ ou } OM^2 = -2z$$
$$\Leftrightarrow x^2 + y^2 + (z - 1)^2 = 1$$
$$\text{ou } x^2 + y^2 + (z + 1)^2 = 1 .$$

On trouve deux sphères de rayon 1, de centres $K(0, 0, 1)$ et $K'(0, 0, -1)$.

58. 2° On a $(AH) \perp (HS)$ donc H appartient à Σ (sphère de diamètre $[A, S]$).

3° $\begin{cases} (MB) \perp (MA) & \text{(propriété du cercle)} \\ & \Rightarrow (MB) \perp \text{plan}(MAS) . \\ (MB) \perp (SA) & \text{(évident).} \end{cases}$

On en déduit $(MB) \perp (AH)$ ((AH) droite du plan (AMS)).
Comme $(AH) \perp (MS)$, (AH) est orthogonale au plan (MBS).
4° On a $(AH) \perp (BS)$ et $(AI) \perp (BS)$.
Le plan (AHI) est orthogonal à (BS) et passe bien sûr par I.
5° *a)* $\Sigma \cap \Pi$ est un cercle contenant A et I et comme Π est orthogonal à (IS), ...
b) Exploiter que $H \in \Pi$.
(Noter : un sujet du BAC ne faisant appel qu'aux propriétés d'incidence...)

***59.** Par exemple, $AB^2 \geqslant 4$;
$AB^2 = (\overrightarrow{OB} - \overrightarrow{OA})^2 = OA^2 + OB^2 - 2\overrightarrow{OA} \cdot \overrightarrow{OB}$.

Si $\quad OA < \sqrt{\dfrac{3}{2}}, \quad OB < \sqrt{\dfrac{3}{2}}, \ldots,$

on a $\quad OA^2 < \dfrac{3}{2}, \quad OB^2 < \dfrac{3}{2}, \ldots,$

d'où : $\quad \overrightarrow{OA} \cdot \overrightarrow{OB} < -\dfrac{1}{2}$.

Il en est de même des autres produits scalaires.
On en déduit, avec :
$\vec{u} = \overrightarrow{OA} + \overrightarrow{OB} + \overrightarrow{OC} + \overrightarrow{OD}$:

$$\overrightarrow{OA} \cdot \vec{u} = OA^2 + \overrightarrow{OA} \cdot \overrightarrow{OB} + \overrightarrow{OA} \cdot \overrightarrow{OC} + \overrightarrow{OA} \cdot \overrightarrow{OD} < \frac{3}{2} - \frac{1}{2} - \frac{1}{2} - \frac{1}{2} = 0 .$$

De même $\overrightarrow{OB} \cdot \vec{u} < 0$, $\overrightarrow{OC} \cdot \vec{u} < 0$ et $\overrightarrow{OD} \cdot \vec{u} < 0$.
Alors $\vec{u} \cdot \vec{u} < 0$, soit $\|\vec{u}\|^2 < 0$, ce qui est impossible.

61. 3° a^2 et a^3 entiers donnent $a = \dfrac{a^3}{a^2}$ rationnel (et a^2 entier). Soit un rationnel $\dfrac{p}{q}$ avec p et q premiers entre eux tels que $\left(\dfrac{p}{q}\right)^2$ soit un entier naturel n, on a $p^2 = nq^2$.
D'après le théorème de Gauss (qui a disparu de l'enseignement) :
p^2 divisant nq^2 et p^2 étant premier avec q^2, p^2 divise n.
On peut écrire $n = kp^2$ d'où l'on tire $kq^2 = 1$, ce qui montre que $q^2 = 1$.

***64.** Comme

$AB^2 = AM^2 + BM^2 - 2AMBM\cos\widehat{AMB}$,

le lieu cherché est l'ensemble *S* des points *M* tels que $\cos\widehat{AMB} = -\frac{1}{2}$ soit $\widehat{AMB} = \frac{2\pi}{3}$.

On obtient une surface de révolution d'axe (*AB*) engendré par deux arcs de cercle (d'extrémités *A* et *B*), lieu des points *M* dans un plan fixé contenant (*AB*) tels que $\widehat{AMB} = \frac{2\pi}{3}$.

CHAPITRE 6

5. $z' = 3z + 2i$ homothétie de rapport 3, centre « $\omega = -i$ » ;

$z' = \frac{\sqrt{2}}{2}(1+i)z$ rotation d'angle $\frac{\pi}{4}$, de centre *O* ;

$z' = \left(\frac{-1+i\sqrt{3}}{2}\right)z$ rotation d'angle $\frac{2\pi}{3}$, de centre *O* ;

$z' = (i - z)$ rotation d'angle $-\frac{\pi}{2}$, de centre « $\omega = \frac{1+i}{2}$ ».

***6.** $z' = az + b$ avec $a = i$ et $1 + 5i = i \times 2 + b$ d'où $b = \dots$

12. « Deux cordes parallèles d'un cercle ont même axe de symétrie. »

$S_\Delta : P \to A$; $Q \to B$ et $S_{\Delta'} : A \to P'$; $B \to Q'$.

$S_{\Delta'} \circ S_\Delta$ est une translation ($\Delta /\!/ \Delta'$) qui envoie *P* sur *P'* et *Q* sur *Q'*.

13. *A'* milieu de [*B*, *C*] : $\overrightarrow{AH} = 2\overrightarrow{OA'}$.

Alors $t_{\overrightarrow{AH}} = t_{2\overrightarrow{OA'}} = S_{(BC)} \circ S_\Delta$,

d'où $S_{(BC)} \circ t_{\overrightarrow{AH}} = S_\Delta$.

L'action sur *A* donne $S_{BC}(H) = S_\Delta(A)$ qui appartient à Γ (puisque Δ est un diamètre).

16. On a $S_{(IJ)} \circ S_{(IK)} = S_I$ et de plus :

$$(BF) \xrightarrow{S_{(IK)}} \Delta \xrightarrow{S_{(IJ)}} (CE)$$

donc $(BF) /\!/ (CE)$.

(Dans une symétrie centrale, une droite et son image sont parallèles...)

***17.** ■ Les symétriques de *M* par rapport aux demi-droites d'origine *O* doivent être alignés avec *I* et *J* : d'où la construction.
■ $S_{(OJ)} \circ S_{(OI)}$ transforme (*MI*) en (*MJ*) et c'est un quart de tour.

19. 1° $S_D \circ S_C \circ S_B \circ S_A = t_{2\overrightarrow{CD}} \circ t_{2\overrightarrow{AB}}$

$= t_{2(\overrightarrow{AB}+\overrightarrow{CD})} = \mathrm{id}_{\mathscr{P}}$,

car $\overrightarrow{AB} + \overrightarrow{CD} = \vec{0}$ (compte tenu du fait que *ABCD* est un parallélogramme).
2° Composer à gauche par S_D.

20. ■ *Méthode 1* : $r_B : z' - 1 = i(z-1)$; $r_C : z' - i = i(z-i)$; $t_{\overrightarrow{BC}} : z' = z + (i-1)$, d'où l'écriture composée $z' = -z + (1+i)$ (symétrie centrale : centre $\frac{1+i}{2}$, soit *I*).

■ *Méthode 2* : *S* est une rotation d'angle π : *S* est une symétrie centrale $S_{(B)} = C$ ainsi, *S* est la symétrie de centre *I*.

22. *f* est une rotation (composée de rotations), d'angle $\alpha\left(\frac{\pi}{2} + \alpha + \frac{\pi}{2} + \pi\ (2\pi)\right)$ de centre *D* (vérifier que *D* est fixe).

23. Vrai. **24. Faux** : Faire un dessin... **25. Faux** : Prendre $\alpha = \frac{2\pi}{3}$.

26. Vrai : $S_{(CD)} \circ S_{(AB)}$ sans point fixe implique (*AB*) et (*CD*) parallèles.

27. Faux : La bissectrice extérieure convient également.

28. Vrai :

$S_{(AB)} \circ S_A = S_{(AC)} \Leftrightarrow S_A = S_{(AB)} \circ S_{(AC)}$

$\Leftrightarrow 2(\overrightarrow{AB}, \overrightarrow{AC}) = \pi\ (2\pi)$.

29. Vrai : $S_B = t_{\overrightarrow{AB}} \circ S_I \Leftrightarrow S_B \circ S_I = t_{\overrightarrow{AB}}$

$\Leftrightarrow t_{2\overrightarrow{IB}} = t_{\overrightarrow{AB}}$

$\Leftrightarrow \overrightarrow{AB} = 2\overrightarrow{IB}$.

30. Faux : Si une figure *F* est invariante par deux symétries centrales S_J et S_I, elle est invariante par $S_J \circ S_I = t_{2\overrightarrow{IJ}}$, puis par toutes les composées de cette translation par elle-même : $t_{4\overrightarrow{IJ}}, t_{6\overrightarrow{IJ}}, \dots, t_{100\,000\overrightarrow{IJ}}, \dots$

La figure ne saurait « tenir » dans la feuille.

31. Faux : *f* et *g* sont des rotations d'angles opposés : $f \circ g$ est une translation (il est aisé de voir qu'elle est distincte de $\mathrm{id}_{\mathscr{P}}$).

38. 1° Pour $g \circ f$, $z' = k_1 k_2 z + b$.
2° S'appuyer sur l'écriture complexe des homothéties et translations.
3° Soit h_1, h_2 des homothéties de centres O_1 et O_2 telles que $h = h_2 \circ h_1$ soit encore une homothétie (notons *O* le centre). Considérer alors la relation :

$$h(O_1) = h_2 \circ h_1(O_1)$$

et le résultat : « Dans une homothétie, un point, son image et le centre sont alignés. »

***41.** 1° C'est clair via une figure.
2° *a*) $(\overrightarrow{DC}, \overrightarrow{DD'}) = (\overrightarrow{IM}, \overrightarrow{ID'})$ (π) (réflexion d'axe Δ et colinéarité).
Angle inscrit : $(\overrightarrow{FC}, \overrightarrow{FB'}) = (\overrightarrow{DC}, \overrightarrow{DD'})$; puis relation de cocyclicité qui montre que *M*, *I*, *F* et *D'* sont cocycliques. Alors (mod π), on a :

$(\overrightarrow{D'I}, \overrightarrow{D'M}) = (\overrightarrow{FI}, \overrightarrow{FM})$
↑
cocyclicité
$= (\overrightarrow{FE}, \overrightarrow{FC})$
↑
colinéarité
$= (\overrightarrow{DE}, \overrightarrow{DC})$
↑
cocyclicité
$= (\overrightarrow{DN}, \overrightarrow{BI})$.
↑
colinéarité

b) Utiliser la réflexion d'axe Δ.
c) *D'*, *M* et *N'* sont alignés (condition angulaire) mais *N'* est aussi sur la droite (*MN*), d'où le résultat.

42. Soit r_A, r_B, r_C les rotations d'angle $\frac{\pi}{3}$, de centres en *A*, *B* et *C*.

Alors $r_A : \begin{cases} C' \to B \\ C \to B' \end{cases}$; $r_B : \begin{cases} A' \to C \\ A \to C' \end{cases}$;

et $r_C : \begin{cases} B' \to A \\ B \to A' \end{cases}$.

1° $AA' = BB' = CC'$: conservation de la distance par r_A, r_B et r_C.

2° $(\overrightarrow{AA'}, \overrightarrow{BB'}) = \frac{\pi}{3}$ (voir « angle de r_C ») : les droites (*AA'*) et (*BB'*) sont donc sécantes en un point *I*.
Pour la suite, utiliser les conditions angulaires de cocyclicité.

45. Étant donné deux cercles $\mathscr{C}$ et $\mathscr{C}'$ de même rayon, tangents extérieurement en *I*, si $M \in \mathscr{C}$, $M' \in \mathscr{C}'$ et *I*, *M*, *M'* alignés, alors $S_I(M) = M'$: le montrer.
De ce fait, on passe de M_0 à M_4 par la composée de quatre symétries centrales, à savoir, une translation qui manifestement fixe le centre du cercle contenant M_0 : cette translation est donc l'identité sur $\mathscr{P}$...

***48.** Soit $f = S_M \circ S_L \circ S_K \circ S_J \circ S_I$. Un pentagone *ABCDE* est solution du problème (*i.c.* : *I*, *J*, *K*, *L*, *M* milieux de [*A*, *B*], [*B*, *C*], ..., [*E*, *A*]) est tel que $f(A) = A$.
Réduire *f* grâce à $S_K \circ S_J \circ S_I = S_U$, où *IJKU* est un parallélogramme (voir exercice 19) (*f* est une symétrie centrale).

***50.** 1° $T = t_{\overrightarrow{AC}}$ et $T(M_1) = M_2$: M_1M_2CA est donc un parallélogramme.

2° $\overrightarrow{\omega\omega_2} = \frac{1}{2}\overrightarrow{AC}$ (version vectorielle du théorème des milieux dans un triangle).
Et donc $\overrightarrow{\omega\omega_2} = \overrightarrow{M_1 I}$: le lieu de *I* est le translaté de celui de M_1 par $t_{\frac{1}{2}\overrightarrow{AC}}$; il n'y a plus qu'à trouver le lieu de M_1.

***52.** f = homothétie de centre G,

de rapport $-\frac{1}{2}$;

g = homothétie de centre M,

de rapport 2 .

Donc, $g \circ f$ est une symétrie centrale (homothétie de rapport -1).

53. Figure *a*) : les deux rectangles sont homothétiques.

Figure *b*) : le rectangle $A'B'C'D'$ a subi une translation.

Or,

(translation) $\circ$ (homothétie) = (homothétie) ,

d'où...

54. 1° S'appuyer sur les configurations de Thalès.

$h_J \circ h_K$ est une homothétie ou une translation. Pourquoi n'est-ce pas une translation?

2° Voir exercice 38.

59. Soit r la rotation de centre $\Omega(x_0, y_0)$ et d'angle α.

Écriture complexe de r :

$z' - \omega = e^{i\alpha}(z - \omega)$, avec $\omega = x_0 + iy_0$.

En posant $z = x + iy$ et $z' = x' + iy'$, on a :

$x' - x_0 + i(y' - y_0)$

$= (\cos\alpha + i\sin\alpha)(x - x_0 + i(y - y_0))$,

d'où :

$$\begin{cases} x' - x_0 = \cos\alpha(x - x_0) - \sin\alpha(y - y_0) \\ y' - y_0 = \sin\alpha(x - x_0) + \cos\alpha(y - y_0) \end{cases}.$$

(C'était le cas général.)

***60.** Introduire :

$J = S_{\mathcal{D}_1}(I)$ et $K = S_{\mathcal{D}_2}(J)$.

Établir que, quels que soient $M_1 \in \mathcal{D}_1$, $M_2 \in \mathcal{D}_2$ et $M_3 \in \mathcal{D}_3$, le trajet $IM_1M_2M_3$ a une longueur supérieure ou égale à la distance de K à $\mathcal{D}_3$ et que le trajet présenté dans la figure est le seul pour lequel l'égalité est réalisée.

***61.** ABC est équilatéral équivaut à

$\frac{c-a}{b-a} = e^{i\frac{\pi}{3}}$ ou $\frac{c-a}{b-a} = e^{-i\frac{\pi}{3}}$ suivant que le triangle est direct ou non. D'où l'idée d'introduire $\omega = \frac{c-a}{b-d}$.

Alors :

$(a-b)^2 + (b-c)^2 + (c-a)^2 = 0$

$\Leftrightarrow \omega^2 - \omega + 1 = 0$

(en divisant par $(b-a)^2$ et en notant que $\frac{b-c}{b-a} = \frac{b-a+a-c}{b-a} = 1 - \omega$).

Or $\omega^2 - \omega + 1 = 0 \Leftrightarrow \omega = \frac{1 \pm i\sqrt{3}}{2}$, d'où le résultat.

***62.** Soit $OABC$ et $ODEF$ les deux carrés de sens direct et les parallélogrammes $CODI$ et $AOFJ$.

■ À l'aide d'une homothétie de centre O, montrer que le problème revient à établir que $BIEJ$ est un carré direct.

■ Soit $f = t_{\overrightarrow{OA}} \circ r_{O,\frac{\pi}{2}} \circ t_{\overrightarrow{CO}}$.

Identifier f en cherchant l'image de C et déterminer $f(I)$.

En déduire que BIJ est rectangle isocèle direct de sommet B.

■ Adapter à l'étude du triangle EJI et conclure.

(C'était une solution par les transformations.)

63. $r_{A,\frac{\pi}{2}} \circ r_{B,\frac{\pi}{2}}$ est une symétrie centrale qui transforme E en D : c'est donc S_I; le problème revient donc à construire I tel que $r_{A,\frac{\pi}{2}} \circ r_{B,\frac{\pi}{2}} = S_I$ ...

***64.** Posons $\omega = e^{i\frac{\pi}{3}}$. Alors, on a :

$A(a)\,A'(a\omega)$; $B(b)\,B'(b\omega)$; $C(c)\,C'(c\omega)$, puis :

$$u = \frac{a\omega + b}{2}, \quad v = \frac{b\omega + c}{2}, \quad w = \frac{c\omega + a}{2},$$

$$w - u = \frac{-a\omega + c\omega + a - b}{2},$$

$$v - u = \frac{-a\omega + b\omega - b + c}{2}.$$

En remarquant que $\omega^2 = \omega - 1$, on obtient $w - u = \omega(v - u)$: uvw est équilatéral direct.

CHAPITRE 7

***7.** 1° Soit M un point, $M_1 = t_{\vec{u}}(M)$, $M_2 = S_{\mathcal{D}}(M)$ et $M' = t_{\vec{u}}(M_2)$.

Si $M \in \mathcal{D}$, $M_2 = M$ d'où...

Si $M \notin \mathcal{D}$, montrer que $MM_1M'M_2$ est un rectangle.

2° M fixe par $f \Leftrightarrow M_1 = M_2$ (notations ci-dessus).

Or, $\overrightarrow{MM_1} = \vec{u}$ et $\overrightarrow{MM_2} \perp \vec{u}$, donc... : f est sans point fixe.

3° *Réponse :* la droite $\mathcal{D}$.

8. 1° $t_{\overrightarrow{AC}} = t_{\overrightarrow{AB}} \circ t_{\overrightarrow{BC}}$.

2° Comme $\overrightarrow{BC} \perp \overrightarrow{AB}$, on peut écrire $t_{\overrightarrow{BC}} = S_\Delta \circ S_{(AB)}$ avec Δ parallèle à (AB) passant par I ($S_\Delta \circ S_{(AB)} = t_{2\overrightarrow{BI}} = t_{\overrightarrow{BC}}$).

3° $f = t_{\overrightarrow{AB}} \circ (S_\Delta \circ S_{(AB)} \circ S_{(AB)})$

$= t_{\overrightarrow{AB}} \circ S_\Delta$.

12. Soit d un déplacement. Observer que, puisque $\mathcal{C}$ et $\mathcal{C}'$ ont même rayon, « d : $\mathcal{C} \to \mathcal{C}'$ » équivaut à « d : $O \to O'$ »...

***13.** 1° Soit Ω un point, H et H' les projetés orthogonaux de Ω sur $\mathcal{D}$ et $\mathcal{D}'$. Si $\Omega H = \Omega H'$, montrer qu'il existe une rotation de centre Ω qui amène $\mathcal{D}$ sur $\mathcal{D}'$ (conservation de l'orthogonalité). Établir la réciproque.

D'où : ensemble des points à la même distance de deux droites?

2° Si Ω : $A \to A'$, son centre est sur la médiatrice de $[A, A']$.

14. 2° Avec $\tau = ABC$ et $\tau' = BCD$, l'isométrie $t_{\overrightarrow{AB}} \circ S_{(AC)}$ envoie A sur B, B sur C et C sur D (elle est distincte des précédentes).

***19.** 1° $Q \begin{cases} \overrightarrow{OB} \mapsto \overrightarrow{OB'} & \text{c'est clair} \\ \overrightarrow{OA'} \mapsto \overrightarrow{AO} & \text{attention} \end{cases}$

donc Q : $\overrightarrow{OU} \mapsto \overrightarrow{AB'}$.

2° On a donc $\overrightarrow{OU} \perp \overrightarrow{AB'}$ (un vecteur et son image par quart de tour). Avec I milieu de $[A', B]$, on a $\overrightarrow{OI} = \frac{1}{2}\overrightarrow{OU}$, d'où...

23. Faux : Prendre trois points distincts alignés.

24. Faux : Voir exercice 7 ou 8.

25. Vrai. **26. Vrai** : Γ est de rayon 1, donc $|a - 1| = 1$.

27. Faux : Prendre $C = A$ et $D \neq B$; confusion avec le déplacement qui transforme A en C et B en D.

28. Faux : C'est $\mathrm{id}_{\mathcal{F}}$. **29. Vrai.**

30. Vrai : Sert souvent.

31. Faux : Il existe aussi une symétrie glissée d'axe « horizontal » passant par O.

***34.** 1° f est une rotation d'angle α qui envoie E sur F.

2° Soit O le centre du parallélogramme : le triangle DAG est l'image par S_O de BCE, d'où : $r(G) = A$ et $\overrightarrow{EC} = \overrightarrow{AG}$, etc.

3° f est une rotation de centre A qui envoie E sur F; $AE = AF$.

35. $z_C = z_B + z_D$;

$z_E - z_B = e^{-i\alpha}(z_C - z_B)$;

$z_F - z_D = e^{i\alpha}(z_C - z_D)$

puis quelques calculs.

36. $R : \begin{cases} \overrightarrow{AB} \mapsto \overrightarrow{DF} \text{, car } \overrightarrow{AB} = \overrightarrow{DC} \\ \overrightarrow{BE} \mapsto \overrightarrow{BC} = \overrightarrow{AD} \end{cases}$

donc R : $\overrightarrow{AE} \mapsto \overrightarrow{AF}$, d'où $AE = AF$.

37. Sans hésiter : la méthode de l'exercice 36 (isométries vectorielles).

38. Soit S_1, S_2 et S_3 les réflexions d'axes les diamètres orthogonaux à d_1, d_2 et d_3. Alors $f = S_3 \circ S_2 \circ S_1$ transforme M_0 en M_3 et, de plus, f est une..., d'où...

***39.** 2° On sait que $S_{\Delta_3} \circ S_{\Delta_2} \circ S_{\Delta_1}$ est une symétrie d'axe Δ passant par O. Utiliser la technique : « un point et son image ». (Prendre le point sur Δ_1 pour simplifier.)

***40.** 1° La figure comprend un parallélogramme $OA'PB'$ et des triangles isocèles $A'AP$ (de sommet A') et $PB'B$ (de sommet B').

2° Angle de r :
$(\overrightarrow{OA'}, \overrightarrow{BB'}) = (\overrightarrow{OA}, \overrightarrow{BO}) = (\overrightarrow{OA}, \overrightarrow{OB}) + \pi$: l'angle est constant.
Le centre Ω de r est d'une part sur la médiatrice de $[O, B]$, d'autre part sur l'arc capable d'extrémités A et B défini par l'angle $(\overrightarrow{OA}, \overrightarrow{OB}) + \pi$: le centre Ω est donc fixe (*i. e.* : ne dépend pas de P) : r est donc une rotation fixe.
Partant, le reste est facile.

49. Soit f une isométrie invariant globalement $\{A, B\}$. Alors :
ou bien $f(A) = A$ et $f(B) = B$ (au moins deux points fixes),
ou bien $f(A) = B$ et $f(B) = A$ (montrer que I est fixe).

***52.** ▪ Le centre O du carré est un centre de symétrie de l'octogone.
▪ Vérifier que les déplacements du carré $IJKL$ laissent invariant l'octogone.
▪ Réciproquement, soit f une isométrie de l'octogone. Montrer que $f(O) = O$. Examiner deux cas :
▪ $f = S_\Delta$, Δ passant par O ; Δ est la médiatrice de $[A, C]$ ou $[C, E]$ ou $[E, G]$ ou $[G, A]$ et montrer que ce cas est à rejeter.
▪ $f = r_O$ (rotation) : montrer que f est un déplacement du carré.

53. 1° $\overrightarrow{AQ} = \frac{1}{2}(\overrightarrow{AD} + \overrightarrow{AE})$

et $\overrightarrow{AP} = \frac{1}{2}(\overrightarrow{AB} + \overrightarrow{AD})$; par différence...

2° Par le quart de tour vectoriel direct $\overrightarrow{AE} \mapsto \overrightarrow{AG}$, $\overrightarrow{AB} \mapsto \overrightarrow{AD}$, d'où par linéarité...

***55.** 1° Voir que $\overrightarrow{JC} = \overrightarrow{B'O} \overset{R}{\mapsto} \overrightarrow{B'B}$;
$\overrightarrow{CC'} \overset{R}{\mapsto} \overrightarrow{CO} = \overrightarrow{JB'}$ et
$\overrightarrow{C'K} = \overrightarrow{OA} \overset{R}{\mapsto} \overrightarrow{OB'} = \overrightarrow{BI}$.
Moralité : il faut faire « tourner les vecteurs » là où on sait les faire tourner...

3° Homothétie de centre O, de rapport $\frac{1}{2}$.

56. 1° C'est évident : pour tout point M de $\mathscr{P}$, le milieu de $[M, f(M)]$ est sur l'axe de la symétrie ou de la symétrie glissée (voir exercice 7).
2° $f = u \circ S_{\mathscr{D}}$ est du type précédent. Observer alors que, pour $M \in \mathscr{D}$, milieu de $[M, f(M)]$ = milieu de $[M, u(M)]$.

***58.** ▪ Examiner à part le cas où $A = O$.
▪ Lorsque $A \neq O$, faire l'analyse du problème en distinguant deux cas :
1° O, A, M alignés dans cet ordre. Alors la rotation est d'angle $\alpha = [[Ox), [Oy)]$ (angle orienté des demi-droites). Prouver que son centre Ω_1 est sur la médiatrice de $[O, A]$, et sur la bissectrice extérieure de $[Ox)$ et $[Oy)$.
2° O, M, A alignés dans cet ordre. Adapter l'étude précédente.
▪ Résoudre à part le problème suivant : la rotation r est de centre Ω, d'angle θ.
Quel est l'ensemble des points M tels que $Mr(M) = \ell$ ($\ell > 0$ donnée) ? (Il s'agit d'un cercle de centre Ω et de rayon $\dfrac{\ell}{2 \sin \frac{\theta}{2}}$.)
▪ Faire la synthèse.

CHAPITRE 8

***6.** Utiliser le fait que le déplacement qui amène B sur O et O sur A est la rotation d'angle $\frac{\pi}{2}$, de centre le milieu de $[A, B]$.

9. Avec $\omega = 1 - i$, on a :
$$z' - \omega = a(z - \omega)$$
et, si $z = 3 + 5i$, alors $z' = -2$; on trouve $z' = \frac{1}{2}(iz + 1 - 3i)$.

13. 1° On a $\dfrac{\Omega A'}{\Omega A} = \dfrac{\Omega B'}{\Omega B}$ (rapport de S)
et $(\overrightarrow{\Omega A}, \overrightarrow{\Omega A'}) = (\overrightarrow{\Omega B}, \overrightarrow{\Omega B'})$ (angle de S).
On en déduit $\dfrac{\Omega B}{\Omega A} = \dfrac{\Omega B'}{\Omega A'}$ et, par Chasles,
$(\overrightarrow{\Omega A}, \overrightarrow{\Omega B}) = (\overrightarrow{\Omega A'}, \overrightarrow{\Omega B'})$, ce qui montre que la similitude de centre Ω, qui transforme A en B, transforme A' en B'.

***22.** $z' = (1 + i \tan \alpha) z + \tan \alpha$
$$= \frac{1}{\cos \alpha} e^{i\alpha} z + \tan \alpha$$
(avec $\cos \alpha > 0$) et pour $z = i$, $z' = i$, d'où...

24. $z' = u^2 z + u - 1$ $u \in \mathbb{C}$. En bref :
translation : $u = \pm 1$; rotation d'angle $\frac{\pi}{2}$: $u = e^{i\frac{\pi}{4}}$ ou $u = e^{i\frac{5\pi}{4}}$; homothétie de rapport -2 : $u = \pm i\sqrt{2}$; et si $u = 1 - i$ soit $\sqrt{2} e^{-i\frac{\pi}{4}}$, f est une similitude de rapport $\sqrt{2}$, d'angle $-\frac{\pi}{4}$, de centre d'affixe : $-\frac{2 + i}{5}$.

25. Vrai : D'abord le centre O est invariant, puis le rapport vaut 1.

26. Faux : Les angles (orientés) sont changés en leurs opposés (les figures sont indirectement semblables. Voir p. 191).

27. Faux car :
$$1 - \sqrt{2} < 0 \ ; \ z' = (\sqrt{2} - 1) e^{i\frac{5\pi}{4}} \times z + i.$$

28. Faux (mais souvent vrai) : Avec l'écriture complexe :
S_1 : $z_1 = a_1 z + b_1$; S_2 : $z_2 = a_2 z + b_2$;
S' : $z' = (a_1 + a_2) z + b_1 + b_2$;
si $a_1 + a_2 \neq 0$, c'est vrai ; sinon...

29. Faux : Avec $S = h_{(O,\,k)} \circ r_{(O,\,\theta)}$ (forme réduite), $r_{(O,\,-\theta)} \circ S$ et $r_{(O,\,-\theta+\pi)} \circ S$ sont des homothéties de centre O (rapports : k et $-k$).

30. Vrai : O est fixe (utiliser le quadrillage). **31. Faux.**

***33.** Soit A' l'image de A par la similitude que nous notons S. Exploiter :
$(\overrightarrow{AB}, \overrightarrow{A'C}) = (\overrightarrow{\Omega B}, \overrightarrow{\Omega C})$ (2π) (angle de la similitude) ;
$(\overrightarrow{AB}, \overrightarrow{AC}) = (\overrightarrow{\Omega B}, \overrightarrow{\Omega C})$ (π) (cocyclicité).

35. Écriture complexe :
$$z' = z + b + e^{i\alpha} z$$
$$= (1 + e^{i\alpha}) z + b$$
(b = affixe de $\vec{u}$). (Transformer $1 + e^{i\alpha}$ est classique : voir chapitre 2.)

36. Utiliser la forme réduite.

37. Écriture complexe : $z' = az + b$. On obtient un système linéaire d'inconnues a et b.

***38.** 1° $z' = \dfrac{1}{\cos a} e^{ia} z - i \tan a$ (voir exercice 22) ; $A(1)$ est fixe.
2° Avec le rapport de similitude, $AM = AM' \cos a$: le triangle AMM' est rectangle en M. (Pour rédiger :
$\overrightarrow{AM} \cdot \overrightarrow{MM'} = \overrightarrow{AM} \cdot \overrightarrow{AM'} - AM^2$
$= AMAM' \cos a - AM^2 = 0$.)
3° Point de vue géométrique issu du 2°. Lorsque $B \neq A$: en *a*) : droite $\perp (AB)$ passant par B ; en *b*) : cercle de diamètre $[A, B]$.

41. Tout l'exercice repose sur la remarque suivante :
La similitude est celle du demi-triangle équilatéral (*i. e.*, pour $M \neq O$, OMM' est rectangle en M' et $\left(\overrightarrow{OM}, \overrightarrow{OM'}\right) = \frac{\pi}{6}\right)$.
Il en découle $MM' = \frac{1}{2} OM$, ce qui arrange bien la suite des calculs...

***42.** Avec $z' = -jz + i$ et compte tenu de $|-j| = 1$, on voit qu'il s'agit d'un exercice sur les rotations ! :
▪ f est la rotation d'angle $-\frac{\pi}{3}$ et de centre $\Omega(\omega)$, avec $\omega = e^{i\frac{\pi}{6}}$.
▪ $z_n = a^n z_0$ avec $a = e^{-i\frac{\pi}{3}}$ et $a^6 = 1$: (z_n) est périodique de période 6.
▪ Astuce (?) : $1989 = 331 \times 6 + 3$.

43. Seule difficulté : trouver l'affixe ω de Ω ; l'écriture de la similitude sera alors :
$$z' - \omega = \frac{\sqrt{5} - 1}{2}(z - \omega) \quad (1).$$
▪ *Méthode 1* $\left(L = \dfrac{1 + \sqrt{5}}{2}\right)$: A, B, C alignés $\Leftrightarrow$ $\omega = \lambda(L + i)$ λ réel et B, Ω, E alignés $\Leftrightarrow$ $\dfrac{\omega - L}{1 + i - L}$ réel
$\Leftrightarrow$ $(\omega - L)(1 - L - i)$ réel.

▪ *Méthode 2* : Comme S doit envoyer D sur F, dans (1) pour $z=i$, on doit avoir $z'=1$. En déduire la valeur de ω qui peut convenir.
Mais, il faut montrer que A, Ω, C et B, Ω, E sont alignés (le résultat est $\omega=\frac{L}{\sqrt{5}}(L+i)$).

47. Soit, par exemple, H le pied de la hauteur issue de M dans le triangle AMN : AMH est un demi-triangle équilatéral. On passe donc de M à H par la similitude associée (si M décrit Δ, H décrit la droite image par S).

***49.** 1° $(\overrightarrow{AC}, \overrightarrow{AJ})=\frac{\pi}{4}$ et $\frac{AJ}{AC}=\frac{\sqrt{2}}{2}$.
2° La similitude de centre B qui transforme A en K, transforme C en I (associée au demi-carré) : angle $\frac{\pi}{4}$; rapport $\frac{\sqrt{2}}{2}$.
3° Attention ! $(\overrightarrow{KI}, \overrightarrow{AJ})=0 \ (2\pi)$: donc $\overrightarrow{KI}$ et $\overrightarrow{AJ}$ sont colinéaires et de même sens (indispensable pour pouvoir conclure).

***53.** 1° Si $\mathcal{C}$ et $\mathcal{C}'$ étaient tangents en A, on aurait $(\overrightarrow{AO}, \overrightarrow{AO'})=0\ (\pi)$; l'angle de S serait nul ou plat : S serait une homothétie.
2° *a*) Les angles sont égaux (utiliser S).
b) $(\overrightarrow{BM}, \overrightarrow{BM'})=(\overrightarrow{BM}, \overrightarrow{BA})+(\overrightarrow{BA}, \overrightarrow{BM'})$.
Utiliser alors le théorème de l'angle inscrit dans $\mathcal{C}$ et $\mathcal{C}'$, puis 2° *a*) pour conclure :

$$(\overrightarrow{BM}, \overrightarrow{BM'})=0\ (\pi).$$

***56.** 2° S : $z'=-i\frac{\sqrt{2}}{2}z+\frac{\sqrt{2}}{2}+i$ similitude de rapport $\frac{\sqrt{2}}{2}$ d'angle $-\frac{\pi}{2}$.
Utiliser l'écriture complexe :

$z=0$, $z'=\frac{\sqrt{2}}{2}+i$ donc $S(O)=J$;

$z=\sqrt{2}$, $z'=\frac{\sqrt{2}}{2}$ donc $S(A)=I$, etc. :

$$S(B)=C \text{ et } S(C)=A.$$

3° *a*) Pour tout point $M\neq\Omega$, d'image M' par S : $(\overrightarrow{\Omega M}, \overrightarrow{\Omega M'})=-\frac{\pi}{2}$ donc Ω appartient au cercle de diamètre $[M, M']$.
On utilise alors les résultats du 2°.
b) Utiliser la forme réduite de $S=H\left(\Omega, \frac{\sqrt{2}}{2}\right)\circ R\left(\Omega, -\frac{\pi}{2}\right)$ et le fait que ces deux dernières transformations commutent : $h=S\circ S$ est alors l'homothétie de centre Ω et de rapport $-\frac{1}{2}$.
Par S, on a :
$O\to J$; $A\to I$; $B\to C$ et $C\to A$,
puis :
$J\to L$ et $L\to K$ (le milieu est conservé).
Par $S\circ S$:
$B\to A$, $C\to I$, $O\to L$ et $J\to K$.
Mais, dans une homothétie, un point, son image et le centre sont alignés...
Par h, le cercle de diamètre $[B, C]$ devient le cercle de diamètre $[I, A]$ mais le centre Ω de h est commun aux deux cercles : les deux cercles sont donc tangents en Ω.
On a Ω, J, K alignés et O, Ω, L alignés sur deux droites orthogonales : (OL) est la tangente commune aux deux cercles.

CHAPITRE 9

5. Soit M un point de S; $M'=S_M(A)$ signifie : l'homothétie de centre A, de rapport 2 transforme M en M'...

***8.** Vérifier que le plan médiateur de $[I, F]$ est le plan (ACJ), où J est le milieu de $[D, H]$ (c'est « visible » pour A et C, par exemple $CF=CJ=$ diagonale d'une face, ça l'est moins (nous sommes d'accord) pour J).

***11.** Pour tout point M de la galerie : longueur de la galerie $\geqslant EM+MS$, d'où $EM+MS<6$. Si le ver pénètre dans l'hémisphère contenant E', nécessairement la galerie et $\mathcal{P}$ ont un point commun M_0. Comme $M_0S=M_0E'$ (par réflexion), $6>EM_0+M_0S=EM_0+M_0E'\geqslant EE'=6$ (inégalité triangulaire)...

17. 1° Travailler dans le plan (BCD).
2° (AD) est l'axe de la rotation. Si J est le milieu de $[A, D]$, alors le plan (BCJ) est orthogonal à $[A, D]$ (plan médiateur de $[A, D]$) : la réponse est donc $\cos\widehat{BJC}$... qu'il faut calculer.

***19.** Soit $\mathcal{D}$ ($\mathcal{D}\subset\mathcal{P}$) une tangente à Γ contenue dans $\mathcal{P}$. Alors :
1° $\mathcal{D}\perp$plan (ABM), car $\mathcal{D}\perp(AB)$ et $\mathcal{D}\perp(MI)$ (I milieu de $[A, B]$).
2° Le triangle AMB est isocèle rectangle de sommet M (le montrer).

25. $S_{(ADHE)}\circ S_{(ABFE)}=S_{(AE)}$ $\left(\frac{1}{2}\text{ tour d'axe }(AE)\right)$;
$S_{(ABFE)}\circ S_{(BCGF)}=S_{(BF)}$ $\left(\frac{1}{2}\text{ tour d'axe }(BF)\right)$.
D'où $S_{(AE)}\circ S_{(BF)}=S_{(ADHE)}\circ S_{(BCGF)}=t_{2\overrightarrow{BA}}$
(pour tout plan $\mathcal{P}$, $S_{\mathcal{P}}\circ S_{\mathcal{P}}=\text{id}$).

26. Faux : Si $\{A, B, C, D\}$ a un centre de symétrie, les points A, B, C, D sont coplanaires.

27. Faux : Dès que les plans des deux cercles ne sont pas parallèles.

28. Vrai. **29. Faux** : En plus des trois plans médiateurs des arêtes de la base, le plan médiateur des arêtes orthogonales à la base est aussi un plan de symétrie.

30. Faux : Ne veut rien dire en fait (les seules rotations de l'espace sont des rotations axiales).

31. Faux : Toutes les droites orthogonales à (AB) passant par le milieu de $[A, B]$ sont axes de demi-tours échangeant A et B.

32. Vrai : La rotation est alors soit $id_{\mathcal{E}}$, soit le demi-tour d'axe Δ.

33. Vrai. **34. Vrai.**

35. Considérer l'homothétie de centre G (isobarycentre de A, B, C, D) et de rapport $-\frac{1}{3}$.

41. On peut procéder analytiquement en installant un repère orthonormal tel que $\mathcal{P}=(xOy)$, $\Delta=(Oz)$.

***42.** Les supports des rayons sont des droites symétriques par rapport aux plans $\mathcal{P}_1$, $\mathcal{P}_2$ et $\mathcal{P}_3$ des miroirs M_1, M_2 et M_3. Ainsi, le rayon réfléchi sur M_3 est l'image par $S_{\mathcal{P}_3}\circ S_{\mathcal{P}_2}\circ S_{\mathcal{P}_1}$ du rayon incident sur M_1.
D'après l'exercice 41, $S_{\mathcal{P}_3}\circ S_{\mathcal{P}_2}\circ S_{\mathcal{P}_1}=S_O$ (O est le point commun aux trois miroirs). Et, dans une symétrie centrale, une droite et son image sont parallèles.

***43.** S est la sphère, O son centre, $\mathfrak{M}$ et $\mathfrak{T}$ les parties de S correspondant respectivement aux mers et océans, puis aux terres.
Soit S_O la symétrie de centre O. Si $\mathfrak{M}\cap S_O(\mathfrak{M})=\varnothing$, alors $S_O(\mathfrak{M})\subset\mathfrak{T}$ donc :

$$\text{aire } S_O(\mathfrak{M})\leqslant\text{aire }\mathfrak{T}.$$

Mais : aire $S_O(\mathfrak{M})=$ aire $\mathfrak{M}$, d'où...

***47.** Le lieu du symétrique de A par rapport à $\mathcal{D}$ se déduit du lieu du projeté orthogonal de A sur $\mathcal{D}$ par l'homothétie de centre A et de rapport 2. Cela dit (avec $A\neq O$ sinon...) le lieu du projeté orthogonal de A sur $\mathcal{D}$ est :
a) le cercle de diamètre $[O, H]$, où H est le projeté orthogonal de A sur $\mathcal{P}$;
b) la sphère de diamètre $[O, A]$.

49. 1° Comparer les distances M_iC et M_iE.
2° L'hexagone est globalement invariant par σ.
3° *a*) et *b*) Observer que $S=S_{(EBCH)}$ et $S'=S_{(EDCF)}$.
c) r n'est autre que la rotation autour de la grande diagonale (CE) qui laisse globalement invariant le cube et chacun des triangles équilatéraux AFH et BGD ($A\to F$, $F\to H$, $H\to A$ et $B\to G$, $G\to D$, $D\to B$) (voir propriété du cube, planche p. 284, par exemple).

50. 1° $(BC)\perp(IA)$ et $(BC)\perp(AD)$ donc le plan (AID) est orthogonal à (BC) et passe par le milieu de $[B, C]$.
2° Soit D' le symétrique de D par rapport à $\mathcal{P}$. Alors r est la rotation d'axe (BC) d'angle $(\overrightarrow{ID}, \overrightarrow{ID'})$ qui est égal à $\frac{\pi}{2}$ si, et seulement si, $AD=AI$...

***54.** 1° *a*) Plan (OAB) = plan $(ABA'B')$. Plan (OBC) = plan $(BCB'C')$.
b) f est la rotation d'axe (BB') qui invarie chacun des triangles équilatéraux ACD' et $A'C'D$ $\left(\text{angle } f = \pm \dfrac{2\pi}{3}\right.$ suivant l'orientation).
2° S_3 est la réflexion par rapport au plan médiateur de $[A, B]$.
Il en découle $g = S_3 \circ S_2$ ...

***55.** 2° *a*) A peut être envoyé sur l'un des 8 sommets (8 choix). Un tel sommet S étant choisi, B ne peut être envoyé (conservation de la distance) que sur l'un des sommets « entourant » S (*i. e.* un sommet dont la distance à S est égale à l'arête du cube) : il y a 3 sommets de ce type (exemple : si $S = F$, les trois sommets possibles sont E, B et G). Cela suffit dès lors que l'on veut obtenir un repère orthonormal direct (prendre un exemple). Il y a donc 24 rotations au maximum du cube.

***60.** Travailler avec une homothétie h centrée au coin du cube (sommet commun aux faces « avant », « dessus » et « latérale droite ») rapprochant suffisamment P, Q, R du coin en question pour résoudre le problème avec les points images par h : P', Q', R'.
Utiliser ensuite que le plan $(P'Q'R')$ découpe sur les faces du cube des droites parallèles aux sections par le plan (PQR).

***62.** 1° $S_{\mathscr{T}}$ transforme Ω en Ω' en tant que centres des faces correspondantes (noter que $\mathscr{T}$ est le plan médiateur de $[\Omega, \Omega']$).
2° *a*) R doit transformer Ω en Ω' (« images de cercles ») donc Δ est dans le plan médiateur de $[\Omega, \Omega']$.
b) Comme $\Delta \subset \mathscr{T}$, R peut s'écrire :
$$R = S_{\mathscr{T}} \circ S_Q \text{ d'où } S_{\mathscr{T}} \circ R = S_Q .$$
Comme $R(\mathscr{C}) = \mathscr{C}'$ et $S_{\mathscr{T}}(\mathscr{C}') = \mathscr{C}$, on a $S_Q(\mathscr{C}) = \mathscr{C}$: Q est un plan de symétrie du cercle $\mathscr{C}$.
c) Les plans de symétrie de $\mathscr{C}$ sont le plan du cercle $\mathscr{C}$ (*i. e.* : plan $(EFGH)$) ou les plans perpendiculaires au plan $(EFGH)$ passant par Ω.
Le reste est alors relativement aisé...

CHAPITRE 10

13. $\cos 2t = 2\cos^2 t - 1$.
Donc $x - 2 = 2(y + 1)$.

16. $t = \ln x$.
Donc $y = \ln x + \dfrac{1}{2x}$.

17. Vrai. 18. Vrai car $(f'(t), g'(t))$ n'est pas nul pour tout t.

19. Faux : le vecteur $(-2, 1)$ dirige la tangente en $M(0)$.

20. Vrai.

21. Vrai car $f(t + \pi) = f(t) + \pi$ et $g(t + \pi) = g(t) + 2\pi$.

22. Faux : $\mathscr{C}$ est portée par la courbe d'équation : $y = 2(x - 1)^2 - 3$.

23. Vrai : $\mathscr{C}$ a pour équation $(x - 3)^2 + (y + 2)^2 = 5^2$.

24. Vrai : $\mathscr{C}$ a pour équation $y = x^2$.

27. La tangente au point $M(\mathrm{e})$ de coordonnées $\left(\dfrac{1}{\mathrm{e}}, \mathrm{e}\right)$ est dirigée par le vecteur $\left(x'(\mathrm{e}) = \dfrac{1}{\mathrm{e}^2} ;\ y'(\mathrm{e}) = 1\right)$.
Elle a pour équation $\mathrm{e}^2 x = y$.

31. On a $\begin{cases} x'(t) = \mathrm{e}^t + \mathrm{e}^{-t} \\ y'(t) = \dfrac{2t}{1 + t^2} ; \end{cases}$ on en tire :
$$\begin{cases} x(t) = \mathrm{e}^t - \mathrm{e}^{-t} + \lambda \\ y(t) = \ln(1 + t^2) + \mu . \end{cases}$$
Compte tenu des « conditions initiales » : $x(0) = 1$ et $y(0) = 1$, on déduit : $\lambda = 1$ et $\mu = 1$.

37. On trouve : $x^2 + y^2 = 1$.

38. On trouve : $\dfrac{x^2}{2} + y^2 = 1$.

44. « Essayer » les changements de t en $-t$, de t en $t + 2\pi$ pour les appariements.

47. Éliminer deux des quatre tableaux de variations en examinant les points particuliers qu'ils présentent.
Il reste alors à associer les deux autres : attention ! la trajectoire peut être parcourue plus d'une fois...

50. 1° $x\left(\dfrac{1}{t}\right) = -y(t)$ et $y\left(\dfrac{1}{t}\right) = -x(t)$.
Donc $M(t) \overset{s_\Delta}{\mapsto} M\left(\dfrac{1}{t}\right)$.

52. 1° Les affixes respectives des points P, Q, R, M sont :
$$2\mathrm{e}^{it};\ 8\mathrm{e}^{it};\ 8\mathrm{e}^{-it};\ \mathrm{e}^{it} + 4\mathrm{e}^{-it}.$$
Le lieu de M est donc la courbe paramétrée :
$$\begin{cases} x(t) = 5\cos t \\ x(t) = -3\sin t . \end{cases} \quad t \in \mathbb{R}$$

53. Comparer $M(t + 2\pi)$, $M(t + \pi)$, $M(-t)$ à $M(t)$.
En déduire que l'on peut restreindre l'étude à $\left[0, \dfrac{\pi}{2}\right[$ et compléter le tracé à l'aide d'isométries à préciser.

54. 1° *a*) Les affixes respectives des points A, B, C, G sont :
$$\mathrm{e}^{it};\ \mathrm{e}^{2it};\ \mathrm{e}^{-it};\ \frac{1}{3}(\mathrm{e}^{it} + \mathrm{e}^{2it} + \mathrm{e}^{-it}).$$
2° *a*) $M(t + 2\pi) = M(t)$
$$M(t) \overset{s_{(Ox)}}{\mapsto} M(-t) .$$

55. 1° Les vecteurs $\overrightarrow{OA}$ et $\overrightarrow{AM}$ ont, dans le repère $(O, \overrightarrow{OI}, \overrightarrow{OJ})$, les affixes respectives $\dfrac{1}{\cos t}\mathrm{e}^{it}$ et $2\mathrm{e}^{it}$.
D'où le résultat.

57. 1° $M(t + 2\pi) = M(t)$
$$M(t) \overset{s_{(Ox)}}{\mapsto} M(-t)$$
$$M(t) \overset{s_{(Oy)}}{\mapsto} M(t + \pi) .$$
La courbe $\mathscr{C}$ admet (Ox) et (Oy) comme axes de symétrie, et donc O comme centre de symétrie ($s_{(Ox)} \circ s_{(Oy)} = s_O$).

58. 2° L'affixe de $M(t)$ est $z_t = \mathrm{e}^t\mathrm{e}^{it}$, celle de $M(t + \alpha)$ est :
$\mathrm{e}^{\alpha + t}\mathrm{e}^{i(\alpha + t)} = \mathrm{e}^{\alpha}\mathrm{e}^{i\alpha}z_t$, pour tout réel α.
C'est donc la similitude s_α de centre O, de rapport e^α, d'angle α qui « envoie » $M(t)$ sur $M(t + \alpha)$.
On obtient $\mathscr{S}$ en faisant agir sur $\mathscr{S}_1$ toutes les similitudes $s_{k\pi}$, où $k \in \mathbb{Z}$.

59. 1° $\overrightarrow{OM} = OM\left(\cos\left(\dfrac{\pi}{2} - t\right)\vec{i} + \sin\left(\dfrac{\pi}{2} - t\right)\vec{j}\right)$
$$= OM(\sin t\,\vec{i} + \cos t\,\vec{j}) ,$$
et $OM = OA \sin t = \cos t \sin t$ (puisque $AB = 1$)...

61. 1° d a pour équation $y = tx$.
Exprimer, en fonction de t, les coordonnées de A, puis celles de $\overrightarrow{AA'}$.
Enfin $\overrightarrow{OM} = \overrightarrow{AA'}$ ...

62. *Paramétrage n° 1*
1° Même méthode que dans l'exercice précédent.
Paramétrage n° 2
1° $(\overrightarrow{OI}, \overrightarrow{IA}) = 2\theta$ (angle inscrit, quand tu nous tiens !...).

CHAPITRE 11

5. Construire H le projeté orthogonal de A sur $\mathscr{D}$ et poser $d = AH$.

17. L'équation s'écrit :
$$\left(x + \frac{1}{2}\right)^2 + 4\left(y + \frac{3}{4}\right)^2 = \frac{10}{4} .$$
La forme *réduite* est :
$$\frac{\left(x + \frac{1}{2}\right)^2}{\left(\frac{\sqrt{10}}{2}\right)^2} + \frac{\left(y + \frac{3}{4}\right)^2}{\left(\frac{\sqrt{10}}{4}\right)^2} = 1 .$$

C'est l'ellipse de centre $\Omega\left(-\frac{1}{2}, -\frac{3}{4}\right)$, d'axes $(\Omega, \vec{i})$ et $(\Omega, \vec{j})$, associée aux nombres $a = \frac{\sqrt{10}}{2}$ et $b = \frac{\sqrt{10}}{4}$.
$a > b$, donc $(\Omega, \vec{i})$ est l'axe focal...

22. ▪ L'équation s'écrit (différence de deux carrés) :

$$(3x + 3y + 1)(-x + y - 1) = 0 .$$

L'ensemble cherché est donc la réunion des deux droites d'équations respectives :

$$3x + 3y + 1 = 0 \text{ et } -x + y - 1 = 0 .$$

▪ *Autre méthode :* Si D et D' sont les droites d'équations respectives $x + 2y = 0$ et $2x + y + 1 = 0$, et $M(x, y)$, on a :

$$d(M, D)^2 = \frac{(x + 2y)^2}{5}$$

et $$d(M, D')^2 = \frac{(2x + y + 1)^2}{5} .$$

Ainsi, l'ensemble cherché est le lieu des points équidistants de D et D' (bissectrices)...

24. 3° *Réponses :*
— si $\lambda < -1$: hyperbole d'axe focal $(O, \vec{j})$;
— si $-1 < \lambda < 0$: ellipse d'axe focal $(O, \vec{i})$;
— si $0 < \lambda < 1$: ellipse d'axe focal $(O, \vec{j})$;
— si $1 < \lambda$: hyperbole d'axe focal $(O, \vec{i})$.

29. 2° Soit f l'affinité orthogonale de base (Ox), de rapport $\frac{b}{a}$; on a : $f(B) = B'$ et $f(P) = P$.
Donc $f(M) = M'$, ce qui prouve que M' appartient à $\mathcal{E}$.
Déterminer alors l'image de la tangente D au cercle en M.

30. Faux : Foyers et directrices sont associés deux par deux.

31. Faux : C'est (Ox) dans les deux cas.

32. Vrai : On a :

$$|\cos \alpha| = \frac{a}{\sqrt{a^2 + b^2}} = \frac{a}{c} = \frac{1}{e} .$$

33. Faux.

34. Faux : L'équation s'écrit :

$$(2x + 3y - 1)(2x - 3y - 1) = 0 .$$

C'est la réunion de deux droites.

35. Vrai : L'équation de ce lieu est :

$$x^2 - y^2 = 1 .$$

36. Les équations réduites sont :

$$\frac{(x - 2)^2}{2^2} \pm \frac{y^2}{3^2} = 1 .$$

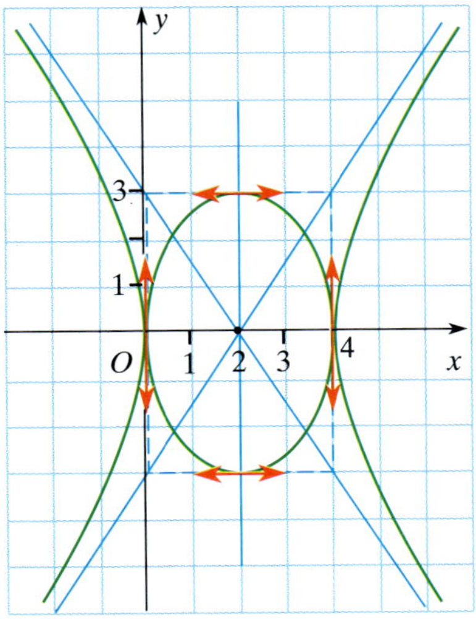

37. 2° *b*) $-MA^2 + MB^2 + MC^2 = MG^2$; remarquer ensuite que si $M(x, y)$, $d(M, \mathcal{D})^2 = (x - 1)^2$ ...

38. 1° $M_0\left(0 ; \frac{1}{2} ; -\frac{1}{2}\right)$.
2° et 3° *Solution algébrique*
$\overrightarrow{MA} \wedge \overrightarrow{MB}(0, -z, y)$ et $\overrightarrow{MF}(-x, 1 - y, -z)$.
La condition $\|\overrightarrow{MA} \wedge \overrightarrow{MB}\| = \|\overrightarrow{MF}\|$ s'écrit :

$$x^2 - 2y + 1 = 0 \ ...$$

Solution géométrique
$\|\overrightarrow{MA} \wedge \overrightarrow{MB}\|$ représente le double de l'aire du triangle MAB.
Donc $\|\overrightarrow{MA} \wedge \overrightarrow{MB}\| = AB \times d(M, (AB))$
et $AB = 1$ ...

40. Procéder analytiquement dans le repère orthonormal $(O, \vec{i}, \vec{j})$, où O est le sommet de $\mathcal{P}$ et $(\vec{j}, \overrightarrow{OF}) = 0 \ (2\pi)$.

Dans ce repère, $\mathcal{P}$ a pour équation réduite :

$$y = kx^2 .$$

44. 2° Les points M' et M'' sont définis par le paramétrage :

$$\begin{cases} x = \dfrac{2}{\cos \theta} \\ y = \pm \tan \theta . \end{cases} \quad \theta \in \left]-\frac{\pi}{2}, \frac{\pi}{2}\right[$$

En cas de «blocage», revoir alors l'exercice résolu du T.P.A.

46. 2° *a*) Si

$$M(\, x = 2e^{t} + e^{-t} \ ; \ y = 2e^{t} - e^{-t}\,),$$

on a :

$$x^2 - y^2 = (x + y)(x - y) = 4e^{t} \times 2e^{-t} = 8 .$$

47. Soit H le projeté orthogonal de A sur $\mathcal{D}$.
▪ Les foyers F cherchés vérifient $AF = AH$, donc F appartient au...
▪ Les sommets S cherchés se déduisent de F par l'affinité orthogonale de base $\mathcal{D}$ et de rapport...
Dans chaque cas, ne pas oublier les réciproques.

49. Remarquer que le triangle MHm est isocèle et rectangle en H. Ainsi,

$$Mm = \sqrt{2}\, MH \ ...$$

54. 1° Soit (Δ) d'équation $x = \frac{16}{3}$ et $M(x, y)$.

$$(3x - 16)^2 = 9d(M, \Delta)^2 .$$

2° *a*) Poser, dans (1), $OM = \sqrt{x^2 + y^2}$ et $x = OM \cos \theta$.
Remarquer aussi que :

$$d(M, \Delta) = \left| x - \frac{16}{3} \right| = \frac{16}{3} - x .$$

57. 1° *b*) $\overrightarrow{OM}$ = On trouve $X = \frac{x}{a} + \frac{y}{b}$ et $Y = \frac{x}{a} - \frac{y}{b}$.

Ainsi $XY = \frac{x^2}{a^2} - \frac{y^2}{b^2} = 1$, si $M \in \mathcal{H}$.

58. 1° $MF + MF' = MF + MI = FI = 2a$.
2° $NF + NF' = NF + NI > FI = 2a$ (si $N \neq M$).
Donc $\mathcal{C}$ a un unique point de contact avec $\mathcal{E}$: le point M.

PROGRAMME

I. ALGÈBRE

1. Équations, systèmes d'équations linéaires

La résolution de problèmes, issus de la géométrie, de l'étude des fonctions, de la gestion de données, des autres disciplines et de la vie courante constitue l'objectif fondamental de cette partie du programme. On dégagera sur les exemples étudiés les différentes phases du traitement d'un problème : mise en équation, résolution, contrôle et exploitation des résultats.
Dans cette perspective, le programme vise à mobiliser et à compléter les capacités acquises en Première.

Résolution d'un système d'équations linéaires à coefficients numériques par opérations élémentaires sur les lignes (méthode de Gauss) :

Addition d'un multiple d'une ligne à une autre ;
Multiplication d'une ligne par un nombre non nul ;
Échange de deux lignes.

Travaux pratiques

Exemples d'étude de situations conduisant à une équation ou à une inéquation à une inconnue, ou à un système d'équations ou d'inéquations linéaires à coefficients numériques.
Mise en œuvre de méthodes pour résoudre des systèmes d'équations linéaires à coefficients numériques (méthode de Gauss, combinaisons linéaires).

Exemples d'étude de problèmes géométriques (dans le plan et dans l'espace) conduisant à des systèmes d'équations linéaires : décomposition d'un vecteur, intersections...

2. Nombres complexes

Les nombres complexes, outre leur intérêt **algébrique**, fournissent des **outils** pour la **trigonométrie** et pour l'étude des **configurations géométriques planes**. Ce dernier aspect est précisé dans le programme de géométrie.

Opérations sur les nombres complexes.
Partie réelle, partie imaginaire, nombre complexe conjugué ; notations $\Re e(z)$, $\Im m(z)$, $\bar{z}$.
Représentation géométrique, affixe d'un point, d'un vecteur : interprétation géométrique de $z \mapsto z + a$.
Argument d'un nombre complexe non nul, notation $re^{i\theta}$.

Interprétation géométrique de $z \mapsto az$.
Relation $e^{i\theta} \cdot e^{i\theta'} = e^{i(\theta + \theta')}$, lien avec les formules d'addition ; formule de Moivre. Formules d'Euler :

$$\cos \theta = \frac{1}{2}(e^{i\theta} + e^{-i\theta}), \ \sin \theta = \frac{1}{2i}(e^{i\theta} - e^{-i\theta}).$$

Travaux pratiques

Résolution des équations du second degré à coefficients réels.
Transformation de $a \cos \theta + b \sin \theta$, où a et b sont réels.
Conversion de produits trigonométriques en sommes et de sommes en produits.

Exemples de mise en œuvre des formules de Moivre et d'Euler (linéarisation de polynômes trigonométriques...).
Racines $n^{\text{ièmes}}$ de l'unité ; interprétation géométrique.

II. GÉOMÉTRIE

Le programme comporte trois objectifs essentiels :
- Poursuivre l'étude du **calcul vectoriel** en relation avec l'enseignement de la **géométrie** et de la physique : le programme met en place le produit scalaire dans l'espace et le produit vectoriel.
- Approfondir la géométrie du plan et de l'espace à travers l'étude de **configurations** et de **l'action de transformation sur ces configurations.**
- Développer une **vision géométrique des problèmes** grâce à la mise en œuvre systématique d'activités graphiques (figures, tracés de courbes, croquis perspectifs, schémas...) permettant de représenter les objets mathématiques étudiés dans les différentes parties du programme.

— **En géométrie plane,** le champ des objets étudiés est enrichi (coniques, exemples simples de courbes paramétrées) et celui des transformations est élargi et réorganisé à travers l'étude plus systématique de la **composition des transformations** élémentaires et la recherche d'invariants associés, ce qui conduit à exploiter les **isométries**, les **déplacements** et, sur des exemples très simples, les similitudes directes. Cet approfondissement de la géométrie plane passe par une **bonne pratique des outils** fournis par le programme (propriétés des configurations de base, effet des transformations, calcul vectoriel, calcul de distances et d'angles, emploi d'un repère orthonormal adéquat, emploi des nombres complexes).
— **En géométrie de l'espace,** l'objectif, plus modeste mais tout aussi essentiel, est de développer la maîtrise des **objets usuels de l'espace** étudiés dans les classes précédentes et de quelques **transformations élémentaires** opérant sur ceux-ci. Ce développement doit être mené en **interaction étroite** avec celui de la géométrie plane.
À propos de l'étude des projections et des transformations, la **linéarité des applications vectorielles associés** doit être mise en évidence et exploitée, mais l'étude systématique des applications linéaires, et a fortiori des applications affines, n'est pas au programme ; les transformations vectorielles fournissent un outil pour l'étude des configurations et des transformations ponctuelles, elles ne constituent pas un objet d'étude en soi.
Le programme comporte l'étude de **lieux géométriques** variés. On étudiera aussi **quelques** problèmes simples **d'optimisation** et de **construction,** mais aucune connaissance spécifique sur ces questions n'est exigible des élèves.

1. Calcul vectoriel et configurations

Il s'agit ici de compléter les outils étudiés en Première. Il n'y a pas à revenir sur les fondements du calcul vectoriel ; la notion générale d'espace vectoriel est hors programme.

a) Barycentres ; réduction d'une somme $\Sigma\alpha_i \overrightarrow{MA_i}$ dans chacun des cas $\Sigma\alpha_i \neq 0$ et $\Sigma\alpha_i = 0$.

b) Caractérisation vectorielle d'une droite, d'une demi-droite, d'un segment ($\overrightarrow{AM} = t\overrightarrow{AB}$, $0 \leqslant t \leqslant 1$) ; traduction dans un repère.

c) Projection ponctuelle, projection vectorielle associée ; linéarité d'une projection vectorielle, conservation des barycentres par une projection ponctuelle.

d) Produit scalaire dans l'espace ; expression dans une base orthonormale.
Projection orthogonale sur une droite, sur un plan.
Projection de deux droites orthogonales.
Caractérisation d'un plan par $\vec{k} \cdot \overrightarrow{AM} = 0$; équation d'un plan dans un repère orthonormal. Équation d'une sphère de centre et de rayon donnés.

e) Dans l'espace orienté : bases (ou repères) orthonormales directes, indirectes.
Produit vectoriel, notation $\vec{u} \times \vec{v}$ et $\vec{u} \wedge \vec{v}$; expression dans une base orthonormale directe.

f) Dans le plan orienté : déterminant de deux vecteurs, notation $\det(\vec{u}, \vec{v})$; expression dans une base orthonormale directe.

Travaux pratiques

Calculs de distances, d'angles, d'aires et de volumes dans les configurations usuelles du plan (polygones, cercles, coniques...) et de l'espace (prismes, pyramides, sphères, cylindres, cônes...).
Exemples de recherche de lieux géométriques dans le plan (conditions de distances et d'angles, lignes de niveau, points liés à une configuration mobile).

Réduction et lignes de niveau de $\Sigma\alpha_i \cdot MA_i^2$; cas de deux points : lignes de niveau de $M \rightarrow \dfrac{MA}{MB}$.

Ensemble des points M du plan tels que $(\overrightarrow{MA}, \overrightarrow{MB}) = \alpha$ modulo π, ou modulo 2π.
Exemples d'emploi des nombres complexes pour l'étude d'une configuration plane.
Exemples d'étude de problèmes d'optimisation d'origine géométrique.
Exemples d'emploi d'un repère orthonormal dans le plan ou dans l'espace.
Changement (de base ou) de repère orthonormal direct dans le plan.
Expression analytique d'une translation, d'une homothétie, d'une rotation plane.

2. Courbes planes

L'introduction de **quelques notions** sur les **courbes paramétrées** est motivée par l'étude de situations géométriques, mécaniques ou physiques ; on évitera donc de multiplier les exemples posés a priori. On se gardera aussi de toute technicité ; en particulier l'étude des branches infinies et des points où le vecteur dérivé s'annule, la recherche des points multiples et l'emploi de coordonnées polaires sont hors programme. Pour l'obtention de périodicités et de symétries, toutes les indications utiles doivent être fournies.

a) Notions sur les courbes paramétrées du plan
Courbe définie en repère orthonormal par $t \mapsto \overrightarrow{OM}(t) = x(t)\,\vec{i} + y(t)\,\vec{j}$.
Vecteur dérivé, interprétation cinématique (vecteur vitesse), tangente.

b) Coniques

Définition par foyer et directrice $\left(\text{lignes de niveau du rapport } \dfrac{MF}{MH}\right)$, excentricité ; équation cartésienne dans un repère orthonormal adapté, équation réduite : cas d'une parabole, cas d'une conique à centre.
Mise en place d'une parabole ou d'une conique à centre à partir d'une équation de la forme $y^2 = 2px$ ou $\alpha x^2 + \beta y^2 = \gamma$.
Représentation paramétrique $t \mapsto (a \cos t, b \sin t)$ d'une ellipse. Projection d'un cercle sur un plan.

Travaux pratiques

Exemples d'étude de lieux géométriques à l'aide d'un paramétrage.
Exemples d'obtention et d'emploi de représentations paramétriques de coniques (détermination de la tangente en un point...).
Exemples d'étude de situations issues de la géométrie, de la mécanique et de la physique menant à des coniques.

3. Transformations et configurations

En géométrie plane, il s'agit d'approfondir et de réorganiser les acquis des classes antérieures dans le cadre des **isométries** et des **déplacements,** grâce à une étude plus systématique de la **composition des transformations** et de leur **effet sur les configurations** et à l'exploitation des **transformations vectorielles** associées. Il ne convient donc pas de reprendre l'étude des isométries à partir de zéro : on s'appuiera sur les résultats acquis antérieurement concernant les translations, les réflexions et les rotations. Le programme comporte aussi quelques notions sur les **similitudes directes ;** les objectifs sont **très modestes :** on se borne à exploiter leur écriture complexe.
En géométrie de l'espace, on étudie **l'action des transformations élémentaires** sur les configurations usuelles mais l'étude systématique de transformations composées est hors programme, ainsi que la notion de transformation vectorielle associée.

a) Isométries du plan (bijections conservant la distance).
La composée de deux isométries est une isométrie, la réciproque d'une isométrie est une isométrie.
Décomposition d'une translation ou d'une rotation en produit de deux réflexions.
Toute isométrie fixant un point O est, soit une réflexion, soit une rotation.
Étant donné un point O, une isométrie f se décompose de manière unique en $f = t \circ u$, où u est une isométrie fixant O et t une translation.
Déplacements (isométries conservant les angles orientés) ; composé de jeux déplacements, réciproque d'un déplacement.
Tout déplacement est soit une translation, soit une rotation.
Étant donné des points A, B, A', B' tels que $A'B' = AB \neq 0$, il existe un déplacement et un seul transformant A en A', B en B'.
Transformation vectorielle associée à une isométrie du plan ; cas d'une translation, d'une réflexion, d'une rotation.
Linéarité, conservation du produit scalaire, effet sur le déterminant. Caractérisation des déplacements.
La transformation vectorielle associée à une composée $g \circ f$ est la composée des transformations vectorielles associées à g et à f. La transformation vectorielle associée à la réciproque de f est la réciproque de la transformation vectorielle associée à f.

b) Notions sur les similitudes directes du plan
Composée d'une homothétie de rapport positif et d'une rotation de même centre ; effet sur les distances, conservation des angles orientés. Écriture complexe.
Similitudes directes (bijections transformant les distances dans un rapport donné et conservant les angles orientés).
Écriture complexe $z \mapsto az + b$; application à l'obtention d'une forme réduite : rapport, centre et angle d'une similitude directe quand $a \neq 1$, c'est-à-dire quand elle n'est pas une translation.

c) Notions sur les transformations élémentaires de l'espace
Translation. Homothétie, symétrie centrale. Réflexion (symétrie orthogonale par rapport à un plan). Rotation définie par son axe et son angle, demi-tour ; rotation induite dans un plan orthogonal à l'axe.
Composée de deux réflexions ; décomposition d'une translation ou d'une rotation en produit de deux réflexions.

INDEX

Achevé d'imprimer en Juin 1992 par CLERC S.A. - N° d'imprimeur 4893
18200 Saint-Amand-Montrond - Tél. : 48-96-41-50
Dépôt légal 8283-06/92 - Code volume 13/4892/9
Coll. 64 - Ed. 01